Mathematik

Grundlagen für Ökonomen

von
Dr. Jürgen Senger
Universität Kassel

3., überarbeitete Auflage

Oldenbourg Verlag München

Bibliografische Information der Deutschen Nationalbibliothek

Die Deutsche Nationalbibliothek verzeichnet diese Publikation in der Deutschen Nationalbibliografie; detaillierte bibliografische Daten sind im Internet über <http://dnb.d-nb.de> abrufbar.

© 2009 Oldenbourg Wissenschaftsverlag GmbH
Rosenheimer Straße 145, D-81671 München
Telefon: (089) 45051-0
oldenbourg.de

Lektorat: Wirtschafts- und Sozialwissenschaften, wiso@oldenbourg.de
Herstellung: Anna Grosser
Coverentwurf: Kochan & Partner, München
Gedruckt auf säure- und chlorfreiem Papier
Gesamtherstellung: Kösel, Krugzell

ISBN 978-3-486-59035-7

Vorwort zur 3. Auflage

Der Erfolg des Lehrbuchs hat in schneller Folge eine zweite und nun eine dritte Auflage möglich gemacht. Ich habe die Gelegenheit genutzt, um verbliebene Fehler zu korrigieren, kleinere Änderungen soweit sie der Lesbarkeit und dem Erscheinungsbild dienten vorgenommen und schließlich der gemäßigten neuen Rechtschreibung Rechnung getragen.

Viel Zuspruch habe ich von Lesern, Studentinnen und Studenten erfahren, die mich auf Fehler oder Unverständlichkeiten hingewiesen und mit ihren Fragen zur Verbesserung des Lehrbuchs beigetragen haben. Ihnen allen und insbesondere meinen Kollegen PD Dr. Rainer Voßkamp und PD Dr. Achim Lerch gilt mein Dank für Unterstützung, Anregungen oder Kritik.

Ischl im November 2008   J. S.

Vorwort zur 2. Auflage

Seit dem Erscheinen der 1. Auflage hat sich die Konzeption des Lehrbuchs als Lern- und Arbeitsbuch bewährt. Die Änderungen der Neuauflage beschränken sich daher auf Korrekturen und Ergänzungen im Detail.

Gerne habe ich die Anregung meiner Studenten/innen aufgenommen, die Lösungen der Übungsaufgaben in das Buch aufzunehmen. Die Neuauflage enthält nun einen Anhang mit den Ergebnissen der Übungen und ermöglicht dadurch eine schnelle Leistungskontrolle.

Darüber hinaus gibt es wie bisher die ausführlichen Musterlösungen der Übungen im Internet auf der Website des Oldenbourg-Verlags und auf meiner Website unter der Adresse:

> http://www.ivwl.uni-kassel.de/senger/publikationen.html

Mein Dank gilt allen, die durch Anregungen und Kritik zur Verbesserung des Buchs und zu dieser Neuauflage beigetragen haben. Vor allen danke ich aber meiner Ehefrau Diplom-Volkswirtin Monika Senger, die das Manuskript kritisch durchgesehen und die Beispiele, Übungen und Lösungen überprüft hat, für ihre Geduld.

Kassel im Oktober 2006   J. S.

Vorwort zur 1. Auflage

Welche Bedeutung die Mathematik heute für die Wirtschaftswissenschaften hat, erkennt man, wenn man moderne Lehrbücher oder wissenschaftliche Zeitschriften durchblättert. In dem extensiven Gebrauch der Mathematik spiegelt sich eine Hinwendung zu formalen und quantitativen Methoden, die in den 30iger Jahren des vorigen Jahrhunderts begonnen hat und ihren sichtbarsten Ausdruck 1968 in der Stiftung des Nobelpreises für Wirtschaftswissenschaften gefunden hat. Die Wirtschaftswissenschaften wurden deshalb in den Kreis der exakten naturwissenschaftlich orientierten Nobel-Disziplinen aufgenommen, weil sie sich zunehmend mathematischer Modelle bedienten und ihre Aussagen dadurch messbar und überprüfbar wurden.

Die Mathematik prägt daher heute das Erscheinungsbild der Wirtschaftswissenschaften. Sie hat die Normierung der Begriffe und Methoden begünstigt und den Wirtschaftswissenschaften den Anschein einer exakten Wissenschaft gegeben. Wirtschaftswissenschaftliche Hypothesen werden heute mathematisch formuliert und mittels mathematischer Methoden quantifiziert und überprüft. Die Mathematik ist eine Universalsprache, die über die Grenzen der Fach- und Nationalsprachen hinweg verstanden und angewandt wird.

Es ist daher heute unmöglich, Wirtschaftswissenschaften zu studieren, den Stand ihrer Entwicklung und ihren rapiden Fortschritt zu begreifen, ohne über Grundkenntnisse dieser Sprache, ein paar Vokabeln, ein bisschen Grammatik zu verfügen. Es genügt einfach nicht „Guten Tag" und „Wie heißt Du?" sagen zu können. Man sollte wenigstens einer Konversation folgen können, ohne sich gleich an ihr beteiligen zu müssen.

Dieses Grundwissen vermittelt das vorliegende Lehrbuch. Es bietet eine anwendungsbezogene Einführung in die ökonomisch relevanten Teilbereiche der höheren Mathematik. Dazu gehören die Funktionenlehre, die Differential- und Integralrechnung, Instrumente der dynamischen Wirtschaftsanalyse, wie Differenzen- und Differentialgleichungen und die Grundlagen der Linearen Algebra.

Im wirtschaftswissenschaftlichen Studium zählt die Mathematik zu den Fächern, die früher als Propädeutik oder Vorunterweisung bezeichnet wurden. Das sind Fächer, die auf das eigentliche (Fach-) Studium vorbereiten, instrumentelles Grundwissen vermitteln und in den Umgang mit dem wissenschaftlichen Handwerkszeug einweisen. Die Mathematikveranstaltungen gehören daher heute zu den Pflichtveranstaltungen des wirtschaftswissenschaftlichen Grundstudiums.

Die Grundvorlesungen sollen helfen, die sehr unterschiedlichen Eingangsvoraussetzungen der Studienanfänger auszugleichen und denen, die ein eher distanziertes Verhältnis zur Mathematik haben, einen neuen Anfang zu ermöglichen. Die Veranstaltungen sind aber zugleich eine Vorschule vernünftigen Denkens und Redens, indem sie beispielhaft in die Grundprinzipien wissenschaftlichen Denkens einführen: die Normierung des Sprachgebrauchs und die Logik wissenschaftlicher Beweise.

Das Lehrbuch ist gedacht als Begleittext zu den Grundvorlesungen, aber auch zum Selbststudium geeignet. Es beschränkt sich auf die ökonomisch relevanten Teilgebiete der Mathematik und geht nur gelegentlich über den Stoff einer 2-semestrigen Lehrveranstaltung hinaus. Es versucht einen Kompromiss zwischen Allgemeinverständlichkeit und mathematischer Stringenz.

Beweise werden angeführt, soweit sie für das Verständnis unverzichtbar oder zur Einübung algebraischer Techniken geeignet sind. Sie sind daher ein integraler Bestandteil der Darstellung und für das Grundverständnis der Zusammenhänge und der Reichweite der mathematischen Techniken unverzichtbar.

Regeln und Verfahren werden unmittelbar an numerischen Beispielen demonstriert und geübt. Die ausführliche Entwicklung der Lösungen in den Beispielen ermöglicht es, die Lösungswege Schritt für Schritt nachzuvollziehen. Sie sollen dazu ermutigen, die Zahlenbeispiele zur Übung selbständig durchzurechnen und den Kenntnisstand ständig selbst zu testen. Die Übungsaufgaben an den Kapitelenden dienen schließlich dem Erwerb der Rechenroutine, die sich nur durch Rechenpraxis und Wiederholung einstellt.

Ökonomische Anwendungen stellen den Bezug zum Fachstudium her. Sie beantworten die immer wieder gestellte Frage "Wozu brauchen wir das eigentlich?" und bieten einen ersten Einblick in wirtschaftswissenschaftliche Standardprobleme, ohne dem Fachstudium vorzugreifen.

Im Unterschied zu den vielen neuen Fächern, mit denen die Studienanfänger konfrontiert werden, ist die Mathematik ein alter Bekannter, mit dem sich häufig sehr gemischte Erfahrungen verbinden. Diese Erfahrungen sind insofern belastend als sie einer unvoreingenommenen neuen Begegnung entgegenstehen. Das gilt vor allem für diejenigen, die nie einen Zugang zur Mathematik gefunden haben und denen die Mathematik daher immer fremd geblieben ist, aber ebenso für diejenigen, für die die Mathematik die erste große Liebe war. Sie müssen eine neues nüchternes, nur an der Nützlichkeit orientiertes Verhältnis zu dem gigantischen Formelapparat gewinnen, den die moderne Mathematik für Anwender bereithält und von dem heute in den Wirtschaftswissenschaften intensiver Gebrauch gemacht wird.

Dieses Lehrbuch soll dabei Hilfestellung geben und den Weg in das Fachstudium ebenen.

Kassel im Oktober 2003 J. S.

Inhalt

1 Grundlagen

Die Mathematik als Instrument der Wirtschaftswissenschaften dient der Formalisierung und Quantifizierung ökonomischer Zusammenhänge.

Die Mathematik ist heute ein unentbehrliches Hilfsmittel der Wirtschafts- und Sozialwissenschaften. In dem Maße, in dem die Wirtschaftswissenschaften sich nach dem Vorbild der Naturwissenschaften und Technik zu einer analytischen Disziplin mit starkem Anwendungsbezug entwickelt haben, hat die instrumentelle Bedeutung der Mathematik ständig zugenommen. Aussagen über wirtschaftswissenschaftliche Zusammenhänge werden heute wie naturwissenschaftliche Gesetzmäßigkeiten formalisiert, also in mathematischen Formeln ausgedrückt. Im Bereich der theoretischen Volkswirtschaftslehre und Betriebswirtschaftslehre ist die Mathematik daher zum beherrschenden analytischen Instrument geworden.

Das gilt verstärkt für die sehr empirisch orientierten Teildisziplinen wie Statistik und Ökonometrie oder die handlungs- und entscheidungsorientierten Teilbereiche der BWL wie Operations Research.

Die Mathematik interessiert uns daher auch nur aus diesem engen Blickwinkel also nur soweit, wie sie für wirtschaftswissenschaftliche Fragestellungen bedeutsam oder brauchbar ist. Der wohl wichtigste mathematische Teilbereich ist die Differential- oder Infinitesimalrechnung, deren ökonomische Anwendungen seit dem Ende des 19. Jahrhunderts das wirtschaftswissenschaftliche Denken revolutioniert haben. Bevor wir dahin gelangen, müssen wir unsere Neugierde noch etwas zügeln und uns vorerst darauf beschränken, die mathematischen Grundbegriffe zu rekapitulieren; dazu gehören insbesondere die Zahlen, Mengen und Funktionen, mit denen wir uns zuerst beschäftigen wollen.

1.1 Zahlen

Mit Hilfe von Zahlen drücken wir unsere quantitativen Vorstellungen, Beobachtungen und Messungen ökonomischer Größen und ihre Beziehungen untereinander aus. Wir unterscheiden folgende Zahlenbegriffe oder Zahlensysteme: natürliche Zahlen, ganze Zahlen, rationale Zahlen und reelle Zahlen.

1.1.1 Natürliche Zahlen

Die natürlichen Zahlen erhält man durch das Zählen von Gegenständen, die Operation des Abzählens. Das Kind erlernt die Zahl durch Abzählen seiner Finger. Wir können die Autos auf dem Parkplatz oder die Studenten in der Veranstaltung abzählen.

In der Regel erlernen wir die Arithmetik oder Rechenkunst durch Übung im Umgang mit natürlichen Zahlen. So lernen wir natürliche Zahlen zu addieren, zu subtrahieren, zu multiplizieren und zu dividieren.

Die natürlichen Zahlen sind die Zahlen

$$1, 2, 3, 4, 5, 6, \ldots$$

Durch die drei Punkte deuten wir an, dass wir diese Folge von Zahlen beliebig fortsetzen können, weil jede weitere natürliche Zahl sich aus der vorangehenden durch Addition der 1 ergibt.

Die Gesamtheit der natürlichen Zahlen bezeichnen wir mit dem Symbol $\mathbb{N}$ und definieren:

$$\mathbb{N} := \{1, 2, 3, \ldots\}$$

Das Definitionszeichen ":=" bedeutet "definitorisch gleich". Durch die **Definition** treffen wir eine willkürliche Festlegung über den Sprachgebrauch und die Verwendung von Symbolen. Wir vereinbaren, das Symbol $\mathbb{N}$ zukünftig in der rechts stehenden Bedeutung zu verwenden, d.h. als vereinfachende Bezeichnung der Gesamtheit der natürlichen Zahlen. Eine Definition ist also eine Sprachkonvention, die der Normierung des Sprachgebrauchs und damit der Eindeutigkeit der Begriffsbildung dient. Sie kann daher im Unterschied zu einem Aussagesatz weder wahr noch falsch sein, sondern nur zweckmäßig oder unzweckmäßig.

Natürliche Zahlen können uneingeschränkt addiert und multipliziert werden. Nur die Addition und Multiplikation ergibt wieder natürliche Zahlen:

$$2 + 5 = 7$$
$$2 \cdot 5 = 10$$

1.1.2 Ganze Zahlen

Die Subtraktion kann aber bereits zu Ergebnissen führen, die sich nicht mehr durch natürliche Zahlen ausdrücken lassen, d.h. nicht mehr im Bereich der natürlichen Zahlen liegen:

$$2 - 5 = -3 \qquad \text{(Subtrahend größer als Minuend)}$$
$$2 - 2 = 0 \qquad \text{(Subtrahend gleich Minuend)}$$

Durch Hinzunahme der Null[1] und der negativen Zahlen $-1, -2, -3, \ldots$ wird die Menge der natürlichen Zahlen zur Menge der ganzen Zahlen erweitert.

---

[1] Die Einführung der Null geht auf Fibonacci (1180-1250) zurück, der auch die arabischen Zahlen nach Europa brachte.

Wir definieren die Menge der ganzen Zahlen:

$$\mathbb{Z} := \{ \ldots, -3, -2, -1, 0, 1, 2, 3, \ldots \}$$

Ganze Zahlen können uneingeschränkt addiert, multipliziert und subtrahiert werden, d.h. diese Rechenoperationen führen immer wieder zu ganzen Zahlen.

1.1.3 Rationale Zahlen

Die Division ganzer Zahlen kann wiederum zu Ergebnissen führen, die nicht mehr im Bereich der ganzen Zahlen liegen:

$$2 : 5 = 0,4$$

Wenn die Division nicht aufgeht, erhalten wir einen Bruch. Durch Hinzunahme der Brüche erhalten wir die Menge der rationalen Zahlen:

$$\mathbb{Q} := \{ \text{ Menge aller Brüche } \}$$

Dabei verstehen wir allgemein unter einem Bruch das Verhältnis zweier positiver oder negativer ganzer Zahlen.

Es ist daher möglich, dass Brüche ganze Zahlen ergeben:

$$4 : 2 = 2$$

und jede ganze Zahl lässt sich als Bruch mit dem Nenner 1 schreiben:

$$1 : 1 = 1$$
$$2 : 1 = 2$$
$$3 : 1 = 3$$

D.h. die ganzen Zahlen sind in den rationalen Zahlen enthalten.

Wenn die Division nach einer endlichen Zahl von Schritten aufgeht, erhalten wir einen **endlichen Dezimalbruch**:

$$2 : 5 = 0,4$$
$$5 : 4 = 1,25$$

Wenn die Division dagegen nicht aufgeht, dann wiederholen sich die Stellen periodisch von einer bestimmten Stelle an. Wir sprechen dann von einem (unendlichen) **periodischen Dezimalbruch**:

$$1 : 7 = 0,142857142857142857\ldots = 0,\overline{142857}$$

Zu den rationalen Zahlen gehören also alle:

- ganzen Zahlen
- endlichen Dezimalbrüche
- periodischen Dezimalbrüche

Rationale Zahlen können uneingeschränkt addiert, multipliziert, subtrahiert und dividiert werden. Diese Rechenoperationen werden daher auch **rationale Rechenoperationen** genannt.

1.1.4 Reelle Zahlen

Es gibt nun Zahlen, die sich nicht durch einen Bruch, also das Verhältnis zweier ganzer Zahlen, ausdrücken lassen. Diese Zahlen bezeichnen wir als **irrationale**[1] **Zahlen**. Es handelt sich dabei um die

- unendlichen nichtperiodischen Dezimalbrüche

Beispiele dafür sind die Zahlen

$$\sqrt{2} = 1,4142\ldots$$
$$\pi = 3,1415\ldots$$
$$e = 2,71828\ldots$$

Irrationale Zahlen haben unendlich viele Dezimalstellen, weisen aber keine periodische Wiederholung auf.

Die **Wurzel** ist kein rationaler Operator und ergibt in der Mehrzahl der Fälle keine rationale Zahl. Die Wurzel aus 2 ist diejenige Zahl, die mit sich selbst multipliziert 2 ergibt. Diese Eigenschaft hat nur die irrationale Zahl 1,4142... Es gibt keine ganzen Zahlen p und q, die folgende Gleichung erfüllen:

$$\sqrt{2} = \frac{p}{q}$$

Die **irrationale Zahl** π ist uns aus der Geometrie bekannt und ist definiert als Verhältnis des Kreisumfangs zum Kreisdurchmesser.

Die Zahl **e** ist die **Eulersche Zahl**, die uns später als Basis der e-Funktion und des natürlichen Logarithmus beschäftigen wird.

Die Menge der rationalen Zahlen wird durch die irrationalen Zahlen erweitert zur Menge der reellen Zahlen:

---

[1] Eingeführt durch G. Cantor (1845-1918).

$$\mathbb{R} := \{\text{alle rationalen und irrationalen Zahlen}\}$$

Es gibt unendlich viele reelle Zahlen und das Kontinuum der reellen Zahlen lässt sich durch die Punkte der **Zahlengeraden** darstellen.

Dazu werden beliebigen Punkten auf einer Geraden die Zahl 0 und die Zahl 1 zugeordnet und der Abstand zwischen diesen beiden Punkten als Maßstab benutzt, um jeder positiven oder negativen reellen Zahl einen Punkt auf der Geraden zuzuordnen. Üblicherweise werden dabei die positiven Zahlen nach rechts vom Nullpunkt und die negativen Zahlen nach links abgetragen.

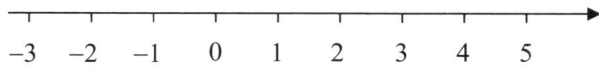

Jedem Punkt auf der Zahlengeraden entspricht genau eine reelle Zahl und jede reelle Zahl genau einem Punkt auf der Zahlengeraden.

Es besteht folglich eine Eins-zu-eins-Zuordnung zwischen den reellen Zahlen und den Punkten auf der Zahlengeraden. Auf der Zahlengeraden gibt es daher keine Löcher, d.h. Punkte, an denen keine Zahl liegt und umgekehrt gibt es keine reelle Zahl, der kein Punkt auf der Zahlengeraden entspricht.

Wir sagen daher, die **reellen Zahlen liegen dicht auf der Zahlengeraden**. Was das genau bedeutet, ergibt sich aus den folgenden beiden Sätzen, die sich sehr anschaulich beweisen lassen.

Satz 1

Die rationalen Zahlen liegen dicht auf der Zahlengeraden, d.h. in jedem beliebig kleinen Intervall, also zwischen zwei beliebig nahe beieinander liegenden rationalen Zahlen, gibt es eine unendliche Anzahl weiterer rationaler Zahlen.

Unter einem mathematischen Satz wie diesem verstehen wir stets eine **Aussage** oder Behauptung über einen mathematischen Sachverhalt. Im Unterschied zur Definition kann der Satz **wahr oder falsch** sein.

Wir bezeichnen einen Satz als wahr, wenn seine Aussage zutrifft und als falsch, wenn das nicht der Fall ist. Der Wahrheitsgehalt eines Satzes muss daher immer durch einen Beweis nachgewiesen werden.

Das einfachste Beweisverfahren ist das des direkten Beweises, bei dem wir die behauptete Aussage aus anderen bereits als wahr erkannten Aussagen herleiten oder deduzieren.

Beweis

Zum Beweis der Aussage von Satz 1 betrachten wir ein beliebiges Intervall auf der Zahlengeraden. Der Einfachheit halber nehmen wir das Intervall von 0 bis 1. Es ist leicht einzusehen, dass zwischen diesen beiden Zahlen unendlich viele weitere rationale Zahlen liegen. Dazu ermitteln wir nacheinander die Mittelpunkte der Teilintervalle, die sich ergeben, wenn wir das Intervall von 0 bis 1 immer wieder halbieren.

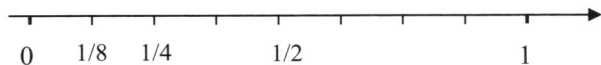

In der Mitte zwischen 0 und 1 liegt die rationale Zahl 1/2. In der Mitte zwischen 0 und 1/2 liegt die rationale Zahl 1/4 und in der Mitte zwischen 0 und 1/4 die rationale Zahl 1/8 usw.

Auf diese Weise erzeugen wir eine unendliche Folge rationaler Zahlen, die zwischen 0 und 1 liegen:

$$\frac{1}{2}, \frac{1}{4}, \frac{1}{8}, \frac{1}{16}, \frac{1}{32}, \frac{1}{64}, \frac{1}{128}, \frac{1}{256}, \dots$$

Diese Intervallschachtelung lässt sich beliebig fortsetzen und kann für jedes Intervall vorgenommen werden. Da sich die unendlich vielen rationalen Zahlen in jedem Intervall in der dargestellten Weise aufzählen lassen, sagt man auch, dass die rationalen Zahlen in jedem Intervall **abzählbar unendlich** sind.

Satz 2

Zwischen zwei beliebigen rationalen Zahlen liegt mindestens eine irrationale Zahl.

Beweis

Um zu zeigen, dass zwischen zwei rationalen Zahlen mindestens eine irrationale Zahl liegt, betrachten wir zwei beliebige periodische Dezimalbrüche und konstruieren dann einen unendlichen nichtperiodischen Dezimalbruch, der zwischen diesen beiden liegt.

rationale Zahl	**0,325** 252525 . . .
irrationale Zahl	**0,325** 71711711171111 . . .
rationale Zahl	**0,326** 262626 . . .

Die irrationale Zahl ist so konstruiert, dass sich die Stellenfolge nicht wiederholt; auf die 7 folgen fortlaufend zwei, drei usw. Einsen.

Bei ökonomischen Anwendungen haben wir es häufig mit Größen zu tun, die Vorzeichenbeschränkungen unterliegen. So können z.B. Produktmengen oder Preise nicht negativ sein. Sie müssen positiv, mindestens aber null sei.

Zulässig sind dann nur die positiven reellen Zahlen, eventuell unter Einschluss der Null. Für diese Fälle vereinbaren wir die folgende Schreibweise[1]:

Sind nur die positiven reellen Zahlen gemeint, dann schreiben wir:

$$\mathbb{R}^+ := \{alle\ positiven\ reellen\ Zahlen\}$$

und wenn auch die Null zugelassen ist:

$$\mathbb{R}_0^+ := \{alle\ nichtnegativen\ reellen\ Zahlen\}$$
$$= \{alle\ positiven\ reellen\ Zahlen\ und\ die\ Null\}$$

Fassen wir unsere bisherigen Überlegungen zusammen, so gewinnen wir folgende Übersicht über das Zahlensystem:

Übersicht über das Zahlensystem

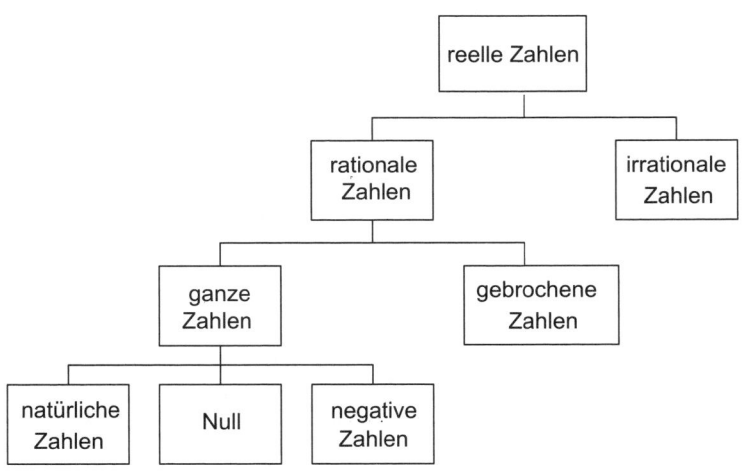

---

[1] Wir werden vereinfachend im Folgenden anstelle der Symbole $\mathbb{R}$, $\mathbb{N}$, $\mathbb{Z}$, $\mathbb{Q}$ für die Zahlensysteme fette Großbuchstaben verwenden **R**, **N**, **Z**, **Q**.

1.2 Rechnen mit reellen Zahlen

Wir wissen aus dem täglichen Umgang mit Zahlen, dass wir mit reellen Zahlen rechnen können. Dabei sind allgemeine Regeln zu beachten, die für alle reellen Zahlen gleichermaßen gelten und die wir deshalb auch unabhängig von konkreten Zahlenwerten formulieren wollen.

Dabei verwenden wir eine symbolische Schreibweise, bei der die Zahlen durch Buchstaben ersetzt werden, die stellvertretend für jede Zahl stehen können. Das **symbolische Rechnen** mit Buchstaben nennen wir **Algebra** im Unterschied zur Arithmetik, dem Rechnen mit Zahlen.

Wir beginnen mit den Grundgesetzen der Addition und Multiplikation. Es handelt sich hier um Festlegungen oder Vereinbarungen, die als Axiome bezeichnet werden. **Axiome** sind Aussagen, die weder ableitbar noch beweisbar sind. Sie sind selbstevident, d.h. erklären sich selbst oder sind offenkundig richtig.

Alle weiteren Regeln leiten sich aus diesen Grundgesetzen ab.

1.2.1 Grundgesetze der Addition

Seien a, b und c beliebige reelle Zahlen, dann gilt

1. **Kommutativgesetz** der Addition

   $$a + b = b + a$$

   Das Ergebnis der Addition ändert sich nicht, wenn die Summanden vertauscht werden. Die Reihenfolge spielt also bei der Addition keine Rolle:

   $$3 + 5 = 5 + 3$$

   Wir sagen, die Addition ist **kommutativ**[1].

2. **Assoziativgesetz** der Addition

   $$(a + b) + c = a + (b + c)$$

   Sollen drei Zahlen addiert werden, dann ist das Ergebnis unabhängig davon, welche beiden Zahlen zuerst addiert werden.

   Wir setzen **Klammern**, um die Reihenfolge der Operationen festzulegen. Die in Klammern gefasste Operation ist stets zuerst auszuführen. Es spielt also keine Rolle, ob zuerst a und b addiert werden und dann c oder zuerst b und c addiert werden und dann a:

   $$(3 + 5) + 2 = 3 + (5 + 2)$$

---

[1] lat. commutare = vertauschen

Wir sagen, die Addition ist **assoziativ**[1].

3. **Umkehrbarkeit** der Addition

   Die Gleichung

   $$b + x = a$$

   hat stets die reelle Lösung

   $$x = a - b$$

   Wir können also die Addition umkehren, indem wir a als Summe auffassen und den Summanden b subtrahieren.

   Damit ist zugleich die Subtraktion als Umkehrung der Addition definiert. $a - b$ heißt **Differenz**, a **Minuend** und b **Subtrahend.**

   $$5 + x = 8$$
   $$x = 8 - 5 = 3$$

1.2.2 Grundgesetze der Multiplikation

1. **Kommutativgesetz** der Multiplikation

   $$a \cdot b = b \cdot a$$

   Das Ergebnis der Multiplikation ändert sich nicht, wenn die Faktoren vertauscht werden. Die Reihenfolge ist also bei der Multiplikation unerheblich:

   $$3 \cdot 5 = 5 \cdot 3$$

   Die Multiplikation ist also **kommutativ.**

2. **Assoziativgesetz** der Multiplikation

   $$(a \cdot b) \cdot c = a \cdot (b \cdot c)$$

   Werden drei Zahlen multipliziert, dann ist das Produkt unabhängig davon, welche beiden Zahlen zuerst miteinander multipliziert werden.

   Wir können zuerst a und b miteinander multiplizieren und dann mit c oder zuerst b und c miteinander multiplizieren und dann mit a:

   $$(3 \cdot 5) \cdot 2 = 3 \cdot (5 \cdot 2)$$

   Die Multiplikation ist also **assoziativ.**

---

[1] lat. associare = sich verbinden

3. **Distributivgesetz**[1]

$$a \cdot (b + c) = a \cdot b + a \cdot c$$

Eine Summe wird mit einer reellen Zahl multipliziert, indem jeder Summand mit der reellen Zahl multipliziert wird. Der Faktor vor der Klammer kann also in die Klammer hineinmultipliziert werden:

$$3 \cdot (5 + 2) = 3 \cdot 5 + 3 \cdot 2$$

Umgekehrt können Summanden, die einen gemeinsamen Faktor haben, dadurch zusammengefasst werden, dass der gemeinsame Faktor ausgeklammert, d.h. vor die Klammer gezogen wird.

$$15 + 6 = 3 \cdot 5 + 3 \cdot 2 = 3 \cdot (5 + 2)$$

4. **Umkehrbarkeit** der Multiplikation

Die Gleichung

$$b \cdot x = a$$

hat für $b \neq 0$ stets die reelle Lösung

$$x = \frac{a}{b}$$

Wir können also die Multiplikation umkehren, indem wir das Produkt a durch den Faktor b dividieren.

Damit ist zugleich die Division als Umkehrung der Multiplikation definiert. a/b heißt **Quotient**. Wir können die Division auch als Multiplikation mit dem Kehrwert $1/b$ auffassen.

$$5 \cdot x = 15$$
$$x = \frac{15}{5} = 15 \cdot \frac{1}{5} = 3$$

1.2.3 Binomische Formeln[2]

Die binomischen Formeln beziehen sich auf Produkte von Summen oder Differenzen zweier Zahlen mit sich selbst oder miteinander. Sie sind ein wichtiges Hilfsmittel bei der Umformung algebraischer Ausdrücke.

Die binomischen Formeln lassen sich leicht aus den Grundgesetzen ableiten und sind auch geometrisch einleuchtend.

---

[1] lat. distribuere = verteilen

[2] Unter einem Binom verstehen wir einen zweigliedrigen algebraischen Ausdruck; lat. bi = zwei, nomos = Zahl.

Es werden drei binomische Formeln unterschieden und wie folgt numeriert:

1. Binomische Formel

$$(a+b)^2 = a^2 + 2ab + b^2$$

Beweis:

$$
\begin{aligned}
(a+b)^2 &= (a+b)(a+b) \\
&= a\,(a+b) + b\,(a+b) && \textit{Distributivgesetz} \\
&= a\cdot a + a\cdot b + b\cdot a + b\cdot b && \textit{Distributivgesetz} \\
&= a^2 + 2ab + b^2 && \textit{Kommutativgesetz}
\end{aligned}
$$

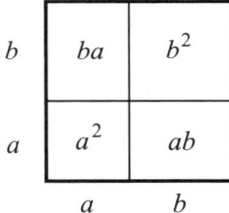

Wenn wir $a+b$ als Seitenlänge eines Quadrats auffassen, dann ist die Gesamtfläche $(a+b)^2$ gleich der Summe der Teilflächen.

2. Binomische Formel

$$(a-b)^2 = a^2 - 2ab + b^2$$

Beweis:

$$
\begin{aligned}
(a-b)^2 &= (a-b)(a-b) \\
&= a\,(a-b) - b\,(a-b) && \textit{Distributivgesetz} \\
&= a\cdot a - a\cdot b - b\cdot a + b\cdot b && \textit{Distributivgesetz} \\
&= a^2 - 2ab + b^2 && \textit{Kommutativgesetz}
\end{aligned}
$$

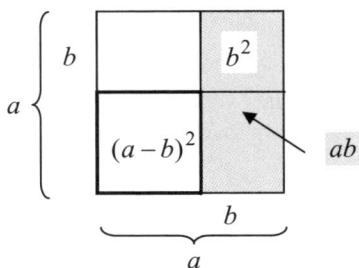

3. Binomische Formel

$$(a+b)(a-b) = a^2 - b^2$$

Beweis:

$$
\begin{aligned}
(a+b)(a-b) &= a\,(a-b)+b\,(a-b) && \textit{Distributivgesetz} \\
&= a\cdot a - a\cdot b + b\cdot a - b\cdot b && \textit{Distributivgesetz} \\
&= a^2 - b^2 && \textit{Kommutativgesetz}
\end{aligned}
$$

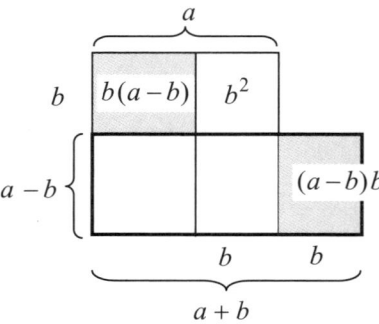

Die Fläche $(a+b)(a-b)$ erhalten wir, wenn wir von der Quadratfläche a^2 das Quadrat b^2 subtrahieren. Die Flächen $b(a-b)$ und $(a-b)b$ müssen subtrahiert und addiert werden, heben sich also auf.

1.2.4 Vorzeichenregeln

1. Das Produkt zweier reeller Zahlen ist null, wenn eine Zahl null ist:

    $$a\cdot 0 = 0$$
    $$0\cdot b = 0$$

2. Das Produkt zweier reeller Zahlen ist positiv, wenn beide Zahlen dasselbe Vorzeichen haben, also beide positiv oder beide negativ sind:

    $$(+a)\cdot(+b) = a\cdot b$$
    $$(-a)\cdot(-b) = a\cdot b$$

3. Das Produkt zweier reeller Zahlen ist negativ, wenn beide Zahlen verschiedene Vorzeichen haben, also eine Zahl positiv und eine negativ ist:

    $$(-a)\cdot b = -(a\cdot b)$$
    $$a\cdot(-b) = -(a\cdot b)$$

1.2.5 Regeln für Brüche

Wir hatten den Bruch bereits weiter oben definiert und präzisieren nun:

Bruch

Das Verhältnis $\frac{a}{b}$ zweier ganzer Zahlen a und b ($\neq 0$) heißt **Bruch**; die Zahlen a **Zähler** und b **Nenner**.

Für Brüche gelten folgende Rechenregeln:

1. Ein Bruch ändert seinen Wert nicht, wenn Zähler und Nenner mit derselben reellen Zahl multipliziert werden. Wir sagen, der Bruch wird mit c **erweitert**, wenn wir Zähler und Nenner mit der Zahl c multiplizieren:

$$\frac{a}{b} = \frac{a \cdot c}{b \cdot c}$$

   und mit c **gekürzt**, wenn wir Zähler und Nenner durch c dividieren oder mit $1/c$ multiplizieren:

$$\frac{a \cdot c}{b \cdot c} = \frac{a \cdot c \cdot \frac{1}{c}}{b \cdot c \cdot \frac{1}{c}} = \frac{a}{b}$$

2. Zwei Brüche können nur dann addiert werden, wenn sie denselben Nenner haben.

   Zwei Brüche mit gleichem Nenner werden **addiert**, indem die Zähler addiert werden:

$$\frac{a}{c} + \frac{b}{c} = \frac{a+b}{c}$$

   Haben die Brüche verschiedene Nenner, so müssen sie zuerst **gleichnamig** gemacht werden. Dabei wird der erste Bruch mit dem Nenner des zweiten Bruchs und der zweite Bruch mit dem Nenner des ersten Bruchs erweitert:

$$\frac{a}{b} + \frac{c}{d} = \frac{a \cdot d + b \cdot c}{b \cdot d}$$

3. Zwei Brüche werden miteinander multipliziert, indem man die Zähler miteinander multipliziert und die Nenner miteinander multipliziert:

$$\frac{a}{b} \cdot \frac{c}{d} = \frac{a \cdot c}{b \cdot d}$$

4. Ein Bruch wird durch einen anderen Bruch dividiert, indem man ihn **mit dem Kehrwert** des anderen Bruchs **multipliziert**:

$$\frac{a}{b} : \frac{c}{d} = \frac{a}{b} \cdot \frac{d}{c}$$

Die Division von Brüchen kann auch als **Doppelbruch** geschrieben werden:

$$\frac{a}{b} : \frac{c}{d} = \left(\frac{\frac{a}{b}}{\frac{c}{d}} \right) = \frac{a \cdot d}{b \cdot c}$$

Der Doppelbruch lässt sich vereinfachen, indem **innere gegen äußere Glieder gekürzt** werden oder indem mit dem Kehrwert des Nennerbruchs multipliziert wird. Aus dem Doppelbruch wird ein Einfachbruch, dessen Zähler das Produkt der äußeren Glieder und dessen Nenner das Produkt der inneren Glieder ist.

1.2.6 Potenzen

Wir definieren zunächst, was wir unter einer Potenz verstehen wollen:

Potenz

Ein Ausdruck in der Form

$$a^n = \underbrace{a \cdot a \cdot a \cdot a \cdot \ldots \cdot a}_{n - \text{mal}} \qquad a \in \mathbf{R}, n \in \mathbf{N}$$

heißt n-te **Potenz** von a. Die Zahl a heißt **Basis**, n **Exponent**.

Potenzgesetze:

1. Potenzen mit gleicher Basis werden miteinander multipliziert, indem man die **Exponenten addiert**:

$$a^m a^n = a^{m+n}$$

Beweis:

$$a^m a^n = \overbrace{\underbrace{a \cdot a \cdot a \cdot \ldots \cdot a}_{m - \text{mal}} \underbrace{a \cdot a \cdot a \cdot \ldots \cdot a}_{n - \text{mal}}}^{(m+n) - \text{mal}} = a^{m+n}$$

2. Potenzen mit gleicher Basis werden dividiert, indem man die **Exponenten subtrahiert**:

$$\frac{a^m}{a^n} = a^{m-n}$$

Beweis:

$$\frac{a^m}{a^n} = \frac{a^n a^{m-n}}{a^n} = a^{m-n}$$

$$\frac{a^m}{a^n} = \frac{\overbrace{a \cdot a \cdot a \cdot \ldots \cdot a}^{n-\text{mal}} \overbrace{a \cdot a \cdot a \cdot \ldots \cdot a}^{(m-n)-\text{mal}}}{\underbrace{a \cdot a \cdot a \cdot \ldots \cdot a}_{n-\text{mal}}} = \overbrace{a \cdot a \cdot a \cdot \ldots \cdot a}^{(m-n)-\text{mal}} = a^{m-n}$$

3. Potenzen mit gleichen Exponenten werden miteinander multipliziert, indem man die **Basen multipliziert**:

$$a^n b^n = (a\,b)^n$$

Beweis:

$$a^n b^n = \underbrace{a \cdot a \cdot a \cdot \ldots \cdot a}_{n-\text{mal}} \cdot \underbrace{b \cdot b \cdot b \cdot \ldots \cdot b}_{n-\text{mal}} = \underbrace{(a\,b)(a\,b) \cdot \ldots \cdot (a\,b)}_{n-\text{mal}} = (a\,b)^n$$

4. Eine Potenz wird mit n potenziert, indem man den **Exponenten mit n multipliziert**:

$$(a^m)^n = a^{m \cdot n}$$

Beweis:

$$(a^m)^n = \overbrace{(\underbrace{a \cdot \ldots \cdot a}_{m-\text{mal}})(\underbrace{a \cdot \ldots \cdot a}_{m-\text{mal}}) \cdot \ldots \cdot (\underbrace{a \cdot \ldots \cdot a}_{m-\text{mal}})}^{n-\text{mal}}$$

$$= \underbrace{a \cdot a \cdot a \cdot a \cdot a \cdot a \cdot a \cdot \ldots \cdot a \cdot a \cdot a \cdot a \cdot a \cdot a}_{m \cdot n - \text{mal}} = a^{m \cdot n}$$

Aus Regel (2) folgt nun für $m = n$:

$$\left. \begin{array}{l} \dfrac{a^n}{a^n} = a^{n-n} = a^0 \\[2mm] \phantom{\dfrac{a^n}{a^n}} = 1 \end{array} \right\} \Rightarrow a^0 = 1$$

Es ist daher sinnvoll zu definieren:

5. Eine Potenz hat für jede von null verschiedene Basis den Wert eins, wenn
    der Exponent null ist:

$$a^0 := 1 \qquad\qquad a \neq 0$$

Die Potenz 0^0 ist nicht definiert.

Aus Regel (2) folgt nun für $m < n$:

$$\left.\begin{aligned} \frac{a^m}{a^n} &= a^{m-n} = a^{-(n-m)} \\ &= \frac{a^m}{a^m a^{n-m}} = \frac{1}{a^{n-m}} \end{aligned}\right\} \Rightarrow a^{-(n-m)} = \frac{1}{a^{n-m}}$$

In Zahlen

$$\left.\begin{aligned} \frac{a^3}{a^5} &= a^{3-5} = a^{-(5-3)} = a^{-2} \\ &= \frac{a^3}{a^3 a^{5-3}} = \frac{1}{a^{5-3}} = \frac{1}{a^2} \end{aligned}\right\} \Rightarrow a^{-2} = \frac{1}{a^2}$$

Es ist daher sinnvoll festzulegen:

6. Der Kehrwert einer Potenz wird gebildet, indem man den Exponenten
    mit -1 multipliziert:

$$a^{-n} := \frac{1}{a^n}$$

1.2.7 Wurzeln

Wir definieren die

Wurzel

Der Ausdruck $\sqrt[n]{a}$ bezeichnet die n-te Wurzel aus a. Die Zahlen n heißen
Wurzelexponent und a **Radikant**.

Die n-te Wurzel aus a $\sqrt[n]{a}$ bedeutet für

    n gerade die positive reelle Zahl, deren n-te Potenz a ergibt.

    n ungerade die reelle Zahl, deren n-te Potenz a ergibt.

BEISPIELE

$$\sqrt[2]{16} = \sqrt{16} = 4$$
$$\sqrt[3]{8} = 2$$
$$\sqrt[3]{-8} = -2$$

Das Wurzelziehen (Radizieren) ist offenbar die Umkehrung des Potenzierens und umgekehrt das Potenzieren die Umkehrung des Radizierens. Es muss daher gelten:

$$(\sqrt[n]{a})^n = a$$
$$\sqrt[n]{a^n} = a$$

Die n-te Potenz der n-ten Wurzel von a ergibt a; ebenso die n-te Wurzel der n-ten Potenz von a.

Wir betrachten nun rationale Exponenten, für die dieselben Regeln gelten müssen wie für ganzzahlige Exponenten, z.B.:

$$\left(a^{1/2}\right)^2 = a^{1/2} \cdot a^{1/2} = a^{1/2+1/2} = a^1 = a$$

Also ist $a^{1/2}$ diejenige reelle Zahl, die mit sich selbst multipliziert a ergibt, d.h. die Quadratwurzel aus a. Es ist daher sinnvoll zu definieren:

$$a^{1/2} := \sqrt{a}$$

Allgemein muss gelten:

$$\left(a^{1/n}\right)^n = a^{\frac{1}{n} \cdot n} = a^1 = a$$

ist also $a^{1/n}$ die reelle Zahl, deren n-te Potenz a ergibt, d.h. die n-te Wurzel aus a.

Das Ergebnis erhalten wir auch aus:

$$(\sqrt[n]{a})^n = a$$
$$(\sqrt[n]{a})^{n \cdot \frac{1}{n}} = a^{\frac{1}{n}}$$
$$\sqrt[n]{a} = a^{\frac{1}{n}}$$

Es ist daher sinnvoll, eine entsprechende Festlegung vorzunehmen und die Berechnung von Wurzeln auf das Potenzieren zurückzuführen.

Damit gelten die folgenden Regeln:

Wurzelgesetze

1. Die *n*-te Wurzel aus *a* ist gleich der 1/*n*-ten Potenz von *a*:

$$a^{1/n} := \sqrt[n]{a}$$

2. Die *n*-te Wurzel aus a^m ist gleich der *m*/*n*-ten Potenz von *a*:

$$a^{m/n} = \sqrt[n]{a^m} = \sqrt[n]{a}^m$$

1.2.8 Summenzeichen

Algebraische Summen, die aus vielen Summanden bestehen, können vereinfachend durch das Summenzeichen Σ dargestellt werden. Als Symbol verwenden wir den großen griechischen Buchstaben Sigma Σ, das große S im griechischen Alphabet:

$$\sum_{i=1}^{n} a_i = a_1 + a_2 + \ldots + a_n$$

Dabei bezeichnen wir mit:

a_i	den allgemeinen Summanden
i	den Summationsindex
$i = 1$	die untere Summationsgrenze
n	die obere Summationsgrenze

Gesprochen wird das Summationssymbol: "Summe a_i für *i* gleich 1 bis *n*".

Es gelten die folgenden **Regeln** für das Summenzeichen:

1. $$\sum_{i=1}^{n} a_i = a + a + \ldots + a = n \cdot a \quad , \text{ wenn } a_1 = a_2 = \ldots = a_n = a$$

    Die Summe vereinfacht sich zu *na*, wenn alle Summanden denselben Wert *a* haben.

2. $$\sum_{i=1}^{n} a_i + \sum_{i=1}^{n} b_i = \sum_{i=1}^{n} (a_i + b_i)$$

    Zwei Summen mit gleichen Summationsindizes werden addiert, indem die allgemeinen Summanden addiert werden.

3. $$\sum_{i=1}^{n} a_i + \sum_{k=n+1}^{m} a_k = \sum_{j=1}^{m} a_j$$

Jede Summe lässt sich in Teilsummen aufspalten, und Teilsummen mit fortlaufender Numerierung lassen sich zu einer Summe zusammenfassen.

4. $$c \cdot \sum_{i=1}^{n} a_i = \sum_{i=1}^{n} c \cdot a_i$$

Eine Summe wird mit einer Konstanten multipliziert, indem jeder Summand mit der Konstanten multipliziert wird. Es handelt sich hier um eine symbolische Verallgemeinerung des Distributivgesetzes.

Die Bedeutung der Summanden a_i ist beliebig. Es kann sich dabei z.B. um den Tagesumsatz der $n = 37$ Filialen einer Handelskette handeln; die Summe ist dann der regionale Tagesumsatz. Mit dieser Summe kann algebraisch umgegangen werden, ohne dass die Tagesumsätze bekannt sind. So können Kennzahlen, wie der Durchschnittsumsatz der Filialen, berechnet werden:

$$\overline{a} = \frac{1}{n} \sum_{i=1}^{n} a_i$$

In der Mathematik haben wir es in der Regel mit Summen zu tun, deren Summanden einfache Gesetzmäßigkeiten aufweisen, d.h. durch eine einfache Rechenvorschrift gebildet werden. Der Summationsindex wird dann zum Parameter in einem Rechenausdruck.

BEISPIELE

1. $$\sum_{i=1}^{10} a^i = a^1 + a^2 + \ldots + a^{10}$$

   mit $a = 1$

   $$\sum_{i=1}^{10} 1^i = 1^1 + 1^2 + 1^3 + \ldots + 1^{10} = 1 + 1 + 1 + \ldots + 1 = 10$$

   mit $a = 2$

   $$\sum_{i=1}^{10} 2^i = 2^1 + 2^2 + 2^3 + \ldots + 2^{10} = 2 + 4 + 8 + \ldots + 1024$$

2. $$\sum_{i=1}^{100} a \cdot i = a \cdot 1 + a \cdot 2 + a \cdot 3 + \ldots + a \cdot 100$$

   mit $a = 1$ ist das die Summe der ersten 100 natürlichen Zahlen:

   $$\sum_{i=1}^{100} 1 \cdot i = 1 \cdot 1 + 1 \cdot 2 + 1 \cdot 3 + \ldots + 1 \cdot 100 = 1 + 2 + 3 + \ldots + 100$$

ÜBUNG 1.2

1. Berechnen Sie mit Hilfe der binomischen Formeln

    a. $(3x+1)^2$
    b. $(y-4)^2$
    c. $(2x-1)(2x+1)$
    d. $-x(3+a)(a-3)-9x$
    e. $(-a+x)^2-(-x+a)^2$
    f. $(x-1)(x^2+1)(1+x)$

2. Zerlegen Sie mit Hilfe der binomischen Formeln in Faktoren

    a. $1-a^2$
    b. $4x^2-9$
    c. $2x^3-8x$
    d. $3x^3-6x^2+3x$

3. Vereinfachen Sie

    a. $\dfrac{x^2-1}{x+1}$
    b. $\dfrac{x^2-y^2}{(x-y)^2}$
    c. $\dfrac{m-\dfrac{1}{m}}{1+\dfrac{1}{m}}$

    d. $\dfrac{4x^2-3xy}{x^2}$
    e. $\dfrac{6ax-9ay}{3by-2bx}$
    f. $\dfrac{a}{a-b}-\dfrac{b}{b-a}$

    g. $\dfrac{\dfrac{x}{y}-\dfrac{y}{x}}{\dfrac{x}{y}+\dfrac{y}{x}}$
    h. $1-\dfrac{1}{1-\dfrac{a}{a-b}}$
    i. $\dfrac{\dfrac{a}{b}+1}{\dfrac{b}{a}+1}$

4. Vereinfachen Sie

    a. $5a^3 2a^4$
    b. $3a^2b\,4a^3b^2$
    c. $(x-b)^n(x-b)^5$

    d. $\left(2x^2y^3\right)^3$
    e. $\left(2^0 xy^{-4}\right)^{-3}$
    f. $\sqrt[3]{a}\,\sqrt[3]{a}\,\sqrt[3]{a^4}$

    g. $\left(\left(mn^2k^{-1}\right)^2\right)^{-3}$
    h. $x\sqrt{\sqrt{\sqrt{x}}}$
    i. $\left(\sqrt[3]{ab^2}\,\sqrt[3]{a^2b^4}\right)^{-\frac{1}{2}}$

    j. $\sqrt{x\sqrt{x\sqrt{x}}}$
    k. $x^0 x^1 x^2 x^3$
    l. $\sqrt[x]{\sqrt{a^{2x}}}$

5. Entwickeln Sie die folgenden Summen

    a. $\displaystyle\sum_{i=1}^{4} 3^i$
    b. $\displaystyle\sum_{i=1}^{5}(4+2i)$
    c. $\displaystyle\sum_{i=1}^{3}\dfrac{i}{1+i}$

    d. $\displaystyle\sum_{i=0}^{5} i^2$
    e. $\displaystyle\sum_{i=0}^{7}(4\cdot 2^i)$
    f. $\displaystyle\sum_{i=1}^{4}\left(1-\dfrac{3i}{i^2}\right)$

1.3 Mengen

1.3.1 Definition

Ein einfaches Ordnungsprinzip, das wir auch im Alltag benutzen, besteht darin, gleichartige Dinge zusammenzufassen. Auf diese Weise erhalten wir Gesamtheiten, die wir mathematisch als Mengen bezeichnen.

Der Lehrkörper des Fachbereichs Wirtschaftswissenschaften, die Studenten der UNI Kassel, die Künstler der Documenta, die Wähler der CDU, die Reichen in Deutschland oder die Arbeitslosen in Hessen sind Beispiele solcher Gesamtheiten ebenso wie die Zahlensysteme, die wir kennengelernt haben. Diese Mengen bestehen zwar aus ihren Mitgliedern, können aber als ein Ganzes aufgefasst werden.

Auf dieser Betrachtung von Mannigfaltigkeiten beruht die moderne Mengenlehre, deren Schöpfer G. Cantor die **Menge** folgendermaßen definiert hat:

> *"Eine Menge ist eine Zusammenfassung bestimmter wohlunterschiedener Objekte unserer Anschauung oder unseres Denkens . . . zu einem Ganzen."*[1]

Die einzelnen Objekte, die in einer Menge zusammengefasst sind, heißen **Elemente** der Menge. Dabei kann es sich um konkrete Dinge handeln, die wir also beobachten können oder um erdachte, die auf einer Abstraktion beruhen und die nur in unserer Vorstellung existieren.

Mengen können auf zwei Arten bestimmt werden; entweder durch:

- Aufzählung ihrer Elemente oder
- Spezifikation einer (Bildungs-)Regel oder Eigenschaft, die bestimmt, ob ein Objekt zur Menge gehört oder nicht.

BEISPIELE

1. Die Menge der Buchstaben u, n, i
2. Die Menge der Zahlen 23, 4, 2010, $\sqrt{2}$
3. Die Menge der natürlichen Zahlen
4. Die Menge der Zahlen, deren Quadrat 1 ergibt
5. Die Menge der Studenten der Uni Kassel am 01.10.2010
6. Die Menge der Personen, die ihren 1. Wohnsitz in Kassel haben
7. Die Menge der minderjährigen Nobelpreisträger
8. Die Menge der blauäugigen, grüngestreiften Kaninchen auf der Rückseite des Mondes

---

[1] Georg Cantor (1845 - 1918): Beiträge zur Begründung der transfiniten Mengenlehre, Halle 1895

Die Mengen 1 und 2 werden durch die Aufzählung ihrer Mitglieder definiert. Für diejenigen, die die Abkürzung UNI kennen, ist die Bildungsregel der Menge 1 offenkundig. Die Menge könnte daher auch durch die Bildungsregel definiert werden und würde dann lauten:

Die Menge der Buchstaben in der Abkürzung "UNI".

Für die Aufzählung der Elemente ist es nun erforderlich zu prüfen, welche Buchstaben in der Abkürzung "UNI" enthalten sind.

Bei der Menge 2 ist keine Bildungsregel erkennbar. Die ersten drei Zahlen könnten ein Datum sein. Der Zusammenhang mit der irrationalen Zahl $\sqrt{2}$ ist aber nicht erkennbar.

Die weiteren Beispielmengen 3 bis 8 sind durch eine Bildungsregel definiert. Die Auflistung der Elemente verlangt nun die Anwendung der Regel, also zu überprüfen, welche Objekte das Merkmal aufweisen und welche nicht.

1.3.2 Mengensymbolik

Um mit Mengen mathematisch umgehen zu können, führen wir eine einfache Symbolsprache ein:

1. **Mengen** werden mit großen lateinischen Buchstaben bezeichnet, z.B. mit

$$A, B, C, \ldots \qquad \text{oder} \qquad M_1, M_2, M_3, \ldots$$

Die **Elemente** einer Menge werden mit kleinen lateinischen Buchstaben bezeichnet, z.B. mit

$$a, b, c, \ldots \qquad \text{oder} \qquad x_1, x_2, x_3, \ldots$$

Handelt es sich um wenige Mengen oder Elemente, dann werden die ersten Buchstaben des Alphabets zur Bezeichnung gewählt. Ist die Zahl der Mengen oder Elemente groß oder unbestimmt, dann werden sie numeriert.

2. Die **Beziehung zwischen einer Menge und ihren Elementen** drücken wir durch das Symbol $\in$ aus. Es bedeutet "Element aus" oder "enthalten in" und geht auf den griechischen Buchstaben Epsilon ε zurück.

Wir schreiben

$$x \in M$$

wenn x ein Element der Menge M ist und

$$x \notin M$$

wenn x kein Element der Menge M ist.

BEISPIELE

$$u \in M_1$$
$$u \notin M_2$$
$$3 \in M_3$$
$$3 \notin M_2$$

Ein einfaches Hilfsmittel zur Veranschaulichung von Mengen und ihrer Beziehung zueinander ist das Mengendiagramm oder **Venn-Diagramm**[1]. Dabei stellen wir die Menge durch eine abgeschlossene Region in der Ebene dar. Die Elemente der Menge sind die Punkte innerhalb der Region. Die Punkte außerhalb der Region sind die Elemente, die nicht zur Menge gehören.

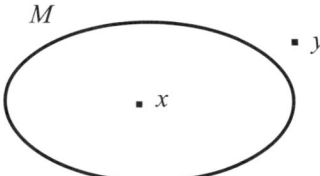

$$x \in M \quad \text{aber} \quad y \notin M$$

3. Endliche Mengen können durch die **Aufzählung** ihrer Elemente beschrieben werden. Dabei werden die einzelnen Elemente in beliebiger Reihenfolge zwischen geschweiften Klammern (Mengenklammern) aufgelistet:

$$M = \{x_1, x_2, x_3, \ldots, x_n\}$$

Die Gleichung besagt: Die Menge M besteht aus den Elementen $x_1, \ldots, x_n$. Diese Schreibweise kann auch bei unendlichen Mengen angewandt werden, wenn die Aufzählung der Elemente unmissverständlich ist; die Fortsetzung der unendlichen Liste wird dann durch Punkte angedeutet:

$$M = \{x_1, x_2, x_3, \ldots\}$$

BEISPIELE

$$M_1 = \{u, n, i\} = \{i, n, u\} = \{n, u, i\}$$
$$M_2 = \{23, 4, 2010, \sqrt{2}\} = \{2010, 23, 4, \sqrt{2}\}$$
$$M_3 = \{1, 2, 3, \ldots\}$$

---

[1]John Venn, engl.Logiker 1834-1923

4. Werden Mengen durch eine **Bildungsregel** definiert, also durch die Angabe der Merkmale oder Eigenschaften, die die Elemente der Menge von anderen Objekten unterscheiden, so schreiben wir:

$$M = \{x \mid x \text{ hat die Eigenschaft } E\}$$

Gesprochen wird das: "*M* ist die Menge aller *x*, mit *x* hat die Eigenschaft *E*".

Diese Schreibweise wird vorzugsweise bei Mengen mit einer großen oder sogar unendlichen Anzahl von Elementen angewandt.

Die Menge ist in diesem Fall zwar wohldefiniert, die einzelnen Elemente der Menge sind aber solange unbekannt, bis die Welt der Objekte daraufhin überprüft wird, ob und welche Objekte die Eigenschaft *E* aufweisen und zur Menge gehören und welche nicht.

BEISPIELE

$$M_3 = \{x \mid x \text{ ist eine natürliche Zahl}\} = \{x \mid x \in \mathbf{N}\}$$
$$M_4 = \{x \mid x^2 = 1\}$$
$$M_5 = \{x \mid x \text{ ist Student der Uni Kassel im WS 2010}\}$$

5. Enthält eine Menge gar keine Elemente, wird sie als **leere Menge** bezeichnet. Wir schreiben dann

$$M = \{ \quad \} = \varnothing$$

Die Liste zwischen den Mengenklammern ist in diesem Fall ohne Eintrag. Die leere Menge können wir als eine Art "Null" der Mengenlehre auffassen; daher verwenden wir auch als Symbol die durchgestrichene Null.

Bei Mengen, die durch eine Bildungsregel definiert sind oder das Ergebnis von Mengenoperationen sind, kann es vorkommen, dass es gar kein Element gibt, das die Eigenschaft *E* aufweist.

BEISPIELE

$$M_7 = \varnothing$$
$$A = \{x \mid x \text{ ist eine ungerade Zahl, die mit 2 endet}\} = \varnothing$$
$$B = \{x \mid x \text{ ist eine ungerade Zahl, deren Quadrat eine gerade Zahl ist}\} = \varnothing$$
$$C = \{x \mid x \in \mathbf{R}, x^2 < 0\} = \varnothing$$
$$D = \{x \mid x \neq x\} = \varnothing$$

1.3.3 Mengenoperationen

Mengen können durch Mengenoperationen auf verschiedenste Weise miteinander verknüpft werden. So entstehen neue "abgeleitete" Mengen, deren Bildungsregeln auf der Kombination von Eigenschaften der Ausgangsmengen beruhen. Die Zugehörigkeit zu einer abgeleiteten Menge hängt davon ab, ob ein Element die entsprechende Merkmalskombination aufweist oder nicht.

1. Die **Vereinigung** $A \cup B$ zweier Mengen A und B ist die Menge der Elemente, die wenigstens in einer der beiden Mengen A **oder** B liegen. Die Vereinigungsmenge besteht also aus den Elementen von A und B. Die Elemente, die sowohl in A als auch in B enthalten sind, werden dabei nicht zweimal aufgeführt.

$$A \cup B = \{x \mid x \in A \text{ oder } x \in B\}$$
$$= \{x \mid x \in A \vee x \in B\}$$

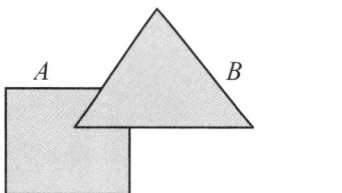

$$A \cup B$$

Das Wort "oder" wird hier abweichend vom umgangssprachlichen Gebrauch in der nicht ausschließenden Bedeutung verwendet, die auch zulässt, dass beide Alternativen gleichzeitig eintreten. Ein Element kann daher sowohl aus der Menge A als auch aus B sein. Zur Vermeidung von Missverständnissen bedienen wir uns daher des logischen oder-Operators $\vee$ (lat. vel), der in diesem nicht ausschließenden Sinn definiert ist.

BEISPIELE

$$M_1 \cup M_2 = \{u, n, i\} \cup \{23, 4, 2010, \sqrt{2}\} = \{u, n, i, 23, 4, 2010, \sqrt{2}\}$$
$$M_3 \cup M_4 = \{x \mid x \in \mathbf{N}\} \cup \{x \mid x^2 = 1\} = \{x \mid x \in \mathbf{N} \vee x^2 = 1\}$$
$$= \{-1, 1, 2, 3, \ldots\}$$

2. Der **Durchschnitt** $A \cap B$ zweier Mengen A und B ist die Menge der Elemente, die in A **und** in B enthalten sind. Der Durchschnitt besteht also nur aus den Elementen von A und B, die sowohl in A als auch in B liegen.

$$A \cap B = \{x \mid x \in A \text{ und } x \in B\}$$
$$= \{x \mid x \in A \wedge x \in B\} = \{x \mid x \in A, x \in B\}$$

Anstelle des Wortes "und" können wir auch den logischen und-Operator $\wedge$ verwenden oder die Eigenschaften einfach durch ein Komma trennen.

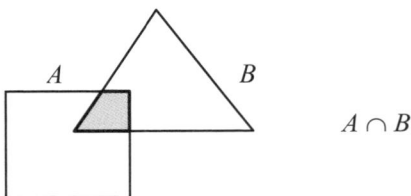

$$A \cap B$$

Zwei Mengen A und B heißen **disjunkt**, wenn ihr Durchschnitt leer ist

$$A \cap B = \varnothing$$

Die Mengen A und B haben dann keine gemeinsamen Elemente, sind also elementfremd.

BEISPIELE

$$M_1 \cap M_2 = \{u, n, i\} \cap \{23, 4, 2010, \sqrt{2}\} = \varnothing$$
$$M_2 \cap M_3 = \{23, 4, 2010, \sqrt{2}\} \cap \{x \mid x \in \mathbf{N}\} = \{23, 4, 2010\}$$
$$M_3 \cap M_4 = \{x \mid x \in \mathbf{N}\} \cap \{x \mid x^2 = 1\} = \{1\}$$
$$M_5 \cap M_6 = \{x \mid x \text{ ist Student der Uni Kassel im WS 2010}$$
$$\wedge \text{ hat 1. Wohnsitz in Kassel am 1.10.2010}\}$$

3. Die **Differenz $A \setminus B$** zweier Mengen A und B ist die Menge der Elemente von A, die nicht in B enthalten sind.

$$A \setminus B = \{x \mid x \in A \text{ und } x \notin B\} = \{x \mid x \in A \wedge x \notin B\}$$

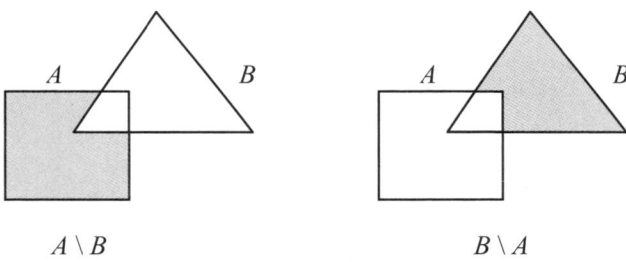

$A \setminus B$ $B \setminus A$

Es gilt offenbar

$$A \setminus B \neq B \setminus A$$

Bei der Bildung der Differenz kommt es also auf die Reihenfolge an. $A \setminus B$ ist etwas völlig anderes als $B \setminus A$. $A \setminus B$ besteht aus den Elementen von A ohne den gemeinsamen Durchschnitt $A \cap B$ und $B \setminus A$ aus den Elementen von B ohne den Durchschnitt $A \cap B$. D.h. die Differenz ist **nicht kommutativ**!

BEISPIELE

$$M_1 \setminus M_2 = \{u, n, i\} \setminus \{23, 4, 2010, \sqrt{2}\} = \{u, n, i\} = M_1$$

$$M_2 \setminus M_1 = \{23, 4, 2010, \sqrt{2}\} \setminus \{u, n, i\} = \{23, 4, 2010, \sqrt{2}\} = M_2$$

$$M_2 \setminus M_3 = \{23, 4, 2010, \sqrt{2}\} \setminus \{x \mid x \in \mathbf{N}\} = \{\sqrt{2}\}$$

$$M_3 \setminus M_2 = \{x \mid x \in \mathbf{N}\} \setminus \{23, 4, 2010, \sqrt{2}\} = \mathbf{N} \setminus \{23, 4, 2010\}$$

$$M_5 \setminus M_6 = \{x \mid x \text{ ist Student der Uni Kassel im WS 2010}$$

$$\wedge \text{ hat nicht den 1. Wohnsitz in Kassel am 1.10.2010}\}$$

4. Das **kartesische Produkt** $A \times B$ zweier Mengen A und B ist die Menge der Paare von Elementen (a, b), die gebildet werden, indem jedes Element von A mit jedem Element von B kombiniert wird. An der 1. Stelle steht dabei immer ein Element von A und an der 2. Stelle immer ein Element von B. Wir sprechen daher von **geordneten** Paaren von Elementen.

$$A \times B = \{(a,b) \mid a \in A \text{ und } b \in B\}$$

		b_1	b_2	b_3	b_4	...
				B		
A	a_1	$a_1 b_1$	$a_1 b_2$	$a_1 b_3$	$a_1 b_4$	...
	a_2	$a_2 b_1$	$a_2 b_2$	$a_2 b_3$	$a_2 b_4$	...
	a_3	$a_3 b_1$	$a_3 b_2$	$a_3 b_3$	$a_3 b_4$	...
	$\vdots$	$\vdots$	$\vdots$	$\vdots$	$\vdots$	

Bei der Bildung des kartesischen Produkts ist die Reihenfolge bedeutsam, in der die Elemente der Mengen angeordnet werden. Daher gilt

$$A \times B \neq B \times A$$

Das kartesische Produkt ist also **nicht kommutativ**.

BEISPIELE

$$M_1 \times M_2 = \{(u, 23), (u, 4), (u, 2010), (u, \sqrt{2}),$$
$$(n, 23), (n, 4), (n, 2010), (n, \sqrt{2}),$$
$$(i, 23), (i, 4), (i, 2010), (i, \sqrt{2})\}$$

$$\mathbf{R} \times \mathbf{R} = \mathbf{R}^2 = \{(a,b) \mid a \in \mathbf{R} \text{ und } b \in \mathbf{R}\}$$

Das kartesische Produkt der Mengen der reellen Zahlen $\mathbf{R}$ mit sich selbst, wird zweidimensionaler reeller Zahlenraum oder **Zahlenebene** $\mathbf{R}^2$ genannt (gesprochen R zwei). Der $\mathbf{R}^2$ besteht aus allen geordneten reellen Zahlenpaaren. Die Elemente a und b eines geordneten Zahlenpaares heißen **Koordinaten** des **Punktes** (a, b).

Der Zahlenebene entspricht die **geometrische Ebene**, d.h. jedem Punkt der Zahlenebene entspricht ein Punkt der geometrischen Ebene.

Dargestellt wird der $\mathbf{R}^2$ im **kartesischen Koordinatensystem**. Es besteht aus zwei Zahlengeraden mit gleichem Maßstab, die sich rechtwinklig im Nullpunkt schneiden. Die horizontale Zahlengerade oder Achse wird als Abszisse bezeichnet und die vertikale Achse als Ordinate. Der Schnittpunkt der beiden Achsen heißt Nullpunkt oder **Ursprung**. Die vier Felder des Koordinatensystems heißen **Quadranten** und werden gegen den Uhrzeigersinn numeriert.

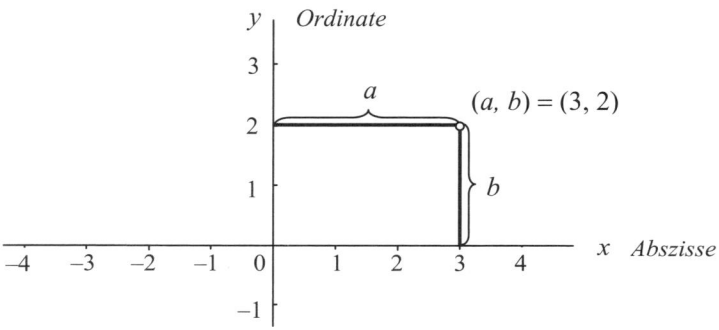

5. Das **Komplement** $\overline{A}$ von A bezüglich einer Obermenge oder Universalmenge M, die alle für eine gegebene Fragestellung relevanten Elemente enthält, ist die Menge der Elemente von M, die nicht in A enthalten sind:

$$\overline{A} = M \setminus A = \{x \mid x \in M \text{ und } x \notin A\}$$

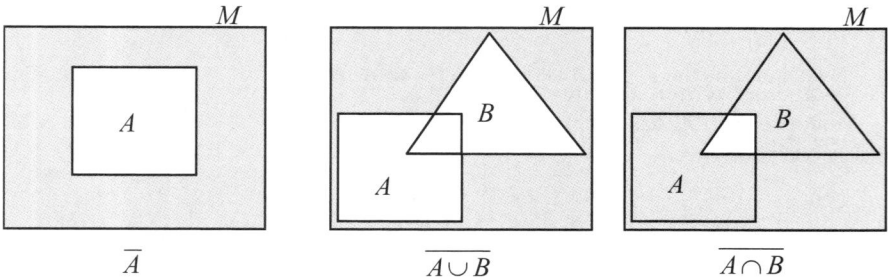

Es gilt:

$$\overline{A} \cup A = M$$

Die Vereinigung einer Menge A und ihres Komplements $\overline{A}$ ist immer gleich der Obermenge M.

BEISPIELE

$$\overline{\mathbf{N}} = \mathbf{R} \setminus \mathbf{N} = \{x \mid x \in \mathbf{R}, x \notin \mathbf{N}\}$$

Das Komplement der Menge der natürlichen Zahlen in der Menge der reellen Zahlen ist die Menge der reellen Zahlen, die keine natürlichen Zahlen sind.

Oder sei **G** die Menge der geraden Zahlen

$$\mathbf{G} = \{x \mid x = 2n, n \in \mathbf{N}\}$$
$$\overline{\mathbf{G}}_{\mathbf{N}} = \mathbf{N} \setminus \mathbf{G} = \{x \mid x \in \mathbf{N}, x \notin \mathbf{G}\} = \{x \mid x = 2n - 1, n \in \mathbf{N}\} = \mathbf{U}$$

Das Komplement der Menge der geraden Zahlen in der Menge der natürlichen Zahlen ist die Menge der ungeraden Zahlen **U**. Die Vereinigung der geraden und ungeraden Zahlen ist die Menge der natürlichen Zahlen:

$$\overline{\mathbf{G}} \cup \mathbf{G} = \mathbf{U} \cup \mathbf{G} = \mathbf{N}$$

1.3.4 Rechnen mit Mengen

1. Die Menge A heißt **Teilmenge** der Menge B, wenn jedes Element der Menge A auch Element der Menge B ist, geschrieben:

   $$A \subset B$$

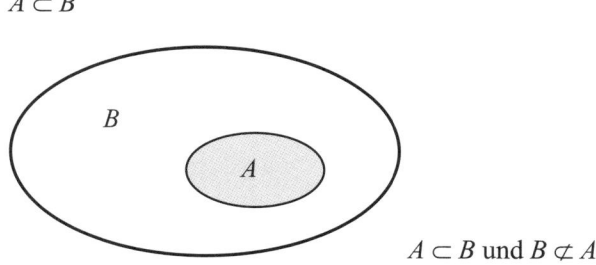

$A \subset B$ und $B \not\subset A$

Von einer **echten Teilmenge** sprechen wir dann, wenn es mindestens ein Element in B gibt, das nicht in A enthalten ist. Ist A keine Teilmenge von B, so schreiben wir

   $$A \not\subset B$$

BEISPIELE

$$M_2 \subset \mathbf{R}$$
$$M_2 \not\subset \mathbf{Q}$$
$$M_3 \subset \mathbf{Z}$$
$$M_4 \not\subset \mathbf{N}$$
$$\mathbf{N} \subset \mathbf{Z} \subset \mathbf{Q} \subset \mathbf{R}$$

2. Zwei Mengen sind **gleich**

$$A = B$$

wenn jedes Element von A auch Element von B ist und umgekehrt. Die Mengen A und B sind genau dann gleich, wenn A Teilmenge von B und B zugleich Teilmenge von A ist:

$$A = B \Leftrightarrow A \subset B \wedge B \subset A$$

BEISPIELE

$$M_1 = \{u, n, i\} = \{n, u, i\}$$
$$M_3 = \mathbf{N}$$
$$\varnothing \neq \{0\}$$

3. Für jede Menge A gilt

$$A \subset A$$
$$\varnothing \subset A$$

Jede Menge enthält **sich selbst** als Teilmenge und die **leere Menge** ist Teilmenge in jeder Menge.

4. Für die Vereinigung und den Durchschnitt beliebiger Mengen A, B und C gelten das **Kommutativ-, Assoziativ-** und **Distributivgesetz**:

$$A \cap B = B \cap A \qquad \text{(Kommutativität)}$$
$$A \cup B = B \cup A$$
$$(A \cap B) \cap C = A \cap (B \cap C) \qquad \text{(Assoziativität)}$$
$$(A \cup B) \cup C = A \cup (B \cup C)$$
$$A \cup (B \cap C) = (A \cup B) \cap (A \cup C) \qquad \text{(Distributivität)}$$
$$A \cap (B \cup C) = (A \cap B) \cup (A \cap C)$$

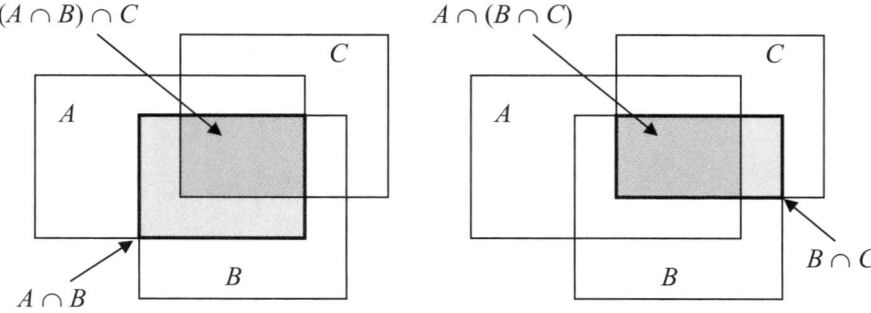

5. Schließlich gelten die folgenden einfachen **Grundregeln**:

Der Durchschnitt zweier Mengen A und B ist Teilmenge sowohl von A als auch von B.

$A \cap B \subset A$

$A \cap B \subset B$

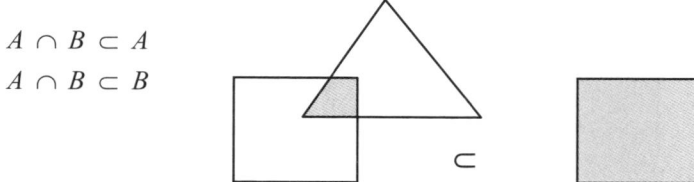

Jede Menge A (B) ist Teilmenge ihrer Vereinigung mit einer beliebigen anderen Menge B (A).

$A \subset A \cup B$

$B \subset A \cup B$

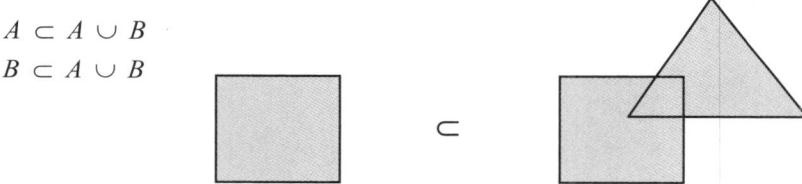

Der Durchschnitt zweier Mengen A und B ist Teilmenge der Vereinigung von A und B.

$A \cap B \subset A \cup B$

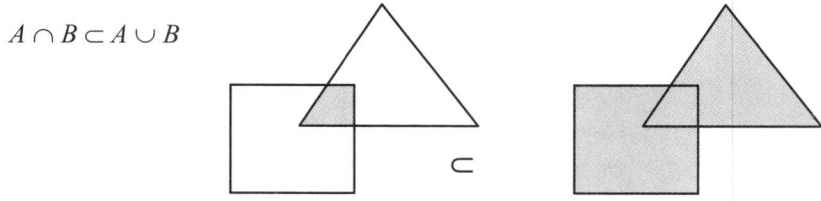

Die Vereinigung der Differenzen $A \setminus B$, $B \setminus A$ und des Durchschnitts $A \cap B$ ist gleich der Vereinigung $A \cup B$.

$A \cup B = (A \setminus B) \cup (A \cap B) \cup (B \setminus A)$

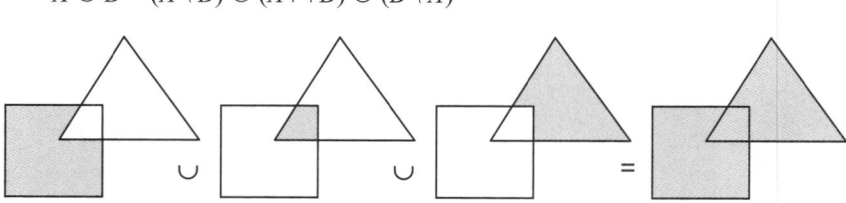

ÜBUNG 1.3

1. Stellen Sie die Menge der Buchstaben des Wortes "Wirtschaftswissen-schaften" als Liste und durch die definierende Eigenschaft dar!

2. Prüfen Sie, welche der folgenden Beziehungen wahr ist?

    $a \in \{a\}, a \subset \{a\}, \{a\} \subset \{a\}, \varnothing = \{0\}, \varnothing \subset \{0\}, \varnothing \in \{a, b\}, a \not\subset \{a, b\}$

3. Bilden Sie $A \cup B, A \cap B, A \setminus B$ und $B \setminus A$ für die folgenden Mengen

    a. $A = \{1, 2, 3\}$ $B = \{0, 3\}$
    b. $A = \{2, 4, 6, \ldots\}$ $B = \{1, 3, 5, \ldots\}$
    c. $A = \varnothing$ $B = \{1, 2\}$

4. Geben Sie alle Teilmengen der Menge $M = \{a, b, c, d\}$ an!

5. Es sei $A \subset B$. Bestimmen Sie $A \cup B, A \cap B, A \setminus B$!

6. Angenommen es gilt

    a. $a \in A \cap B \Rightarrow a\,?\,A, a\,?\,B$ d. $a \notin A \cap B$
    b. $a \in A \cup B$ e. $a \notin A \cup B$
    c. $a \in A \setminus B$ f. $a \notin A \setminus B$

    Welche Beziehung besteht dann jeweils zwischen dem Element a und den Mengen A, B?

7. Die Befragung von Studenten hat ergeben, dass 50 die Tageszeitung X, 40 die Tageszeitung Y, 35 beide Zeitungen und 10 keine Zeitung lesen. Wie viele Studenten haben an der Befragung teilgenommen? (Hinweis: Die Zahl der Elemente einer Menge heißt Mächtigkeit und wird mit $n(A)$ bezeichnet.)

8. Welche der folgenden Aussagen ist wahr?

    a. $A \setminus B = B \setminus A$ d. $A \subset B \Rightarrow A \cup B = B$
    b. $A \subset B \Leftrightarrow A \cap B = A$ e. $A \cap B = A \cap C \Rightarrow B = C$
    c. $A \cup B = A \cup C \Rightarrow B = C$ f. $A \setminus (B \setminus C) = (A \setminus B) \setminus C$

    Geben Sie ein Gegenbeispiel oder erläutern Sie im Venn-Diagramm!

9. Gegeben seien die Mengen:

    $A = \{x \mid x = 2n-1, n \in \mathbf{N}\}$; $B = \{x \mid 2 < x \le 6, x \in \mathbf{Z}\}$

    Bestimmen Sie:

    a. $M = (A \cap B) \cup (A \setminus B)$ und $\overline{M}_{\mathbf{N}} = \mathbf{N} \setminus M$
    b. $M = (A \cap B) \cap (A \setminus B)$ und $\overline{M}_{\mathbf{N}} = \mathbf{N} \setminus M$

1.4 Funktionen

Das analytische Interesse der Wirtschaftswissenschaften gilt den Wirkungszusammenhängen zwischen ökonomischen Variablen. Es geht z.B. darum zu erklären, wie

- die Produktmenge die Kosten beeinflusst

- der Benzinpreis den Autoabsatz

- der Zinssatz das Investitionsverhalten

also um Kausalitäten, bei denen der Wert einer Variablen eindeutig vom Wert einer anderen Variablen abhängt.

Wenn wir die Zahlenwerte, die die Variablen annehmen können, als Mengen interpretieren, geht es in den Wirtschaftswissenschaften also stets um die Erklärung von Beziehungen zwischen Mengen oder genauer zwischen den Elementen verschiedener Mengen.

Die Beziehungen zwischen Elementen verschiedener Mengen bezeichnen wir allgemein als **Relation** und, wenn die Beziehung eindeutig ist, als **Funktion**. Beziehungen zwischen Mengen, deren Elemente reelle Zahlen bzw. ökonomische Größen sind, spielen in der Mathematik und ihren ökonomischen Anwendungen eine zentrale Rolle.

1.4.1 Definition von Relation und Funktion

Nehmen wir an, X und Y seien zwei reelle Zahlenmengen

$$X = \{x_1, x_2, x_3, \dots\} \subset \boldsymbol{R}$$
$$Y = \{y_1, y_2, y_3, \dots\} \subset \boldsymbol{R}$$

Wir können diese beiden Mengen nun dadurch miteinander verknüpfen, dass wir nach einer bestimmten Regel aus den Elementen der beiden Mengen geordnete Zahlenpaare bilden, bei denen an der ersten Stelle immer ein Element aus X und an der zweiten Stelle immer ein Element aus Y steht. Wir definieren:

Relation

Jede Menge geordneter Zahlenpaare (x, y), die durch eine Zuordnung aus den Elementen der Mengen X und Y gebildet wird, heißt (binäre) **Relation** oder **Abbildung**.

Im Mengendiagramm stellen wir die **Zuordnung** oder Verknüpfung von X und Y durch Pfeile oder Verbindungslinien dar:

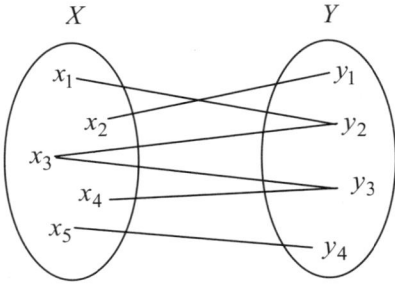

Zuordnungsvorschrift

Jedem Element x der Menge X wird dabei ein Element y der Menge Y zugeordnet:

$$R = \{(x_1, y_2), (x_2, y_1), (x_3, y_2), (x_3, y_3), (x_4, y_3), (x_5, y_4)\} \subset \mathbf{R}^2$$

Die Art der Verknüpfung unterliegt dabei zunächst keinen Einschränkungen. Jedes x und y kann wiederholt auftreten. Jedem x können mehrere y zugeordnet sein und umgekehrt kann jedes y mehreren x entsprechen. Die Relation ist wie jede Menge vollständig durch die Aufzählung ihrer Elemente bestimmt. Bezeichnen wir die Zuordnungsvorschrift mit Z, dann können wir die Relation auch durch ihre Bildungsregel definieren und schreiben:

$$R = \{(x, y) \mid xZy, x \in X, y \in Y\}$$

BEISPIELE

1. $R_1 = \{(1,2), (2,5), (2,3), (3,1)\}$

   Die Relation ist hier durch die Aufzählung der Zahlenpaare gegeben. X ist die Menge der Elemente, die in den geordneten Zahlenpaaren, aus denen die Relation R_1 besteht, an der ersten Stelle stehen und Y die Menge der Elemente, die an der zweiten Stelle stehen:

   $$X = \{1, 2, 3\}$$
   $$Y = \{1, 2, 3, 5\}$$

   In diesem Beispiel könnte X die Zeit (Datum) und Y den Kurs einer Aktie bedeuten, der an den ersten drei Tagen des Monats ermittelt wurde.

   Während es am 1. und 3. Tag nur eine Kursfeststellung gegeben hat, wurde am 2. Tag der Kurs zweimal ermittelt. Ohne weitere Festlegung ist der Kurs am 2. Tag daher nicht eindeutig. Welcher Kurs soll gemeint sein 3 oder 5, wenn vom Kurs am 2. Tag gesprochen wird?

Da X und Y reelle Zahlenmengen sind, können wir sie auf der Zahlengeraden abbilden und erhalten folgendes Pfeildiagramm:

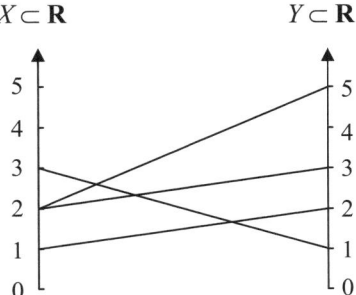

Wir sehen, dass die Zuordnung nicht eindeutig sondern mehrdeutig ist. Der Zahl $x = 2$ werden zwei verschiedene Werte $y = 3$ und $y = 5$ als Bild zugeordnet. Die Darstellung im Pfeildiagramm hat den Nachteil, dass sie die Art der Zuordnung, also wie die x- und y-Werte miteinander verknüpft sind, nicht sichtbar macht.

Wir haben bereits gesehen, dass wir reelle Zahlenpaare als Punkte in der geometrischen Ebene auffassen und in einem kartesischen Koordinatensystem darstellen können. Jedem Zahlenpaar (x, y) entspricht ein Punkt mit den Koordinaten x und y. Das Diagramm der geordneten Zahlenpaare, das wir so gewinnen, heißt **Graph** oder graphische Darstellung der Relation.

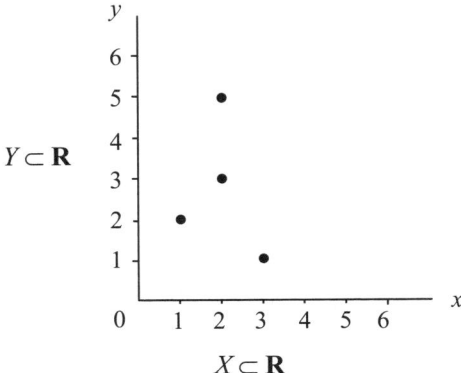

Der Graph besteht hier aus einer endlichen Anzahl unverbundener Punkte. Die Mehrdeutigkeit der Relation ist daran ablesbar, dass über einem x-Wert auf der Abszisse mehr als ein Punkt des Graphen liegt.

2. $R_2 = \{(x, y) \mid x \leq y,\ x \in X = \mathbf{R},\ y \in Y = \mathbf{R}\}$

Diese Relation ist durch Angabe der Bildungsregel (Zuordnungsvorschrift) definiert. Danach sind alle Zahlenpaare zu bilden, die die Eigenschaft haben, dass die zweite Zahl nicht kleiner als die erste Zahl ist. Jeder x-Wert kann also gepaart werden mit dem gleichen y-Wert ($y = x$) und jedem y-Wert, der größer ist ($y > x$).

Hier kann es sich um Heiratsvorschriften in einem fremden Land handeln, dessen Gesetzgebung für die restriktiven Eingriffe in das Privatleben und die persönlichen Freiheiten seiner Bürger berüchtigt ist!

X bedeutet das Vermögen der Frau, Y das des Mannes. Danach ist eine Ehe nur zulässig, wenn das Vermögen des Mannes mindestens so groß ist wie das der Frau (oder umgekehrt?). Alternativ können X und Y auch die Körpergröße, der IQ oder das Lebensalter sein.

Wir haben es also mit einer unendlichen Menge von Zahlenpaaren zu tun, die durch die aufzählende Schreibweise gar nicht darstellbar ist. Als grafische Darstellung erhalten wir eine Fläche (eine sog. Halbebene):

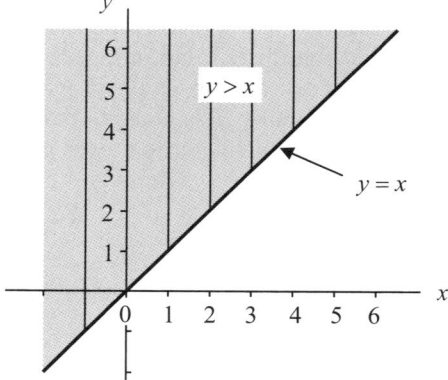

Auf der 45°-Linie, der Geraden $y = x$, liegen alle Zahlenpaare mit gleichen Koordinaten; darüber liegen die Zahlenpaare, deren y-Koordinaten größer als die x-Koordinate sind. Der Graph ist also die durch die Gerade $y = x$ nach unten begrenzte Fläche.

Die Relation ist wieder **mehrdeutig**, da jedem x-Wert unendlich viele y-Werte zugeordnet werden können. In der Grafik liegen über jedem x-Wert unendlich viele y-Werte, nämlich alle auf der bei $y = x$ beginnenden senkrechten Geraden.

3. $R_3 = \{(x,y) \mid y = x^2, -1 \leq x \leq 1, x \in \mathbf{R}\}$

Hier ist die Zuordnungsvorschrift eine **Rechenvorschrift**, die angibt, wie für jedes x das y berechnet wird; danach ist jedem x das eigene Quadrat x^2 als y-Wert oder Bild zuzuordnen.

Während die Menge X direkt gegeben ist:

$$X = \{x \mid -1 \leq x \leq 1, x \in \mathbf{R}\}$$

also aus allen reellen Zahlen besteht, die nicht kleiner als -1 und nicht größer als 1 sind, ist Y durch X und die Rechenvorschrift bereits bestimmt. Y besteht aus den Quadraten der reellen Zahlen $x \in X$. Da die Quadrate reeller Zahlen nichtnegativ sind, erhalten wir:

$$Y = \{y \mid y = x^2, x \in X\} = \{y \mid 0 \leq y \leq 1, y \in \mathbf{R}\}$$

Der Graph ist eine u-förmige **Kurve**. Um den Graphen skizzieren zu können, müssen für einige ausgewählte x-Werte die zugeordneten y-Werte berechnet werden. Dazu wird eine **Wertetabelle** angelegt.

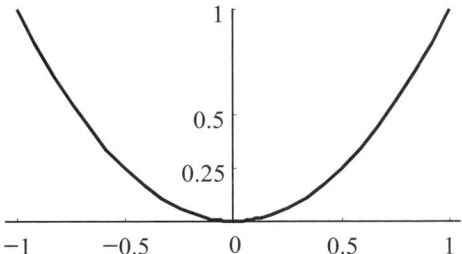

x	y
-1	1
$-1/2$	$1/4$
$-1/4$	$1/16$
0	0
$1/4$	$1/16$
$1/2$	$1/4$
1	1

Die Zuordnung ist hier **eindeutig**, d.h. jedem x entspricht genau ein y-Wert oder von jedem x geht nur eine Zuordnung aus. In der Grafik erkennen wir die Eindeutigkeit daran, dass über jedem x-Wert (Punkt auf der Abszisse) nur ein Kurvenpunkt liegt. Eine solche eindeutige Relation heißt **Funktion**.

Der positive Zweig dieser Funktion könnte leicht modifiziert, ein Einkommensteuertarif sein:

$$R_3 = \{x \mid y = \frac{1}{2 \cdot 10^5} x^2, 0 \leq x \leq 5 \cdot 10^4\}$$

X bedeutet dann das Einkommen und Y den Steuerbetrag.

Für jedes Einkommensniveau zwischen 0 und 50.000 € gibt die Funktion nun eindeutig die Steuerschuld an. Der Steuertarif steigt progressiv bis auf 50% bei 50.000 €. Die Steuerschuld beträgt dann 12.500 €.

Die Funktion, die im Mittelpunkt unserer weiteren Überlegungen stehen wird, ist also der Sonderfall der Relation. Wir definieren

Funktion

Die Funktion ist eine **eindeutige Abbildung**, bei der jedem Element x einer Menge X genau ein Element y einer Menge Y zugeordnet wird.

Die Menge X heißt **Definitionsbereich** (Grundmenge), die Menge Y **Wertebereich** (Bildmenge). Die Elemente x nennt man (unabhängige) Variable oder Argument, die Elemente y abhängige Variable oder Funktionswert.

Da die Funktion als eindeutige Abbildung definiert ist, darf im Pfeildiagramm von jedem Element des Definitionsbereichs nur eine Zuordnungslinie ausgehen, während zu jedem Element des Wertevorrats eine oder mehrere Zuordnungslinien führen können. D.h. verschiedene Elemente von X können dasselbe Element von Y als Bild (Wert) haben. Es gibt aber kein Element von X das verschiedene Elemente von Y als Bilder hat.

Eine Funktion ist eindeutig bestimmt durch ihren Definitionsbereich und ihre Zuordnungsvorschrift (Funktionsvorschrift), die angibt, welcher Wert (Bild) jedem Element des Definitionsbereichs zugeordnet werden soll. Bezeichnen wir die Funktionsvorschrift mit f, so erhalten wir folgende Schreibweise:

$$F = \{(x,y) \mid y = f(x), x \in X\}$$

Gebräuchlich ist die vereinfachende Darstellung der Funktion durch ihre **Funktionsgleichung** mit Angabe des Definitionsbereichs

$$y = f(x) \quad \text{mit} \quad x \in X \subset \mathbf{R}$$

Die Funktionsgleichung ist nicht identisch mit der Funktion, sondern ist die Regel, nach der die geordneten Zahlenpaare gebildet werden, aus denen die Funktion besteht.

Wir werden uns im Folgenden auf reelle Funktionen beschränken, bei denen Definitions- und Wertebereich reelle Zahlenmengen sind:

$$X, Y \subset \mathbf{R}$$

Wird auf die Angabe des Definitionsbereichs verzichtet, so ist immer der größtmögliche Definitionsbereich gemeint, d.h. die Menge der reellen Zahlen, für die die Funktionsvorschrift f reelle Zahlen ergibt:

$$X = X_{max} = \{x \mid y = f(x) \in \mathbf{R}\}$$

BEISPIELE

4. $f(x) = \dfrac{1}{x}$ $X = X_{max} = \mathbf{R} \setminus \{0\}, \quad Y = \mathbf{R} \setminus \{0\}$

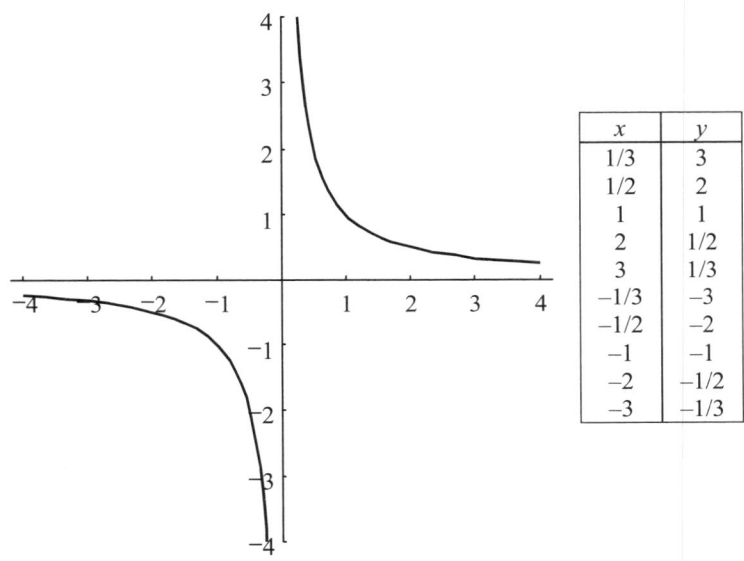

x	y
1/3	3
1/2	2
1	1
2	1/2
3	1/3
−1/3	−3
−1/2	−2
−1	−1
−2	−1/2
−3	−1/3

Durch die Funktionsvorschrift wird jedem x der Kehrwert als Funktionswert zugeordnet. Das ist zulässig für alle von null verschiedenen reellen Zahlen. Der maximale Definitionsbereich ist also gleich der Menge der reellen Zahlen ohne die Null. Der Wertebereich besteht aus all den reellen Zahlenwerten, die $y = 1/x$ annehmen kann; d.s. alle reellen Zahlen mit Ausnahme der Null. Der Graph besteht hier aus zwei Zweigen im 1. und 3. Quadranten des Koordinatensystems, da die Funktionswerte dasselbe Vorzeichen wie die x-Werte aufweisen; für positive x-Werte ergeben sich positive Funktionswerte und für negative x-Werte negative y-Werte.

5. $f(x) = x^2$ $X = X_{max} = \mathbf{R}, \quad Y = \mathbf{R}^+ \cup \{0\} = \mathbf{R}_0^+$

Einen Ausschnitt dieser quadratischen Funktion haben wir bereits in Beispiel 3 kennengelernt. Da reelle Zahlen uneingeschränkt mit sich selbst multipliziert werden können, also von allen reellen Zahlen das Quadrat gebildet werden kann, ist der maximale Definitionsbereich gleich der Menge der reellen Zahlen. Der Wertebereich besteht nun aus allen nichtnegativen reellen Zahlen.

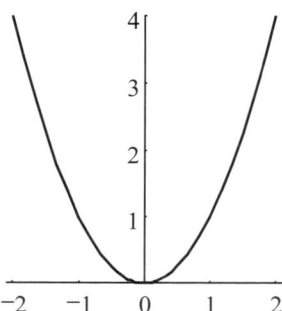

x	y
-3	9
-2	4
-1	1
$-1/2$	1/4
0	0
1/2	1/4
1	1
2	4
3	9

Der Graph dieser Funktion besteht aus zwei Zweigen im 1. und im 2. Quadranten. Da die Quadrate reeller Zahlen immer positiv sind, führen sowohl die positiven als auch die negativen x-Werte zu positiven Funktionswerten.

6. $f(x) = \sqrt{x}$ $X = X_{max} = \mathbf{R}^+ \cup \{0\} = \mathbf{R}_0^+, \; Y = \mathbf{R}_0^+$

Durch die Funktionsvorschrift wird jedem Wert des Arguments x seine positive Quadratwurzel als Funktionswert zugeordnet. Das Wurzelzeichen ist ein Operator, der uns anweist, für jedes x die reelle Zahl zu bestimmen, die mit sich selbst multipliziert, x ergibt. Nun wissen wir, dass das Quadrat einer reellen Zahl immer positiv ist. Sowohl das Quadrat von $+2$ als auch von -2 ergibt 4. Folglich dürfen unter dem Wurzelzeichen nur nichtnegative Zahlen stehen, d.h. die Funktion ist nur definiert für die positiven reellen Zahlen und die Null.

Da vereinbarungsgemäß mit $\sqrt{x}$ immer die positive der beiden Zahlen gemeint ist, deren Quadrat x ergibt, ist auch der Wertebereich gleich der Menge der nichtnegativen reellen Zahlen. Der Graph der Funktion liegt daher ausschließlich im 1. Quadranten, besteht also nur aus Punkten mit nichtnegativen Koordinaten.

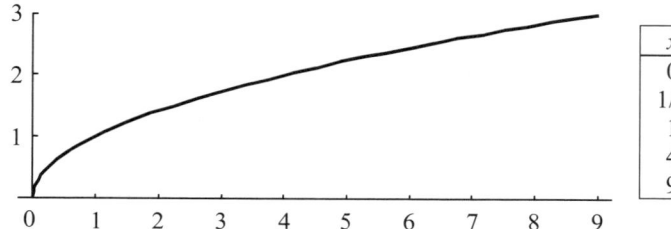

x	y
0	0
1/4	1/2
1	1
4	2
9	3

Zwei weitere Beispiele sollen zeigen, wie mit Funktionsgleichungen, die aus einem komplexeren Rechenausdruck bestehen, umgegangen werden muss. Soll der Funktionswert an einer bestimmten Stelle $x = a$ berechnet werden, so muss in der Funktionsgleichung der Wert a überall dort eingesetzt werden, wo x steht.

7. $f(x) = x^2 - x + 2$

$$f(a) = a^2 - a + 2$$

$$f(2) = 2^2 - 2 + 2 = 4 - 2 + 2 = 4$$

$$f(-3) = (-3)^2 - (-3) + 2 = 9 + 3 + 2 = 14$$

$$f(0) = 0^2 - 0 + 2 = 0 - 0 + 2 = 2$$

$$f(x+2) = (x+2)^2 - (x+2) + 2$$
$$= (x^2 + 4x + 4) - (x+2) + 2$$
$$= x^2 + 4x + 4 - x - 2 + 2$$
$$= x^2 + 3x + 4$$

$$f(x+h) - f(x) = (x+h)^2 - (x+h) + 2 - (x^2 - x + 2)$$
$$= x^2 + 2xh + h^2 - x - h + 2 - x^2 + x - 2$$
$$= 2xh + h^2 - h$$

8. $f(x) = \dfrac{x+1}{x}$

$$f(1) = \frac{1+1}{1} = \frac{2}{1} = 2$$

$$f(-1) = \frac{-1+1}{-1} = \frac{0}{-1} = 0$$

$$f(0) = \frac{0+1}{0} = \frac{1}{0} = nicht\ definiert$$

$$f(a+h) - f(a) = \frac{a+h+1}{a+h} - \frac{a+1}{a} = \frac{(a+h+1)a}{(a+h)a} - \frac{(a+h)(a+1)}{(a+h)a}$$

$$= \frac{a^2 + ha + a - (a^2 + a + ha + h)}{(a+h)a}$$

$$= \frac{a^2 + ha + a - a^2 - a - ha - h}{(a+h)a}$$

$$= -\frac{h}{(a+h)a}$$

1.4.2 Inverse Funktionen

In der ökonomischen Anwendung stellt sich immer wieder die Frage nach der Umkehrbarkeit von Funktionen. So gibt die Nachfragefunktion z.B. an, wie die auf einem Markt nachgefragte Menge x von der Höhe des Preises p abhängt. Aus der Sicht des Produzenten interessiert aber auch die umgekehrte Frage, welcher Preis p für eine gegebene Menge x verlangt oder erzielt werden kann; also die inverse Nachfragefunktion oder Umkehrfunktion.

Wenn wir den durch eine Funktion dargestellten Zusammenhang als Ursache-Wirkungs-Beziehung auffassen, liegt es nahe zu fragen, ob sich diese Beziehung auch umdrehen lässt. Also von der Wirkung auf die zugrunde liegende Ursache geschlossen werden kann. Oder ob man Ursache und Wirkung vertauschen kann, also eine Wechselwirkung zwischen den Variablen besteht, so dass jede Variable je nach Sichtweise sowohl als unabhängige als auch als abhängige Variable aufgefasst werden kann.

Mathematisch ist das die Frage nach der Umkehrbarkeit und der Umkehrfunktion einer Funktion.

Die Funktionen haben wir definiert als eindeutige Abbildung (Relation), durch die jedem x-Wert des Definitionsbereichs D genau ein y-Wert aus dem Wertebereich W zugeordnet wird. Dadurch ist nicht ausgeschlossen, dass ein Bild mehrere Urbilder hat. Im Beispiel 5 hat jedes Bild zwei Urbilder. Jede nichtnegative reelle Zahl ist das Quadrat einer positiven und einer negativen reellen Zahl. So ist z.B. die positive Zahl 4 das Quadrat von +2 und −2.

Wenn wir aber die Abbildung umkehren wollen, setzt das voraus, dass wir eindeutig vom Funktionswert y auf den x-Wert zurückschließen können. Wir definieren daher

Eineindeutige Abbildung

Wir nennen eine Funktion **umkehrbar** oder **eineindeutige** Abbildung, wenn jedem $y \in W$ genau ein $x \in D$ entspricht.

Bei einer eineindeutigen Abbildung kann vom Bild (oder der abhängigen Variablen) eindeutig auf das Urbild (die unabhängige Variable) zurückgeschlossen werden.

Eine Funktion ist genau dann umkehrbar, wenn verschiedene x-Werte verschiedene Funktionswerte haben und umgekehrt verschiedenen Funktionswerten auch verschiedene x-Werte entsprechen:

$$x_1 \neq x_2 \iff f(x_1) \neq f(x_2) \qquad \text{für alle } x_1, x_2 \in D$$

Den Unterschied zwischen einer eindeutigen (nicht umkehrbaren) und einer eineindeutigen (umkehrbaren) Funktion zeigt die folgende Grafik.

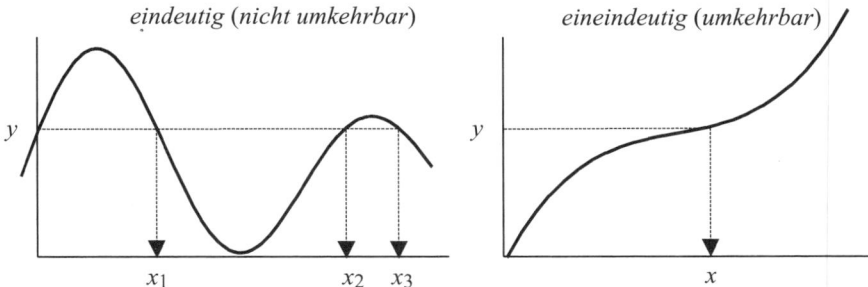

Bei der nicht umkehrbaren Funktion in der linken Abbildung haben die Argumente x_1, x_2 und x_3 denselben Funktionswert y. Daher kann von y nicht eindeutig auf den zugeordneten x-Wert zurückgeschlossen werden. Wir können in diesem Fall Parallelen zur x-Achse ziehen, die den Graphen von $f(x)$ mehrfach schneiden.

Bei der umkehrbaren Funktion in der rechten Grafik hat jedes Argument x seinen eigenen Funktionswert y, so dass wir eindeutig von y auf x schließen können. Hier gibt es keine Parallelen zur x-Achse, die den Graphen mehrfach schneiden. Daher gilt:

Graph der eineindeutigen Abbildung

Der Graph einer eineindeutigen Abbildung hat mit jeder Parallelen zur x-Achse höchstens einen Punkt gemeinsam.

Umkehrfunktion einer umkehrbaren Funktion

Die Umkehrbarkeit ist also zunächst eine Eigenschaft von Funktionen und damit ein neues Unterscheidungsmerkmal. Erst wenn wir von dieser Eigenschaft Gebrauch machen und die Funktion tatsächlich umkehren, benötigen wir eine Funktionsvorschrift, die das leistet, die Umkehrfunktion. Wir definieren daher

Umkehrfunktion

Angenommen die Funktion

$$y = f(x) \qquad x \in D_f \text{ und } y \in W_f$$

sei umkehrbar. Dann gibt es eine Zuordnungsvorschrift f^{-1}, die jedem Bild y eindeutig sein Urbild x zuordnet und **Umkehrfunktion** oder inverse Funktion von f genannt wird:

$$x = f^{-1}(y) \qquad D_{f^{-1}} = W_f \text{ und } W_{f^{-1}} = D_f$$

Definitions- und Wertebereich sind bei der Umkehrfunktion vertauscht: Der Definitionsbereich der Umkehrfunktion f^{-1} ist der Wertebereich von f und der Wertebereich von f^{-1} ist der Definitionsbereich von f.

Die hochgestellte -1 darf hier nicht als Exponent verstanden werden, sondern als Symbol zur Kennzeichnung der Umkehrfunktion in der Bedeutung: "f^{-1} ist Umkehrfunktion von f". Auf keinen Fall darf f^{-1} mit dem Kehrwert der Funktion $1/f$ verwechselt werden.

Für eine eineindeutige Funktion f ist auch die Umkehrfunktion f^{-1} eineindeutig, also umkehrbar. Die Umkehrfunktion der Umkehrfunktion f^{-1} ist f.

$$f^{-1}(f^{-1}) = f$$

Außerdem gilt

$$f^{-1}(f(x)) = x \qquad x \in D_f$$
$$f(f^{-1}(x)) = x \qquad x \in D_{f^{-1}} = W_f$$

Dabei ist zu beachten, dass die Wahl des Symbols (des Buchstaben) für die unabhängige Variable völlig willkürlich ist und $f(x)$ und $f(y)$ dieselbe Funktion bezeichnen.

Da üblicherweise die unabhängige Variable mit x und die abhängige Variable mit y bezeichnet werden, schreibt man für die inverse Funktion von

$$y = f(x) \qquad x \in D_f$$
$$y = f^{-1}(x) \qquad x \in D_{f^{-1}} = W_f$$

Man vertauscht also um der Eindeutigkeit der Symbolik willen bei der Umkehrfunktion die Symbole x und y und bezeichnet mit x wieder die unabhängige und mit y die abhängige Variable.

Graph der Umkehrfunktion

Bei der grafischen Darstellung der Umkehrfunktion tragen wir wie üblich die neue unabhängige Variable x (eigentlich y) auf der Abszisse und die neue abhängige Variable y (eigentlich x) auf der Ordinate ab.

Der Graph der Umkehrfunktion f^{-1} entsteht dann aus dem Graphen der ursprünglichen Funktion f durch Spiegelung an der Geraden $y = x$ (45°-Linie), die deshalb auch als Spiegelachse bezeichnet wird.

Dabei werden die Werte der unabhängigen und der abhängigen Variablen vertauscht; aus dem Punkt (a, b) von f wird der Punkt (b, a) der Umkehrfunktion.

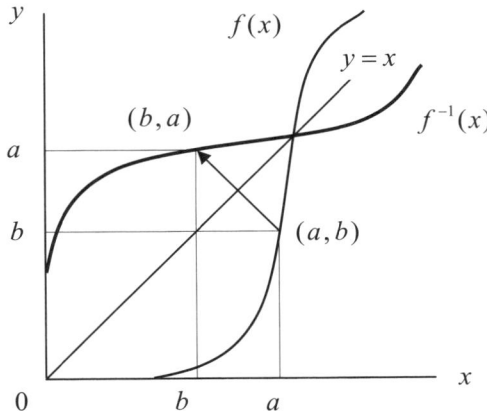

Da in den Schnittpunkten von f mit der Spiegelachse beide Koordinaten gleich sind, ändern sich diese Punkte durch die Spiegelung nicht, liegen also sowohl auf f als auch auf f^{-1} (Fixpunkte der Abbildung). Geometrisch können wir die Spiegelung von f dadurch erzeugen, dass wir in jedem Punkt (a,b) das Lot auf die Spiegelachse fällen und um den Abstand zur Spiegelachse verlängern.

Berechnung der Umkehrfunktion

Zur analytischen Bestimmung von f^{-1} lösen wir die Funktionsgleichung

$$y = f(x)$$

zuerst nach x auf und erhalten

$$x = f^{-1}(y)$$

Dann benennen wir die Variablen, sowie den Definitions- und Wertebereich um und erhalten die Umkehrfunktion

$$y = f^{-1}(x) \qquad\qquad x \in D_{f^{-1}} = W_f, \; W_{f^{-1}} = D_f$$

BEISPIELE

1. $\qquad y = f(x) = 2x - 1 \qquad D_f = \mathbf{R}, \; W_f = \mathbf{R}$

   Auflösen nach x ergibt

   $$x = f^{-1}(y) = \frac{1}{2}(y+1)$$

   Austausch der Veränderlichen und der Bereiche

$$y = f^{-1}(x) = \frac{1}{2}(x+1) \qquad D_{f^{-1}} = W_f = \mathbf{R}, \ W_{f^{-1}} = D_f = \mathbf{R}$$

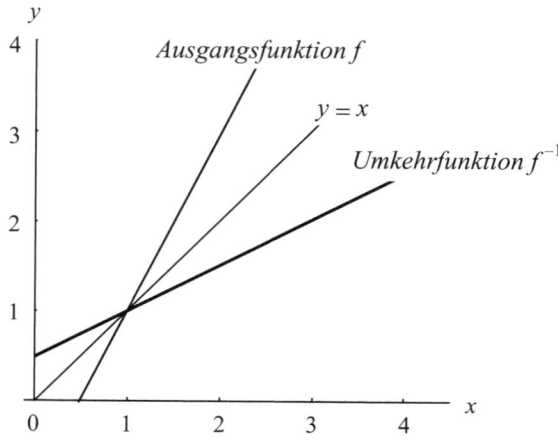

2. $\qquad y = f(x) = x^2 \qquad D_f = \mathbf{R}_0^+, \ W_f = \mathbf{R}_0^+$

Auflösen nach x ergibt

$$x = f^{-1}(y) = \sqrt{y}$$

Austausch der Veränderlichen und der Bereiche

$$y = f^{-1}(x) = \sqrt{x} \qquad D_{f^{-1}} = W_f = \mathbf{R}_0^+, \ W_{f^{-1}} = D_f = \mathbf{R}_0^+$$

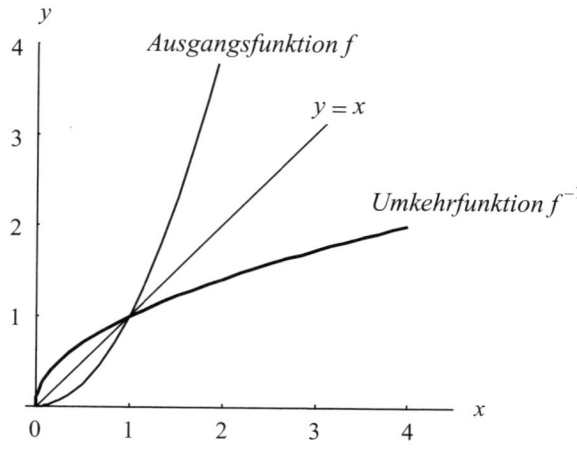

3. $$y = f(x) = \frac{1}{x} \qquad D_f = \mathbf{R} \setminus \{0\} = W_f$$

Auflösen nach x ergibt

$$x = f^{-1}(y) = \frac{1}{y}$$

Austausch der Veränderlichen und der Bereiche

$$y = f^{-1}(x) = \frac{1}{x} \qquad D_{f^{-1}} = W_f = \mathbf{R} \setminus \{0\}, \; W_{f^{-1}} = \mathbf{R} \setminus \{0\}$$

Hier ist die Umkehrfunktion f^{-1} identisch mit der Ausgangsfunktion f, d.h.

$$f^{-1}(x) = f(x)$$

Das bedeutet aber auch, dass der Graph der Umkehrfunktion mit dem Graphen von f zusammenfällt. Wir erinnern uns daran, dass der Graph von f aus zwei Zweigen im 1. und 3. Quadranten besteht, die, wie sich leicht zeigen lässt, symmetrisch zu Spiegelachse verlaufen und sich daher durch die Spiegelung nicht verändern.

Wir hatten weiter oben festgestellt, dass die Umkehrfunktion f^{-1} etwas anderes ist als der Kehrwert der Funktion. Es gilt daher im allgemeinen:

$$f^{-1} \neq \frac{1}{f}$$

In diesem Beispiel erhalten wir für die Funktion

$$y = f(x) = \frac{1}{x}$$

die reziproke Funktion

$$(f(x))^{-1} = \frac{1}{f(x)} = \frac{1}{\frac{1}{x}} = x$$

und die Umkehrfunktion

$$f^{-1}(x) = \frac{1}{x} \neq x = \frac{1}{f(x)}$$

D.h. Umkehrfunktion und reziproke Funktion sind verschieden.

1.4.3 Zusammengesetzte Funktionen

Bei der zusammengesetzten Funktion handelt es sich um eine spezielle Verknüpfung zweier Funktionen, die dadurch entsteht, dass man eine Funktion in eine andere einsetzt.

> **Zusammengesetzte Funktion**
>
> Gegeben seien zwei Funktionen
>
> $$y = f_1(x) \quad \text{und} \quad z = f_2(y) \quad \text{mit} \quad W_1 \subset D_2$$
>
> Dann heißt die Funktion
>
> $$z = f(x) = f_2(f_1(x)) = f_2 \circ f_1$$
>
> die aus f_1 und f_2 zusammengesetzte Funktion oder mittelbare Funktion.
> Wir ersetzen dabei in f_2 die unabhängige Variable durch den Funktions-
> wert von f_1. Die Funktion f_1 heißt **innere Funktion** oder **Kern** und f_2
> **äußere Funktion**.

Die zusammengesetzte Funktion $z = f_2(f_1(x)) = f_2 \circ f_1$ ordnet jedem $x \in D$ mittelbar einen Funktionswert $z \in W$ zu. Dabei wird zuerst x nach y und dann y nach
z abgebildet.

$$x \xrightarrow{\quad f_1 \quad} y \xrightarrow{\quad f_2 \quad} z$$

$$x \xrightarrow{\hspace{5cm}} z$$

$$f = f_2(f_1)$$

So ist z.B. der Steuerbetrag T eine Funktion des steuerpflichtigen Einkommens
$T = f(y)$ und das Einkommen y wieder eine Funktion der geleisteten Arbeitsstunden $y = g(x)$. Folglich besteht eine mittelbare Beziehung zwischen dem Steuerbetrag T und der Zahl der Arbeitsstunden x:

$$T = f(y) = f(g(x))$$

Die Produktionskosten K sind eine Funktion des Arbeitseinsatzes $K = f(h)$ und
der Arbeitseinsatz h eine Funktion des Produktmenge $h = g(x)$. Damit sind die
Kosten eine mittelbare Funktion der Produktmenge x:

$$K = f(h) = f(g(x))$$

Es ist daher eine sehr effiziente wissenschaftliche Methode, in einem ersten
Schritt zunächst isolierte Wirkungszusammenhänge zu analysieren, die dann in
einem zweiten Schritt miteinander verknüpft werden und erst dadurch eine reali-
tätsnahe Abbildung der komplexen Erfahrungswelt erlauben.

BEISPIELE

1. Gegeben seien die Funktionen

    $$f_1(x) = x^2 - x - 1$$
    $$f_2(x) = x - 1$$

Die zusammengesetzte Funktion $f_2 \circ f_1$ lautet

$$y = f_2(f_1(x)) = \underbrace{(x^2 - x - 1)}_{f_1} - 1 = x^2 - x - 2$$

Dagegen lautet die zusammengesetzte Funktion $f_1 \circ f_2$

$$y = f_1(f_2(x)) = \underbrace{(x-1)^2}_{f_2} - \underbrace{(x-1)}_{f_2} - 1 = x^2 - 3x + 1$$

Es gilt im allgemeinen, wie in diesem Beispiel:

$$f_2 \circ f_1 \neq f_1 \circ f_2$$
$$f_2(f_1(x)) \neq f_1(f_2(x))$$

Die Anordnung der inneren und der äußeren Funktion ist nicht umkehrbar (nicht kommutativ). Werden innere und äußere Funktion vertauscht, ergibt sich eine neue zusammengesetzte Funktion.

Der Definitionsbereich der zusammengesetzten Funktion ist weder identisch mit dem Definitionsbereich der inneren Funktion, noch mit dem Definitionsbereich der äußeren Funktion.

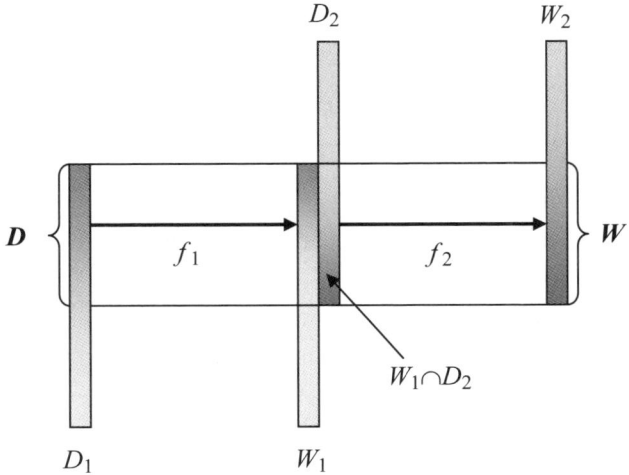

Definitionsbereich

Der Definitionsbereich der zusammengesetzten Funktion $f = f_2 \circ f_1$ besteht aus all den Elementen des Definitionsbereichs von f_1, für den $f_1(x)$ im Definitionsbereich von f_2 liegt:

$$D = \{x \mid x \in D_1 \wedge f_1(x) \in D_2\}$$

Der Definitionsbereich der zusammengesetzten Funktion ist nur dann gleich dem Definitionsbereich der inneren Funktion D_1, wenn W_1 eine Teilmenge von D_2 ist. Betrachten wir dazu ein weiteres Beispiel:

BEISPIEL

2. $f_1(x) = \sqrt{x}$ $D_1 = \mathbf{R}_0^+ ; W_1 = \mathbf{R}_0^+$

$f_2(x) = \dfrac{1}{x^2 - 1}$ $D_2 = \mathbf{R} \setminus \{-1, 1\}$

Die zusammengesetzte Funktion $f_2 \circ f_1$ lautet

$$y = f_2(f_1(x)) = f_2(\sqrt{x}) = \frac{1}{\sqrt{x}^2 - 1} = \frac{1}{x - 1}$$

und hat den Definitionsbereich:

$$D = \{x \mid x \in \mathbf{R}_0^+, \ \sqrt{x} \in \mathbf{R} \setminus \{-1, 1\}\}$$

Das sind alle nichtnegativen reellen Zahlen, deren positive Wurzel ungleich -1 und 1 ist:

$$D = \{x \mid x \in \mathbf{R}_0^+ \setminus \{1\}\}$$

Da die positive Wurzel von x nicht -1 sein kann, ist nur -1 auszuschließen. Der Definitionsbereich der zusammengesetzten Funktion besteht also aus allen nichtnegativen reellen Zahlen mit Ausnahme der 1.

Der Definitionsbereich von $f_2 \circ f_1$ ist also kleiner als der Definitionsbereich der inneren Funktion f_1, der auch die Zahl 1 enthält:

$$D_f \subset D_1 \not\subset W_2$$

Der Definitionsbereich der zusammengesetzten Funktion $f_2 \circ f_1$ wird aus den Definitionsbereichen von f_1 und f_2 abgeleitet und ist daher auch nicht identisch mit dem maximalen Definitionsbereich der Funktionsvorschrift

$$y = f_2(f_1(x)) = \frac{1}{x-1} \qquad D_f^{\max} = \mathbf{R} \setminus \{1\}$$

Betrachten wir zum Vergleich die zusammengesetzte Funktion $f_1 \circ f_2$

$$y = f_1(f_2(x)) = f_1\left(\frac{1}{x^2-1}\right) = \sqrt{\frac{1}{x^2-1}} = \frac{1}{\sqrt{x^2-1}}$$

Der Definitionsbereich ist nun

$$D = \{x \mid x \in \mathbf{R} \setminus \{-1, 1\}, \frac{1}{x^2-1} \in \mathbf{R}_0^+\}$$

Das sind alle reellen Zahlen, für die $\frac{1}{x^2-1}$ positiv ist, also $x^2 > 1$.

$$D = \{x \mid |x| > 1, \ x \in \mathbf{R}\}$$

Der Definitionsbereich der zusammengesetzten Funktion $f_1 \circ f_2$ besteht nun aus allen reellen Zahlen, die größer als 1 und kleiner als -1 sind.

Der Definitionsbereich von $f_1 \circ f_2$ ist wieder kleiner als der Definitionsbereich der inneren Funktion f_2, der auch die reellen Zahlen zwischen -1 und $+1$ enthält:

$$D_f \subset D_2 \not\subset W_1$$

Die zusammengesetzte Funktion bilden wir durch Verkettung einfacher Grundfunktionen, indem wir eine Funktion in eine andere einsetzen.

Umgekehrt können wir die Struktur komplizierter Funktionen sichtbar machen und vereinfachen, indem wir sie als zusammengesetzte Funktion auffassen. Wir fassen dabei einen Teilausdruck als innere Funktion auf und ersetzen ihn durch eine neue Variable. Wir sprechen dann von **Substitution**.

BEISPIELE

3. $y = \underbrace{(x^2-1)}_{u = f_1(x)}{}^3 = u^3 = f_2(u)$ $\qquad$ mit $u = f_1(x) = x^2 - 1$

4. $y = \dfrac{1}{\underbrace{(x^3 - 2x + 1)}_{u = f_1(x)}{}^2} = \dfrac{1}{u^2} = f_2(u)$ $\qquad$ mit $u = f_1(x) = x^3 - 2x + 1$

ÜBUNG 1.4

1. Gegeben seien die folgenden Relationen
   a. $R = \{(1,3),(2,3),(2,4),(3,2),(4,1),(5,5)\}$
   b. $S = \{(1,3),(2,3),(3,3),(4,3)\}$
   c. $T = \{(x,y) \,|\, y = 4x+1,\ 0 \le x \le 2;\ y = 10 - x^2,\ 2 < x \le 3\}$

   Bestimmen Sie für jede der Relationen den Definitionsbereich und den Wertebereich. Skizzieren Sie den Graphen und prüfen Sie, welche der Relationen eine Funktion ist!

2. Die Funktion f ordne jeder natürlichen Zahl $x < 7$ die Zahl $f(x) = 2x+3$ zu. Geben Sie den Definitionsbereich und den Wertebereich von f an und zeichnen Sie den Graphen.

3. Bestimmen Sie die Definitionsbereiche der folgenden Funktionen:
   a. $f(x) = \dfrac{1}{x+2}$ b. $f(x) = \sqrt{x+4}$ c. $f(x) = \dfrac{1}{\sqrt{x^2+1}}$

4. Die Funktion f ordne jeder reellen Zahl x die Zahl $f(x) = x+1$ zu.
   a. Geben Sie den Definitions- und den Wertebereich von f an und skizzieren Sie den Graphen der Funktion.
   b. Ermitteln Sie die Umkehrfunktion f^{-1} der Funktion $f(x)$ und stellen Sie den Graphen von f^{-1} dar!

5. Die Funktion g ordne jeder von Null verschiedenen reellen Zahl ihren Kehrwert zu: $g(x) = 1/x$. Geben Sie D und W an und skizzieren Sie den Graphen dieser Funktion.

6. Es seien f und g die Funktionen aus den Aufgaben 3 und 5. Geben Sie die Funktionsvorschrift und den Definitionsbereich der zusammengesetzten Funktionen an. Vergleichen Sie die Ergebnisse!
   a. $f \circ g = f(g(x))$ b. $g \circ f = g(f(x))$

7. Gegeben seien die Funktionsvorschriften
   a. $f(x) = x^3 - x + 1$ b. $f(x) = \dfrac{x}{x+1}$

   Berechnen Sie die Funktionswerte $f(0)$, $f(2)$, $f(-1)$, $f(a)$, $f(1+a)$!

8. Gegeben sei die Funktion $f(x) = x^2 + 1$. Bestimmen Sie die x-Werte, für die gilt:
   a. $f(x) = f(-x)$ b. $f(x+1) = f(x) + 1$ c. $f(2x) = 2f(x)$

1.5 Ungleichungen, Absolutbetrag

1.5.1 Ungleichungen

Wir erinnern uns daran, dass wir die reellen Zahlen auf der Zahlengeraden in aufsteigender Ordnung von links nach rechts dargestellt haben.

Zwei verschiedene reelle Zahlen a und b ($a \neq b$) sind daher auf der Zahlengeraden so angeordnet, dass die kleinere der Zahlen links von der größeren steht.

Diese Lagebeziehungen auf der Zahlengeraden, ("links von", "rechts von") wird in der Mathematik durch die **Ungleichheitsrelation** " $<$ " oder " $>$ "ausgedrückt.

Wir schreiben

$a < b$ für "a ist kleiner als b"

$a > b$ für "a ist größer als b"

Das Ungleichheitszeichen zeigt immer von der größeren auf die kleinere der beiden Zahlen.

Da die positiven Zahlen rechts und die negativen Zahlen links vom Nullpunkt liegen, schreiben wir

$a > 0$ für "a ist positiv"

$a < 0$ für "a ist negativ"

BEISPIELE

$$1 < 3; \quad \sqrt{2} < 2; \quad 0,5 < 0,9; \quad -1 > -3; \quad -0,5 > -0,9$$

Die Verneinung bringen wir wieder dadurch zum Ausdruck, dass wir das Ungleichheitszeichen durchstreichen. Wir schreiben:

$a \nless b$ für "a ist nicht kleiner als b"

$a \ngtr b$ für "a ist nicht größer als b"

Es gilt offenbar

Satz

a ist genau dann nicht kleiner als b, wenn a größer oder gleich b ist

$$a \nless b \iff a \geq b$$

a ist genau dann nicht größer als *b*, wenn *a* kleiner oder gleich *b* ist

$$a \not> b \iff a \leq b$$

Rechnen mit Ungleichungen

Für Ungleichungen gelten folgende Rechenregeln:

1. **Irreflexivität**

$$a \not< a \qquad (\Rightarrow a \geq a)$$

Der Vergleichsoperator, der die Ordnung der reellen Zahlen zum Ausdruck bringt, ist nicht rückbezüglich oder reflexiv. Im Unterschied zu anderen Operatoren wie Addition oder Multiplikation kann er nicht auf eine Zahl selbst angewandt werden, sondern nur auf verschiedene Zahlen.

Eine reelle Zahl kann nicht kleiner sein als sie selbst oder links von sich selbst liegen. Daher gilt immer:

$$a \geq a$$

Eine reelle Zahl *a* ist entweder größer oder gleich *a*.

$$3 \not< 3 \qquad \Rightarrow 3 \geq 3$$

2. **Transitivität**[1]

$$a < b \text{ und } b < c \Rightarrow a < c$$

Wenn *a* kleiner *b* ist und *b* kleiner als *c* ist, dann ist auch *a* kleiner als *c*.

$$1 < 3 \text{ und } 3 < 6 \Rightarrow 1 < 6$$

3. **Vollständigkeit** (Konnexität)

Für zwei reelle Zahlen *a* und *b* gilt immer genau eine der Relationen < , > oder = :

$$a < b \text{ oder } a > b \text{ oder } a = b$$

Die Ordnungsrelation ist also eindeutig. Eine reelle Zahl ist entweder kleiner als eine andere oder größer oder gleich der anderen. Auf der Zahlengeraden liegt sie entweder links oder rechts der anderen oder fällt mit der anderen zusammen.

$$1 < 3 ; \qquad 1 > -5; \qquad 1 = 1$$

---

[1] lat. transire = übergehen

4. **Addition einer reellen Zahl** (Monotonie der Addition)

$$a < b \Rightarrow a + c < b + c$$

Eine Ungleichung ändert sich nicht, wenn zu beiden Seiten der Ungleichung eine reelle Zahl addiert wird.

$$1 < 3 \;\; \Rightarrow \;\; 1 + 5 < 3 + 5$$
$$1 < 3 \;\; \Rightarrow \;\; 1 - 5 < 3 - 5$$

Durch die Addition werden die beiden Zahlen a und b auf der Zahlengeraden in dieselbe Richtung verschoben, so dass sich ihre Lagebeziehung nicht verändert.

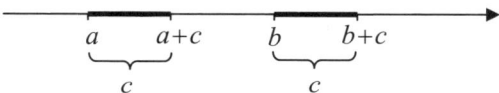

5. **Multiplikation mit einer positiven reellen Zahl** (Monotonie der Multiplikation)

$$a < b, \; c > 0 \;\Rightarrow\; a \cdot c < b \cdot c$$

Werden beide Seiten einer Ungleichung mit einer positiven Zahl multipliziert, dann bleibt die Richtung der Ungleichung erhalten.

$$1 < 3, \; 5 > 0 \;\Rightarrow\; 1 \cdot 5 < 3 \cdot 5$$

Das positive Vielfache der kleineren Zahl ist kleiner als das der größeren.

6. **Multiplikation mit einer negativen reellen Zahl**

$$a < b, \; c < 0 \;\Rightarrow\; a \cdot c > b \cdot c$$

Werden beide Seiten einer Ungleichung mit einer negativen Zahl multipliziert, dann ändert sich die Richtung der Ungleichung.

$$1 < 3, \; -5 < 0 \;\Rightarrow\; 1 \cdot (-5) > 3 \cdot (-5)$$

Das negative Vielfache der kleineren Zahl ist größer als das negative Vielfache der größeren Zahl.

7. **Addition von Ungleichungen**

$$a < b, \; c < d \;\Rightarrow\; a + c < b + d$$

Werden zwei Ungleichungen addiert, dann bleibt die Richtung der Ungleichung erhalten.

$$1 < 3 \, , \; 4 < 5 \;\; \Rightarrow \;\; 1 + 4 < 3 + 5$$

Die Summe der beiden kleineren Zahlen ist immer kleiner als die Summe der beiden größeren Zahlen.

8. **Multiplikation von Ungleichungen**

$$0 < a < b, \; 0 < c < d \;\; \Rightarrow \;\; a \cdot c < b \cdot d$$

Werden zwei positive Ungleichungen miteinander multipliziert, dann bleibt die Richtung der Ungleichung erhalten.

$$0 < 1 < 3, \; 0 < 4 < 5 \;\; \Rightarrow \;\; 1 \cdot 4 < 3 \cdot 5$$

Das Produkt der beiden kleineren Zahlen ist immer kleiner als das Produkt der beiden größeren Zahlen. Das gilt uneingeschränkt nur, solange alle Zahlen positiv sind. Sonst ist Regel 6 zu beachten.

9. **Kehrwert einer Ungleichung**

Wenn a und b die gleichen Vorzeichen haben, gilt

$$\left. \begin{array}{l} 0 < a < b \\ a < b < 0 \end{array} \right\} \;\; \Rightarrow \;\; \frac{1}{a} > \frac{1}{b}$$

Wird der Kehrwert einer Ungleichung gebildet, dann ändert sich die Richtung der Ungleichung, wenn beide Seiten der Ungleichung dasselbe Vorzeichen haben:

$$0 < 1 < 3 \;\; \Rightarrow \;\; \frac{1}{1} > \frac{1}{3}$$

$$-3 < -1 < 0 \;\; \Rightarrow \;\; \frac{1}{-3} > \frac{1}{-1}$$

Wenn a und b verschiedene Vorzeichen haben, gilt

$$a < 0 < b \;\; \Rightarrow \;\; \frac{1}{a} < \frac{1}{b}$$

Die Richtung der Ungleichung ändert sich nicht, wenn a und b verschiedene Vorzeichen haben:

$$-1 < 0 < 3 \;\; \Rightarrow \;\; \frac{1}{-1} < \frac{1}{3}$$

Die Anordnung links und rechts des Nullpunkts ändert sich nicht, wenn der Kehrwert gebildet wird. Der Kehrwert der negativen Zahl ist negativ und der Kehrwert der positiven Zahl positiv.

Die Rechenregeln für Ungleichungen weichen z.T. von denen für Gleichungen ab.

Einige einfache Zahlenbeispiele sollen zeigen, welche Bedeutung die Rechenregeln für die Lösung von Ungleichungen haben. Bei der Multiplikation mit einer Zahl ist nun das Vorzeichen zu beachten. Im Unterschied zu Gleichungen haben Ungleichungen keine eindeutige Lösung, sondern stets unendlich viele Lösungen, die wir als **Lösungsmenge** bezeichnen.

BEISPIELE

1. Gegeben sei die lineare Ungleichung

$$7x + 4 < 25$$

Die Menge der reellen Zahlen, die diese Ungleichung erfüllen, erhalten wir, wenn wir die Ungleichung nach x auflösen:

$$7x + 4 < 25 \qquad |-4$$
$$7x < 21 \qquad |\cdot\frac{1}{7} > 0$$
$$x < \frac{21}{7} = 3$$

Weder die Addition von -4, noch die Multiplikation mit der positiven Zahl 1/7 verändern die Richtung der Ungleichung!

Die Lösungsmenge lautet daher:

$$\mathbb{L} = \{\, x \mid x < 3 \,\}$$

und besteht aus allen reellen Zahlen, die kleiner als 3 sind, d.h. links von 3 auf der Zahlengeraden liegen.

2. Gegeben sei die lineare Ungleichung

$$12 - x < 10$$

Wir isolieren x, indem wir zuerst -12 addieren und dann mit -1 multiplizieren:

$$12 - x < 10 \qquad |-12$$
$$-x < -2 \qquad |\cdot(-1) < 0$$
$$x > 2$$

Die Multiplikation mit der negativen Zahl -1 kehrt die Richtung der Ungleichung um. Die Lösungsmenge ist daher die Menge der reellen Zahlen, die größer als 2 sind, also rechts der 2 auf der Zahlengeraden liegen.

$$\mathbb{L} = \{\, x \mid x > 2 \,\}$$

3. Gegeben sei die lineare Ungleichung

$$10 - \frac{2}{x} < 4$$

Wir addieren zuerst -10 und multiplizieren dann mit -1:

$$10 - \frac{2}{x} < 4 \qquad |-10$$
$$-\frac{2}{x} < -6 \qquad |\cdot(-1) < 0$$
$$+\frac{2}{x} > +6$$

Um x zu isolieren, müssen wir nun mit x multiplizieren oder den Kehrwert der Ungleichung bilden. Das Ergebnis hängt, wie wir wissen, vom Vorzeichen von x ab. Bevor wir weiterrechnen, müssen wir daher eine Annahme über das Vorzeichen von x machen. Wir erhalten dann eine bedingte Lösung unter der getroffenen Vorzeichenannahme.

Wir führen daher die folgende **Fallunterscheidung** durch:

$\underline{x > 0}$

$$+\frac{2}{x} > +6 \qquad |\cdot x > 0$$
$$2 > 6x \qquad |\cdot\frac{1}{6} > 0$$
$$\frac{2}{6} > x$$

Wir erhalten unter der Annahme, dass x positiv ist, die Lösungsmenge

$$\mathbb{L}_1 = \{\, x \mid 0 < x < 1/3 \,\}$$

$\underline{x < 0}$

$$+\frac{2}{x} > +6 \qquad |\cdot x < 0$$
$$2 < 6x \qquad |\cdot\frac{1}{6} > 0$$
$$\frac{2}{6} < x$$

Unter der Annahme, dass x negativ ist, lautet die Lösungsmenge:

$$\mathbb{L}_2 = \{ x \mid x < 0,\ 1/3 < x \} = \varnothing$$

Da x nicht gleichzeitig negativ und größer als $1/3$ sein kann, ist die zweite Lösungsmenge leer.

Die Menge der reellen Zahlen, die die Ungleichung erfüllen, ist dann die Vereinigung der beiden Teillösungsmengen:

$$\mathbb{L} = \mathbb{L}_1 \cup \mathbb{L}_2 = \mathbb{L}_1 \cup \varnothing = \mathbb{L}_1 = \{ x \mid 0 < x < 1/3 \}$$

ANWENDUNGEN

1. **Budgetrestriktion**

Es seien x, y die Mengen, p_x, p_y die Preise zweier Konsumgüter und E das Einkommen eines privaten Haushalts.

Die Konsumausgaben des Haushalts unterliegen der Einkommensbeschränkung. Sie dürfen das Einkommen E nicht überschreiten:

$$p_x x + p_y y \leq E$$

z.B.

$$5x + 10y \leq 50$$

Die Menge aller Güterbündel (x, y), die mit dem gegebenen Einkommen in Höhe von 50 gekauft werden können, ist

$$B = \{ (x, y) \mid 5x + 10y \leq 50 \}$$

Da die Gütermengen nicht negativ sein dürfen, liegen die zulässigen Güterbündel im 1. Quadranten auf oder unterhalb der Einkommensgeraden. Die Lösungsmenge entspricht also geometrisch der durch die Einkommensgerade nach oben begrenzten Fläche:

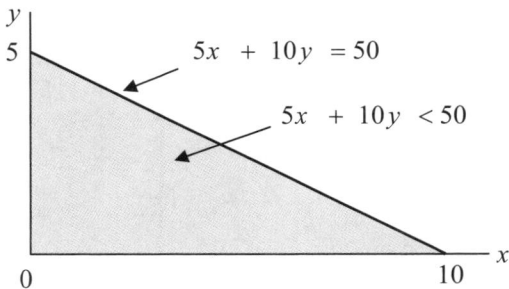

2.   **Arithmetisches und geometrisches Mittel**

Gegeben seien zwei positive Zahlen a und b. Aus der Statistik kennen wir zwei Mittelungsvorschriften:

Das **arithmetische Mittel** ist das ½-fache der Summe

$$m = \frac{a+b}{2}$$

und das **geometrische Mittel** die Quadratwurzel des Produkts:

$$g = \sqrt{a \cdot b}$$

Es gilt:

Das **arithmetische Mittel** zweier verschiedener positiver Zahlen a und b **ist stets größer als das geometrische Mittel**:

$$\frac{a+b}{2} > \sqrt{ab} \qquad a, b > 0, a \neq b$$

BEWEIS

Wir wissen, dass das Quadrat reeller Zahlen nichtnegativ ist. Da a und b verschieden sind, ist die Differenz ungleich null

$$a - b \neq 0$$

und daher das Quadrat positiv

$$(a-b)^2 > 0$$

Mit der 2. binomischen Formel folgt

$$
\begin{aligned}
a^2 - 2ab + b^2 &> 0 && |+2ab \\
a^2 + b^2 &> 2ab && |+2ab \\
a^2 + 2ab + b^2 &> 4ab
\end{aligned}
$$

Mit der 1. binomischen Formel folgt

$$
\begin{aligned}
(a+b)^2 &> 4ab && |\sqrt{\ } \\
a+b &> \sqrt{4ab} \\
a+b &> 2\sqrt{ab} && |\cdot \frac{1}{2} \\
\frac{a+b}{2} &> \sqrt{ab}
\end{aligned}
$$

1.5.2 Absolutbetrag

Betrachten wir die Temperaturen +10° C und −10° C, dann wissen wir, dass die Temperatur +10°C etwas völlig anderes als die Temperatur −10°C ist. Dennoch haben die beiden Zahlen +10 und −10 etwas gemeinsam, das wir im Folgenden als **Größenordnung** bezeichnen wollen.

Häufig interessieren wir uns nur für die Größenordnung einer reellen Zahl, völlig unabhängig davon, welches Vorzeichen sie aufweist.

Zur Bezeichnung der Größenordnung einer reellen Zahl a führen wir daher den Absolutbetrag oder einfach Betrag $|a|$ ein und vereinbaren die folgende Bedeutung:

> **Absolutbetrag**
>
> Der Betrag der reellen Zahl a ist die Zahl, die sich ergibt, wenn wir das Vorzeichen vernachlässigen.
>
> Der Betrag von a ist daher immer die positive der beiden Zahlen a oder $-a$. Daher gilt:
>
> $$|a| = \begin{cases} a & \text{für} & a > 0 \\ -a & \text{für} & a < 0 \\ 0 & \text{für} & a = 0 \end{cases}$$

Geometrisch bedeutet der Betrag $|a|$ den **Abstand der Zahl a zum Nullpunkt** auf der Zahlengeraden. Dieser Abstand ist unabhängig von der Lage der Zahl rechts oder links vom Nullpunkt. Die Zahlen −10 und +10 haben daher denselben Betrag 10.

Wir erhalten damit folgendes Bild auf der Zahlengeraden:

$\underline{a > 0}$

$$|a| = a > 0$$

Liegt a rechts vom Nullpunkt und ist folglich positiv $a > 0$, dann ist der Betrag gleich a.

$\underline{a < 0}$

$$|a| = -a > 0$$

Liegt a links vom Nullpunkt und ist folglich negativ $a < 0$, dann ist der Betrag gleich $-a > 0$ also wieder positiv.

BEISPIELE

$$| 1 | = 1; \quad |-4| = 4; \quad | 0 | = 0; \quad | 10 | = 10; \quad |-10| = 10$$

$$| 10 | = 10 > 0$$

$$|-10| = -(-10) = 10 > 0$$

Rechnen mit Beträgen

Für den Absolutbetrag gelten folgende **Rechenregeln**

1. $|a| \geq 0$

   Der Betrag einer reellen Zahl ist **nicht negativ**.

2. $|-a| = |a|$ $|-3| = |3| = 3$

   Unterscheiden sich zwei Zahlen nur durch das Vorzeichen, so haben sie denselben Betrag.

3. $|a \cdot b| = |a||b|$ $|3 \cdot 5| = |3||5|$

   Der Betrag des Produkts zweier reeller Zahlen ist gleich dem Produkt der Beträge.

4. $|\dfrac{a}{b}| = \dfrac{|a|}{|b|}$ $|\dfrac{3}{5}| = \dfrac{|3|}{|5|}$

   Der Betrag des Quotienten zweier reeller Zahlen ist gleich dem Quotienten der Beträge.

5. $\sqrt{a^2} := |a|$ $\sqrt{3^2} := |3| = 3 ; \quad \sqrt{(-3)^2} := |-3| = 3$

   Die Quadratwurzel des Quadrats einer reellen Zahl ist gleich dem Betrag.

   Während die vorangegangenen Regeln sich selbst erklären und ihre Richtigkeit sich leicht anhand der Zahlenbeispiele nachvollziehen lässt, erfordert diese Regel eine Begründung.

   Wir wissen, dass das Wurzelziehen die Umkehrung des Potenzierens ist. Daher erwarten wir, dass die Wurzel aus a^2 wieder a ergibt:

$$\sqrt{a^2} = a \qquad ; a \geq 0$$

   Das gilt jedoch nur, solange a nicht negativ ist. Wäre a dagegen negativ, erhielten wir als positive Wurzel einen negativen Wert. Wir erinnern uns aber daran, dass wir vereinbart haben, dass $\sqrt{x} = +\sqrt{x} > 0$ immer die positive der beiden Zahlen bedeutet, deren Quadrat x ergibt, also immer positiv ist. Daher müssen wir festlegen, dass

$$\sqrt{a^2} = -a \qquad ; a < 0$$

die Wurzel aus a^2 also immer $-a > 0$ ergibt, wenn a negativ ist.

Deshalb wird definiert:

$$\sqrt{a^2} = |a| = \begin{cases} a & \text{für } a \geq 0 \\ -a & \text{für } a < 0 \end{cases}$$

6. $|a+b| \leq |a| + |b|$ (Dreiecksungleichung)

Der Betrag der Summe zweier reeller Zahlen ist höchstens gleich der Summe der Beträge. Das Gleichheitszeichen gilt, wenn beide Zahlen gleiche Vorzeichen haben

$$|3+5| \leq |3| + |5|$$
$$|8| \ \leq |3| + |5|$$
$$8 \ \leq \ 3 + 5$$

das Ungleichheitszeichen, wenn beide verschiedene Vorzeichen haben.

$$|3-5| \leq |3| + |-5|$$
$$|-2| \ \leq |3| + |-5|$$
$$2 \ \leq \ 3 + 5$$

In diesem Fall steht links die Differenz und rechts die Summe der beiden Zahlen. Der Betrag der Differenz ist immer kleiner als der Betrag der Summe.

7. $|a| < c \iff -c < a < c \qquad ; c > 0$

Wenn der Betrag einer reellen Zahl a kleiner als eine positive Zahl c ist, dann ist ihr Abstand zum Nullpunkt kleiner als c. Daher muss die Zahl a zwischen $-c$ und $+c$ auf der Zahlengeraden liegen.

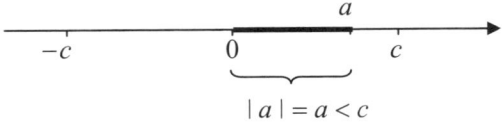

Diese Regeln sind, wie das folgende Beispiel zeigt, auch bei der Lösung von Ungleichungen nützlich, insbesondere natürlich bei Betragsungleichungen. Hier erlaubt Regel 7 die Überführung der Ungleichung in eine Doppelungleichung. Bei

der Lösung ist darauf zu achten, dass alle Seiten der Ungleichung denselben Umformungen unterworfen werden. Auch hier sind nur solche Umformungen zulässig, die die Lösungsmenge nicht verändern (Äquivalenzumformungen).

BEISPIELE

1. Gegeben sei die Ungleichung

    $$x^2 - 1 < 8$$

    Welche reellen Zahlen erfüllen die Ungleichung?

    Wir addieren zuerst 1, ziehen dann auf beiden Seiten der Ungleichung
    die Wurzel und wenden schließlich Regel 5 an:

    $$
    \begin{aligned}
    x^2 - 1 &< 8 & &| +1 \\
    x^2 &< 9 & &| \sqrt{} \\
    \sqrt{x^2} &< \sqrt{9} & &| \text{Regel } 5 \\
    |x| &< 3
    \end{aligned}
    $$

    Mit Regel 7 ergibt sich die doppelte Ungleichung:

    $$-3 < x < 3$$

    Die Lösungsmenge lautet daher:

    $$\mathbb{L} = \{\, x \mid -3 < x < 3 \,\}$$

2. Gegeben sei die Ungleichung

    $$3\,|5 - x| \le 6$$

    Wir multiplizieren zuerst mit 1/3 und überführen die Ungleichung in eine
    Doppelungleichung:

    $$
    \begin{aligned}
    3\,|5 - x| &\le 6 & &| \cdot \frac{1}{3} > 0 \\
    |5 - x| &\le 2 \\
    -2 \le 5 - x &\le 2 & &| -5 \\
    -7 \le -x &\le -3 & &| \cdot (-1) < 0 \\
    7 \ge x &\ge 3
    \end{aligned}
    $$

    Die Multiplikation mit der negativen Zahl –1 kehrt die Richtung der Un-
    gleichung um!

    Die Lösungsmenge lautet:

    $$\mathbb{L} = \{\, x \mid 3 \le x \le 7 \,\}$$

1.5.3 Intervalle

Als Lösung von Ungleichungen hatten sich **Lösungsmengen** ergeben, die wir geometrisch als Abschnitte der Zahlengeraden interpretieren können. Zur Vereinfachung des Sprachgebrauchs wollen wir Abschnitte der Zahlengeraden nun als Intervalle bezeichnen und definieren:

Intervall

Seien a und b zwei beliebige Zahlen auf der Zahlengeraden und $a \leq b$. Dann nennen wir die Menge der reellen Zahlen, die zwischen a und b auf der Zahlengeraden liegen, ein Intervall. Das Intervall besteht aus allen reellen Zahlen, die die Ungleichung

$$a \leq x \leq b$$

erfüllen, wenn die Endpunkte a und b dazugehören und

$$a < x < b$$

wenn die Endpunkte a und b nicht dazugehören.

Als Symbol für Intervalle verwenden wir eckige Klammern, wenn die Intervallgrenzen dazugehören und runde Klammern, wenn sie nicht dazugehören.

Folgende Fälle sind daher zu unterscheiden:

1. **Abgeschlossenes Intervall**

   $$[a,b] = \{x \mid a \leq x \leq b\}$$

   Die in eckige Klammern gesetzten Intervallgrenzen a, b verwenden wir in der rechts stehenden Bedeutung als Menge aller reellen Zahlen, die zwischen a und b liegen einschließlich der Zahlen a und b.

   Die eckige Klammer entspricht dem schwachen Ungleichheitszeichen "$\leq$", das die Gleichheit einschließt.

   Auf dem Zahlenstrahl machen wir die Zugehörigkeit der Grenzen zum Intervall durch einen ausgefüllten Kreis deutlich.

2. **Offenes Intervall**

   $$(a,b) = \{x \mid a < x < b\}$$

   Die Intervallgrenzen werden nun in runde Klammern gesetzt, die anzeigen, dass die Intervallgrenzen nicht dazugehören.

   Die runde Klammer entspricht dem starken Ungleichheitszeichen "$<$".

   In der Graphik entspricht dem bei a und b ein leerer Kreis.

3. **Halboffene Intervalle**

$$[a,b) = \{x \mid a \leq x < b\}$$

$$(a,b] = \{x \mid a < x \leq b\}$$

Ist das Intervall links abgeschlossen und rechts offen, sprechen wir von einem **rechts halboffenen** Intervall, weil die rechte Grenze nicht Teil des Intervalls ist. Links steht nun die eckige, rechts die runde Klammer.

Analog steht beim **links halboffenen** Intervall links die runde und rechts die eckige Klammer.

4. **Unendliche Intervalle**

Neben den beschränkten Intervallen, die links und rechts eine endliche Intervallgrenze aufweisen, gibt es auch unbeschränkte Intervalle, denen rechts oder links eine Intervallgrenze fehlt.

nach rechts unbeschränkt

$$[a,\infty) = \{x \mid a \leq x < \infty\} = \{x \mid a \leq x\}$$

$$(a,\infty) = \{x \mid a < x < \infty\} = \{x \mid a < x\}$$

Bei den nach rechts unbeschränkten Intervallen verwenden wir als obere Grenze das **Unendlichkeitssymbol** ∞. Dabei ist zu beachten, dass ∞ keine reelle Zahl ist. Deshalb sind die Rechenregeln für reelle Zahlen auf ∞ nicht anwendbar.

Das Symbol ∞ bedeutet hier einfach "alle Zahlen, die größer oder gleich *a* sind" oder "alle Zahlen, die rechts von *a* liegen".

Das Intervall hat nach rechts eine unendliche Ausdehnung ohne jede obere Schranke und ist daher rechts immer offen. Daher verwenden wir hier wieder die runde Klammer.

nach links unbeschränkt

$$(-\infty,b] = \{x \mid -\infty < x \leq b\} = \{x \mid x \leq b\}$$

$$(-\infty,b) = \{x \mid -\infty < x < b\} = \{x \mid x < b\}$$

unbeschränkt

$$(-\infty,\infty) = \{x \mid -\infty < x < \infty\} = \mathbf{R}$$

Das unbeschränkte Intervall hat weder eine obere noch eine untere Schranke und ist daher gleich der Menge der reellen Zahlen.

ÜBUNG 1.5

1. Überprüfen Sie, welche der folgenden Ungleichungen richtig sind. Formen Sie dazu die Ungleichung auf geeignete Weise mit Hilfe der Rechenregeln für Ungleichungen um!

    a. $-31 > -0,13$
    b. $-\dfrac{14}{13} < \dfrac{1}{3}$
    c. $-1 \leq \dfrac{1}{100}$

    d. $\dfrac{19}{27} < \dfrac{203}{293}$
    e. $\dfrac{23}{164} < \dfrac{29}{205}$
    f. $\dfrac{11}{13} \leq \dfrac{33}{39}$

2. Überprüfen Sie durch Umformung, ob die folgende Ungleichung gilt:

    $$\sqrt{2} + \sqrt{8} \leq \sqrt{18}$$

3. Es seien x und y reelle Zahlen, und es gelte $x \leq y$ und $y \leq x$. Welche Ordnungsrelation besteht dann zwischen x und y?

4. Welche der folgenden Ungleichungen sind richtig?

    a. $|3,5 + 2| < |3,5| + |2|$

    b. $|2,7 - 5| \leq |2,7| - |5|$

    c. $\left|-17 - \dfrac{2}{3}\right| \leq |-17| + \left|-\dfrac{2}{3}\right|$

5. Bestimmen Sie die Mengen M der reellen Zahlen x, die folgende Ungleichungen erfüllen:

    a. $5x - 8 > 2$
    b. $7 - 4x > 5$
    c. $3x - 5 < 2x + 3$

    Stellen Sie die Mengen als Intervalle auf der Zahlengeraden dar!

6. Bestimmen Sie mit Hilfe der Rechenregeln für Ungleichungen und Absolutbeträge die Lösungsmengen der Ungleichungen:

    a. $|3x - 1| < 5$
    b. $3|2 + 4x| < 18$
    c. $5|6 - 3x| < 15$

    Stellen Sie die Mengen als Intervalle auf der Zahlengeraden dar!

7. Bestimmen Sie die Lösungsmengen der folgenden Ungleichungen:

    a. $x^2 < x$

    b. $(x + 1)(x - 2) > 0$

    c. $1 - \dfrac{3}{x} < 10$

8. Skizzieren Sie den Graphen der Betragsfunktion:

    $$y = |x|$$

9. Berechnen Sie den maximalen Definitionsbereich der folgenden Funktion und skizzieren Sie den Graphen:

    $$y = \sqrt{36 - x^2}$$

1.6 Folgen und Reihen

Zahlenfolgen und Reihen finden Anwendung in der Finanzmathematik (Zinses-zins- und Rentenrechnung) und in der theoretischen BWL und VWL (Investitions-theorie, Multiplikatoranalyse) überall dort, wo es um die Analyse dynamischer Prozesse, d.h. der zeitlichen Entwicklung ökonomischer Größen geht.

1.6.1 Definitionen der Folge und Reihe

Folge

Eine Anordnung von endlich oder unendlich vielen reellen Zahlen

$$a_1, a_2, a_3, \ldots$$

heißt **Zahlenfolge** oder kurz Folge. Die **Glieder** der Folge sind numeriert $(1, 2, 3, \ldots)$. Die Nummer, die wir durch den Index ausdrücken, gibt an, an welcher Stelle sich das Glied in der Folge befindet.

Durch eine Zahlenfolge wird also jedem Element n der Menge der natürlichen Zahlen eine reelle Zahl a_n zugeordnet. Wir stellen die Zahlenfolge mit Hilfe des Zahlenstrahls grafisch dar. Die natürlichen Zahlen markieren die Plätze, denen die Glieder der Zahlenfolge a_n zugewiesen werden:

a_1	a_2	a_3	a_4	a_5	a_6	a_7		$a_n \in \mathbf{R}$
1	2	3	4	5	6	7		$n \in \mathbf{N}$

Symbolisch schreibt man auch

$$\{a_n\}_{n \in \mathbf{N}} = \{a_1, a_2, a_3, \ldots\}$$

Die Folgenglieder werden also in geschweiften Klammern aufgeführt. Im Unter-schied zu den Mengenklammern handelt es sich hier um eine **Anordnung**, d.h. die Folgenglieder werden in einer fest gegebenen **Reihenfolge** entsprechend ihrer Numerierung aufgelistet. Außerdem sind **Wiederholungen möglich**; dieselbe reelle Zahl kann wiederholt an verschiedenen Stellen der Folge auftreten.

Wir können jede Folge daher auch als Funktion auffassen, bei der jedem Element des Definitionsbereichs $\mathbf{N}$ durch eine Zuordnungsvorschrift (**Bildungsgesetz**) eine reelle Zahl a_n zugeordnet wird.

$$a_n = f(n) \quad ; n \in \mathbf{N}$$

Zur Übung betrachten wir einige Zahlenbeispiele. Das Bildungsgesetz ist hier eine Rechenvorschrift, die sich leicht aus den ersten Folgengliedern ableiten lässt. Da-zu versuchen wir zunächst, die Folge fortzuführen.

BEISPIELE

	Folgenglieder							Bildungsgesetz
	$a_1,$	$a_2,$	$a_3,$	$a_4,$	$a_5,$	$a_6,$	$a_7, \ldots$	$a_n = f(n)$

1.	3,	3,	3,	3,	3,	3,	3, $\ldots$	$a_n = 3 = const$
2.	5,	8,	11,	14,	17,	20,	23, $\ldots$	$a_n = 5 + (n-1) \cdot 3$
3.	1,	2,	4,	8,	16,	32,	64, $\ldots$	$a_n = 2^{n-1}$
4.	1,	$\frac{1}{2},$	$\frac{1}{4},$	$\frac{1}{8},$	$\frac{1}{16},$	$\frac{1}{32},$	$\frac{1}{64}, \ldots$	$a_n = \left(\frac{1}{2}\right)^{n-1}$
5.	1,	$-1,$	1,	$-1,$	1,	$-1,$	1, $\ldots$	$a_n = (-1)^{n-1}$
6.	0,	1,	4,	9,	16,	25,	36, $\ldots$	$a_n = (n-1)^2$
7.	1,	1,	2,	3,	5,	8,	13, $\ldots$	?

Im Beispiel 1 sind die Folgenglieder konstant; an jeder Stelle der Folge steht dieselbe Zahl 3. Das Bildungsgesetz, durch das die Folgenglieder erzeugt werden, ist daher unabhängig von n.

Im Beispiel 2 ist die Differenz zweier aufeinanderfolgender Glieder konstant. Jedes Glied entsteht aus dem vorangehenden durch Addition der Konstanten 3. Die nächsten Glieder sind also 26, 29, 32, $\ldots$

Das Bildungsgesetz finden wir, indem wir die Folgenglieder auf das Anfangsglied zurückführen. Das 2. Glied ergibt sich aus dem Anfangsglied, indem wir 3 addieren. Das 3. Glied ergibt sich aus dem Anfangsglied, indem wir 2-mal 3 addieren, das 4. indem wir 3-mal 3 addieren und das n-te, indem wir $(n-1)$-mal 3 addieren:

$$a_n = 5 + (n-1) \cdot 3$$

Im Beispiel 3 ist das Verhältnis zweier aufeinanderfolgender Glieder konstant. Jedes Glied entsteht aus dem vorangehenden durch Multiplikation mit der Konstanten 2. Die nächsten Glieder sind also 128, 256, 512.

Das 2. Glied finden wir, indem wir das Anfangsglied mit 2 multiplizieren, das 3. Glied, indem wir das Anfangsglied 2-mal mit 2 also mit 2^2 multiplizieren. Das n-te Glied ergibt sich, wenn wir das Anfangsglied $(n-1)$-mal mit 2 multiplizieren also mit 2^{n-1}. Daher lautet das Bildungsgesetz:

$$a_n = 2^{n-1}$$

Das Beispiel 4 unterscheidet sich von Beispiel 3 nur dadurch, dass das konstante Verhältnis zweier aufeinanderfolgender Glieder nun 1/2 ist.

Das Beispiel 5 ist eine Vorzeichenfolge. Das Vorzeichen wechselt von Glied zu Glied, ist also abwechseln positiv und negativ. Vom Typ her entspricht die Folge den beiden vorangehenden Beispielen. Die Konstante ist nun -1.

Im Beispiel 6 handelt es sich um die Quadrate der Zahlen 0, 1, 2, 3, . . . Die nächsten Folgenglieder sind 49, 64, 81. Das Bildungsgesetz ist daher:

$$a_n = (n-1)^2$$

Beispiel 7 ist die berühmte FIBONACCI-Folge. Hier ist jedes Folgenglied die Summe der beiden vorangehenden Glieder. Die nächsten Glieder sind also 21, 34, 55, 89, . . . Diese Folge wird häufig zur Illustration des organischen Wachstums benutzt und lässt sich an vielen Stellen als Bauprinzip der Natur nachweisen.

Obwohl das Konstruktionsprinzip auf den ersten Blick sehr einfach erscheint, ergibt sich als Bildungsgesetz ein überraschend komplizierter Ausdruck:

$$a_n = \frac{1}{\sqrt{5}}\left[\left(\frac{1+\sqrt{5}}{2}\right)^n - \left(\frac{1-\sqrt{5}}{2}\right)^n\right]$$

Die Folgen in den Beispielen beruhen auf einfachen mathematischen Regeln. Ihr Bildungsgesetz lässt sich durch eine einzige Formel angeben.

Die Glieder der Folgen können aber auch das Ergebnis zeitlich aufeinanderfolgender Messungen oder Beobachtungen ökonomischer Variablen sein. In der ökonomischen Anwendung entspricht die Nummer des Folgengliedes dem Datum, der Index ist daher ein **Zeitindex**. Die natürlichen Zahlen n bezeichnen dann die Zeitpunkte (äquidistant) oder Perioden (gleicher Länge), für die die Variablenwerte ermittelt wurden (z.B. Umsatz, Inlandsprodukt, Inflationsrate, Preisindex, Restwert etc.).

Soweit diese Folgen Gesetzmäßigkeiten (Regelmäßigkeiten) aufweisen, können die Bildungsgesetze approximativ angegeben werden. In der ökonomischen Anwendung spielen vor allem arithmetische und geometrische Folgen, die auf einfachen Bildungsgesetzen beruhen, eine Rolle.

Häufig interessieren neben den Folgengliedern a_i auch ihre Teilsummen aus 2, 3, 4, . . . , n Gliedern. Diese Teilsummen bilden wieder eine Zahlenfolge, die wir als **Reihe** bezeichnen. Wir machen uns die Beziehung zwischen der Folge und ihrer Reihe am Zahlenstrahl klar.

Unter dem Zahlenstrahl notieren wir die Summe der Folgenglieder, aus der wir die Partialsummen bilden. Die 1. Partialsumme s_1 ist identisch mit dem 1. Folgenglied, die 2. Partialsumme s_2 besteht aus den ersten zwei, die 3. Partialsumme s_3 aus den ersten drei Gliedern und die n-te Partialsumme s_n aus den ersten n Gliedern.

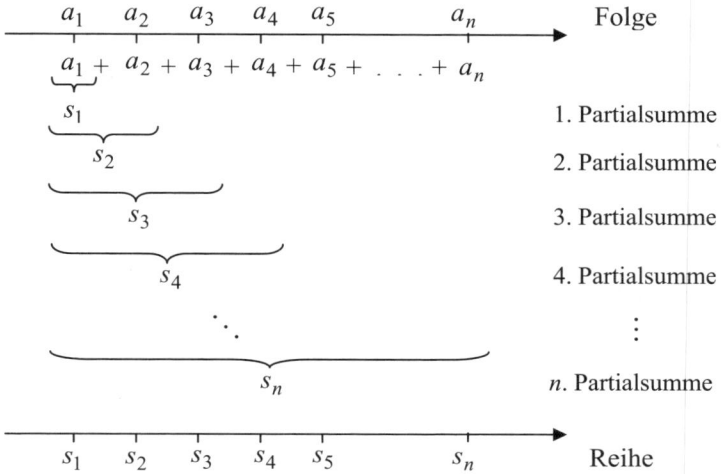

Die Zahlenreihe ist also die Folge der Partialsummen einer gegebenen Zahlenfolge.

Wir definieren daher

Reihe

Gegeben sei eine beliebige Zahlenfolge

$$\{a_n\}_{n \in \mathbf{N}} = \{a_1, a_2, a_3, \ldots\}$$

Dann bezeichnen wir die Summe der ersten n Glieder

$$s_n = \sum_{i=1}^{n} a_i$$

als n-te Teilsumme oder **Partialsumme**. Die Folge der Partialsummen

$$\{s_n\}_{n \in \mathbf{N}} = \{s_1, s_2, s_3, \ldots\}$$

nennen wir **Zahlenreihe**. Der Einfachheit halber bezeichnen wir die

unendliche Reihe mit $\quad \displaystyle\sum_{i=1}^{\infty} a_i$

endliche Reihe mit $\quad \displaystyle\sum_{i=1}^{n} a_i$

BEISPIELE

1. $\{a_n\}_{n \in \mathbf{N}} = \{a_1, a_2, a_3, \dots\} = \{3, 3, 3, \dots\}$

    $\{s_n\}_{n \in N} = \{s_1, s_2, s_3, \dots\} = \{3, 6, 9, \dots\}$

    Die Formel für die Reihe lautet:

    $$\sum_{i=1}^{\infty} a_i = \sum_{i=1}^{\infty} 3 = 3 + 3 + 3 + \dots$$

2. $\{a_n\}_{n \in \mathbf{N}} = \{a_1, a_2, a_3, \dots\} = \{5, 8, 11, 14, \dots\}$

    $\{s_n\}_{n \in N} = \{s_1, s_2, s_3, \dots\} = \{5, 13, 24, 38, \dots\}$

    Oder als Formel geschrieben:

    $$\sum_{i=1}^{\infty} a_i = \sum_{i=1}^{\infty} (5 + 3 \cdot (i-1)) = 5 + 8 + 11 + 14 + \dots$$

3. $\{a_n\}_{n \in \mathbf{N}} = \{a_1, a_2, a_3, \dots\} = \{1, 2, 4, 8, 16, \dots\}$

    $\{s_n\}_{n \in N} = \{s_1, s_2, s_3, \dots\} = \{1, 3, 7, 15, 31, \dots\}$

    Die Formel für die Reihe lautet:

    $$\sum_{i=1}^{\infty} a_i = \sum_{i=1}^{\infty} 2^{i-1} = 1 + 2 + 4 + 8 + 16 + \dots$$

ÜBUNG 1.6.1

1. Gegeben seien die nachstehenden Folgen. Bestimmen Sie jeweils die nächsten drei Folgenglieder und das Bildungsgesetz!

    a. $1, 8, 15, 22, \dots$ c. $3, 6, 12, 24, \dots$

    b. $18, 14, 10, 6, 2, \dots$ d. $90, 30, 10, 10/3, \dots$

2. Gegeben seien das Anfangsglied und die Rekursionsformel. Bestimmen Sie das Bildungsgesetz und die ersten 5 Glieder der Folge!

    a. $a_{n+1} = a_n + 6$; $a_1 = 5$

    b. $a_{n+1} = a_n / 4$; $a_1 = 120$

    c. $a_{n+1} = (1 + 0{,}07) \cdot a_n$; $a_1 = 50$

3. Geben Sie die Reihen für die Folgen in Aufgabe 2 an und berechnen Sie die ersten 5 Glieder (Partialsummen der Folgen)!

1.6.2 Arithmetische Folgen und Reihen

In der ökonomischen Anwendung begegnen wir vor allem zwei Spezialfällen von Folgen, den arithmetischen und den geometrischen Folgen, mit denen wir uns nun etwas genauer befassen wollen.

Arithmetische Folge

Eine Zahlenfolge heißt arithmetische Folge, wenn die Differenz zweier beliebiger aufeinanderfolgender Glieder konstant ist, d.h.

$$a_{n+1} - a_n = d \qquad \text{für alle } n \in \mathbf{N}$$

Jedes Glied einer arithmetischen Folge ergibt sich durch Addition der Konstanten d (= Differenz) zum vorangegangenen Glied:

$$a_{n+1} = a_n + d$$

Wir sprechen von **rekursiver** Berechnung der Folgenglieder und nennen die Formel **Rekursionsformel** (lat. recurere = zurücklaufen), weil jedes Glied aus dem vorangegangenen berechnet wird.

Durch wiederholte Anwendung der Rekursionsformel (= **Rekursion**) , können wir jedes Folgenglied auf den Anfangswert zurückführen und das Bildungsgesetz der arithmetischen Folge bestimmen.

Wir beginnen mit dem Anfangswert a_1. Daraus ergibt sich a_2 durch Addition der konstanten Differenz d. a_3 ergibt sich wieder, indem wir zu a_2 die Differenz d addieren. Da wir a_2 bereits berechnet haben, ersetzen wir a_2 durch $a_1 + d$ und erhalten $a_1 + 2d$. Das nächste Folgenglied a_4 ergibt sich wieder aus dem vorangehenden Glied a_3 durch Addition der konstanten Differenz d. Wenn wir a_3 durch $a_1 + 2d$ ersetzen, erhalten wir $a_1 + 3d$ usw.

$$
\begin{aligned}
a_1 &= a \\
a_2 &= a_1 + d \\
a_3 &= a_2 + d = (a_1 + d) + d = a_1 + 2d \\
a_4 &= a_3 + d = (a_1 + 2d) + d = a_1 + 3d \\
&\vdots \\
a_n &= a_{n-1} + d = a_1 + (n-2)d + d = a_1 + (n-1)d
\end{aligned}
$$

Damit lautet das Bildungsgesetz der arithmetischen Folge

$$\boxed{a_n = a_1 + (n-1)d}$$

BEISPIELE

1. $\{a_n\}_{n \in \mathbf{N}} = \{a_1, a_2, a_3, \ldots\} = \{3, 8, 13, 18, \ldots\}$

    Das Anfangsglied dieser Folge ist $a_1 = 3$ und die konstante Differenz der aufeinanderfolgenden Glieder $d = 5$. Das Bildungsgesetz lautet also

    $$a_n = a_1 + (n-1)d = 3 + (n-1)5$$

2. $\{a_n\}_{n \in \mathbf{N}} = \{a_1, a_2, a_3, \ldots\} = \{1, 3, 5, 7, \ldots\}$

    Es handelt sich hier um die Folge der **ungeraden Zahlen**. Das Anfangs-glied dieser Folge ist $a_1 = 1$ und jede weitere ungerade Zahl ergibt sich aus der vorangehenden durch Addition von $d = 2$. Das Bildungsgesetz ist

    $$a_n = a_1 + (n-1)d = 1 + (n-1)2 = 2n - 1$$

    Wir erhalten die ungeraden Zahlen, indem wir die natürlichen Zahlen mit 2 multiplizieren und 1 subtrahieren.

3. $\{a_n\}_{n \in \mathbf{N}} = \{a_1, a_2, a_3, \ldots\} = \{2, 4, 6, 8, \ldots\}$

    Das ist die Folge der **geraden Zahlen**. Die kleinste gerade Zahl ist $a_1 = 2$ und jede weitere ergibt sich durch Addition von $d = 2$. Das Bil-dungsgesetz lautet also

    $$a_n = a_1 + (n-1)d = 2 + (n-1)2 = 2n$$

    Die geraden Zahlen errechnen sich aus den natürlichen Zahlen durch Multiplikation mit 2.

ANWENDUNG

4. **Lineare Abschreibung**

    Zu Beginn eines Rechnungsjahres werde eine Maschine gekauft. Die An-schaffungskosten betragen

    $$A = 40.000,- \; €$$

    Die ökonomische Nutzungsdauer sei

    $$T = 8 \text{ Jahre}$$

    Die nutzungsbedingte Wertminderung wird im betrieblichen Rech-nungswesen durch die jährliche Abschreibung berücksichtigt. Bei linea-rer Abschreibung werden **jährlich gleichbleibende** Abschreibungsbeträ-ge d vom **Anschaffungswert** A abgezogen. Bei der angenommenen Nut-zungsdauer von 8 Jahren beträgt der jährliche **Abschreibungsbetrag**

$$d = \frac{A}{T} = \frac{40.000}{8} = 5.000$$

und die konstante jährliche **Abschreibungsrate**

$$r = \frac{d}{A} = \frac{5.000}{40.000} = \frac{1}{8} = 0,125$$

oder

$$r = \frac{d}{A} = \frac{\dfrac{A}{T}}{A} = \frac{1}{T} = \frac{1}{8} = 0,125$$

Der Abschreibungsrate ist bei linearer Abschreibung gleich dem Kehrwert der ökonomischen Nutzungsdauer.

Die Buchwerte der Maschine bilden eine arithmetische Folge:

t	d	B
0		40.000
1	5.000	35.000
2	5.000	30.000
3	5.000	25.000
4	5.000	20.000
5	5.000	15.000
6	5.000	10.000
7	5.000	5.000
8	5.000	0

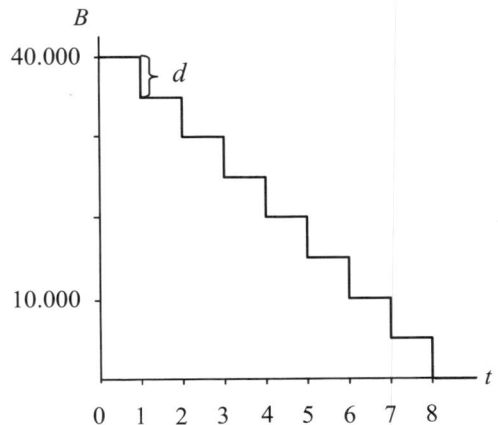

Es gilt das Bildungsgesetz:

$$B_t = A - t \cdot \frac{A}{T} = A - t \cdot d = 40.000 - t \cdot 5.000 \quad ; t = 0, 1, 2, \ldots, T = 8$$

In der 1. Periode entspricht der Buchwert den Anschaffungskosten. Am Ende der 1. Periode werden 5.000 € abgeschrieben und der Buchwert auf 35.000 € verringert. Am Ende der 2. Periode und in allen folgenden bis zur 8. Periode wird der gleichbleibende Abschreibungsbetrag in Höhe von 5.000 € vom jeweiligen Restwert abgezogen. Am Ende der Nutzungsdauer ist die Maschine auf den Restwert 0 abgeschrieben.

Bei der linearen Abschreibung werden die Anschaffungskosten also gleichmäßig auf die Nutzungsperioden verteilt.

Arithmetische Reihe

Die Folge der Partialsummen $\{s_n\}$ einer arithmetischen Folge heißt arithmetische Reihe.

$$\sum_{i=1}^{n} a_i = \sum_{i=1}^{n} (a_1 + (i-1)d)$$

Für die n-te Partialsumme gilt die **Summenformel**

$$s_n = \frac{n}{2}(a_1 + a_n)$$

Die Summe der ersten n Glieder einer arithmetischen Folge ist gleich dem n-fachen des arithmetischen Mittels aus dem ersten und dem letzten Glied. Die Summenformel erlaubt uns, wie das Bildungsgesetz der Folge, jedes Glied der Reihe direkt zu berechnen, ohne die vorangehenden Glieder zu kennen.

Beweis:

$$s_n = \qquad a_1 \qquad + \quad (a_1+d) \quad + \ldots + (a_1+(n-2)d) + (a_1+(n-1)d)$$
$$s_n = (a_1+(n-1)d) + (a_1+(n-2)d) + \ldots + \quad (a_1+d) \qquad + \qquad a_1$$

$$2s_n = [2a_1+(n-1)d] + [2a_1+(n-1)d] + \qquad \ldots \qquad + [2a_1+(n-1)d]$$

$$= n[2a_1+(n-1)d]$$

$$s_n = \frac{n}{2}[2a_1+(n-1)d]$$

$$= \frac{n}{2}[a_1 + \underbrace{a_1+(n-1)d}_{a_n}]$$

$$= \frac{n}{2}(a_1 + a_n)$$

Die Partialsumme wird dabei zweimal in umgekehrter Reihenfolge untereinander geschrieben, so dass das 1. und das letzte Glied, das 2. und das vorletzte Glied usw. untereinander stehen.

Die Summe der untereinander stehenden Glieder gibt n-mal denselben Wert:

$$2a_1 + (n-1)d$$

Dann wird durch 2 dividiert und schließlich $a_1 + (n-1)d$ durch a_n ersetzt.

BEISPIELE

1. Wir betrachten die Folge mit dem Bildungsgesetz

    $$a_n = 3 + (n-1)\,5$$

    Die Summe der ersten 10 Folgenglieder, also die 10. Partialsumme ist:

    $$s_{10} = \frac{10}{2}\left[3 + 3 + 9 \cdot 5\right] = 5 \cdot \left[3 + 48\right] = 5 \cdot 51 = 255$$

2. Die Folge der ungeraden Zahlen hat das Bildungsgesetz

    $$a_n = 1 + (n-1)\,2 = 2n - 1$$

    Die Summe der ersten 50 ungeraden Zahlen, also die 50. Partialsumme ist:

    $$s_{50} = \frac{50}{2}\left[1 + (2 \cdot 50 - 1)\right] = 25 \cdot \left[1 + 99\right] = 2.500$$

3. Die Folge der natürlichen Zahlen hat das Bildungsgesetz

    $$a_n = n$$

    Die Summe der ersten 100 natürlichen Zahlen, also die 100. Partialsumme ist:

    $$s_{100} = \frac{100}{2}(1 + 100) = 50 \cdot 101 = 5.050$$

    Allgemein gilt für die Summe der ersten n natürlichen Zahlen die **Gaußsche Summenformel**[1]

    $$s_n = \sum_{i=1}^{n} i = \frac{n(1+n)}{2}$$

ANWENDUNG

4. **Ratensparen ohne Verzinsung**

    Nehmen Sie an, Sie beschließen in monatlichen Beträgen für die nächste Sommerreise anzusparen. Sie tragen das Geld aber nicht auf die Bank, sondern sparen unverzinslich im Sparschwein.

---

[1]Carl Friedrich Gauß (1777–1855) soll diese Lösung gefunden haben, als er als Schüler die natürlichen Zahlen von 1 bis 100 summieren sollte.

Sie beginnen mit 50,- Euro und erhöhen den Betrag monatlich um 10,- €.
Wie groß ist die Ersparnis nach 12 Monaten?

Die Einzahlungen bilden eine arithmetische Folge mit dem Bildungsgesetz:

$$a_n = 50 + (n-1)10$$

Die erste und die letzte Einzahlung betragen daher:

$$a_1 = 50 \; ; \; a_{12} = 50 + 11 \cdot 10 = 160$$

Die Summe der 12 Einzahlungen, also die 12. Partialsumme beträgt dann

$$s_{12} = \frac{12}{2}(50 + 160) = 6 \cdot 210 = 1.260$$

5.   Laufzeitzinssatz und effektiver Zinssatz

Bei Krediten mit kurzer Laufzeit ist es üblich, die Zinskosten nach einem vereinfachten Verfahren zu berechnen. Dabei ist der volle Kreditbetrag über die gesamte Laufzeit mit einem festen Zinssatz, dem Laufzeitzins, zu verzinsen.

Gegeben seien die folgenden Zahlen

$$K_0 = 10.000 \text{ €} \qquad\qquad \text{Kredit}$$

$$i = 0,06 \qquad\qquad\qquad \text{Laufzeitzins}$$

$$t = 36 \text{ [Monate]} \qquad\qquad \text{Laufzeit}$$

Die Zinsbelastung beträgt dann

$$Z = \frac{i}{12} t K_0 = \frac{0,06}{12} \cdot 36 \cdot 10.000$$
$$= 0,005 \cdot 36 \cdot 10.000 = 0,18 \cdot 10.000 = 1.800$$

Die Tilgung des Kredits erfolgt in gleichbleibenden Monatsraten R, die die Rückzahlung und die Zinszahlungen enthalten.

$$R = \frac{K_0 + Z}{t} = \frac{10.000 + 1.800}{36} = 327,78$$

Bei diesem Berechnungsverfahren der Zinskosten wird die monatliche Tilgung, durch die die Restschuld von Monat zu Monat abnimmt, nicht berücksichtigt.

Die Zinsen werden so berechnet, als würde der volle Kreditbetrag über die ganze Laufzeit geschuldet.

Es drängt sich daher die Frage nach der tatsächlichen Zinsbelastung oder nach dem effektiven Jahreszinssatz auf, der sich ergibt, wenn man bei unveränderten Raten die monatliche Tilgung berücksichtigt.

Die monatliche Tilgung beträgt

$$T = \frac{K_0}{t} = \frac{10.000}{36} = 277,78$$

Da die Tilgung des Kredits in gleichbleibenden Raten T erfolgt, ist die Restschuld in jedem Monat gleich der Anzahl der ausstehenden Raten. Die Restschulden bilden eine arithmetische Folge mit der konstanten Differenz $d = -T$.

Die Zinszahlung unter Berücksichtigung der monatlichen Tilgungen wäre also nur:

$$
\begin{aligned}
Z &= \frac{i}{12} \left(t\,\frac{K_0}{t} + (t-1)\,\frac{K_0}{t} + \ldots + 2\,\frac{K_0}{t} + \frac{K_0}{t} \right) \\
&= \frac{i}{12}\,\frac{K_0}{t}\,(\underbrace{1 + 2 + 3 + \ldots + (t-1) + t}_{\frac{t}{2}\,(1+t)}) \\
&= \frac{i}{12}\,\frac{K_0}{t}\,\frac{t}{2}\,(1+t) \\
&= \frac{i}{12}\,K_0\,\frac{1+t}{2}
\end{aligned}
$$

Wir setzen den so berechneten Zinsbetrag der tatsächlichen Zinsbelastung gleich und lösen nach dem effektiven Zinssatz i_{eff} auf:

$$Z_{eff} = \frac{i_{eff}}{12}\,K\,\frac{1+t}{2}$$

Der **Effektivzins** beträgt

$$\boxed{\; i_{eff} = \frac{12 \cdot 2 \cdot Z_{eff}}{K\,(1+t)} = \frac{24 \cdot Z_{eff}}{K\,(1+t)} \;}$$

Im Beispiel erhalten wir

$$i_{eff} = \frac{24 \cdot 1.800}{10.000 \cdot 37} = 0,11676 = 11,68\%$$

Der Ausdruck $\dfrac{1+t}{2}$ wird als **mittlere Laufzeit** bezeichnet. Der Berechnung der Effektivverzinsung bzw. des Effektivzinssatzes liegt also nicht die gesamte Laufzeit t, sondern nur die mittlere Laufzeit zugrunde.

Der Effektivzins ist in diesem Fall fast doppelt so hoch wie der Laufzeitzinssatz i. Aus

$$Z_{\mathit{eff}} = \frac{i}{12}\,K_0\,t = \frac{i_{\mathit{eff}}}{12}\,K_0\,\frac{1+t}{2} = Z$$

folgt

$$\boxed{i_{\mathit{eff}} = i\,\frac{t}{\dfrac{1+t}{2}} = i\,\frac{2t}{1+t}}$$

Der Effektivzins verhält sich zum Laufzeitzins, wie die gesamte Laufzeit zur mittleren Laufzeit.

Im Beispiel erhalten wir:

$$i_{\mathit{eff}} = i\,\frac{36}{\dfrac{37}{2}} = i\,\frac{2\cdot 36}{37} = i\cdot 1{,}9459$$

Schließlich wollen wir die Frage beantworten, warum die arithmetische Folge "arithmetische Folge" heißt. Dazu erinnern wir uns an die Definition des arithmetischen Mittels:

Arithmetisches Mittel

Seien a und b zwei positive reelle Zahlen, dann bezeichnet man die Zahl

$$m = \frac{1}{2}(a+b)$$

als arithmetisches Mittel von a und b.

Für die arithmetische Folge gilt:

Satz

Jedes Glied einer arithmetischen Folge ist das arithmetische Mittel seiner benachbarten Folgenglieder

$$a_n = \frac{1}{2}(a_{n-1} + a_{n+1})$$

Beweis:

$$\frac{1}{2}(a_{n-1}+a_{n+1}) = \frac{1}{2}\left[a+(n-2)d+(a+nd)\right]$$

$$= \frac{1}{2}\left[a+nd-2d+a+nd\right]$$

$$= \frac{1}{2}\left[2a+2(n-1)d\right]$$

$$= a+(n-1)d$$

$$= a_n$$

ÜBUNG 1.6.2

1. Das 3. Glied einer arithmetischen Folge sei 12 und das 8. Glied 27.
    a. Wie lautet das Bildungsgesetz?
    b. Welchen Wert hat das 11 Glied?
    c. Wie groß ist die Summe der ersten 10 Glieder?

2. Ein kleines Theater hat 10 Sitzreihen. Die 1. Reihe hat 12, die 2. Reihe 14 usw. Sitzplätze.
    a. Wie viele Sitzplätze hat die letzte Reihe?
    b. Wie viele Sitzplätze hat das Theater?

3. Die Turmuhr schlägt die ganzen Stunden. Wieviel Schläge macht sie in drei Tagen?

4. Bei einem trapezförmigen Walmdach liegen in der obersten Reihe 40 Ziegel. In jeder folgenden Reihe liegen 2 Ziegel mehr. Wieviel Ziegel hat die Dachfläche, wenn 32 Reihen gezählt werden?

5. Beim Bohren eines Schachts sollen für den ersten Meter 5 € bezahlt werden und für jeden folgenden Meter 2 € mehr als für den vorangehenden. Wie teuer wird der Schacht, wenn er 1.200 Meter tief werden soll?

6. Die Anschaffungskosten einer Maschine betragen A = 12.000 €. Die Maschine soll in 5 Jahren auf den Restwert S = 2.000 linear abgeschrieben werden (mit konstanter Rate vom Anschaffungswert).
    a. Wie hoch ist der jährliche Abschreibungsbetrag?
    b. Geben Sie die Folge der jährlichen Buch(=Rest)-werte an!
    c. Stellen Sie die Folge grafisch dar!

7. Eine Unternehmung plane die Einführung eines neuen Produkts. Im ersten Monat soll die Produktion 120 Einheiten betragen und dann monatlich um 40 Einheiten gesteigert werden.
    a. Wie hoch ist die Produktion im 12. Monat?
    b. Wie hoch ist die Gesamtproduktion im ersten Jahr?

1.6.3 Geometrische Folgen und Reihen

Wichtiger als die arithmetischen Folgen sind die geometrischen Folgen, auf denen fast die gesamte Finanzmathematik beruht, die uns aber auch in der ökonomischen Theorie immer wieder begegnen.

> ### Geometrische Folge
>
> Eine Zahlenfolge heißt geometrische Folge, wenn der Quotient zweier beliebiger aufeinanderfolgender Glieder konstant ist, d.h.
>
> $$\frac{a_{n+1}}{a_n} = q \qquad \text{für alle } n \in \mathbf{N}$$

Jedes Glied einer geometrischen Folge ergibt sich durch Multiplikation des vorangegangenen Gliedes mit der Konstanten q.

Es gilt die **Rekursionsformel**

$$a_{n+1} = a_n\, q$$

aus der durch Rekursion das Bildungsgesetz folgt.

Durch wiederholte Anwendung der Rekursionsformel führen wir das n-te Folgenglied auf das Anfangsglied zurück:

$$a_1 = a$$
$$a_2 = a_1\, q$$
$$a_3 = a_2\, q = a_1\, q \cdot q = a_1\, q^2$$
$$a_4 = a_3\, q = a_1\, q^2 \cdot q = a_1\, q^3$$
$$\vdots$$
$$a_n = a_{n-1}\, q = a_1\, q^{n-2} \cdot q = a_1\, q^{n-1}$$

Das 2. Glied der geometrischen Folge a_2 ergibt sich durch Multiplikation des Anfangswerts a_1 mit q. Auch das 3. Glied a_3 errechnet sich aus dem vorangehenden Glied a_2 durch Multiplikation mit q. Da wir a_2 bereits auf den Anfangswert zurückgeführt haben, ersetzen wir a_2 durch $a_1\, q$ und erhalten $a_3 = a_1\, q^2$.

Das 4. Glied a_4 errechnet sich wieder aus dem vorangehenden Glied a_3 durch Multiplikation mit q. Wir ersetzen a_3 durch $a_1\, q^2$ und erhalten $a_4 = a_1\, q^3$ usw.

Die Potenz von q ist also stets um 1 kleiner als die Nummer des Folgenglieds. Das **Bildungsgesetz** der geometrischen Folge lautet also:

$$\boxed{a_n = a_1 \cdot q^{n-1}}$$

BEISPIELE

1. $\{a_n\}_{n\in\mathbf{N}} = \{a_1, a_2, a_3, \ldots\} = \{10, 5, 2.5, 1.25, 0.625, \ldots\}$

    Das Anfangsglied dieser Folge ist $a_1 = 10$ und das konstante Verhältnis der aufeinanderfolgenden Glieder $q = 1/2$. Jedes Glied ergibt sich aus dem vorangehenden durch Halbierung. Das Bildungsgesetz lautet also:

    $$a_n = a_1 \cdot q^{n-1} = 10\left(\frac{1}{2}\right)^{n-1}$$

2. $\{a_n\}_{n\in\mathbf{N}} = \{a_1, a_2, a_3, \ldots\} = \{10, 20, 40, 80, \ldots\}$

    Das Anfangsglied ist wieder $a_1 = 10$ und das konstante Verhältnis der aufeinanderfolgenden Glieder $q = 2$. Jedes Glied ergibt sich aus dem vorangehenden durch Verdoppelung. Das Bildungsgesetz lautet also:

    $$a_n = a_1 \cdot q^{n-1} = 10 \cdot 2^{n-1}$$

ANWENDUNG

3. **Zinseszinsrechnung**

    Ein Geldbetrag, den wir als Anfangskapital bezeichnen, in Höhe von

    $K_0 = 10.000,\text{-}\ \text{\euro}$

    werde zu einem festen Zinssatz von $i = 0{,}1 = 10\%$ angelegt.

    Wir nehmen an, dass die Zinserträge jeder Periode dem Konto am Jahresende gutgeschrieben werden. Wir sprechen dann von **nachschüssiger** Verzinsung.

    Außerdem nehmen wir an, dass die Zinserträge auf dem Konto stehen bleiben und sich in den folgenden Perioden mitverzinsen. Das Anfangskapital wächst also von Periode zu Periode um den Zinsertrag der Vorperiode.

    Die Kontostände bilden eine geometrische Folge. Das Endkapital nach t Perioden erhalten wir durch Rekursion:

    $$K_0 = 10.000$$
    $$K_1 = K_0 + iK_0 = (1+i)K_0$$
    $$K_2 = K_1 + iK_1 = (1+i)K_1 = (1+i)^2 K_0$$
    $$K_3 = K_2 + iK_2 = (1+i)K_2 = (1+i)^3 K_0$$
    $$\vdots$$
    $$K_t = K_{t-1} + iK_{t-1} = (1+i)K_{t-1} = (1+i)^t K_0$$

Als Bildungsgesetz ergibt sich die wichtige **Zinseszinsformel**

$$\boxed{K_t = (1+i)^t K_0 = q^t K_0}$$ mit $q = 1 + i$

Das Anfangsglied dieser geometrischen Folge ist das Anfangskapital K_0 und das konstante Verhältnis zweier aufeinanderfolgender Kontostände ist der **Aufzinsungsfaktor** $q = 1 + i$.

Die Zinseszinsformel erlaubt es, für jeden Anlagezeitraum t das Endkapital K_t zu berechnen.

Das Endkapital nach 5 und 10 Jahren beträgt:

$$K_5 = (1+i)^5 \, K_0 = (1+0,1)^5 \cdot 10.000 = 1,6105 \cdot 10.000 = 16.105$$

$$K_{10} = (1+i)^{10} K_0 = (1+0,1)^{10} \cdot 10.000 = 2,5937 \cdot 10.000 = 25.937$$

4. Geometrisch-degressive Abschreibung

Bei vielen Anlagegütern ist die Wertminderung nicht gleichmäßig über die Nutzungsdauer verteilt, sondern in den ersten Perioden relativ hoch und nimmt mit der Zeit ständig ab. Dem trägt die degressive Abschreibung Rechnung.

Bei der geometrisch-degressiven Abschreibung wird der Wertverlust dadurch berücksichtigt, dass jährlich ein **gleichbleibender Prozentsatz** (Abschreibungsrate) **vom letzten** Rest- oder **Buchwert** abgezogen wird.

Es seien gegeben

$A = 20.000$	Anschaffungskosten
$T = 8$ [Jahre]	ökonomische Nutzungsdauer
$r = 0,25$	Abschreibungsrate

Die Buchwerte bilden eine geometrische Folge. Den Buchwert nach t Perioden erhalten wir durch **Rekursion**:

$$B_0 = A = 20.000$$
$$B_1 = B_0 - rB_0 = (1-r)B_0$$
$$B_2 = B_1 - rB_1 = (1-r)B_1 = (1-r)^2 B_0$$
$$B_3 = B_2 - rB_2 = (1-r)B_2 = (1-r)^3 B_0$$
$$\vdots$$
$$B_t = B_{t-1} - rB_{t-1} = (1-r)B_{t-1} = (1-r)^t B_0$$

Als Bildungsgesetz der geometrischen Folge der Buchwerte ergibt sich die **Abschreibungsformel** für die geometrisch-degressive Abschreibung:

$$B_t = (1-r)^t B_0$$

Im Zahlenbeispiel erhalten wir folgende Werte für die Buchwerte und die Abschreibungsbeträge:

t	d	B
0		20.000,0
1	5.000,0	15.000,0
2	3.750,0	11.250,0
3	2.812,5	8.437,5
4	2.109,4	6.328,1
5	1.582,0	4.746,1
6	1.186,5	3.559,6
7	889,9	2.669,7
8	667,4	2.002,3

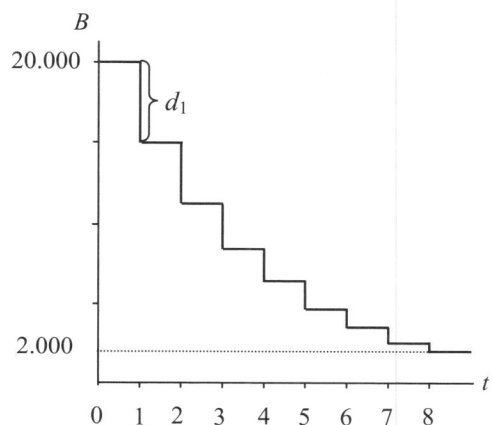

Im Unterschied zur linearen Abschreibung sind die Abschreibungsbeträge bei der degressiven Abschreibung nicht konstant, sondern nehmen von Periode zu Periode mit konstanter Rate ab.

Daher bilden nicht nur die Buchwerte, sondern auch die jährlichen Abschreibungsbeträge eine geometrische Reihe.

Für die Abschreibungsbeträge gilt die Rekursionsformel:

$$d_t = r \cdot B_{t-1} \quad ; \quad t \geq 1$$

Der Abschreibungsbetrag jeder Periode ist das Produkt aus Abschreibungsrate und letztem Buchwert.

Daraus erhalten wir durch Rekursion das Bildungsgesetz:

$$d_1 = r B_0 = r A$$
$$d_2 = r B_1 = r (1-r) A$$
$$d_3 = r B_2 = r (1-r)^2 A$$
$$\vdots$$
$$d_t = r B_{t-1} = r (1-r)^{t-1} A$$

Das Bildungsgesetz für die geometrische Folge der **jährlichen Abschreibungsbeträge** lautet

$$\boxed{d_t = r\,(1-r)^{t-1}\,A}$$

und für die **jährlichen Abschreibungsraten**

$$r_t = r\,(1-r)^{t-1}$$

Bei der geometrisch-degressiven Abschreibung ist der **Restwert stets positiv** (nur sein Grenzwert für $t \to \infty$ ist null).

Ist der Restwert, auf den abgeschrieben werden soll, gegeben, so kann die Abschreibungsrate berechnet werden. Aus

$$B_t = (1-r)^t\,A$$

folgt

$$\frac{B_t}{A} = (1-r)^t$$

$$\left(\frac{B_t}{A}\right)^{\frac{1}{t}} = 1-r$$

$$r = 1 - \left(\frac{B_t}{A}\right)^{\frac{1}{t}}$$

Die **Abschreibungsrate bei gegebenem Restwert B_T** und gegebener Nutzungsdauer $t = T$ beträgt

$$\boxed{r = 1 - \left(\frac{B_T}{A}\right)^{\frac{1}{T}} = 1 - \sqrt[T]{\frac{B_T}{A}}}$$

Im Zahlenbeispiel nehmen wir an, der Restwert auf den die Maschine abgeschrieben werden soll, sei

$$B_{t=8} = 2.000$$

dann beträgt die Abschreibungsrate

$$r = 1 - \left(\frac{2.000}{20.000}\right)^{\frac{1}{8}} = 1 - \sqrt[8]{\frac{1}{10}} = 1 - 0,75 = 0,25$$

Wenn der Restwert nach 8 Jahren 2.000 betragen soll, dann muss mit einer Rate von 25% jährlich degressiv abgeschrieben werden.

Hinweis zu Verzinsung und Abschreibung

Verzinsung und Abschreibung sind Beispiele für **diskrete** Wachstumsprozesse mit **konstanten Wachstumsraten**.

Unter einer diskreten Funktion (oder einem Prozess) verstehen wir eine Funktion, die in jedem abgeschlossenen Intervall nur für endlich viele Werte der unabhängigen Variablen definiert ist.

Die Bildungsgesetze der Folgen des Endkapitals und der Buchwerte

$$K_t = (1+i)^t K_0$$

$$B_t = (1-r)^t B_0$$

sind diskrete Funktionen der Zeit, die nur für ganzzahlige Werte von $t \in \mathbf{N}_0$ definiert sind.

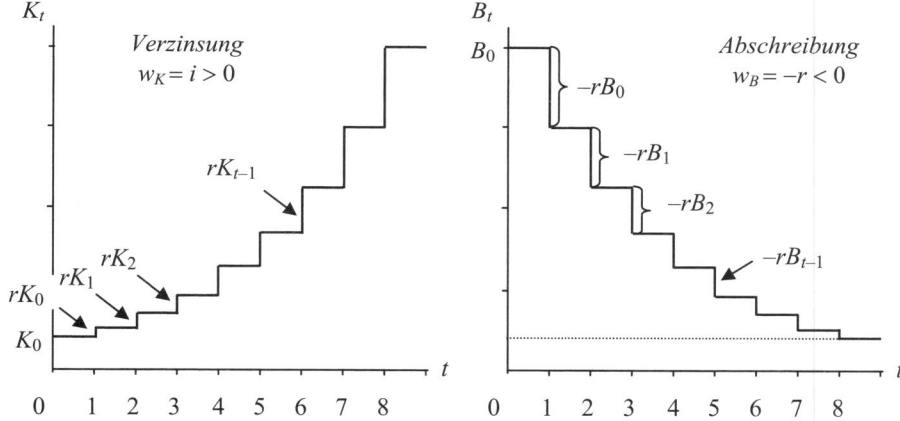

Bei Verzinsung und Abschreibung handelt es sich um formal gleichartige Fragestellungen, die sich nur durch das Vorzeichen der Wachstumsrate unterscheiden. Während bei der Verzinsung die Wachstumsrate (der Zinssatz) positiv ist, ist bei der Abschreibung die Wachstumsrate (die Abschreibungsrate) negativ.

Dabei verstehen wir unter der Wachstumsrate einer ökonomischen Variablen ihre relative Veränderung von Periode zu Periode:

$$\hat{K} = \frac{K_t - K_{t-1}}{K_{t-1}} = \frac{(1+i)^t - (1+i)^{t-1}}{(1+i)^{t-1}} = \frac{(1+i-1)\cdot(1+i)^{t-1}}{(1+i)^{t-1}} = 1+i-1 = i$$

$$\hat{B} = \frac{B_t - B_{t-1}}{B_{t-1}} = \frac{(1-r)^t - (1-r)^{t-1}}{(1-r)^{t-1}} = \frac{(1-r-1)\cdot(1-r)^{t-1}}{(1-r)^{t-1}} = 1-r-1 = -r$$

Geometrische Reihe

Die Folge der Partialsummen $\{s_n\}$ einer geometrischen Folge heißt geometrische Reihe:

$$\sum_{i=1}^{n} a_i = \sum_{i=1}^{n} a\,q^{i-1} = a + aq + aq^2 + \ldots + aq^{n-1}$$

Für die n-te Partialsumme gilt die **Summenformel**

$$s_n = a \cdot \frac{1-q^n}{1-q} \qquad ; \; q \neq 1$$

Beweis:

Wir multiplizieren s_n mit q und bilden die Differenz $s_n - s_n q$

$$s_n \;=\; a + aq + aq^2 + \ldots + aq^{n-1}$$

$$s_n q \;=\; \qquad aq + aq^2 + \ldots + aq^{n-1} + aq^n$$

$$s_n - s_n q \;=\; a \qquad\qquad\qquad\qquad - aq^n$$

$$s_n (1-q) \;=\; a\,(1-q^n)$$

$$s_n \;=\; a \cdot \frac{1-q^n}{1-q}$$

BEISPIELE

1. Wir betrachten erneut die Folge

    $$\{a_n\}_{n \in \mathbf{N}} = \{10,\, 5,\, 2.5,\, 1.25,\, 0.625,\, \ldots\}$$

    Durch rekursive Berechnung erhalten wir die zugehörige Reihe

    $$\{s_n\}_{n \in \mathbf{N}} = \{10,\, 15,\, 17.5,\, 18.75,\, 19.375,\, \ldots\}$$

    Die Summenformel erlaubt es, jede Partialsumme direkt zu berechnen, ohne die vorangehenden Glieder zu kennen:

    $$s_n = a \cdot \frac{1-q^n}{1-q} = 10 \cdot \frac{1-(1/2)^n}{1-1/2}$$

    z.B.

    $$s_{10} = 10 \cdot \frac{1-(1/2)^{10}}{1-1/2} = 10 \cdot \frac{1-0{,}000977}{1/2} = 19{,}980$$

2. Wir betrachten nun die Folge

$$\{a_n\}_{n \in \mathbf{N}} = \{10, 20, 40, 80, 160, \dots\}$$

Die rekursive Berechnung der Partialsummen ergibt die Reihe:

$$\{s_n\}_{n \in \mathbf{N}} = \{10, 30, 70, 150, 310, \dots\}$$

Die Summenformel lautet nun:

$$s_n = a \cdot \frac{1-q^n}{1-q} = 10 \cdot \frac{1-2^n}{1-2}$$

Damit berechnen wir direkt jede beliebige Partialsumme, z.B.

$$s_{15} = 10 \cdot \frac{1-2^{15}}{1-2} = 10 \cdot \frac{1-32.768}{1-2} = 327.670$$

ANWENDUNGEN

3. **Ratensparen mit Verzinsung** (Rentenrechnung)

    Unter einer **Rente** wird allgemein eine in gleicher Höhe periodisch erfolgende Zahlung verstanden. Dabei kann es sich sowohl um eine **Einzahlung** als auch um eine **Auszahlung** handeln. Erfolgt diese Zahlung am Anfang jeder Periode, dann sprechen wir von einer **vorschüssigen** Rente, erfolgt sie am Ende jeder Periode, von einer **nachschüssigen** Rente.

    Vorschüssige Rente

    Zu Beginn eines jeden Jahres werde über einen Zeitraum von t Jahren ein gleichbleibender Geldbetrag R auf ein Konto eingezahlt (vorschüssige Einzahlung).

    Das Guthaben verzinse sich zu einem festen Zinssatz i. Die Zinsen werden dem Konto jeweils am Jahresende, also nachschüssig gutgeschrieben.

    Es seien die folgenden Zahlen gegeben:

$R = 1.000$ €	Rate
$i = 0{,}08$	Jahreszins
$t = 10$ Jahre	Anlagezeitraum

    Welchen Wert hat das Endkapital am Ende des Anlagezeitraums nach t Jahren?

    Mit Hilfe des Zeitstrahls gewinnen wir folgendes Bild von den zeitlichen Zusammenhängen:

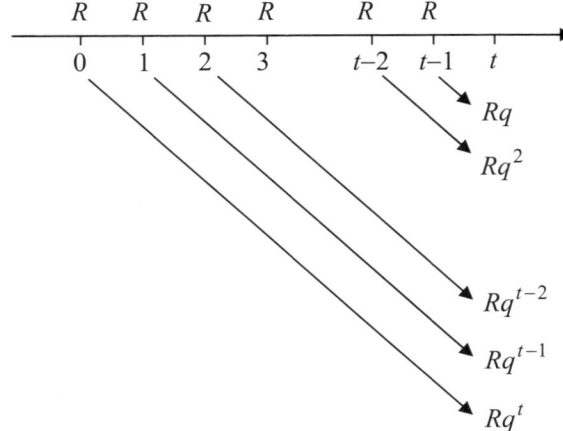

Die 1. Rate R wird zu Beginn der 1. Periode eingezahlt und verzinst sich t Jahre lang. Ihr Endwert beträgt nach der Zinseszinsformel Rq^t.

Die 2. Rate R wird zu Beginn der 2. Periode eingezahlt und verzinst sich ein Jahr weniger, also $t-1$ Jahre lang. Ihr Endwert beträgt Rq^{t-1}.

Die 3. Rate wird zu Beginn der 3. Periode eingezahlt und verzinst sich zwei Jahre weniger, also $t-2$ Jahre lang. Ihr Endwert beträgt Rq^{t-2}.

Die letzte Rate wird zu Beginn der letzten also t-ten Periode eingezahlt und verzinst sich nur ein Jahr lang. Ihr Endwert beträgt Rq.

Die Endwerte der einzelnen Einzahlungen bilden eine geometrische Folge. Ihre Summe ergibt den Endwert des Einzahlungsstroms zum Zeitpunkt t. Er gibt den Wert an, den der Sparplan am Ende des Anlagezeitraums also bei der Auszahlung hat.

$$K_t = Rq + Rq^2 + \ldots + Rq^{t-1} + Rq^t \qquad \text{mit } q = 1+i$$
$$= Rq\,\underbrace{(1+q+\ldots+q^{t-2}+q^{t-1})}_{\dfrac{1-q^t}{1-q}}$$

Wenn wir die geometrische Reihe in der Klammer (genau die t-te Partialsumme) durch die Summenformel ausdrücken, erhalten wir den **Endwert der vorschüssigen Rente**:

$$\boxed{K_t = Rq\,\frac{1-q^t}{1-q}}$$

Im Zahlenbeispiel beträgt der Endwert nach 10 Jahren:

$$K_{10} = 1.000 \cdot 1{,}08 \cdot \frac{1-1{,}08^{10}}{1-1{,}08} = 1.080 \cdot 14{,}48656 = 15.645{,}49$$

Werden im Rahmen eines Ratensparvertrags 10 Jahre lang am Anfang des Jahres 1.000 € auf ein Konto eingezahlt, so beträgt der Endwert bei einem Zinssatz von 8% 15.645,49 €.

Nachschüssige Rente

Erfolgt die Einzahlung der Rate (Rente) R am Ende der Perioden (nachschüssige Einzahlung), dann verzinst sich jede Rate erst im folgenden Jahr, insgesamt also ein Jahr weniger als bei vorschüssiger Einzahlung.

Die letzte Einzahlung fällt zusammen mit dem Bezugszeitpunkt des Endwerts t, also mit der Auszahlung:

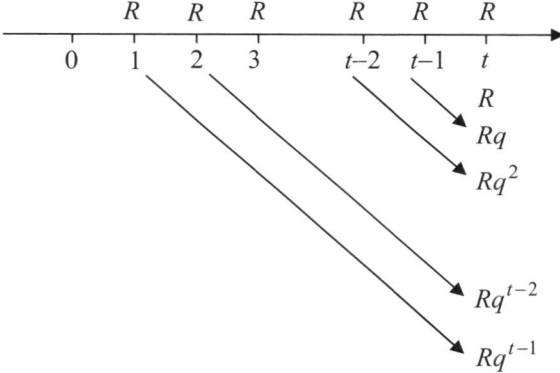

Im Vergleich zur vorschüssigen Rente ist der Einzahlungsstrom um eine Periode nach hinten verschoben, beginnt bei 1 und endet bei t. Da jede Rate sich eine Periode weniger verzinst, sind in der Zinseszinsformel die Potenzen von q um 1 niedriger. Wir erhalten die folgende geometrische Reihe:

$$K_t = R + Rq + Rq^2 + \ldots + Rq^{t-2} + Rq^{t-1}$$
$$= R \underbrace{(1 + q + q^2 + \ldots + q^{t-2} + q^{t-1})}_{\frac{1-q^t}{1-q}}$$

Mit der Summenformel folgt die Formel für den **Endwert der nachschüssigen Rente**:

$$\boxed{K_t = R \cdot \frac{1-q^t}{1-q}}$$

Im Zahlenbeispiel erhalten wir den Endwert:

$$K_{10} = 1.000 \cdot \frac{1 - 1{,}08^{10}}{1 - 1{,}08} = 1.000 \cdot 14{,}48656 = 14.486{,}56$$

Der Endwert ist bei nachschüssiger Einzahlung der Raten erwartungsgemäß kleiner als bei vorschüssiger Einzahlung.

Barwert

Wir können überlegen, was der Endwert der Rente, der nach t Jahren zur Auszahlung kommt, heute wert ist. Das ist die Frage nach dem Gegenwartswert oder Barwert einer in der Zukunft liegenden Zahlung (Einnahme oder Ausgabe).

Der Barwert oder Gegenwartswert des Endkapitals K_t ist der Betrag K_0, der heute angelegt werden müsste, um bei gleicher Verzinsung nach t Jahren K_t zu ergeben. Die Berechnung des Barwerts beruht auf der Umkehrung der Verzinsung. Während bei der Verzinsung das Anfangskapital gegeben ist und wir das Endkapital berechnen, ist nun das Endkapital gegeben und wir berechnen das Anfangskapital. Dazu lösen wir die Zinsformel nach dem Anfangskapital K_0 auf:

$$K_0(1+i)^t = K_t$$

$$K_0 = \frac{K_t}{(1+i)^t} = \frac{K_t}{q^t}$$

Den Bar- oder Gegenwertswert eines in der Zukunft anfallenden Kapitals oder Geldbetrags erhält man, indem man ihn auf die Gegenwart $t = 0$ abzinst oder **diskontiert**.

Der **Barwert der vorschüssigen Rente** beträgt:

$$\boxed{K_0 = \frac{1}{q^t} Rq \frac{1 - q^t}{1 - q} = Rq \frac{1 - q^t}{q^t(1 - q)}}$$

Im Zahlenbeispiel ergibt sich:

$$K_0 = \frac{1}{1{,}08^{10}} \cdot K_{10} = 0{,}4632 \cdot 15.645{,}49 = 7.246{,}89$$

Der Barwert ist der Betrag, der anstelle der jährlichen Raten (10×1.000 €) heute angelegt werden müsste, um in 10 Jahren zum selben Endkapital zu führen:

$$K_{10} = 1{,}08^{10} \cdot K_0 = 2{,}1589 \cdot 7.246{,}89 = 15.645{,}49$$

Analog ergibt sich der **Barwert der nachschüssigen Rente**:

$$K_0 = \frac{1}{q^t} R \frac{1-q^t}{1-q} = R \frac{1-q^t}{q^t(1-q)}$$

in Zahlen:

$$K_0 = \frac{1}{1{,}08^{10}} \cdot K_{10} = 0{,}4632 \cdot 14.486{,}56 = 6.710{,}08$$

Ewige Rente

Wenn die Einzahlung der Raten über einen langen Zeitraum fortgesetzt wird, im Grenzfall also ewig eingezahlt wird, sprechen wir von einer e-wigen Rente.

Den Barwert der ewigen nachschüssigen Rente berechnen wir, indem wir t gegen unendlich gehen lassen. Dazu dividieren wir Zähler und Nenner des Barwert zuerst durch q^t und lassen dann t immer größer werden:

$$K_0 = R \frac{1-q^t}{q^t(1-q)}$$

$$= R \frac{\dfrac{1}{q^t}-1}{1-q} \xrightarrow{\;t \to \infty\;} R \frac{-1}{1-q} = \frac{R}{q-1} = \frac{R}{1+i-1} = \frac{R}{i}$$

Da der Aufzinsungsfaktor $q = 1 + i$ immer größer als 1 ist, geht q^t mit wachsendem t gegen unendlich und daher $1/q^t$ gegen null.

Der Barwert der **ewigen nachschüssigen Rente** beträgt folglich:

$$K_0 = \frac{R}{i}$$

Im Zahlenbeispiel erhalten wir:

$$K_0 = \frac{1.000}{0{,}08} = 12.500$$

Wenn Jahr für Jahr 1.000 € eingezahlt werden und diese Einzahlungen ewig fortgesetzt werden, beträgt der Barwert des unendlichen Einzahlungsstroms nur 12.500 €. Das ist die Summe der auf die Gegenwart abgezinsten Einzahlungen, deren Barwert mit dem zeitlichen Abstand gegen null geht.

4. **Annuitätentilgung** (Tilgungsrechnung)

Ein Kredit kann prinzipiell entweder durch eine Einmalzahlung am Ende der Laufzeit oder durch gleichbleibende Raten bereits während der Laufzeit getilgt werden. Wir wollen überlegen, wie die konstanten Raten berechnet werden können.

Wir nehmen an, zum Zeitpunkt 0 werde ein Kredit K_0 zu einem festen Zinssatz i für die Laufzeit von t Jahren aufgenommen.

Folgende Zahlen seien gegeben:

$K_0 = 10.000\ €$ Kredit

$i\ = 0,08$ Jahreszins

$t\ = 10$ Jahre   Laufzeit

Am Ende der Laufzeit beträgt die Endschuld

$$K_t = q^t K_0 = 1,08^{10} \cdot 10.000 = 21.589,25$$

Durch eine Einmalzahlung in dieser Höhe könnte der Kredit abgelöst werden, d.h. die aufgelaufenen Zinsen beglichen und der Kreditbetrag K_0 zurückgezahlt werden.

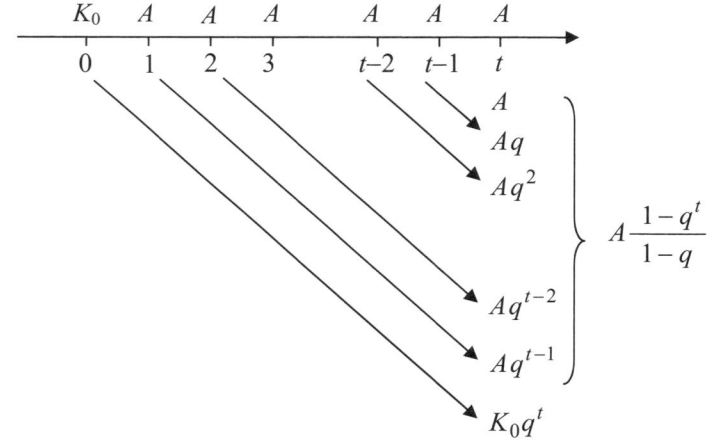

Soll dagegen die Zahlung der Kreditzinsen und die Tilgung des Kredits durch gleichbleibende jährliche Ratenzahlungen A (Jahreszahlung = Annuität) erfolgen, dann gilt für den Endwert der Ratenzahlungen (Endwert der nachschüssigen Rente):

$$K_t = A \cdot \frac{1 - q^t}{1 - q}$$

und für die Restschuld nach t Jahren

$$\boxed{S_t = q^t K_0 - A \cdot \frac{1-q^t}{1-q}}$$

Wenn der Kredit zum Ende der Laufzeit durch die Annuitäten getilgt sein soll, dann muss die Restschuld null sein:

$$S_t = q^t K_0 - A \cdot \frac{1-q^t}{1-q} = 0$$

und folglich die Endschuld gleich dem Endwert der Annuitäten sein:

$$q^t K_0 = A \cdot \frac{1-q^t}{1-q}$$

Daraus errechnet sich die Annuität:

$$\boxed{A = K_0 \cdot q^t \frac{1-q}{1-q^t}}$$

Der Faktor, mit dem der Kredit K_0 dabei multipliziert wird, heißt **Annuitätenfaktor**. Der Annuitätenfaktor ist der Kehrwert des Rentenbarwertfaktors a_t:

$$\frac{1}{a_t} = q^t \frac{1-q}{1-q^t}$$

Im Beispiel hat die Annuität den Wert:

$$A = 10.000 \cdot 1{,}08^{10} \frac{1-1{,}08}{1-1{,}08^{10}} = 10.000 \cdot 0{,}149029 = 1.490{,}29$$

Wird anstelle des Jahres der Monat als Zins- und Tilgungsperiode gewählt (unterjährige Verzinsung), dann muss der Jahreszins durch den Monatszins und die Zahl der Jahre durch die der Monate ersetzt werden:

$$i_m = \frac{i}{12} = \frac{0{,}08}{12} = 0{,}00667 \quad ; t_m = t \cdot 12 = 10 \cdot 12 = 120$$

Wir erhalten dann die monatliche Annuität

$$A_m = 10.000 \cdot 1{,}00667^{120} \frac{1-1{,}00667}{1-1{,}00667^{120}} = 10.000 \cdot 0{,}01213376$$

$$= 121{,}33$$

Bei der Annuitätentilgung beginnt die Tilgung bereits am Ende der ersten Periode und entspricht der Differenz zwischen Annuität und Zinszahlung

$$T_1 = A - Z_1 = A - iK_0$$

Mit der Tilgung sinkt die Restschuld und damit die Zinszahlungen mit jeder Periode. Bei konstanter Annuität steigt daher die Tilgung in jeder Periode um die durch die letzte Tilgung gesparten Zinsen:

$$T_2 = T_1 + iT_1 = (1+i)T_1 = qT_1$$
$$T_3 = T_2 + iT_2 = (1+i)T_2 = q \cdot qT_1 = q^2 T_1$$
$$T_4 = T_3 + iT_3 = (1+i)T_3 = q \cdot q^2 T_1 = q^3 T_1$$
$$\vdots$$
$$T_t = T_{t-1} + iT_{t-1} = (1+i)T_{t-1} = \ldots = q^{t-1}T_1$$

Die Tilgungszahlungen bilden also eine geometrische Folge mit dem Bildungsgesetz:

$$\boxed{T_t = q^{t-1}T_1} \qquad \text{mit } T_1 = A - iK_0$$

Daraus lässt sich nicht nur die Tilgung jeder beliebigen Periode direkt berechnen, sondern auch die Zinszahlung:

$$\boxed{Z_t = A - q^{t-1}T_1}$$

Die Restschuld jeder Periode ergibt sich nach Abzug der bereits erfolgten Tilgungen:

$$S_t = K_0 - (T_1 + T_2 + T_3 + \ldots + T_t)$$
$$= K_0 - (T_1 + qT_1 + q^2 T_1 + \ldots + q^{t-1}T_1)$$
$$= K_0 - T_1 \underbrace{(1 + q + q^2 + \ldots + q^{t-1})}_{\dfrac{1-q^t}{1-q}}$$

Mit der Summenformel für die geometrische Reihe der Tilgungen erhalten wir für die **Restschuld**:

$$\boxed{S_t = K_0 - T_1 \frac{1-q^t}{1-q}}$$

Im Zahlenbeispiel erhalten wir z.B. für $t = 6$ die

Tilgung im 6. Jahr:

$$T_6 = q^{6-1}T_1 = 1{,}08^5 \cdot T_1$$

mit

$$\begin{aligned}
T_1 &= A - iK_0 \\
&= 1.490{,}29 - 0{,}08 \cdot 10.000 \\
&= 1.490{,}29 - 800 \\
&= 690{,}29
\end{aligned}$$

also

$$T_6 = 1{,}08^5 \cdot 690{,}29 = 1.014{,}27$$

Zinsen im 6. Jahr:

$$\begin{aligned}
Z_6 &= A - T_6 \\
&= 1490{,}29 - 1.014{,}27 = 476{,}03
\end{aligned}$$

Restschuld nach 6 Jahren (also im 7. Jahr):

$$\begin{aligned}
S_6 &= K_0 - T_1 \frac{1 - q^6}{1 - q} \\
&= 10.000 - 690{,}29 \cdot \frac{1 - 1{,}08^6}{1 - 108} \\
&= 10.000 - 5.063{,}95 = 4.936{,}05
\end{aligned}$$

Es ist üblich und erleichtert die rekursive Berechnung, die Zahlenfolgen tabellarisch in einem Tilgungsplan darzustellen:

t	Restschuld	Zinsen	Tilgung	Annuität
1	10.000,00	800,00	690,29	1.490,29
2	9.309,71	744,78	745,52	1.490,29
3	8.564,19	685,13	805,16	1.490,29
4	7.759,03	620,72	869,57	1.490,29
5	6.889,45	551,16	939,14	1.490,29
6	5.950,32	476,03	1.014,27	1.490,29
7	4.936,05	394,88	1.095,41	1.490,29
8	3.840,63	307,25	1.183,04	1.490,29
9	2.657,59	212,61	1.277,69	1.490,29
10	1.379,90	110,39	1.379,90	1.490,29

1.6.4 Konvergenz

Eine wichtige Eigenschaft von Folgen (Reihen) ist ihr Verhalten bei wachsendem n. Wie entwickelt sich die Folge, wenn n immer größer wird? Das führt uns zur Frage nach der Konvergenz von Folgen.

Konvergenz

Eine Folge $\{s_n\}$ heißt konvergent, wenn die Folgenglieder s_n mit wachsendem n einem festen Wert s zustreben.

Mit wachsendem n nähert sich s_n dann mehr und mehr dem Wert s. Für hinreichend große n unterscheidet sich s_n beliebig wenig von s.

Die Zahl s heißt daher auch **Grenzwert der Folge**. Symbolisch schreiben wir:

$$\lim_{n \to \infty} s_n = s$$

gesprochen "Limes s_n für n gegen unendlich". Oder wir schreiben einfach:

$$s_n \xrightarrow{\ n \to \infty\ } s$$

Eine Folge, die nicht konvergiert, heißt **divergent** und eine Folge mit dem Grenzwert null **Nullfolge**.

BEISPIEL

1. Wir betrachten nochmals die Folge mit dem Bildungsgesetz

$$a_n = 10 \cdot \left(\frac{1}{2}\right)^{n-1}$$

n	a_n	s_n
1	10	10
2	5	15
3	2,5	17,5
4	1,25	18,75
5	0,625	19,375
⋮		
10	0,0195	19,980
⋮	⋮	⋮
20	0,0000191	19,999981

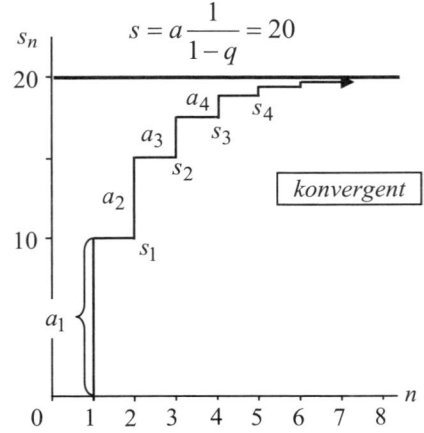

In diesem Beispiel ist $q = \dfrac{1}{2} < 1$ und sowohl a_n als auch s_n konvergieren

$$a_n \to 0$$

$$s_n \to a \cdot \frac{1}{1-q} = 10 \cdot \frac{1}{1 - \dfrac{1}{2}} = 20$$

Allgemein gilt für die Konvergenz der geometrischen Reihe

Konvergenz der geometrischen Reihe

Die geometrische Folge/Reihe konvergiert genau dann, wenn

$$|q| < 1 .$$

Dann ist a_n eine Nullfolge

$$a_n = aq^{n-1} \to 0$$

und der Grenzwert von s_n hat den Wert

$$s_n = a \cdot \frac{1-q^n}{1-q} \to a \cdot \frac{1}{1-q}$$

Hinweis:

Die arithmetische Reihe divergiert immer (außer wenn $a = d = 0$ ist)

$$s_n = \frac{n}{2}\left(2a + (n-1)d\right) \xrightarrow{\ n \to \infty\ } \infty$$

BEISPIEL

2. $a_n = 10 \cdot 2^{n-1}$

n	a_n	s_n
1	10	10
2	20	30
3	40	70
4	80	150
5	160	310
6	320	630
⋮	⋮	⋮
10	5.120	10.230

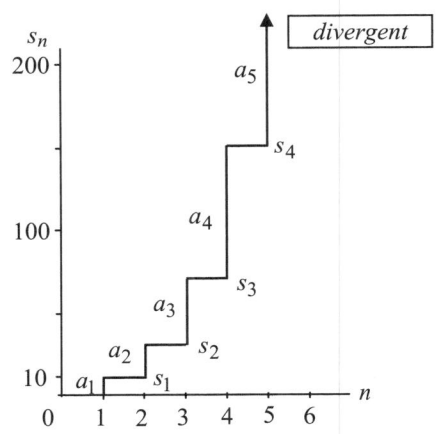

ANWENDUNG

3. **Ertragswert**

Bei der Entscheidung über die Anschaffung einer neuen Maschine müssen die heute anfallenden Anschaffungskosten P_0 mit den in der Zukunft erwarteten jährlichen Nettoerträgen R_i $(i = 1, \dots, t)$ verglichen werden.

Dazu werden die zukünftig erwarteten Erträge auf die Gegenwart abgezinst (diskontiert). Die Summe der auf die Gegenwart $(t = 0)$ diskontierten zukünftig erwarteten Nettoerträge wird als **Ertragswert des Investitionsobjekts E** bezeichnet.

Vereinfachend nehmen wir an, die erwarteten **Periodenerträge** seien **konstant** gleich R und der Restwert am Ende der ökonomischen Lebensdauer sei null. Dazu betrachten wir das folgende Zahlenbeispiel:

$$P_0 = 10.000\ \text{€} \qquad \text{Anschaffungskosten}$$
$$R\ = 1.300\ \text{€} \qquad \text{jährlicher Nettoertrag}$$
$$T\ = 15\ \text{Jahre} \qquad \text{ökonomische Lebensdauer}$$
$$S\ = 0\ \text{€} \qquad \text{Restwert oder Schrottwert}$$
$$i\ = 0{,}08 \qquad \text{Kalkulationszins (Marktzins + Risiko)}$$

Am Zeitstrahl ergibt sich folgendes Bild:

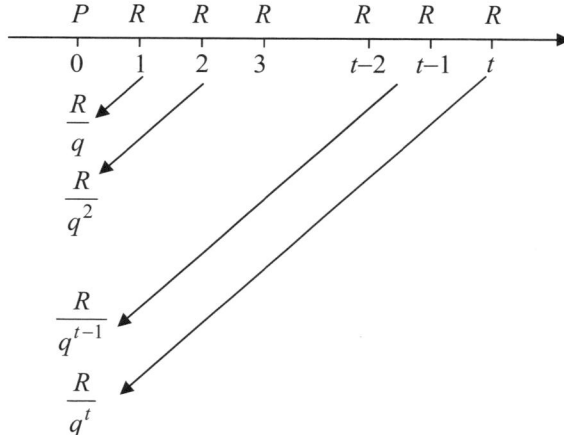

Unter der Annahme, dass die erwarteten Periodenerträge konstant sind, bilden die Barwerte der Erträge eine geometrische Folge und ergeben den Ertragswert:

$$E = \frac{R}{q} + \frac{R}{q^2} + \dots + \frac{R}{q^{n-1}} + \frac{R}{q^n}$$

Wir klammern R/q aus:

$$E = \frac{R}{q} \underbrace{(1 + \frac{1}{q} + \frac{1}{q^2} + \dots + \frac{1}{q^{n-2}} + \frac{1}{q^{n-1}})}_{\frac{1-b^t}{1-b} \text{ mit } b = \frac{1}{q}}$$

In der Klammer erkennen wir wieder eine geometrische Reihe. Der konstante Faktor ist diesmal aber nicht q, sondern $1/q$. Mit der Summenformel für die geometrische Reihe folgt:

$$E = \frac{R}{q} \cdot \frac{1 - \frac{1}{q^t}}{1 - \frac{1}{q}}$$

Wir machen die Brüche in Zähler und Nenner gleichnamig und kürzen dann den Bruch im Nenner mit q:

$$E = \frac{R}{q} \cdot \frac{\frac{q^t - 1}{q^t}}{\frac{q-1}{q}} = R \cdot \frac{\frac{q^t - 1}{q^t}}{q-1} = R \cdot \frac{q^t - 1}{q^t(q-1)}$$

Der **Ertragswert** beträgt also

$$\boxed{E = R \cdot \frac{q^t - 1}{q^t(q-1)}}$$

Wenn wir Zähler und Nenner mit -1 multiplizieren, ergibt sich die Formel für den Barwert der nachschüssigen Rente. Der **Ertragswert entspricht also dem Barwert der nachschüssigen Rente**.

Im Beispiel erhalten wir den Ertragswert

$$E = 1.300 \cdot \frac{1{,}08^{15} - 1}{1{,}08^{15} \cdot 0{,}08} = 1.300 \cdot 8{,}56 = 11.128$$

Nach dem Ertragswertkalkül wird das Investitionsprojekt durchgeführt, wenn der Ertragswert größer als die Anschaffungskosten der Investition ist:

$$E > P_0$$

Das Investitionsprojekt im Beispiel wird durchgeführt, da der Ertragswert mit 11.128 € die Anschaffungskosten in Höhe von 10.000 € übersteigt:

$$E = 11.128 > 10.000 = P_0$$

Interessant ist das **Konvergenzverhalten des Ertragswerts**.

Den Ertragswert eines Investitionsprojekts mit langer, im Grenzfall unendlicher ökonomischer Nutzungsdauer erhalten wir, wenn wir t gegen unendlich gehen lassen:

$$E = \frac{R}{q} \cdot \frac{1 - \dfrac{1}{q^t}}{1 - \dfrac{1}{q}} \xrightarrow{\ t \to \infty\ } \frac{R}{q} \cdot \frac{1}{1 - \dfrac{1}{q}} = R \cdot \frac{1}{q \cdot \dfrac{q-1}{q}} = \frac{R}{i}$$

Da $q = 1 + i$ größer als 1 ist, wenn der Kalkulationszins positiv ist, geht q^t mit wachsendem t gegen unendlich und der Kehrwert $1/q^t$ gegen null.

Der **Grenzwert des Ertragswerts** beträgt daher

$$\boxed{E = \frac{R}{i}}$$

und entspricht dem **Barwert der ewigen Rente**. Wenn das Investitionsobjekt ewig genutzt werden könnte und der Periodenertrag R ewig erzielt werden könnte, dann wäre der Barwert dieses unendlichen Ertragsstroms gleich dem endlichen Grenzwert R/i. Obwohl der Ertragswert mit jeder weiteren Nutzungsperiode des Investitionsobjekts zunimmt, ist der Grenzwert endlich. Das liegt daran, dass der Barwert der weit in der Zukunft liegenden Periodenerträge durch die Diskontierung gegen null geht, die Barwerte also eine Nullfolge bilden.

Da der Ertragswert schnell gegen seinen Grenzwert konvergiert, wird die Formel auch für die näherungsweise Berechnung des Ertragswerts von Investitionsobjekten mit langer ökonomischer Nutzungsdauer verwendet.

Im Beispiel erhalten wir den Grenzwert:

$$E = \frac{1.300}{0,08} = 1.300 \cdot 12{,}5 = 16.250$$

Auch dann, wenn das Anlageobjekt sehr lange genutzt werden könnte, 50 oder 100 Jahre und in jedem Jahr Nettoerträge in Höhe von 1.300 € erzielt werden könnten, wäre der Ertragswert höchstens 16.250 €.

Abschließend wollen wir die Frage beantworten, warum die geometrische Folge als "geometrische Folge" bezeichnet wird. Wir erinnern uns an die Definition des geometrischen Mittels:

Geometrisches Mittel

Seien a und b zwei positive reelle Zahlen, dann bezeichnet man die Zahl

$$g = \sqrt{a\,b}$$

als geometrisches Mittel von a und b.

Für die geometrische Folge gilt:

Satz

Jedes Glied einer geometrischen Folge ist das geometrische Mittel seiner beiden benachbarten Folgenglieder

$$a_n = \sqrt{a_{n-1} \cdot a_{n+1}}$$

Beweis:

$$\sqrt{a_{n-1} \cdot a_{n+1}} = (a\,q^{n-2} \cdot a\,q^n)^{1/2}$$
$$= (a^2 q^{2n-2})^{1/2}$$
$$= a\,q^{n-1}$$
$$= a_n$$

ÜBUNG 1.6.3

1. Angenommen, Sie legen 5.000 € festverzinslich zu einem Jahreszins von $i = 0{,}09$ für eine Laufzeit von 10 Jahren an.
   a. Welchen Wert hat das Endkapital, wenn die Zinsen nachschüssig gutgeschrieben und im Folgenden Jahr mitverzinst werden?
   b. Welcher Geldbetrag müsste angelegt werden, wenn das Endkapital 10.000 € betragen soll?
   c. Bei welchem Zinssatz würde sich das Anfangskapital in 10 Jahren verdoppeln?

2. Die Maschine in Übung 1.6.2 werde geometrisch-degressiv abgeschrieben (mit konstanter Rate vom jeweiligen Buchwert).
   a. Zeigen Sie, dass die Abschreibungsrate $r = 0{,}30$ betragen muss!
   b. Berechnen Sie die Folge der jährlichen Buchwerte!
   c. Stellen Sie die Folge der Buchwerte grafisch dar!

3. Nach der Sage erbat sich der Erfinder des Schachspiels als Ehrengeschenk für das erste der 64 Felder ein Weizenkorn, für das zweite Feld zwei Körner, für das dritte vier Körner usw. bis zum 64. Feld.

   Wieviel Körner hätte er bekommen müssen?

4. Sie haben im Lotto gewonnen. Die Lottogesellschaft stellt Sie vor die Wahl: Entweder Sie erhalten einmalig 1.000.000 € oder eine lebenslange Rente von monatlich 5.000 €. Wann (bei welchem Zinssatz) entscheiden Sie sich für die Rente?

5. Der erwartete jährliche Nettoertrag eines Investitionsprojekts sei $R = 18.000$ €, die ökonomische Nutzungsdauer betrage $T = 15$ Jahre, der Restwert sei null.

   a. Wie groß ist der Ertragswert bei einem Zinssatz von $i = 0,1$?

   b. Wie groß wäre der Ertragswert für großes T ($T \to \infty$)?

   c. Wie ändert sich der Ertragswert, wenn der Restwert 3.000 € beträgt?

6. Nehmen Sie an, Sie schließen einen Ratensparvertrag ab. Sie zahlen jährlich vorschüssig $R = 715$ € ein; der Zinssatz sei 9% und die Laufzeit 10 Jahre.

   a. Wie groß ist der Wert des Endkapitals (=Endwert der vorschüssigen Rente)?

   b. Wie groß ist der Barwert? Vergleichen Sie mit Aufgabe 1!

   c. Welcher Betrag müsste einmalig angelegt werden, um dasselbe Endkapital wie beim Ratensparvertrag zu erzielen?

7. Sie wollen für das Alter vorsorgen und für eine Zusatzrente ansparen. Die Rente soll jährlich 12.000 € betragen und 20 Jahre lang vom Eintritt in das Rentenalter (65) an jährlich nachschüssig gezahlt werden.

   Welche Rate muss jährlich nachschüssig angespart werden, wenn Sie mit dem 30. Geburtstag beginnen, also 35 Jahre lang einzahlen und der Zinssatz sowohl in der Ansparphase als auch in der Auszahlungsphase 6 % beträgt?

8. Ein Kredit in Höhe von 150.000 € werde zu einem festen Zinssatz $i = 7\%$ aufgenommen und soll durch gleichbleibende nachschüssige Annuitäten in 12 Jahren getilgt werden.

   a. Berechnen Sie die Annuität A!

   b. Wie hoch sind im 1. Jahr Zins und Tilgung?

   c. Wie hoch sind im 10. Jahr Zins und Tilgung?

   d. Wie hoch ist die Restschuld nach 10 Jahren?

2 Funktionen, Grenzwerte, Stetigkeit

2.1 Arten von Funktionen

In den Wirtschaftswissenschaften spielen vor allem solche Funktionstypen eine Rolle, deren Zuordnungsvorschrift (Funktionsvorschrift) sich durch einen Rechenausdruck angeben lässt.

Nach der Art dieses Rechenausdrucks können diese Funktionen in zwei Klassen eingeteilt werden:

1. **Rationale Funktionen**

    Ganze rationale Funktionen
    Gebrochen rationale Funktionen

2. **Nicht-rationale Funktionen**

    Wurzelfunktionen
    Exponentialfunktionen
    Logarithmusfunktionen

Funktionen werden rational genannt, wenn ihre Zuordnungsvorschrift durch einen expliziten Rechenausdruck angegeben werden kann, in dem mit der unabhängigen Variablen nur endlich viele **rationale Rechenoperationen** auszuführen sind:

Addition, Subtraktion, Multiplikation und Division

BEISPIELE

1. Rationale Funktionen

$$y = 4x - 3$$

$$y = \frac{x+1}{1-x^2}$$

$$y = \frac{1}{x^4}$$

$$y = \sqrt{10} \cdot x^2 - \frac{\ln 5}{x}$$

Obwohl im letzten Beispiel auch nichtrationale Rechenoperationen auftreten, handelt es sich um eine rationale Funktion. Wurzel und Logarithmus beziehen sich nicht auf die unabhängige Variable x, sondern auf die reellen Zahlen 10 und 5.

2.   Nicht-rationale Funktionen

$$y = \sqrt{x^3}$$

$$y = e^{2x}$$

$$y = \log x$$

2.1.1 Ganze rationale Funktionen

Die ganzen rationalen Funktionen lassen sich durch ein **Polynom** mit konstanten Koeffizienten darstellen:

$$y = a_0 + a_1 x + a_2 x^2 + \ldots + a_n x^n \qquad ; n \in \mathbf{N}, \; a_n \neq 0, \; a_0, \ldots, a_n \in \mathbf{R}$$

Der maximale Definitionsbereich ist die Menge der reellen Zahlen:

$$D_{\max} = \mathbf{R}$$

Spezielle ganzrationale Funktionen sind:

1.   **Lineare Funktionen (Gerade)**

$$y = a\,x$$

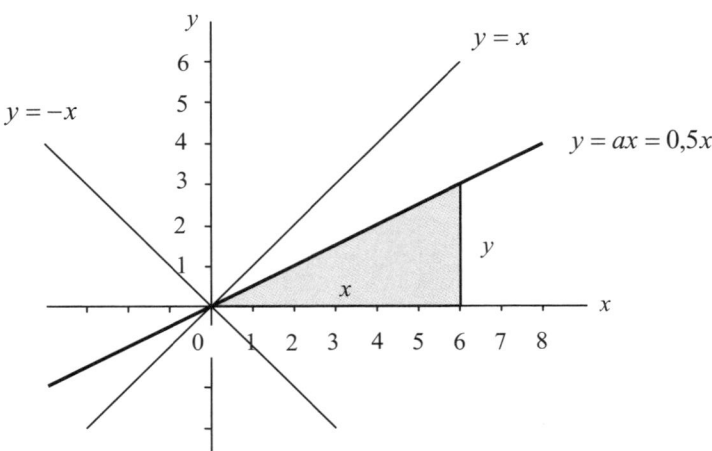

Es handelt sich hier um die **Ursprungsgerade**. Sie geht immer durch den Nullpunkt und für jedes Wertepaar (x, y) gilt das konstante Verhältnis a:

$$\frac{y}{x} = a$$

Betrachten wir als weiteres Beispiel die folgende allgemeine Form der Geraden

$$y = ax + b$$

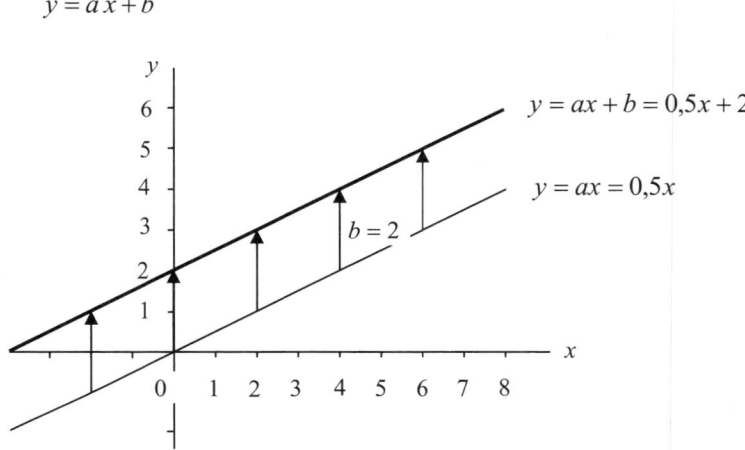

Durch die Addition (Subtraktion) von b wird die Gerade $y = ax$ parallel nach oben (unten) verschoben. Die additive Konstante b wird als **Absolutglied** bezeichnet und gibt den Ordinatenschnittpunkt an.

Betrachten wir schließlich die Gerade

$$y = a(x - c)$$

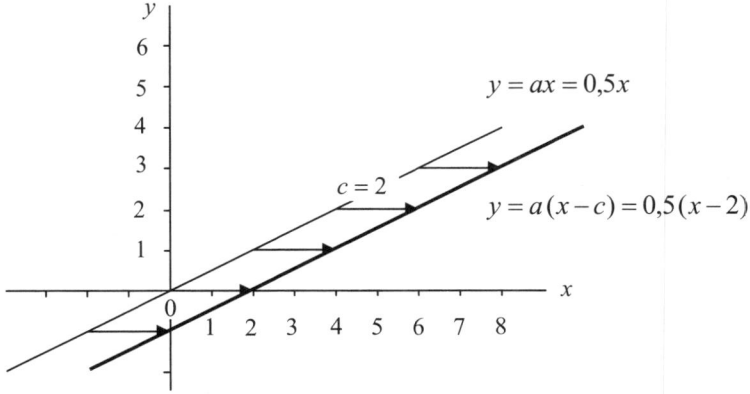

Durch die Subtraktion der Konstanten c vom Wert der unabhängigen Variablen wird die Funktion $y = ax$ um c parallel nach rechts verschoben. An der Stelle x nimmt die Funktion $y = a(x-c)$ nun den Wert an, den die Funktion $y = ax$ an der Stelle $x - c$ annimmt.

Die Funktion

$$y = a(x-c)+b$$

ist also gegenüber der Geraden $y = ax$ um b nach oben und um c nach rechts verschoben; oder das Koordinatensystem ist um c nach links und um b nach unten verschoben.

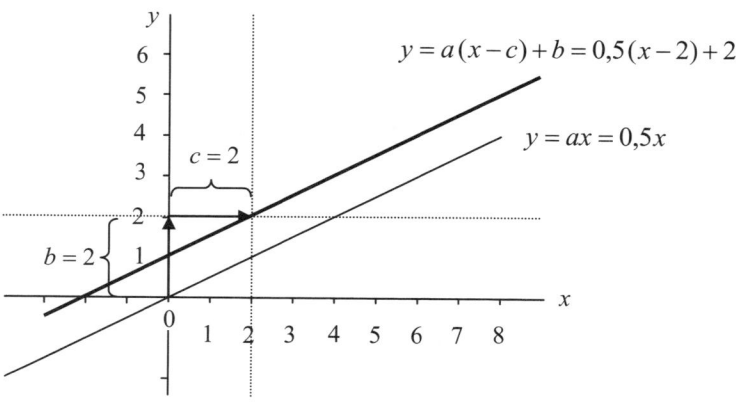

2. **Quadratische Funktionen (Parabel)**

Der einfachste Fall einer quadratischen Funktion ist die **Normalparabel**

$$y = x^2 \qquad\qquad D = \mathbf{R};\ W = \mathbf{R}_0^+$$

Da die Quadrate reeller Zahlen positiv sind, nimmt die Parabel sowohl für positive als auch für negative x-Werte positive Funktionswerte an. Die Normalparabel ist daher symmetrisch zur y-Achse (axialsymmetrisch), ihr tiefster Punkt liegt im Nullpunkt und heißt **Scheitelpunkt**.

Die allgemeine Form der Parabel

$$y = x^2 + px + q$$

lässt sich durch quadratische Ergänzung mit $(p/2)^2$ in die **Scheitelpunktform** mit dem Scheitelpunkt (x_0, y_0) bringen:

$$y = x^2 + px + \underbrace{\left(\frac{p}{2}\right)^2} - \left(\frac{p}{2}\right)^2 + q$$

$$= \underbrace{\left(x + \frac{p}{2}\right)^2} + \left(q - \frac{p^2}{4}\right)$$

$$= (x - x_0)^2 + y_0$$

Offenbar handelt es sich um eine Normalparabel, die im Koordinatensystem um y_0 vertikal und um x_0 horizontal verschoben ist; für $y_0 > 0$ nach oben und für $x_0 < 0$ nach links. Die Scheitelpunktkoordinaten sind:

$$x_0 = -\frac{p}{2}, \quad y_0 = q - \frac{p^2}{4}$$

BEISPIEL

$$y = x^2 + 6x + 11$$

$$= (x^2 + 6x + 9) - 9 + 11 = (x + 3)^2 + 2$$

Es handelt sich um eine lageverschobene Normalparabel mit dem Scheitelpunkt $(-3, 2)$:

$$x_0 = -\frac{p}{2} = -\frac{6}{2} = -3, \quad y_0 = q - \frac{p^2}{4} = 11 - \frac{6^2}{4} = 11 - 9 = 2$$

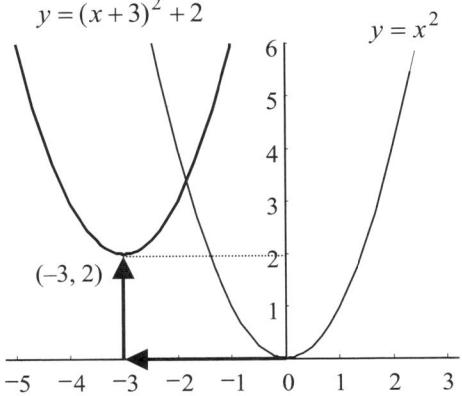

3. **Kubische Funktionen (kubische Parabel)**

$$y = x^3 \qquad\qquad D = \mathbf{R}\,;\ W = \mathbf{R}$$

Die kubische Parabel nimmt für positive x-Werte positive Funktionswerte an und für negative x-Werte negative Funktionswerte. Sie besteht daher aus zwei Zweigen im 1. und 3. Quadranten. Für $|x| > 1$ verläuft sie steiler als die Normalparabel, für $|x| < 1$ flacher und ist symmetrisch zum Nullpunkt (zentralsymmetrisch).

4. **Ganzrationale Potenzfunktionen**

$$y = x^n \qquad\qquad n \in \mathbf{N}$$

Für gerade Exponenten

$$y = x^{2m}$$

handelt es sich um **Parabeln höherer Ordnung**, die mit wachsendem Exponenten für $|x| > 1$ immer steiler und für $|x| < 1$ immer flacher werden.

Für ungerade Exponenten

$$y = x^{2m-1}$$

handelt es sich um **kubische Parabeln höherer Ordnung**.

2.1.2 Gebrochen rationale Funktionen

Gebrochen rationale Funktionen sind Funktionen, die sich als Quotienten zweier Polynome darstellen lassen, in deren Nenner also die unabhängige Variable x auftritt.

Gebrochen rationale Funktionen sind nicht definiert für diejenigen Werte von x, für die der Nenner null wird. Zu den gebrochen rationalen Funktionen gehören:

1. **Potenzfunktionen mit negativen Exponenten**

$$y = x^{-n} = \frac{1}{x^n}$$

Im einfachsten Fall ist $n = 1$ und wir erhalten die **gleichseitige Hyperbel**:

$$y = x^{-1} = \frac{1}{x} \qquad\qquad D = \mathbf{R} \setminus \{0\} = W$$

Da der Exponent $n = 1$ der Nennerfunktion ungerade ist, ist die gleichseitige Hyperbel zentralsymmetrisch. Sie nähert sich der x-Achse und der y-Achse, ohne sie zu erreichen. Die x-Achse wird daher auch als horizontale und die y-Achse als vertikale Asymptote bezeichnet.

Die Funktionen mit **ungeraden** Exponenten der Nennerfunktion

$$y = \frac{1}{x^{2m+1}}$$

haben einen ähnlichen Verlauf und werden daher auch als Hyperbeln höherer Ordnung bezeichnet. Sie nähern sich mit wachsendem Exponenten schneller der x-Achse und langsamer der y-Achse.

Die Funktion

$$y = \frac{1}{x^2} \qquad\qquad D = \mathbf{R} \setminus \{0\}, \; W = \mathbf{R}^+$$

hat einen geraden Exponenten und ist daher axialsymmetrisch.

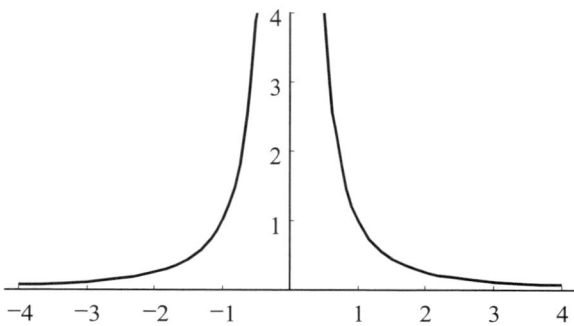

Die Funktionen mit **geraden** Exponenten der Nennerfunktion

$$y = \frac{1}{x^{2m}}$$

haben einen ähnlichen Verlauf. Sie nähern sich mit wachsendem Exponenten für $|x| > 1$ schneller der x-Achse und für $|x| < 1$ langsamer der y-Achse.

2. **Normalform der gebrochen rationalen Funktionen**

Die Funktionsvorschrift jeder gebrochen rationalen Funktion $f(x)$ lässt sich als Quotient zweier **teilerfremder** Polynome $p(x)$ und $q(x)$ darstellen:

$$f(x) = \frac{p(x)}{q(x)} \qquad q(x) \neq 0$$

Die gebrochen rationale Funktion ist für die Nullstellen des Nenners nicht definiert. Die Nennernullstellen werden auch **Pole** oder **Unendlichkeitsstellen** genannt (für sie gilt $q(x) = 0, p(x) \neq 0$).

Wir machen uns die Besonderheiten der gebrochen rationalen Funktionen an einem Beispiel klar.

BEISPIEL

$$y = \frac{x-1}{x+2}$$

x	y
-1	-2
0	$-1/2$
1	0
2	$1/4$
3	$2/5$
-3	4
-4	$2,5$
-5	2
-6	$1,75$

Die Polstelle liegt bei $x = -2$. Die vertikale Gerade $x = -2$ wird als vertikale Asymptote oder Polgerade bezeichnet. Bei Annäherung an die Polstelle von rechts strebt die Funktion gegen minus unendlich $-\infty$ und bei Annäherung von links gegen plus unendlich ∞. Wir sprechen daher von einer Unendlichkeitsstelle mit Vorzeichenwechsel.

Mit wachsendem $x \to \infty$ nähert sich die Funktion von unten dem Wert 1, ohne diesen Wert zu erreichen und mit fallendem $x \to -\infty$ von oben dem Wert 1. Die horizontale Gerade $y = 1$ wird deshalb als horizontale Asymptote bezeichnet.

Asymptote

Asymptoten sind x- oder y-Werte, die eine Funktion im endlichen Bereich nie erreicht.

Eine gebrochen rationale Funktion hat an der Stelle $x = a$ eine **vertikale** Asymptote, wenn an dieser Stelle

$$q(a) = 0 \text{ und } p(a) \neq 0$$

und an der Stelle $y = b$ eine **horizontale** Asymptote, wenn $f(x)$ mit wachsendem x gegen b geht

$$f(x) \xrightarrow{x \to \infty} b$$

1. Gegeben sei die Gerade $y = 2x + 4$. Zu welcher der folgenden Geraden verläuft sie parallel, welche schneidet sie und zu welcher ist sie orthogonal (schneidet im rechten Winkel)?

    a. $y = x + 4$ b. $y = 2x + 2$ c. $y = -0,5x + 4$ d. $y = -0,5x$

    Zeichnen Sie die Graphen und überlegen Sie, ob sich die Fragen auch ohne Zeichnung durch Koeffizientenvergleich beantworten lassen?

2. Berechnen Sie den Abszissen- und den Ordinatenschnittpunkt der Geraden $y = -3x + 15$!

3. Angenommen beim Preis $p = 100$ werden keine Uhren nachgefragt ($x = 0$) und wenn der Preis null ist ($p = 0$), werden $x = 50$ Uhren nachgefragt (Sättigungsmenge). Wie lautet dann die lineare Nachfragepreisfunktion ($p = ax + b$; $x, p \geq 0$) für Uhren?

4. Skizzieren Sie die Graphen der folgenden Funktionen:

    a. $y = x^2$ $y = 2x^2$ $y = 0,5x^2$ $y = -x^2$

    b. $y = x^2$ $y = x^2 + 2$ $y = x^2 - 1$ $y = 1 - x^2$

    c. $y = x^2$ $y = (x+2)^2$ $y = (x-1)^2$ $y = -(x-1)^2$

    Welchen Einfluss haben die additiven und die multiplikativen Konstanten auf die Lage und die Gestalt der Parabel?

5. Überführen Sie die Funktion $y = x^2 - 4x + 5$ durch quadratische Ergänzung in die Scheitelpunktform $y = (x - x_0)^2 + y_0$ und bestimmen Sie die Koordinaten des Scheitelpunkts (x_0, y_0) !

6. Eine Unternehmung produziere die Mengen x und y zweier verschiedener Textilien mit Hilfe derselben Technologie. Die Produkttransformationsfunktion sei:

    $$y = 20 - \frac{x^2}{5} \qquad ; \; x, y \geq 0$$

    a. Zeichnen Sie den Graphen der Funktion!

    b. Berechnen Sie die Mengen x und y, die maximal produziert werden können (Achsenabschnitte)!

    c. Wie viele Einheiten y können produziert werden, wenn $x = 5$ ist?

7. Zeichnen Sie die Graphen der gebrochen rationalen Funktionen:

    a. $y = \dfrac{1}{x+1}$ b. $y = \dfrac{2-x}{x+3}$ c. $y = \dfrac{x}{1-x}$

    Bestimmen Sie die Nullstellen, Polstellen und Asymptoten!

2.1.3 Wurzelfunktionen

Im Unterschied zu den rationalen Funktionen haben die nichtrationalen Funktionen keine Normaldarstellung. Es ist daher nicht möglich anhand einer Normaldarstellung einen Überblick über die Gesamtheit der nichtrationalen Funktionen und ihre Eigenschaften zu gewinnen. Wir betrachten daher nur einige wichtige Beispiele nichtrationaler Funktionen und beginnen mit den Wurzelfunktionen.

Die Wurzelfunktionen sind die Umkehrfunktionen der Potenzfunktionen.

1. **Quadratwurzelfunktion**

    Die positive Quadratwurzelfunktion

    $$y = \sqrt{x} \qquad D = \mathbf{R}_0^+, \; W = \mathbf{R}_0^+$$

    ist die Umkehrfunktion des rechten Zweiges der Normalparabel

    $$y = x^2 \qquad D = \mathbf{R}_0^+, \; W = \mathbf{R}_0^+$$

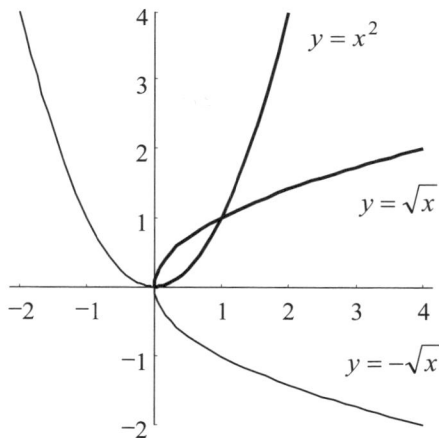

    Die negative Quadratwurzelfunktion

    $$y = -\sqrt{x} \qquad D = \mathbf{R}_0^+, \; W = \mathbf{R}_0^-$$

    ist die Umkehrfunktion des linken Zweiges der Normalparabel

    $$y = x^2 \qquad D = \mathbf{R}_0^-, \; W = \mathbf{R}_0^+$$

Während die Parabel als ganze nicht umkehrbar ist, sind die beiden Zweige der Parabel jeder für sich umkehrbar. Daher wird die Umkehrfunktion der Parabel für die beiden Teilintervalle $\mathbf{R}_0^+$ und $\mathbf{R}_0^-$ getrennt definiert.

2.   **Kubikwurzelfunktion**

Die Kubikwurzelfunktion

$$y = \sqrt[3]{x} \qquad D = \mathbf{R}, W = \mathbf{R}$$

ist die Umkehrfunktion der kubischen Parabel

$$y = x^3 \qquad D = \mathbf{R}, W = \mathbf{R}$$

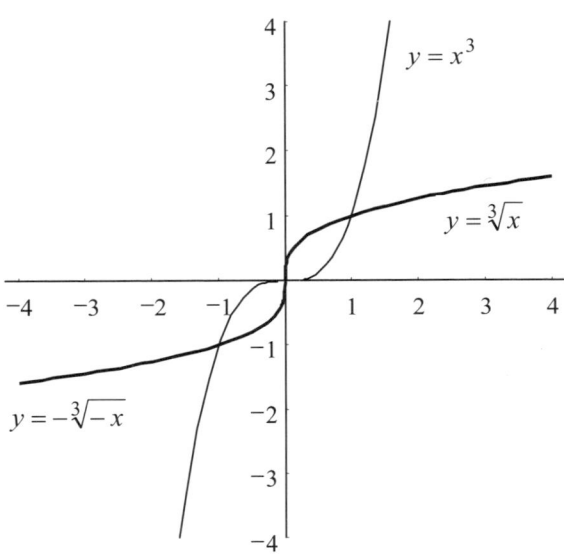

Da $y = x^3$ im ganzen Definitionsbereich monoton ansteigt, ist die kubische Parabel über den ganzen Definitionsbereich umkehrbar eindeutig.

Aus rechenpraktischen Gründen und um negative Radikanten zu vermeiden, werden auch bei Wurzelfunktionen mit ungerader Wurzelpotenz die beiden Zweige der Wurzelfunktion unterschieden. Für den negativen Zweig schreibt man daher:

$$y = -\sqrt[3]{-x} \qquad D = \mathbf{R}_0^-, W = \mathbf{R}_0^-$$

3.   **Allgemeine Wurzelfunktion**

Die Wurzelfunktion

$$y = \sqrt[n]{x}$$

ist die Umkehrfunktion der Potenzfunktion $y = x^n$, $n \in \mathbf{N}$.

Wenn n gerade ist, gilt:

$$y = \sqrt[n]{x} \qquad\qquad D = \mathbf{R}_0^+, \; W = \mathbf{R}_0^+$$

$$y = -\sqrt[n]{x} \qquad\qquad D = \mathbf{R}_0^+, \; W = \mathbf{R}_0^-$$

Wenn n ungerade ist, gilt:

$$y = \sqrt[n]{x} \qquad\qquad D = \mathbf{R}_0^+, \; W = \mathbf{R}_0^+$$

$$y = -\sqrt[n]{-x} \qquad\qquad D = \mathbf{R}_0^-, \; W = \mathbf{R}_0^-$$

2.1.4 Exponentialfunktionen

Im Unterschied zur Potenzfunktion $y = x^a$, bei der die Basis x variabel und die Potenz a fest ist, ist bei der Exponentialfunktion

$$y = a^x \qquad\qquad x \in \mathbf{R}, a > 0$$

die Basis fest und der Exponent variabel.

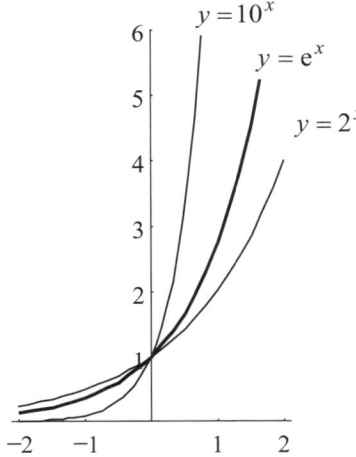

Die Exponentialfunktion liegt vollständig in den ersten beiden Quadranten. Sie steigt monoton für $a > 1$ (sinkt monoton für $0 < a < 1$). Sie ist asymptotisch zur x-Achse und hat den Ordinatenschnittpunkt $(0, 1)$.

Eine sehr häufig benutzte Exponentialfunktion ist die **e-Funktion**, deren Basis die Eulersche Zahl ist

$$y = \mathrm{e}^x \qquad \mathrm{e} = 2{,}71828\ldots$$

Sie wird auch als Wachstumsfunktion bezeichnet, weil stetige Wachstumsprozes-se ökonomischer Variablen, die eine konstante Wachstumsrate aufweisen, durch die e-Funktion dargestellt werden (Bevölkerung, Inlandsprodukt etc).

Auch die e-Funktion mit negativem Exponenten findet sich in vielen ökonomi-schen Anwendungen. Sie fällt monoton und schmiegt sich asymptotisch an die positive x-Achse an. Sie eignet sich daher zur Modellierung von Kontraktions-, Zerfalls- und Abschreibungsprozessen. Ihr Graph ergibt sich durch Spiegelung der e-Funktion an der Ordinate:

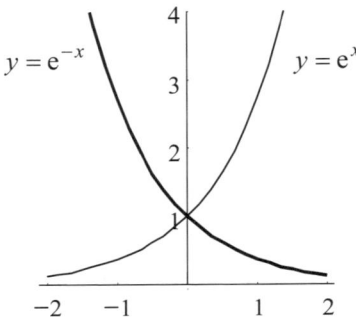

2.1.5 Logarithmische Funktionen

Die logarithmischen Funktionen sind die Umkehrfunktionen der Exponentialfunk-tionen. Wir berechnen die Umkehrfunktion, indem wir die Exponentialfunktion

$$y = a^x \qquad a > 0, a \neq 1$$

nach x auflösen. D.h. wir suchen denjenigen Exponenten x, für den die Potenz von a die Zahl y ergibt. Wir bezeichnen diesen Exponenten als Logarithmus von y und definieren:

Logarithmus

Der Logarithmus einer positiven Zahl y zur Basis a ist der Exponent x, zu dem die Basis erhoben werden muss, um die Zahl y zu ergeben:

$$x = \log_a y \qquad \text{(gesprochen: "Logarithmus } y \text{ zur Basis } a\text{")}$$

Die Logarithmierung der Exponentialfunktion ergibt:

$$x = \log_a y$$

und nach Austausch der Variablen die Logarithmusfunktion:

$$y = \log_a x \qquad D = \mathbf{R}^+, W = \mathbf{R}$$

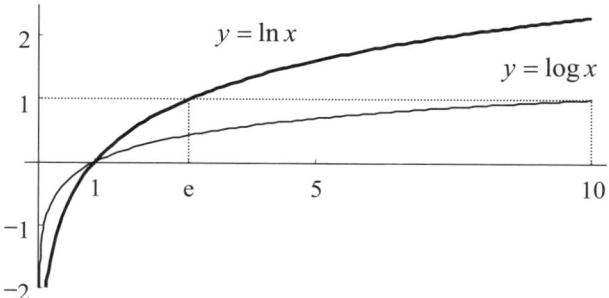

Obwohl jede positive Zahl ($\neq$ 1) Basis des Logarithmus sein kann, werden in der Praxis fast ausschließlich die 10 oder die Eulersche Zahl e = 2,71828 . . . gewählt. Der Logarithmus zur Basis 10 heißt **Zehner-Logarithmus** oder dekadischer Logarithmus

$$y = \log_{10} x = \log x$$

und der Logarithmus zur Basis e **natürlicher Logarithmus**

$$y = \log_e x = \ln x$$

Die Logarithmusfunktionen $y = \log_a x$ liegen vollständig im 1. und 4. Quadranten. Sie steigen monoton für $a > 1$ (und fallen monoton für $0 < a < 1$). Sie verlaufen asymptotisch zur y-Achse und schneiden die x-Achse bei (1, 0) (Nullstelle).

Rechenregeln für Logarithmen

Da es sich bei den Logarithmen um Exponenten zur Basis a handelt, leiten sich die Rechenregeln für Logarithmen unmittelbar aus den Rechenregeln für Potenzen ab:

1. $\log_a (1) = 0, \log_a (a) = 1$ $\ln 1 = 0, \ \ln e = 1$

    Der Logarithmus von 1 hat unabhängig von der Basis den Wert 0. Der Logarithmus der Basis a ist stets 1.

2. $\log_a (x \cdot y) = \log_a x + \log_a y$ $\log_4 10 = \log_4 5 + \log_4 2$

    Der Logarithmus eines Produkts ist gleich der Summe der Logarithmen.

3. $\log_a \left(\dfrac{x}{y} \right) = \log_a x - \log_a y$ $\log \left(\dfrac{5}{6} \right) = \log 5 - \log 6$

    Der Logarithmus eines Quotienten ist gleich der Differenz der Logarithmen.

4. $\log_a x^n = n \cdot \log_a x$ $\log 3^2 = 2 \cdot \log 3$

Der Logarithmus der n-ten Potenz von x ist gleich dem n-fachen des Logarithmus von x.

BEISPIELE

1. **Berechnet** werden soll der (Zehner-)Logarithmus von 100. Zu beantworten ist also die Frage, zu welchem Exponenten 10 erhoben werden muss, um 100 zu ergeben.

    $$\log 100 = x$$
    $$100 = 10^x \implies x = 2$$

2. **Berechnet** werden soll der Logarithmus zur Basis 2 von 16. Zu beantworten ist nun die Frage, zu welchem Exponenten 2 erhoben werden muss, um 16 zu ergeben:

    $$\log_2 16 = x$$
    $$16 = 2^x \implies x = 4$$

3. Folgende Gleichung soll nach x **aufgelöst** werden:

    $$\log_2 x = 5$$
    $$x = 2^5 = 32$$

    Hier ist der Logarithmus gegeben und die Zahl x gesucht, deren Logarithmus diesen Wert hat. Dazu wird die Gleichung wie in den vorangehenden Beispielen delogarithmiert und dann die Potenz berechnet.

4. Der Logarithmus dient auch der **Umformung** algebraischer Ausdrücke:

    $$\ln \sqrt{x^3} = \ln x^{\frac{3}{2}} = \frac{3}{2} \ln x$$

    Durch die Logarithmierung wird aus der Potenz ein Produkt.

    $$\ln \frac{x}{y z^2} = \ln x - \ln(y z^2) = \ln x - \ln y - 2 \ln z$$

    Durch die Logarithmierung wird aus dem Produkt eine Summe und aus dem Quotienten eine Differenz.

5. Schließlich können wir algebraische Ausdrücke **zusammenfassen**:

    $$\frac{3}{2} \ln x + \frac{1}{4} \ln y - \frac{2}{5} \ln z = \ln \frac{x^{\frac{3}{2}} y^{\frac{1}{4}}}{z^{\frac{2}{5}}} = \ln \frac{\sqrt{x^3} \sqrt[4]{y}}{\sqrt[5]{z^2}}$$

2.1.6 Anwendungen

(1) Populationswachstum

Angenommen eine Population verdoppele sich in jeder Periode (z.B: Bakterien, die sich durch Zellteilung vermehren). Der Anfangsbestand sei N_0; der Bestand in der Periode t wird durch Iteration ermittelt.

$$N_0 = \overline{N}_0$$
$$N_1 = N_0 + N_0 = N_0 \cdot 2$$
$$N_2 = N_1 + N_1 = N_1 \cdot 2 = (N_0 \cdot 2) \cdot 2 = N_0 \cdot 2^2$$
$$N_3 = N_2 + N_2 = N_2 \cdot 2 = N_0 \cdot 2^2 \cdot 2 = N_0 \cdot 2^3$$
$$\vdots$$
$$N_t = N_{t-1} + N_{t-1} = N_{t-1} \cdot 2 = \ \ldots \ = N_0 \cdot 2^t$$

Die Wachstumsdynamik der Population lässt sich also durch eine Exponentialfunktion der Zeit darstellen:

$$N_t = N_0 \cdot 2^t$$

Ein Beispiel für einen derartigen Wachstumsprozess liefert das **Mooresche Gesetz**[1]. Danach verdoppelt sich alle 18 Monate die Zahl der Transistoren, die auf einem Mikroprozessor untergebracht werden können.

(2) Radioaktiver Zerfall (stetige degressive Abschreibung)

Betrachten wir den Zerfallsprozess einer radioaktiven Substanz. Dabei sei

N_0 die Zahl der Atome zum Anfangszeitpunkt $t = 0$.

N_t die Zahl der Atome, die zu einem beliebigen späteren Zeitpunkt t noch vorhanden sind.

Bei radioaktivem Zerfall sinkt die Anzahl der Atome N_t im Zeitablauf stetig mit einer konstanten Rate r (negative Wachstumsrate).

Der Zerfallsprozess ist folglich darstellbar durch eine e-Funktion der Zeit. Für den Restbestand der Atome N_t zum Zeitpunkt t gilt das Zerfallsgesetz:

$$N_t = N_0 e^{-rt}$$

---

[1] Gordon Moore (geb. 1928), amerikanischer Informatiker. Das Gesetz stammt von 1968 und hat sich als zuverlässiges Prognoseinstrument bewährt; die Zeitspanne wurde 1995 von 18 Monaten auf 2 Jahre erhöht.

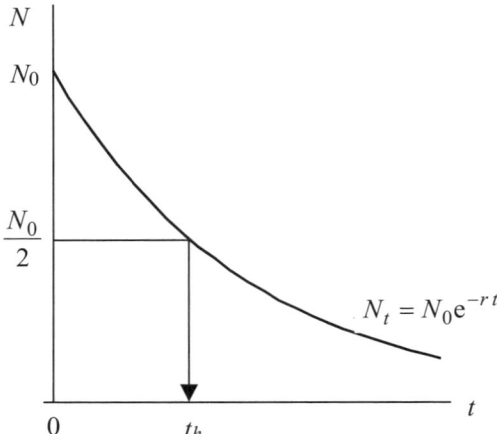

Das Zerfallsgesetz erlaubt uns, für jeden gegebenen Zeitpunkt t den Restbestand der Atome N_t zu berechnen. Umgekehrt können wir für jeden gegebenen Restbestand N_t die Zerfallszeit t berechnen.

So können wir z.B. die **Halbwertszeit** t_h berechnen. Darunter verstehen wir die Zeit, die vergeht, bis sich der Anfangsbestand der Atome N_0 halbiert hat. Wir setzen daher

$$N_t = \frac{N_0}{2}$$

in das Zerfallsgesetz ein und erhalten

$$\frac{N_0}{2} = N_0 e^{-rt} \qquad | : N_0$$

$$\frac{1}{2} = e^{-rt}$$

$$\ln \frac{1}{2} = \ln e^{-rt}$$

$$\underbrace{\ln 1 - \ln 2}_{=0} = -rt \underbrace{\ln e}_{=1}$$

$$-\ln 2 = -rt$$

$$rt = \ln 2 = 0{,}693\ldots$$

Die Halbwertszeit beträgt also

$$\boxed{t_h = \frac{\ln 2}{r}}$$

Das Produkt der Zerfallsrate und der Halbwertszeit ist für alle radioaktiven Substanzen gleich der Konstanten $\ln 2$.

Die Zeit t_m, in der die Zahl der Atome auf das 1/e-fache des Anfangsbestands abnimmt, heißt **mittlere Lebensdauer**. Aus

$$N_t = \frac{N_0}{e}$$

folgt

$$\frac{1}{e}N_0 = N_0 e^{-rt}$$

$$-\ln e = -rt$$

$$t_m = \frac{1}{r}$$

Die mittlere Lebensdauer ist also gleich dem **Kehrwert der radioaktiven Zerfallsrate *r***.

Dem radioaktiven Zerfall in der Natur entspricht die stetige degressive Abschreibung eines Anlageobjekts im Wirtschaftsleben. An die Stelle der Anzahl der Atome tritt der Buchwert des Anlageobjekts und an die Stelle der Zerfallskonstanten r die Abschreibungsrate. Wird mit konstanter Rate r vom jeweiligen Buchwert **stetig** abgeschrieben, dann gilt für den Buchwert (Restwert) die folgende Abschreibungsfunktion[1]:

$$B_t = \lim_{n \to \infty} B_0\left(1 - \frac{r}{n}\right)^{nt} = B_0 e^{-rt}$$

(3) Lebensdauer einer nichtregenerativen natürlichen Ressource

Gegeben seien die bekannten Vorkommen eines nichtregenerierbaren Rohstoffs

$B = 54.000$ [Mio. Tonnen]

Der jährliche Verbrauch betrage

$R = 110$ [Mio. Tonnen]

Wie viele Jahre reichen die Rohstoffreserven? Nach wie vielen Jahren ist der Bestand verbraucht:

a. Wenn der Jahresverbrauch gleichbleibt?

$$t = \frac{B}{R} = \frac{54.000}{110} = 490,91$$

Der Rohstoff reicht dann fast 491 Jahre.

---

[1] Siehe Kapitel 3.4.1 zur Definition der Zahl e und zur stetigen Verzinsung.

b. Wenn der Jahresverbrauch mit der konstanten Rate $r = 0{,}03$ steigt, also jährlich um 3%?

$$\begin{array}{ccccccc} & R & Rq & Rq^2 & & Rq^{t-2} & Rq^{t-1} \\ \hline 0 & 1 & 2 & 3 & & t{-}1 & t \end{array}$$

Die jährlichen Verbrauchsmengen bilden eine geometrische Folge mit dem Wachstumsfaktor $q = 1 + r$. Die Vorkommen sind erschöpft, wenn die Summe der jährlichen Verbrauchsmengen gleich dem Anfangsbestand B ist:

$$\begin{aligned} B &= R + Rq + Rq^2 + \ldots + Rq^{t-1} \\ &= R(1 + q + q^2 + \ldots + q^{t-1}) \\ &= R\,\frac{1 - q^t}{1 - q} \end{aligned}$$

Wir lösen nach t auf. Dazu isolieren wir q^t und logarithmieren dann:

$$\frac{B}{R}(1 - q) = 1 - q^t$$

$$q^t = 1 - \frac{B}{R}(1 - q)$$

$$t\ln q = \ln\left[1 - \frac{B}{R}(1 - q)\right]$$

$$t = \ln\left[1 - \frac{B}{R}(1 - q)\right]\frac{1}{\ln q}$$

Die Lebensdauer der natürlichen Ressource beträgt:

$$\boxed{t = \ln\left[1 - \frac{B}{R}(1 - q)\right]\frac{1}{\ln q}}$$

Im Zahlenbeispiel erhalten wir:

$$\begin{aligned} t &= \ln\left[1 - \frac{54.000}{110}(1 - 1{,}03)\right]\frac{1}{\ln 1{,}03} \\ &= \ln\left[1 - 491\,(-0{,}03)\right]\frac{1}{\ln 1{,}03} \\ &= \ln 15{,}73 \cdot \frac{1}{0{,}0296} = \frac{2{,}756}{0{,}0296} = 93{,}22 \end{aligned}$$

Wenn der Verbrauch jährlich um 3% steigt, dann ist die Ressource bereits nach 93 Jahren verbraucht.

c. Wenn der Jahresverbrauch mit der Rate $r = -0,01$ sinkt, der Verbrauch also jährlich um 1% reduziert wird?

In diesem Fall ist q kleiner als 1. Daher konvergiert die geometrische Reihe des Rohstoffverbrauchs für $t \to \infty$:

$$R \, \frac{1-q^t}{1-q} \xrightarrow{\ t \to \infty\ } \frac{R}{1-q} = \frac{R}{-r}$$

Bei diesem Verbrauchsverhalten werden die Rohstoffreserven dann nie ausgeschöpft, wenn der Grenzwert der Verbrauchsreihe kleiner als die Reserve B ist:

$$B \geq \frac{R}{-r}$$
$$54.000 \geq \frac{110}{0,01} = 11.000$$

Das ist genau dann der Fall, wenn die Rate der jährlichen Verbrauchsreduktion r absolut größer als die Verbrauchsquote R/B in der Anfangsperiode ist:

$$-r \geq \frac{R}{B}$$
$$0,01 \geq \frac{110}{54.000} = 0,002$$

Dann ist die **Lebensdauer der Ressource t unendlich**, reicht der Vorrat also ewig.

Die Formel für die Lebensdauer t, die wir in Teil b. berechnet haben

$$t = \ln\left[1 - \frac{B}{R}(1-q)\right]\frac{1}{\ln q}$$

ist nicht definiert, wenn der Klammerausdruck (wie im vorliegenden Fall) negativ ist. Dann gibt es keinen endlichen Wert für t, ist die Lebensdauer der Ressource also unendlich. Aus der Negativität der Klammer

$$1 - \frac{B}{R}(1-q) \leq 0$$

folgt dieselbe Bedingung wie aus der Konvergenzbetrachtung:

$$\frac{R}{B} \leq 1-q = -r \qquad \text{mit } -r > 0$$

(4) Tilgungsdauer eines Kredits bei konstanter Annuität

Ein Kredit K_0 soll in gleichbleibenden jährlichen Raten A (Annuitäten) in t Jahren getilgt werden. Die Restschuld nach t Jahren beträgt:

$$S_t = q^t K_0 - A \frac{1-q^t}{1-q} \qquad q = 1+i$$

Nach welcher Zeit ist der Kredit getilgt, die Restschuld also null?

Wir setzen die Restschuld S_t null und berechnen die Laufzeit, indem wir die Gleichung nach t auflösen:

$$q^t K_0 = A \frac{1-q^t}{1-q}$$

$$\frac{K_0}{A} = \frac{\dfrac{1}{q^t} - 1}{1-q}$$

$$(1-q) \frac{K_0}{A} = \frac{1}{q^t} - 1$$

$$\frac{1}{q^t} = 1 + (1-q) \frac{K_0}{A}$$

$$\ln 1 - \ln q^t = \ln \left[1 + (1-q) \frac{K_0}{A} \right]$$

$$-t \ln q = \ln \left[1 + (1-q) \frac{K_0}{A} \right]$$

Die Tilgungsdauer des Kredits beträgt:

$$\boxed{t = -\ln \left[1 + (1-q) \frac{K_0}{A} \right] \frac{1}{\ln q}}$$

Zahlenbeispiel

$$K_0 = 30.000, \ A = 5.000, \ i = 0,1$$

$$t = -\ln \left[1 + (1-1,1) \frac{30.000}{5.000} \right] \frac{1}{\ln 1,1}$$

$$= -\ln \left[1 - 0,1 \cdot 6 \right] \frac{1}{\ln 1,1}$$

$$= -\ln 0,4 \ \frac{1}{\ln 1,1}$$

$$= -(-0,916) \frac{1}{0,096} = 9,614$$

ÜBUNG 2.1.2

1. Zeichnen Sie die Graphen der Potenzfunktionen:

$$y = x^3 \qquad y = x^2 \qquad y = x^{1/2} \qquad y = x^{1/3}$$

2. Zeichnen Sie die Graphen der Exponentialfunktionen:

   a. $y = 2^x$ $\qquad y = 2^{2x} \qquad y = 2^{x/2} \qquad y = 2^{-x}$

   b. $y = 2^x$ $\qquad y = 0,5^x \qquad y = -2^x \qquad y = -2^{-x}$

   c. $y = 2^x$ $\qquad y = 3 \cdot 2^x \qquad y = 3 \cdot 2^x + 1$

3. Zeichnen Sie die Graphen der Exponential- und Logarithmusfunktionen:

$$y = 2^x \qquad y = e^x \qquad y = \log_2 x \qquad y = \ln x$$

4. Die Kostenfunktion einer Unternehmung sei (K = Kosten, x = Produktmenge):

$$K = c + a\,e^{bx} \qquad ; a, b, c > 0$$

   Skizzieren Sie die Kostenkurve und bestimmen Sie die fixen und variablen Kosten! Nehmen Sie dazu für die Koeffizienten folgende Werte an: $a = 1/4$, $b = 1/2$, $c = 2$.

5. Berechnen Sie:

   a. $\log 10$ $\qquad$ b. $\log 1$ $\qquad$ c. $\log_5 125$

   d. $\log_2 8$ $\qquad$ e. $\log \dfrac{1}{10}$ $\qquad$ f. $\log_2 \dfrac{1}{4}$

6. Lösen Sie nach x auf:

   a. $\log x = 3$ $\qquad$ b. $\log x = -2$ $\qquad$ c. $\log x^2 = 4$ $\qquad$ d. $\log_2 \sqrt{x} = 1$

7. Formen Sie um:

   a. $\ln \sqrt[3]{x^2}$ $\qquad$ b. $\ln \dfrac{xy}{z}$ $\qquad$ c. $\log \dfrac{x^3}{x^2 - 1}$ $\qquad$ d. $\log \left(\dfrac{\sqrt{x}}{1+x} \right)^5$

8. Berechnen Sie die Umkehrfunktion:

   a. $y = e^{2x}$ $\qquad$ b. $y = e^{x-1}$ $\qquad$ c. $y = e^{2x^2} - 1$ $\qquad$ d. $y = \ln(x - 1)$

9. Ein Kredit $K_0 = 10.000$ soll in gleichbleibenden Jahresraten (Annuitäten) $A = 2.000$ getilgt werden. Der Zinssatz betrage $i = 8\%$.
   Nach wie vielen Jahren ist der Kredit getilgt?

10. Eine Maschine werde stetig degressiv mit der Rate $r = 25\%$ abgeschrieben. Für den Buchwert zum Zeitpunkt t gilt dann

$$B_t = B_0 e^{-rt}$$

   Berechnen Sie die Halbwertzeit, d.h. die Zeit, die vergeht, bis der Buchwert nur noch 50% der Anschaffungskosten beträgt! Welchen konstanten Wert hat das Produkt aus Halbwertzeit und Abschreibungsrate?

2.2 Grenzwerte von Funktionen

Das Konzept des Grenzwerts ist die Grundlage der Differentialrechnung. Es basiert auf der abstrakten Vorstellung, einen Punkt oder Funktionswert beliebig annähern zu können, ohne ihn jemals zu erreichen.

2.2.1 Definition des Grenzwerts

Bei der Darstellung von Funktionen interessiert in der Regel nicht nur

- welche Werte sie in bestimmten Punkten (ihres Definitionsbereichs) annehmen, sondern auch

- wie sich ihre Funktionswerte bei Annäherung an bestimmte Punkte verhalten.

Wir betrachten zunächst eine Funktion $y = f(x)$, die in dem offenen Intervall $D = (a, b)$ definiert ist. Für alle x-Werte innerhalb des Intervalls $a < x < b$ existieren dann Funktionswerte. An den Intervallgrenzen $x = a$ und $x = b$ ist die Funktion aber nicht definiert, existieren also keine Funktionswerte.

Wir müssen daher überlegen, wie sich die Funktion $y = f(x)$ verhält, d.h. welche Werte sie annimmt, wenn sich die x-Werte mehr und mehr der Intervallgrenze a (oder b) annähern.

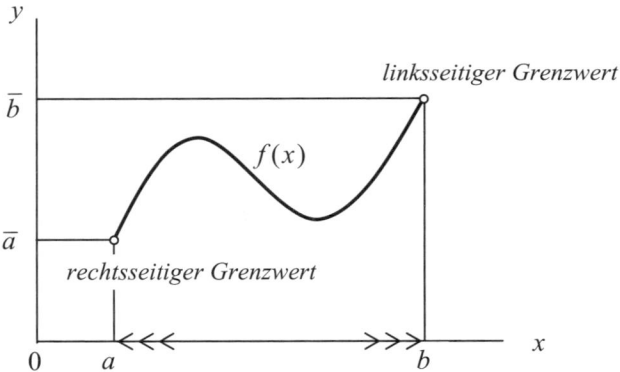

Strebt der Funktionswert $y = f(x)$ bei Annäherung von **rechts** an a einem festen Wert $\overline{a}$ zu, dann nennen wir diesen Wert rechtsseitigen Grenzwert der Funktion an dieser Stelle.

Strebt der Funktionswert dagegen bei Annäherung von **links** an b einem festen Wert $\overline{b}$ zu, dann nennen wir diesen Wert linksseitigen Grenzwert der Funktion an dieser Stelle.

Wir definieren daher:

Rechtsseitiger Grenzwert

Die Zahl $\overline{a}$ heißt rechtsseitiger Grenzwert der Funktion $f(x)$ an der Stelle a, wenn sich die Funktionswerte $y = f(x)$ bei Annäherung der x-Werte von rechts an a der Zahl $\overline{a}$ beliebig nähern. Wir schreiben dafür:

$$\lim_{x \to a_+} f(x) = \overline{a}$$

Der Grenzwert $\overline{a}$ ist der fiktive oder gedachte Endpunkt eines Näherungsprozesses, dem sich der Funktionswert für $x \to a_+$ mehr und mehr nähert, ohne ihn je zu erreichen.

Analog definieren wir den linksseitigen Grenzwert:

Linksseitiger Grenzwert

Die Zahl $\overline{b}$ heißt linksseitiger Grenzwert der Funktion $f(x)$ an der Stelle b, wenn sich die Funktionswerte $y = f(x)$ bei Annäherung der x-Werte von links an b dem Wert $\overline{b}$ beliebig nähern. Wir schreiben dann:

$$\lim_{x \to b_-} f(x) = \overline{b}$$

BEISPIEL

1. $y = 1 + x$ $\qquad\qquad D = (1,4)$

    Es handelt sich um eine lineare Funktion, die in dem offenen Intervall von 1 bis 4 definiert ist. An den Intervallgrenzen $a = 1$ und $b = 4$ ist sie nicht definiert.

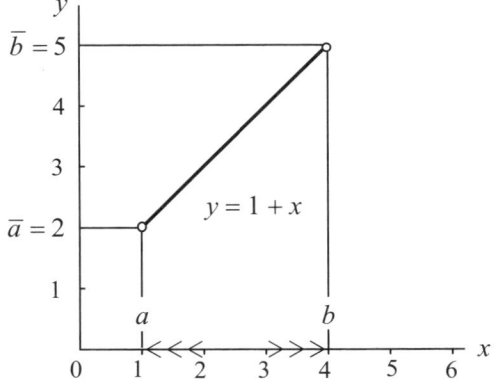

Wir untersuchen das Verhalten der Funktion an der Stelle $a = 1$, indem wir uns der Stelle von rechts nähern. Wenn wir nacheinander abnehmende Werte für x einsetzen 2, 1.5, 1.1, 1.01, 1.001,... dann nimmt die Funktion die Werte 3, 2.5, 2.1, 2.01, 2.001,... an. Der Funktionswert nähert sich also von oben mehr und mehr dem Wert 2, ohne diesen Wert selbst je anzunehmen.

Der rechtsseitige Grenzwert an der Stelle $a = 1$ beträgt also

$$\lim_{x \to 1_+} f(x) = 2$$

Wir untersuchen nun das Verhalten der Funktion an der rechten Intervallgrenze $b = 4$, indem wir uns der Stelle von links nähern. Wenn wir nacheinander zunehmende Werte für x einsetzen 3, 3.5, 3.9, 3.99, 3.999,... dann nimmt die Funktion die Werte 4, 4.5, 4.9, 4.99, 4.999,... an. Der Funktionswert nähert sich also von unten mehr und mehr dem Wert 5, ohne diesen Wert je zu erreichen. Für x-Werte, die kleiner als 4 sind, nimmt die Funktion nie den Wert 5 an.

Der linksseitige Grenzwert an der Stelle $b = 4$ beträgt also

$$\lim_{x \to 4_-} f(x) = 5$$

Die Definitionen des rechtsseitigen und des linksseitigen Grenzwertes lassen sich auch auf Zahlen a und b anwenden, für die $f(x)$ definiert ist und die im Inneren des Definitionsbereichs D liegen.

Für eine Zahl $a \in D$ im Inneren des Definitionsbereichs können dann sowohl der rechtsseitige als auch der linksseitige Grenzwert gebildet werden. Von einem Grenzwert an der Stelle a sprechen wir aber nur dann, wenn der rechtsseitige und der linksseitige Grenzwert übereinstimmen, die Funktion also von rechts und von links demselben Funktionswert zustrebt.

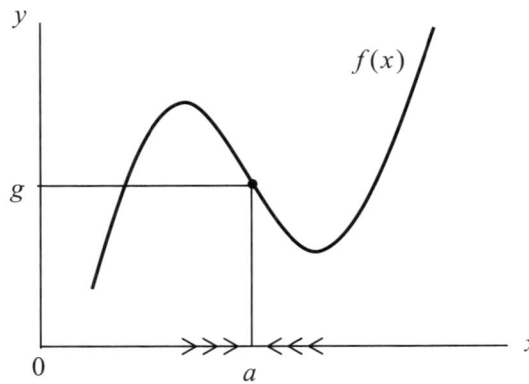

Wir definieren daher:

Grenzwert

Ist für eine Funktion $y = f(x)$ an der Stelle a der linksseitige Grenzwert g gleich dem rechtsseitigen Grenzwert, so bezeichnet man g als den Grenzwert der Funktion $f(x)$ an der Stelle a und schreibt:

$$\lim_{x \to a} f(x) = g$$

Der Grenzwert an der Stelle a existiert genau dann, wenn der rechtsseitige und der linksseitige Grenzwert existieren und gleich sind. Es gilt:

$$\lim_{x \to a} f(x) = g \iff \lim_{x \to a_+} f(x) = \lim_{x \to a_-} f(x) = g$$

BEISPIELE

2. $y = 1 + x$ $\qquad D = \mathbf{R}, a = 1$

Es handelt sich um dieselbe lineare Funktion wie im Beispiel 1, die aber nun für alle reellen Zahlen definiert ist. Wir berechnen den Grenzwert an der beliebigen Stelle $a = 1$ im Inneren des Definitionsbereichs.

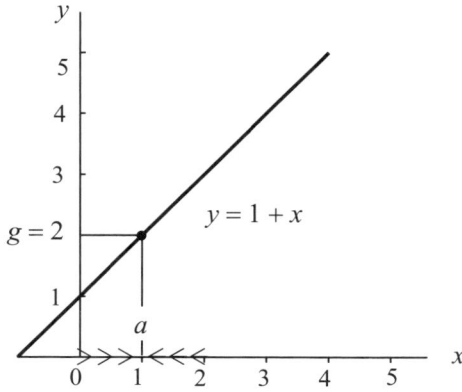

Dazu bestimmen wir zuerst den rechtsseitigen Grenzwert, indem wir uns von rechts der Stelle $a = 1$ nähern. Dabei nähert sich der Funktionswert zunehmend dem Wert 2, ohne diesen Wert zu erreichen.

Der rechtsseitige Grenzwert an der Stelle $a = 1$ beträgt also

$$\lim_{x \to 1_+} f(x) = 2$$

Wir nähern uns nun der Stelle $a = 1$ von links. Wenn wir nacheinander zunehmende Werte für x einsetzen 0.5, 0.9, 0.99, 0.999,... dann nimmt die Funktion die Werte 1.5, 1.9, 1.99, 1.999,... an. Der Funktionswert nähert sich also mehr und mehr dem Wert 2, ohne diesen Wert zu erreichen.

Der linksseitige Grenzwert an der Stelle $a = 1$ beträgt also

$$\lim_{x \to 1_-} f(x) = 2$$

Der linksseitige Grenzwert an der Stelle $a = 1$ ist gleich dem rechtsseitigen Grenzwert. Unabhängig davon, von welcher Seite wir uns der Stelle $a = 1$ nähern, strebt die Funktion dem Wert $g = 2$ zu, ohne ihn zu erreichen. D.h. der Grenzwert existiert und hat den Wert 2:

$$\lim_{x \to 1} f(x) = 2$$

3. Gegeben sei die folgende bereichsweise definierte Funktion

$$y = \begin{cases} \dfrac{x^2 - 1}{x - 1} & \text{für } x \neq 1 \\ 0 & \text{für } x = 1 \end{cases} \qquad D = \mathbf{R}, a = 1$$

Es handelt sich nicht, wie man auf den ersten Blick meinen könnte, um eine gebrochen rationale Funktion, da das Zählerpolynom und Nennerpolynom nicht teilerfremd sind. Wenn wir das Zählerpolynom mit Hilfe der 3. Binomischen Formel umformen, können wir $x - 1$ kürzen und erhalten:

$$y = \frac{x^2 - 1}{x - 1} = \frac{(x-1)(x+1)}{(x-1)} = x + 1 \qquad x \neq 1$$

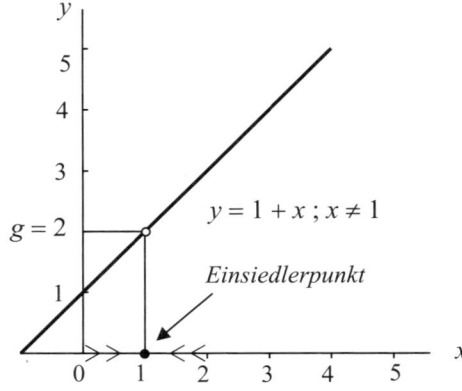

Der Graph ist die Gerade $y = x + 1$ aus dem vorangehenden Beispiel mit einem **Einsiedlerpunkt** an der Stelle $x = 1$.

Wir ermitteln den Grenzwert wie im vorangehenden Beispiel. Der Grenzwert existiert und hat wieder den Wert 2

$$\lim_{x \to 1} f(x) = 2$$

obwohl die Funktion an dieser Stelle den Wert 0 hat. Das bedeutet, dass der Grenzwert an der Stelle $a = 1$ völlig unabhängig davon ist, ob die Funktion an der Stelle definiert ist und welchen Wert sie dort annimmt.

4. $y = f(x) = [x]$ $D = \mathbf{R}, a = 1$

Die Funktion heißt **Gaußfunktion**[1], die eckige Klammer $[x]$ Gaußklammer. Die **Gaußklammer** $[x]$ bedeutet: Die größte ganze Zahl, die kleiner oder gleich x ist. Es handelt sich um eine Treppenfunktion mit **Sprungstellen** bei den ganzzahligen x-Werten.

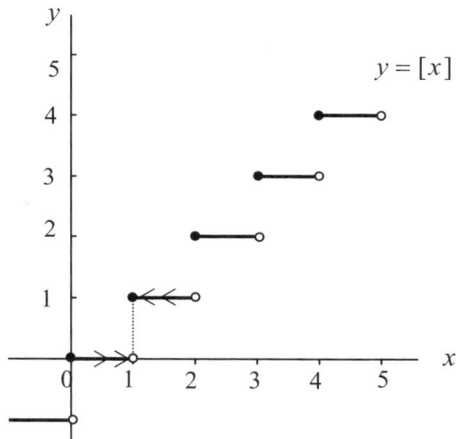

Wir überprüfen wieder den Grenzwert an der Stelle $a = 1$. Dazu nähern wir uns zuerst der Stelle $a = 1$ von rechts. Die Treppenfunktion nimmt für x-Werte, die kleiner als 2 und größer als 1 sind, den Wert 1 an. Der Funktionswert ist also bei Annäherung an die Stelle $a = 1$ von rechts konstant gleich 1.

---

[1] Carl Friedrich Gauß (1777-1855); Mathematiker und Astronom, neben I. Newton einer der bedeutendsten Mathematiker. Seit 1807 Direktor der Sternwarte in Göttingen.

Der rechtsseitige Grenzwert an der Stelle $a = 1$ beträgt also

$$\lim_{x \to 1_+} [x] = 1$$

Wir nähern uns nun der Stelle $a = 1$ von links. Die Treppenfunktion nimmt für die x-Werte von 0 bis unter 1 den konstanten Wert 0 an.

Der linksseitige Grenzwert an der Stelle $a = 1$ beträgt also

$$\lim_{x \to 1_-} [x] = 0$$

Der rechtsseitige und der linksseitige Grenzwert sind verschieden. Die Funktion strebt von rechts oder links kommend verschiedenen Werten zu. Der Grenzwert an der Stelle $a = 1$ existiert also nicht.

Auch in diesem Fall spielt der Funktionswert an der Stelle $a = 1$, der sogar mit dem rechtsseitigen Grenzwert zusammenfällt, für die Grenzwertbetrachtung keine Rolle. Der Grenzwert bezieht sich auf das Verhalten der Funktion in der Umgebung der Stelle $a = 1$ und nicht auf die Stelle a selbst.

5.   Gegeben sei die folgende bereichsweise definierte Funktion

$$y = \begin{cases} 1 & \text{für } 0 < x < 2 \\ 1{,}5 & \text{für } x = 2 \qquad D = (0,4),\, a = 2 \\ 2 & \text{für } 2 < x < 4 \end{cases}$$

Es handelt sich um eine Treppenfunktion, die in dem offenen Intervall von 0 bis 4 definiert ist. An der Stelle $a = 2$ weist sie eine Sprungstelle mit Einsiedlerpunkt auf.

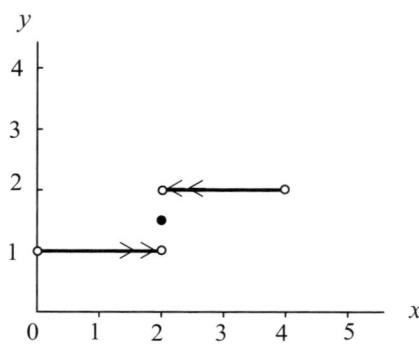

Die Grenzwertbetrachtung zeigt auch hier, dass der rechtsseitige und der linksseitige Grenzwert an der Sprungstelle verschieden sind

$$\lim_{x \to 2_+} f(x) = 2 \neq 1 = \lim_{x \to 2_-} f(x)$$

der Grenzwert also nicht existiert. Der Funktionswert ist in diesem Fall der Wert im Einsiedlerpunkt. Er stimmt weder mit dem rechtsseitigen noch mit dem linksseitigen Grenzwert überein. Sein Wert hat keinen Einfluss auf die Existenz des Grenzwerts.

2.2.2 Sonderfälle von Grenzwerten

Bisher haben wir bei der Grenzwertbetrachtung unterstellt, dass x sich dem endlichen Wert a und $f(x)$ sich dem endlichen Wert g näherten, d.h. die Zahlen a und g waren endliche Konstanten.

Nun soll der Grenzwert für den Fall definiert werden, dass x über alle Grenzen wächst, d.h. x gegen unendlich geht.

Grenzwert im Unendlichen

Wir bezeichnen eine Zahl g als Grenzwert der Funktion $f(x)$ im Unendlichen, wenn sich die Funktionswerte $y = f(x)$ mit wachsendem (fallendem) x der Zahl g beliebig annähern:

$$\lim_{x \to \infty} f(x) = g \qquad \left(\lim_{x \to -\infty} f(x) = g \right)$$

Etwas formaler lautet die Definition:

Die Zahl g heißt Grenzwert der Funktion $y = f(x)$ im Unendlichen, wenn es zu jedem $\varepsilon > 0$ eine Zahl N gibt, so dass für jedes $x \geq N$ gilt:

$$| f(x) - g | < \varepsilon$$

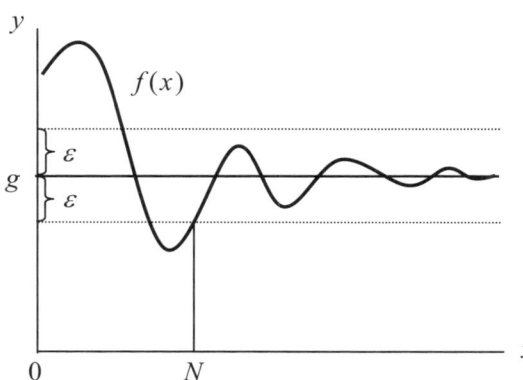

BEISPIELE

1. $y = \dfrac{1}{x}$ $D = \mathbf{R} \setminus \{0\}$

Es handelt sich hier um die bereits bekannte gleichseitige Hyperbel, die sich mit wachsendem x von oben an die positive x-Achse und mit fallendem x von unten an die negative x-Achse anschmiegt. Die Funktionswerte gehen also für $x \to \pm\infty$ gegen null.

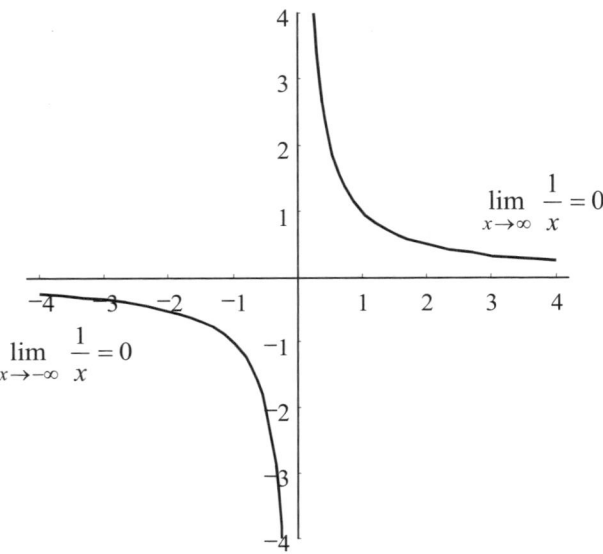

2. $y = 2^{-x}$ $D = \mathbf{R}$

Wegen des negativen Exponenten handelt es sich um eine fallende Exponentialfunktion. Mit wachsendem x nähert sich die Funktion der positiven x-Achse. Der Grenzwert im Unendlichen ist null. Mit fallendem x wächst die Funktion dagegen über alle Grenzen.

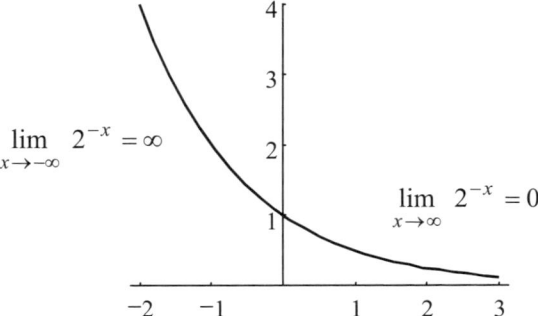

Wie das letzte Beispiel zeigt, ist es möglich, dass der Grenzwert einer Funktion selbst unendlich wird. In diesem Fall existiert der Grenzwert nicht und wir sprechen von einem uneigentlichen Grenzwert.

Uneigentlicher Grenzwert

Wenn der Funktionswert $y = f(x)$ für $x \to a$ grenzenlos wächst (fällt), dann sagt man $f(x)$ strebt gegen plus (minus) unendlich oder $f(x)$ hat einen uneigentlichen Grenzwert:

$$\lim_{x \to a} f(x) = \infty$$

$$\lim_{x \to a} f(x) = -\infty$$

BEISPIELE

1. $f(x) = \dfrac{1}{x}$ $\qquad D = \mathbf{R} \setminus \{0\}, a = 0$

   Die gleichseitige Hyperbel hat an der Stelle $x = 0$ eine Polstelle mit Vorzeichenwechsel. Bei Annäherung von rechts an die Polstelle wächst die Funktion über alle Grenzen und bei Annäherung von links fällt sie über alle Grenzen. Wir sprechen daher von einer **Sprungstelle im Unendlichen**.

   Der rechtsseitige Grenzwert und der linksseitige Grenzwert sind verschieden:

   $$\lim_{x \to 0_+} \frac{1}{x} = \infty \neq -\infty = \lim_{x \to 0_-} \frac{1}{x}$$

   Der Grenzwert $\lim\limits_{x \to 0} \dfrac{1}{x}$ existiert nicht (ist nicht definiert) und es liegt auch kein uneigentlicher Grenzwert vor.

2. $f(x) = \dfrac{1}{x^2}$ $\qquad D = \mathbf{R} \setminus \{0\}, a = 0$

   Diese Hyperbel hat an der Stelle $x = 0$ eine Polstelle ohne Vorzeichenwechsel. Die Funktionswerte streben bei Annäherung der x-Werte an den Nullpunkt gegen unendlich.

   Der rechtsseitige und der linksseitige Grenzwert sind gleich:

   $$\lim_{x \to 0_+} \frac{1}{x^2} = \infty = \lim_{x \to 0_-} \frac{1}{x^2}$$

Es liegt also ein uneigentlicher Grenzwert vor:

$$\lim_{x \to 0} \frac{1}{x^2} = \infty$$

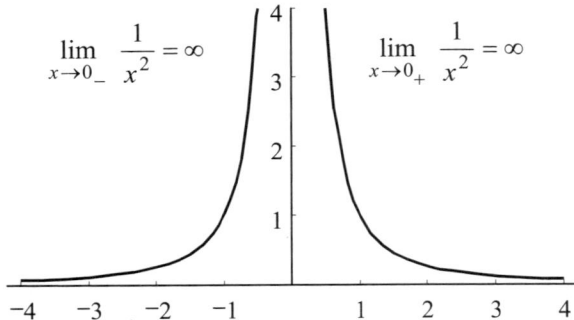

3. $f(x) = \dfrac{1}{(x-2)^2}$ $D = \mathbf{R} \setminus \{2\}, a = 2$

Diese Hyperbel ist gegenüber der im vorangehenden Beispiel um 2 nach rechts verschoben. Die Polstelle liegt nun bei $x = 2$. Hier liegt ein uneigentlicher Grenzwert vor:

$$\lim_{x \to 2} \frac{1}{(x-2)^2} = \infty$$

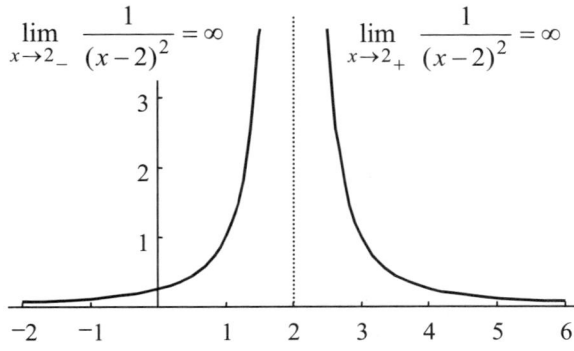

Schließlich kann eine Funktion grenzenlos wachsen (fallen), wenn x über alle Grenzen wächst (fällt), d.h. x gegen plus oder minus unendlich geht: $x \to \pm\infty$

$$\lim_{x \to \infty} f(x) = \infty \quad ; \quad \lim_{x \to -\infty} f(x) = -\infty$$

BEISPIELE

1. $f(x) = x$

    $$\lim_{x \to \infty} x = \infty \qquad\qquad \lim_{x \to -\infty} x = -\infty$$

2. $f(x) = x^2 - 4$

    $$\lim_{x \to \infty} (x^2 - 4) = \infty \qquad\qquad \lim_{x \to -\infty} (x^2 - 4) = \infty$$

3. $f(x) = x^3 - 2$

    $$\lim_{x \to \infty} (x^3 - 2) = \infty \qquad\qquad \lim_{x \to -\infty} (x^3 - 2) = -\infty$$

2.2.3 Verknüpfung und Berechnung von Grenzwerten

Gegeben seien die Grenzwerte zweier Funktionen f_1 und f_2 an der Stelle $x = a$

$$\lim_{x \to a} f_1(x) = g_1, \; \lim_{x \to a} f_2(a) = g_2 \qquad D_1 = D_2$$

dann gelten die folgenden Rechenregeln:

Grenzwertsätze

1. $\lim_{x \to a} c = c \qquad ; c = \text{const.}$

    Der Grenzwert der konstanten Funktion $y = c$ ist die Konstante c.

2. $\lim_{x \to a} (f_1(x) \pm f_2(x)) = \lim_{x \to a} f_1(x) \pm \lim_{x \to a} f_2(x) = g_1 \pm g_2$

    Der Grenzwert einer Summe (oder Differenz) zweier Funktionen ist gleich der Summe (Differenz) der Grenzwerte.

3. $\lim_{x \to a} (f_1(x) \cdot f_2(x)) = \lim_{x \to a} f_1(x) \cdot \lim_{x \to a} f_2(x) = g_1 \cdot g_2$

    Der Grenzwert des Produkts zweier Funktionen ist gleich dem Produkt der Grenzwerte.

4. $\lim_{x \to a} \dfrac{f_1(x)}{f_2(x)} = \dfrac{\lim\limits_{x \to a} f_1(x)}{\lim\limits_{x \to a} f_2(x)} = \dfrac{g_1}{g_2} \qquad ; g_2 \neq 0$

    Der Grenzwert des Quotienten zweier Funktionen ist gleich dem Quotienten der Grenzwerte.

5. $\lim\limits_{x \to a}(f(x))^n = \left[\lim\limits_{x \to a} f(x)\right]^n = g^n$

Der Grenzwert der *n*-ten Potenz einer Funktion ist gleich der *n*-ten Potenz des Grenzwerts.

Berechnung von Grenzwerten

Die Grenzwertsätze erlauben die vereinfachte Berechnung der Grenzwerte zusammengesetzter Funktionsgleichungen. So berechnen wir den Grenzwert einer Summe, indem wir die Grenzwerte der einzelnen Summanden berechnen, den Grenzwert eines Produkts, indem wir die Grenzwerte der Faktoren und den Grenzwert eines Quotienten, indem wir die Grenzwerte der Zähler- und Nennerfunktion bilden.

BEISPIELE

1. $\lim\limits_{x \to 2}(1-x^2) = \lim\limits_{x \to 2} 1 - \lim\limits_{x \to 2} x^2 = \lim\limits_{x \to 2} 1 - \left(\lim\limits_{x \to 2} x\right)^2 = 1 - 2^2 = 1 - 4 = -3$

2. $\lim\limits_{x \to 3} 5 x^2 = \lim\limits_{x \to 3} 5 \cdot \lim\limits_{x \to 3} x^2 = 5 \cdot \left(\lim\limits_{x \to 3} x\right)^2 = 5 \cdot 3^2 = 5 \cdot 9 = 45$

3. $\lim\limits_{x \to 0} \dfrac{4x}{x^3 - 1} = \dfrac{\lim\limits_{x \to 0} 4 \cdot \lim\limits_{x \to 0} x}{\lim\limits_{x \to 0} x^3 - \lim\limits_{x \to 0} 1} = \dfrac{4 \cdot \lim\limits_{x \to 0} x}{\lim\limits_{x \to 0} x^3 - 1} = \dfrac{4 \cdot 0}{0 - 1} = \dfrac{0}{-1} = 0$

Die Anwendung der Regel 4 kann zu Problemen führen, wenn die Grenzwerte in Zähler und Nenner null oder unendlich sind. So können sich **unbestimmte Quotienten** der Grenzwerte in der Form $\frac{\infty}{\infty}$ oder $\frac{0}{0}$ ergeben.

Häufig lässt sich auch in diesen Fällen ein Grenzwert bestimmen, wenn nach einer der folgenden Regeln verfahren wird:

Fall ∞/∞

Zähler und Nenner werden durch die größte Potenz von *x* dividiert, die im Zähler und Nenner auftritt.

Auf diese Weise entsteht ein Doppelbruch, der *x* nur noch in den Nennern enthält. Wenn *x* gegen unendlich geht, dann gehen die Brüche, die *x* nur im Nenner enthalten, gegen null.

BEISPIELE

1. $\lim\limits_{x\to\infty} \dfrac{1+x}{1-x^2} = \lim\limits_{x\to\infty} \dfrac{\dfrac{1}{x^2}+\dfrac{x}{x^2}}{\dfrac{1}{x^2}-1} = \lim\limits_{x\to\infty} \dfrac{\dfrac{1}{x^2}+\dfrac{1}{x}}{\dfrac{1}{x^2}-1} = \dfrac{0+0}{0-1} = 0$

2. $\lim\limits_{x\to\infty} \dfrac{2x^3+3}{x^3+x^2+x} = \lim\limits_{x\to\infty} \dfrac{2\dfrac{x^3}{x^3}+3\dfrac{1}{x^3}}{\dfrac{x^3}{x^3}+\dfrac{x^2}{x^3}+\dfrac{x}{x^3}} = \lim\limits_{x\to\infty} \dfrac{2+\dfrac{3}{x^3}}{1+\dfrac{1}{x}+\dfrac{1}{x^2}} = \dfrac{2+0}{1+0+0} = 2$

3. $\lim\limits_{x\to\infty} \dfrac{x+\dfrac{1}{x}}{2x-\dfrac{1}{x}} = \lim\limits_{x\to\infty} \dfrac{1+\dfrac{1}{x^2}}{2-\dfrac{1}{x^2}} = \dfrac{1+0}{2-0} = \dfrac{1}{2}$

In anderen Fällen nimmt der Quotient der Grenzwerte die unbestimmte Form 0/0 an. Häufig lässt sich der Grenzwert dann wie folgt bestimmen:

Fall 0/0

Zähler und Nenner werden durch einen Ausdruck dividiert, dessen Grenzwert null ist.

BEISPIELE

1. $\lim\limits_{x\to 0} \dfrac{3x^2+x}{x^2-4x} = \lim\limits_{x\to 0} \dfrac{x}{x}\cdot\dfrac{3x+1}{x-4} = \lim\limits_{x\to 0} \dfrac{3x+1}{x-4} = \dfrac{0+1}{0-4} = -\dfrac{1}{4}$

2. $\lim\limits_{x\to 1} \dfrac{x^2-1}{x-1} = \lim\limits_{x\to 1} \dfrac{(x+1)(x-1)}{x-1} = \lim\limits_{x\to 1}(x+1) = 2$

3. $\lim\limits_{x\to 2} \dfrac{x^2-4}{x-2} = \lim\limits_{x\to 2} \dfrac{(x+2)(x-2)}{x-2} = \lim\limits_{x\to 2}(x+2) = 4$

4. $\lim\limits_{x\to 0} \dfrac{(2+x)^2-4}{x} = \lim\limits_{x\to 0} \dfrac{4+4x+x^2-4}{x} = \lim\limits_{x\to 0} \dfrac{x(4+x)}{x} = \lim\limits_{x\to 0}(4+x) = 4$

2.3 Stetigkeit

Bei der Betrachtung des Grenzwerts

$$\lim_{x \to a} f(x) = g$$

wird der Wert der Funktion $f(x)$ an der Stelle $x = a$ auch dann bewusst ausge-klammert, wenn die Funktion an dieser Stelle definiert ist. Der Grenzwert hängt überhaupt nicht vom Verhalten der Funktion $f(x)$ an der Stelle $x = a$ ab, sondern nur von den Werten der Funktion $f(x)$ in der Umgebung (Nähe) von $x = a$.

Der Grenzwert an der Stelle $x = a$ kann daher gleich oder ungleich dem Wert der Funktion $f(a)$ an der Stelle $x = a$ sein.

2.3.1 Definition der Stetigkeit

Wir beziehen nun den Funktionswert an der Stelle $x = a$ in die Grenzwertbetrach-tung ein und nennen eine Funktion stetig an der Stelle $x = a$, wenn sie an dieser Stelle **tatsächlich den Wert annimmt, dem sie zustrebt**; der Grenzwert und der Funktionswert $f(a)$ müssen also existieren und gleich sein.

Damit wird ausgeschlossen, dass die Funktion an der Stelle $x = a$ einen "Sprung" macht. Der Graph ist dann durch eine zusammenhängende Kurve darstellbar. Kleinen Änderungen der unabhängigen Variablen x entsprechen an der Stelle $x = a$ stets kleine Änderungen des Funktionswerts.

Wir definieren daher

> **Stetigkeit**
>
> Eine Funktion $f(x)$ heißt stetig an der Stelle $x = a \in D$, wenn gilt:
>
> $$\boxed{\lim_{x \to a} f(x) = f(a)}$$

Es müssen also die folgenden drei **Stetigkeitsbedingungen** erfüllt sein:

- Der Grenzwert $\lim_{x \to a} f(x)$ muss an der Stelle $x = a$ existieren.

- Die Funktion $f(x)$ muss an der Stelle $x = a$ definiert sein, also den Funktionswert $f(a)$ besitzen.

- Grenzwert und Funktionswert müssen an der Stelle $x = a$ gleich sein
  $$\lim_{x \to a} f(x) = f(a)$$

Eine Funktion heißt unstetig an der Stelle $x = a$, wenn eine der drei Bedingungen verletzt ist.

Eine Funktion $f(x)$ heißt **stetig in dem offenen Intervall (*a, b*)**, wenn sie an jeder Stelle $x \in (a,b)$ des Intervalls stetig ist.

Eine Funktion $f(x)$ heißt **stetig in dem abgeschlossenen Intervall [*a, b*]**, wenn sie an jeder Stelle $x \in (a,b)$ stetig ist und an der Stelle $x = a$ rechtsseitig, an der Stelle $x = b$ linksseitig stetig ist.

Eine Funktion ist **rechtsseitig** (linksseitig) stetig an der Stelle $x = a$, wenn ihr rechtsseitiger (linksseitiger) Grenzwert an dieser Stelle existiert und gleich dem Funktionswert ist

$$\lim_{x \to a_+} f(x) = f(a) \quad \text{bzw.} \quad \lim_{x \to a_-} f(x) = f(a)$$

Existieren der linksseitige und der rechtsseitige Grenzwert, sind aber beide nicht gleich dem Funktionswert, so sprechen wir von einer **Sprungstelle**.

Existiert der Grenzwert, stimmt aber nicht mit dem Funktionswert überein, so sprechen wir von einem **Einsiedlerpunkt** (Singularität oder isolierter Punkt).

2.3.2 Arten der Unstetigkeit

Wir machen uns mit der Stetigkeitseigenschaft am einfachsten dadurch vertraut, dass wir uns Funktionen vorzustellen versuchen, die Unstetigkeitsstellen aufweisen. Dabei unterscheiden wir die folgenden Fälle von Unstetigkeit:

(1) Definitionslücke

Wir nehmen an, dass der Grenzwert $\lim_{x \to a} f(x)$ existiert, die Funktion aber an der Stelle $x = a$ nicht definiert ist, d.h. $f(a)$ nicht existiert.

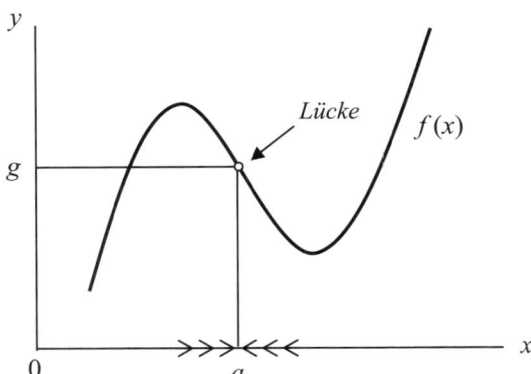

Die Funktion hat dann an der Stelle $x = a$ eine Lücke (missing point, discontinuity).

Diese Art der Unstetigkeit lässt sich stets durch **stetige Ergänzung** der Funktion an der Stelle $x = a$ beseitigen. Dazu definieren wir die Funktion so, dass der Funktionswert dem Grenzwert entspricht:

$$f(a) := \lim_{x \to a} f(x)$$

BEISPIELE

(1) $f(x) = \dfrac{x^2 - 9}{x - 3}$ $; x \neq 3$, $D = \mathbf{R} \setminus \{3\}$

Es handelt sich nicht um eine gebrochen rationale Funktion, da das Zählerpolynom und das Nennerpolynom nicht teilerfremd sind:

$$y = \frac{x^2 - 9}{x - 3} = \frac{(x - 3)(x + 3)}{(x - 3)} = x + 3$$

Der Graph ist die Gerade $y = x + 3$ mit einer Definitionslücke an der Stelle $x = 3$.

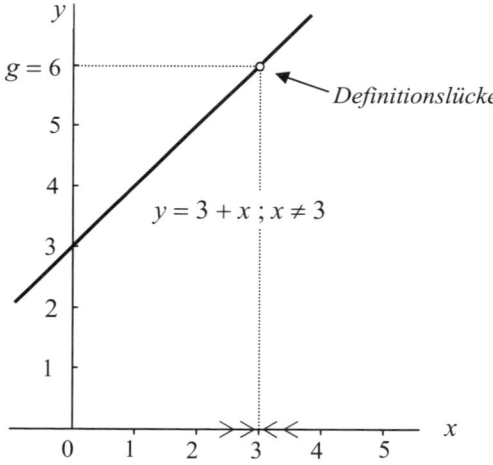

Der Grenzwert an der Stelle $x = 3$ existiert und hat den Wert:

$$\lim_{x \to 3} f(x) = 6$$

Die Funktion ist an der Stelle $x = 3$ aber nicht definiert und daher unstetig. Durch die **stetige Ergänzung**

$$f(3) := \lim_{x \to 3} f(x) = 6$$

wird die Definitionslücke geschlossen. Die Funktion ist nun an der Stelle $x = 3$ definiert und der Grenzwert ist gleich dem Funktionswert

$$\lim_{x \to 3} f(x) = 6 = f(3)$$

Die Funktion wird also durch die stetige Ergänzung an der Stelle $x = 3$ stetig.

(2) $\qquad f(x) = \dfrac{e^x - 1}{x} \qquad ; x \neq 0 \, , \, D = \mathbf{R} \setminus \{0\}$

Es handelt sich um eine gebrochene Funktion, die im Zähler eine e-Funktion enthält und die an der Nennernullstelle $x = 0$ nicht definiert ist. In der Umgebung des Nullpunkts verläuft sie flacher als die e-Funktion und konvergiert für $x \to \pm\infty$ gegen die e-Funktion.

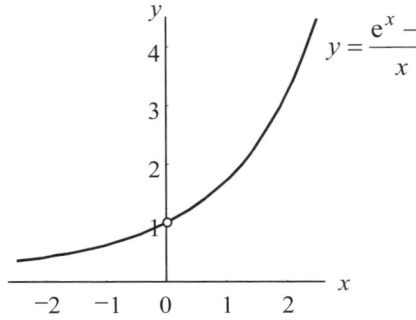

x	y
2,0	3,19
1,0	1,72
0,5	1,30
0,1	1,05
0,01	1,005
−2,0	0,43
−1,0	0,63
−0,1	0,95
−0,01	0,995

Der Grenzwert an der Stelle $x = 0$ existiert und hat den Wert:

$$\lim_{x \to 0} \frac{e^x - 1}{x} = 1$$

Die Funktion ist an der Stelle $x = 0$ aber nicht definiert und daher unstetig.

Durch die **stetige Ergänzung**

$$f(0) := \lim_{x \to 0} f(x) = 1$$

wird die Definitionslücke wieder geschlossen. Die Funktion ist nun an der Stelle $x = 0$ definiert und der Grenzwert ist gleich dem Funktionswert

$$\lim_{x \to 0} f(x) = 1 = f(0)$$

Anhang: Berechnung[1] des Grenzwerts von $\dfrac{e^x - 1}{x}$

Wir hatten angenommen, dass der Grenzwert den Wert 1 annimmt:

$$\lim_{x \to 0} \frac{e^x - 1}{x} = 1$$

Wir beweisen das, indem wir $e^x - 1$ ersetzen durch

$$e^x - 1 = \frac{1}{m}$$

Dann ist

$$1 + \frac{1}{m} = e^x > 0$$

Daher gilt auch

$$\ln\left(1 + \frac{1}{m}\right) = \ln e^x = x$$

und folglich ist

$$\frac{e^x - 1}{x} = \frac{\dfrac{1}{m}}{\ln\left(1 + \dfrac{1}{m}\right)} = \frac{1}{m \ln\left(1 + \dfrac{1}{m}\right)} = \frac{1}{\ln\left(1 + \dfrac{1}{m}\right)^m}$$

Für $x \to 0$ folgt $m \to \infty$ und wir erhalten für den Grenzwert

$$\lim_{x \to 0} \frac{e^x - 1}{x} = \lim_{m \to \infty} \frac{1}{\ln\left(1 + \dfrac{1}{m}\right)^m} = \frac{1}{\ln e} = 1$$

(2) Sprungstelle

Wir betrachten nun den Fall, dass die Funktion an der Stelle $x = a$ eine Sprungstelle aufweist.

An der Sprungstelle $x = a$ sind der rechtsseitige und der linksseitige Grenzwert verschieden, der Grenzwert $\lim\limits_{x \to a} f(x)$ existiert also nicht.

Auch wenn wir annehmen, dass die Funktion an der Sprungstelle definiert ist und mit dem rechtsseitigen oder dem linksseitigen Grenzwert übereinstimmt, ist die Funktion an der Sprungstelle unstetig, weil der Grenzwert nicht existiert (Bedingung 1 und 3 sind verletzt).

---

[1] Vgl. dazu auch die Berechnung mit Hilfe der Regel von L´Hospital in Abschnitt 3.5.3 und die Definition der Eulerschen Zahl e in 3.4.1.

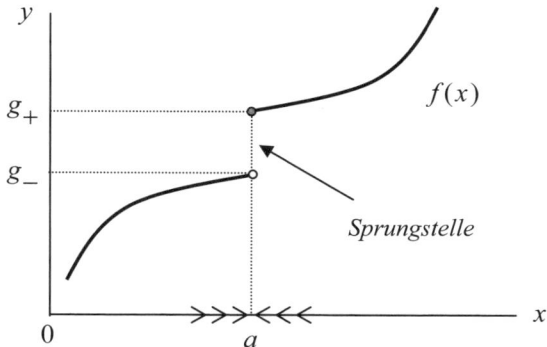

Wir sehen:

- Der Grenzwert existiert nicht

$$\lim_{x \to a_+} f(x) \neq \lim_{x \to a_-} f(x)$$

- Die Funktion ist definiert

$$f(a) = \lim_{x \to a_+} f(x)$$

- Grenzwert und Funktionswert stimmen nicht überein, da der Grenzwert nicht existiert.

BEISPIEL

$$f(x) = [x] \qquad\qquad D = (0,2)$$

An der Stelle $x = 1$ hat die Gaußfunktion eine Sprungstelle und ist daher unstetig. Es gilt

- Der Grenzwert existiert nicht

$$\lim_{x \to 1_+} [x] = 1 \neq 0 = \lim_{x \to 1_-} [x]$$

- Die Funktion ist definiert

$$f(1) = [1] = 1 = \lim_{x \to 1_+} [x]$$

- Grenzwert und Funktionswert stimmen nicht überein, da der Grenzwert nicht existiert.

(3) Einsiedlerpunkt

Wir nehmen nun den Fall an, dass die Funktion $f(x)$ an der Stelle $x = a$ einen Einsiedlerpunkt hat, also ein Punkt aus dem Graphen herausfällt.

Auch dann, wenn der Grenzwert existiert, ist die Funktion an dieser Stelle unstetig, weil Grenzwert und Funktionswert nicht gleich sein können.

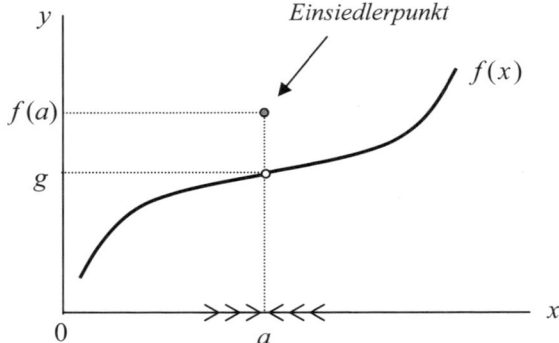

Es gilt:

- Der Grenzwert existiert

$$\lim_{x \to a_+} f(x) = \lim_{x \to a_-} f(x)$$

- Die Funktion ist definiert (Einsiedlerpunkt)

$$f(a) = y$$

- Grenzwert und Funktionswert sind verschieden

$$\lim_{x \to a} f(x) \neq f(a)$$

Diese Art der Unstetigkeit lässt sich durch eine neue Definition des Funktionswertes an der Stelle $x = a$ beseitigen. Dazu definieren wir die Funktion an dieser Stelle durch ihren Grenzwert:

$$f(a) := \lim_{x \to a} f(x)$$

BEISPIEL

$$f(x) = \begin{cases} \dfrac{x^3 - 2x^2 - 3x + 6}{x - 2} & \text{für } x \neq 2 \\ 2 & \text{für } x = 2 \end{cases} \qquad D = \mathbf{R}, a = 2$$

Auch in diesem Beispiel haben wir es nicht mit einer echt gebrochen rationalen Funktion zu tun, da das Zählerpolynom und das Nennerpolynom nicht teilerfremd sind. Polynomdivision ergibt:

$$\begin{aligned} (x^3 - 2x^2 - 3x + 6) &: (x - 2) = x^2 - 3 \\ \underline{x^3 - 2x^2} & \\ 0 \quad -3x + 6 & \\ \underline{-3x + 6} & \\ 0 & \end{aligned}$$

Der Graph ist die Parabel $y = x^2 - 3$ mit einem **Einsiedlerpunkt** an der Stelle $x = 2$:

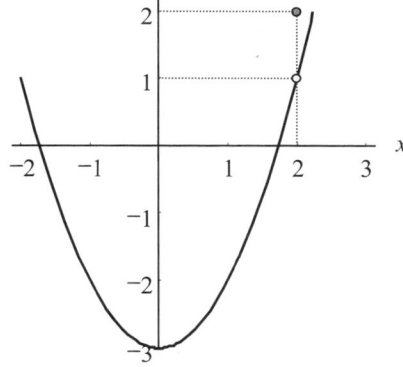

Wir sehen:

- Der Grenzwert existiert

$$\lim_{x \to 2_+} f(x) = \lim_{x \to 2_-} f(x) = 1$$

- Die Funktion ist definiert (Einsiedlerpunkt)

$$f(2) = 2$$

- Grenzwert und Funktionswert sind verschieden

$$\lim_{x \to 2} f(x) = 1 \neq 2 = f(2)$$

Die Funktion ist an der Stelle $x = 2$ unstetig.

(4) Unendlichkeitsstelle

Wir betrachten nun den Fall, dass die Funktion $f(x)$ an der Stelle $x = a$ eine Unendlichkeitsstelle aufweist.

An der Unendlichkeitsstelle wächst die Funktion über alle Grenzen, der Grenzwert $\lim_{x \to a} f(x)$ existiert also nicht.

Auch wenn wir wieder annehmen, dass die Funktion an der Unendlichkeitsstelle $x = a$ definiert ist, ist die Funktion allein deshalb unstetig, weil der Grenzwert nicht existiert.

BEISPIEL

$$f(x) = \begin{cases} \dfrac{1}{x^2} & \text{für } x \neq 0 \\[2mm] 3 & \text{für } x = 0 \end{cases} \qquad D = \mathbf{R}, a = 0$$

Es handelt sich wieder um die Hyperbel 2. Ordnung, die an der Stelle $x = 0$ einen uneigentlichen Grenzwert und in diesem Beispiel zusätzlich einen Einsiedlerpunkt hat.

Die Funktion ist an dieser Stelle unstetig, weil der Grenzwert nicht existiert. Der Funktionswert ist daher ohne Bedeutung.

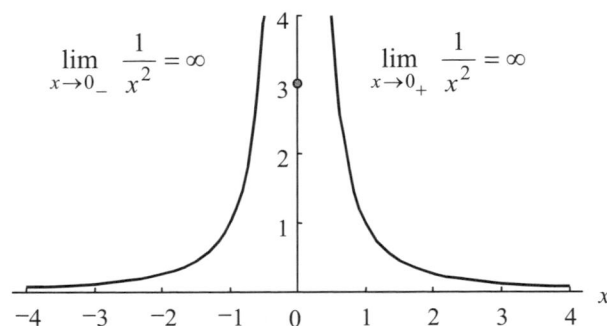

Es gilt:

- Der Grenzwert existiert nicht. Es liegt ein uneigentlicher Grenzwert vor:

$$\lim_{x \to 0} \frac{1}{x^2} = \infty$$

- Die Funktion ist definiert

$$f(0) = 3$$

- Grenzwert und Funktionswert stimmen nicht überein, da der Grenzwert nicht existiert.

(5) Sprungstelle und Lücke

Wir nehmen nun den Fall an, dass die Funktion $f(x)$ an der Stelle $x = a$ eine Sprungstelle hat und an dieser Stelle auch nicht definiert ist.

Nun sind alle Bedingungen für die Stetigkeit an dieser Stelle verletzt; weder existiert der Grenzwert noch der Funktionswert.

BEISPIEL

$$y = \frac{2}{1 + 2^{\frac{1}{x}}} \qquad\qquad D = \mathbf{R} \setminus \{0\}, a = 0$$

Die Funktion hat an der Stelle $x = 0$ eine Sprungstelle. Der rechtsseitige Grenzwert ist 0 und der linksseitige Grenzwert 2. Der Grenzwert existiert also nicht.

Außerdem ist der Exponent $1/x$ an der Stelle $x = 0$ nicht definiert. Es liegt also eine Definitionslücke an dieser Stelle vor.

Für $x \to \pm\infty$ schmiegt sich die Funktion an die horizontale Asymptote $y = 1$ an.

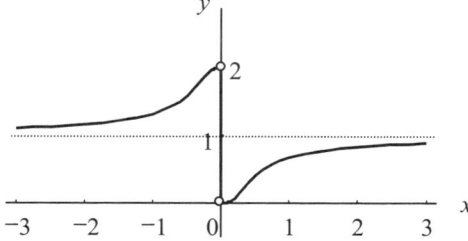

Es gilt:

- Der Grenzwert existiert nicht

$$\lim_{x \to 0_+} \frac{2}{1 + 2^{\frac{1}{x}}} = 0 \neq 2 = \lim_{x \to 0_-} \frac{2}{1 + 2^{\frac{1}{x}}}$$

- Die Funktion ist nicht definiert

$$f(0) = \frac{2}{1 + 2^{\frac{1}{0}}} \text{ existiert nicht}$$

- Grenzwert und Funktionswert können daher nicht gleich sein.

Die Funktion ist an der Stelle $x = 0$ unstetig.

Zusammenfassend können wir sagen:

Eine Funktion $f(x)$ ist an der Stelle $x = a$ unstetig, wenn sie an dieser Stelle eine der folgenden Unstetigkeiten aufweist

- eine Lücke

- eine Singularität (Einsiedlerpunkt)

- eine Sprungstelle

- eine Unendlichkeitsstelle (Polstelle)

Um den Graphen einer unstetigen Funktion zu zeichnen, muss man den Stift an der Unstetigkeitsstelle absetzen. Umgekehrt gilt für die

Stetigkeit

Der Graph einer in einem Intervall stetigen Funktion lässt sich durch eine ununterbrochene Kurve darstellen oder lässt sich in diesem Intervall zeichnen, ohne den Stift abzusetzen.

2.3.3 Eigenschaften stetiger Funktionen

Die bisher eingeführten Funktionen

- ganze rationale Funktionen

- gebrochen rationale Funktionen (Ausnahme Polstellen)

- Wurzelfunktionen

- Exponentialfunktionen

- Logarithmusfunktionen $(\log_a x$ für $x > 0)$

sind in ihrem ganzen Definitionsbereich stetig; eine Ausnahme bilden nur die gebrochen rationalen Funktionen an ihren Polstellen.

Stetig ist daher auch die Betragsfunktion

$$y = |x| \qquad D = \mathbf{R}$$

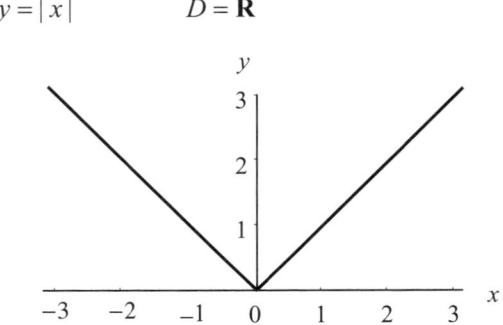

An der Stelle $x = 0$ existiert der Grenzwert und ist gleich dem Funktionswert:

$$\lim_{x \to 0} |x| = 0 = |0|$$

Stetige Funktionen weisen eine Reihe wichtiger Eigenschaften auf, die unmittelbar aus den Eigenschaften der Grenzwerte folgen. So ergibt die Verknüpfung stetiger Funktionen wieder eine stetige Funktion und ist die Umkehrfunktion einer stetigen Funktion stetig.

Verknüpfung von Funktionen

Sind $f_1(x)$ und $f_2(x)$ stetig an der Stelle $x = a$, so sind auch die folgenden Funktionen an dieser Stelle stetig

$$f_1(x) \pm f_2(x)$$

$$f_1(x) \cdot f_2(x)$$

$$\frac{f_1(x)}{f_2(x)} \qquad ; f_2(x) \neq 0$$

$$f_2(f_1(x))$$

Weiterhin ist die Umkehrfunktion

$$f^{-1}(x) \qquad x \in D_{f^{-1}} = W_f$$

stetig, wenn $f(x)$ stetig und streng monoton in D_f ist.

Sätze

Es sei $f(x)$ eine in einem abgeschlossenen Intervall $[a, b]$ stetige Funktion, dann gilt:

1. Nimmt $f(x)$ in zwei Punkten des Intervalls $[a, b]$ Funktionswerte mit verschiedenen Vorzeichen an, so gibt es zwischen a und b mindestens einen Punkt c, für den der Funktionswert verschwindet: $f(c) = 0$. (Satz von Bolzano[1])

2. Die Funktion $f(x)$ nimmt mit den Werten $f(a) = A$ und $f(b) = B$ ($A \neq B$) auch alle zwischen A und B gelegenen Werte an.

3. Die Funktion $f(x)$ ist in $[a, b]$ beschränkt.

4. Die Funktion $f(x)$ nimmt in $[a, b]$ ihren größten und ihren kleinsten Wert an, bzw. hat ein Maximum und ein Minimum. (Satz von Weierstrass[2])

---

[1]Bernhard Bolzano (1781-1848)
[2]Karl Weierstrass (1815-1897)

ÜBUNG 2.3

1. Gegeben sei die Funktion:

    $$h(x) = \begin{cases} 1 & \text{für} \quad x > 0 \\ 0 & \text{für} \quad x = 0 \\ -1 & \text{für} \quad x < 0 \end{cases}$$

    Skizzieren Sie den Graphen von $h(x)$ und bestimmen Sie den rechtsseitigen und den linksseitigen Grenzwert der Funktion $h(x)$ im Punkt $x_0 = 0$!

2. Bestimmen Sie den Grenzwert der Funktion

    $$f(x) = \begin{cases} \dfrac{x^2 - 4}{x - 2} & \text{für} \quad x \neq 2 \\ 0 & \text{für} \quad x = 2 \end{cases}$$

    im Punkt $x_0 = 2$!

3. Gegeben sei die Funktion

    $$g(x) = \frac{x - 1}{3x + 2}; \qquad D(g) = (0, \infty)$$

    Prüfen Sie, ob die Funktion $g(x)$ einen Grenzwert im Unendlichen hat?

4. Berechnen Sie die Grenzwerte

    a. $\lim\limits_{x \to 1}(x^2 + 3x + 2)$ b. $\lim\limits_{x \to 0}(x^3 + 6x + 4)$ c. $\lim\limits_{x \to 3}\dfrac{3x - 2}{x - 2}$

5. Berechnen Sie die Grenzwerte

    a. $\lim\limits_{x \to \infty}\dfrac{x^3 - 5x + 6}{2x^3 - 2}$ b. $\lim\limits_{x \to 0}\dfrac{x^3 - 2x + 5}{x^2 - 3x + 2}$ c. $\lim\limits_{x \to 0}\dfrac{x^2 - x}{3x^3 + 3x}$

6. Wie muss die Funktion

    $$f(x) = \frac{x^2 - 9}{x - 3}; \qquad x \in \mathbb{R} \setminus \{3\}$$

    im Punkt $x_0 = 3$ definiert werden, dass sie an dieser Stelle stetig wird?

7. Kann die Funktion $h(x)$ in 1. an der Stelle x_0 so definiert werden, dass sie an dieser Stelle stetig wird?

8. Skizzieren Sie den Graphen der Funktion

    $$f(x) = \begin{cases} \dfrac{x\,(x + 1)}{|x|} & \text{für} \quad x \neq 0 \\ 0 & \text{für} \quad x = 0 \end{cases}$$

    und diskutieren Sie die Stetigkeit an der Stelle $x_0 = 0$!

3 Differentiation

3.1 Steigung und Ableitung einer Funktion

Durch eine Funktion wird, wie wir wissen, jedem $x \in D$ genau ein $f(x) \in W$ zugeordnet; die Funktionsvorschrift gibt also an, welchen Wert $f(a)$ die Funktion an der Stelle $x = a$ annimmt. Wir haben damit begonnen, das Verhalten einer Funktion in der Umgebung einer bestimmten Stelle $x = a$ zu untersuchen (Grenzwert, Stetigkeit).

Wir haben eine Funktion stetig an der Stelle $x = a$ genannt, wenn dort eine geringe Änderung des x-Werts auch nur eine geringe Änderung des Funktionswerts $f(x)$ bewirkt.

Nun gehen wir einen Schritt weiter und fragen, **wie groß die Änderung des Funktionswerts im Vergleich zur Änderung des x-Werts** ist. Dieses Verhältnis nennen wir die **Steigung** der Funktion an der Stelle $x = a$.

Diese Fragestellung hat auch praktische Bedeutung: Bei der Analyse der Nachfragefunktion eines Gutes interessiert uns nicht nur, wie groß die Nachfrage bei einem bestimmten Preis ist, sondern auch, wie sich die Nachfrage verändert, wenn der Preis (z.B. um 1,- €) steigt oder fällt. An der Kostenfunktion interessiert uns nicht nur, wie hoch die Kosten bei einer bestimmten Produktmenge sind, sondern auch, wie sich die Kosten ändern, wenn die Produktmenge um eine Einheit steigt.

3.1.1 Lineare Funktionen

Wir machen uns zunächst den Begriff der Steigung klar. Dazu knüpfen wir an unser Alltagswissen an und betrachten einen ansteigenden Weg. Unter der Steigung des Weges verstehen wir dann das Verhältnis des Höhenunterschieds zur zurückgelegten Strecke.

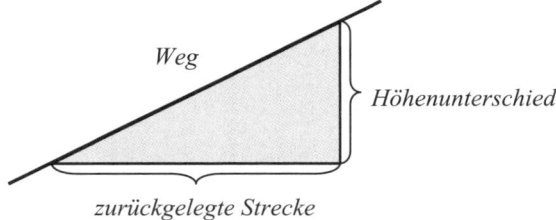

Die Steigung beträgt also:

$$Steigung = \frac{H\ddot{o}henunterschied}{Strecke}$$

Wir wollen diese Überlegungen formalisieren und betrachten dazu die Gerade

$$y = ax + b$$

Die Steigung zwischen zwei beliebigen Punkten x_0 und x können wir dann wie folgt ausdrücken:

$$Steigung = \frac{H\ddot{o}henunterschied}{Strecke} = \frac{f(x) - f(x_0)}{x - x_0}$$

Der Höhenunterschied entspricht der Änderung des Funktionswerts $f(x) - f(x_0)$ und die zurückgelegte Strecke der Differenz $x - x_0$.

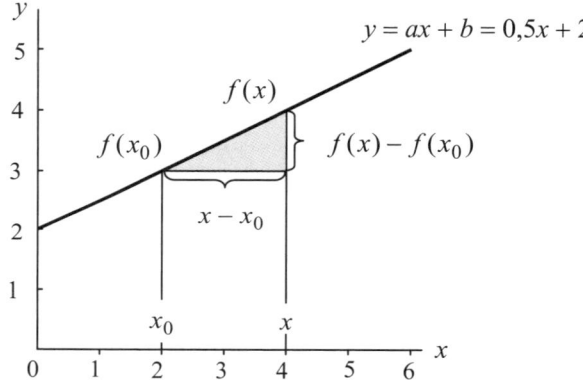

Wenn wir an der Stelle x_0 den x-Wert von x_0 auf x erhöhen, dann steigt der Funktionswert von $f(x_0)$ auf $f(x)$. Wir definieren daher

Steigung der Geraden

Unter der Steigung der Geraden an der Stelle x_0 verstehen wir das Verhältnis, in dem die Änderung des Funktionswerts $f(x) - f(x_0)$ zur Änderung des x-Wertes steht. Die Steigung der Geraden ist konstant, d.h. unabhängig von der Wahl der Stellen x_0 und x:

$$m = \frac{f(x) - f(x_0)}{x - x_0} = a$$

BEISPIEL

$$y = 0{,}5x + 2$$
$$m = \frac{f(4) - f(2)}{4 - 2} = \frac{(0{,}5 \cdot 4 + 2) - (0{,}5 \cdot 2 + 2)}{4 - 2} = \frac{4 - 3}{4 - 2} = \frac{1}{2} = 0{,}5$$

3.1.2 Nichtlineare Funktionen

Für nichtlineare Funktionen (Kurven) ist die Steigung nicht konstant und muss für jeden Punkt neu berechnet werden.

Die Formel für die Geradensteigung ergibt in diesem Fall nur die **mittlere Steigung** zwischen zwei beliebigen Kurvenpunkten.

Bezeichnen wir die Verbindungslinie zwischen zwei Kurvenpunkten als **Sekante**, dann ist das die **Sekantensteigung**.

Unter der Steigung einer Kurve an der Stelle x_0 verstehen wir dagegen die **Tangentensteigung**, also die Steigung der Geraden, die die Kurve an der Stelle x_0 berührt, d.h. nur noch einen Punkt mit der Kurve gemeinsam hat.

Die Steigung der Tangente können wir aber nur näherungsweise durch die Sekantensteigung ausdrücken. Die Näherung wird um so besser sein, je dichter die Punkte x_0 und x beieinander liegen.

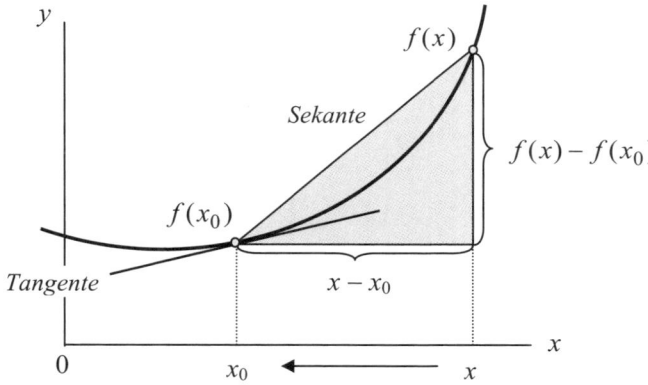

Wenn wir den Punkt x nun immer näher an den Punkt x_0 heranbewegen, dann nähert sich die Sekantensteigung mehr und mehr der Tangentensteigung.

Für $x \to x_0$ geht die Sekantensteigung gegen ihren Grenzwert, die Tangentensteigung an der Stelle x_0.

Wir erhalten also die **Steigung der Funktion** $f(x)$ an der Stelle x_0 als **Grenzwert der Sekantensteigung**:

$$m = \lim_{x \to x_0} m_{\text{sek}} = \lim_{x \to x_0} \frac{f(x) - f(x_0)}{x - x_0}$$

BEISPIEL

Die Normalparabel

$$y = x^2$$

hat an der Stelle x_0 die Steigung:

$$m = \lim_{x \to x_0} \frac{f(x) - f(x_0)}{x - x_0} = \lim_{x \to x_0} \frac{x^2 - x_0^2}{x - x_0}$$

Nach Umformung des Zählers mit Hilfe der 3. binomischen Formel erhalten wir den Grenzwert:

$$m = \lim_{x \to x_0} \frac{(x + x_0)(x - x_0)}{x - x_0} = \lim_{x \to x_0} (x + x_0) = 2x_0$$

Die Steigung ist, wie wir erwarten, nicht konstant, sondern eine Funktion des x-Wertes an der Stelle x_0. An der Stelle $x_0 = 1$ hat die Tangente z.B. die Steigung $m = 2$:

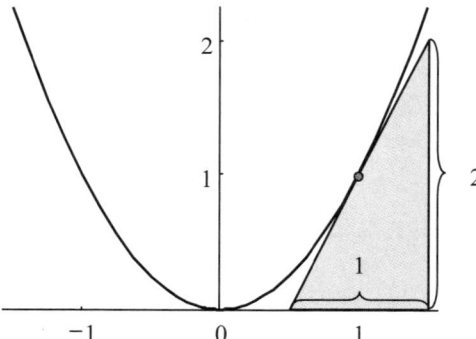

x	m
0	0
0,5	1
1	2
2	4
3	6
−0,5	−1
−1	−2
−2	−4
−3	−6

3.1.3 Definition der Ableitung

Die Steigung einer Funktion an der Stelle x_0 nennen wir auch die erste Ableitung der Funktion an dieser Stelle und definieren:

Ableitung

Besitzt eine Funktion an der Stelle x_0 den Grenzwert

$$\lim_{x \to x_0} \frac{f(x) - f(x_0)}{x - x_0}$$

so nennen wir die Funktion ableitbar oder **differenzierbar** an der Stelle x_0 und bezeichnen den Grenzwert als (1.) **Ableitung** der Funktion:

$$y'_{x_0} = f'(x_0) = \lim_{x \to x_0} \frac{f(x) - f(x_0)}{x - x_0}$$

Zur Bestimmung des Grenzwertes ist oft eine andere Schreibweise der Ableitung zweckmäßig.

Wir schreiben nun für die **Differenz** $x - x_0$

$$\Delta x = x - x_0 \qquad \text{("Delta } x\text{")}$$

Das Symbol Δ ist der griechische Buchstabe Delta, das große D im griechischen Alphabet.

Dann können wir x ausdrücken als Summe aus x_0 und der Differenz Δx:

$$x = x_0 + \Delta x$$

Wenn nun im Grenzübergang x gegen x_0 geht, dann geht die Differenz Δx gegen null:

$$x \to x_0 \implies \Delta x = x - x_0 \to 0$$

So erhalten wir für die Ableitung:

$$f'(x_0) = \lim_{x \to x_0} \frac{f(x) - f(x_0)}{x - x_0} = \lim_{\Delta x \to 0} \frac{f(x_0 + \Delta x) - f(x_0)}{\Delta x}$$

Und mit der Differenz der Funktionswerte $\Delta y = f(x) - f(x_0)$ folgt:

$$\boxed{f'(x_0) = \frac{dy}{dx} = \lim_{\Delta x \to 0} \frac{\Delta y}{\Delta x} = \lim_{\Delta x \to 0} \frac{f(x_0 + \Delta x) - f(x_0)}{\Delta x}}$$

Wir führen nun folgende Bezeichnungsweisen ein:

Differenzenquotient

Der Quotient

$$\frac{\Delta y}{\Delta x} = \frac{f(x_0 + \Delta x) - f(x_0)}{\Delta x}$$

heißt Differenzenquotient; geometrisch entspricht dem Differenzenquotienten die Steigung der Sekante.

Differentialquotient

Der Ausdruck

$$\frac{dy}{dx} = \lim_{\Delta x \to 0} \frac{\Delta y}{\Delta x} \qquad (\text{"}dy \text{ nach } dx\text{"})$$

heißt Differentialquotient und ist eine andere symbolische Schreibweise für die Ableitung. Der Differentialquotient ist der Grenzwert des Differenzenquotienten; geometrisch entspricht ihm die Steigung der Tangente.

Die Ableitung (Steigung) einer Funktion ist mit Ausnahme der Geraden, für die sie konstant ist, von Punkt zu Punkt verschieden. Die Ableitung ist also selbst eine Funktion von $x = x_0$. Daher definieren wir:

Ableitungsfunktion

Besitzt eine in einem abgeschlossenen Intervall $[a, b]$ definierte Funktion $f(x)$ für jedes $x \in (a, b)$ den Grenzwert

$$y' = f'(x) = \lim_{\Delta x \to 0} \frac{f(x + \Delta x) - f(x)}{\Delta x}$$

so nennen wir $y' = f'(x)$ die **Ableitungsfunktion** oder einfach die **Ableitung** von $y = f(x)$.

In der Formel für die Ableitung an der Stelle $x = x_0$ ersetzen wir den beliebigen fest gewählten Wert x_0 durch die Variable x. Dadurch wird die Ableitung auch formal zu einer Funktion von x.

BEISPIEL

Für die einfachste nichtlineare Funktion, die Normalparabel

$$y = x^2 \qquad D = \mathbf{R}$$

lautet die Ableitung an der beliebigen Stelle $x = x_0$:

$$y' = 2x \qquad D = \mathbf{R}$$

Die Ableitung der Normalparabel an der Stelle x ist gleich dem zweifachen des x-Werts an dieser Stelle und damit selbst wieder eine Funktion von x.

Die Definition der Ableitung als Grenzwert des Differenzenquotienten erlaubt es uns nun, für konkrete häufig wiederkehrende Funktionen die Ableitungsfunktion zu berechnen. Das Ergebnis sind **Ableitungsregeln**, also einfache Rechenvorschriften, die die direkte Berechnung der Ableitung aus der Funktionsgleichung ermöglichen.

3.2 Ableitungen einfacher Funktionen

Wir befassen uns zunächst nur mit der Ableitung algebraischer Funktionen, darunter verstehen wir die rationalen Funktionen und die Wurzelfunktionen.

Sie beruhen auf den Regeln für die Ableitung einfacher Funktionen (Konstante, Potenzfunktion) und auf den Regeln für die Ableitung der Summe, der Differenz, des Produkts und des Quotienten differenzierbarer Funktionen, die im folgenden Abschnitt 3.3 hergeleitet werden.

3.2.1 Konstante Funktion

Die konstante Funktion

$$y = c \qquad \text{hat die Ableitung} \qquad y' = 0$$

Beweis:

$$y' = \lim_{\Delta x \to 0} \frac{f(x + \Delta x) - f(x)}{\Delta x} = \lim_{\Delta x \to 0} \frac{c - c}{\Delta x} = \lim_{\Delta x \to 0} 0 = 0$$

Die konstante Funktion hat die Ableitung null.

BEISPIEL

$$y = 3 \ ; \ y' = 0$$

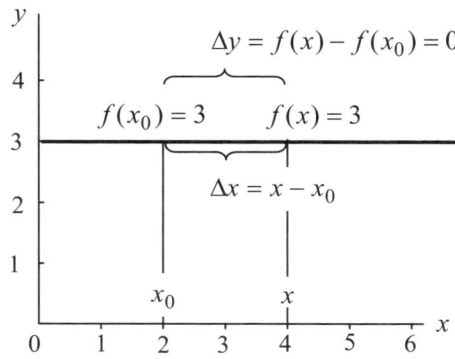

Die konstante Funktion nimmt an jeder Stelle denselben Wert $c = 3$ an. Der Funktionswert ändert sich nicht, wenn x sich ändert. Die Steigung ist daher null:

$$\frac{dy}{dx} = \frac{\Delta y}{\Delta x} = \frac{3 - 3}{\Delta x} = \frac{0}{\Delta x} = 0$$

3.2.2 Identische Funktion

Die identische Funktion

$$y = x \qquad \text{hat die Ableitung} \qquad y' = 1$$

Beweis:

$$y' = \lim_{\Delta x \to 0} \frac{f(x + \Delta x) - f(x)}{\Delta x}$$

$$= \lim_{\Delta x \to 0} \frac{(x + \Delta x) - x}{\Delta x} = \lim_{\Delta x \to 0} \frac{\Delta x}{\Delta x} = \lim_{\Delta x \to 0} 1 = 1$$

Die identische Funktion hat die Ableitung 1. Wenn x um 1 steigt, dann steigt auch y um 1 und wenn x um 2 steigt, dann steigt auch y um 2.

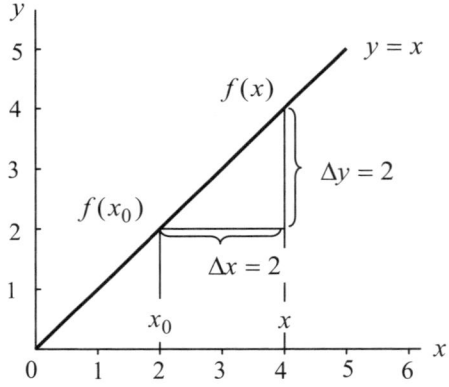

Es ist z.B. die Ableitung an der beliebigen Stelle $x_0 = 2$:

$$\frac{dy}{dx} = \frac{\Delta y}{\Delta x} = \frac{4 - 2}{4 - 2} = \frac{2}{2} = 1$$

3.2.3 Potenzfunktion (Potenzregel)

Die Potenzfunktion

$$y = x^n \qquad \text{hat die Ableitung} \qquad y' = n\, x^{n-1}$$

Wir bilden die Ableitung der Potenzfunktion, indem wir sie mit dem Exponenten n multiplizieren und den Exponenten um 1 reduzieren.

Beweis für $n = 2$:

$$y' = \lim_{\Delta x \to 0} \frac{f(x + \Delta x) - f(x)}{\Delta x}$$

$$= \lim_{\Delta x \to 0} \frac{(x + \Delta x)^2 - x^2}{\Delta x} = \lim_{\Delta x \to 0} \frac{x^2 + 2x\Delta x + \Delta x^2 - x^2}{\Delta x}$$

$$= \lim_{\Delta x \to 0} \frac{\Delta x (2x + \Delta x)}{\Delta x} = \lim_{\Delta x \to 0} (2x + \Delta x) = 2x$$

Beweis für $n = 3$:

$$y' = \lim_{\Delta x \to 0} \frac{f(x + \Delta x) - f(x)}{\Delta x}$$

$$= \lim_{\Delta x \to 0} \frac{(x + \Delta x)^3 - x^3}{\Delta x} = \lim_{\Delta x \to 0} \frac{x^3 + 3x^2\Delta x + 3x\Delta x^2 + \Delta x^3 - x^3}{\Delta x}$$

$$= \lim_{\Delta x \to 0} \frac{\Delta x}{\Delta x} (3x^2 + 3x\Delta x + \Delta x^2) = \lim_{\Delta x \to 0} (3x^2 + 3x\Delta x + \Delta x^2) = 3x^2$$

BEISPIELE

1. $y = x^5$ $\qquad\qquad y' = 5x^{5-1} = 5x^4$

2. $y = x^{\frac{1}{4}}$ $\qquad\qquad y' = \frac{1}{4}x^{\frac{1}{4}-1} = \frac{1}{4}x^{\frac{1}{4}-\frac{4}{4}} = \frac{1}{4}x^{-\frac{3}{4}}$

3. $y = x^{-4}$ $\qquad\qquad y' = -4x^{-4-1} = -4x^{-5}$

4. $y = x^{-\frac{5}{3}}$ $\qquad\qquad y' = -\frac{5}{3}x^{-\frac{5}{3}-1} = -\frac{5}{3}x^{-\frac{5}{3}-\frac{3}{3}} = -\frac{5}{3}x^{-\frac{8}{3}}$

5. $y = \sqrt{x} = x^{\frac{1}{2}}$ $\qquad\qquad y' = \frac{1}{2}x^{\frac{1}{2}-1} = \frac{1}{2}x^{\frac{1}{2}-\frac{2}{2}} = \frac{1}{2}x^{-\frac{1}{2}} = \frac{1}{2\sqrt{x}}$

6. $y = \frac{1}{x^2} = x^{-2}$ $\qquad\qquad y' = -2x^{-2-1} = -2x^{-3} = -\frac{2}{x^3}$

7. $y = \frac{1}{\sqrt{x}} = x^{-\frac{1}{2}}$ $\qquad\qquad y' = -\frac{1}{2}x^{-\frac{1}{2}-1} = -\frac{1}{2}x^{-\frac{1}{2}-\frac{2}{2}} = -\frac{1}{2}x^{-\frac{3}{2}} = \frac{-1}{2\sqrt{x^3}}$

3.3 Ableitungen für Summe, Produkt und Quotient

Gegeben seien zwei differenzierbare Funktionen mit gleichem Definitionsbereich:

$$u = f_1(x)$$
$$v = f_2(x)$$

Mit Hilfe der rationalen Rechenoperationen lassen sich daraus neue Funktionen bilden; ihre Ableitungen werden nach den folgenden Regeln bestimmt.

3.3.1 Produkt einer Konstanten und einer Funktion (Faktorregel)

$$\boxed{y = c \cdot u \quad \text{hat die Ableitung} \quad y' = c \cdot u'}$$

Die Ableitung des Produkts einer Konstanten c und einer beliebigen Funktion $f(x)$ ist gleich dem Produkt der Konstanten und der Ableitung der Funktion $f'(x)$. Es ist also nur die Ableitung der Funktion $f'(x)$ zu bilden; der Faktor c bleibt unverändert.

Beweis:

$$y' = \lim_{\Delta x \to 0} \frac{c\, f_1(x + \Delta x) - c\, f_1(x)}{\Delta x}$$

$$= \lim_{\Delta x \to 0} c\, \frac{f_1(x + \Delta x) - f_1(x)}{\Delta x}$$

$$= c \lim_{\Delta x \to 0} \frac{f_1(x + \Delta x) - f_1(x)}{\Delta x}$$

$$= c\, f_1'(x) = c u'$$

BEISPIELE

1. $y = 10x$ $\qquad\qquad$ $y' = 10 \cdot 1 = 10$

2. $y = 3x^2$ $\qquad\qquad$ $y' = 3 \cdot 2x^{2-1} = 3 \cdot 2x^1 = 6x$

3. $y = -2x^{\frac{3}{4}}$ $\qquad$ $y' = -2 \cdot \frac{3}{4}x^{\frac{3}{4}-1} = -2 \cdot \frac{3}{4}x^{\frac{3}{4}-\frac{4}{4}} = -\frac{3}{2}x^{-\frac{1}{4}}$

4. $y = -3x^{-1}$ $\qquad$ $y' = -3(-1)x^{-1-1} = -3(-1)x^{-2} = 3x^{-2} = \frac{3}{x^2}$

5. $y = 2\sqrt{x} = 2x^{\frac{1}{2}}$ $\quad$ $y' = 2 \cdot \frac{1}{2}x^{\frac{1}{2}-1} = 2 \cdot \frac{1}{2}x^{-\frac{1}{2}} = x^{-\frac{1}{2}} = \frac{1}{\sqrt{x}}$

3.3.2 Summe und Differenz (Summenregel)

$$y = u \pm v \quad \text{hat die Ableitung} \quad y' = u' \pm v'$$

Die Ableitung der Summe (Differenz) zweier differenzierbarer Funktionen ist die Summe (Differenz) der Ableitungen.

Beweis:

$$y' = \lim_{\Delta x \to 0} \frac{\left[f_1(x+\Delta x) \pm f_2(x+\Delta x)\right] - \left[f_1(x) \pm f_2(x)\right]}{\Delta x}$$

$$= \lim_{\Delta x \to 0} \frac{f_1(x+\Delta x) - f_1(x)}{\Delta x} \pm \lim_{\Delta x \to 0} \frac{f_2(x+\Delta x) - f_2(x)}{\Delta x}$$

$$= f_1'(x) \pm f_2'(x) = u' \pm v'$$

BEISPIELE

1. $y = 3x^2 + 4x + 2$ $\qquad y' = 3 \cdot 2x^{2-1} + 4 \cdot 1 + 0 = 6x + 4$

2. $y = 5x^{\frac{1}{2}} + 3x^{\frac{1}{4}} + 7$ $\qquad y' = 5 \cdot \frac{1}{2}x^{\frac{1}{2}-1} + 3 \cdot \frac{1}{4}x^{\frac{1}{4}-1} = \frac{5}{2}x^{-\frac{1}{2}} + \frac{3}{4}x^{-\frac{3}{4}}$

3. $y = 10 - 6x^{-\frac{1}{2}}$ $\qquad y' = -6 \cdot (-\frac{1}{2})x^{-\frac{1}{2}-1} = 3x^{-\frac{3}{2}}$

4. $y = 6x^5 + x^4 + 2x^{\frac{3}{2}} + 5$ $\qquad y' = 30x^4 + 4x^3 + 3x^{\frac{1}{2}}$

3.3.3 Produkt zweier Funktionen (Produktregel)

$$y = u \cdot v \quad \text{hat die Ableitung} \quad y' = u' \cdot v + u \cdot v'$$

Die Ableitung des Produktes zweier Funktionen ist gleich der Ableitung der ersten Funktion multipliziert mit der zweiten Funktion plus der Ableitung der zweiten Funktion multipliziert mit der ersten Funktion.

Beweis:

$$y' = \lim_{\Delta x \to 0} \frac{f_1(x+\Delta x) \cdot f_2(x+\Delta x) - f_1(x) \cdot f_2(x)}{\Delta x}$$

Wir ergänzen den Zähler, indem wir $f_1(x)f_2(x+\Delta x)$ gleichzeitig subtrahieren und addieren, so dass sich der Wert des Zählers nicht ändert:

$$- f_1(x)f_2(x+\Delta x) + f_1(x)f_2(x+\Delta x) = 0$$

$$y' = \lim_{\Delta x \to 0} \frac{f_1(x+\Delta x)f_2(x+\Delta x) \boxed{- f_1(x)f_2(x+\Delta x) + f_1(x)f_2(x+\Delta x)} - f_1(x)f_2(x)}{\Delta x}$$

Dann klammern wir aus der ersten Differenz $f_2(x+\Delta x)$ aus und aus der 2. Differenz $f_1(x)$:

$$y' = \lim_{\Delta x \to 0} \underbrace{\frac{f_1(x+\Delta x) - f_1(x)}{\Delta x}}_{\to f_1'(x)} \underbrace{f_2(x+\Delta x)}_{\to f_2(x)} + \lim_{\Delta x \to 0} f_1(x) \underbrace{\frac{f_2(x+\Delta x) - f_2(x)}{\Delta x}}_{\to f_2'(x)}$$

$$= f_1'(x) \cdot f_2(x) + f_1(x) \cdot f_2'(x) = u' \cdot v + u \cdot v'$$

Der 1. Quotient ist der Differenzenquotient von $f_1(x)$ und der 2. Quotient der Differenzenquotient von $f_2(x)$. Ihre Grenzwerte sind die Ableitungen $f_1'(x)$ und $f_2'(x)$. Der Grenzwert von $f_2(x+\Delta x)$ ist $f_2(x)$.

BEISPIELE

1. $y = (x^3 + 4)(x+3)$

$y' = 3x^2(x+3) + (x^3+4) \cdot 1$
$= 3x^3 + 9x^2 + x^3 + 4$
$= 4x^3 + 9x^2 + 4$

2. $y = (\sqrt{x} + 3)(x^2 + 6)$

$y' = \frac{1}{2}x^{-\frac{1}{2}} \cdot (x^2+6) + (\sqrt{x}+3) \cdot 2x$
$= \frac{1}{2}x^{\frac{3}{2}} + 3x^{-\frac{1}{2}} + 2x^{\frac{3}{2}} + 6x$
$= \frac{5}{2}x^{\frac{3}{2}} + 3x^{-\frac{1}{2}} + 6x$

3. $y = (3x+7)(x^{-2}+8)$

$y' = 3 \cdot (x^{-2}+8) + (3x+7) \cdot (-2x^{-3})$
$= 3x^{-2} + 24 - 6x^{-2} - 14x^{-3}$
$= -3x^{-2} - 14x^{-3} + 24$

4. $y = (4 - \frac{1}{x^3})(\sqrt{x^3} + 1)$
$= (4 - x^{-3})(x^{\frac{3}{2}} + 1)$

$y' = 3x^{-4} \cdot (x^{\frac{3}{2}}+1) + (4-x^{-3}) \cdot \frac{3}{2}x^{\frac{1}{2}}$
$= 3x^{-\frac{5}{2}} + 3x^{-4} + 6x^{\frac{1}{2}} - \frac{3}{2}x^{-\frac{5}{2}}$
$= \frac{3}{2}x^{-\frac{5}{2}} + 3x^{-4} + 6x^{\frac{1}{2}}$

3.3.4 Quotient einer Funktion (einfache Quotientenregel)

$$y = \frac{1}{v} \qquad \text{hat die Ableitung} \qquad y' = \frac{-v'}{v^2}$$

Die Ableitung des Quotienten einer Funktion ist gleich dem Quotienten der negativen Ableitung und dem Quadrat der Funktion.

Beweis:

$$y' = \lim_{\Delta x \to 0} \frac{\dfrac{1}{f_2(x+\Delta x)} - \dfrac{1}{f_2(x)}}{\Delta x}$$

$$= \lim_{\Delta x \to 0} \frac{1}{\Delta x} \frac{f_2(x) - f_2(x+\Delta x)}{f_2(x+\Delta x) \cdot f_2(x)}$$

$$= -\lim_{\Delta x \to 0} \underbrace{\frac{f_2(x+\Delta x) - f_2(x)}{\Delta x}}_{\to f_2'(x)} \cdot \underbrace{\frac{1}{f_2(x+\Delta x) \cdot f_2(x)}}_{\to f_2(x)}$$

$$= -f_2'(x) \cdot \frac{1}{f_2(x) \cdot f_2(x)} = \frac{-f_2'(x)}{f_2(x) \cdot f_2(x)} = \frac{-v'}{v^2}$$

BEISPIELE

1. $\quad y = \dfrac{1}{x}$ $\qquad\qquad\qquad y' = \dfrac{-1}{x^2}$

2. $\quad y = \dfrac{1}{3x^2}$ $\qquad\qquad\quad y' = \dfrac{-6x}{9x^4} = \dfrac{-2}{3x^3}$

3. $\quad y = \dfrac{1}{x^2+4}$ $\qquad\qquad y' = \dfrac{-2x}{(x^2+4)^2}$

4. $\quad y = \dfrac{1}{\sqrt{x}} = \dfrac{1}{x^{\frac{1}{2}}}$ $\qquad y' = \dfrac{-\frac{1}{2}x^{\frac{1}{2}-1}}{(x^{\frac{1}{2}})^2} = \dfrac{-\frac{1}{2}x^{-\frac{1}{2}}}{x} = \dfrac{-1}{2x\sqrt{x}}$

5. $\quad y = \dfrac{1}{x+\sqrt{x}} = \dfrac{1}{x+x^{\frac{1}{2}}}$ $\qquad y' = -\dfrac{1+\frac{1}{2}x^{\frac{1}{2}-1}}{(x+x^{\frac{1}{2}})^2} = -\dfrac{1+\frac{1}{2}x^{-\frac{1}{2}}}{(x+\sqrt{x})^2} = -\dfrac{1+\dfrac{1}{2\sqrt{x}}}{(x+\sqrt{x})^2}$

3.3.5 Quotient zweier Funktionen (Quotientenregel)

$$y = \frac{u}{v} \qquad \text{hat die Ableitung} \qquad y' = \frac{u'v - uv'}{v^2}$$

Die Ableitung des Quotienten zweier Funktionen ist gleich der Ableitung der Zählerfunktion multipliziert mit der Nennerfunktion minus der Ableitung der Nennerfunktion multipliziert mit der Zählerfunktion, dividiert durch das Quadrat der Nennerfunktion.

Beweis:

Wir können den Quotienten auch als Produkt der Funktionen u und $1/v$ schreiben

$$y = \frac{u}{v} = u \cdot \frac{1}{v}$$

und die Ableitung dann mit Hilfe der Produktregel berechnen:

$$y' = u' \cdot \frac{1}{v} + u \cdot \left(\frac{1}{v}\right)'$$

$$= \frac{u'}{v} + u \cdot \frac{-v'}{v^2} = \frac{u'v}{v^2} - \frac{uv'}{v^2}$$

$$= \frac{u'v - uv'}{v^2}$$

BEISPIELE

1. $y = \dfrac{x^2}{x+3}$

$$y' = \frac{2x \cdot (x+3) - x^2 \cdot 1}{(x+3)^2} = \frac{2x^2 + 6x - x^2}{(x+3)^2} = \frac{x^2 + 6x}{(x+3)^2}$$

2. $y = \dfrac{x^2 - 4x + 1}{x - 6}$

$$y' = \frac{(2x-4)(x-6) - (x^2 - 4x + 1) \cdot 1}{(x-6)^2}$$

$$= \frac{2x^2 - 4x - 12x + 24 - x^2 + 4x - 1}{(x-6)^2} = \frac{x^2 - 12x + 23}{(x-6)^2}$$

3.3.6 Zusammengesetzte Funktionen (Kettenregel)

$$y = v(u(x)) \qquad \text{hat die Ableitung} \qquad y' = v' \cdot u'$$

Die Ableitung der zusammengesetzten Funktion ist gleich dem Produkt der Ableitung der äußeren Funktion und der Ableitung der inneren Funktion.

Beweis:

$$y' = \lim_{\Delta x \to 0} \frac{f_2(f_1(x + \Delta x)) - f_2(f_1(x))}{\Delta x}$$

Dabei gilt:

$$u = f_1(x)$$
$$\Delta u = f_1(x + \Delta x) - f_1(x)$$
$$u + \Delta u = f_1(x + \Delta x)$$

und daher geht Δu gegen null, wenn Δx gegen null geht:

$$\Delta u \to 0 \quad \text{für} \quad \Delta x \to 0$$

Wir erweitern den Differenzenquotienten mit $f_1(x + \Delta x) - f_1(x) = \Delta u$, vertauschen dann die Nenner der beiden Quotienten und bilden den Grenzwert:

$$y' = \lim_{\Delta x \to 0} \frac{f_2(u + \Delta u) - f_2(u)}{\Delta x} \cdot \frac{f_1(x + \Delta x) - f_1(x)}{\underbrace{f_1(x + \Delta x) - f_1(x)}_{\Delta u}}$$

$$= \lim_{\Delta x \to 0} \left[\frac{f_2(u + \Delta u) - f_2(u)}{\Delta x} \cdot \frac{f_1(x + \Delta x) - f_1(x)}{\Delta u} \right]$$

$$= \lim_{\Delta x \to 0} \left[\frac{f_2(u + \Delta u) - f_2(u)}{\Delta u} \cdot \frac{f_1(x + \Delta x) - f_1(x)}{\Delta x} \right]$$

$$= f_2'(u) \cdot f_1'(x) = \frac{dv}{du} \cdot \frac{du}{dx} = v' \cdot u'$$

Die Kettenregel lässt sich einfacher beweisen, wenn wir auch im Zähler des Differenzenquotienten die Deltaschreibweise verwenden:

$$y = v(u(x))$$

$$y' = \lim_{\Delta x \to 0} \frac{\Delta v}{\Delta x} = \lim_{\Delta x \to 0} \frac{\Delta v}{\Delta u} \cdot \frac{\Delta u}{\Delta x}$$

$$= \lim_{\Delta u \to 0} \frac{\Delta v}{\Delta u} \cdot \lim_{\Delta x \to 0} \frac{\Delta u}{\Delta x} = \frac{dv}{du} \cdot \frac{du}{dx} = v' \cdot u'$$

BEISPIELE

1. $y = (x^2 + 1)^{\frac{2}{3}}$ mit $v = u^{\frac{2}{3}}$; $u = x^2 + 1$

$$y' = \underbrace{\frac{2}{3}(x^2 + 1)^{-\frac{1}{3}}}_{\frac{dv}{du}} \cdot \underbrace{2x}_{\frac{du}{dx}} = \frac{4}{3}x(x^2 + 1)^{-\frac{1}{3}} = \frac{4x}{3(x^2 + 1)^{\frac{1}{3}}}$$

2. $y = (x^3 + 2x^2 - x + 10)^{-5}$ mit $v = u^{-5}$; $u = x^3 + 2x^2 - x + 10$

$$y' = -5(x^3 + 2x^2 - x + 10)^{-6} \cdot (3x^2 + 4x - 1)$$

$$= \frac{-5}{(x^3 + 2x^2 - x + 10)^6} \cdot (3x^2 + 4x - 1)$$

ÜBUNG 3.3

1. Berechnen Sie mit Hilfe der **Grundregeln** die 1. Ableitung:

    a. $y = 6x + 2$ d. $y = x^{\frac{1}{2}} + 4$ g. $y = 5x^{\frac{3}{5}} + 6x$

    b. $y = x^3 + x$ e. $y = 3x^2 + x^{\frac{1}{3}} + 2$ h. $y = 9x^3 + 5x^{-\frac{1}{4}}$

    c. $y = 4x^2 + 2x$ f. $y = 5x^{-\frac{1}{3}} + 5$ i. $y = 10x^4 - 2x^2$

2. Berechnen Sie mit Hilfe der **Produktregel** die 1. Ableitung:

    a. $y = x \cdot x$ d. $y = \sqrt{x} \cdot \sqrt[3]{x}$ g. $y = (\sqrt{x} + 3)(x^2 + 6)$

    b. $y = 3 \cdot x \cdot x^3$ e. $y = (x^2 + 2)(x - 1)$ h. $y = (3x + 7)(x^{-2} + 8)$

    c. $y = x^2 \cdot \sqrt{x}$ f. $y = (x - 3) \cdot x^5$ i. $y = (x + 2)(x - 2)$

3. Berechnen Sie mit Hilfe der **Quotientenregel** die 1. Ableitung:

    a. $y = \dfrac{ax}{x}$ d. $y = \dfrac{x^3 - 4x}{x + 2}$ g. $y = \dfrac{x^2 - 4x + 1}{x - 6}$

    b. $y = \dfrac{x}{\sqrt{x}}$ e. $y = \dfrac{4}{x^6}$ h. $y = \dfrac{6}{x} + \dfrac{4}{x^2} + \dfrac{3}{x^3}$

    c. $y = \dfrac{x^2 + 2x - 3}{x}$ f. $y = \dfrac{x^3 + 16}{x^2}$ i. $y = \dfrac{x^2 - 4}{x + 2}$

4. Berechnen Sie mit Hilfe der **Kettenregel** die 1. Ableitung der folgenden Funktionen:

    a. $y = (x^3)^2$ d. $y = (0{,}5x^2 - 2)^4$ g. $y = (x + 1)^5$

    b. $y = \sqrt{8x^3}$ e. $y = (x + 3)^{-\frac{1}{3}}$ h. $y = \dfrac{1}{x^3 - 2x^2 + 5x}$

    c. $y = (2x)^3$ f. $y = (x^2 + 2x)^{\frac{3}{2}}$ i. $y = (x^2 - x)^{-2}$

3.4 Ableitung der Logarithmus- und Exponentialfunktion

3.4.1 Die Eulersche Zahl e[1]

Wir haben die irrationale Zahl e = 2,71828... als Basis der e-Funktion $y = e^x$ und als Basis des natürlichen Logarithmus $y = \ln x$ kennengelernt.

Die Eulersche Zahl e wird durch folgenden Grenzwert einer Potenz definiert:

$$e = \lim_{\Delta x \to 0} (1 + \Delta x)^{\frac{1}{\Delta x}}$$

Mit der Substitution $n = 1/\Delta x$ erhalten wir die alternative Darstellung:

$$e = \lim_{n \to \infty} \left[1 + \frac{1}{n}\right]^n \quad \text{mit } n = \frac{1}{\Delta x}$$

Mit wachsendem n sinkt der Wert der Basis $1 + 1/n$ und steigt der Wert des Exponenten n. Die Berechnung weniger Werte zeigt, dass der Grenzwert dennoch schnell gegen den schon bekannten Zahlenwert von e konvergiert. Schon ab $n = 5.000$ ändern sich die ersten drei Stellen nach dem Komma nicht mehr.

n	1	2	10	20	100	1.000	10.000
$(1 + \frac{1}{n})^n$	2	2,25	2,594	2,653	2,704	2,717	2,718

ANWENDUNG: **Stetige Verzinsung**

Ein Geldbetrag K_0, den wir wieder als Anfangskapital bezeichnen, werde verzinslich auf t Jahre angelegt. Der jährliche Zinssatz sei i. Nach Ablauf jeder Zinsperiode (Jahr) werden die einfachen (Perioden-) Zinsen zum Kapital geschlagen und verzinsen sich in der nächsten Periode mit.

Der Wert des Endkapitals beträgt am Ende des Anlagezeitraums t nach der bereits bekannten **Zinseszinsformel für die diskrete Verzinsung**

$$K_t = (1 + i)^t K_0$$

Von diskreter Verzinsung sprechen wir, solange es in jedem endlichen Zeitraum t nur endlich viele Zinsperioden gibt.

---

[1] Leonhard Euler, schweizerischer Mathematiker (1707-1783), hat die nach ihm benannte Eulersche Zahl 1731 eingeführt.

Wir können nun die Zahl der Zinsperioden bei unverändertem Anlagezeitraum dadurch erhöhen, dass wir zur **unterjährigen Verzinsung** übergehen.

Wird der Zins nicht jährlich, sondern halbjährlich gezahlt, so halbiert sich der Zinssatz auf $i/2$ und verdoppelt sich die Zahl der Zinsperioden auf $2t$:

$$K_t = \left(1 + \frac{i}{2}\right)^{2t} K_0$$

Wird der Zins monatlich gezahlt, dann beträgt der Monatszins $i/12$ und die Zahl der Zinsperioden $12t$:

$$K_t = \left(1 + \frac{i}{12}\right)^{12t} K_0$$

Wird der Zins n-mal jährlich gezahlt, beträgt der Zins i/n und die Zahl der Zinsperioden $n\cdot t$. Für das Endkapital nach t Jahren gilt nun:

$$K_t = \left(1 + \frac{i}{n}\right)^{nt} K_0$$

Lassen wir die Zahl der Zinsperioden immer größer werden und geht die Zahl der Zinsperioden schließlich gegen unendlich ($n \to \infty$), so wird aus der diskreten Verzinsung die stetige Verzinsung, bei der sozusagen in jedem Augenblick die Zinsen gezahlt, dem Kapital zugeschlagen und weiter verzinst werden:

$$K_t = K_0 \lim_{n \to \infty} \left(1 + \frac{i}{n}\right)^{nt}$$

Für die Berechnung des Grenzwerts nehmen wir folgende Substitution vor:

$$\frac{i}{n} = \frac{1}{m} \quad \text{und} \quad n = mi$$

Für $n \to \infty$ geht auch m gegen unendlich $m \to \infty$ und wir erhalten den Grenzwert:

$$K_t = K_0 \lim_{m \to \infty} \left(1 + \frac{1}{m}\right)^{mit} = K_0 \left(\lim_{m \to \infty} \left(1 + \frac{1}{m}\right)^{m}\right)^{it} = K_0 e^{it}$$

Die **Zinseszinsformel für die stetige Verzinsung** lautet:

$$K_t = K_0 e^{it}$$

Die stetige Verzinsung ergibt sich als Grenzfall der diskreten Verzinsung.

Die beiden Zinsformeln sind die Formalisierung diskreter und stetiger Wachstumsprozesse, die wir in der Natur und in der Wirtschaft häufig antreffen und die die Eigenschaft haben, dass die Wachstumsrate i konstant ist.

BEISPIEL

Es seien gegeben

$K_0 = 5.000$ [€]   Anfangskapital

$t = 10$ [Jahre]   Anlagedauer

$i = 0,04$ Zinssatz

Das Endkapital beträgt dann:

1.   Bei jährlicher Verzinsung

$$K_t = K_0 (1 + i)^t$$
$$= 5.000 \, (1 + 0,04)^{10} = 5.000 \cdot 1,48024 = 7.401,2$$

2.   Bei vierteljährlicher Verzinsung

$$K_t = K_0 \left(1 + \frac{i}{4}\right)^{4t}$$
$$= 5.000 \, (1 + 0,01)^{40} = 5.000 \cdot 1,48886 = 7.444,3$$

3.   Bei monatlicher Verzinsung

$$K_t = K_0 \left(1 + \frac{i}{12}\right)^{12t}$$
$$= 5.000 \, (1 + 0,00\overline{3})^{120} = 5.000 \cdot 1,49083 = 7.454,15$$

4.   Bei stetiger Verzinsung

$$K_t = K_0 \, e^{it}$$
$$= 5.000 \, e^{0,04 \cdot 10} = 5.000 \cdot 1,49182 = 7.459,12$$

Das Beispiel zeigt, dass der Unterschied zwischen der diskreten und der stetigen Verzinsung nicht groß ist. Wir machen daher keinen großen Fehler, wenn wir diskrete Wachstumsprozesse in der Theorie durch stetige approximieren, um die Differentialrechnung anwenden zu können.

3.4.2 Ableitung des natürlichen Logarithmus

$$y = \ln x \qquad \text{hat die Ableitung} \qquad y' = \frac{1}{x}$$

Die Ableitung des natürlichen Logarithmus von x ist gleich dem Kehrwert von x.

Beweis:

$$y' = \lim_{\Delta x \to 0} \frac{\ln(x + \Delta x) - \ln x}{\Delta x}$$

$$= \lim_{\Delta x \to 0} \frac{1}{\Delta x} \ln\left(\frac{x + \Delta x}{x}\right)$$

$$= \lim_{\Delta x \to 0} \frac{1}{x} \frac{x}{\Delta x} \ln\left(1 + \frac{\Delta x}{x}\right)$$

$$= \lim_{\Delta x \to 0} \frac{1}{x} \ln\left(1 + \frac{\Delta x}{x}\right)^{\frac{x}{\Delta x}}$$

Wir setzen $n = \dfrac{x}{\Delta x}$, dann gilt:

$$\Delta x \to 0 \quad \Rightarrow \quad n = \frac{x}{\Delta x} \to \infty$$

Wenn Δx gegen null geht, dann geht n gegen unendlich. Damit lautet der Grenzwert:

$$y' = \lim_{n \to \infty} \frac{1}{x} \ln \underbrace{\left(1 + \frac{1}{n}\right)^n}_{\to e} = \frac{1}{x} \underbrace{\ln e}_{=1} = \frac{1}{x}$$

BEISPIELE

1. $y = 5 \ln x$ $y' = 5 \dfrac{1}{x}$

2. $y = \ln x^2 = 2 \ln x$ $y' = 2 \dfrac{1}{x}$

3. $y = \ln 3x = \ln 3 + \ln x$ $y' = \dfrac{1}{x}$

4. $y = x \ln x$ $y' = 1 \cdot \ln x + x \cdot \dfrac{1}{x} = \ln x + 1$

3.4.3 Ableitung des natürlichen Logarithmus einer Funktion

Für den natürlichen Logarithmus einer beliebigen Funktion $u = f(x)$ gilt:

$$y = \ln u \qquad \text{hat die Ableitung} \qquad y' = \frac{u'}{u}$$

Die Ableitung des natürlichen Logarithmus einer beliebigen Funktion $u(x)$ ist gleich dem Quotienten der Ableitung $u'(x)$ und der Funktion $u(x)$ selbst.

Beweis:

Die Logarithmusfunktion kann als äußere Funktion und $u(x)$ als innere Funktion aufgefasst werden; mit der **Kettenregel** erhalten wir:

$$y' = \frac{d}{du}\ln u \cdot \frac{du}{dx} = \frac{1}{u} \cdot u'$$

BEISPIELE

1. $y = \ln(x+1)$ $\qquad\qquad$ $y' = \dfrac{1}{x+1}$

2. $y = \ln x^3$ $\qquad\qquad$ $y' = \dfrac{3x^2}{x^3} = \dfrac{3}{x}$

3. $y = \ln \dfrac{1-2x}{1+x}$ $\qquad$ $y' = \dfrac{d}{dx}\big[\ln(1-2x) - \ln(1+x)\big]$

   $$= \frac{-2}{1-2x} - \frac{1}{1+x} = -\frac{3}{(1-2x)(1+x)}$$

3.4.4 Ableitung des allgemeinen Logarithmus

Für den Logarithmus zu einer beliebigen Basis a gilt:

$$y = \log_a u \qquad \text{hat die Ableitung} \qquad y' = \log_a e \, \frac{u'}{u}$$

Die Ableitung des allgemeinen Logarithmus einer Funktion $u(x)$ ist gleich dem Quotienten der Ableitung dieser Funktion u' und der Funktion u selbst multipliziert mit dem Logarithmus von e.

Die Ableitungsregel für den allgemeinen Logarithmus unterscheidet sich von der für den natürlichen Logarithmus dadurch, dass zusätzlich mit $\log_a e$ multipliziert werden muss.

Beweis:

Aufgrund der Definition des natürlichen Logarithmus gilt für jedes u

$$u = e^{\ln u}$$

Denn $\ln u$ ist der Exponent, zu dem e erhoben werden muss, um u zu ergeben.

Wir logarithmieren die Gleichung

$$\log_a u = \ln u \cdot \log_a e$$

und differenzieren nach x

$$\frac{d}{dx}\log_a u = \log_a e \, \frac{d}{dx}\ln u = \log_a e \cdot \frac{u'}{u}$$

BEISPIELE

1. $y = \log(x-3)$ $y' = \log e \, \dfrac{1}{x-3}$; $\log e = 0{,}4342\ldots$

2. $y = \log x^3$ $y' = \log e \, \dfrac{3x^2}{x^3} = \log e \, \dfrac{3}{x}$

3. $y = (\log x)^2$ $y' = 2\log x \cdot \log e \, \dfrac{1}{x}$

Die Ableitungsregel für die allgemeine Logarithmusfunktion kann auch in der folgenden Form geschrieben werden:

$$\boxed{\;y = \log_a u \quad \text{hat die Ableitung} \quad y' = \frac{1}{\ln a}\,\frac{u'}{u}\;}$$

Beweis:

$$y = \log_a u \quad \Leftrightarrow \quad a^y = u$$

$$y \ln a = \ln u$$

$$y = \frac{\ln u}{\ln a}$$

$$y' = \frac{1}{\ln a}\cdot\frac{u'}{u}$$

Zwischen $\ln a$ und $\log_a e$ besteht folgende Beziehung:

$$a = e^{\ln a}$$

$$\log_a a = \ln a \log_a e$$

$$1 = \ln a \log_a e$$

$$\frac{1}{\ln a} = \log_a e$$

3.4.5 Ableitung der e-Funktion

$$y = e^x \quad \text{hat die Ableitung} \quad y' = e^x$$

Die Ableitung der e-Funktion ist die e-Funktion. Die e-Funktion ist die einzige Funktion, die gleich ihrer Ableitung ist.

Beweis:

Die e-Funktion $y = e^x$ wird zuerst logarithmiert

$$\ln y = \ln e^x = x \ln e = x$$

und dann nach der bereits bewiesenen Regel für den natürlichen Logarithmus differenziert:

$$\frac{d}{dx} \ln y = \frac{d}{dx} x$$

$$\frac{y'}{y} = 1$$

$$y' = y = e^x$$

BEISPIELE

1. $y = 3e^x$ $y' = 3e^x$

2. $y = e^{3+x} = e^3 e^x$ $y' = e^3 e^x = e^{3+x}$

3. $y = x e^x$ $y' = e^x + x e^x = e^x (1 + x)$

4. $y = (x-1)e^x$ $y' = e^x + (x-1)e^x = e^x + x e^x - e^x = x e^x$

3.4.6 Ableitung der allgemeinen e-Funktion

$$y = e^u \qquad \text{hat die Ableitung} \qquad y' = u'e^u$$

Die Ableitung der allgemeinen e-Funktion, deren Exponent eine beliebige Funktion von x ist, ist gleich dem Produkt der Ableitung des Exponenten und der unveränderten e-Funktion.

Beweis:

Die e-Funktion können wir als zusammengesetzte Funktion auffassen. Die äußere Funktion ist die e-Funktion und die innere Funktion ist $u(x)$. Die Anwendung der **Kettenregel** ergibt

$$y' = \frac{d}{du} e^u \cdot \frac{du}{dx} = e^u \cdot u'$$

BEISPIELE

1. $y = e^{3x}$ $\qquad\qquad\qquad\qquad$ $y' = 3\,e^{3x}$

2. $y = e^{-x}$ $\qquad\qquad\qquad\qquad$ $y' = -e^{-x}$

3. $y = e^{x^2}$ $\qquad\qquad\qquad\qquad$ $y' = 2xe^{x^2}$

4. $y = e^{x^2+3x-2}$ $\qquad\qquad\qquad$ $y' = (2x+3)\,e^{x^2+3x-2}$

3.4.7 Ableitung der allgemeinen Exponentialfunktion

$$y = a^u \qquad \text{hat die Ableitung} \qquad y' = \ln a \cdot u' a^u$$

Die Ableitung der allgemeinen Exponentialfunktion, die eine beliebige Basis a hat, ist gleich dem Produkt des natürlichen Logarithmus der Basis $\ln a$ mit der Ableitung des Exponenten u' und der unveränderten Exponentialfunktion.

Die Regel entspricht der für die allgemeine e-Funktion, nur dass das Ergebnis nun zusätzlich mit $\ln a$ multipliziert werden muss.

Beweis:

Nach der Definition des Logarithmus gilt für $\ln a$:

$$a = e^{\ln a}$$

Wir ersetzen die Basis a der Exponentialfunktion durch $e^{\ln a}$

$$y = \left(e^{\ln a} \right)^u = e^{\ln a \cdot u}$$

und wenden die Ableitungsregel für die allgemeine e-Funktion (oder die Kettenregel) an:

$$y' = \ln a \cdot u' e^{\ln a \cdot u}$$

Schließlich ersetzen wir wieder $e^{\ln a}$ durch die Basis a:

$$y' = \ln a \cdot u' \left(e^{\ln a} \right)^u = \ln a \cdot u' \cdot a^u$$

BEISPIELE

1. $y = 2^{-x}$ $\qquad\qquad$ $y' = \ln 2 \,(-1) \, 2^{-x} = -\ln 2 \cdot 2^{-x}$

2. $y = 10^{x^2}$ $\qquad\qquad$ $y' = \ln 10 \cdot 2x \cdot 10^{x^2}$; $\ln 10 = 2,3026$

3. $y = a^x x^a$ $\qquad\qquad$ $y' = \ln a \cdot a^x x^a + a^x a x^{a-1}$

$$= a^x x^{a-1}(\ln a \cdot x + a)$$

3.4.8 Logarithmische Differentiation und Transformation

Wir haben gesehen, dass lineare Funktionen viel leichter zu handhaben sind als nichtlineare Funktionen. Viele nichtlineare ökonomische Funktionen (Produkte, Quotienten von Funktionen, Exponentialfunktionen) lassen sich durch Logarithmierung linearisieren.

Die **Potenzfunktion**

$$y = a x^b$$

wird durch Logarithmierung zu einer linearen Funktion in den Logarithmen der Variablen x und y:

$$\ln y = \ln a + b \cdot \ln x$$

Die konstante Steigung beträgt

$$\frac{d \ln y}{d \ln x} = b \qquad\qquad \text{(Elastizität)}$$

und ist gleich dem Exponenten der Potenzfunktion. Sie entspricht der **Elastizität** von y in Bezug auf x, die angibt, um wieviel Prozent y steigt, wenn x um ein Prozent steigt:

$$\varepsilon_{y/x} = \frac{\dfrac{dy}{y}}{\dfrac{dx}{x}} = \frac{d\ln y}{d\ln x}$$

Wir sprechen hier von **logarithmischer Transformation** der Variablen und nennen die Funktion **log-linear**. Sie wird dargestellt in einem Diagramm mit doppelt logarithmischem Maßstab.

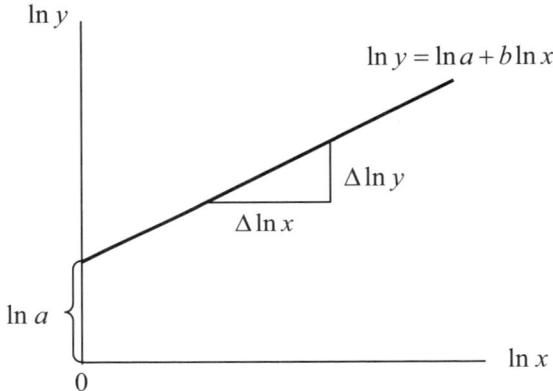

Auch die **e-Funktion**

$$y = y_0 e^{bx}$$

wird durch die Logarithmierung zu der linearen Funktion:

$$\ln y = \ln y_0 + bx$$

Der Logarithmus von y ist eine lineare Funktion der Variablen x und wird dargestellt in einem Diagramm mit halblogarithmischem Maßstab.

Die konstante Steigung beträgt

$$\frac{d}{dx}\ln y = b \qquad\qquad \text{(Wachstumsrate)}$$

und ist gleich dem konstanten Faktor im Exponenten der e-Funktion. Sie entspricht der **Wachstumsrate**, also der relativen Veränderung von y.

Die Wachstumsrate ist entlang der e-Funktion konstant, d.h. die Veränderung von y ist stets proportional zu y:

$$w_y = \frac{dy}{y} = \frac{y'}{y} = \frac{d}{dx}\ln y$$

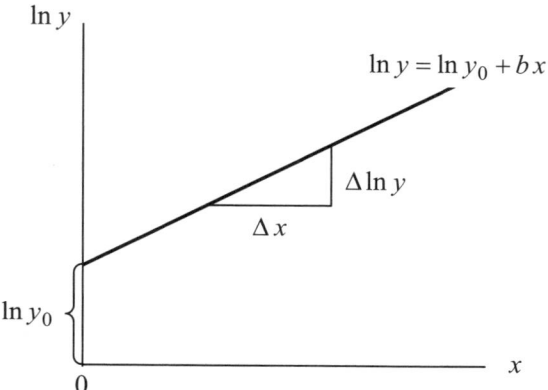

Auch die Differentiation von Funktionen ist häufig einfacher, wenn die Funktion zuerst logarithmiert und dann differenziert wird. Wir sprechen dann von **logarithmischer Differentiation**.

Gegeben sei die Funktion

$$y = u(x)$$

Logarithmierung und anschließende Differenzierung ergibt

$$\frac{d}{dx}\ln y = \frac{d}{dx}\ln u(x)$$

$$\frac{y'}{y} = \frac{d}{dx}\ln u$$

$$y' = y\,\frac{d}{dx}\ln u = u\,\frac{d}{dx}\ln u$$

Die **Regel für die logarithmische Differentiation** lautet:

$$\boxed{y' = u\,\frac{d}{dx}\ln u}$$

BEISPIELE

1. $y = x^x$

    Logarithmische Ableitung:

    $$y' = x^x \frac{d}{dx}(\ln x^x) = x^x \frac{d}{dx}(x \ln x)$$

    $$= x^x \left(\ln x + x \, \frac{1}{x} \right)$$

    $$= x^x (\ln x + 1)$$

2. $y = x^{\ln x}$

    Logarithmische Ableitung:

    $$y' = x^{\ln x} \frac{d}{dx}(\ln x^{\ln x}) = x^{\ln x} \frac{d}{dx}(\ln x \cdot \ln x) = x^{\ln x} \frac{d}{dx}(\ln x)^2$$

    $$= x^{\ln x} 2(\ln x) \frac{1}{x}$$

    $$= x^{\ln x - 1} \ln x^2$$

ÜBUNG 3.4

1. Differenzieren Sie zur Wiederholung mit der geeigneten Regel:

    a. $y = 2x^3 + 4x^2 - x$ d. $y = (2x^2 + 4x)^6$ g. $y = \sqrt{x^2 - 1}$

    b. $y = x^3 - 7x + \dfrac{2}{x}$ e. $y = x^{-2} + x^{-4}$ h. $\sqrt{x\sqrt{x}}$

    c. $y = \dfrac{6}{x} + \dfrac{4}{x^2}$ f. $y = \sqrt[3]{x} + \dfrac{1}{\sqrt[3]{x}}$ i. $y = \dfrac{x}{(x^2 - 4)^2}$

2. Differenzieren Sie die folgenden Logarithmusfunktionen:

    a. $y = \ln(4x^2)$ d. $y = \dfrac{1}{x}\ln x$ g. $y = (\ln x^2)^2$

    b. $y = \ln \dfrac{1}{x}$ e. $y = \ln(\ln x)$ h. $y = \ln \dfrac{x}{x+1}$

    c. $y = (\ln x)^2$ f. $y = \ln(1 + 2x)$ i. $y = x \ln x$

3. Differenzieren Sie die folgenden Exponentialfunktionen:

    a. $y = e^{3x}$ d. $y = e^{x^2}$ g. $y = 2^{x^2}$

    b. $y = e^{1-x}$ e. $y = 3^{3x}$ h. $y = e^{\sqrt{x}}$

    c. $y = e^{\frac{1}{x}}$ f. $y = e^{\frac{x-1}{x^2}}$ i. $y = \dfrac{e^x - 1}{e^x + 1}$

3.5 Instrumente der Differentialrechnung

3.5.1 Differential

Bisher haben wir den Differentialquotienten dy/dx nicht als Bruch, sondern als Symbol für die Ableitung und den Grenzwert des Differenzenquotienten $\Delta y/\Delta x$ aufgefasst.

Bei ökonomischen Fragestellungen ist es oft nützlich, Zähler und Nenner des Differentialquotienten gesondert zu interpretieren. Wir bezeichnen dann

dy als Differential von y

dx als Differential von x

Die Differentiale bedeuten beliebige **endliche** Änderungen von x und y entlang der Tangente mit der Steigung $f'(x)$.

Die Ableitung gibt dagegen für eine **unendlich kleine** (infinitesimal kleine) Änderung des x-Werts die Änderung des Funktionswerts an. In ökonomischen Anwendungen haben wir es nun aber nicht mit unendlich kleinen, sondern mit endlichen Änderungen der unabhängigen Variablen zu tun und haben Schwierigkeiten mit der Interpretation unendlich kleiner Veränderungen ökonomischer Variablen.

Für endliche Änderungen der unabhängigen Variablen ist dagegen die Ableitung nicht konstant. Die Ableitung ist, wie wir wissen, eine lokale Eigenschaft von Funktionen und damit selbst eine Funktion von x.

Wir können daher von der Ableitung im ökonomischen Kontext nur dadurch sinnvollen Gebrauch machen, dass wir sie zu endlichen Änderungen der Variablen in Beziehung setzen.

Daher approximieren wir die Funktion $f(x)$ durch ihre Tangente an der Stelle x_0

$$y = f(x_0) + f'(x_0)(x - x_0)$$

deren konstante Steigung der Ableitung der Funktion an der Stelle x_0 entspricht.

Die endliche Änderung von y entlang der Tangente, die durch eine endliche Änderung von x bewirkt wird, beträgt

$$y - f(x_0) = f'(x_0)(x - x_0)$$

Ersetzen wir nun die endliche Änderung von y durch das Differential dy und die endliche Änderung von x durch dx, dann erhalten wir

$$dy = f'(x_0)\, dx$$

Wir definieren daher

Differential

Das Differential einer Funktion $f(x)$ an der Stelle x ist das Produkt der Ableitung der Funktion und einer beliebigen Änderung der unabhängigen Variablen dx:

$$dy = df(x) = f'(x)dx \qquad \text{mit } dx = \Delta x$$

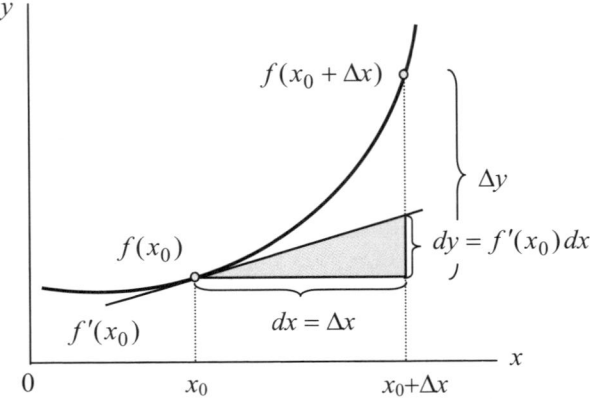

Das Differential gibt die Änderung von y entlang der Tangente an, beruht also auf einer linearen Approximation der Funktion $f(x)$ an der Stelle x_0.

Differentiale können z.B. dazu benutzt werden, die Änderung des Funktionswerts für kleine (aber endliche, von null verschiedene) Änderungen der unabhängigen Variablen x zu approximieren.

Das Differential dy und die Änderung des Funktionswertes Δy sind in der Regel für eine endliche Änderung $dx = \Delta x$ verschieden. Die Abweichung ist umso kleiner, je geringer die Krümmung von $f(x)$ an der Stelle x_0 und je kleiner die Änderung dx ist.

Es gilt daher die:

Approximationseigenschaft

Für eine hinreichend kleine Veränderung von x ist das Differential dy näherungsweise gleich der Änderung des Funktionswertes Δy:

$$dy \approx \Delta y \qquad \text{für } dx = \Delta x \text{ hinreichend klein}$$

BEISPIEL

Wir betrachten die folgende Kostenfunktion

$$K = \frac{1}{10}x^2 + 10$$

Die 1. Ableitung wird als Grenzkostenfunktion bezeichnet

$$K' = \frac{1}{5}x$$

Wir benutzen nun das Differential, um die Änderung der Kosten zu berechnen, die dadurch verursacht werden, dass eine Produkteinheit Δx mehr hergestellt wird. Dazu nehmen wir an, es werden bereits 10 Einheiten hergestellt und die Produktion werde auf 11 Einheiten erhöht. Es ist also

$$x_0 = 10, \quad dx = 1$$

Das Differential an der Stelle x_0 beträgt dann:

$$dK = K'(10)\,dx = \frac{1}{5} \cdot 10 \cdot 1 = 2$$

Die Kosten steigen also näherungsweise um $dK = 2$, wenn die Produktion um eine Einheit erhöht wird.

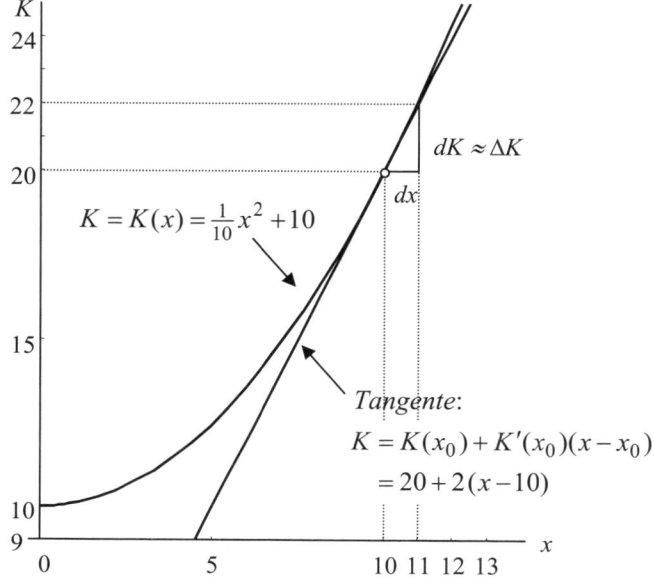

Die genaue Veränderung der Kosten ΔK können wir direkt berechnen, indem wir die Differenz der Funktionswerte der Kostenfunktion an den Stellen $x_0 + \Delta x$ und x_0 bilden:

$$\Delta K = K(x_0 + \Delta x) - K(x_0)$$

$$= K(11) - K(10)$$

$$= \frac{1}{10} \cdot 121 + 10 - \frac{1}{10} \cdot 100 - 10$$

$$= 2,1$$

Tatsächlich steigen die Kosten also um $\Delta K = 2,1$, d.h. um 0,1 mehr, als das Differential angibt.

Der Fehler, den wir machen, wenn wir die Kostenerhöhung näherungsweise durch das Differential errechnen, also die Kostenfunktion durch ihre Tangente approximieren, beträgt:

$$dK - \Delta K = 2 - 2,1 = -0,1$$

3.5.2 Newton-Verfahren

Das Newton-Verfahren ist eine Methode zur approximativen Berechnung der Nullstellen einer Funktion. Es wird auch als **Tangentenverfahren** bezeichnet und wird dann angewandt, wenn die algebraische Berechnung der Nullstellen durch die explizite Lösung einer Gleichung nicht möglich oder zu aufwendig ist.

Das Verfahren beruht auf der folgenden einfachen geometrischen Überlegung.

Gesucht ist die Nullstelle $x = a$ der Funktion $f(x)$. Wir nehmen an, es gibt eine Vermutung über die ungefähre Lage der Nullstelle. D.h. wir haben einen ersten Schätzwert x_0, der möglichst in der Nähe der gesuchten Nullstelle liegen sollte. Nun versuchen wir, diese erste Schätzung schrittweise zu verbessern. Dazu approximieren wir die Funktion $f(x)$ durch ihre Tangente an der Stelle x_0 (lineare Approximation) und berechnen die Nullstelle x_1 der Tangente.

Die Steigung der Tangente ist gleich der 1. Ableitung von $f(x)$ an der Stelle x_0:

$$f'(x_0) = \frac{y - f(x_0)}{x - x_0}$$

Die Gleichung der Tangente lautet daher:

$$y = f(x_0) + f'(x_0)(x - x_0)$$

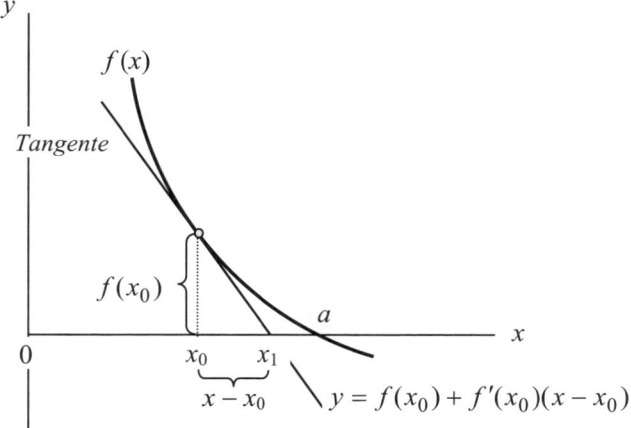

Für die Nullstelle x_1 der Tangente, ihren Schnittpunkt mit der Abszisse, gilt:

$$0 = f(x_0) + f'(x_0)(x_1 - x_0)$$

Aufgelöst nach x_1:

$$x_1 = x_0 - \frac{f(x_0)}{f'(x_0)}$$

Die Nullstelle x_1 der Tangente dient nun als Ausgangspunkt einer erneuten Schätzung, bei der wir $f(x)$ durch die Tangente an der Stelle x_1 ersetzen und die Nullstelle x_2 dieser Tangente berechnen:

$$x_2 = x_1 - \frac{f(x_1)}{f'(x_1)}$$

Allgemein ergibt sich folgende **Rekursionsformel** für die näherungsweise Berechnung der Nullstellen von $f(x)$:

$$\boxed{x_{n+1} = x_n - \frac{f(x_n)}{f'(x_n)}} \qquad n = 0, 1, 2, \ldots; f'(x_n) \neq 0$$

BEISPIELE

1. Gesucht wird die 5. Wurzel aus 2, d.h. die Lösung der Gleichung

$$x = \sqrt[5]{2}$$
$$x^5 = 2$$

oder die Nullstelle der Funktion:

$$f(x) = x^5 - 2$$

Die Nullstelle wird in der Nähe von 1 liegen. Wir wählen daher als 1. Schätzwert

$$x_0 = 1$$

Der Funktionswert an dieser Stelle ist

$$f(x_0) = 1^5 - 2 = -1$$

und die Ableitung

$$f'(x_0) = 5x_0^4 = 5 \cdot 1^4 = 5$$

Wir erhalten als 1. Schätzung:

$$x_1 = x_0 - \frac{f(x_0)}{f'(x_0)} = 1 - \frac{-1}{5} = 1 + \frac{1}{5} = 1{,}2$$

Wir berechnen nun Funktionswert und Ableitung an der Stelle $x_1 = 1{,}2$:

$$f(x_1) = 1{,}2^5 - 2 = 2{,}48832 - 2 = 0{,}48832$$

$$f'(x_1) = 5 \cdot x_1^4 = 5 \cdot 1{,}2^4 = 5 \cdot 2{,}0736 = 10{,}368$$

Die 2. Schätzung lautet:

$$x_2 = x_1 - \frac{f(x_1)}{f'(x_1)} = 1{,}2 - \frac{0{,}48832}{10{,}368} = 1{,}2 - 0{,}0471 = 1{,}1529 \approx 1{,}15$$

Der tatsächliche Wert ist

$$a = 1{,}1487 \approx 1{,}15$$

2.   Gegeben sei die Funktion

$$f(x) = x - 15 - \frac{700}{x^2}$$

Die Nullstellen sind die Lösungen der Gleichung:

$$f(x) = x - 15 - \frac{700}{x^2} = 0$$

Wir berechnen die Nullstellen mit dem Newtonverfahren und wählen als ersten Schätzwert

$$x_0 = 10$$

Der Funktionswert an dieser Stelle ist

$$f(x_0) = 10 - 15 - \frac{700}{10^2} = -12$$

und die Ableitung

$$f'(x_0) = 1 + \frac{1.400}{x_0^{\,3}} = 1 + \frac{1.400}{10^3} = 1 + 1{,}4 = 2{,}4$$

Die 1. Schätzung lautet dann:

$$x_1 = x_0 - \frac{f(x_0)}{f'(x_0)} = 10 - \frac{-12}{2{,}4} = 10 + 5 = 15$$

Analog erhalten wir die 2. Schätzung

$$x_2 = x_1 - \frac{f(x_1)}{f'(x_1)} = 15 - \frac{3{,}1\overline{1}}{1{,}415} = 15 + 2{,}19895 = 17{,}2$$

und die 3. Schätzung

$$x_3 = x_2 - \frac{f(x_2)}{f'(x_2)} = 17{,}2 - \frac{-1{,}661}{1{,}275} = 17{,}2 + 0{,}1303 = 17{,}3303$$

Der tatsächliche Wert der Nullstelle ist

$$a = 17{,}3306$$

so dass die 3. Schätzung bereits auf drei Nachkommastellen genau ist.

Die Zahl der Rechenschritte hängt von der gewünschten Genauigkeit ab. Im allgemeinen wird man nur so viele Schätzungen vornehmen, bis die gewünschte Genauigkeit erreicht ist, d.h. das Ergebnis sich nicht mehr ändert. Soll die Berechnung z.B. auf zwei Stellen genau erfolgen, wird die Schätzung abgebrochen, sobald sich die 2. Stelle nicht mehr ändert.

3.5.3 L´Hospitalsche Regel

Bei der Analyse von Grenzwerten haben wir gesehen, dass der Grenzwert von Quotienten zu unbestimmten Ausdrücken der Form 0/0 oder ∞/∞ führen kann. In diesen Fällen sind weitere Untersuchungen erforderlich, um festzustellen, ob der Grenzwert existiert. Eine neue Möglichkeit bietet die Regel von l´Hospital[1], die auf der Anwendung der Differentialrechnung beruht.

> **L´Hospitalsche Regel**
>
> Seien $f(x)$ und $g(x)$ zwei differenzierbare Funktionen mit gleichem Definitionsbereich $D = [a, b]$.
>
> Wenn nun an der Stelle $x_0 \in D$ beide Funktionen den Wert null (oder unendlich) haben
>
> $$f(x_0) = g(x_0) = 0\ (\infty)$$
>
> und außerdem der Grenzwert
>
> $$\lim_{x \to x_0} \frac{f'(x)}{g'(x)} = \frac{f'(x_0)}{g'(x_0)}$$
>
> existiert, dann gilt:
>
> $$\boxed{\lim_{x \to x_0} \frac{f(x)}{g(x)} = \lim_{x \to x_0} \frac{f'(x)}{g'(x)}}$$

Wenn der Grenzwert eines Quotienten zu einem unbestimmten Ausdruck führt, bilden wir zunächst getrennt die Ableitungen der Zählerfunktion und der Nennerfunktion und berechnen dann den Grenzwert des Quotienten der Ableitungen.

Beweis (für $f(x_0) = g(x_0) = 0$):

$$\lim_{x \to x_0} \frac{f(x)}{g(x)} = \lim_{x \to x_0} \frac{f(x) - f(x_0)}{g(x) - g(x_0)}$$

$$= \lim_{x \to x_0} \frac{\dfrac{f(x) - f(x_0)}{x - x_0}}{\dfrac{g(x) - g(x_0)}{x - x_0}}$$

$$= \frac{\lim\limits_{x \to x_0} \dfrac{f(x) - f(x_0)}{x - x_0}}{\lim\limits_{x \to x_0} \dfrac{g(x) - g(x_0)}{x - x_0}} = \frac{f'(x_0)}{g'(x_0)}$$

---

[1] Guillaume Francois Antoine de l´Hospital (1661-1704), französischer Mathematiker; die Regel geht auf Johann Bernoulli (1667-1748) zurück.

BEISPIELE

1. $\displaystyle\lim_{x\to 2}\frac{x^2-4}{x-2}=\lim_{x\to 2}\frac{2x}{1}=\frac{4}{1}=4$

2. $\displaystyle\lim_{x\to 0}\frac{e^x-1}{x}=\lim_{x\to 0}\frac{e^x}{1}=\frac{e^0}{1}=1$

3. $\displaystyle\lim_{x\to 0}\frac{e^x-(1+x)}{x^2}=\lim_{x\to 0}\frac{e^x-1}{2x}=\lim_{x\to 0}\frac{e^x}{2}=\frac{e^0}{2}=\frac{1}{2}$

   Hier wird die L´Hospitalsche Regel zweimal nacheinander angewandt, da auch der Grenzwert der 1. Ableitungen zu einem unbestimmten Ausdruck der Art 0/0 führt.

4. $\displaystyle\lim_{x\to\infty}\frac{\ln x}{x}=\lim_{x\to\infty}\frac{\frac{1}{x}}{1}=\frac{0}{1}=0$

5. $\displaystyle\lim_{x\to\infty}\frac{x^3}{e^x}=\lim_{x\to\infty}\frac{3x^2}{e^x}=\lim_{x\to\infty}\frac{6x}{e^x}=\lim_{x\to\infty}\frac{6}{e^x}=\frac{6}{\infty}=0$

6. $\displaystyle\lim_{x\to\infty}\frac{x^2+x-1}{e^x+e^{-x}}=\lim_{x\to\infty}\frac{2x+1}{e^x-e^{-x}}=\lim_{x\to\infty}\frac{2}{e^x+e^{-x}}=\frac{2}{\infty+0}=0$

7. $\displaystyle\lim_{x\to 1}\frac{\ln x}{x^2-1}=\lim_{x\to 1}\frac{\frac{1}{x}}{2x}=\lim_{x\to 1}\frac{1}{2x^2}=\frac{1}{2}$

8. $\displaystyle\lim_{x\to e}\frac{\ln x-1}{x-e}=\lim_{x\to e}\frac{\frac{1}{x}}{1}=\frac{1}{e}$

3.5.4 Stetigkeit und Differenzierbarkeit

Für das Verhältnis von Stetigkeit und Differenzierbarkeit gilt

Differenzierbarkeit

Ist eine Funktion $f(x)$ an der Stelle x_0 differenzierbar, so ist sie dort auch stetig:

$$\text{Differenzierbarkeit} \Rightarrow \text{Stetigkeit}$$

Die Umkehrung dieses Satzes gilt nicht; ist eine Funktion $f(x)$ an der Stelle x_0 stetig, so muss sie nicht differenzierbar sein.

Die Stetigkeit ist also eine notwendige Bedingung der Differenzierbarkeit (nur stetige Funktionen sind differenzierbar), aber keine hinreichende Bedingung (stetige Funktionen können, müssen aber nicht differenzierbar sein).

BEISPIELE

Die folgenden Funktionen sind Beispiele dafür, dass stetige Funktionen nicht differenzierbar sein müssen.

1. $y = |x|$

Die Betragsfunktion ist an der Stelle für $x = 0$ stetig, aber nicht differenzierbar.

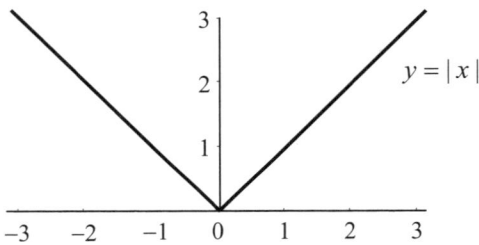

Die rechtsseitige Ableitung beträgt:

$$f'(x) = 1 \qquad \text{für } x > 0$$

und die linksseitige Ableitung ist:

$$f'(x) = -1 \qquad \text{für } x < 0$$

An der Stelle $x = 0$ ist die Betragsfunktion zwar stetig. Der Grenzwert existiert und ist gleich dem Funktionswert. An der Stelle $x = 0$ besitzt die Funktion aber zwei verschiedene Tangenten; die rechts- und linksseitigen Grenzwerte des Differenzenquotienten sind verschieden.

2. $f(x) = x^{\frac{1}{3}}$

Die kubische Wurzelfunktion ist für $x = 0$ stetig, aber nicht differenzierbar. Die Ableitung

$$f'(x) = \frac{1}{3} x^{-\frac{2}{3}} = \frac{1}{3x^{\frac{2}{3}}}$$

ist an der Stelle $x = 0$ nicht definiert.

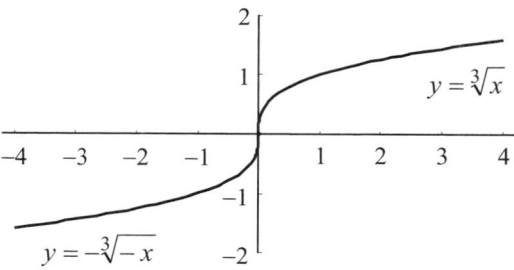

3. $f(x) = \sqrt[3]{x-1}^{\,2} + 1 = (x-1)^{\frac{2}{3}} + 1$

Diese Wurzelfunktion ist für $x = 1$ stetig, aber nicht differenzierbar. Die Ableitung

$$f'(x) = \frac{2}{3}(x-1)^{-\frac{1}{3}} = \frac{2}{3}\,\frac{1}{\sqrt[3]{x-1}}$$

ist an der Stelle $x = 1$ nicht definiert.

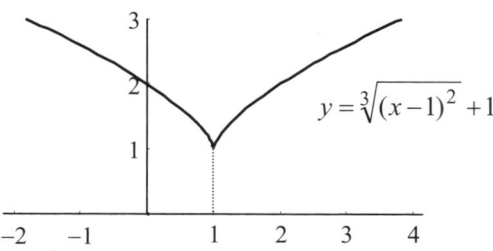

Der Differenzenquotient an der Stelle $x = 1$

$$\frac{\Delta y}{\Delta x} = \frac{(1+\Delta x - 1)^{\frac{2}{3}} - (1-1)^{\frac{2}{3}}}{\Delta x} = \frac{\Delta x^{\frac{2}{3}}}{\Delta x} = \frac{1}{\Delta x^{\frac{1}{3}}} = \frac{1}{\sqrt[3]{\Delta x}}$$

hat für $\Delta x \to 0$ keinen Grenzwert, sondern wächst über alle Grenzen. Die Tangente steht an der Stelle $x = 1$ senkrecht zur x-Achse.

3.6 Eigenschaften von Funktionen

Im Folgenden wollen wir einige geometrische Eigenschaften von Funktionen mit Hilfe ihrer Ableitungen untersuchen. Dabei setzen wir voraus, dass die Funktion $f(x)$ in ihrem Definitionsbereich D oft genug differenzierbar ist und die Ableitungen stetig sind.

3.6.1 Steigende und fallende Funktionen, Monotonie

Die 1. Ableitung der Funktion $x = f(x)$ gibt für jedes $x \in D$ die Steigung der Funktion an der Stelle x an.

Steigung

Ist die Steigung positiv, so sprechen wir von einer **steigenden** Funktion:

$$f'(x) > 0 \qquad x = a$$

Ist die Steigung negativ, so sprechen wir von einer **fallenden** Funktion:

$$f'(x) < 0 \qquad x = a$$

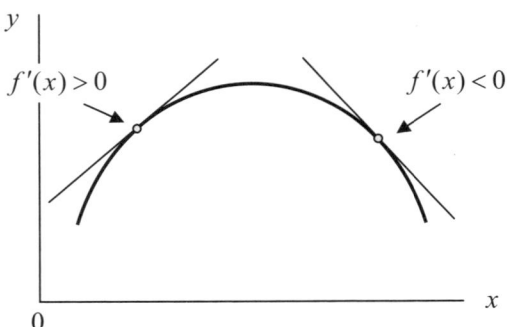

Monotonie

Wir nennen eine Funktion in einem Intervall **monoton wachsend**, wenn für je zwei Punkte in dem Intervall gilt

$$x_1 < x_2 \Rightarrow f(x_1) \le f(x_2)$$

und **streng monoton wachsend**, wenn

$$x_1 < x_2 \Rightarrow f(x_1) < f(x_2)$$

Eine Funktion heißt **monoton fallend**, wenn gilt

$$x_1 < x_2 \Rightarrow f(x_1) \ge f(x_2)$$

und **streng monoton fallend**, wenn

$$x_1 < x_2 \Rightarrow f(x_1) > f(x_2)$$

Bei einer monoton wachsenden Funktion steigt der Funktionswert mit steigendem x und bei einer monoton fallenden Funktion fällt der Funktionswert mit steigendem x. Im Unterschied zur Steigung, die sich auf einen Punkt bezieht, geht es bei der Monotonie um das Verhalten der Funktion zwischen zwei Punkten.

Wir überlegen daher, welcher Zusammenhang zwischen der Monotonie und der Ableitung einer Funktion besteht.

Es gelten folgende **Sätze** für differenzierbare Funktionen:

1. Ist in einem Intervall $f'(x) > 0$ (< 0), so ist $f(x)$ streng monoton wachsend (fallend).

2. Ist in einem Intervall $f(x)$ streng monoton wachsend (fallend), so ist $f'(x) \geq 0$ $(f'(x) \leq 0)$.

3. Ist in einem Intervall $f'(x) \geq 0$ $(f'(x) \leq 0)$, so ist $f(x)$ monoton wachsend (fallend).

Das bedeutet, dass eine streng monotone Funktion nicht notwendig in allen Punkten eine positive Steigung haben muss, d.h. die Umkehrung von 1. nicht gilt.

Daher gilt die

> **Notwendige Bedingung für Monotonie**
>
> Ist die Funktion $f(x)$ in einem Intervall I streng monoton wachsend (fallend), dann ist die 1. Ableitung an jeder Stelle nichtnegativ (nichtpositiv)
>
> $$f'(x) \geq 0 \ (f'(x) \leq 0)$$

Da die Umkehrung nicht gilt, lautet die

> **Hinreichende Bedingung für Monotonie**
>
> Ist in einem Intervall I die 1. Ableitung der Funktion $f(x)$ an jeder Stelle positiv (negativ)
>
> $$f'(x) > 0 \ (f'(x) < 0)$$
>
> dann ist die Funktion in diesem Intervall streng monoton wachsend (fallend).

Wir überprüfen die Monotonieeigenschaft einer Funktion, indem wir die Lösungsmengen der Ungleichungen $f'(x) > 0$ und $f'(x) < 0$ ermitteln.

BEISPIELE

1. $y = x^3$

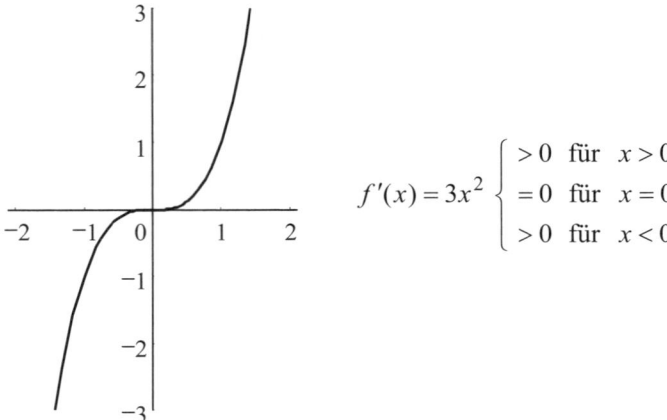

$$f'(x) = 3x^2 \begin{cases} > 0 & \text{für } x > 0 \\ = 0 & \text{für } x = 0 \\ > 0 & \text{für } x < 0 \end{cases}$$

Die kubische Parabel ist streng monoton steigend in D, hat aber an der Stelle $x = 0$ die Steigung null. Die Eigenschaft, zwischen zwei Punkten zu steigen (Monotonie), ist also vereinbar mit der Eigenschaft von $f(x)$, in einem Punkt die Steigung null zu haben ($f' \geq 0$).

Die hinreichende Bedingung $f' > 0$ ist dagegen nur für $x > 0$ und $x < 0$ erfüllt.

2. $f(x) = 2x^2 - 1$

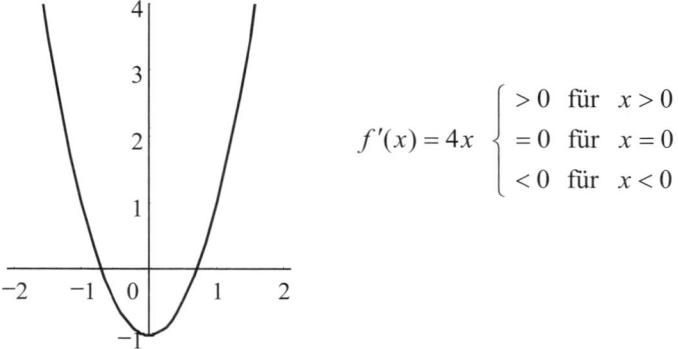

$$f'(x) = 4x \begin{cases} > 0 & \text{für } x > 0 \\ = 0 & \text{für } x = 0 \\ < 0 & \text{für } x < 0 \end{cases}$$

Die Parabel ist streng monoton wachsend für $x > 0$, streng monoton fallend für $x < 0$.

3.6.2 Relative Maxima und Minima

Eine besondere Rolle in der ökonomischen Analyse spielt die Bestimmung von Extremwerten (Maxima, Minima), also der x-Werte, für die die Funktion $f(x)$ den größtmöglichen oder kleinstmöglichen Wert annimmt. Wir unterscheiden relative und absolute Extremwerte und definieren:

> **Relatives (lokales) Extremum**
>
> Eine Funktion $f(x)$ hat an der Stelle $x_0 \in D$
>
> - ein **relatives Maximum**, wenn $f(x_0) \geq f(x)$
> - ein **relatives Minimum**, wenn $f(x_0) \leq f(x)$
>
> für alle x in einer Umgebung von x_0.

Das relative Extremum ist der größte (kleinste) Wert der Funktion in einer kleinen Umgebung, das absolute Extremum dagegen der größte (kleinste) Wert, den die Funktion überhaupt, also in ihrem ganzen Definitionsbereich, annimmt. Jedes absolute Extremum ist daher zugleich auch ein relatives Extremum.

> **Absolutes (globales) Extremum**
>
> Eine Funktion $f(x)$ hat an der Stelle $x_0 \in D$
>
> - ein **absolutes Maximum**, wenn $f(x_0) \geq f(x)$
> - ein **absolutes Minimum**, wenn $f(x_0) \leq f(x)$
>
> für alle $x \in D$.

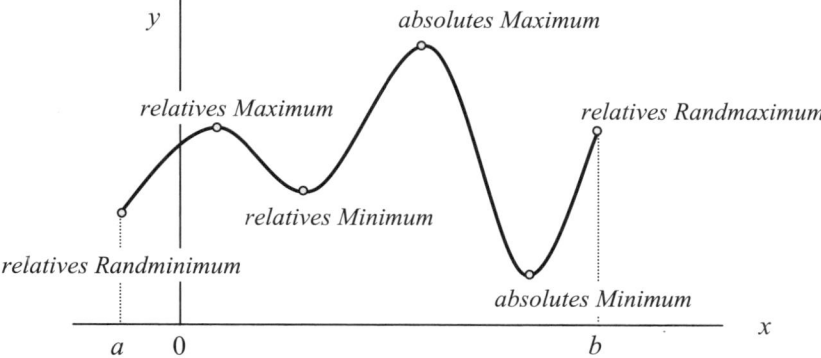

Mit Hilfe der Differentialrechnung können wir nur relative Extrema bestimmen. Ob es sich bei einem Extremum um ein absolutes Extremum handelt, lässt sich nur durch Vergleich der relativen Extrema feststellen.

Extremwerte können auftreten:

1. Im Inneren des Definitionsbereichs bei x-Werten, an denen die Funktion differenzierbar ist, also die Ableitung existiert und gleich null ist.

2. Im Inneren des Definitionsbereichs bei x-Werten, an denen die Funktion nicht differenzierbar ist, die Ableitung also nicht existiert.

3. Am Rande des Definitionsbereichs $D = [a, b]$.

BEISPIEL

$$y = (x-1)^{\frac{2}{3}} + 1$$

Die Funktion hat an der Stelle $x = 1$ ein relatives Minimum. Die Ableitung ist aber an dieser Stelle nicht definiert:

$$y' = \frac{2}{3}(x-1)^{-\frac{1}{3}} = \frac{2}{3(x-1)^{\frac{1}{3}}} \qquad x \neq 1$$

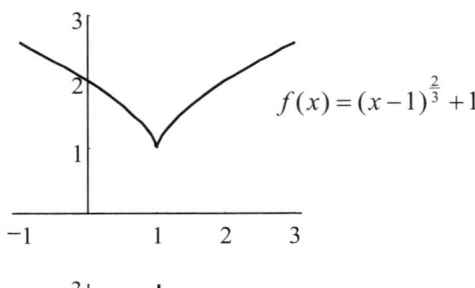

$$f(x) = (x-1)^{\frac{2}{3}} + 1$$

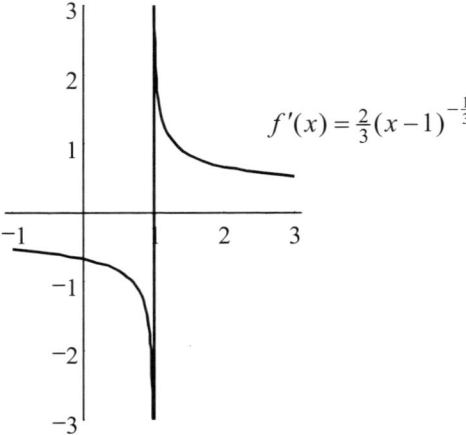

$$f'(x) = \frac{2}{3}(x-1)^{-\frac{1}{3}}$$

In diesem Fall ist die 1. Ableitung $f'(x)$ nicht stetig; sie hat für $x = 1$ eine Unendlichkeitsstelle (Sprungstelle mit Vorzeichenwechsel). Die Funktion $f(x)$ ist daher an dieser Stelle **nicht stetig differenzierbar**.

Die relativen Extrema am Rande des Definitionsbereichs (Fall 3) und im Inneren des Definitionsbereichs, an denen die Funktion nicht differenzierbar ist (Fall 2), werden bestimmt, indem das Verhalten der Funktion in der Umgebung dieser Stellen untersucht wird. Die folgenden Überlegungen beziehen sich daher nur auf innere Extrema stetig differenzierbarer Funktionen.

Es gilt die folgende

Notwendige Bedingung für ein Extremum

Hat die Funktion $f(x)$ an der Stelle $x_0 \in D$ ein relatives Extremum (Maximum oder Minimum), dann ist

$$f'(x_0) = 0$$

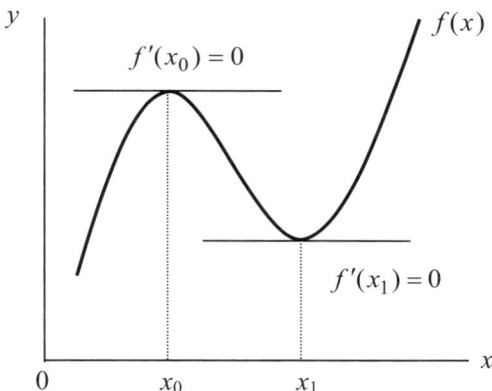

Wenn an der Stelle x_0 ein Maximum oder ein Minimum vorliegt, dann ist die 1. Ableitung an dieser Stelle null und die Funktion hat eine **waagerechte Tangente**. Eine Stelle x_0, die die Bedingung $f'(x_0) = 0$ erfüllt, wird **stationärer** oder **kritischer Punkt** genannt.

Es handelt sich hier um eine Eigenschaft, die jedes Extremum aufweist. Im Maximum steigt die Funktion nicht mehr an und im Minimum fällt die Funktion nicht mehr ab; die Steigung ist in beiden Fällen null:

$$\text{Extremum an der Stelle } x_0 \;\Rightarrow\; f'(x_0) = 0$$

Diese Bedingung ist **notwendig** für ein Extremum, aber **nicht hinreichend**. Die Umkehrung gilt offenkundig nicht:

$$f'(x_0) = 0 \;\not\Rightarrow\; \text{Extremum an der Stelle } x_0$$

Nicht jeder stationäre Punkt ist ein Extremum. Es ist möglich, dass eine Funktion an der Stelle x_0 eine waagerechte Tangente hat und dennoch kein Extremum vorliegt.

BEISPIEL

$$y = x^3$$
$$y' = 3x^2$$

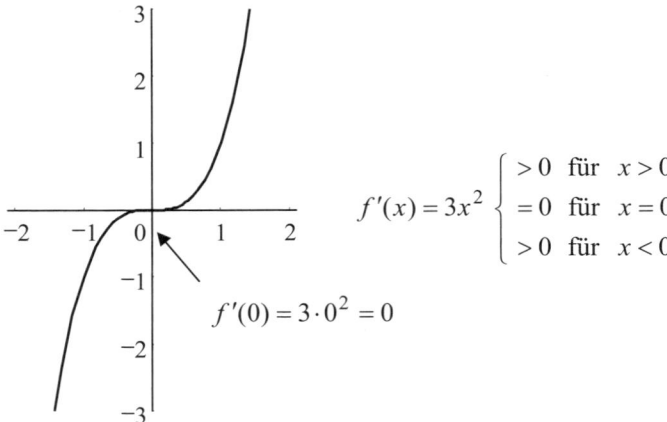

$$f'(x) = 3x^2 \begin{cases} > 0 & \text{für } x > 0 \\ = 0 & \text{für } x = 0 \\ > 0 & \text{für } x < 0 \end{cases}$$

$$f'(0) = 3 \cdot 0^2 = 0$$

Die 1. Ableitung der kubischen Parabel an der Stelle $x_0 = 0$ ist null. Die kubische Parabel hat also an dieser Stelle einen kritischen Punkt und die Tangente verläuft waagerecht. Dennoch liegt kein Extremum vor. Der Funktionswert $f(0) = 0$ ist ein relatives Maximum für die Funktionswerte links vom Nullpunkt und ein relatives Minimum für die Funktionswerte rechts vom Nullpunkt. Die Funktion steigt sowohl vor als auch nach dem stationären Punkt an!

Hinreichend für ein Maximum ist dagegen, dass die Funktion vor dem stationären Punkt steigt und danach fällt und für ein Minimum, dass die Funktion vorher fällt und dann steigt.

Die Steigung wechselt also in x_0 das Vorzeichen, nimmt im Maximum ab und im Minimum zu. Die Veränderung der Steigung bringen wir durch die Ableitung der Steigung $f'(x)$, also die **2. Ableitung** von $f(x)$ zum Ausdruck:

$$\frac{d}{dx} f'(x) = f''(x) \neq 0$$

Hinreichend für ein Extremum an der Stelle x_0 ist also, dass die 1. Ableitung null und die 2. Ableitung ungleich null ist.

Damit gelten die folgenden hinreichenden Bedingungen:

Hinreichende Bedingungen für ein Extremum

Ist an der Stelle x_0 die 1. Ableitung null und die 2. Ableitung negativ (positiv)

    1. $f'(x_0) = 0$

    2. $f''(x_0) < 0$ ($f''(x_0) > 0$)

so hat $f(x)$ an dieser Stelle ein relatives **Maximum** (Minimum).

Die erste der beiden Bedingungen stimmt mit der notwendigen Bedingung überein und wird hinreichende **Bedingung 1. Ordnung** genannt; die zweite Bedingung heißt hinreichende **Bedingung 2. Ordnung**. Erst wenn beide Bedingungen erfüllt sind, kann auf ein Maximum oder Minimum geschlossen werden.

Nun gilt also

$$\left. \begin{array}{l} f'(x_0) = 0 \\ f''(x_0) \neq 0 \end{array} \right\} \quad \Rightarrow \quad \text{Extremum an der Stelle } x_0$$

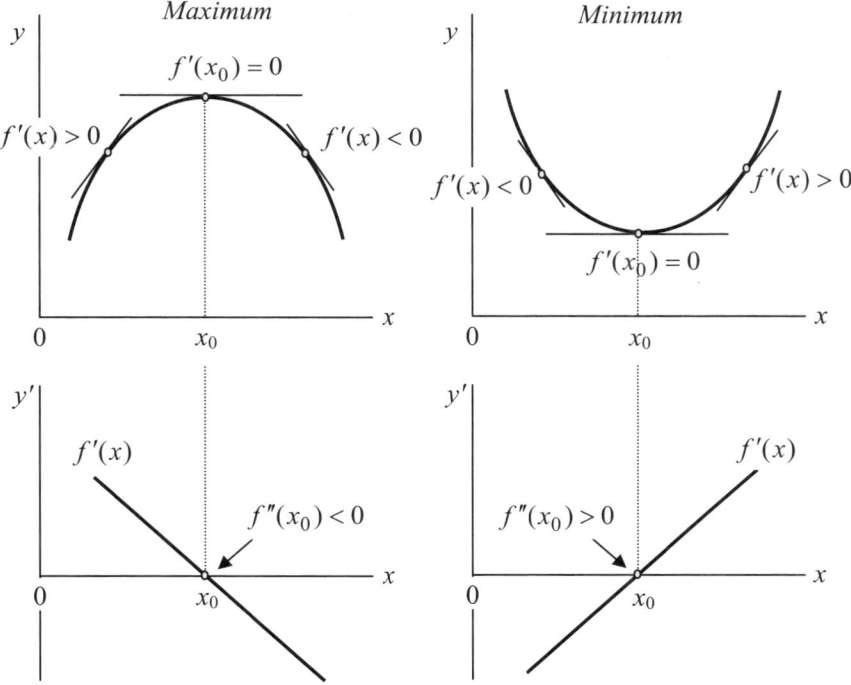

Wir ermitteln die Extremwerte einer Funktion, indem wir die Nullstellen der 1. Ableitung berechnen (Bedingung 1. Ordnung) und an diesen Stellen das Vorzeichen der 2. Ableitung überprüfen (Bedingung 2. Ordnung).

Am Beispiel der kubischen Parabel haben wir gesehen, dass es Punkte gibt, in denen die 1. Ableitung null ist, die Steigung aber keinen Vorzeichenwechsel aufweist, sondern davor und danach positiv ist. In einem solchen Fall sprechen wir von einem Sattelpunkt und definieren:

Sattelpunkt

Eine Stelle x_0 heißt **Sattelpunkt**, wenn die 1. Ableitung null ist und die Funktion $f'(x)$ an dieser Stelle ein relatives Extremum (Maximum oder Minimum) hat.

Aus der Definition des Sattelpunkts folgen direkt die hinreichenden Bedingungen. Hinreichend für ein Extremum der 1. Ableitung ist, dass die 2. Ableitung verschwindet und die 3. Ableitung (also die 2. Ableitung von f'') nicht verschwindet.

Hinreichende Bedingungen für einen Sattelpunkt

Ist an der Stelle x_0

$$1.\ f'(x_0) = f''(x_0) = 0$$
$$2.\ f'''(x_0) \neq 0$$

dann hat $f(x)$ an dieser Stelle einen Sattelpunkt.

Ist also auch die 2. Ableitung im stationären Punkt x_0 null, dann prüfen wir, ob die 3. Ableitung an dieser Stelle nicht verschwindet.

Schließlich kann der Fall eintreten, dass die 1. Ableitung ein Extremum aufweist, ohne selbst zu verschwinden. Wir sprechen dann von einem Wendepunkt.

Wendepunkt

Ein Wendepunkt ist ein relatives Extremum der 1. Ableitung.

Hinreichende Bedingungen für einen Wendepunkt

Ist an der Stelle x_0

$$1.\ f''(x_0) = 0$$
$$2.\ f'''(x_0) \neq 0$$

dann hat $f(x)$ an dieser Stelle einen Wendepunkt.

Wir ermitteln die Wendepunkte einer Funktion, indem wir die Nullstellen der 2. Ableitung berechnen (Bedingung 1. Ordnung) und an diesen Stellen das Vorzeichen der 3. Ableitung überprüfen (Bedingung 2. Ordnung).

Der **Sattelpunkt** ist **ein Spezialfall des Wendepunkts**, für den zusätzlich die 1. Ableitung null ist $f' = 0$, die Tangente von $f(x)$ also waagerecht verläuft.

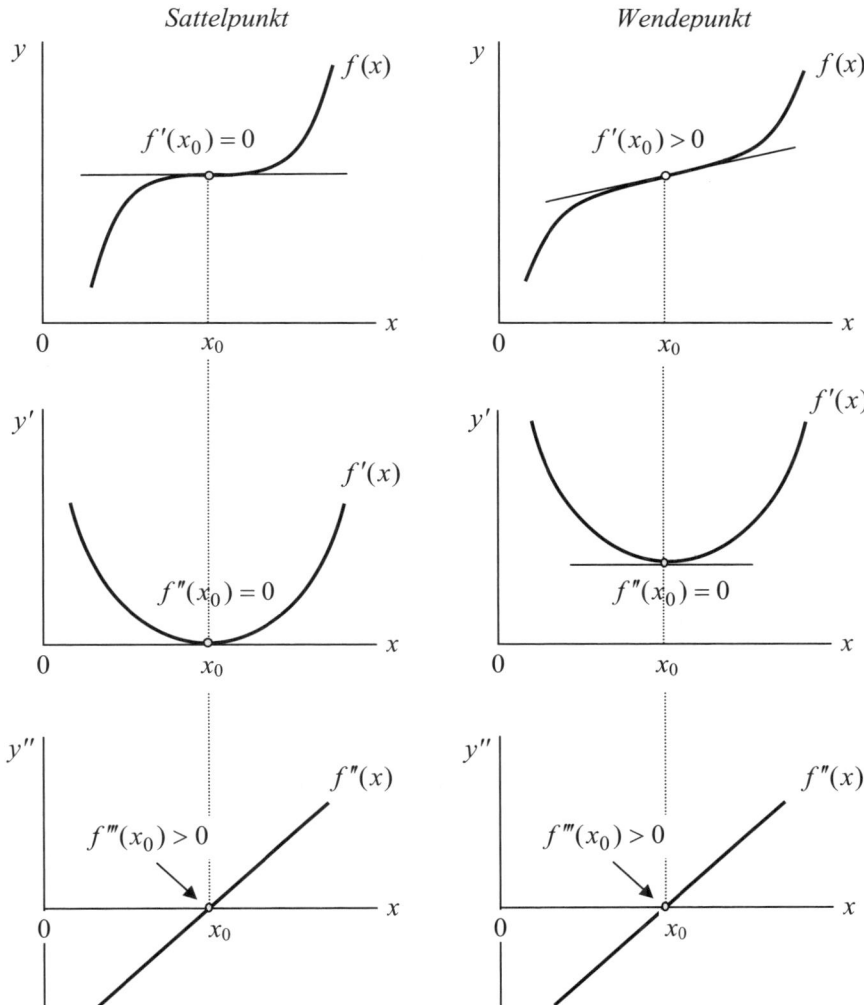

Vor dem Sattelpunkt ist die Steigung positiv, wird im Sattelpunkt null und nimmt danach wieder zu. Die Ableitungsfunktion f' nimmt in der Umgebung des Sattelpunkts nur positive Werte an, liegt also oberhalb der x-Achse und berührt die x-Achse in ihrem Minimum bei x_0.

Die Steigung der Ableitungsfunktion f' ist vor dem Minimum negativ und danach positiv. Die 2. Ableitung $f''(x)$ ist also vor dem Sattelpunkt negativ und nach dem Sattelpunkt positiv. Ihr Graph liegt daher vor x_0 unterhalb, nach x_0 oberhalb der x-Achse und schneidet die x-Achse bei x_0 mit positiver Steigung $f'''(x_0) > 0$.

Der Wendepunkt unterscheidet sich vom Sattelpunkt dadurch, dass die Steigung an der Stelle x_0 nicht null wird und daher das Minimum von f' nicht auf der x-Achse liegt.

BEISPIELE

1. $y = x^2$

   Ableitungen

   $$y' = 2x$$
   $$y'' = 2$$

   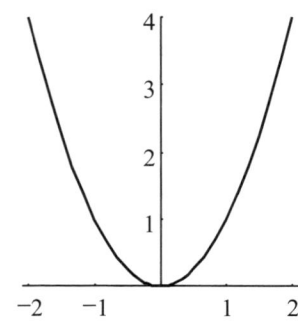

   Extremwerte

   Bedingung 1. Ordnung

   $$y' = 2x = 0$$
   $$x = 0$$

   Bedingung 2. Ordnung

   $$y''(0) = 2 > 0 \quad \Rightarrow \quad \text{Minimum an der Stelle } x = 0$$

   Funktionswert im Minimum

   $$y(0) = 0^2 = 0$$

   Wendepunkte

   $$y'' = 2 \neq 0 \quad \Rightarrow \quad \text{die Funktion hat keinen Wendepunkt}$$

2. $y = x^2 - 2x + 3 = (x-1)^2 + 2$

   Ableitungen

   $$y' = 2x - 2$$
   $$y'' = 2$$

   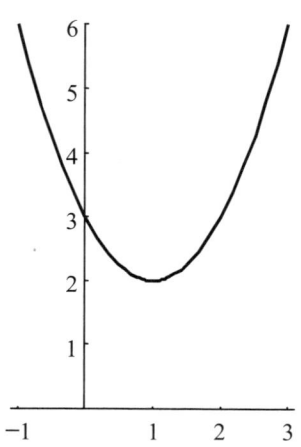

   Extremwerte

   Bedingung 1. Ordnung

   $$y' = 2x - 2 = 0$$
   $$2x = 2$$
   $$x = 1$$

   Bedingung 2. Ordnung

   $$y''(1) = 2 > 0 \quad \Rightarrow \quad \text{Minimum an der Stelle } x = 1$$

Funktionswert im Minimum

$$y(1) = 1^2 - 2 \cdot 1 + 3 = 2$$

Wendepunkte

$$y'' = 2 \neq 0 \implies \text{die Funktion hat keinen Wendepunkt}$$

3. $y = x^3$

Ableitungen

$$y' = 3x^2$$
$$y'' = 6x$$
$$y''' = 6$$

Extremwerte

Bedingung 1. Ordnung

$$y' = 3x^2 = 0$$
$$x = 0$$

Bedingung 2. Ordnung

$$y''(0) = 6 \cdot 0 = 0$$
$$y'''(0) = 6 > 0 \implies \text{Sattelpunkt an der Stelle } x = 0$$

Wendepunkte

$$y'' = 6x = 0$$
$$x = 0$$

An dieser Stelle liegt der bereits bestimmte Sattelpunkt. Wir erinnern uns daran, dass der Sattelpunkt ein Sonderfall des Wendepunkts ist, bei dem zusätzlich auch die 1. Ableitung null ist.

4. $y = \dfrac{1}{3}x^3 - 2x^2 + 3x + 1$

Ableitungen

$$y' = x^2 - 4x + 3$$
$$y'' = 2x - 4$$
$$y''' = 2$$

Extremwerte

Bedingung 1. Ordnung

$$y' = x^2 - 4x + 3 = 0$$

Es handelt sich hier um eine quadratische Gleichung in der Form

$$x^2 + px + q = 0$$

die wir mit der pq-Formel lösen können. Die pq-Formel leiten wir her, indem wir die Gleichung mit Hilfe der quadratischen Ergänzung umformen:

$$\underbrace{x^2 + px + \left(\frac{p}{2}\right)^2} - \left(\frac{p}{2}\right)^2 + q = 0$$

$$\left(x + \frac{p}{2}\right)^2 - \left(\frac{p}{2}\right)^2 + q = 0$$

$$\left(x + \frac{p}{2}\right)^2 = \left(\frac{p}{2}\right)^2 - q$$

$$x + \frac{p}{2} = \pm\sqrt{\left(\frac{p}{2}\right)^2 - q}$$

$$x_{1/2} = -\frac{p}{2} \pm \sqrt{\frac{p^2}{4} - q}$$

Die **pq-Formel** lautet:

$$\boxed{\; x_{1/2} = -\frac{p}{2} \pm \sqrt{\frac{p^2}{4} - q} \;}$$

Im Beispiel erhalten wir die folgenden Nullstellen der 1. Ableitung:

$$x^2 - 4x + 3 = 0$$

$$x_{1,2} = 2 \pm \sqrt{4 - 3} = 2 \pm \sqrt{1}$$

$$x_1 = 3$$

$$x_2 = 1$$

Bedingung 2. Ordnung

$$y''(1) = 2 \cdot 1 - 4 = -2 < 0 \quad \Rightarrow \quad \text{Maximum an der Stelle } x = 1$$

$$y''(3) = 2 \cdot 3 - 4 = 2 > 0 \quad \Rightarrow \quad \text{Minimum an der Stelle } x = 3$$

Funktionswerte

$$y(1) = \frac{1}{3} \cdot 1^3 - 2 \cdot 1^2 + 3 \cdot 1 + 1 = 2\frac{1}{3}$$

$$y(3) = \frac{1}{3} \cdot 3^3 - 2 \cdot 3^2 + 3 \cdot 3 + 1 = 1$$

Wendepunkte

$$y'' = 2x - 4 = 0$$
$$x = 2$$

$$y'''(2) = 2 \neq 0 \quad \Rightarrow \quad \text{Wendepunkt an der Stelle } x = 2$$

Funktionswert

$$y(2) = \frac{1}{3} \cdot 2^3 - 2 \cdot 2^2 + 3 \cdot 2 + 1 = 1\frac{2}{3}$$

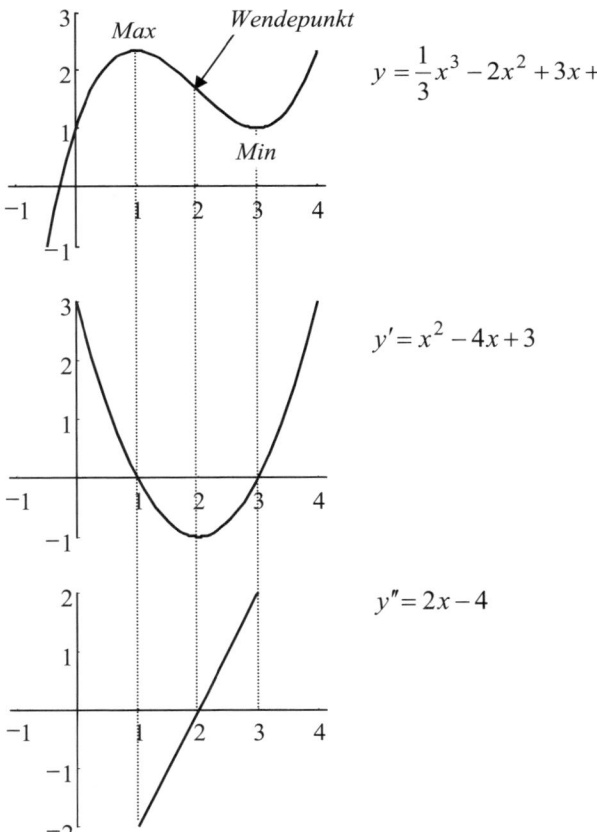

5. $y = x^4$

Ableitungen

$$y' = 4x^3$$
$$y'' = 12x^2$$
$$y''' = 24x$$
$$y^{(4)} = 24$$

Extremwerte

Bedingung 1. Ordnung

$$y' = 4x^3 = 0$$
$$x = 0$$

Bedingung 2. Ordnung

$$y''(0) = 0$$
$$y'''(0) = 0$$
$$y^{(4)}(0) = 24 > 0 \quad \Rightarrow \quad \text{Minimum an der Stelle } x = 0$$

Obwohl die Funktion offenkundig an der Stelle $x_0 = 0$ ein relatives Minimum hat, kann dieses Minimum nicht mit Hilfe unserer hinreichenden Bedingung 2. Ordnung $f'' > 0$ bestimmt werden. Wir müssen daher auch die höheren Ableitungen mit heranziehen und können damit die Bedingung 2. Ordnung verallgemeinern.

Es gelten allgemein die folgenden Bedingungen:

Hinreichende Bedingungen für Extremum/Sattelpunkt

Ist an der Stelle x_0

1. $f'(x_0) = f''(x_0) = f'''(x_0) = \ldots = f^{(n-1)}(x_0) = 0$
2. $f^{(n)}(x_0) < 0 \ (> 0)$

so hat $f(x)$ für **gerades** n an dieser Stelle ein relatives **Maximum** (Minimum) und für **ungerades** n einen **Sattelpunkt**.

Wenn in einem kritischen Punkt auch die 2. und die 3. Ableitung null sind, dann müssen die höheren Ableitungen überprüft werden. Ist die erste nicht verschwindende Ableitung an der Stelle x_0 gerade, so hat die Funktion an dieser Stelle ein relatives Extremum, ist sie ungerade einen Sattelpunkt.

Wendepunkte sind relative Extrema der 1. Ableitung; wir wenden daher die hinreichenden Bedingungen für ein Extremum der Funktion $f(x)$ auf ihre Ableitung $f'(x)$ an. Sind an der Stelle x_0 die 2. Ableitung und die 3. Ableitung null, dann prüfen wir die höheren Ableitungen. Daher gilt allgemein:

Hinreichende Bedingung für Wendepunkt

Ist die erste nicht verschwindende **höhere** Ableitung **ungerade**, so hat die Funktion an dieser Stelle einen Wendepunkt.

BEISPIELE

6. $y = x^5$

    Ableitungen

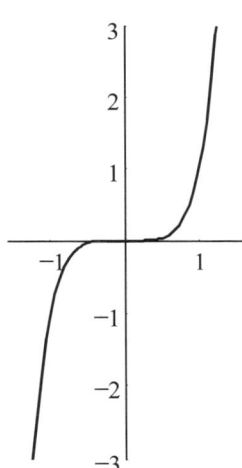

$$y' = 5x^4$$
$$y'' = 20x^3$$
$$y''' = 60x^2$$
$$y^{(4)} = 120x$$
$$y^{(5)} = 120$$

    Extremwerte

    Bedingung 1. Ordnung

$$y' = 5x^4 = 0$$
$$x = 0$$

    Bedingung 2. Ordnung

$$y''(0) = y'''(0) = y^{(4)}(0) = 0$$
$$y^{(5)} = 120 > 0 \quad \Rightarrow \quad \text{Sattelpunkt an der Stelle } x = 0$$

    Wendepunkte

$$y'' = 20x^3 = 0$$
$$x = 0$$

An dieser Stelle liegt der bereits bestimmte Sattelpunkt. D.h. die Funktion hat keine weiteren Wendepunkte außer dem Sattelpunkt.

7. $y = 3x^4 - 4x^3 + 2$

Ableitungen

$$y' = 12x^3 - 12x^2$$

$$y'' = 36x^2 - 24x$$

$$y''' = 72x - 24$$

$$y^{(4)} = 72$$

Extremwerte

Bedingung 1. Ordnung

$$y' = 12x^3 - 12x^2 = 0$$

$$12x^2(x-1) = 0 \implies x_1 = 0$$

$$x - 1 = 0 \implies x_2 = 1$$

Bedingung 2. Ordnung

$$y''(1) = 36 \cdot 1^2 - 24 \cdot 1$$

$$= 36 - 24 = 12 > 0 \qquad \implies \text{ Minimum an der Stelle } x = 1$$

$$y''(0) = 36 \cdot 0^2 - 24 \cdot 0 = 0$$

$$y'''(0) = 72 \cdot 0 - 24 = -24 \neq 0 \implies \text{ Sattelpunkt an der Stelle } x = 0$$

Funktionswerte

$$y(0) = 3 \cdot 0^4 - 4 \cdot 0^3 + 2 = 2$$

$$y(1) = 3 \cdot 1^4 - 4 \cdot 1^3 + 2 = 1$$

Wendepunkte

$$y'' = 36x^2 - 24x = 0$$

$$12x(3x - 2) = 0 \implies x = 0 \text{ (Sattelpunkt)}$$

$$3x - 2 = 0 \implies x = \frac{2}{3}$$

$$y'''\left(\frac{2}{3}\right) = 72 \cdot \frac{2}{3} - 24 = 24 \neq 0 \implies \text{ Wendepunkt bei } x = \frac{2}{3}$$

Funktionswert

$$y\left(\frac{2}{3}\right) = 3 \cdot \left(\frac{2}{3}\right)^4 - 4 \cdot \left(\frac{2}{3}\right)^3 + 2 = \frac{16 - 32 + 54}{27} = 1{,}407$$

3.6.3 Konvexe und konkave Funktionen

Wir wissen bereits, dass die 1. Ableitung die Steigung einer Funktion angibt. Auch die 2. Ableitung können wir geometrisch interpretieren und damit das Krümmungsverhalten einer Funktion bestimmen. Wir unterscheiden konvex und konkav gekrümmte Funktionen.

Konvexität

Wir nennen eine Funktion in einem Intervall **konvex**, wenn für je zwei Punkte x_1, x_2 in diesem Intervall immer gilt:

Zwischen x_1 und x_2 verläuft der Graph der Funktion unterhalb der Sekante, d.h. der Geraden, die die Kurvenpunkte bei x_1 und x_2 verbindet.

Dies ist gleichbedeutend mit

$$f(s\,x_1 + (1-s)x_2) \le s\,f(x_1) + (1-s)f(x_2) \qquad ; 0 \le s \le 1$$

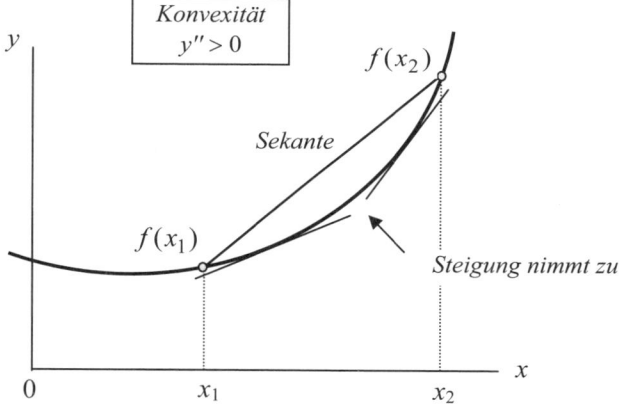

Geometrisch folgt aus der Konvexität der Funktion, dass die Steigung der Kurve zwischen je zwei Punkten x_1 und x_2 zunimmt, also $y' = f'(x)$ eine steigende (streng monoton wachsende) Funktion ist, d.h. $f''(x) \ge 0$.

Es gilt:

Notwendige Bedingung für Konvexität

Ist $f(x)$ in einem Intervall konvex, dann ist die 1. Ableitung streng monoton wachsend und folglich die 2. Ableitung an jeder Stelle nichtnegativ:

$$f \text{ konvex} \Leftrightarrow f' \text{ streng monoton wachsend} \Rightarrow f'' \ge 0$$

Die Bedingung $f'' \ge 0$ ist eine notwendige Bedingung der Konvexität, hinreichend ist $f'' > 0$ (siehe Monotonie).

Denn es gilt:

Hinreichende Bedingung für Konvexität

Ist in einem Intervall die 2. Ableitung an jeder Stelle positiv $f'' > 0$, dann ist die 1. Ableitung streng monoton wachsend und folglich $f(x)$ konvex:

$$f'' > 0 \;\Rightarrow\; f' \text{ streng monoton wachsend } \Leftrightarrow f \text{ konvex}$$

BEISPIELE

1. $y = x^2$ $\qquad\qquad\qquad$ $D = \mathbf{R}$

    Die Normalparabel ist konvex. Zwischen zwei beliebigen Kurvenpunkten verläuft der Graph stets unterhalb der Sekante.

    Wir prüfen die hinreichende Bedingung:

    $$y' = 2x$$
    $$y'' = 2 > 0$$

    Die 2. Ableitung ist unabhängig von x positiv, die Funktion daher im ganzen Definitionsbereich konvex.

2. $y = x^4$ $\qquad\qquad\qquad$ $D = \mathbf{R}$

    Auch diese Parabel höherer Ordnung ist konvex; der Graph verläuft stets unterhalb der Sekante ($\Rightarrow y'' \geq 0$).

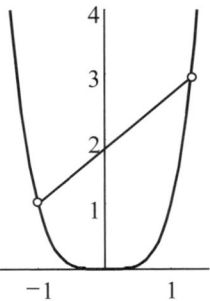

    Wir prüfen wieder die strengere hinreichende Bedingung:

    $$y' = 4x^3$$
    $$y'' = 12x^2 \geq 0$$

Die 2. Ableitung ist nur schwach positiv. Für alle von null verschiedenen x-Werte ist sie streng positiv, ist also die hinreichende Bedingung für die Konvexität erfüllt. An der Stelle $x = 0$ ist die 2. Ableitung aber null:

$$y''(0) = 12 \cdot 0^2 = 0$$

und daher die hinreichende Bedingung $f'' > 0$ nicht erfüllt. Anhand der 2. Ableitung können wir in diesem Fall keine Aussage über die Konvexität machen. Wir wissen aber, dass $f'' > 0$ keine notwendige Bedingung für die Konvexität ist, die Funktion also, wie in diesem Beispiel, auch dann konvex sein kann, wenn die hinreichende Bedingung nicht erfüllt ist.

3. $y = x^3$ $D = \mathbf{R}$

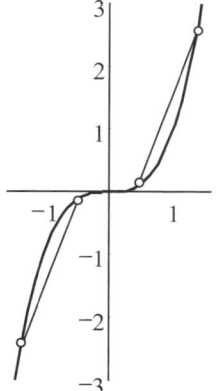

Die kubische Parabel ist

    konvex für $x > 0$

    konkav für $x < 0$

Es gilt:

$$y' = 3x^2$$
$$y'' = 6x$$

Die 2. Ableitung ist nur schwach positiv für $x \geq 0$ und schwach negativ für $x \leq 0$. An der Stelle $x = 0$ ist sie null:

$$y''(0) = 6 \cdot 0 = 0$$

Die hinreichende Bedingung ist also weder für $x \geq 0$ noch für $x \leq 0$ erfüllt

$$y'' = 6x \geq 0 \ \text{ für } \ x \geq 0$$
$$y'' = 6x \leq 0 \ \text{ für } \ x \leq 0$$

Solange der Nullpunkt einbezogen wird, lässt sich aufgrund der hinreichenden Bedingung $y'' > 0$ ($y'' < 0$) nicht sagen, ob die Funktion konvex (oder konkav oder keines von beiden) ist.

Dagegen ist die hinreichende Bedingung für positive x-Werte erfüllt:

$$y'' = 6x > 0 \ \text{ für } \ x > 0$$
$$y'' = 6x < 0 \ \text{ für } \ x < 0$$

Danach ist die kubische Parabel rechts vom Nullpunkt konvex (und links vom Nullpunkt konkav). Tatsächlich ist sie auch unter Einschluss des Nullpunkts konvex (konkav). Nur lässt sich das nicht am Vorzeichen der zweiten Ableitung ablesen.

Wir definieren nun die

Konkavität

Wir nennen eine Funktion in einem Intervall **konkav**, wenn für je zwei Punkte x_1, x_2 in diesem Intervall gilt:

Zwischen x_1 und x_2 verläuft der Graph der Funktion oberhalb der Sekante. Dies ist gleichbedeutend mit

$$f(s\,x_1 + (1-s)x_2) \geq s\,f(x_1) + (1-s)f(x_2) \qquad ; 0 \leq s \leq 1$$

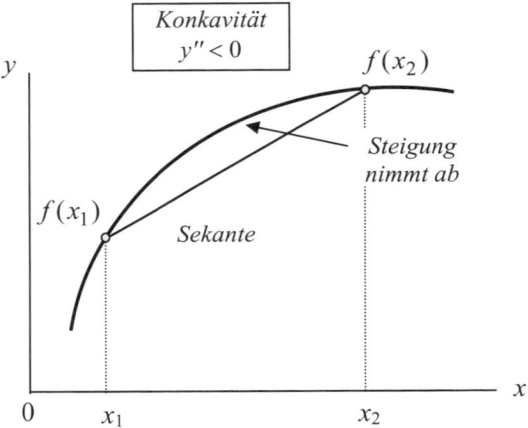

Bei einer konkaven Funktion nimmt also die Steigung der Kurve zwischen zwei beliebigen Punkten x_1 und x_2 ständig ab, d.h. $y' = f'(x)$ ist eine streng monoton fallende Funktion und $f''(x) \leq 0$.

Es gilt

Notwendige Bedingung für Konkavität

Ist $f(x)$ in einem Intervall konkav, dann ist die 1. Ableitung streng monoton fallend und folglich die 2. Ableitung an jeder Stelle nichtpositiv:

$$f \text{ konkav} \iff f' \text{ streng monoton fallend} \implies f'' \leq 0$$

Die Bedingung $f'' \leq 0$ ist eine notwendige Bedingung der Konkavität, hinreichend ist wieder $f'' < 0$.

Hinreichende Bedingung für Konkavität

Ist in einem Intervall die 2. Ableitung an jeder Stelle negativ $f'' < 0$, dann ist die 1. Ableitung streng monoton fallend und folglich $f(x)$ konkav:

$$f'' < 0 \;\Rightarrow\; f' \text{ streng monoton fallend} \;\Leftrightarrow\; f \text{ konkav}$$

Wir sprechen auch von konvex oder konkav gekrümmten Kurven, weil sich die Konvexität und Konkavität auf die Krümmungseigenschaft einer Funktion bezieht. Während die 1. Ableitung also die Steigung einer Funktion angibt, gibt die 2. Ableitung die Krümmung an.

Im Wendepunkt hat die 1. Ableitung ein relatives Extremum, die 2. Ableitung also einen Vorzeichenwechsel. Im Wendepunkt ändert sich die Krümmung der Funktion, geht ein konkaver in einen konvexen Kurvenabschnitt ($f''' > 0$) oder umgekehrt ein konvexer in einen konkaven Kurvenabschnitt über ($f''' < 0$).

ÜBUNG 3.6

1. Bestimmen Sie die relativen Extremwerte und Wendepunkte für die folgenden Funktionen:

   a. $y = 12 - 12x + x^2$ e. $y = x + \dfrac{4}{x}$

   b. $y = \dfrac{1}{3}x^3 - \dfrac{1}{2}x^2 + 6$ f. $y = xe^{-x}$

   c. $y = -x^2 + 4x - 3$ g. $y = x^2 e^{-x}$

   d. $y = -x^3 + 3x + 4$ h. $y = x^2 \ln x$

2. Prüfen Sie die Bereiche, in denen die folgenden Funktionen streng monoton verlaufen.

   a. $y = 12 - 12x + x^2$ b. $y = \dfrac{x^2 + 4}{x}$

3. Berechnen Sie die Wendepunkte und finden Sie heraus, in welchen Bereichen die Funktionen konvex und konkav verlaufen.

   a. $y = \dfrac{x}{1 + x^2}$ b. $y = 2xe^x$

3.7 Ökonomische Anwendungen

3.7.1 Durchschnittskostenminimum

Wir nehmen an, dass die Kosten K der Produktion und des Marketings von x Gütereinheiten eines wohldefinierten Produkts nur von der Produktmenge x abhängen. Die Gesamtkosten sind dann darstellbar als Funktion der Produktmenge x:

$$K = K(x)$$

Die Kosten, die unabhängig von der Produktion (zumindest kurzfristig) anfallen, heißen **fixe Kosten** K_f. Dazu gehören die Kosten der Betriebsbereitschaft und die Kapitalkosten, die auch dann entstehen, wenn gar nicht produziert wird, z.B. im Falle eines Streiks.

Die Kosten, die von der Anzahl der produzierten Gütereinheiten abhängen, heißen **variable Kosten** K_v.

Die **Gesamtkosten** oder **Totalkosten** sind dann die Summe der fixen und der variablen Kosten:

$$K = K_f + K_v(x)$$

Die **Durchschnitts-** oder **Stückkosten** sind die Kosten, die eine Produkteinheit im Durchschnitt verursacht oder die Kosten pro Produkteinheit. Wir berechnen die Stückkosten, indem wir die Gesamtkosten durch die Zahl der Produkteinheiten x dividieren:

$$\overline{K} = \frac{K}{x}$$

Die **Grenzkosten** sind dagegen die Kosten, die eine **zusätzliche** Produkteinheit verursacht und entsprechen der 1. Ableitung der Kostenfunktion:

$$K' = \frac{dK}{dx}$$

Die besondere Aufmerksamkeit gilt der Produktmenge, bei der die Stückkosten am niedrigsten sind, also dem **Durchschnittskostenminimum**.

Die hinreichenden Bedingungen für ein Durchschnittskostenminimum lauten:

$$\overline{K}'(x) = 0 \qquad \text{Bedingung 1. Ordnung}$$
$$\overline{K}''(x) > 0 \qquad \text{Bedingung 2. Ordnung}$$

Die 1. Ableitung der Durchschnittskostenfunktion muss also im Minimum null und die 2. Ableitung positiv sein.

Aus der Bedingung 1. Ordnung folgt eine wichtige Eigenschaft des Durchschnitts-kostenminimums:

Gleichheit von Grenz- und Durchschnittskosten

Im Durchschnittskostenminimum x_0 sind die Durchschnittskosten gleich den Grenzkosten

$$\overline{K}(x_0) = K'(x_0)$$

Die Durchschnittskostenfunktion wird in ihrem Minimum von der Grenz-kostenfunktion geschnitten.

Beweis:

Die Durchschnittskosten werden mit Hilfe der Quotientenregel nach der Produktmenge x abgeleitet und dann nach den Grenzkosten K' aufgelöst:

$$\overline{K}' = \frac{d}{dx}\frac{K}{x} = \frac{K'x - K}{x^2} = 0 \quad | \cdot x^2 > 0$$

$$K'x - K = 0 \quad | : x > 0$$

$$K' - \frac{K}{x} = 0$$

$$K' = \frac{K}{x} = \overline{K}$$

Aus der Bedingung 2. Ordnung folgt eine weitere Eigenschaft des Durchschnitts-kostenminimums:

Konvexität der Kostenfunktion im Durchschnittskostenminimum

Das Durchschnittskostenminimum x_0 liegt stets im konvexen Bereich der Kostenfunktion, also im Bereich steigender Grenzkosten $K'' > 0$.

$$\overline{K}''(x_0) > 0 \quad \Rightarrow \quad K''(x_0) > 0$$

Beweis:

Die 2. Ableitung der Durchschnittskosten bilden wir, indem wir die 1. Ableitung erneut nach der Produktmenge x ableiten. Dabei benutzen wir die Quotientenregel und für die Ableitung von $K'x$ die Produktregel:

$$\overline{K}'' = \frac{d}{dx}\frac{K'x - K}{x^2} = \frac{(K''x + K' - K')x^2 - \overbrace{(K'x - K)}^{=0}2x}{x^4}$$

$$= \frac{(K''x)x^2}{x^4} = \frac{K''}{x} > 0 \quad \Rightarrow \quad K'' > 0 \ \text{für} \ x > 0$$

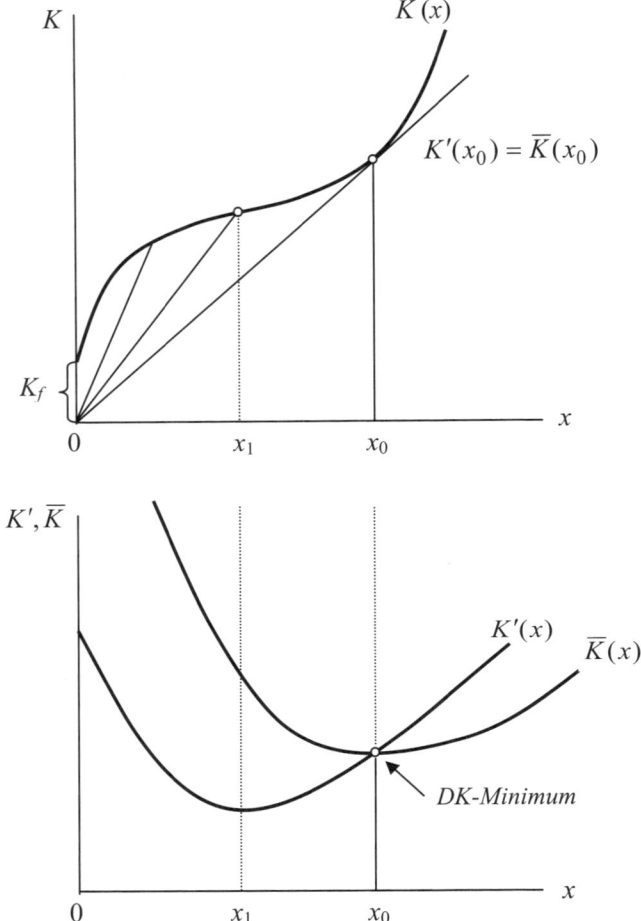

In der grafischen Darstellung verwenden wir eine s-förmige Kostenfunktion. Die fixen Kosten entsprechen dem Ordinatenabschnitt, die Grenzkosten der Tangentensteigung und die Durchschnittskosten der Steigung des Fahrstrahls zum Nullpunkt.

Die Grenzkosten beginnen bei einem endlichen positiven Wert, nehmen mit steigender Produktion bis zum Wendepunkt bei x_1 ab und danach wieder zu. Die Grenzkosten nehmen ihr Minimum also im Wendepunkt der Kostenfunktion an.

Den Verlauf der Durchschnittskostenfunktion machen wir uns mit Hilfe des Fahrstrahls an die Kostenfunktion klar. Für kleine Produktmengen sind die Stückkosten hoch, weil sich die Fixkosten auf wenige Einheiten verteilen und der Fahrstrahl sehr steil ist. Für $x \to 0$ gehen die Stückkosten gegen unendlich, wird der Fahrstrahl also senkrecht. Mit wachsender Produktmenge nehmen die Stückkosten ab, weil sich die Fixkosten auf immer mehr Produkteinheiten verteilen. Der Fahrstrahl wird flacher, bis er bei x_0 mit der Tangente zusammenfällt und wird danach wieder steiler. Das Durchschnittskostenminimum liegt also bei der Produktmenge, bei der die Durchschnitts- und Grenzkosten gleich sind.

Aus diesen Überlegungen leitet sich die Darstellung der Grenz- und Durchschnittskostenfunktionen her. Die Grenzkostenfunktion hat einen endlichen Ordinatenschnittpunkt, der den Produktionskosten der ersten Produkteinheit entspricht. Sie nimmt bis zu ihrem Minimum bei x_1 ab und steigt dann wieder an.

Die Durchschnittskostenfunktion kommt aus dem Unendlichen und fällt bis zu ihrem Minimum bei x_0. Hier wird sie von unten von der Grenzkostenfunktion geschnitten. Links von x_0 liegt die Durchschnittskostenfunktion also oberhalb und rechts von x_0 unterhalb der Grenzkostenfunktion. Solange die Grenzkosten kleiner als die Durchschnittskosten sind, sinken die Durchschnittskosten. Sind die Grenzkosten größer als die Durchschnittskosten, steigen die Durchschnittskosten.

BEISPIEL

Gegeben sei die folgende quadratische **Kostenfunktion**:

$$K = 0{,}2x^2 + 10x + 20$$

Dann lautet die **Durchschnittskostenfunktion**:

$$\overline{K} = \frac{0{,}2x^2 + 10x + 20}{x} = 0{,}2x + 10 + \frac{20}{x}$$

und die **Grenzkostenfunktion**:

$$\frac{dK}{dx} = \frac{d}{dx}(0{,}2x^2 + 10x + 20) = 0{,}4x + 10$$

Bedingung 1. Ordnung für ein Durchschnittskostenminimum:

$$\frac{d\overline{K}}{dx} = 0{,}2 - \frac{20}{x^2} = 0$$

$$0{,}2 = \frac{20}{x^2}$$

$$x^2 = \frac{20}{0{,}2} = 100$$

$$x = \sqrt{100} = 10$$

Bedingung 2. Ordnung für ein Durchschnittskostenminimum:

$$\frac{d\overline{K}'}{dx} = \frac{40x}{x^4} = \frac{40}{x^3} > 0 \quad \text{gilt für alle } x > 0, \text{ also auch für } x = 10$$

Da die 2. Ableitung der Durchschnittskostenfunktion für alle positiven Produktmengen x positiv ist, ist sie auch für $x = 10$ positiv. Folglich nimmt die Durchschnittskostenfunktion ihr Minimum an der Stelle $x = 10$ an.

Durchschnittskosten im Minimum:

$$\overline{K}(10) = 0{,}2 \cdot 10 + 10 + \frac{20}{10} = 2 + 10 + 2 = 14$$

Grenzkosten im Durchschnittskostenminimum:

$$K'(10) = 0{,}4 \cdot 10 + 10 = 4 + 10 = 14$$

Im Durchschnittskostenminimum sind also die Grenzkosten gleich den Durchschnittskosten:

$$K'(10) = 14 = \overline{K}(10)$$

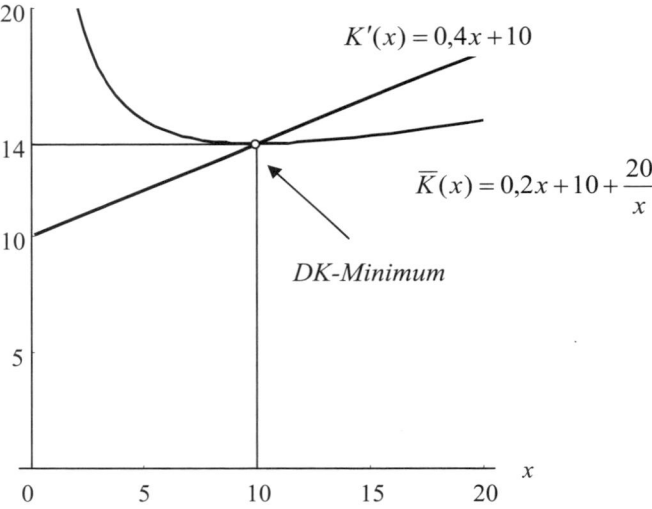

Die quadratische Kostenfunktion stellt eine Vereinfachung gegenüber der kubischen Kostenfunktion dar, durch die der s-förmige Kostenverlauf dargestellt werden müsste. Sie besteht nur aus dem konvexen Zweig der Kostenfunktion, in dem die Kosten progressiv ansteigen. Das ist aber deshalb unerheblich, weil das Durchschnittskostenminimum immer im Bereich steigender Grenzkosten also dem konvexen Bereich der Kostenfunktion liegt.

In der Grafik tritt an die Stelle der u-förmigen Grenzkostenfunktion der allgemeinen Darstellung eine lineare Grenzkostenfunktion, die die Durchschnittskostenfunktion unverändert von unten im Durchschnittskostenminimum schneidet.

3.7.2 Gewinnmaximum des Polypolisten

Der Gewinn einer Unternehmung ist definiert als Differenz zwischen Erlös und Kosten:

$$G(x) = E(x) - K(x)$$

Bei vollkommener Konkurrenz gibt es auf dem Markt so viele Anbieter, dass der einzelne Anbieter zu klein ist, um den Marktpreis zu beeinflussen. Wir sprechen dann von einem Polypol[1].

Für einen Polypolisten ist der Preis ein Datum, an dem er seine Angebotsentscheidung orientiert. Seine Erlösfunktion ist daher linear:

$$E(x) = p\,x \qquad\qquad p = \text{const.}$$

Die Kosten sind eine steigende Funktion der Produktmenge x:

$$K = K(x) \qquad\qquad K'(x) > 0$$

Die Bedingung 1. Ordnung für ein Maximum der Gewinnfunktion lautet:

$$G'(x) = E'(x) - K'(x) = 0$$
$$p - K'(x) = 0$$
$$K'(x) = p$$

Im Gewinnmaximum sind **die Grenzkosten gleich dem Preis** (Grenzkosten/Preis-Regel). Der gewinnmaximierende Polypolist dehnt sein Angebot solange aus, bis die Grenzkosten gleich dem Grenzerlös, dem konstanten Preis, sind. Solange die Grenzkosten kleiner als der Preis sind, kostet jede zusätzliche Einheit weniger als sie erlöst, wird also an jeder zusätzlich verkauften Einheit verdient.

Sind dagegen die Grenzkosten höher als der Preis, kostet jede zusätzliche Einheit mehr als sie erlöst, wird also mit jeder zusätzlich verkauften Einheit ein Verlust gemacht.

Die Bedingung 2. Ordnung für ein Maximum der Gewinnfunktion lautet:

$$G''(x) = E''(x) - K''(x) < 0$$
$$0 \;-\; K''(x) < 0$$
$$K''(x) > 0$$

Die hinreichende Bedingung 2. Ordnung ist die **Konvexität der Kostenfunktion**. Das Gewinnmaximum liegt also im Bereich **steigender Grenzkosten**.

---

[1] grch. poly = viele, polein = verkaufen

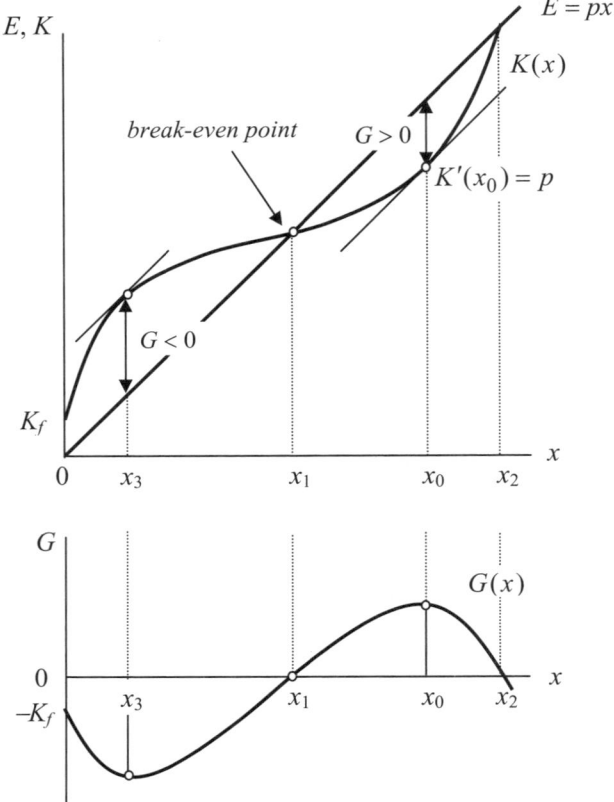

In der grafischen Darstellung verwenden wir wieder die s-förmige Kostenfunktion. Die Erlösfunktion ist für den Polypolisten die Ursprungsgerade mit der Steigung p.

Die Kostenfunktion liegt bis zum Schnittpunkt bei x_1 oberhalb der Erlösfunktion. Die Kosten sind höher als der Erlös. Der Gewinn ist negativ, es werden Verluste gemacht.

Die Gewinnschwelle ist im **break-even point** erreicht. Hier reichen die Erlöse erstmals aus, die Kosten zu decken.

Rechts von x_1 bis zur Verlustschwelle x_2 liegt die Kostenfunktion unterhalb der Erlösfunktion, ist der Gewinn also positiv.

Das Gewinnmaximum liegt an der Stelle x_0. Hier hat die Kostenfunktion dieselbe Steigung wie die Erlösfunktion (Bedingung 1. Ordnung) und ist die Kostenfunktion konvex (Bedingung 2. Ordnung).

Das Gewinnminimum (Verlustmaximum) liegt an der Stelle x_3. Hier ist zwar die Bedingung 1. Ordnung für ein Maximum der Gewinnfunktion erfüllt, nicht aber die Bedingung 2. Ordnung. Die 2. Ableitung der Kostenfunktion ist negativ ($K'' < 0$); es liegt also ein Minimum der Gewinnfunktion vor.

Die Gewinnfunktion können wir grafisch aus der Erlösfunktion und der Kostenfunktion ableiten. Dazu übertragen wir den vertikalen Abstand zwischen der Erlös- und der Kostenfunktion in ein neues Diagramm, in dem wir auf der Ordinate den Gewinn abtragen. Die Gewinnfunktion hat einen negativen Ordinatenabschnitt bei $-K_f$. Wenn die Produktion null ist, sind auch die Erlöse null, aber es fallen die Fixkosten an, die zu Verlusten in gleicher Höhe führen.

Die Nullstellen der Gewinnfunktion sind die Gewinnschwellen bei x_1 und x_2. Die Gewinnfunktion hat ein Maximum bei x_0 und ein Minimum bei x_3.

BEISPIEL

Gegeben sei die **Erlösfunktion**

$$E = px = 30x$$

und die **Kostenfunktion**

$$K = 0{,}4x^2 + 6x + 110$$

Die **Gewinnfunktion** lautet dann

$$\begin{aligned} G &= E(x) - K(x) \\ &= 30x - (0{,}4x^2 + 6x + 110) \\ &= -0{,}4x^2 + 24x - 110 \end{aligned}$$

Bedingung 1. Ordnung für ein Maximum der Gewinnfunktion

$$\begin{aligned} G' = -0{,}8x + 24 &= 0 \\ -0{,}8x &= -24 \\ x = \frac{24}{0{,}8} &= 30 \end{aligned}$$

Bedingung 2. Ordnung für ein Maximum der Gewinnfunktion

$$G''(30) = -0{,}8 < 0$$

Die 2. Ableitung der Gewinnfunktion an der Stelle $x = 30$ ist negativ; die Gewinnfunktion nimmt also an dieser Stelle ihr Maximum an.

Gewinn im Maximum

$$G(30) = -0,4 \cdot 30^2 + 24 \cdot 30 - 110$$
$$= -360 + 720 - 110$$
$$= 250$$

Gewinnschwellen

Wir berechnen die Nullstellen der Gewinnfunktion, indem wir den Gewinn null setzen:

$$G = -0,4x^2 + 24x - 110 = 0$$
$$x^2 + \frac{24}{-0,4}x - \frac{110}{-0,4} = 0$$
$$x^2 - 60x + 275 = 0$$

Mit der pq-Formel erhalten wir die Lösung der quadratischen Gleichung:

$$x_{1/2} = 30 \pm \sqrt{900 - 275}$$
$$= 30 \pm \sqrt{625}$$
$$= 30 \pm 25$$

Die Gewinnschwellen sind:

$$x_1 = 30 + 25 = 55$$
$$x_2 = 30 - 25 = 5$$

Grafik

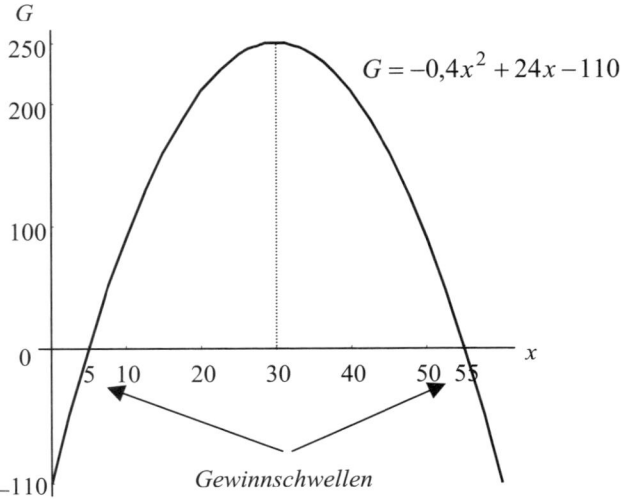

Gewinnschwellen

3.7.3 Erlösfunktion, Grenzerlös, Durchschnittserlös

Wenn es nur einen Anbieter auf einem Markt gibt, sprechen wir von einem Monopol. Für einen Monopolisten (Pricesearcher) hängt der Preis von der angebotenen Menge ab, er kann also den erzielten Preis durch das Angebot beeinflussen.

Die Nachfragefunktion wird aus der Sicht eines Monopolisten zur **Preis-Absatz-Funktion**:

$$p = p(x)$$

Dann ist seine Erlösfunktion

$$E = x \cdot p(x)$$

und der Grenzerlös

$$E' = p(x) + x \cdot \frac{dp}{dx}$$

Der Durchschnittserlös

$$\overline{E} = \frac{E}{x} = \frac{x\,p(x)}{x} = p(x)$$

ist identisch mit der Preis-Absatz-Funktion.

Da die Nachfragefunktion im Normalfall eine negative Steigung hat (Nachfragegesetz)

$$\frac{dp}{dx} < 0$$

gilt stets

$$E' < \overline{E}$$

liegt die Grenzerlösfunktion immer unterhalb der Durchschnittserlösfunktion

BEISPIEL

Preis-Absatz-Funktion

$$p = 10 - \frac{1}{2}x$$

Erlösfunktion

$$E = 10x - \frac{1}{2}x^2$$

Maximum der Erlösfunktion

Bedingung 1. Ordnung
$$E' = 10 - x = 0$$
$$x = 10$$

Bedingung 2. Ordnung
$$E''(10) = -1 < 0 \quad \Rightarrow \text{ Erlösmaximum an der Stelle } x = 10$$

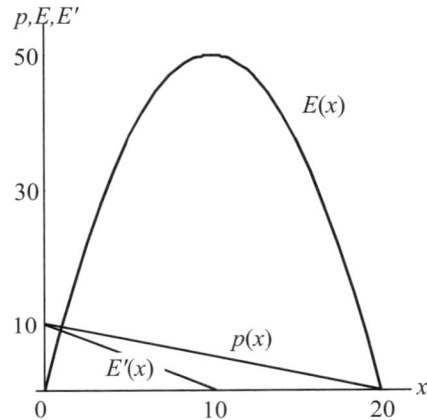

3.7.4 Elastizitäten

Mit der Steigung dy/dx haben wir eine Maßzahl für die Empfindlichkeit kennengelernt, mit der y auf Änderungen von x reagiert. Die Steigung einer Funktion ist ein Maß für das Verhältnis der absoluten Änderungen dy und dx von y und x und ist deshalb völlig unabhängig von der Lage der Funktion. Sie gibt an, um wieviel sich y ändert, wenn x um eine Einheit steigt (oder fällt).

Im Unterschied dazu ist die Elastizität ein Maß für das **Verhältnis der relativen Änderungen** dy/y und dx/x von y und x:

$$\varepsilon_{y/x} := \left| \frac{\frac{dy}{y}}{\frac{dx}{x}} \right| = \left| \frac{dy}{dx} \cdot \frac{x}{y} \right| = \begin{cases} \dfrac{dy}{dx} \cdot \dfrac{x}{y} & \text{für } \dfrac{dy}{dx} > 0 \\ -\dfrac{dy}{dx} \cdot \dfrac{x}{y} & \text{für } \dfrac{dy}{dx} < 0 \end{cases}$$

Die Elastizität von y bezüglich x gibt an, um wieviel Prozent sich y ändert, wenn x sich um 1% verändert. Die Elastizität ist eine **dimensionslose** Maßzahl, da im Zähler und Nenner der relativen Änderungen dieselben Maßeinheiten stehen und sie ist **stets positiv**. Wenn y und x sich gegenläufig verändern, weil $f(x)$ eine negative Steigung aufweist, dann wird das durch ein negatives Vorzeichen vor dy/dx

ausgeglichen. Es gilt

$$\varepsilon_{y/x} = \frac{dy}{dx} \cdot \frac{x}{y} = \frac{f'(x)}{f(x)} \cdot x = \frac{d}{dx} \ln y \cdot x$$

Und unter der Voraussetzung, dass $y = f(x)$ umkehrbar ist, ist $\varepsilon_{x/y}$ der Kehrwert von $\varepsilon_{y/x}$

$$\varepsilon_{x/y} = \frac{dx}{dy} \cdot \frac{y}{x} = \frac{1}{\dfrac{dy}{dx} \cdot \dfrac{x}{y}} = \frac{1}{\dfrac{f'(x)}{f(x)} \cdot x} = \frac{1}{\varepsilon_{y/x}}$$

ANWENDUNG: **Nachfrageelastizität**

Unter der Nachfrageelastizität versteht man die Elastizität der Nachfrage bezüglich des Preises; sie wird auch als **Preiselastizität der Nachfrage** bezeichnet:

$$\varepsilon_{x/p} = -\frac{dx}{dp} \cdot \frac{p}{x} > 0$$

Die Nachfragefunktion gibt an, wie die nachgefragte Menge (unabhängige Variable) vom Preis abhängt (abhängige Variable):

$$x = x(p) \qquad \text{mit} \quad x'(p) = \frac{dx}{dp} < 0$$

Die Preiselastizität der Nachfrage lautet daher

$$\varepsilon_{x/p} = -\frac{x'(p)}{x(p)} \cdot p$$

Sie gibt an, um wie viel Prozent die Nachfrage steigt, wenn der Preis um 1% sinkt.

Bei der grafischen Darstellung und Interpretation ist zu beachten, dass die Menge (abhängige Variable) auf der Abszisse und der Preis (unabhängige Variable) auf der Ordinate abgetragen werden.

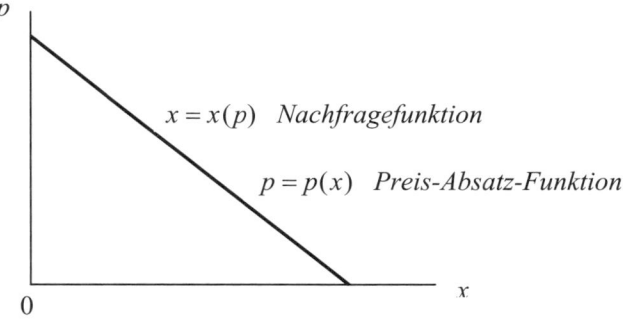

Wenn die Umkehrbarkeit vorausgesetzt werden kann, kann die Nachfragefunktion auch explizit nach dem Preis p aufgelöst werden:

$$p = p(x)$$

Sie wird dann als **inverse Nachfragefunktion** oder Nachfrage**preis**funktion bezeichnet. Aus der Sicht der Anbieter, insbesondere dann, wenn es nur einen Anbieter gibt, kann sie als Preis-Absatz-Funktion interpretiert werden, die angibt, wie der erzielbare Preis von der angebotenen Menge abhängt.

Die Elastizität der inversen Nachfragefunktion ist der Kehrwert der Preiselastizität:

$$\varepsilon_{p/x} = \frac{1}{\varepsilon_{x/p}}$$

Mit Hilfe der Elastizitäten lässt sich die Grenzerlösfunktion schreiben:

$$E = x \cdot p(x)$$

$$E' = p(x) + x \cdot p'(x) = p(x)\left(1 + \frac{p'(x)}{p(x)} x\right) \quad \text{mit } p'(x) < 0$$

$$= p(x)(1 - \varepsilon_{p/x}) = p(x)\left(1 - \frac{1}{\varepsilon_{x/p}}\right)$$

Diese Beziehung wird auch **Amoroso-Robinson-Relation** genannt. Da die Preiselastizität der Nachfrage positiv ist

$$\varepsilon_{x/p} > 0$$

ist für einen Monopolisten (dessen Preis-Absatzfunktion mit der Nachfragefunktion zusammenfällt) der Grenzerlös stets kleiner als der Preis.

Der Grenzerlös ist positiv, d.h. der Erlös nimmt bei einer Ausweitung des Angebots zu, solange die Preiselastizität größer als 1 ist

$$\varepsilon_{x/p} > 1$$

Es gilt:

$$E' > 0 \iff 1 - \frac{1}{\varepsilon} > 0 \iff 1 > \frac{1}{\varepsilon} \iff \varepsilon > 1$$

$$E' = 0 \iff 1 - \frac{1}{\varepsilon} = 0 \iff 1 = \frac{1}{\varepsilon} \iff \varepsilon = 1$$

$$E' < 0 \iff 1 - \frac{1}{\varepsilon} < 0 \iff 1 < \frac{1}{\varepsilon} \iff \varepsilon < 1$$

BEISPIELE

1. Gegeben sei die Nachfragefunktion

$$x = 30 - \frac{1}{50}p$$

aus der sich durch Umformung die Preis-Absatz-Funktion ergibt:

$$p = 1500 - 50x$$

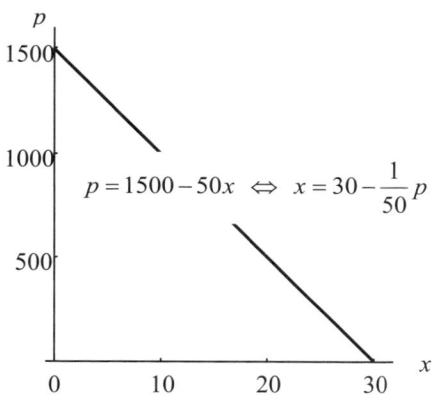

x	$\varepsilon_{x/p}$
1	29
2	14
3	9
4	6,5
5	5
6	4
7	3,3
8	2,75
9	2,33
10	2
15	1
30	0

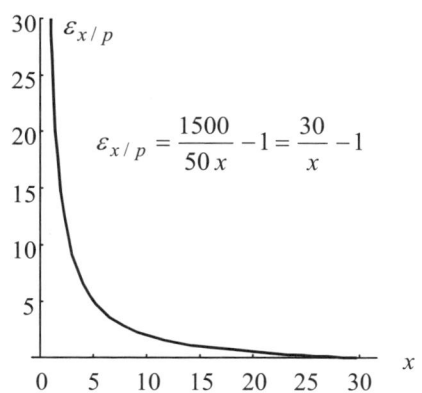

Allgemein lautet die lineare Preis-Absatz-Funktion

$$p = a - bx$$

ihre Elastizität

$$\varepsilon_{p/x} = -\frac{p'}{p} \cdot x = -\frac{-b}{a - b \cdot x} \cdot x = \frac{b \cdot x}{a - b \cdot x}$$

und die Preiselastizität der Nachfrage

$$\varepsilon_{x/p} = \frac{1}{\varepsilon_{p/x}} = \frac{a-bx}{bx} = \frac{a}{bx} - 1$$

Im Zahlenbeispiel erhalten wir

$$\varepsilon_{x/p} = \frac{1500}{50x} - 1 = \frac{30}{x} - 1$$

Die Preiselastizität ist also eine inverse Funktion der nachgefragten Menge x.

Die direkte Berechnung der Preiselastizität mit Hilfe der Nachfragefunktion ergibt:

$$\varepsilon_{x/p} = -\frac{x'}{x}p = -\frac{-\dfrac{1}{50}}{30 - \dfrac{1}{50}p}p = \frac{p}{1500 - p}$$

Die Preiselastizität ist dann aber eine Funktion des Preises p.

2. $p = a \cdot x^{-m}$

Die Preis-Absatz-Funktion (inverse Nachfragefunktion) ist nun eine Potenzfunktion mit negativem Exponenten. Ihre Elastizität ist konstant und gleich dem Betrag des Exponenten:

$$\varepsilon_{p/x} = -\frac{p'}{p}x = -\frac{-a\,m\,x^{-m-1}}{a\,x^{-m}}x = m$$

Die Nachfrageelastizität beträgt:

$$\varepsilon_{x/p} = \frac{1}{\varepsilon_{p/x}} = \frac{1}{m} = \text{const.}$$

Die Erlösfunktion lautet:

$$E = p(x)\,x = ax^{-m}\,x = ax^{1-m}$$

und die Grenzerlösfunktion:

$$E' = (1 - \varepsilon_{p/x})\,p(x) = (1-m)ax^{-m}$$

Mit $a = 10$, $m = 0{,}6$ (1,4) erhalten wir folgende grafische Darstellung:

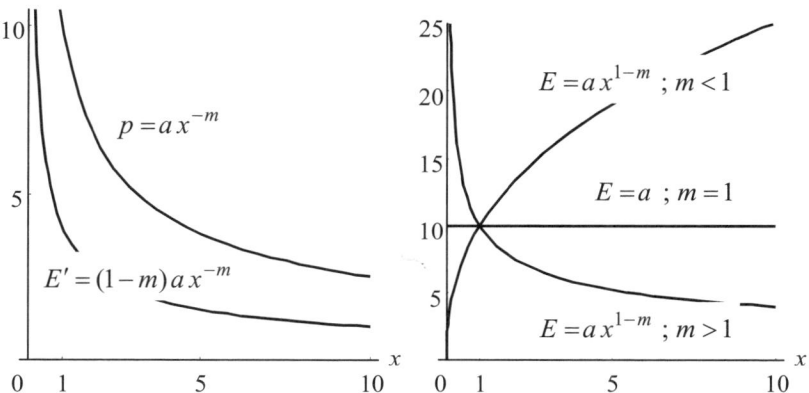

Ist die Nachfrageelastizität größer als 1

$$\varepsilon_{x/p} = \frac{1}{m} > 1$$

so wächst der Erlös E monoton; es gibt kein Erlösmaximum.

Ist die Nachfrageelastizität kleiner als 1

$$\varepsilon_{x/p} = \frac{1}{m} < 1$$

so sinkt der Erlös E monoton. Der Grenzerlös ist stets negativ.

Im Spezialfall $m = 1$ lautet die Preis-Absatz-Funktion

$$p = a x^{-m} = a x^{-1} = \frac{a}{x}$$

und ihre Elastizität

$$\varepsilon_{p/x} = -\frac{p'}{p} x = -\frac{-a m x^{-m-1}}{a x^{-m}} x = m = 1$$

ist gleich der Preiselastizität

$$\varepsilon_{x/p} = \frac{1}{\varepsilon_{p/x}} = \frac{1}{1} = 1$$

Die Erlösfunktion ist konstant

$$E = p \cdot x = x \cdot \frac{a}{x} = a$$

und der Grenzerlös daher null

$$E' = 0$$

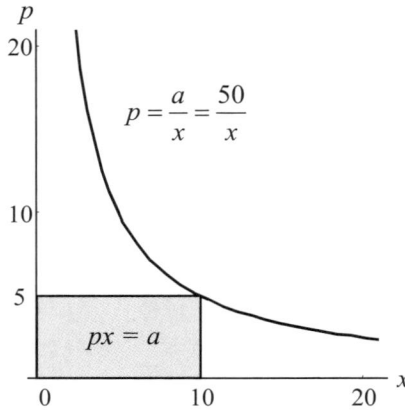

3.7.5 Gewinnmaximum des Monopolisten

Für den Monopolisten ist die Nachfragefunktion die Preis-Absatzfunktion. Er kontrolliert bei gegebenem Nachfrageverhalten den Preis über das Angebot.

Die Gewinnfunktion des Monopolisten lautet:

$$G = E(x) - K(x)$$
$$= x \cdot p(x) - K(x)$$

und die Bedingung 1. Ordnung für ein Gewinnmaximum:

$$G' = p(x)\left(1 - \frac{1}{\varepsilon_{x/p}}\right) - K'(x) = 0$$

Daraus folgt:

$$\boxed{K'(x) = p(x)\left(1 - \frac{1}{\varepsilon_{x/p}}\right) = E'(x)}$$

Das Gewinnmaximum des Monopolisten liegt bei der Produktmenge x_m, bei der die **Grenzkosten gleich dem Grenzerlös** sind. Geometrisch ist das der Schnittpunkt der Grenzkostenkurve und der Grenzerlöskurve. Der Monopolpreis p_m ist der Preis, der dem Monopolangebot x_m auf der Preis-Absatzfunktion entspricht. Dieser Punkt der Preis-Absatzfunktion wird als **Cournotscher Punkt** bezeichnet. Der Monopolist kann entweder die Menge x_m anbieten, dann wird er den Preis p_m erzielen oder er kann den Preis p_m verlangen, dann wird er die Menge x_m verkaufen.

Die Bedingung 2. Ordnung für ein Gewinnmaximum lautet:

$$G'' = E''(x) - K''(x) < 0$$
$$E''(x) < K''(x)$$

Die **Steigung der Grenzerlöskurve** ist im Gewinnmaximum **kleiner als die Steigung der Grenzkostenkurve**, d.h. die Grenzerlöskurve wird von unten von der Grenzkostenkurve geschnitten.

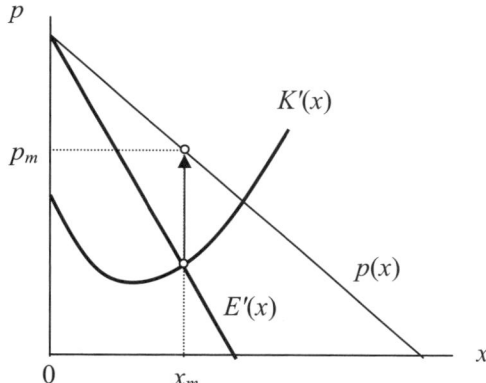

BEISPIEL

Preis-Absatzfunktion

$$p = 1.500 - 50 x$$

Erlösfunktion

$$E = 1.500 x - 50 x^2$$
$$E' = 1.500 - 100 x$$
$$E'' = -100 < 0$$

Kostenfunktion

$$K = 3x^3 - 90x^2 + 1.000x$$
$$K' = 9x^2 - 180x + 1.000$$
$$K'' = 18x - 180$$

Bedingung 1.Ordnng für Gewinnmaximum

$$K' = E'$$

Mit den bereits berechneten Grenzkosten- und Grenzerlösfunktionen ergibt sich:

$$9x^2 - 180x + 1.000 = 1.500 - 100x$$

$$x^2 - \frac{80}{9}x - \frac{500}{9} = 0$$

Die Lösung der quadratischen Gleichung erhalten wir mit der pq-Formel:

$$x_{1,2} = \frac{80}{18} \pm \sqrt{\left(\frac{80}{18}\right)^2 + \frac{500}{9}}$$

$$= 4,\overline{4} \pm \sqrt{19,75 + 55,\overline{5}}$$

$$= 4,\overline{4} \pm 8,6$$

$$= 13,12 \approx 13$$

Bedingung 2. Ordnung für Gewinnmaximum

$$K'' > E''$$

Die Steigung der Grenzkostenfunktion an der Stelle $x = 13$ beträgt:

$$K''(13) = 18 \cdot 13 - 180 = 234 - 180 = 54$$

Die Steigung der Grenzerlösfunktion ist konstant, hat also auch für $x = 13$ den Wert:

$$E''(x) = -100$$

Die Grenzkosten steigen und die Grenzerlöse fallen. Die Bedingung 2. Ordnung für ein Gewinnmaximum ist also erfüllt:

$$K''(13) = 54 > -100 = E''(13)$$

Das Gewinnmaximum des Monopolisten liegt bei der Produktmenge $x = 13$.

Der **Monopolpreis** ist:

$$p(13) = 1500 - 50 \cdot 13 = 1500 - 650 = 850$$

und folglich der Erlös:

$$E = x\, p(x) = 13 \cdot 850 = 11.050$$

Die Kosten betragen:

$$K = 3 \cdot 13^3 - 90 \cdot 13^2 + 1.000 \cdot 13$$
$$= 3 \cdot 2.197 - 90 \cdot 169 + 1.000 \cdot 13$$
$$= 6.591 - 15.210 + 13.000$$
$$= 4.381$$

und folglich der **Gewinn**:

$$G(13) = E(13) - K(13)$$
$$= 11.050 - 4.381$$
$$= 6.669$$

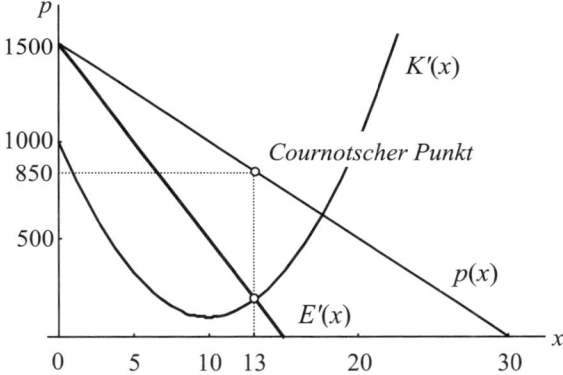

3.7.6 Lagerhaltungsmodelle, optimale Bestellmenge

Ziel der Lagerplanung ist die Minimierung der Lagerhaltungskosten.

Die Lagerkosten resultieren aus drei Kostenarten:

1. **Beschaffungskosten** (set up costs), das können die Kosten einer Bestellung oder die Kosten, einen Produktionslauf zu starten, sein.

2. **Lagerkosten**, die Kosten der eigentlichen Lagerhaltung (Zinsen, Lagerraum, Verwaltung, Schwund); sie werden auch carrying costs genannt.

3. **Fehlmengenkosten** (shortage costs), die Kosten, die dadurch entstehen, dass das Unternehmen nicht lieferfähig ist, einschließlich des Goodwill-Verlustes.

   Sollen Fehlmengen wie im Folgenden ausgeschlossen werden, so entspricht das der Annahme, dass die Fehlmengenkosten unendlich sind.

Ziel der Lagerplanung ist es, die Vorteile einer großen Bestellmenge oder Losgrö-
ße und die Kosten der Lagerhaltung, die dadurch entstehen, auszubalancieren.

(1) Optimale Lagerhaltung bei schubweiser Lieferung

Vereinfachend nehmen wir an, dass die Lieferungen schubweise jeweils zu
Beginn einer Periode erfolgen. Der Lagerzugang ist dann gleich der Bestellmenge. Wir bezeichnen mit:

D die **Periodennachfrage**, d.h. die gegebene Nachfrage pro Woche, Monat,
       Quartal oder Jahr.

c_1 die **Beschaffungs-** oder **Bestellkosten**, d.h. die Kosten, die die einzelne
       Bestellung verursacht. Wir nehmen an, diese Kosten seien konstant, also
       unabhängig von der Bestellmenge.

c_2 die **Lagerkosten pro Einheit** oder Lagerstückkosten pro Periode; sie
       seien konstant, d.h. unabhängig von der Lagermenge.

q die **Bestellmenge**, d.h. die Zahl der zu einem Zeitpunkt gelieferten Ein-
       heiten. Sie ist gleich dem maximalen Lagerbestand, der im Zeitablauf
       stetig bis zur nächsten Lieferung auf null abgebaut wird.

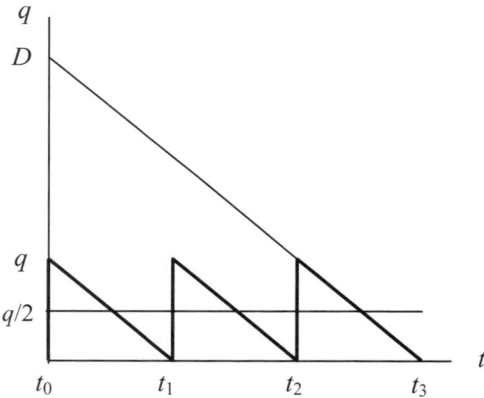

Wird häufig bestellt (z.B. täglich), so sind die Bestellkosten hoch, die Lagerkosten gering (z.B null). Wird selten bestellt (große Mengen), so sind die Bestellkosten niedrig, die Lagerkosten hoch. Im Extremfall wird nur einmal die
gesamte Bedarfsmenge D pro Periode bestellt. Die Bestellkosten sind dann
minimal, die Lagerkosten maximal.

Bezeichnen wir mit q die Bestellmenge, also die Zahl der Einheiten, die pro
Bestellung geliefert wird. Dann ist die Anzahl der Bestellungen, die nötig
sind, um die konstante Periodennachfrage D zu befriedigen, gleich $\dfrac{D}{q}$.

Die gesamten Bestellkosten betragen also pro Periode:

$$C_1 = c_1 \cdot \frac{D}{q}$$

Die Bestellkosten sind daher umgekehrt proportional zur Bestellmenge q.

Da wir annehmen, dass der Lagerbestand nach jeder Lieferung kontinuierlich bis zur nächsten Lieferung auf null abnimmt, beträgt der mittlere Lagerbestand:

$$\bar{q} = \frac{q}{2}$$

Die Lagerkosten pro Periode sind damit proportional zur Bestellmenge q:

$$C_2 = c_2 \cdot \frac{q}{2}$$

Die totalen Lagerkosten sind die Summe der Bestellkosten und der eigentlichen Lagerkosten:

$$C = c_1 \cdot \frac{D}{q} + c_2 \cdot \frac{q}{2}$$

Wie groß ist nun die optimale Bestellmenge, d.h. die Bestellmenge, für die die Lagerkosten am niedrigsten sind?

Die Bedingung 1. Ordnung für ein Minimum der totalen Lagerkosten lautet

$$\frac{dC}{dq} = c_1 \cdot \frac{-D}{q^2} + c_2 \cdot \frac{1}{2} = \frac{c_2}{2} - \frac{c_1 \cdot D}{q^2} = 0$$

Daraus folgt die **optimale Bestellmenge**[1]:

$$q = \sqrt{\frac{2c_1 \cdot D}{c_2}}$$

Die Bedingung 2. Ordnung

$$\frac{d^2C}{dq^2} = \frac{2q \cdot c_1 D}{q^4} = \frac{2 \cdot c_1 D}{q^3} > 0$$

ist stets erfüllt, da c_1, D und q positiv sind.

---

[1] Losgrößenformel von Harris/Wilson bzw. Andler

Die Lagerkosten werden also dann minimiert, wenn $\frac{D}{q}$ mal pro Periode die Menge $q = \sqrt{\frac{2c_1 \cdot D}{c_2}}$ bestellt wird.

BEISPIEL

Gegeben seien die Periodennachfrage D, die Bestellkosten c_1 und die Lagerstückkosten c_2; die Periodenlänge sei ein Jahr.

$$D = 2500 \; ; \; c_1 = 0{,}5 \; ; \; c_2 = 9$$

Die optimale Bestellmenge beträgt dann

$$q = \sqrt{\frac{2c_1 \cdot D}{c_2}} = \sqrt{\frac{2 \cdot 0{,}5 \cdot 2.500}{9}} = \frac{50}{3}$$

die Lagerkosten pro Jahr

$$C = \frac{c_1 \cdot D}{q} + \frac{c_2 \cdot q}{2} = \frac{0{,}5 \cdot 2.500}{\dfrac{50}{3}} + \frac{9 \cdot \dfrac{50}{3}}{2} = 150$$

und die Zahl der Bestellungen

$$\frac{D}{q} = \frac{2.500}{\dfrac{50}{3}} = 150$$

(2) Optimale Lagerhaltung bei stetiger Lieferung (Produktion)

Nun wird angenommen, dass die Lieferung (Produktion) der Bestellmenge q Zeit benötigt. Der Lagerzugang durch die Lieferung erfolge mit der konstanten Rate z pro Zeiteinheit und ist daher eine lineare Funktion der Zeit

$$x = z \cdot t$$

Die Lieferung der Bestellmenge q ist dann nach t_1 Zeiteinheiten abgeschlossen.

$$q = z \cdot t_1$$

Die Periodennachfrage D ist weiterhin konstant und verteile sich gleichmäßig auf die Periode. Die Nachfrage führt daher zu einem Lagerabgang mit der konstanten Rate a pro Zeiteinheit. Der Lagerabgang ist, wie der Lagerzugang, eine lineare Funktion der Zeit

$$d = a \cdot t \qquad\qquad t \in [0, T]$$

Bei einer Periodenlänge von T Zeiteinheiten gilt dann für die Gesamtnachfrage pro Periode

$$D = a \cdot T$$

Da die Nachfrage bereits während der Lieferphase t_1 wirksam ist und zu einem stetigen Lagerabbau führt, ergibt sich der Lagerbestand als Differenz von Zu- und Abgang:

$$b = z \cdot t - a \cdot t = (z - a)t \qquad ; z > a$$

Der maximale Lagerbestand wird zum Ende der Lieferphase t_1 erreicht und beträgt:

$$b_{\max} = (z - a) \cdot t_1$$

Umformung ergibt:

$$b_{\max} = q - a \cdot t_1 \qquad\qquad \text{mit } z = \frac{q}{t_1}$$

und

$$b_{\max} = q - a \cdot \frac{q}{z}$$
$$= q\left(1 - \frac{a}{z}\right) \qquad\qquad \text{mit } t_1 = \frac{q}{z}$$

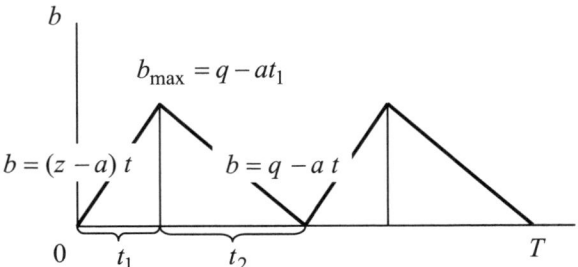

Die mittlere Lagerhaltung pro Periode beträgt nun

$$\bar{b} = \frac{b_{\max}}{2} = \frac{q}{2}\left(1 - \frac{a}{z}\right)$$

und die Lagerkosten:

$$C_2 = \frac{c_2 \cdot q}{2}\left(1 - \frac{a}{z}\right)$$

Die Zahl der Bestellungen (Produktionsläufe) pro Periode ist unverändert D/q und daher die Beschaffungskosten

$$C_1 = c_1 \frac{D}{q}$$

und die totalen Lagerkosten:

$$C = \frac{c_1 \cdot D}{q} + \frac{c_2 \cdot q}{2}\left(1 - \frac{a}{z}\right)$$

Die Bedingung 1. Ordnung für ein Minimum der totalen Lagerkosten lautet

$$\frac{dC}{dq} = -\frac{c_1 \cdot D}{q^2} + \frac{c_2}{2}\left(1 - \frac{a}{z}\right) = 0$$

Daraus folgt die **optimale Bestellmenge**

$$q = \sqrt{\frac{2c_1 D}{c_2\left(1 - \frac{a}{z}\right)}}$$

Wenn wir den Quotienten aus Zu- und Abgangsraten mit der Periodenlänge T erweitern, ergibt sich:

$$q = \sqrt{\frac{2c_1 D}{c_2\left(1 - \frac{aT}{zT}\right)}}$$

Wird nun die Periodennachfrage $D = a \cdot T$ und die maximale Periodenlieferung (Produktion) $Z = z \cdot T$ eingesetzt, lautet die **optimale Bestellmenge**:

$$\boxed{q = \sqrt{\frac{2c_1 D}{c_2\left(1 - \frac{D}{Z}\right)}}}$$

Die Bedingung 2. Ordnung

$$\frac{d^2C}{dq^2} = \frac{2c_1 \cdot D}{q^3} > 0$$

ist wieder stets erfüllt, da c_1, D und q positiv sind.

BEISPIEL

Gegeben seien die Periodennachfrage D, die Bestellkosten c_1, die Lager-stückkosten c_2 und die maximale Periodenlieferung Z; die Periodenlänge sei wieder ein Jahr.

$$D = 2.500 \; ; \; c_1 = 0,5 \; ; \; c_2 = 9; \; Z = 4.500$$

Die Gesamtnachfrage pro Periode beträgt unverändert 2.500. Bei stetiger Lie-ferung oder Produktion über die gesamte Periode hinweg könnten maximal 4.500 Einheiten geliefert (produziert) werden.

Die optimale Bestellmenge beträgt dann

$$q = \sqrt{\frac{2 \cdot 0,5 \cdot 2.500}{9\left(1 - \dfrac{2.500}{4.500}\right)}} = \sqrt{\frac{2.500}{9(1 - 0,5\overline{5})}} = \sqrt{\frac{2.500}{4}} = \frac{50}{2} = 25$$

und die Periodenkosten

$$C = \frac{0,5 \cdot 2.500}{25} + \frac{1}{2} \cdot 9 \cdot 25\left(1 - \frac{5}{9}\right) = 100$$

Wenn die Wahl zwischen einmaliger oder stetiger Lieferung der Bestellmen-ge besteht, ist die stetige Lieferung immer kostengünstiger, da sowohl die Zahl der Bestellungen als auch der mittlere Lagerbestand kleiner sind.

Die Zahl der Bestellungen beträgt nun

$$\frac{D}{q} = \frac{2.500}{25} = 100$$

und der mittlere Lagerbestand

$$\overline{b} = \frac{q}{2}\left(1 - \frac{a}{z}\right) = \frac{25}{2} \cdot \left(1 - \frac{5}{9}\right) = \frac{11,\overline{1}}{2} = 5,\overline{5}$$

ÜBUNG 3.7

1. Gegeben sei die Kostenfunktion einer Einproduktunternehmung:

    $$K = 10 + 2x + 0,4x^2 \qquad (K = \text{Kosten}, \; x = \text{Produktmenge})$$

    Ermitteln Sie das Durchschnittskostenminimum und zeigen Sie, dass im Durchschnittskostenminimum die Durchschnittskosten gleich den Grenz-kosten sind!

2. Gegeben sei die Durchschnittskostenfunktion:

   a. $\overline{K} = 25 - 8x + x^2$ b. $\overline{K} = 3x + 5 + \dfrac{75}{x}$

   Ermitteln Sie jeweils die Gesamtkostenfunktion $K(x)$ und die Grenzkostenfunktion $K'(x)$. Bestimmen Sie das Durchschnittskostenminimum und zeigen Sie, dass dort die Durchschnittskosten gleich den Grenzkosten sind!

3. Gegeben seien die Erlösfunktion und die Kostenfunktion:

   a. $E = 25x$; $K = 0,2x^2 + 15x + 80$

   b. $E = 40x$; $K = 0,3x^2 + 28x + 90$

   Berechnen Sie das Gewinnmaximum und skizzieren Sie die Gewinnfunktion $(G = E - K)$!

4. Die Preis-Absatzfunktion eines Monopolisten sei

   $$p = 10 - 2x$$

   Ermitteln Sie die Erlösfunktion $E(x) = p(x)\,x$, die Grenzerlösfunktion E' und die Durchschnittserlösfunktion E/x! Bei welcher Produktmenge x ist der Erlös am größten? Welchen Wert hat der Erlös im Maximum?

5. Die Kostenfunktion des Monopolisten in Aufgabe 4 sei

   $$K = 2 + 2x$$

   Ermitteln Sie die Gewinnfunktion $(G = E - K)$ und bestimmen Sie das Gewinnmaximum (das gewinnmaximale Angebot x und den Preis p)!

   Welchen Wert hat der Gewinn im Maximum?

6. Die Nachfragefunktion in Aufgabe 4 und 5 sei

   $$x = 5 - 0,5p$$

   Berechnen Sie die Preiselastizität der Nachfrage

   $$\varepsilon_{x/p} := -\frac{dx}{dp} \cdot \frac{p}{x} = -\frac{x'}{x} \cdot p \;!$$

   Welchen Wert hat die Elastizität im Gewinnmaximum?

7. Es sei die folgende Kostenfunktion gegeben:

   $$K = a\,x^b$$

   Berechnen Sie die Elastizität der Kosten bezüglich der Menge:

   $$\varepsilon_{K/x} := \frac{dK}{dx} \cdot \frac{x}{K} = \frac{K'}{K} \cdot x \;!$$

   Prüfen Sie, ob es sich um eine isoelastische Kostenfunktion handelt! (Wir sprechen dann von einer isoelastischen Funktion, wenn die Elastizität konstant ist, also an jeder Stelle denselben Wert annimmt.)

4 Differentiation: Funktionen mehrerer Variablen

Bei der Darstellung der Funktionen und ihrer Eigenschaften haben wir uns bisher auf den einfachsten Fall, die Funktionen einer Variablen $y = f(x)$, beschränkt. In der wirtschaftswissenschaftlichen Analyse treffen wir aber häufig auf ökonomische Variablen, die von mehreren Einflussgrößen abhängen.

So ist z.B. die Nachfrage nach einem Gut eine Funktion des eigenen Preises, aber auch der Preise anderer (substitutionaler, komplementärer) Güter, des Einkommens, der Zeit und weiterer Faktoren. Der Gewinn hängt nicht nur von der Produktion eines Gutes, sondern mehrerer Güter ab und die Produktion ist selbst wieder eine Funktion verschiedener Produktionsfaktoren.

Solche ökonomischen Zusammenhänge lassen sich in ihrer Komplexität nur durch Funktionen mehrerer Variablen abbilden. Wir müssen daher den Funktionsbegriff verallgemeinern, indem wir mehr als eine unabhängige Variable zulassen. Aus Gründen der Anschaulichkeit und der geometrischen Darstellbarkeit werden wir uns dabei auf Funktionen zweier Variablen beschränken.

Es wird sich zeigen, dass wir vieles von dem, was wir über Funktionen einer Variablen wissen, leicht auf Funktionen mehrerer Variablen übertragen können.

4.1 Funktionen zweier Variablen

Wir rufen uns zunächst die Definition der Funktion einer Variablen in Erinnerung:

Unter einer reellen Funktion einer Variablen $y = f(x)$ verstehen wir eine Vorschrift, die jedem Wert der Variablen $x \in D \subset \mathbf{R}$ (auf der Zahlengeraden) eindeutig einen Funktionswert $y \in W \subset \mathbf{R}$ (auf der Zahlengeraden) zuordnet.

Bei der Funktion einer Variablen sind sowohl der Definitionsbereich als auch der Wertebereich Abschnitte auf der Zahlengeraden, also Teilmengen der reellen Zahlenmenge $\mathbf{R}$.

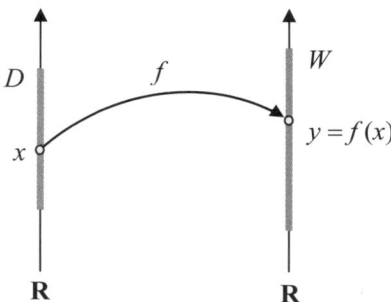

Berücksichtigen wir nun eine weitere unabhängige Variable, die wir mit y bezeichnen wollen, dann besteht der Definitionsbereich aus der Menge der geordneten Zahlenpaare (x, y) der zulässigen Werte der beiden Variablen x und y. Der Definitionsbereich D ist nun ein Bereich der xy-Ebene, also eine Teilmenge des $\mathbf{R}^2$. Entsprechend definieren wir

Funktion zweier Variablen

Eine Funktion zweier Variablen f ordnet jedem Punkt $(x, y) \in D \subset \mathbf{R}^2$ (einem Bereich der xy-Ebene) eindeutig eine Zahl $z = f(x, y) \in W \subset \mathbf{R}$ (auf der Zahlengeraden) zu.

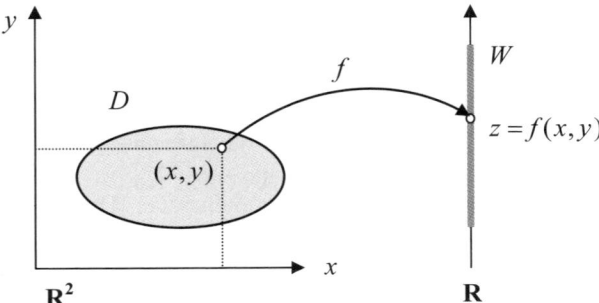

Die Funktion zweier Variablen $z = f(x, y)$ ist also eine Menge geordneter **Zahlentripel** (x, y, z) und wird in einem dreidimensionalen kartesischen Koordinatensystem dargestellt. In der horizontalen Ebene tragen wir die unabhängigen Variablen x und y ab, vertikal den zugeordneten Funktionswert z.

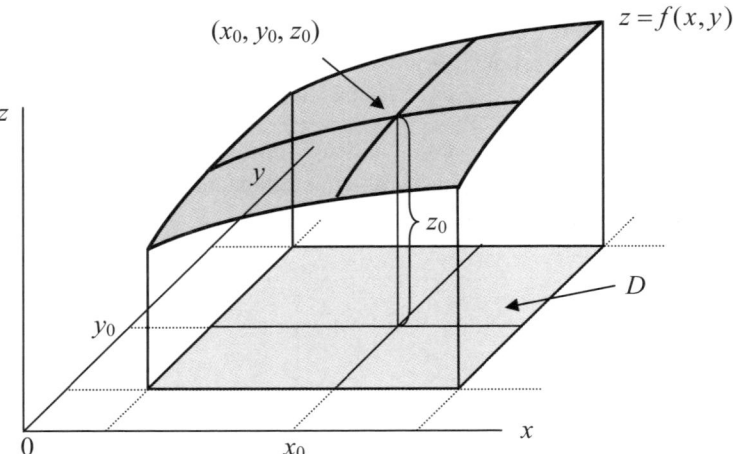

Der Graph einer Funktion zweier Variablen $z = f(x, y)$ ist folglich eine **Fläche** im Raum, während der Graph einer Funktion einer Variablen $y = f(x)$ eine **Kurve** in der Ebene ist. Wir definieren daher:

Graph der Funktion zweier Variablen

Der Graph einer Funktion zweier Variablen $z = f(x,y)$ ist die Menge aller Punkte im dreidimensionalen Raum $(x,y,z) \in \mathbf{R}^3$ mit der Eigenschaft $(x,y) \in D$ und $z = f(x,y)$.

Die Funktion zweier Variablen geht über in eine Funktion einer Variablen, wenn eine der unabhängigen Variablen x, y oder die abhängige Variable z konstant gesetzt wird. Diese Funktionen einer Variablen heißen **partielle Funktionen**. Sie werden sowohl bei der grafischen Darstellung als auch bei der Ableitung der Funktion zweier Variablen benutzt. Die Graphen der partiellen Funktionen sind wieder **Kurven**, die sich durch Schnitte mit der Fläche $z = f(x,y)$ ergeben und auf dieser Fläche liegen.

Die partielle Funktion

$z = f(x,y_0)$ ergibt sich als **vertikaler** Schnitt einer Ebene durch y_0, die parallel zur xz-Ebene liegt.

$z = f(x_0,y)$ ergibt sich als **vertikaler** Schnitt einer Ebene durch x_0, die parallel zur yz-Ebene liegt.

$z_0 = f(x,y)$ ergibt sich als **horizontaler** Schnitt einer Ebene durch z_0, die parallel zur xy-Ebene liegt. Es handelt sich um eine Höhenlinie im Abstand z_0 zur xy-Ebene, formal um eine implizite Funktion von x und y.

BEISPIELE

1. $z = x + y$

    Bei der Darstellung der Fläche im dreidimensionalen Koordinatensystem stellen wir uns vor, dass die y-Achse, auf der wir die 2. unabhängige Variable abtragen, nach hinten in den Raum zeigt. Wir verwenden dafür die 45°-Linie und eine Skala mit einem etwas kleineren Maßstab, der der perspektivischen Verkürzung entspricht. Die abhängige Variable z tragen wir auf der vertikalen Achse ab. Dabei verwenden wir in diesem Beispiel aus Gründen der Anschaulichkeit einen gegenüber der x-Achse halbierten Maßstab.

    In die horizontale xy-Ebene legen wir nun ein Raster für die Darstellung der partiellen Funktionen, durch die wir die Fläche aufspannen werden. Dazu zeichnen wir im Abstand 1, 2, 3 und 4 Parallelen zur x-Achse und entsprechende Parallelen zur y-Achse.

    Wir tragen nun die partiellen Funktionen für konstante y-Werte ein. Die partielle Funktion für $y = 0$ lautet

    $$z = x + 0 = x$$

Die Punkte der xy-Ebene mit der y-Koordinate $y = 0$ liegen auf der x-Achse. Wir tragen daher über der x-Achse die partielle Funktion $z = x$, eine Gerade, ein.

Wir setzen nun $y = 1$ und erhalten die partielle Funktion

$$z = x + 1$$

die um 1 parallel nach oben verschobene Gerade $z = x$ mit der Steigung 1. Wir zeichnen sie über der Rasterlinie bei $y = 1$ ein.

Dann setzen wir $y = 2$. Die entsprechende partielle Funktion ist

$$z = x + 2$$

und liegt über der Rasterlinie bei $y = 2$.

Ebenso erhalten wir die partiellen Funktionen

$$z = x + 3 \quad \text{für } y = 3$$
$$z = x + 4 \quad \text{für } y = 4$$

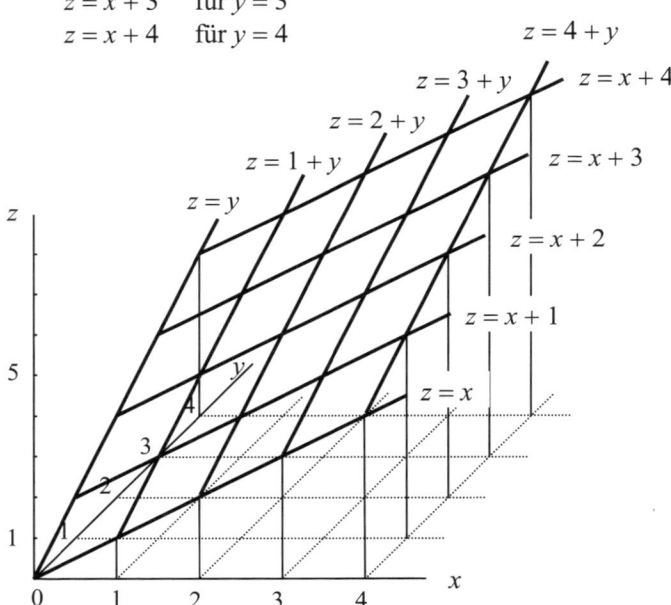

Entsprechend verfahren wir mit x, setzen also nacheinander $x = 0, 1, 2, 3, 4$ und zeichnen die partiellen Funktionen

$$z = 0 + y \quad \text{für } x = 0$$
$$z = 1 + y \quad \text{für } x = 1$$
$$z = 2 + y \quad \text{für } x = 2$$
$$z = 3 + y \quad \text{für } x = 3$$
$$z = 4 + y \quad \text{für } x = 4$$

über den entsprechenden Rasterlinien für die konstanten x-Werte ein.

Auf diese Weise erzeugen wir eine Ebene im Raum, die sich mit einer Ecke im Nullpunkt abstützt.

2. $z = x \cdot y$

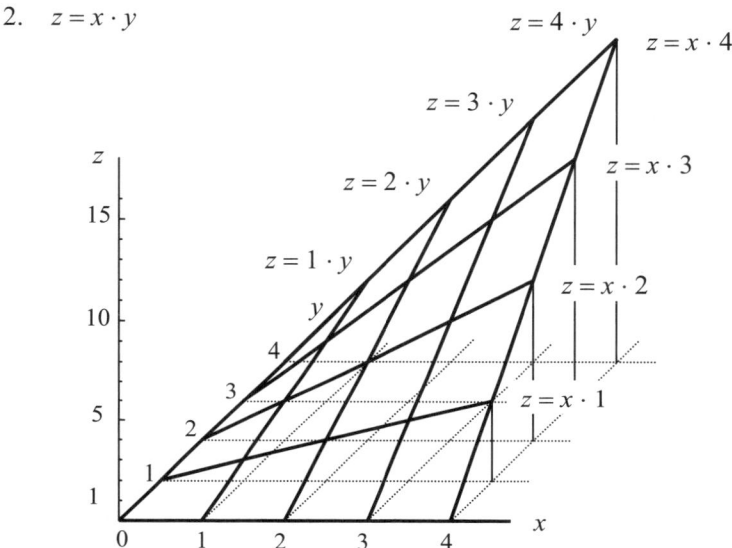

In diesem Beispiel sind die Variablen multiplikativ miteinander verknüpft. Die Funktion nimmt daher den Wert null an, wenn eine der beiden Variablen null ist.

Für konstante y-Werte erhalten wir die partiellen Funktionen

$$z = x \cdot 1 \quad \text{für } y = 1$$
$$z = x \cdot 2 \quad \text{für } y = 2$$
$$z = x \cdot 3 \quad \text{für } y = 3$$
$$z = x \cdot 4 \quad \text{für } y = 4$$

Es handelt sich um lineare Funktionen, deren Steigung dem y-Wert entspricht und daher von Rasterlinie zu Rasterlinie um 1 zunimmt.

Analog erhalten wir die partiellen Funktionen für konstante x-Werte

$$z = 1 \cdot y \quad \text{für } x = 1$$
$$z = 2 \cdot y \quad \text{für } x = 2$$
$$z = 3 \cdot y \quad \text{für } x = 3$$
$$z = 4 \cdot y \quad \text{für } x = 4$$

Die Steigung entspricht nun dem konstanten x-Wert. Die partiellen Funktionen werden daher mit wachsendem x immer steiler.

Der Graph ist nun eine Fläche, die sich mit steigenden x- und y-Werten nach oben wölbt also konvex gekrümmt ist.

3. $z = x^{0.5} \cdot y^{0.5}$

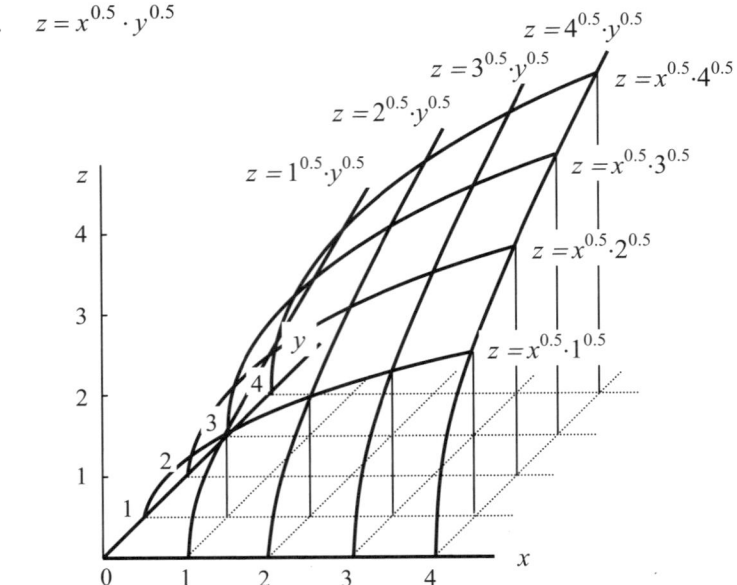

Es handelt sich hier um ein Beispiel der **Cobb-Douglas-Funktion**[1], die in der allgemeinen Form wie folgt lautet:

$$z = x^{\alpha} y^{\beta} \qquad \text{mit } \alpha + \beta = 1 \ ; \alpha, \beta > 0$$

Die Cobb-Douglas-Funktion ist eine Potenzfunktion, deren konstante Exponenten α und β sich stets zu eins addieren. In der ökonomischen Analyse wird die Cobb-Douglas-Funktion häufig als Nutzenfunktion oder als Produktionsfunktion verwendet.

Die Variablen sind wieder multiplikativ miteinander verknüpft; ihre Exponenten sind aber im Unterschied zum vorangehenden Beispiel kleiner als 1. Die Funktion nimmt daher den Wert null an, wenn eine der beiden Variablen null ist. Die partielle Funktion für konstantes $y = 0$ fällt mit der x-Achse und für konstantes $x = 0$ mit der y-Achse zusammen.

Für konstante y-Werte erhalten wir die partiellen Funktionen

$$
\begin{array}{ll}
z = x^{0.5} \cdot 0^{0.5} & \text{für } y = 0 \\
z = x^{0.5} \cdot 1^{0.5} & \text{für } y = 1 \\
z = x^{0.5} \cdot 2^{0.5} & \text{für } y = 2 \\
z = x^{0.5} \cdot 3^{0.5} & \text{für } y = 3 \\
z = x^{0.5} \cdot 4^{0.5} & \text{für } y = 4
\end{array}
$$

---

[1] Benannt nach zwei amerikanischen Ökonomen, die diesen Funktionstyp bereits 1927 bei der empirischen Schätzung von Produktionsfunktionen verwendet haben.

Es handelt sich nun um nichtlineare Funktionen (Wurzelfunktionen), die eine positive aber mit wachsendem x abnehmende Steigung aufweisen, also konkav gekrümmt sind. Die Steigung nimmt mit dem y-Wert von Rasterlinie zu Rasterlinie zu. Die partiellen Funktionen werden also von vorne nach hinten steiler.

Analog erhalten wir für konstante x-Werte die partiellen Funktionen:

$$z = 0^{0.5} \cdot y^{0.5} \qquad \text{für } x = 0$$
$$z = 1^{0.5} \cdot y^{0.5} \qquad \text{für } x = 1$$
$$z = 2^{0.5} \cdot y^{0.5} \qquad \text{für } x = 2$$
$$z = 3^{0.5} \cdot y^{0.5} \qquad \text{für } x = 3$$
$$z = 4^{0.5} \cdot y^{0.5} \qquad \text{für } x = 4$$

Die Steigung nimmt entlang jeder partiellen Funktion ab, aber mit wachsendem x von Rasterlinie zu Rasterlinie zu.

Der Graph ist nun eine konkave Fläche, deren Steigung mit wachsenden x- und y-Werten abnimmt.

Da die partiellen Funktionen in diesem Beispiel keine linearen Funktionen, sondern Wurzelfunktionen sind, ist es sinnvoll zur Vorbereitung der grafischen Darstellung, eine Wertetabelle zu erstellen. In der Kopfzeile wird die unabhängige Variable x und in der Vorspalte y abgetragen. Die Tabellenfelder enthalten dann die Werte der abhängigen Variablen z. Sie entsprechen den Funktionswerten an den Knotenpunkten der Rasterlinien in der xy-Ebene, also den Schnittpunkten der partiellen Funktionen.

x \ y	0	1	2	3	4
0	0	0	0	0	0
1	0	1	1,41	1,73	2
2	0	1,41	2	2,45	2,83
3	0	1,73	2,45	3	3,46
4	0	2	2,83	3,46	4

Wir füllen die Tabelle zeilenweise aus, indem wir nacheinander die Werte der partiellen Funktion $z = x^{0.5} y_0^{0.5}$ für konstante y-Werte $y = 0, 1, 2, 3, 4$ berechnen. Damit sind zugleich die Spalten ausgefüllt, in denen die Werte der partiellen Funktion $z = x_0^{0.5} y^{0.5}$ für konstante x-Werte $x = 0, 1, 2, 3, 4$ abgelesen werden können.

Jede Funktion zweier Variablen lässt sich auch durch ihre Höhenlinien (Konturen) in der xy-Ebene darstellen. Dazu werden die Höhenlinien $z_i = f(x,y)$, die sich durch horizontale Schnitte mit der Fläche $z = f(x,y)$ ergeben, vertikal in die xy-Ebene projiziert. Diese vereinfachte Darstellung einer Funktion zweier Variablen wird in der ökonomischen Analyse bevorzugt angewandt.

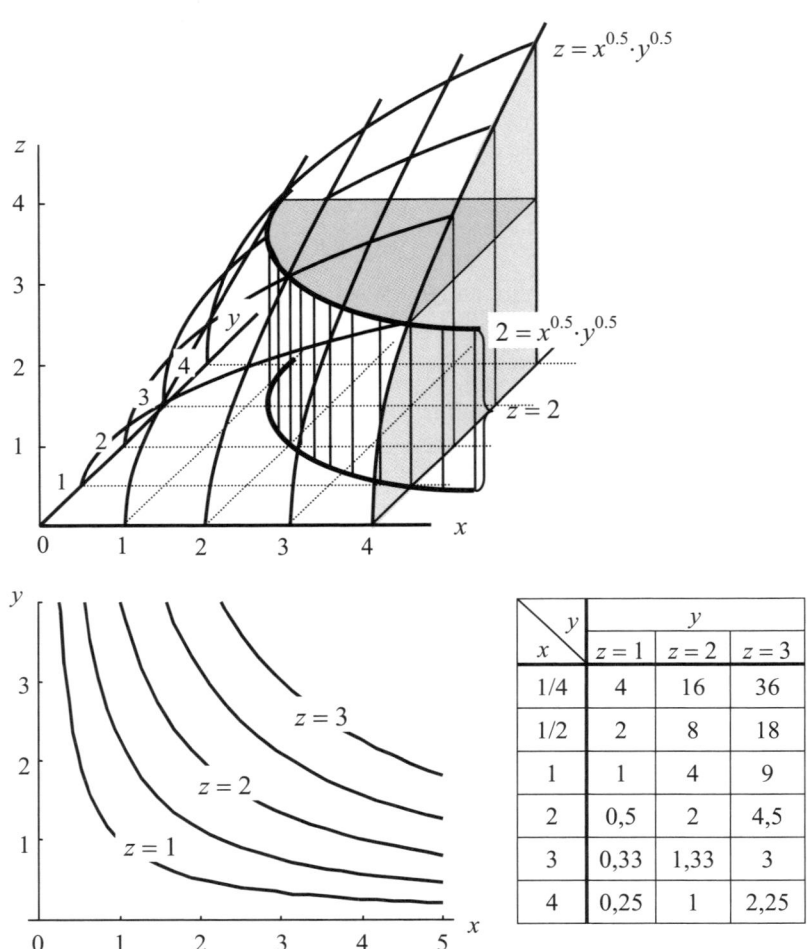

	y	y	
x	$z=1$	$z=2$	$z=3$
1/4	4	16	36
1/2	2	8	18
1	1	4	9
2	0,5	2	4,5
3	0,33	1,33	3
4	0,25	1	2,25

Die Höhenlinien der Cobb-Douglas-Funktion erhalten wir, indem wir z konstant setzen

$$z_i = x^{0.5} y^{0.5}$$

die Gleichung quadrieren

$$z_i^2 = (x^{0.5} y^{0.5})^2$$
$$= x \cdot y$$

und nach y auflösen

$$y = \frac{z_i{}^2}{x}$$

Die Höhenlinien dieser Cobb-Douglas-Funktion sind gleichseitige Hyperbeln, allgemein **konvexe** Kurven.

Die Definition der Funktion zweier Variablen lässt sich leicht auf drei oder mehr Variablen ausdehnen:

Funktion dreier Variablen

Eine Funktion von drei Variablen f ordnet jedem Punkt $(x, y, z) \in D \in \mathbf{R}^3$ (eines räumlichen Bereichs) eindeutig eine Zahl $u = f(x, y, z) \in W \subset \mathbf{R}$ (auf der Zahlengeraden) zu.

Eine Funktion dreier Variablen ist also die Menge aller geordneten Quadrupel $(x, y, z, f(x, y, z))$

Funktion von n Variablen

Eine Funktion von n Variablen $f(x_1, x_2, x_3, \ldots, x_n)$ ordnet jedem Punkt $(x_1, \ldots, x_n) \in D \in \mathbf{R}^n$ eindeutig eine Zahl $y = f(x_1, \ldots, x_n) \in W \subset \mathbf{R}$ zu.

Die partiellen Funktionen einer Funktion von n Variablen erhalten wir, indem wir $n-1$ Variable, d.h. alle Variablen bis auf eine konstant setzen.

Auch der Stetigkeitsbegriff lässt sich auf Funktionen mehrerer Variablen anwenden

Stetigkeit

Eine Funktion $z = f(x, y)$ heißt stetig an der Stelle $(a, b) \in D$ wenn gilt:

- der Funktionswert $f(a, b)$ existiert

- der Grenzwert $\lim_{\substack{x \to a \\ y \to b}} f(x, y)$ existiert

- Grenzwert und Funktionswert sind gleich

$$\lim_{\substack{x \to a \\ y \to b}} f(x, y) = f(a, b)$$

Eine Funktion $z = f(x, y)$ heißt stetig, wenn sie an jeder Stelle $(x, y) \in D$ stetig ist.

4.2 Partielle Differentiation

Die Ableitung von Funktionen zweier und mehrerer Variablen führen wir zurück auf die Ableitung von Funktionen einer Variablen.

4.2.1 Partielle Ableitungen 1. Ordnung

Sei $z = f(x,y)$ eine Funktion der beiden unabhängigen Variablen x und y. Wird nun y (in einem beliebigen Punkt) konstant gehalten, so ist z nur noch eine Funktion von x und kann folglich nach x differenziert werden.

Die Ableitung, die wir so erhalten, heißt **partielle Ableitung** von z nach x und wird wie folgt symbolisch bezeichnet:

$$\frac{\partial z}{\partial x} = \frac{\partial f}{\partial x} = \frac{\partial}{\partial x} f(x,y) = f_x$$

Zur Unterscheidung der partiellen Ableitung von der **gewöhnlichen** Ableitung einer Funktionen einer Variablen wird der Buchstabe "d" im Differentialoperator durch den Kunstbuchstaben "∂" (gesprochen "del") ersetzt. Gebräuchlich ist die vereinfachte Bezeichnung der partiellen Ableitung durch das Funktionssymbol mit der tiefgestellten Variablen, nach der abgeleitet wird.

Die partielle Ableitung von f nach x wird definiert durch den Grenzwert

$$\frac{\partial z}{\partial x} = \lim_{\Delta x \to 0} \frac{f(x + \Delta x, y) - f(x,y)}{\Delta x}$$

Ebenso können wir x konstant halten und die partielle Ableitung von z nach y bilden:

$$\frac{\partial z}{\partial y} = \frac{\partial f}{\partial y} = \frac{\partial}{\partial y} f(x,y) = f_y$$

Die partielle Ableitung von f nach y wird definiert durch den Grenzwert

$$\frac{\partial z}{\partial y} = \lim_{\Delta y \to 0} \frac{f(x, y + \Delta y) - f(x,y)}{\Delta y}$$

Da es sich bei den partiellen Ableitungen um die Ableitungen von Funktionen "einer" Variablen handelt, die wir erzeugen, indem wir die andere Variable konstant setzen, gelten für die partielle Ableitung dieselben Regeln wie für die gewöhnliche Ableitung der Funktionen einer Variablen.

Wir leiten also jeweils nach einer Variablen unter der Annahme ab, dass die andere Variable konstant ist.

BEISPIELE

1. $z = 2x^2 + 3xy - 6y^2$

    Partielle Ableitungen:

    $$\frac{\partial z}{\partial x} = 4x + 3y$$

    $$\frac{\partial z}{\partial y} = 3x - 12y$$

2. $z = xy + \ln y$

    Partielle Ableitungen:

    $$\frac{\partial z}{\partial x} = y$$

    $$\frac{\partial z}{\partial y} = x + \frac{1}{y}$$

3. $z = e^{x^2 y}$

    Partielle Ableitungen:

    $$\frac{\partial z}{\partial x} = 2xy\, e^{x^2 y}$$

    $$\frac{\partial z}{\partial y} = x^2 e^{x^2 y}$$

4.2.2 Geometrische Bedeutung der partiellen Ableitung

Die partiellen Ableitungen sind die Ableitungen der partiellen Funktionen und können daher geometrisch als Steigung der entsprechenden partiellen Funktion interpretiert werden, die wir erhalten, wenn wir eine Variable (bzw. alle anderen Variablen) konstant setzen. Die partielle Ableitung

$\frac{\partial z}{\partial x}$ ist die Steigung von $z = f(x, y_0)$ an der Stelle $x = x_0$

$\frac{\partial z}{\partial y}$ ist die Steigung von $z = f(x_0, y)$ an der Stelle $y = y_0$

Die partiellen Ableitungen entsprechen der Steigung von $z = f(x, y)$ in Richtung der Koordinatenachsen der unabhängigen Variablen x und y. Sie geben die Änderung von z bei partieller Variation von x oder y an. Die partielle Ableitung f_x gibt näherungsweise an, um wieviel z steigt, wenn x (bei unverändertem y) um eine

Einheit erhöht wird. Und partielle Ableitung f_y gibt näherungsweise an, um wieviel z steigt, wenn y (bei unverändertem x) um eine Einheit erhöht wird.

Geometrisch sind die partiellen Funktionen Kurven, die durch vertikale Schnitte mit der Fläche $z = f(x, y)$ entstehen.

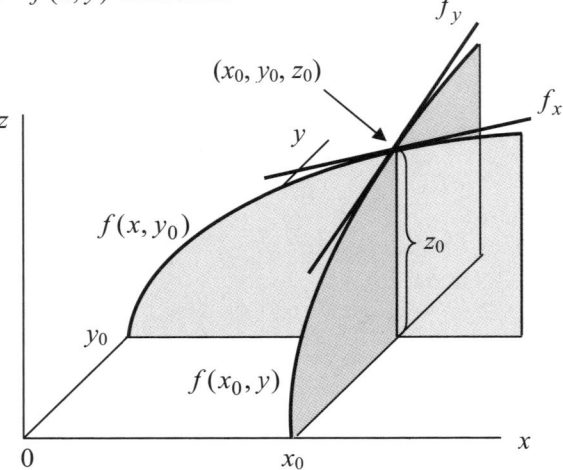

Die partiellen Ableitungen stellen wir grafisch durch die **Tangenten** der partiellen Funktion an der Stelle (x_0, y_0) dar. In jedem Punkt (x_0, y_0) wird durch die beiden Tangenten $f_x(x_0, y_0)$ und $f_y(x_0, y_0)$ eine Ebene im Raum aufgespannt. Diese Ebene berührt die Fläche $z = f(x, y)$ im Punkt (x_0, y_0, z_0) und wird deshalb als **Tangentialebene** bezeichnet.

Die Tangentialebene einer Fläche im Raum entspricht der Tangente einer Kurve in der Ebene.

4.2.3 Partielle Ableitungen 2. Ordnung

Die partiellen Ableitungen $f_x(x, y)$ und $f_y(x, y)$ sind selbst wieder Funktionen von x und y; sie können daher ebenfalls partiell nach x und y differenziert werden. Wir erhalten dann die vier partiellen Ableitungen 2. Ordnung.

Wird die partielle Ableitung 1. Ordnung $f_x(x, y)$ nach x und y abgeleitet, ergeben sich die folgenden beiden partiellen Ableitungen 2. Ordnung:

$$\frac{\partial}{\partial x}\left(\frac{\partial f}{\partial x}\right) = \frac{\partial^2 f}{\partial x^2} = f_{xx} \quad \text{oder} \quad \frac{\partial^2 z}{\partial x^2} = z_{xx}$$

$$\frac{\partial}{\partial y}\left(\frac{\partial f}{\partial x}\right) = \frac{\partial^2 f}{\partial y \partial x} = f_{xy}$$

Leiten wir die partielle Ableitung 1. Ordnung $f_y(x,y)$ nach x und y ab, ergeben sich zwei weitere partielle Ableitungen 2. Ordnung:

$$\frac{\partial}{\partial x}\left(\frac{\partial f}{\partial y}\right) = \frac{\partial^2 f}{\partial x \partial y} = f_{yx}$$

$$\frac{\partial}{\partial y}\left(\frac{\partial f}{\partial y}\right) = \frac{\partial^2 f}{\partial y^2} = f_{yy}$$

Wird zweimal nach denselben Variablen partiell differenziert, so sprechen wir von **direkten** 2. partiellen Ableitungen (f_{xx}, f_{yy}); wird zweimal nach verschiedenen Variablen differenziert (f_{xy}, f_{yx}), sprechen wir von **gemischten** 2. partiellen Ableitungen oder partiellen **Kreuzableitungen**.

Für Funktionen, die **zweimal stetig differenzierbar** sind, sind die Kreuzableitungen gleich. Die Reihenfolge, in der nach x und y differenziert wird, ist dann ohne Bedeutung:

$$f_{xy} = f_{yx}$$

Die direkten 2. partiellen Ableitungen sind die Steigung der 1. partiellen Ableitung. So gibt f_{xx} an, wie sich die Steigung f_x der partiellen Funktion $f(x, y_0)$ mit wachsendem x entlang der partiellen Funktion verändert. Und f_{yy} gibt an, wie sich die Steigung f_y der partiellen Funktion $f(x_0, y)$ mit wachsendem y entlang der partiellen Funktion verändert. Sie geben daher Auskunft über das **Krümmungsverhalten** der partiellen Funktionen. Es gilt

$$f_{xx} < 0 \,(>0) \;\Rightarrow\; f(x, y_0) \text{ ist konkav (konvex)}$$
$$f_{yy} < 0 \,(>0) \;\Rightarrow\; f(x_0, y) \text{ ist konkav (konvex)}$$

Ist die direkte 2. partielle Ableitung f_{xx} bzw. f_{yy} negativ, dann nimmt die Steigung entlang der partiellen Funktion ab, ist die partielle Funktion also konkav gekrümmt.

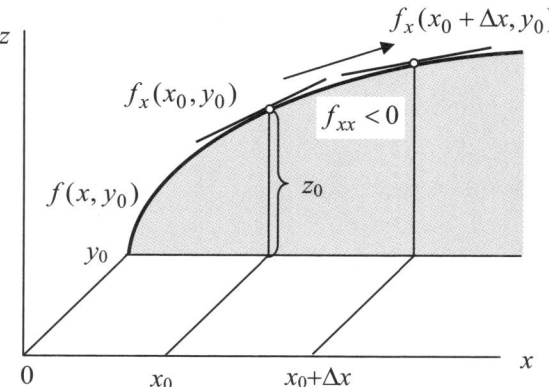

Die Kreuzableitungen f_{xy} geben an, wie sich die Steigung der partiellen Funktion $f(x, y_0)$ ändert, wenn sich y ändert, d.h. bei gegebenem $x = x_0$ von einer partiellen Funktion zur anderen. Sie zeigen, welchen Einfluss y auf f_x und umgekehrt, welchen Einfluss x auf f_y hat.

$$f_{xy} = \lim_{\Delta y \to 0} \frac{f_x(x, y + \Delta y) - f_x(x, y)}{\Delta y}$$

$$f_{yx} = \lim_{\Delta x \to 0} \frac{f_y(x + \Delta x, y) - f_y(x, y)}{\Delta x}$$

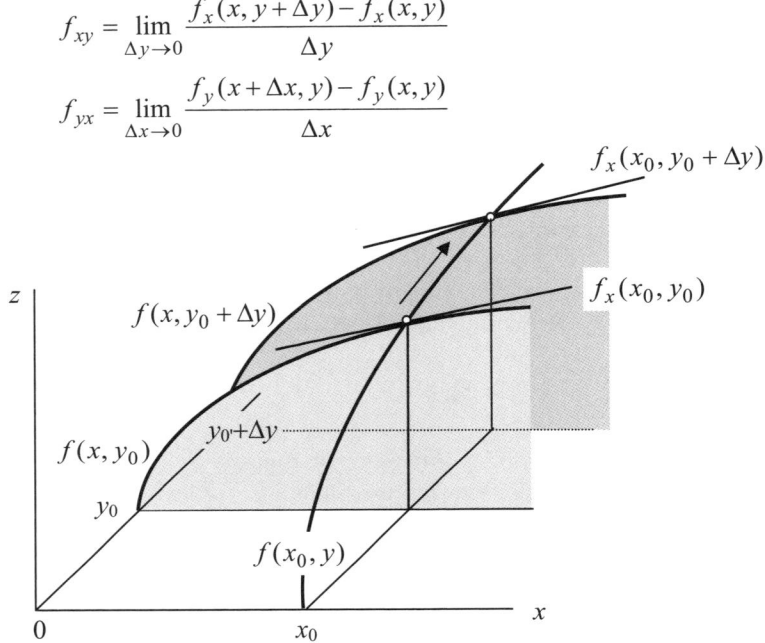

BEISPIELE

1. $z = 2x^2 + 3xy - 6y^2$

Partielle Ableitungen 1. Ordnung:

$$\frac{\partial z}{\partial x} = 4x + 3y$$

$$\frac{\partial z}{\partial y} = 3x - 12y$$

Partielle Ableitungen 2. Ordnung:

$$\frac{\partial^2 z}{\partial x^2} = 4 \qquad\qquad \frac{\partial^2 z}{\partial x \partial y} = 3$$

$$\frac{\partial^2 z}{\partial y^2} = -12 \qquad\qquad \frac{\partial^2 z}{\partial y \partial x} = 3$$

2. $z = e^{x^2 y}$

Partielle Ableitungen 1. Ordnung:

$$\frac{\partial z}{\partial x} = 2xy e^{x^2 y}$$

$$\frac{\partial z}{\partial y} = x^2 e^{x^2 y}$$

Partielle Ableitungen 2. Ordnung:

$$\frac{\partial^2 z}{\partial x^2} = 2y e^{x^2 y} + 2xy \cdot 2xy\, e^{x^2 y} = (1 + 2x^2 y) \cdot 2y e^{x^2 y}$$

$$\frac{\partial^2 z}{\partial y \partial x} = 2x e^{x^2 y} + 2xy \cdot x^2 e^{x^2 y} = (1 + y x^2) \cdot 2x e^{x^2 y}$$

$$\frac{\partial^2 z}{\partial y^2} = x^2 \cdot x^2 e^{x^2 y} = x^4 e^{x^2 y}$$

$$\frac{\partial^2 z}{\partial x \partial y} = 2x e^{x^2 y} + x^2 \cdot 2xy\, e^{x^2 y} = (1 + y x^2) \cdot 2x e^{x^2 y}$$

3. $z = x^\alpha y^\beta \qquad ; 0 < \alpha, \beta < 1$ (Cobb-Douglas-Funktion)

Partielle Ableitungen 1. Ordnung:

$$\frac{\partial z}{\partial x} = \alpha \cdot x^{\alpha-1} y^\beta = \alpha\, \frac{x^\alpha y^\beta}{x} = \alpha \frac{z}{x} > 0$$

$$\frac{\partial z}{\partial y} = \beta \cdot x^\alpha y^{\beta-1} = \beta\, \frac{x^\alpha y^\beta}{y} = \beta \frac{z}{y} > 0$$

Partielle Ableitungen 2. Ordnung:

$$\frac{\partial^2 z}{\partial x^2} = \alpha(\alpha-1) x^{\alpha-2} y^\beta = \alpha(\alpha-1)\frac{x^\alpha y^\beta}{x^2} = \alpha(\alpha-1)\frac{z}{x^2} < 0$$

$$\frac{\partial^2 z}{\partial y \partial x} = \beta\alpha\, x^{\alpha-1} y^{\beta-1} = \beta\alpha\, \frac{x^\alpha y^\beta}{xy} = \beta\alpha\, \frac{z}{xy} > 0$$

$$\frac{\partial^2 z}{\partial y^2} = \beta(\beta-1) x^\alpha y^{\beta-2} = \beta(\beta-1)\frac{x^\alpha y^\beta}{y^2} = \beta(\beta-1)\frac{z}{y^2} < 0$$

$$\frac{\partial^2 z}{\partial x \partial y} = \alpha\beta\, x^{\alpha-1} y^{\beta-1} = \alpha\beta\frac{x^\alpha y^\beta}{xy} = \alpha\beta\frac{z}{xy} > 0$$

4.3 Anwendungen der partiellen Differentiation

4.3.1 Totales Differential

Für Funktionen einer Veränderlichen haben wir das Differential definiert als

$$dy = f'(x)\,dx$$

Es gibt für jede endliche Veränderung $dx = \Delta x$ der unabhängigen Variablen an der Stelle x die Veränderung von y entlang der Tangente $f'(x)$ an die Funktion $f(x)$ an.

Das Differential dy kann für hinreichend kleine Veränderungen $dx = \Delta x$ der unabhängigen Variablen als gute Approximation der zugehörigen Veränderung des Funktionswerts Δy angesehen werden:

$$\Delta y \approx dy = f'(x)\,dx \qquad ; \; dx = \Delta x \text{ hinreichend klein}$$

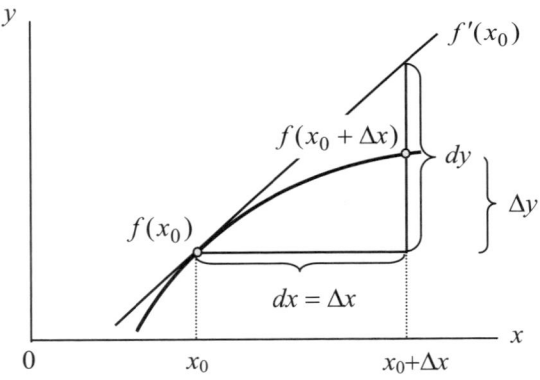

Analog kann bei Funktionen mehrerer Variablen die Änderung des Funktionswertes, die durch die Änderung **einer** unabhängigen Variablen (bei Konstanz aller anderen unabhängigen Variablen) ausgelöst wird, durch das **partielle Differential** approximiert werden.

Sei $z = f(x, y)$ eine Funktion der beiden unabhängigen Variablen x und y, so erhalten wir die folgenden partiellen Differentiale (bezüglich x und y):

$$dz = f_x(x, y_0)\,dx \qquad y = y_0 \text{ konstant}$$
$$dz = f_y(x_0, y)\,dy \qquad x = x_0 \text{ konstant}$$

Für hinreichend kleine Änderungen der unabhängigen Variablen x und y sind die partiellen Differentiale eine gute Approximation der Änderung des Funktionswertes Δz bei partieller Variation von x und y.

Die Änderung des Funktionswertes Δz wird dabei durch die Änderung dz entlang der Tangente der entsprechenden partiellen Funktion approximiert.

Für den Fall, dass sich beide unabhängigen Variablen gleichzeitig verändern, definieren wir nun das totale Differential:

Totales Differential (zwei Variable)

Das totale Differential ist die Summe der partiellen Differentiale:

$$dz = f_x\, dx + f_y\, dy$$

Das totale Differential gibt für endliche Änderungen der beiden unabhängigen Variablen $\Delta x = dx$ und $\Delta y = dy$ die Änderung von z entlang der Tangentialebene an (im Punkt (x_0, y_0) der Fläche $f(x, y)$).

Für hinreichend kleine Änderungen Δx und Δy kann die Funktion $f(x, y)$ durch die Tangentialebene angenähert werden und es gilt:

$$\Delta z \approx dz$$

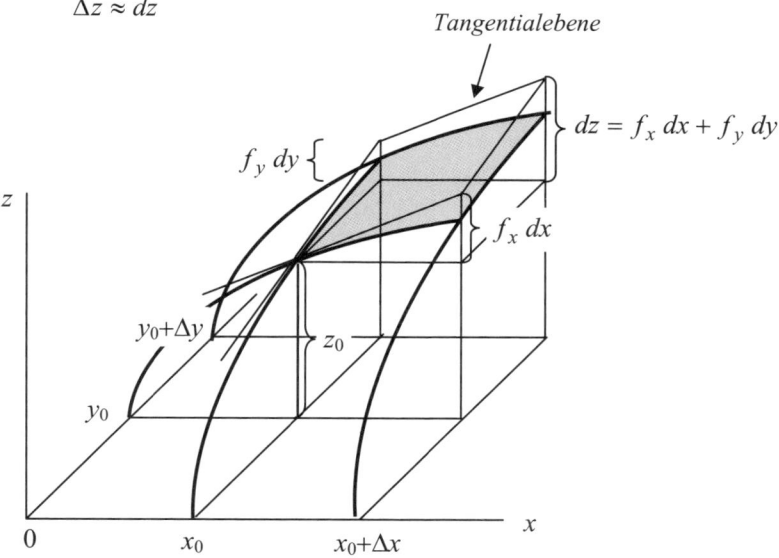

In der geometrischen Darstellung sind drei Flächen zu unterscheiden:

- Die horizontale Ebene $z = z_0$, auf die die Veränderung des Funktionswertes und die Differentiale bezogen sind.

- Die Fläche $f(x, y)$ im Bereich $x_0 \leq x \leq x_0 + \Delta x$, $y_0 \leq y \leq y_0 + \Delta y$.

- Die Tangentialebene im Punkt (x_0, y_0) der Fläche $z = f(x, y)$, die durch die Tangenten $f_x(x_0, y_0)$ und $f_y(x_0, y_0)$ aufgespannt wird, und die wegen der Konkavität von $f(x, y)$ über der Fläche liegt.

Das totale Differential ergibt sich aus der Addition der partiellen Differentiale oder indem von (x_0, y_0) aus zuerst entlang der Tangente f_x bis $(x_0 + \Delta x, y_0)$ vorgegangen wird und dann weiter mit der Steigung f_y bis $(x_0 + \Delta x, y_0 + \Delta y)$.

Für mehr als zwei Variablen definieren wir allgemein:

> **Totales Differential (n Variablen)**
>
> Existieren für eine Funktion $f(x_1, x_2, \ldots, x_n)$ alle partiellen Ableitungen erster Ordnung $\dfrac{\partial f}{\partial x_i}$, so heißt
>
> $$df = \sum_{i=1}^{n} \frac{\partial f}{\partial x_i} dx_i$$
>
> (erstes) totales Differential von $f(x_1, x_2, \ldots, x_n)$. Das totale Differential ist die Summe der partiellen Differentiale $\dfrac{\partial f}{\partial x_i} dx_i$.

BEISPIELE

1. $z = 2x^2 + 3xy - 6y^2$

    Totales Differential

    $$dz = (4x + 3y)\,dx + (3x - 12y)\,dy$$

2. $z = x^2 y + xy^2$ $x = 5,\ y = 5\ ;\ dx = dy = 1$

    Totales Differential

    $$dz = (2xy + y^2)\,dx + (x^2 + 2xy)\,dy$$

    Totales Differential an der Stelle $x = 5,\ y = 5$

    $$dz = (50 + 25)\,dx + (25 + 50)\,dy$$
    $$= 75\,dx + 75\,dy$$

    Totales Differential an der Stelle $x = 5,\ y = 5$ für $dx = dy = 1$

    $$dz = 75 + 75 = 150$$

    Funktionswerte

    $$z(5,5) = 5^2 \cdot 5 + 5 \cdot 5^2 = 125 + 125 = 250$$
    $$z(6,6) = 6^2 \cdot 6 + 6 \cdot 6^2 = 216 + 216 = 432$$

Änderung des Funktionswerts

$$\Delta z = z(6,6) - z(5,5) = 432 - 250 = 182$$

Abweichung zwischen Differential und Änderung des Funktionswerts

$$dz - \Delta z = 150 - 182 = -32$$

3. $\quad z = x^{\frac{1}{4}} y^{\frac{3}{4}} \qquad\qquad ; x = 9,\ y = 9;\ dx = dy = 1$

Totales Differential

$$dz = \frac{1}{4}\frac{z}{x} \cdot dx + \frac{3}{4}\frac{z}{y} \cdot dy$$

Totales Differential an der Stelle $x = 9, y = 9$

$$dz = \frac{1}{4} \cdot \frac{9}{9}\, dx + \frac{3}{4} \cdot \frac{9}{9}\, dy = \frac{1}{4}\, dx + \frac{3}{4}\, dy \qquad \text{mit } z = 9^{\frac{1}{4}} \cdot 9^{\frac{3}{4}} = 9$$

Totales Differential an der Stelle $x = 9, y = 9$ für $dx = dy = 1$

$$dz = \frac{1}{4}\, dx + \frac{3}{4}\, dy = \frac{1}{4} \cdot 1 + \frac{3}{4} \cdot 1 = \frac{1}{4} + \frac{3}{4} = 1$$

Funktionswerte

$$z(9,9) \;=\; 9^{\frac{1}{4}} \cdot 9^{\frac{3}{4}} \;=\; 9$$

$$z(10,10) = 10^{\frac{1}{4}} \cdot 10^{\frac{3}{4}} = 10$$

Änderung des Funktionswerts

$$\Delta z = 10 - 9 = 1$$

Abweichung

$$dz - \Delta z = 1 - 1 = 0$$

In diesem Beispiel ist das totale Differential gleich der Änderung des Funktionswerts. Das ist bei einer Cobb-Douglas-Funktion, um die es sich hier handelt, immer dann der Fall, wenn die Werte der beiden unabhängigen Variablen mit demselben Faktor multipliziert werden, so dass ihr Verhältnis gleich bleibt. Dann ändert sich auch der Wert der abhängigen Variablen um denselben Faktor.

Die Cobb-Douglas-Funktion ist ein Beispiel für eine **linear homogene Funktion**. Darunter verstehen wir Funktionen mit folgender Eigenschaft:

$$\lambda z = f(\lambda x, \lambda y)$$

4.3.2 Totale Ableitung

Bei der totalen Ableitung handelt es sich um eine **Verallgemeinerung der Kettenregel**.

In ökonomischen Anwendungen haben wir es häufig mit Funktionen mehrerer Veränderlichen $z = f(x, y)$ zu tun, bei denen die unabhängigen Variablen x und y selbst wieder eine Funktion einer weiteren Variablen t sind. Die abhängige Variable z ist dann eine zusammengesetzte oder mittelbare Funktion der Variablen t. Jede Änderung von t bewirkt unmittelbar Änderungen der unabhängigen Variablen x und y und mittelbar eine Veränderung der abhängigen Variablen z.

Die totale Ableitung gibt dann an, wie sich der Funktionswert verändert, wenn sich die mittelbare Variable t und damit alle unabhängigen Variablen gleichzeitig ändern.

> **Totale Ableitung**
>
> Sei z eine Funktion der Variablen x und y
>
> $$z = f(x, y)$$
>
> und seien x und y selbst wieder Funktionen einer weiteren Variablen t
>
> $$x = x(t), \; y = y(t)$$
>
> dann heißt
>
> $$\frac{dz}{dt} = f_x \frac{dx}{dt} + f_y \frac{dy}{dt}$$
>
> totale Ableitung von z bezüglich t.

BEISPIELE

1. $z = x^2 + 2xy + 2y \quad ; \quad x = t^2, \; y = 2t$

    Totale Ableitung

    $$\frac{dz}{dt} = (2x + 2y) \frac{dx}{dt} + (2x + 2) \frac{dy}{dt}$$

    Mit den Ableitungen für x und y

    $$\frac{dx}{dt} = 2t \quad , \frac{dy}{dt} = 2$$

    folgt

    $$\frac{dz}{dt} = (2x + 2y) \cdot 2t + (2x + 2) \cdot 2$$

Wird nun noch für x und y eingesetzt, folgt

$$\frac{dz}{dt} = (2t^2 + 4t) \cdot 2t + (2t^2 + 2) \cdot 2$$

$$= 4t^3 + 8t^2 + 4t^2 + 4 = 4t^3 + 12t^2 + 4$$

2. $z = 2x^2 + xy + y^2 \qquad y = 3x$

Totale Ableitung

$$\frac{dz}{dx} = f_x \frac{dx}{dx} + f_y \frac{dy}{dx}$$

$$= f_x + f_y \frac{dy}{dx}$$

$$= 4x + y + (x + 2y) \frac{dy}{dx}$$

Mit den Ableitungen von y nach x

$$\frac{dy}{dx} = 3$$

folgt

$$\frac{dz}{dx} = 4x + y + (x + 2y)3 = 4x + y + 3x + 6y$$

Wird nun noch $y = 3x$ eingesetzt, dann lautet die totale Ableitung:

$$\frac{dz}{dx} = 4x + 3x + 3x + 18x = 28x$$

Allgemein gilt für die

Totale Ableitung der zusammengesetzten Funktion

Die zusammengesetzte Funktion

$$h(x) = f(g_1(x), g_2(x), \ldots, g_n(x))$$

hat die totale Ableitung

$$\frac{dh}{dx} = f_1 \frac{dg_1}{dx} + f_2 \frac{dg_2}{dx} + \ldots + f_n \frac{dg_n}{dx}$$

Die Anwendung der totalen Ableitung erübrigt sich in der Regel dann, wenn die Funktionen f und g_i gegeben sind, da dann die Funktionen g_i eingesetzt werden können und direkt nach x differenziert werden kann.

4.3.3 Implizite Differentiation

Häufig sind Funktionen in der folgenden impliziten Form gegeben

$$f(x, y) = 0$$

und können auch gar nicht nach einer Variablen aufgelöst, also explizit dargestellt werden. Auch für solche impliziten Funktionen kann die Ableitung dy/dx gebildet werden.

Dazu schreiben wir die implizite Funktion in der allgemeinen Form

$$f(x, y) = z \qquad \text{mit } z = \text{const}$$

wobei z eine beliebige Konstante ist, die auch null sein kann, und bilden das totale Differential

$$dz = f_x dx + f_y dy$$

Da z eine Konstante ist und sich daher nicht ändert, ist die Änderung dz null und folglich

$$0 = f_x dx + f_y dy \qquad \text{mit } dz = 0$$

Nach Umformung ergibt sich die **Regel für die implizite Differentiation**

$$\boxed{\frac{dy}{dx} = -\frac{f_x}{f_y} \qquad ; f_y \neq 0}$$

Die implizite Ableitung ist die Ableitung der partiellen Funktion $z_0 = f(x, y)$ einer Funktion zweier Variablen, entspricht also geometrisch der Tangente an die Höhenlinie $z = z_0$.

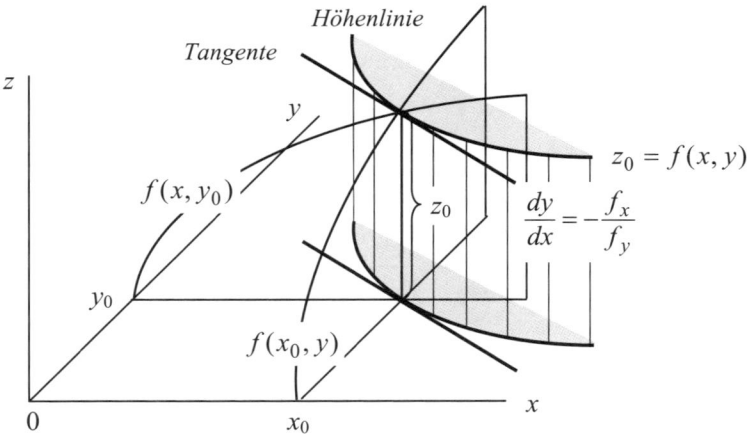

Alternativ können wir die totale Ableitung bilden

$$\frac{dz}{dx} = f_x + f_y \frac{dy}{dx}$$

und erhalten daraus mit $\frac{dz}{dx} = 0$ die Regel für die implizite Differentiation.

Allgemein gilt für die implizite Funktion

> **Implizite Ableitung**
>
> Die implizite Funktion
>
> $$f(x_1, x_2, \ldots, x_n, y) = 0$$
>
> hat die impliziten Ableitungen
>
> $$\frac{\partial y}{\partial x_i} = -\frac{f_i}{f_y} \qquad i = 1, \ldots, n \; ; \; f_y \neq 0$$
>
> und da die Wahl von y als abhängige Variable beliebig ist
>
> $$\frac{\partial x_j}{\partial x_i} = -\frac{f_i}{f_j} \qquad i, j = 1, \ldots, n \; ; \; i \neq j, f_j \neq 0$$

BEISPIELE

1. $z = x^2 + y^2 - 4x$

    $$\frac{dy}{dx} = -\frac{f_x}{f_y} = -\frac{2x - 4}{2y} = -\frac{x - 2}{y}$$

2. $z = x^2 y^2 + x - y$

    $$\frac{dy}{dx} = -\frac{f_x}{f_y} = -\frac{2xy^2 + 1}{2x^2 y - 1}$$

3. $z = \ln x + \ln y + 2$

    $$\frac{dy}{dx} = -\frac{f_x}{f_y} = -\frac{\dfrac{1}{x}}{\dfrac{1}{y}} = -\frac{y}{x}$$

4. $z = a x^{\alpha} y^{\beta}$

    $$\frac{dy}{dx} = -\frac{f_x}{f_y} = -\frac{\alpha a x^{\alpha - 1} y^{\beta}}{\beta a x^{\alpha} y^{\beta - 1}} = -\frac{\alpha a x^{\alpha} y^{\beta}}{\beta a x^{\alpha} y^{\beta}} \frac{y}{x} = -\frac{\alpha}{\beta} \frac{y}{x}$$

4.3.4 Partielle Elastizitäten

Bei der Analyse von Funktionen einer Variablen hatten wir die **Empfindlichkeit**, mit der die abhängige Variable y auf Änderungen der unabhängigen Variabeln x reagiert durch zwei verschiedene Maßzahlen ausgedrückt, die Steigung und die Elastizität.

Da die Steigung dy/dx das Verhältnis der absoluten Veränderungen von y und x angibt, hängt ihre Dimension von den verwendeten Maßeinheiten ab. Die Steigung gibt daher an, um wie viele Einheiten y steigt (sinkt), wenn x um eine Einheit erhöht wird.

Im Unterschied dazu werden bei der Elastizität[1] die relativen Änderungen dy/y und dx/x in Beziehung gesetzt:

$$\varepsilon_{y/x} = \frac{\dfrac{dy}{y}}{\dfrac{dx}{x}} = \frac{dy}{dx}\frac{x}{y} = \frac{y'}{y}x$$

Die Elastizität von y bezüglich x gibt näherungsweise an, um wieviel Prozent y steigt (sinkt), wenn x um 1% steigt. Die Elastizität ist eine **dimensionslose** Maßzahl, da im Zähler und Nenner der relativen Veränderungen (= Wachstumsraten) dieselben Maßeinheiten stehen. Sie eignet sich daher insbesondere für Vergleichszwecke.

Anders als die Steigung hängt die Elastizität von x und y ab, ist also **lageabhängig** und kann daher auch dargestellt werden als Verhältnis der Ableitung dy/dx und des Durchschnitts y/x.

Am Beispiel der Kostenfunktion erhalten wir:

$$\varepsilon_{K/x} = \frac{\dfrac{dK}{K}}{\dfrac{dx}{x}} = \frac{\dfrac{dK}{dx}}{\dfrac{K}{x}} = \frac{dK}{dx}\frac{x}{K} = \frac{K'}{K}x$$

Die Elastizität der Kosten K in Bezug auf die Produktmenge x gibt an, um wieviel Prozent die Kosten steigen, wenn die Produktmenge x um 1% erhöht wird. Sie ist gleich dem Verhältnis der Grenzkosten dK/dx und der Durchschnittskosten K/x.

Wenn wir diese Überlegungen auf Funktionen zweier Variablen übertragen, treten an die Stelle der gewöhnlichen Ableitung dy/dx die partiellen Ableitungen $\partial z/\partial x$ und $\partial z/\partial y$.

Wir definieren daher die partiellen Elastizitäten wie folgt:

---

[1] Vgl. Abschnitt 3.4.8 und 3.7.1

Partielle Elastizitäten

Die Elastizitäten einer Funktion $z = f(x, y)$ zweier Variablen bezeichnen wir als partielle Elastizitäten:

$$\varepsilon_{z/x} = \frac{\partial z}{\partial x} \frac{x}{z} = \frac{z_x}{z} x$$

$$\varepsilon_{z/y} = \frac{\partial z}{\partial y} \frac{y}{z} = \frac{z_y}{z} y$$

Die partielle Elastizität von z bezüglich x gibt an, um wieviel Prozent sich z verändert, wenn x um 1% steigt ($y = $ const.).

Die partielle Elastizität von z bezüglich y gibt an, um wieviel Prozent sich z verändert, wenn y um 1% steigt ($x = $ const.).

Die partiellen Elastizitäten sind die Elastizitäten der partiellen Funktionen.

BEISPIELE

1. $z = ax^\alpha y^\beta$

    Die partiellen Elastizitäten an der Stelle x, y lauten

$$\varepsilon_{z/x} = \frac{z_x}{z} x = \frac{\alpha \, ax^{\alpha-1} y^\beta}{ax^\alpha y^\beta} x = \frac{\alpha \, ax^\alpha y^\beta}{ax^\alpha y^\beta} = \alpha$$

$$\varepsilon_{z/y} = \frac{z_y}{z} y = \frac{\beta \, ax^\alpha y^{\beta-1}}{ax^\alpha y^\beta} y = \frac{\beta \, ax^\alpha y^\beta}{ax^\alpha y^\beta} = \beta$$

    Die partiellen Elastizitäten der Cobb-Douglas-Funktion sind die konstanten Exponenten α und β der Variablen x und y, sind also unabhängig von x und y.

2. $z = 4xy^2$

    Die partiellen Elastizitäten an der Stelle x, y lauten

$$\varepsilon_{z/x} = \frac{z_x}{z} x = \frac{1 \cdot 4x^{1-1} y^2}{4xy^2} x = \frac{4xy^2}{4xy^2} = 1$$

$$\varepsilon_{z/y} = \frac{z_y}{z} y = \frac{2 \cdot 4xy^{2-1}}{4xy^2} y = \frac{2 \cdot 4xy^2}{4xy^2} = 2$$

3. $z = e^{x-y}$

    Die partiellen Elastizitäten an der Stelle x, y lauten

$$\varepsilon_{z/x} = \frac{z_x}{z}\, x = \frac{\mathrm{e}^{x-y}}{\mathrm{e}^{x-y}}\, x = x$$

$$\varepsilon_{z/y} = \frac{z_y}{z}\, y = \frac{-\mathrm{e}^{x-y}}{\mathrm{e}^{x-y}}\, y = -y$$

ÜBUNG 4.3

1. Berechnen Sie die partiellen Ableitungen 1. Ordnung:

   a. $u = xy - \ln xy$ d. $z = x^3 + 3x^2 y + 6xy^2 - y^3$

   b. $z = y\mathrm{e}^{x/y}$ e. $z = \sqrt{xy}$

   c. $z = \dfrac{x - y}{x + y}$ f. $u = \mathrm{e}^{ax + by^2}$

2. Berechnen Sie die partiellen Ableitungen 2. Ordnung und zeigen Sie, dass die Kreuzableitungen gleich sind ($f_{xy} = f_{yx}$):

   a. $z = x^2 y + y^2$ d. $z = \dfrac{x + y}{x - y}$

   b. $z = ax^\alpha y^\beta$ e. $z = \ln(x^2 + y^2)$

   c. $z = xy + x\mathrm{e}^{1/y}$ f. $u = x^3 \mathrm{e}^{x^2 + y}$

3. Bilden Sie das totale Differential $dz = f_x dx + f_y dy$:

   a. $z = x^3 + x^2 y - y^3$ d. $z = 2x^3 + 4xy^2 + 3y^3$

   b. $u = \ln(x^2 - y^2 + z)^{1/2}$ e. $u = xy^2 z^3$

   c. $u = \mathrm{e}^{xyz}$ f. $z = 2x^{3/4} y^{1/4}$

4. Bilden Sie die implizite Ableitung $dy/dx = -f_x/f_y$:

   a. $x^2 + y^2 - axy = 0$ d. $z = x \ln y + y \ln x$

   b. $u = ax^{1/3} y^{2/3}$ e. $z = y\mathrm{e}^x$

   c. $u = xy + yz$ f. $z = 2yx^3$

5. Bilden Sie die partiellen Elastizitäten $\varepsilon_{z/x} = \dfrac{f_x}{f}\, x$ und $\varepsilon_{z/y} = \dfrac{f_y}{f}\, y$:

   a. $z = ax^{1/3} y^{2/3}$ c. $z = \mathrm{e}^{xy}$

   b. $z = \mathrm{e}^{x-y}$ d. $z = x\mathrm{e}^{2y}$

4.4 Maxima und Minima

Mit Hilfe der partiellen Differentiation können wir nun die notwendigen und hinreichenden Bedingungen für Extrema von Funktionen mehrerer Variablen bestimmen.

4.4.1 Definition

Wir definieren zuerst die relativen und absoluten Extremstellen für Funktionen zweier Variablen:

Relatives (lokales) Extremum

Eine Funktion $f(x, y)$ zweier Variablen hat an der Stelle $(x_0, y_0) \in D$

- ein **relatives Maximum**, wenn $f(x_0, y_0) \geq f(x, y)$
- ein **relatives Minimum**, wenn $f(x_0, y_0) \leq f(x, y)$

für alle (x, y) in einer Umgebung von (x_0, y_0) gilt.

Absolutes (globales) Extremum

Eine Funktion $f(x, y)$ zweier Variablen hat an der Stelle $(x_0, y_0) \in D$

- ein **absolutes Maximum**, wenn $f(x_0, y_0) \geq f(x, y)$
- ein **absolutes Minimum**, wenn $f(x_0, y_0) \leq f(x, y)$

für alle $(x, y) \in D$ gilt.

Aus der Definition des relativen Extremums ergeben sich unmittelbar die folgenden notwendigen Bedingungen:

Notwendige Bedingungen für ein Extremum

Hat $f(x, y)$ an der Stelle $(x_0, y_0) \in D$ ein relatives Extremum (Maximum oder Minimum), dann sind die partiellen Ableitungen 1. Ordnung null:

$$f_x(x_0, y_0) = \frac{\partial f(x_0, y_0)}{\partial x} = 0$$

$$f_y(x_0, y_0) = \frac{\partial f(x_0, y_0)}{\partial y} = 0$$

Das heißt die partielle Funktion $f(x, y_0)$ hat an der Stelle $x = x_0$ ein Extremum, und die partielle Funktion $f(x_0, y)$ hat an der Stelle $y = y_0$ ein Extremum. Beide partiellen Funktionen haben also an der Stelle (x_0, y_0) eine waagerechte Tangente. Nun wissen wir, dass die beiden Tangenten $f_x(x_0, y_0)$ und $f_y(x_0, y_0)$ eine Tangentialebene aufspannen.

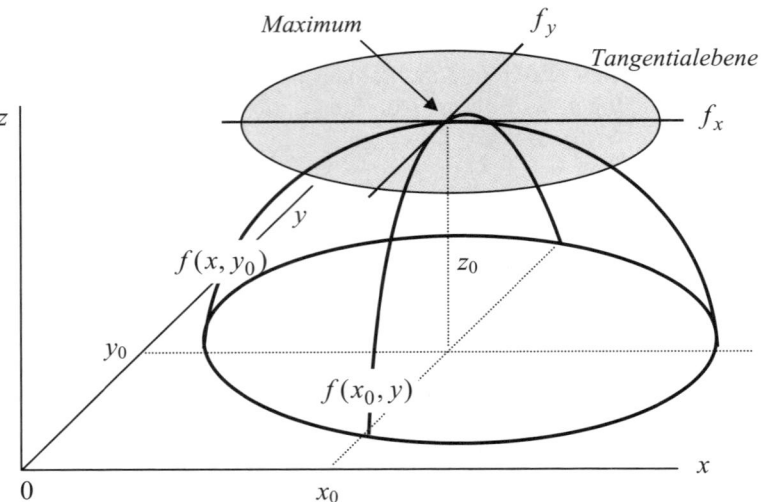

Im Extremum ist also die Tangentialebene, die durch die Tangenten der partiellen Funktionen aufgespannt wird, waagerecht $(f_x, f_y = 0)$.

Einen Punkt (x_0, y_0), in dem die beiden partiellen Ableitungen 1. Ordnung null sind, der also die Bedingung $f_x, f_y = 0$ erfüllt, bezeichnen wir als **kritischen** oder **stationären Punkt**.

Die Bedingungen $f_x, f_y = 0$ sind zwar **notwendig**, aber **nicht hinreichend** für ein Extremum. Jedes Extremum ist zwar ein kritischer Punkt, aber nicht jeder kritische Punkt ist eine Extremalstelle. Eine Funktion kann also an der Stelle (x_0, y_0) eine waagerechte Tangentialebene haben, ohne dass ein Extremum vorliegt. Ein Beispiel dafür ist der folgende **Sattelpunkt**. Die dargestellte Funktion weist im kritischen Punkt an der Stelle (x_0, y_0) ein Minimum bezüglich x und ein Maximum bezüglich y auf.

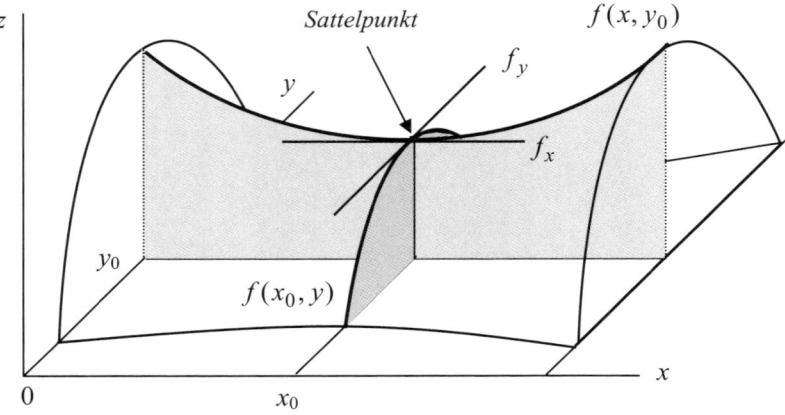

Aus den vorstehenden Überlegungen scheint zu folgen, dass

- hinreichend für ein Extremum der gleichgerichtete Vorzeichenwechsel der 1. partiellen Ableitungen im kritischen Punkt ist, also

$$f_{xx} < 0, \ f_{yy} < 0 \quad \text{für ein Maximum}$$

$$f_{xx} > 0, \ f_{yy} > 0 \quad \text{für ein Minimum}$$

Es gibt aber Fälle, in denen beide partiellen Funktionen ein Maximum oder beide ein Minimum haben, der kritische Punkt dennoch kein Extremum, sondern ein Sattelpunkt ist, wie das folgende Beispiel zeigt.

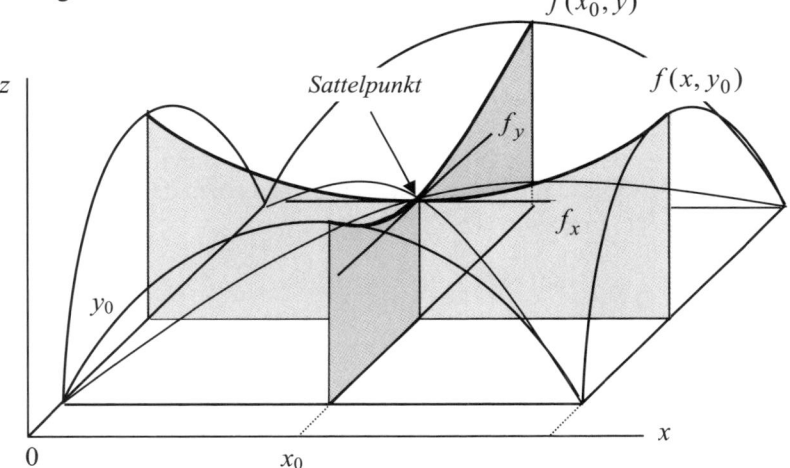

- hinreichend für einen Sattelpunkt der entgegengesetzte Vorzeichenwechsel der 1. Ableitungen im kritischen Punkt ist also

$$f_{xx} < 0, \ f_{yy} > 0 \quad \text{oder} \quad f_{xx} > 0, \ f_{yy} < 0$$

d.h. eine partielle Funktion ein Maximum und die andere ein Minimum an der Stelle (x_0, y_0) hat. Damit wäre der oben dargestellte Sattelpunkt ausgeschlossen.

Während die Bedingungen $f_{xx}, f_{yy} < 0 \ (> 0)$ notwendig für ein Extremum aber nicht hinreichend sind, sind die Bedingungen $f_{xx} < 0, f_{yy} > 0$ oder $f_{xx} > 0$, $f_{yy} < 0$ zwar hinreichend für einen Sattelpunkt, aber nicht notwendig.

Offenbar genügt es nicht, nur die direkten partiellen Ableitungen 2. Ordnung, also die Krümmungseigenschaften der partiellen Funktionen zu überprüfen. Es muss bei der Formulierung der hinreichenden Bedingungen auch das Verhalten der Funktion zwischen den Hauptachsen abseits der partiellen Funktionen berücksichtigt werden. Wir müssen daher auch die Kreuzableitungen in unsere Überlegungen einbeziehen.

4.4.2 Hinreichende Bedingungen

Hinreichend für ein Maximum ist, dass die Funktion in der Umgebung des kritischen Punkts (x_0, y_0) abnimmt und für ein Minimum, dass sie zunimmt.

Wir wissen, dass wir die Änderung des Funktionswerts, die durch die gleichzeitige Änderung von x und y verursacht wird, durch das totale Differential ausdrücken können. Im kritischen Punkt ist die Tangentialebene waagerecht und das totale Differential daher null:

$$dz = f_x\, dx + f_y\, dy = 0 \qquad \text{da } f_x, f_y = 0$$

Im Falle eines Maximums muss das totale Differential in der Umgebung von (x_0, y_0) abnehmen, im Falle eines Minimums zunehmen:

$$d(dz) = d^2 z < 0 \ (> 0)$$

Die Änderung des totalen Differentials bringen wir durch das Differential 2. Ordnung zum Ausdruck. Wir prüfen daher das Vorzeichen des totalen Differentials 2. Ordnung in der Umgebung des kritischen Punkts:

$$d\,(dz) = d\,(f_x\, dx + f_y\, dy)$$

$$= \frac{\partial}{\partial x}(f_x\, dx + f_y\, dy)\, dx + \frac{\partial}{\partial y}(f_x\, dx + f_y\, dy)\, dy$$

$$= f_{xx} dx^2 + f_{yx} dy\, dx + f_{xy} dx\, dy + f_{yy} dy^2$$

$$= f_{xx} dx^2 + 2 f_{xy} dx\, dy + f_{yy} dy^2$$

Die quadratische Ergänzung mit $\dfrac{f_{xy}^2}{f_{xx}}\, dy^2$ ergibt:

$$d^2 z = f_{xx} dx^2 + 2 f_{xy} dx\, dy \left(+ \frac{f_{xy}^2}{f_{xx}}\, dy^2\right) + f_{yy} dy^2 \left(- \frac{f_{xy}^2}{f_{xx}}\, dy^2\right)$$

$$= \underbrace{f_{xx}\left(dx + \frac{f_{xy}}{f_{xx}}\, dy\right)^2}_{>0} + \underbrace{\frac{f_{xx} f_{yy} - f_{xy}^2}{f_{xx}}\, dy^2}_{>0}$$

Da die Quadrate immer positiv sind, hängt das Vorzeichen des totalen Differentials 2. Ordnung allein von den Vorzeichen der nichtquadratischen Faktoren ab:

$$f_{xx} < 0 \ (> 0) \quad \text{und} \quad \frac{f_{xx} f_{yy} - f_{xy}^2}{f_{xx}} < 0 \ (> 0)$$

Nur wenn beide Faktoren dasselbe Vorzeichen aufweisen, ist eine eindeutige Aussage über das Vorzeichen des Differentials möglich. Sind beide negativ, dann ist das Differential negativ und sind beide positiv, dann ist das Differential positiv. Daher gilt für das Vorzeichen des totalen Differentials 2. Ordnung:

$d^2z < 0$, wenn $f_{xx} < 0, (f_{yy} < 0)$

$$\frac{f_{xx} f_{yy} - f_{xy}^2}{f_{xx}} < 0 \Leftrightarrow f_{xx} f_{yy} - f_{xy}^2 > 0$$

$d^2z > 0$, wenn $f_{xx} > 0, (f_{yy} > 0)$

$$\frac{f_{xx} f_{yy} - f_{xy}^2}{f_{xx}} > 0 \Leftrightarrow f_{xx} f_{yy} - f_{xy}^2 > 0$$

In beiden Fällen ergibt sich die zusätzliche Bedingung

$$f_{xx} f_{yy} - f_{xy}^2 > 0$$

Die Differenz zwischen dem Produkt der direkten 2. partiellen Ableitungen und dem Quadrat der Kreuzableitungen muss positiv sein. Da $f_{xx} f_{yy} - f_{xy}^2$ nur dann positiv ist, wenn das Produkt $f_{xx} f_{yy}$ positiv ist, müssen die beiden direkten 2. partiellen Ableitungen immer das gleiche Vorzeichen haben. Also gelten die folgenden hinreichenden Bedingungen:

Hinreichende Bedingungen für relative Extrema

Ist an der Stelle (x_0, y_0)

        1. $f_x = f_y = 0$

        2. $f_{xx} f_{yy} - f_{xy}^2 > 0$

           $f_{xx}, f_{yy} < 0 \, (> 0)$

so hat $f(x,y)$ an dieser Stelle ein relatives **Maximum** (Minimum).

Hinreichende Bedingungen für Sattelpunkt

Ist an der Stelle (x_0, y_0)

        1. $f_x = f_y = 0$

        2. $f_{xx} f_{yy} - f_{xy}^2 < 0$

so hat $f(x,y)$ an dieser Stelle einen Sattelpunkt.

Die Bedingung 2. Ordnung für einen Sattelpunkt ist stets erfüllt, wenn die direkten 2. partiellen Ableitungen f_{xx} und f_{yy} entgegengesetzte Vorzeichen haben.

BEISPIELE

1. $z = x^2 + y^2 - 4x$

   Bedingungen 1. Ordnung

   $$f_x = 2x - 4 = 0 \quad \Rightarrow x = 2$$
   $$f_y = 2y \quad\;\; = 0 \quad \Rightarrow y = 0$$

   Die Bedingungen 1. Ordnung ergeben je eine lineare Gleichung für die Variablen x und y. Da jede Gleichung nur eine Variable enthält, können die Gleichungen getrennt nach x und y gelöst werden.

   Die Funktion hat einen kritischen Punkt an der Stelle $(x, y) = (2, 0)$. Wir prüfen nun, ob die Bedingungen 2. Ordnung an dieser Stelle erfüllt sind.

   Bedingungen 2. Ordnung

   Wir berechnen zuerst die partiellen Ableitungen 2. Ordnung

   $$f_{xx} = 2 > 0$$
   $$f_{yy} = 2 > 0$$
   $$f_{xy} = 0$$

   und setzen dann in die Bedingungen ein

   $$f_{xx}f_{yy} - f_{xy}^2 = 2 \cdot 2 - 0^2 > 0 \quad \Rightarrow \text{ Extremum an der Stelle } (2,0)$$
   $$f_{xx} > 0, f_{yy} > 0 \qquad\qquad\quad \Rightarrow \text{ Minimum an der Stelle } (2,0)$$

   Da die partiellen Ableitungen 2. Ordnung konstant sind, gelten die Vorzeichen für alle x- und y-Werte, also auch im kritischen Punkt.

   Funktionswert im Minimum

   $$f(2,0) = 2^2 + 0^2 - 4 \cdot 2 = -4$$

2. $z = x^2 + xy + y^2 - 3x + 2$

   Bedingungen 1. Ordnung

   $$f_x = 2x + y - 3 = 0$$
   $$f_y = x + 2y \quad\;\; = 0 \quad | \cdot 2$$

   Die Bedingungen 1. Ordnung ergeben hier zwei lineare Gleichungen für die Variablen x und y. Wir lösen das Gleichungssystem mit dem **Subtraktionsverfahren**. Dazu multiplizieren wir die 2. Gleichung mit 2 und subtrahieren diese Gleichung dann von der 1. Gleichung. Dadurch wird x eliminiert. Die neue Gleichung enthält nur noch y und wird nun nach y gelöst:

$$\begin{aligned} 2x + y - 3 &= 0 \\ \underline{2x + 4y \phantom{{}-3}} &= 0 \\ -3y - 3 &= 0 \\ y &= -1 \end{aligned}$$

Wir setzen nun y in eine der beiden Gleichungen ein und lösen nach der verbleibenden Variablen x auf:

$$\begin{aligned} x + 2 \cdot (-1) &= 0 \\ x &= 2 \end{aligned}$$

Die Funktion hat einen kritischen Punkt an der Stelle $(x, y) = (2, -1)$.

Bedingungen 2. Ordnung

Wir berechnen wieder zuerst die partiellen Ableitungen 2. Ordnung

$$\begin{aligned} f_{xx} &= 2 > 0 \\ f_{yy} &= 2 > 0 \\ f_{xy} &= 1 \end{aligned}$$

und prüfen dann die Bedingungen

$$\begin{aligned} f_{xx} f_{yy} - f_{xy}^2 = 2 \cdot 2 - 1^2 > 0 \ &\Rightarrow \ \text{Extremum} \\ f_{xx} > 0, f_{yy} > 0 \qquad &\Rightarrow \ \text{Minimum an der Stelle } (2, -1) \end{aligned}$$

Da die partiellen Ableitungen 2. Ordnung konstant sind, gelten die Vorzeichen für alle x- und y-Werte, also auch im kritischen Punkt. Die Funktion hat daher im kritischen Punkt ein relatives Minimum.

Funktionswert im Minimum

$$f(2, -1) = 2^2 + 2 \cdot (-1) + (-1)^2 - 3 \cdot 2 + 2 = -1$$

3. $\quad z = 1 + x^2 - y^2$

Bedingungen 1. Ordnung

$$\begin{aligned} f_x &= 2x = 0 \ \Rightarrow x = 0 \\ f_y &= -2y = 0 \ \Rightarrow y = 0 \end{aligned}$$

Die Funktion hat einen kritischen Punkt an der Stelle $(x, y) = (0, 0)$.

Bedingungen 2. Ordnung

$$f_{xx} = 2 > 0$$
$$f_{yy} = -2 < 0$$
$$f_{xy} = 0$$

$$f_{xx}f_{yy} - f_{xy}^2 = 2 \cdot (-2) - 0^2 < 0 \Rightarrow \text{Sattelpunkt bei } (x, y) = (0, 0)$$

Funktionswert im Sattelpunkt

$$f(0,0) = 1 + 0^2 + 0^2 = 1$$

4.4.3 Anwendungen

(1) Gewinnmaximum des Polypolisten[1]

Gegeben seien die folgenden Erlös- und Kostenfunktionen einer **Zweiproduktunternehmung**, die unter Wettbewerbsbedingungen anbietet:

$$E = 20x + 15y$$
$$K = x^2 + 12x + y^2 + 5y + xy + 13$$

Dann lautet die Gewinnfunktion:

$$
\begin{aligned}
G &= E(x, y) - K(x, y) \\
&= 20x + 15y - x^2 - 12x - y^2 - 5y - xy - 13 \\
&= -x^2 + 8x - y^2 + 10y - xy - 13
\end{aligned}
$$

Bedingungen 1. Ordnung für ein Gewinnmaximum

$$G_x = -2x + 8 - y = 0$$
$$G_y = -2y + 10 - x = 0 \mid \cdot 2$$

$$
\begin{aligned}
-2x - y + 8 &= 0 \\
-2x - 4y + 20 &= 0 \\
\hline
3y - 12 &= 0 \\
y = \frac{12}{3} &= 4
\end{aligned}
$$

---

[1] Vgl. Abschnitt 3.7.2

Einsetzen von y ergibt x:

$$x = -2y + 10 = -2 \cdot 4 + 10 = 2$$

Die Gewinnfunktion hat einen kritischen Punkt an der Stelle $(x,y) = (2,4)$.

Bedingungen 2. Ordnung für ein Gewinnmaximum

$$G_{xx} = -2 < 0$$
$$G_{yy} = -2 < 0$$
$$G_{xy} = -1$$

$$G_{xx}G_{yy} - G_{xy}^2 = (-2)(-2) - (-1)^2 = 4 - 1 = 3 > 0 \implies \text{Extremum}$$

$$\left. \begin{array}{l} G_{xx} = -2 < 0 \\ G_{yy} = -2 < 0 \end{array} \right\} \implies \text{Maximum an der Stelle } (x,y) = (2,4)$$

Der Gewinn wird maximiert, wenn 2 Einheiten des Gutes x und 4 Einheiten von y verkauft werden.

Gewinn im Maximum

$$\begin{aligned} G &= -x^2 + 8x - y^2 + 10y - xy - 13 \\ &= -2^2 + 8 \cdot 2 - 4^2 + 10 \cdot 4 - 2 \cdot 4 - 13 \\ &= -4 + 16 - 16 + 40 - 8 - 13 = 15 \end{aligned}$$

(2) Gewinnmaximum eines Monopolisten

Ein Monopolist produziere im Verbund die beiden Güter x und y. Gegeben seien die Preisabsatzfunktionen:

$$p_x = 36 - 3x$$
$$p_y = 40 - 5y$$

und die verbundene Kostenfunktion:

$$K = x^2 + 2xy + 3y^2$$

Wie groß sind die gewinnmaximalen Produktmengen x, y, die Angebotspreise und der Gewinn im Maximum?

Die Erlösfunktion lautet:

$$\begin{aligned} E &= p_x x + p_y y \\ &= (36 - 3x)x + (40 - 5y)y = 36x - 3x^2 + 40y - 5y^2 \end{aligned}$$

und die Gewinnfunktion:

$$G = E - K$$
$$= 36x - 3x^2 + 40y - 5y^2 - (x^2 + 2xy + 3y^2)$$
$$= -4x^2 - 8y^2 - 2xy + 36x + 40y$$

Bedingungen 1. Ordnung für ein Gewinnmaximum

$$G_x = -8x - 2y + 36 = 0 \mid : 2$$
$$G_y = -16y - 2x + 40 = 0 \mid \cdot 2$$

$$-4x \quad - y + 18 = 0$$
$$\underline{-4x - 32y + 80 = 0}$$
$$-31y + 62 = 0$$
$$y = \frac{62}{31} = 2$$

Einsetzen von y ergibt x:

$$2x = -16y + 40$$
$$x = -8y + 20 = -8 \cdot 2 + 20 = 4$$

Die Gewinnfunktion hat einen kritischen Punkt für die Produktmengen (4, 2).

Bedingung 2. Ordnung für ein Gewinnmaximum

$$G_{xx} = -8$$
$$G_{yy} = -16$$
$$G_{xy} = -2$$

$$G_{xx}G_{yy} - G^2{}_{xy} = (-8)(-16) - (-2)^2$$
$$= 128 - 4 > 0 \implies \text{Extremum}$$

$$G_{xx} < 0, \ G_{yy} < 0 \qquad\qquad \implies \text{Maximum an der Stelle } (4,2)$$

Der Gewinn wird maximiert, wenn 4 Einheiten des Gutes x und 2 Einheiten des Gutes y verkauft werden.

Die **Monopolpreise** betragen im Gewinnmaximum

$$p_x = 36 - 3x = 36 - 3 \cdot 4 = 24$$
$$p_y = 40 - 5y = 40 - 5 \cdot 2 = 30$$

Gewinn im Maximum

$$
\begin{aligned}
G_{\max} &= -4x^2 - 8y^2 - 2xy + 36x + 40y \\
&= -4 \cdot 4^2 - 8 \cdot 2^2 - 2 \cdot 4 \cdot 2 + 36 \cdot 4 + 40 \cdot 2 \\
&= -64 - 32 - 16 + 144 + 80 \\
&= 112
\end{aligned}
$$

ÜBUNG 4.4

1. Die Nachfrage des Gutes x hänge nicht nur von der Höhe des eigenen Preises p_x, sondern auch von der Höhe des Preises p_y eines anderen Gutes y ab. Entscheiden Sie für jede der folgenden Nachfragefunktionen, ob y ein Komplement ($\partial x / \partial p_y < 0$) oder ein Substitut ($\partial x / \partial p_y > 0$) von x ist!

   a. $x = 20 - 2p_x - p_y$ b. $x = 15 - 2p_x + p_y$

   c. $x = \dfrac{p_y}{p_x}$ d. $x = \dfrac{4}{p_x p_y}$

2. Ein Unternehmen produziere die Mengen x und y zweier Güter im Verbund. Ermitteln Sie für die folgenden Kostenfunktionen die partiellen Grenzkosten K_x und K_y von x und y! Prüfen Sie, ob die partiellen Grenzkosten steigen (K_{xx}, $K_{yy} > 0$), wenn die Produktion von x oder y ausgedehnt wird!

   a. $K = 2x \ln(y+1)$ c. $K = x^2 + 2y^2 + xy + 20$

   b. $K = x^2 \ln(y+10)$ d. $K = x^2 y^2 + 3xy + y + 5$

3. Prüfen Sie, ob die folgenden Funktionen ein relatives Extremum (Maximum oder Minimum) oder einen Sattelpunkt besitzen:

   a. $z = 2x^2 + y^2 + 4x$ d. $z = 2x^2 - 2xy + y^2 + 5x - 3y$

   b. $z = xy + x - y$ e. $z = x^2 + 2xy$

   c. $z = x^2 + xy + y^2 - 6x + 2$ f. $z = \dfrac{2}{3}x^3 + 2xy - 4x - y^2$

4. Gegeben seien die folgenden Erlös- und Kostenfunktionen einer Zweiproduktunternehmung. Bestimmen Sie das Gewinnmaximum!

   a. $E = 30x + 27y$ $K = 2x^2 + 10x + y^2 + 15y + 36$

   b. $E = 15x + 40y$ $K = x^2 + 5x + 2y^2 + 10y - xy + 50$

4.5 Maxima und Minima unter Nebenbedingungen

4.5.1 Problemstellung

Bei ökonomischen Fragestellungen geht es häufig darum, das Maximum oder Minimum einer Funktion, die als Zielfunktion bezeichnet wird, unter Beachtung von Nebenbedingungen zu bestimmen, denen die unabhängigen Variablen unterworfen sind.

So unterliegt ein Haushalt bei der Maximierung seines Nutzens einer Einkommensbeschränkung. Seine Unersättlichkeit stößt an seine Einkommensgrenzen. Er muss zwischen Alternativen wählen, weil nicht alle Bedürfnisse mit dem gegebenen Einkommen gleichzeitig befriedigt werden können.

Das Gewinnstreben einer Unternehmung wird beschränkt durch ihre Produktionskapazität. Die Produktion wird maximiert bei gegebenen Kosten oder die Kosten minimiert bei gegebener Produktion.

In allen Fällen wird die Menge der zulässigen Werte der unabhängigen Variablen, die bei unbeschränkten Problemen jeden Wert $(x, y) \in \mathbf{R}^2$ annehmen können, durch eine Nebenbedingung beschränkt: Einkommen, Kapazität, Produktion und Kosten.

Das Problem besteht nun darin, in der beschränkten Menge der zulässigen Punkte (x, y) diejenigen zu finden, für die die Zielfunktion maximal (oder minimal) ist. Die Maximierung (oder Minimierung) einer Zielfunktion unter einer Nebenbedingung heißt Optimierung.

Formal lautet das **Optimierungsproblem**

Maximiere	$z = f(x, y)$	(*Zielfunktion*)
unter den		
Nebenbedingungen	$g(x, y) \leq c$	(*Funktionalnebenbedingung*)
	$x, y \geq 0$	(*Nichtnegativitätsbedingung*)

Wir unterscheiden zwei Arten von Nebenbedingungen:

- Die **Funktionalnebenbedingungen**, zu denen die Einkommens- und die Kapazitätsbeschränkung gehören. Sie enthalten eine Restriktionskonstante c, die die Beschränkung zum Ausdruck bringt. Die Funktionalnebenbedingung wird durch eine Kurve dargestellt, die die Menge der zulässigen Punkte nach oben beschränkt.

- Die **Nichtnegativitätsbedingungen**, die auch bisher implizit immer galten, weil gewisse Variablen, wie z.B. Produktmengen oder Preise nicht negativ sein können. Sie schränken die Menge der zulässigen Punkte auf den 1. Quadraten des Koordinatensystems ein.

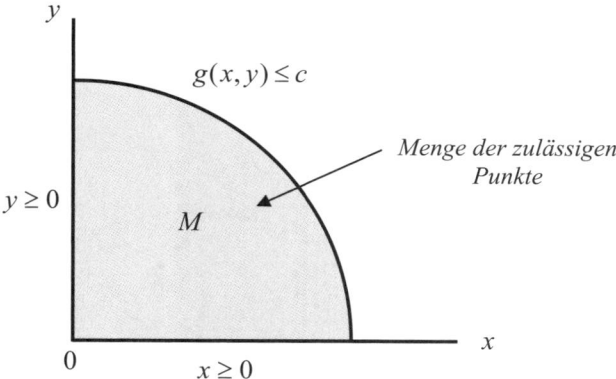

Die Lösung des Optimierungsproblems besteht darin, diejenigen nichtnegativen Werte der unabhängigen Variablen x und y zu finden, die die Restriktion erfüllen und die Zielfunktion maximieren.

Es ist üblich, das Optimierungsproblem und seine Lösungstechnik nur für den Fall der Maximierung darzustellen. Die Lösung des Minimierungsproblems ergibt sich dann aus dem Vorzeichenwechsel der Zielfunktion und der Funktionalnebenbedingung.

4.5.2 Lagrange[1] Multiplikatoren Methode

Wir befassen uns zunächst nur mit dem **klassischen Optimierungsproblem**

Maximiere $z = f(x, y)$

unter der

Nebenbedingung $g(x, y) = c$

Dabei vernachlässigen wir wie bisher die Nichtnegativitätsbedingung, müssen dann aber natürlich Lösungen, die die Nichtnegativitätsbedingung verletzen, aussondern. Außerdem nehmen wir vereinfachend an, dass die Funktionalnebenbedingung in Gleichungsform erfüllt sein muss. Darin liegt solange keine Einschränkung, wie das Optimum am Rande des zulässigen Bereichs angenommen wird. So maximiert der Haushalt seinen Nutzen, wenn er sein ganzes Einkommen ausgibt und das Unternehmen seinen Gewinn, wenn es die Kapazität voll ausschöpft.

Die Menge der zulässigen Punkte M, die wir auch als **Möglichkeitsmenge** bezeichnen, besteht aus all den Punkten (x, y), die die Funktionalnebenbedingung $g(x, y) = c$ erfüllen:

$$M = \{(x, y) \mid g(x, y) = c;\ x, y \in \mathbf{R}\}$$

---

[1]Joseph Louis Lagrange, franz. Mathematiker 1736 - 1813

Geometrisch sind das alle Punkte auf der Kurve $g(x,y) = c$, die wir uns z.B. anschaulich als Kapazitätsgrenze vorstellen können, die die Menge der möglichen Produktionspunkte nach oben begrenzt.

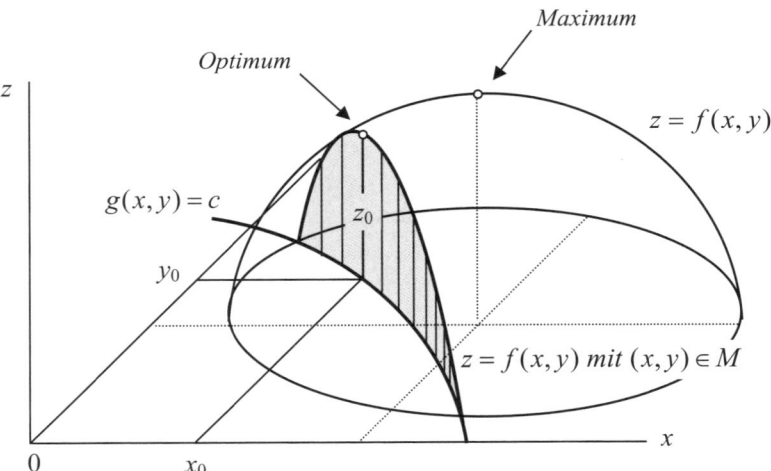

Die Zielfunktion ist eine konkave Fläche im Raum. Es kann sich dabei z.B. um eine Gewinnfunktion handeln. Wir nehmen an, dass ihr Maximum, wenn sie überhaupt ein Maximum hat, jenseits der Restriktionslinie (Kapazitätsgrenze) liegt und daher nicht erreichbar ist. Läge das Maximum vor der Restriktionslinie, dann wäre die Nebenbedingung nicht wirksam und wir hätten ein unbeschränktes Problem wie bisher.

Wir bezeichnen nun diejenigen Punkte der Zielfunktion als **zulässige Lösungen**, die die Nebenbedingung erfüllen. Geometrisch sind das die Punkte der Zielfunktion $z = f(x,y)$, die oberhalb der Restriktion $g(x,y) = c$ liegen. Die Menge der zulässigen Lösungen liegt also auf der Kurve

$$z = f(x,y) \qquad \text{mit } (x,y) \in M$$

die sich durch den Schnitt der Nebenbedingung $g(x,y) = c$ mit der Fläche $z = f(x,y)$ ergibt. Das Maximum dieser Kurve auf der Fläche $z = f(x,y)$ ist die Lösung des Optimierungsproblems und wird als **optimale Lösung** bezeichnet.

Ein universelles Verfahren zur Lösung des klassischen Optimierungsproblems ist die **Lagrange Multiplikatoren Methode**. Sie erlaubt, das beschränkte Maximierungsproblem in ein unbeschränktes Maximierungsproblem zu transformieren, dessen Lösung auch Lösung des beschränkten Problems ist.

Bei der Lösung können wir daher auf die schon bekannten Techniken der Maximierung und Minimierung von Funktionen mehrerer Variablen zurückgreifen.

Die Lagrange Methode beruht auf der Einführung der folgenden Hilfsfunktion

$$L(x, y, \lambda) = f(x, y) - \lambda [g(x, y) - c]$$

die als **Lagrange-Funktion** bezeichnet wird. Die Lagrangefunktion verknüpft die Zielfunktion mit der Nebenbedingung. Dabei wird die Nebenbedingung in impliziter Form geschrieben

$$g(x, y) - c = 0$$

und mit einem unbestimmten Faktor λ gewichtet. Der Faktor λ heißt **Lagrange-Multiplikator** und ist eine zusätzliche Variable der Lagrangefunktion.

Die Einführung der Lagrangefunktion ist zunächst ein schwer verständlicher Abstraktionsschritt, mit dem wir uns von der anschaulichen Darstellung des Problems lösen. Die Lagrangefunktion entzieht sich der geometrischen Darstellung und Interpretation. Ihre Einführung ist nur als Zwischenschritt auf dem Wege zur Lösung des Optimierungsproblems zu verstehen.

Im Unterschied zur Zielfunktion ist die Lagrangefunktion unbeschränkt und es gilt

> **Maximum der Lagrangefunktion**
>
> Jedes Maximum der Lagrangefunktion $L(x, y, \lambda)$ ohne Nebenbedingung ist auch ein Maximum der Zielfunktion $z = f(x, y)$ unter der Nebenbedingung $g(x, y) = c$.

Im einzelnen hat die Lagrangefunktion folgende **Eigenschaften**:

1. **Die Lagrangefunktion ist über der Möglichkeitsmenge M identisch mit der Zielfunktion**.

   Beweis:

   Für alle Punkte (x, y), die die Nebenbedingung erfüllen, gilt

   $$g(x, y) - c = 0$$

   und fällt die Lagrangefunktion daher mit der Zielfunktion zusammen

   $$L(x, y, \lambda) = f(x, y) - \lambda \cdot 0 = f(x, y) \qquad \text{für } (x, y) \in M$$

2. **Die Lagrangefunktion nimmt ihr Maximum immer in der Möglichkeitsmenge M an.**

   Wenn (x_0, y_0, λ_0) ein kritischer Punkt der Lagrangefunktion $L(x, y, \lambda)$ ist, dann erfüllt der Punkt (x_0, y_0) die Nebenbedingung

   $$g(x_0, y_0) = c$$

   und ist folglich ein Element der Möglichkeitsmenge: $(x_0, y_0) \in M$.

Beweis:

Sei (x_0, y_0, λ_0) ein kritischer Punkt der Lagrangefunktion, dann sind alle partiellen Ableitungen 1. Ordnung definitionsgemäß null

$$L_x, L_y, L_\lambda = 0$$

Insbesondere ist die Ableitung nach dem Lagrange-Multiplikator λ null

$$\frac{\partial L(x_0, y_0, \lambda_0)}{\partial \lambda} = -\left[g(x, y) - c \right] = 0$$

also die Nebenbedingung erfüllt und damit $(x_0, y_0) \in M$.

3. **Jedes Maximum der Lagrangefunktion *L* ist auch Maximum der Zielfunktion *f* über der Möglichkeitsmenge *M*.**

   Wenn (x_0, y_0, λ_0) die Lagrangefunktion $L(x, y, \lambda)$ maximiert, dann maximiert (x_0, y_0) auch die Zielfunktion $f(x, y)$ über $(x, y) \in M$.

   Beweis:

   Da die Lagrangefunktion über der Möglichkeitsmenge M identisch mit der Zielfunktion ist (1) und außerdem ihr Maximum in der Möglichkeitsmenge annimmt (2), muss das Maximum von L auch Maximum von f über M sein.

4. **Jedes Maximum der Zielfunktion über der Möglichkeitsmenge *M* ist auch Maximum der Lagrangefunktion.**

   Wenn (x_0, y_0) die Zielfunktion $f(x, y)$ über M maximiert, dann gibt es ein λ_0, so dass (x_0, y_0, λ_0) die Lagrangefunktion $L(x, y, \lambda)$ maximiert.

   Beweis:

   Da L über M identisch mit f ist (1) und außerdem L ihr Maximum in M annimmt (2), muss das Maximum von f über M auch Maximum von L sein.

   Sei (x_0, y_0) Maximum von $f(x, y)$ unter der Nebenbedingung, also

   $$L(x_0, y_0, \lambda) = f(x_0, y_0) \geq f(x, y) \qquad \text{mit } (x, y) \in M$$

   und

   $$L(x, y, \lambda) = f(x, y) \qquad\qquad \text{für } (x, y) \in M$$

   Da L sein Maximum in M annimmt, muss es ein λ_0 geben, so dass

   $$L(x_0, y_0, \lambda_0) \geq L(x, y, \lambda)$$

Aus der Eigenschaft 4 der Lagrangefunktion ergibt sich unmittelbar die folgende notwendige Bedingung für eine Lösung des beschränkten Maximierungsproblems:

Notwendige Bedingung für ein Optimum

Hat die Zielfunktion $f(x, y)$ unter der Nebenbedingung $g(x, y) = c$ an der Stelle (x_0, y_0) ein Maximum, dann hat die Lagrangefunktion

$$L(x, y, \lambda) = f(x, y) - \lambda \left[g(x, y) - c \right]$$

an dieser Stelle einen kritischen Punkt, d.h.

$$\frac{\partial L}{\partial x} = L_x = f_x - \lambda g_x \quad = 0$$

$$\frac{\partial L}{\partial y} = L_y = f_y - \lambda g_y \quad = 0$$

$$\frac{\partial L}{\partial \lambda} = L_\lambda = -\left[g(x, y) - c \right] = 0$$

Aus den Eigenschaften 1-3 der Lagrangefunktion ergibt sich, dass jedes Maximum der Lagrangefunktion auch Lösung des Optimierungsproblems ist. Die hinreichenden Bedingungen für ein Maximum der Lagrangefunktion sind also zugleich hinreichende Bedingungen für ein Optimum. Da die Lagrangefunktion unbeschränkt ist, sind das die uns schon bekannten Bedingungen 1. und 2. Ordnung für Extremwerte von Funktionen mehrerer Variablen.

Im Falle einer **linearen Nebenbedingung** sind die 2. partiellen Ableitungen der Nebenbedingung null ($g_{xx}, g_{yy} = 0$) und daher die 2. partiellen Ableitungen der Lagrangefunktion identisch mit denen der Zielfunktion. Es gelten dann folgende

Hinreichende Bedingungen für ein Optimum (lineare NB)

Hat die Lagrangefunktion

$$L(x, y, \lambda) = f(x, y) - \lambda \left[g(x, y) - c \right]$$

an der Stelle (x_0, y_0, λ_0) einen kritischen Punkt und gilt

$$f_{xx} f_{yy} - f_{xy}^2 > 0$$

$$f_{xx}, f_{yy} < 0$$

so hat die Zielfunktion $f(x, y)$ unter der Nebenbedingung $g(x, y) = c$ an der Stelle (x_0, y_0) ein **Maximum** (und für $f_{xx}, f_{yy} > 0$ ein Minimum).

Die Maxima der Lagrangefunktion sind auch Maxima des beschränkten Maximierungsproblems. Es genügt daher, das Maximum der unbeschränkten Lagrangefunktion zu bestimmen, dessen x- und y-Koordinaten die Lösung des Optimierungsproblems sind. Die Lagrange-Technik beruht folglich auf drei Schritten

Lagrange-Technik

- Aufstellung der **Lagrangefunktion**

$$L(x, y, \lambda) = f(x, y) - \lambda \left[g(x, y) - c \right]$$

- Ermittlung des **kritischen Punktes** (Bedingung 1. Ordnung)

$$L_x, \ L_y, \ L_\lambda = 0$$

- Überprüfung der Bedingungen 2. Ordnung im kritischen Punkt, d.h. ob es sich bei dem kritischen Punkt um ein **Extremum** handelt

$$f_{xx} f_{yy} - f_{xy}^2 > 0$$

und wenn ja um ein **Maximum** (oder Minimum)

$$f_{xx}, f_{yy} < 0 \ (> 0)$$

Die Bedingungen 2. Ordnung sind zwar hinreichend, aber nicht notwendig für ein Maximum der Lagrangefunktion. Wenn sie verletzt sind, muss auf andere Weise, z.B. durch eine lokale Untersuchung der Zielfunktion in der Umgebung des kritischen Punkts, geprüft werden, ob dennoch ein Extremum vorliegt.

Bei der allgemeinen Formulierung der Bedingungen 2. Ordnung, die sich in Abschnitt 8.7 findet, ist zu beachten, dass die Lagrangefunktion $L(x, y, \lambda)$ eigentlich nicht als unbeschränkte Zielfunktion aufgefasst werden kann. Daher können auch nicht einfach die bekannten Methoden der Extremwertbestimmung auf die Lagrangefunktion angewandt werden, denn

- $L(x, y, \lambda)$ hat kein echtes Maximum oder Minimum bezüglich der Variablen λ, da für das optimale λ_0 gilt

$$L(x_0, y_0, \lambda_0) = f(x_0, y_0) - \lambda_0 \cdot 0 \qquad \text{mit } g(x_0, y_0) = c$$

völlig unabhängig davon, welchen Wert λ_0 hat. Das bedeutet aber auch, dass

$$L(x_0, y_0, \lambda_0) = f(x_0, y_0)$$

unempfindlich gegen Änderungen von λ_0 ist, d.h. stationär für alle partiellen Variationen von λ_0.

- Die Variationen von (x_0, y_0) sind keine freien Variationen, wie im unbeschränkten Fall, sondern müssen die Nebenbedingungen erfüllen! Das gilt auch für die partiellen Ableitungen 2. Ordnung.

4.5.3 Interpretation der hinreichenden Bedingungen

Aus den Bedingungen 1. Ordnung für ein Optimum

$$f_x - \lambda\, g_x = 0$$
$$f_y - \lambda\, g_y = 0$$

folgt

$$\frac{f_x}{f_y} = \frac{g_x}{g_y}$$

Dabei ist

$$\frac{dy}{dx} = -\frac{f_x}{f_y} \qquad (z = z_0)$$

die implizite Ableitung der Zielfunktion, die für jeden gegebenen Wert von z der Tangentensteigung der Höhenlinie (Kontur) entspricht. Und es ist

$$\frac{dy}{dx} = -\frac{g_x}{g_y}$$

die implizite Ableitung der Nebenbedingung, die unabhängig von z die Tangentensteigung angibt. Im Falle der linearen Nebenbedingung ist das die konstante Steigung der Geraden $g(x, y) = c$ in der xy-Ebene.

Im Optimum ist also die konstante Tangentensteigung der Restriktionsgeraden gleich der Tangentensteigung der maximalen Höhenlinie. Die Bedingung 1. Ordnung ist also gleichbedeutend mit der folgenden Tangentialbedingung:

$$\frac{dy}{dx}(\text{Restriktion}) = \frac{dy}{dx}(\text{Zielfunktion})$$

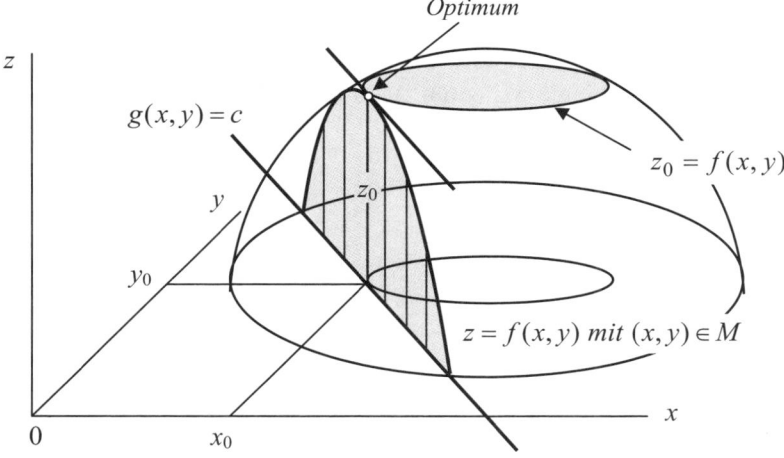

Die Bedeutung der Tangentialbedingung wird deutlich, wenn wir die Zielfunktion durch ihre Höhenlinien (Konturen) in der xy-Ebene darstellen.

Der Tangentialpunkt der maximalen Höhenlinie mit der Restriktionsgeraden ist offenbar nur dann ein Optimum, wenn die Höhenlinie an dieser Stelle konvex verläuft. Das wird sichergestellt durch die Bedingungen 2. Ordnung.

Die Bedingungen 2. Ordnung sind hinreichend für die **Konvexität der Kontur** im Tangentialpunkt.

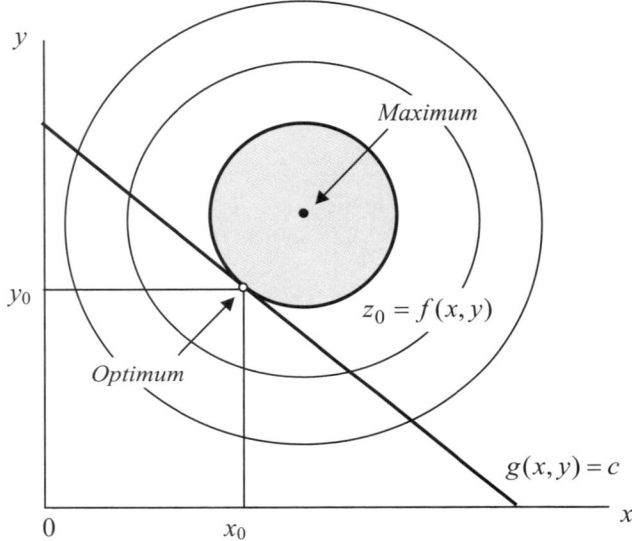

4.5.4 Bedeutung des Lagrange-Multiplikators

Die Lösung des Optimierungsproblems (x_0, y_0) ist eine Funktion der Restriktionskonstanten c, auf der die Beschränkung der Zielfunktion beruht. Wir prüfen daher, welchen Einfluss eine Änderung der Restriktionskonstanten auf den Wert der Zielfunktion im Optimum hat.

Dazu leiten wir die Zielfunktion im Optimum nach c ab (totale Ableitung):

$$\frac{df}{dc} = f_x \frac{dx}{dc} + f_y \frac{dy}{dc}$$

Im Optimum gilt:

$$f_x = \lambda\, g_x \quad ; f_y = \lambda\, g_y$$

Wir setzen für f_x und f_y in die Ableitung ein und klammern λ aus:

$$\frac{df}{dc} = \lambda g_x \frac{dx}{dc} + \lambda g_y \frac{dy}{dc} = \lambda \left(g_x \frac{dx}{dc} + g_y \frac{dy}{dc} \right)$$

Im Optimum ist außerdem die Nebenbedingung erfüllt:

$$g(x, y) = c$$

Wir leiten auch die Nebenbedingung im Optimum nach c ab und erhalten:

$$\frac{dg}{dc} = g_x \frac{dx}{dc} + g_y \frac{dy}{dc} = 1$$

Folglich ist die Ableitung der Zielfunktion nach der Restriktionskonstanten c im Optimum gleich dem Lagrangemultiplikator λ:

$$\frac{df}{dc} = \lambda \underbrace{\left(g_x \frac{dx}{dc} + g_y \frac{dy}{dc} \right)}_{=1} = \lambda$$

Der Lagrange-Multiplikator gibt an, um wieviel der Wert der Zielfunktion im Optimum steigt, wenn sich der Wert der Restriktionskonstanten um eine Einheit erhöht. λ ist also ein Maß für die **Empfindlichkeit (Sensitivität), mit der die Zielfunktion im Optimum auf eine Veränderung der Restriktion reagiert.**

Der Lagrange-Multiplikator gibt den Wert einer zusätzlichen Einheit des Engpaßfaktors (Einkommen, Kapazität, Kosten oder allgemein einer knappen Ressource) gemessen in Einheiten der Zielfunktion (Nutzen, Gewinn etc.) an. Der Lagrange-Multiplikator wird daher auch als **Schattenpreis** im Unterschied zu Geld- oder Marktpreisen bezeichnet.

BEISPIELE

1. Gegeben sei das folgende klassische Optimierungsproblem:

    Max $f(x, y) = 5x^2 + 6y^2 - xy$

    NB $x + 2y = 24$

Lagrangefunktion

$$L(x, y, \lambda) = f(x, y) - \lambda \left[g(x, y) - c \right]$$
$$= 5x^2 + 6y^2 - xy - \lambda (x + 2y - 24)$$

Bedingungen 1. Ordnung für ein Optimum

(1) $L_x = 10x - y - \lambda = 0 \mid \cdot 2$

(2) $L_y = 12y - x - 2\lambda = 0$

(3) $L_\lambda = -(x + 2y - 24) = 0$

Das sind drei lineare Gleichungen für die Variablen x, y, λ. Da λ nur in den Gleichungen (1) und (2) auftritt, wird zuerst λ aus diesen beiden Gleichungen eliminiert. Dazu wird die 1. Gleichung mit 2 multipliziert und dann die 2. Gleichung von der 1. subtrahiert:

$$20x - 2y - 2\lambda = 0$$
$$\underline{-x + 12y - 2\lambda = 0}$$
$$(4) \quad 21x - 14y \qquad = 0 \mid : 7$$

Das Ergebnis ist eine neue lineare Gleichung für die Variablen x und y. Zusammen mit der Nebenbedingung erhalten wir ein System mit zwei linearen Gleichungen für x und y. Durch Addition oder Subtraktion der beiden Gleichungen eliminieren wir eine der beiden Variablen. Hier addieren wir die beiden Gleichungen und eliminieren y. Die neue Gleichung lösen wir nach der verbleibenden Variablen x auf:

$$3x - 2y \qquad = 0$$
$$\underline{x + 2y - 24 = 0}$$
$$4x \qquad - 24 = 0$$
$$x = \frac{24}{4} = 6$$

Der gefundene x-Wert wird nun in die Nebenbedingung eingesetzt und die Nebenbedingung nach y gelöst:

$$6 + 2y = 24$$
$$y = \frac{24 - 6}{2} = 9$$

Die beiden Lösungen für x und y werden schließlich in eine der beiden Ausgangsgleichungen (1) oder (2) eingesetzt (hier 1) und nach dem Lagrangemultiplikator λ gelöst:

$$10 \cdot 6 - 9 - \lambda = 0$$
$$\lambda = 60 - 9 = 51$$

Die Lagrangefunktion hat also einen kritischen Punkt an der Stelle

$$(x, y; \lambda) = (6, 9; 51)$$

Es muss nun mit Hilfe der Bedingungen 2. Ordnung geprüft werden, ob die x- und y-Koordinaten des kritischen Punkts Lösung des Optimierungsproblems sind.

Bedingungen 2. Ordnung für ein Optimum

Zuerst werden die partiellen Ableitungen 2. Ordnung der Lagrangefunktion, die wegen der linearen Nebenbedingung mit denen der Zielfunktion übereinstimmen, gebildet:

$$\frac{\partial^2 f}{\partial x^2} = f_{xx} = 10 > 0$$

$$\frac{\partial^2 f}{\partial y^2} = f_{yy} = 12 > 0$$

$$\frac{\partial^2 f}{\partial yx} = f_{xy} = -1$$

Die partiellen Ableitungen 2. Ordnung sind konstant, d.h. unabhängig von x und y. Sie gelten daher auch an der Stelle $(x, y) = (6, 9)$, an der die Bedingungen 2. Ordnung geprüft werden müssen.

Hinreichend für ein Extremum an der Stelle $(x, y) = (6, 9)$ ist:

$$f_{xx} f_{yy} - f_{xy}{}^2 > 0$$

Einsetzen ergibt:

$$f_{xx} f_{yy} - f_{xy}{}^2 = 10 \cdot 12 - (-1)^2 = 119 > 0 \implies \text{Extremum}$$

Die hinreichende Bedingung für ein beschränktes Extremum ist erfüllt! Wir prüfen daher, ob es sich bei dem Extremum um ein Maximum oder Minimum handelt:

$$\left. \begin{array}{l} f_{xx} = 10 > 0 \\ f_{yy} = 12 > 0 \end{array} \right\} \implies \text{Minimum}$$

Da die direkten partiellen Ableitungen 2. Ordnung der Zielfunktion (Lagrangefunktion) positiv sind, liegt ein Minimum vor. Damit folgt:

Die Zielfunktion $f(x, y) = 5x^2 + 6y^2 - xy$ hat unter der Nebenbedingung $x + 2y = 24$ an der Stelle $(x, y) = (6, 9)$ ein relatives Minimum.

Der Lagrangemultiplikator $\lambda = 51$ gibt den Einfluss der Restriktionskonstanten auf den Wert der Zielfunktion im Optimum an.

Wenn die Restriktionskonstante $c = 24$ um eine Einheit steigt, dann nimmt der Wert der Zielfunktion im Optimum um 51 Einheiten zu:

$$\frac{df(x_0, y_0)}{dc} = \lambda = 51$$

2. Gegeben sei das folgende klassische Optimierungsproblem:

$$\text{Max} \quad z = 2xy$$

$$\text{NB} \quad x + y = 1$$

Lagrangefunktion

$$L(x, y, \lambda) = 2xy - \lambda(x + y - 1)$$

Bedingungen 1. Ordnung für ein Optimum

(1) $L_x = 2y - \lambda \quad = 0$

(2) $L_y = 2x - \lambda \quad = 0$

(3) $L_\lambda = -(x + y - 1) \ = 0$

Aus (1) und (2) wird λ eliminiert. Dazu wird die 1. Gleichung von der 2. Gleichung subtrahiert:

$$2y - \lambda = 0$$

$$\underline{2x \quad\quad - \lambda = 0}$$

$$2x - 2y \quad = 0 \mid : 2$$

$$x - y \quad = 0$$

Mit der Nebenbedingung folgt:

$$x - y = 0$$

$$\underline{x + y = 1}$$

$$2x \ = 1$$

$$x = \frac{1}{2}$$

Einsetzen von x in die Nebenbedingung ergibt y:

$$\frac{1}{2} + y = 1$$

$$y = \frac{1}{2}$$

Einsetzen von x und y in (1) oder (2) ergibt λ:

$$2 \cdot \frac{1}{2} - \lambda = 0$$

$$\lambda = 1$$

Kritischer Punkt der Lagrangefunktion

$$(x, y; \lambda) = (0.5, 0.5; 1)$$

Bedingungen 2. Ordnung für ein Optimum

$$\left. \begin{array}{l} f_{xx} = 0 \\ f_{yy} = 0 \\ f_{xy} = 2 \end{array} \right\} \Rightarrow f_{xx} f_{yy} - f_{xy}^2 = 0 \cdot 0 - 2^2 = -4 < 0$$

Die hinreichenden Bedingungen 2. Ordnung versagen. Ob dennoch ein Optimum vorliegt, lässt sich nur durch eine **lokale Untersuchung** des kritischen Punkts feststellen. Daher wird das Verhalten der Zielfunktion in der Umgebung des kritischen Punkts untersucht. Nimmt die Zielfunktion in der Umgebung des kritischen Punkts zu, liegt ein Minimum vor, nimmt sie ab, liegt ein Maximum vor.

Die Variationen von x und y um den kritischen Punkt

$$\Delta x = h \;,\; \Delta y = k$$

müssen die Nebenbedingung erfüllen. Es muss also gelten:

$$(x + h) + (y + k) = 1$$

$$0,5 + h + 0,5 + k = 1$$

$$k = -h$$

D.h. x muss stets um denselben Betrag erhöht werden, um den y reduziert wird u.u. Die Änderungen von x und y werden nun in die Zielfunktion eingesetzt und die Veränderung der Zielfunktion berechnet:

$$\begin{aligned} f(x + h, y - h) - f(x, y) &= 2(x + h)(y - h) - 2xy \\ &= 2(0,5 + h)(0,5 - h) - 2 \cdot 0,5 \cdot 0,5 \\ &= 2(0,5^2 - h^2) - 0,5 \\ &= 0,5 - 2h^2 - 0,5 \\ &= -2 \underbrace{h^2}_{> 0} < 0 \end{aligned}$$

Die Veränderung der Zielfunktion ist negativ. Die Zielfunktion nimmt unter Beachtung der Nebenbedingung in der Umgebung des kritischen Punkts also nur kleinere Werte an; daher ist der kritische Punkt ein **Maximum**.

4.5.5 Anwendungen

(1) Haushaltsoptimum

Das Optimierungsproblem des privaten Haushalts besteht darin, bei gegebenem Einkommen diejenige Mengenkombination der Konsumgüter zu wählen, die den Nutzen maximiert:

$$\text{Max} \quad u = u(x_1, x_2) \qquad \text{Nutzenfunktion}$$
$$\text{NB} \quad E = p_1 x_1 + p_2 x_2 \qquad \text{Budgetrestriktion}$$

Dabei bedeuten E das Periodeneinkommen (in Geldeinheiten), p_1, p_2 die Güterpreise und x_1, x_2 die Gütermengen die pro Periode verbraucht werden.

Lagrangefunktion

$$L = u(x_1, x_2) - \lambda(p_1 x_1 + p_2 x_2 - E)$$

Bedingungen 1. Ordnung

$$(1) \quad L_1 = \ u_1 - \lambda p_1 \qquad \ \ = 0$$
$$(2) \quad L_2 = \ u_2 - \lambda p_2 \qquad \ \ = 0$$
$$(3) \quad L_\lambda = -(p_1 x_1 + p_2 x_2 - E) = 0$$

Aus den Gleichungen 1. und 2. folgt

$$\frac{u_1}{p_1} = \frac{u_2}{p_2} = \lambda$$

Bezeichnen wir den Quotienten aus Grenznutzen u_i und Preis eines Gutes p_i als Grenznutzen des Geldes, dann sagt die Bedingung, dass **im Haushaltsoptimum der Grenznutzen des Geldes für alle Güter gleich** sein muss.

Das Einkommen wird so auf die Käufe der verschiedenen Konsumgüter aufgeteilt, dass der letzte Euro (Geldeinheit) in jeder Verwendung den gleichen Nutzen bereitet (2. Gossen'sches Gesetz[1]: Gesetz vom Ausgleich der Grenznutzen).

Für je zwei Güter lässt sich die Bedingung auch in der folgenden Form schreiben:

$$\frac{u_1}{u_2} = \frac{p_1}{p_2} \qquad\qquad \text{mit} \ -\frac{dx_2}{dx_1} = \frac{u_1}{u_2}$$

---

[1]Hermann Heinrich Gossen (1810 - 1858): Entwicklung der Gesetze des menschlichen Verkehrs und der daraus fließenden Regeln für menschliches Handeln, Braunschweig 1854; Gesetze nach v. Wiesner und Lexis benannt.

Die Grenznutzen der beiden Güter u_1 und u_2 verhalten sich im Haushaltsoptimum wie die Preise. Das Verhältnis der Grenznutzen wird auch als Grenzrate der Substitution bezeichnet und ist gleich dem Betrag der impliziten Ableitung. Die Grenzrate der Substitution zwischen Gut 1 und Gut 2 gibt an, um wieviel der Verbrauch von Gut 2 erhöht werden muss, wenn der Verbrauch von Gut 1 um eine Einheit reduziert wird und der Nutzen sich nicht ändern soll:

$$GRS_{1,2} = -\frac{dx_2}{dx_1} = \frac{p_1}{p_2}$$

Im Optimum ist die **Grenzrate der Substitution zwischen je zwei Gütern gleich dem umgekehrten Preisverhältnis**. Wenn wir die Nutzenfunktion durch ihre Höhenlinien, die als Indifferenzkurven bezeichnet werden, in der xy-Ebene darstellen, ergibt sich folgendes Bild:

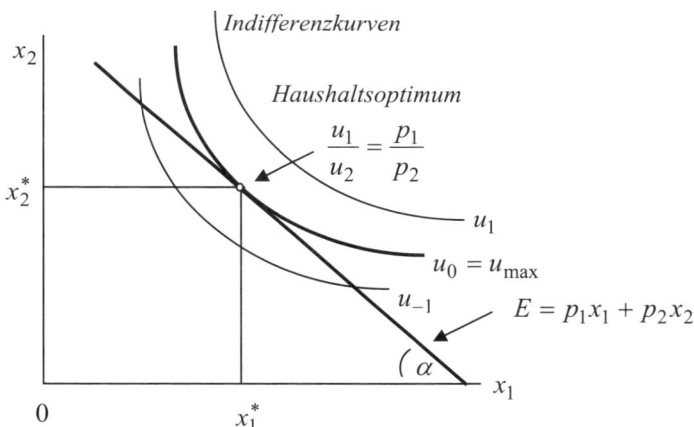

Das Haushaltsoptimum liegt in dem Punkt der Einkommensgeraden, in dem die maximale Indifferenzkurve tangiert. Hier ist die Steigung der Indifferenzkurve gleich der Steigung der Budgetgeraden:

$$\frac{dx_2}{dx_1} = -\frac{u_1}{u_2} = -\frac{p_1}{p_2}$$

Bedingungen 2. Ordnung

Bei linearer Nebenbedingung bedeutet die hinreichende Bedingung 2. Ordnung die Konvexität der Indifferenzkurven (Konturen, Höhenlinien), d.h.

$$u_{11}u_{22} - u_{12}^2 > 0 \quad \text{(Extremum)}$$
$$u_{11}, u_{22} < 0 \quad \text{(Maximum)}$$

In der Regel wird vorausgesetzt, dass diese Bedingungen erfüllt sind, d.h. die Nutzenfunktion **"well behaved"** ist. Die Überprüfung der Bedingungen erübrigt sich dann.

Interpretation von λ

Wir haben $\lambda = u_i / p_i$ bereits als Grenznutzen des Geldes bzw. Einkommens interpretiert. Allgemein ist der Lagrange-Multiplikator ein Maß für die Empfindlichkeit, mit der die Zielfunktion im Optimum auf eine Veränderung der Restriktionskonstanten reagiert. Hier gibt λ also an, wie das Nutzenmaximum auf eine Einkommenserhöhung reagiert:

$$\frac{du}{dE} = \lambda$$

D.h. λ ist der **Grenznutzen des Einkommens im Optimum** und gibt an, um wie viele Einheiten der Nutzen im Haushaltsoptimum steigt, wenn das Einkommen um eine Einheit steigt.

BEISPIEL

Gegeben sei das folgende Optimierungsproblem eines privaten Haushalts

Max $u = x_1 x_2$
NB $5x_1 + 10x_2 = 100$

Lagrangefunktion

$$L = x_1 x_2 - \lambda(5x_1 + 10x_2 - 100)$$

Bedingungen 1. Ordnung

(1) $L_1 = x_2 - \lambda \cdot 5 \qquad = 0 \quad | \cdot 2$
(2) $L_2 = x_1 - \lambda \cdot 10 \qquad = 0$
(3) $L_\lambda = -(5x_1 + 10x_2 - 100) = 0$

Aus den Gleichungen 1 und 2 folgt nach Multiplikation mit 2:

(1) $\quad 2x_2 - \lambda \cdot 10 \ = 0$
(2) $\quad \ \ x_1 - \lambda \cdot 10 \ = 0$
_____
(4) $\quad \ \ x_1 - 2x_2 \ = 0 \quad | \cdot 5$

Und aus der Gleichung 4 und der Budgetrestriktion ergibt sich x_1:

(4) $\quad 5x_1 - 10x_2 = 0$
(3) $\quad 5x_1 + 10x_2 = 100$
_____

$$10x_1 \qquad = 100$$

$$x_1 = \frac{100}{10} = 10$$

Wir setzen x_1 in die Budgetrestriktion ein und erhalten x_2:

$$(3) \quad 5 \cdot 10 + 10x_2 = 100$$

$$x_2 = \frac{50}{10} = 5$$

Schließlich berechnen wir den Lagrangemultiplikator aus Gleichung 1:

$$(1) \quad 5 - \lambda \cdot 5 = 0$$

$$\lambda = \frac{5}{5} = 1$$

Die Lagrangefunktion hat an der Stelle $(x_1, x_2; \lambda) = (10, 5; 1)$ einen kritischen Punkt.

Bedingungen 2. Ordnung

$$\left. \begin{array}{l} u_{11} = 0 \\ u_{22} = 0 \\ u_{12} = 1 \end{array} \right\} \;\Rightarrow\; u_{11}u_{22} - u_{12}^2 = -1 < 0$$

Die hinreichenden Bedingungen für eine Lösung des Optimierungsproblems sind nicht erfüllt; daher nehmen wir eine lokale Untersuchung der Umgebung des kritischen Punkts vor.

Wir prüfen, wie sich die Nutzenfunktion in der Umgebung des kritischen Konsumpunkts verhält. Dazu variieren wir die Verbrauchsmengen x_1 und x_2 unter Beachtung der Budgetrestriktion, verschieben also den Konsumpunkt auf der Einkommensgeraden nach oben oder unten um $\Delta x_1 = h$ und $\Delta x_2 = k$.

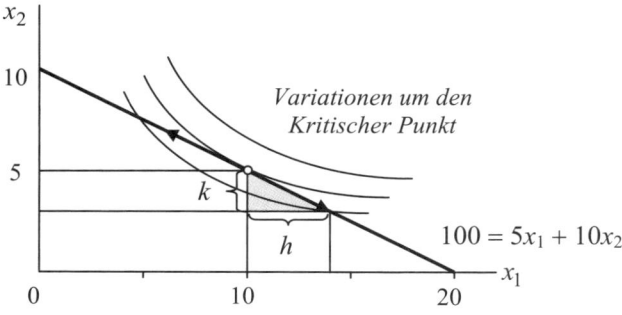

Setzen wir die Variationen von x_1 und x_2 um den kritischen Konsumpunkt in die Budgetrestriktion ein, so ergibt sich:

$$100 = 5(x_1 + h) + 10(x_2 + k)$$
$$= 5(10 + h) + 10(5 + k)$$
$$h = -2k$$
$$k = -\frac{h}{2}$$

Wenn der Verbrauch des Gutes 1 um eine Einheit erhöht wird, dann muß bei gegebenem Einkommen (von 100) der Verbrauch des Gutes 2 um eine halbe Einheit reduziert werden, weil der Preis des Gutes 2 doppelt so hoch wie der Preis des Gutes 1 ist.

Der neue Konsumpunkt, der für hinreichend kleine Verbrauchsänderungen h und k in unmittelbarer Nähe des kritischen Konsumpunkts liegt, wird nun in die Nutzenfunktion eingesetzt und die Änderung des Nutzens gegenüber dem kritischen Konsumpunkt berechnet:

$$u\left(x_1 + h, x_2 - \frac{h}{2}\right) - u(x_1, x_2) = (x_1 + h)\left(x_2 - \frac{h}{2}\right) - x_1 x_2$$
$$= (10 + h)\left(5 - \frac{h}{2}\right) - 10 \cdot 5$$
$$= 50 - 5h + 5h - \frac{h^2}{2} - 50$$
$$= -\frac{h^2}{2} < 0$$

Die Nutzenfunktion nimmt in der Umgebung des kritischen Konsumpunkts kleinere Werte an; die Nutzenfunktion hat also an dieser Stelle der Budgetgeraden ihren maximalen Wert.

Der Haushalt maximiert seinen Nutzen, wenn er das gegebene Einkommen so auf die beiden Güter verteilt, dass er 10 Einheiten von Gut 1 und 5 von Gut 2 verbraucht.

Der Grenznutzen des Einkommens beträgt $\lambda = 1$. Wenn das Einkommen um eine Einheit steigt, dann steigt im Optimum der Nutzen um 1.

(2) Minimalkostenkombination

Für jede Unternehmung stellt sich das Problem, diejenige Faktormengenkombination zu finden, die bei gegebenen Produktionskosten den Output maximiert oder bei gegebenem Output die Produktionskosten minimiert. Diese Faktormengenkombination heißt Minimalkostenkombination.

Formal geht es um die Lösung des folgenden Optimierungsproblems:

$$\text{Max} \quad x = x(v_1, v_2) \qquad \text{Produktionsfunktion}$$
$$\text{NB} \quad K = q_1 v_1 + q_2 v_2 \qquad \text{Kostenrestriktion}$$

Dabei bedeuten x die Produktmenge, v_1, v_2 die Faktoreinsatzmengen zweier Produktionsfaktoren, q_1, q_2 die gegebenen Faktorpreise und K die vorgegebenen Produktionskosten.

Lagrangefunktion

$$L = x(v_1, v_2) - \lambda(q_1 v_1 + q_2 v_2 - K)$$

Bedingungen 1. Ordnung

$$(1) \ L_1 = \ x_1 - \lambda q_1 \qquad = 0$$
$$(2) \ L_2 = \ x_2 - \lambda q_2 \qquad = 0$$
$$(3) \ L_\lambda = -(q_1 v_1 + q_2 v_2 - K) = 0$$

Aus den ersten beiden Gleichungen folgt die Bedingung

$$\frac{x_1}{q_1} = \frac{x_2}{q_2} = \lambda$$

Die partiellen Ableitungen der Produktionsfunktion x_i sind die partiellen Grenzproduktivitäten der beiden Produktionsfaktoren. Sie geben an, um wieviel der Output steigt, wenn eine Einheit des i-ten Produktionsfaktors mehr eingesetzt wird.

Bezeichnen wir (analog zur Haushaltstheorie) den Quotienten der (partiellen) Grenzproduktivität eines Faktors x_i und des Faktorpreises q_i als Grenzproduktivität des Geldes, dann gilt im Optimum: **Die Grenzproduktivität des Geldes ist für alle Produktionsfaktoren gleich.** Das Kostenbudget wird so auf die Produktionsfaktoren verteilt, dass die letzte Geldeinheit in jeder Verwendung die gleiche Produktivität hat.

Wir können auch schreiben:

$$\frac{q_1}{x_1} = \frac{q_2}{x_2} = \frac{1}{\lambda} \quad \text{wobei} \quad \frac{q_i}{x_i} = \frac{\dfrac{\partial K}{\partial v_i}}{\dfrac{\partial x_i}{\partial v_i}} = \frac{\partial K}{\partial x_i}$$

und den Quotienten q_i / x_i als **partielle Grenzkosten** des Produktionsfaktors i interpretieren. Dann sind im Optimum die partiellen Grenzkosten für alle Produktionsfaktoren gleich. Die (Grenz-) Kosten der letzten Produkteinheit sind unabhängig davon, mit welchem Produktionsfaktor sie hergestellt wird.

Schließlich erhalten wir die Tangentialbedingung

$$-\frac{dv_2}{dv_1}\bigg|_x = \frac{x_1}{x_2} = \frac{q_1}{q_2} = -\frac{dv_2}{dv_1}\bigg|_K$$

In der Minimalkostenkombination ist die Grenzrate der Substitution gleich dem umgekehrten Faktorpreisverhältnis und das Verhältnis der Grenzproduktivitäten gleich dem Verhältnis der Faktorpreise. Wenn wir die Produktionsfunktion durch ihre Höhenlinien, die Isoquanten, in der xy-Ebene darstellen, ergibt sich folgendes Bild:

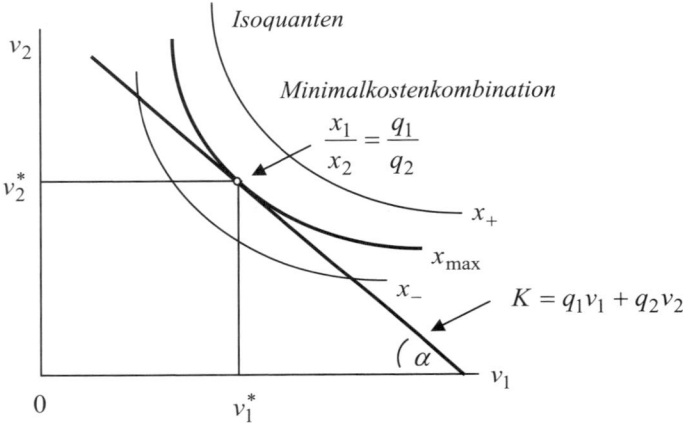

Die Minimalkostenkombination liegt im Tangentialpunkt der maximalen Isoquante x_{max} mit der Budgetgeraden. An dieser Stelle haben die Isoquante und die Budgetgerade dieselbe Steigung, ist also die Tangentialbedingung erfüllt.

Bedingungen 2. Ordnung

Bei linearer Nebenbedingung bedeutet die hinreichende Bedingung 2. Ordnung die Konvexität der Isoquanten, d.h.

$$x_{11}x_{22} - x_{12}^2 > 0$$
$$x_{11}, x_{22} < 0$$

BEISPIEL

Gegeben sei das folgende Optimierungsproblem einer privaten Unternehmung

$$\text{Max } x = v_1^\alpha v_2^\beta = v_1^{\frac{1}{3}} v_2^{\frac{2}{3}}$$

$$\text{NB} \quad v_1 + 2v_2 = 30$$

Bedingungen 1. Ordnung

$$\frac{x_1}{x_2} = \frac{q_1}{q_2}$$

Die partiellen Ableitungen 1. Ordnung der Produktionsfunktion sind:

$$x_1 = \alpha v_1^{\alpha-1} v_2^{\beta} = \alpha \frac{x}{v_1}$$

$$x_2 = \beta v_1^{\alpha} v_2^{\beta-1} = \beta \frac{x}{v_2}$$

und ihr Verhältnis, die Grenzrate der Substitution zwischen den Produktionsfaktoren v_2 und v_1, ist:

$$\frac{x_1}{x_2} = \frac{\alpha \dfrac{x}{v_1}}{\beta \dfrac{x}{v_2}} = \frac{\alpha}{\beta} \frac{v_2}{v_1} = \frac{\frac{1}{3}}{\frac{2}{3}} \frac{v_2}{v_1} = \frac{1}{2} \frac{v_2}{v_1}$$

Einsetzen in die Tangentialbedingung ergibt:

$$\frac{1}{2} \frac{v_2}{v_1} = \frac{q_1}{q_2} = \frac{1}{2} \qquad\qquad \text{mit } q_1 = 1, \; q_2 = 2$$

$$v_2 = v_1$$

Die beiden Produktionsfaktoren werden also in der Minimalkostenkombination stets in gleicher Menge eingesetzt.

Wir setzen $v_2 = v_1$ in die Kostenrestriktion ein und erhalten v_1:

$$v_1 + 2v_1 = 30$$

$$v_1 = 10$$

Dann setzen wir $v_1 = 10$ erneut in die Kostenrestriktion ein und lösen nach v_2:

$$10 + 2v_2 = 30$$

$$v_2 = 10$$

Schließlich berechnen wir den Lagrange-Multiplikator

$$\lambda = \frac{x_1}{q_1} = \frac{\alpha \dfrac{x}{v_1}}{q_1} = \frac{\frac{1}{3} \dfrac{10^{1/3} 10^{2/3}}{10}}{1} = \frac{1}{3}$$

Bedingungen 2. Ordnung

$$x_{11}x_{22} - x_{12}^2 > 0$$
$$x_{11},\ x_{22} < 0$$

Wir berechnen zuerst die partiellen Ableitungen 2. Ordnung der Produktionsfunktion:

$$x_{11} = (\alpha - 1)\alpha\, v_1^{\alpha-2} v_2^{\beta} = (\alpha - 1)\alpha\, \frac{x}{v_1^2}$$

$$x_{22} = (\beta - 1)\beta\, v_1^{\alpha} v_2^{\beta-2} = (\beta - 1)\beta\, \frac{x}{v_2^2}$$

Mit $\alpha + \beta = 1$ (linear homogene Cobb-Douglas-Funktion) folgt:

$$x_{11} = -\beta\alpha\, \frac{x}{v_1^2} < 0, \qquad \text{da } x, \alpha, \beta > 0$$

$$x_{22} = -\alpha\beta\, \frac{x}{v_2^2} < 0$$

Die Kreuzableitung lautet:

$$x_{12} = \alpha\,\beta\, v_1^{\alpha-1} v_2^{\beta-1} = \alpha\,\beta\, \frac{x}{v_1 v_2}$$

Einsetzen in die Bedingung 2. Ordnung ergibt:

$$x_{11}x_{22} - x_{12}^2 = \left(-\beta\alpha\, \frac{x}{v_1^2}\right)\left(-\alpha\beta\, \frac{x}{v_2^2}\right) - \left(\alpha\beta\, \frac{x}{v_1 v_2}\right)^2$$

$$= \alpha^2\beta^2\, \frac{x^2}{v_1^2 v_2^2} - \left(\alpha\beta\, \frac{x}{v_1 v_2}\right)^2 = 0$$

Die Bedingungen 2. Ordnung versagen auch in diesem Test. Der Nachweis der Konvexität der Isoquanten muss daher auf andere Weise geführt werden.[1]

Im Falle der Cobb-Douglas-Funktion, die häufig als Produktionsfunktion eingesetzt wird, wird die Konvexität der Isoquanten i. d. R. ohne Beweis als selbstverständliche Eigenschaft angenommen.

---

[1] siehe Abschnitt 8.7.3

Anhang 4.5.5 Konvexität der Cobb-Douglas-Funktion

Hinreichende Bedingung für die Konvexität der Isoquanten ist, dass die Steigung entlang der Isoquante zunimmt, d.h. die 2. Ableitung positiv ist.

Die Steigung der Isoquanten (Grenzrate der Substitution) beträgt

$$\frac{dv_2}{dv_1} = -\frac{x_1}{x_2} = -\frac{\alpha \dfrac{x}{v_1}}{\beta \dfrac{x}{v_2}} = -\frac{\alpha}{\beta} \cdot \frac{v_2}{v_1}$$

und ihre Ableitung

$$\frac{d}{dv_1}\left(\frac{dv_2}{dv_1}\right) = -\frac{\alpha}{\beta}\left\{\frac{\partial}{\partial v_1}\left(\frac{v_2}{v_1}\right) + \frac{\partial}{\partial v_2}\left(\frac{v_2}{v_1}\right) \cdot \frac{dv_2}{dv_1}\right\}$$

$$= -\frac{\alpha}{\beta}\left(-\frac{v_2}{v_1^2} + \frac{1}{v_1} \cdot \frac{dv_2}{dv_1}\right)$$

$$= -\frac{\alpha}{\beta}\left(-\frac{v_2}{v_1^2} + \frac{v_1}{v_1^2} \cdot \frac{dv_2}{dv_1}\right)$$

$$= -\frac{\alpha}{\beta} \cdot \frac{-v_2 + v_1\left(-\dfrac{\alpha}{\beta} \cdot \dfrac{v_2}{v_1}\right)}{v_1^2}$$

$$= \frac{\alpha}{\beta} \cdot \frac{v_2\left(1 + \dfrac{\alpha}{\beta}\right)}{v_1^2}$$

$$= \frac{\alpha}{\beta} \cdot \frac{v_2\left(\dfrac{\beta + \alpha}{\beta}\right)}{v_1^2}$$

$$= \frac{\alpha}{\beta} \cdot \frac{v_2\dfrac{1}{\beta}}{v_1^2}$$

$$= \frac{\alpha}{\beta^2} \cdot \frac{v_2}{v_1^2} > 0$$

Also sind die Isoquanten der Cobb-Douglas-Funktion konvex und daher die Bedingungen 2. Ordnung in der Minimalkostenkombination erfüllt.

1. Lösen Sie die folgenden klassischen Optimierungsprobleme mit Hilfe der Lagrange-Methode und interpretieren Sie den Lagrangemultiplikator!

    a. Max $z = x^2 + 2y^2 - xy$
        NB $x + y = 8$

    b. Max $z = x^2 - 10y^2$
        NB $x - y = 18$

    c. Max $z = 2xy - 3y^2 - x^2 + 17$
        NB $x + y = 15$

    d. Max $z = 6x^2 + 2y^2 + 3xy + 12$
        NB $3x + y = 100$

    e. Max $z = 0,5x^2 + 2y^2 - 6xy - 9$
        NB $x + 2y = 12$

    f. Max $z = -4x^2 + 10x - y^2 + 4xy + 100$
        NB $x + 2y = 21$

2. Ermitteln Sie den nutzenmaximalen Haushaltsplan eines privaten Haushalts (Haushaltsoptimum):

    $$\text{Max} \quad u = u(x_1, x_2) = x_1 x_2$$
    $$\text{NB} \quad 2x_1 + 3x_2 = 12$$

3. Gegeben seien die folgende Produktionsfunktion

    $$x = x(v_1, v_2) = v_1^{0,4} v_2^{0,4}$$

    und die Kostenrestriktion einer Einprodukt-Unternehmung

    $$3v_1 + 6v_2 = 60$$

    Berechnen Sie die Minimalkostenkombination der Produktionsfaktoren und erläutern Sie die Bedeutung des Lagrange-Multiplikators!

4. Eine Unternehmung erzeuge auf zwei verschiedenen Produktionsanlagen ein homogenes Produkt. Auf Anlage I werden x_1 und auf Anlage II x_2 Einheiten hergestellt. Die Produktionskosten der beiden Anlagen seien

    $$K^I = K(x_1) = 0,5x_1^2 + x_1 + 600$$
    $$K^{II} = K(x_2) = x_2^2 + x_2 + 400$$

    Es sollen pro Periode 200 Produkteinheiten hergestellt werden.

    Wie muss die Produktmenge auf die beiden Anlagen verteilt werden, wenn die Kosten minimiert werden sollen? Um wieviel steigen die Kosten im Optimum, wenn die Produktmenge um eine Einheit erhöht wird?

5 Integration

In der Differentialrechnung hatten wir uns mit der Ableitung von Funktionen und mit Problemstellungen befasst, die sich darauf zurückführen lassen, die Ableitung von Funktionen zu bilden (Tangentenproblem).

Alle Begriffe der Differentialrechnung beziehen sich auf **lokale Eigenschaften** von Funktionen, die sich erklären oder ermitteln lassen, ohne die ganze Funktion zu kennen. Es genügt daher, die Funktion in einer kleinen Umgebung der Stelle zu kennen, an der die Ableitung bestimmt werden soll; welche Gestalt sie in einiger Entfernung von dieser Stelle hat, ist völlig gleichgültig.

Zeitgleich mit der Differentialrechnung hat sich im 17. Jahrhundert die Integralrechnung aus dem Problem entwickelt, den **Flächeninhalt einer durch eine Kurve begrenzten ebenen Fläche** zu bestimmen (Quadraturproblem[1]). Diese Fläche wird auch Integral genannt (integer (lat.) = ganz), weil ihrer Berechnung der Schluss vom Teil auf das Ganze zugrunde liegt.

Die Begriffe der Integralrechnung beziehen sich im Unterschied zur Differentialrechnung auf die Funktion **als Ganzes**; erst die Kenntnis der ganzen Kurve erlaubt es, das durch sie begrenzte Flächenstück zu berechnen.

Die Lösung des Quadraturproblems, das schon die Babylonier und die Griechen beschäftigt hat, geht auf **Gottfried Wilhelm Leibniz (1646-1716)** und **Isaac Newton (1643-1727)** zurück. Sie haben unabhängig voneinander erkannt, dass eine enge Beziehung zwischen der Differentiation und der Integration besteht. Danach kann die Integration als Umkehrung der Differentiation aufgefasst werden, ganz ähnlich wie die Multiplikation und Division oder das Potenzieren und Radizieren Umkehrungen voneinander sind. Dieser wichtige Zusammenhang ist der Inhalt des **Hauptsatzes der Differential- und Integralrechnung**, auf dem die Lösung des Quadraturproblems beruht.

Der Begriff "Integration" wird daher in zwei Bedeutungen verwendet. Wir verstehen unter Integration:

1. Eine **Methode zur Berechnung der Fläche unter einer Kurve**.

   Wir sprechen dann von bestimmter Integration und nennen die Fläche **bestimmtes Integral**. Symbolisch schreiben wir

   $$F = \int_a^b f(x)\,dx$$

---

[1] Diese Bezeichnung des Problems geht auf die Vorstellung der Griechen zurück, nur solche Flächen als berechenbar anzusehen, die sich in ein Quadrat verwandeln lassen.

Das Integrationszeichen ist ein überdimensioniertes großes lateinisches S. Es symbolisiert den Anfangsbuchstaben des Wortes "Summe" (lat. summa) und weist darauf hin, dass die Berechnung der Fläche F auf einem Summationsverfahren beruht.[1]

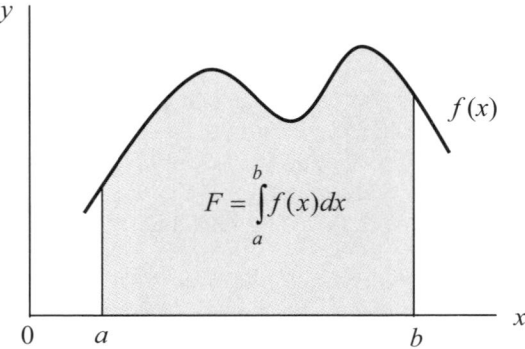

2.   Eine **Rechenoperation, die die Differentiation umkehrt**.

Integration in diesem Sinne bedeutet die inverse Operation der Differentiation. Wir sprechen dann von unbestimmter Integration und bezeichnen das Ergebnis als **unbestimmtes Integral**. Symbolisch schreiben wir nun

$$\int f(x)\,dx = F(x)$$

Das unbestimmte Integral einer Funktion $f(x)$ ist dann die Funktion $F(x)$, deren Ableitung $f(x)$ ist, für die also gilt

$$F'(x) = f(x)$$

Wird die Funktion $f(x)$ nacheinander integriert und dann differenziert, erhält man wieder $f(x)$. Die beiden Rechenoperationen heben sich also gegenseitig auf:

$$f(x) \xrightarrow{\text{Integration}} F(x) \xrightarrow{\text{Differentiation}} f(x)$$

$$\int f(x)\,dx = F(x) \qquad\qquad \frac{d}{dx}\int f(x)\,dx = f(x)$$

$$F'(x) = f(x)$$

---

[1] Die Bezeichnung "Integral" stammt von Jacob Bernoulli (1690). Die Symbolik geht auf G.W. Leibniz zurück (1675).

BEISPIEL

$$f(x) = 2x + 3$$
$$F(x) = x^2 + 3x$$
$$F'(x) = 2x + 3$$

5.1 Das bestimmte Integral

5.1.1 Problemstellung

Geometrisch verstehen wir unter der Integration die Bestimmung des Flächeninhalts unter einer Kurve über einem abgeschlossenen Intervall, d.h. der Fläche, die über einem abgeschlossenen Intervall zwischen der Kurve und der Abszisse liegt.

Der Flächeninhalt wird mit Hilfe eines Grenzwertverfahrens ermittelt und heißt bestimmtes Integral.

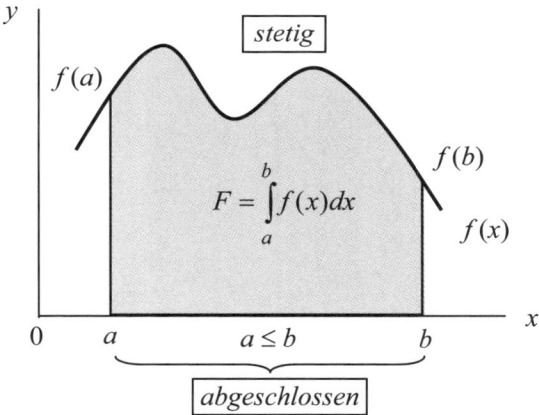

Wir definieren nun

Bestimmtes Integral

Sei $f(x)$ eine in $[a, b]$ stetige Funktion mit $f(x) \geq 0$ für $x \in [a, b]$. Dann nennt man den Inhalt des Flächenstücks, das von dem Graphen $f(x)$, den Geraden $x = a$, $x = b$ und der Abszisse $y = 0$ begrenzt wird, bestimmtes Integral über $f(x)$ von a bis b und schreibt dafür symbolisch

$$\int_a^b f(x)\, dx$$

Die Zahlen a und b heißen **Integrationsgrenzen**, die Funktion $f(x)$ **Integrand** und das Differential dx bezeichnet die **Integrationsvariable** x.

Das bestimmte Integral ist eine **reelle Zahl** (F_a^b), die nur von den Integrations-grenzen a, b und dem Integranden $f(x)$ abhängt.

Die Definition setzt zweierlei voraus:

- Das Integrationsintervall $[a, b]$ ist ein **abgeschlossenes** also endliches Intervall und die linke Intervallgrenze a ist nicht größer als die rechte Intervallgrenze b, d.h. es ist $a \leq b$.

- Die Funktion $f(x)$ ist **stetig**, weist also keine Sprungstellen und Un-endlichkeitsstellen auf.

Nur unter diesen Voraussetzungen lässt sich die Fläche immer bestimmen.

5.1.2 Beispiele

Aus der Definition des bestimmten Integrals ergibt sich unmittelbar noch kein Berechnungsverfahren. Bei der Berechnung bestimmter Integrale sind wir daher weiterhin auf geometrische Überlegungen angewiesen.

Für lineare Funktionen lässt sich das bestimmte Integral mit Hilfe einfacher Flä-chenformeln direkt berechnen.

BEISPIELE

1. $f(x) = c$

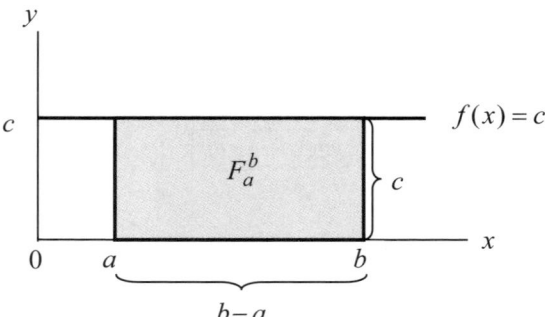

Das bestimmte Integral der konstanten Funktion $y = c$ über dem abge-schlossenen Intervall von a bis b ist offenkundig eine Rechteckfläche, die wir mit der Flächenformel für Rechtecke berechnen, indem wir die Grundlinie $b - a$ mit der Höhe c multiplizieren:

$$\int_a^b f(x)\, dx = \int_a^b c\, dx = c(b-a) = cb - ca$$

2. $f(x) = x$

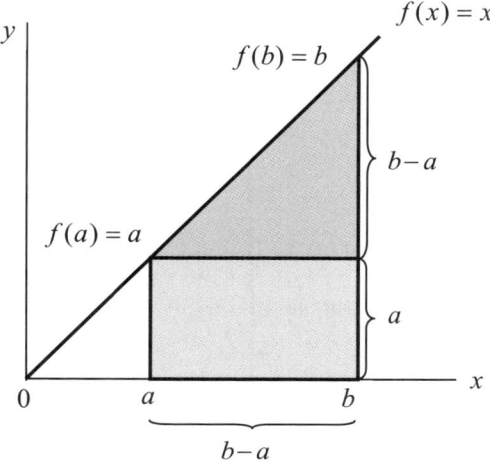

Das bestimmte Integral der identischen Abbildung (Ursprungsgeraden) über dem abgeschlossenen Intervall von a bis b ist eine Trapezfläche, die wir auch als Summe einer Rechteckfläche und einer Dreiecksfläche auffassen können. Die Dreiecksfläche ergibt sich als Produkt der Grundlinie $b-a$ und der halben Höhe $(b-a)/2$:

$$\int_a^b f(x)\,dx = \int_a^b x\,dx = (b-a)a + (b-a)\frac{1}{2}(b-a)$$

$$= (b-a)\left[a + \frac{1}{2}(b-a)\right]$$

$$= (b-a)\frac{1}{2}(b+a)$$

$$= \frac{1}{2}(b^2 - a^2)$$

$$= \frac{b^2}{2} - \frac{a^2}{2}$$

Bei nichtlinearen Funktionen wird der Graph stückweise durch gerade Strecken, also einen Polygonzug, ersetzt und das bestimmte Integral durch die Fläche unter dem Polygonzug angenähert.

Formal am einfachsten ist die Annäherung des Graphen durch eine Treppenkurve, ein Treppenpolygon.

3. $f(x) = e^x$

Wir nähern den Graphen der e-Funktion durch ein Treppenpolygon mit n gleichlangen Stufen an. Dazu wird das Integrationsintervall $[a, b]$, über dem die Fläche berechnet werden soll, in n Teilabschnitte Δx der Länge

$$\Delta x = \frac{b-a}{n}$$

zerlegt (Intervallzerlegung). In jedem dieser Teilabschnitte soll die Treppenfunktion den Wert haben, den die e-Funktion am rechten Rand des betreffenden Teilabschnitts annimmt, also

$$f(x_k) = e^{x_k} \quad \text{für } x_{k-1} \leq x \leq x_k, \ x_k = a + k\frac{b-a}{n}, \ k = 1, 2, \ldots, n$$

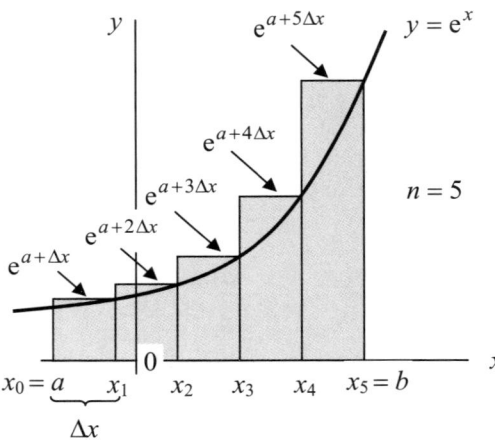

Der Flächeninhalt der Fläche unter der Treppenkurve ergibt sich als Summe der n Rechteckflächen über den Teilabschnitten:

$$\overline{S}_n = e^{a+\Delta x}\Delta x + e^{a+2\Delta x}\Delta x + e^{a+3\Delta x}\Delta x + \ldots + e^{a+n\Delta x}\Delta x$$

$$= \left[e^{a+\Delta x} + e^{a+2\Delta x} + e^{a+3\Delta x} + \ldots + e^{a+n\Delta x} \right]\Delta x$$

$$= e^{a+\Delta x}\left[1 + e^{\Delta x} + e^{2\Delta x} + \ldots + e^{(n-1)\Delta x} \right]\Delta x$$

Für die Summe der geometrischen Reihe in der Klammer gilt die Summenformel:

$$s_n = \frac{1-q^n}{1-q} \qquad\qquad \text{mit } q = e^{\Delta x}$$

Mit $q = e^{\Delta x}$ folgt:

$$s_n = \frac{1 - e^{\Delta x \cdot n}}{1 - e^{\Delta x}} = \frac{1 - e^{\frac{b-a}{n} \cdot n}}{1 - e^{\Delta x}} = \frac{1 - e^{b-a}}{1 - e^{\Delta x}} = \frac{e^{b-a} - 1}{e^{\Delta x} - 1}$$

Eingesetzt in $\overline{S}_n$ ergibt sich:

$$\overline{S}_n = e^{a + \Delta x} \frac{e^{b-a} - 1}{e^{\Delta x} - 1} \Delta x = e^{a + \Delta x} \frac{e^{b-a} - 1}{\dfrac{e^{\Delta x} - 1}{\Delta x}}$$

Wenn wir nun die Zahl n der Treppenstufen erhöhen, dann werden die Treppenstufen immer kürzer.

Geht die Zahl der Treppenstufen gegen unendlich $n \to \infty$, dann geht ihre Länge gegen null $\Delta x \to 0$. Das Treppenpolygon schmiegt sich dabei mehr und mehr an den Graphen der e-Funktion an und die Fläche unter dem Treppenpolygon nähert sich der Fläche unter der e-Funktion.

Das bestimmte Integral über $f(x) = e^x$ von a bis b ergibt sich daher als Grenzwert der Fläche unter dem Treppenpolygon:

$$\int_a^b e^x dx = \lim_{\substack{n \to \infty \\ \Delta x \to 0}} \overline{S}_n = \lim_{\substack{n \to \infty \\ \Delta x \to 0}} e^{a + \Delta x} \frac{e^{b-a} - 1}{\dfrac{e^{\Delta x} - 1}{\Delta x}}$$

$$= \lim_{\Delta x \to 0} e^{a + \Delta x} \frac{e^{b-a} - 1}{1} \qquad \text{mit } \lim_{\Delta x \to 0} \frac{e^{\Delta x} - 1}{\Delta x} = 1^{[1]}$$

$$= e^a (e^{b-a} - 1)$$

$$= e^b - e^a$$

Das bestimmte Integral ist also gleich der Differenz der Funktionswerte der e-Funktion an der oberen und unteren Integrationsgrenze.

Da wir in diesem Fall das bestimmte Integral durch Rechtecke von oben angenähert haben, heißt $\overline{S}_n$ **Obersumme**.

Das bestimmte Integral kann auch durch die **Untersumme** $\underline{S}_n$, d.h. durch Rechtecke von unten angenähert werden.

---

[1] Die Berechnung der Grenzwerte in Zähler und Nenner führt zu einem undefinierten Ausdruck. Mit Hilfe der L'Hospitalschen Regel ergibt sich der Wert 1. Vgl. Kapitel 2.3.2 und 3.5.3.

In diesem Fall wählen wir als Wert der Treppenfunktion den Wert, den die e-Funktion am linken Rand jedes Teilabschnitts Δx annimmt, also

$$f(x_{k-1}) = e^{x_{k-1}} \quad \text{für } x_{k-1} \leq x \leq x_k, \; x_k = a + k\frac{b-a}{n}, \; k = 1, 2, \ldots, n$$

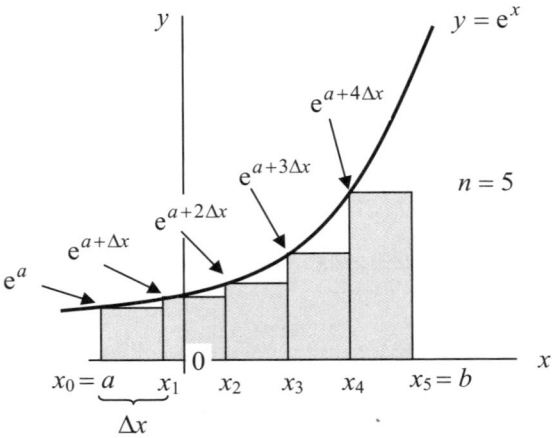

Der Flächeninhalt der Fläche unter dem Treppenpolygon, die Untersumme also, beträgt

$$\underline{S}_n = \sum_{k=1}^{n} f(x_{k-1})\Delta x$$

$$= e^a \Delta x + e^{a+\Delta x}\Delta x + e^{a+2\Delta x}\Delta x + \ldots + e^{a+(n-1)\Delta x}\Delta x$$

$$= e^a \left[1 + e^{\Delta x} + e^{2\Delta x} + \ldots + e^{(n-1)\Delta x} \right]\Delta x$$

und hat denselben Grenzwert wie die Obersumme:

$$\int_a^b e^x dx = \lim_{\substack{n \to \infty \\ \Delta x \to 0}} \underline{S}_n = \lim_{\substack{n \to \infty \\ \Delta x \to 0}} \sum_{k=1}^{n} f(x_{k-1})\Delta x = e^b - e^a$$

Daher gilt:

$$\underline{S}_n = \sum_{k=1}^{n} f(x_{k-1})\Delta x < \int_a^b e^x dx < \sum_{k=1}^{n} f(x_k)\Delta x = \overline{S}_n$$

Für jeden endlichen Wert von n ist die Untersumme also stets kleiner und die Obersumme größer als das bestimmte Integral der e-Funktion. Die Grenzwerte von Unter- und Obersumme sind aber gleich und gleich dem bestimmten Integral:

$$\lim_{n \to \infty} \underline{S}_n = \int_a^b e^x dx = \lim_{n \to \infty} \overline{S}_n$$

5.1.3 Definition des bestimmten Integrals

Die vorstehenden Überlegungen lassen sich verallgemeinern:

Grenzwerte der Ober- und der Untersumme

Sei $f(x)$ eine im Intervall $[a, b]$ stetige Funktion und sei $[a, b]$ in n Teilintervalle Δx_k derart zerlegt, dass mit $n \to \infty$ alle Teilintervalle Δx_k gegen null gehen. Dann sind die Grenzwerte der Ober- und der Untersumme gleich und werden bestimmtes Integral über $f(x)$ von a bis b genannt:

$$\lim_{\substack{n \to \infty \\ \Delta x \to 0}} \sum_{k=1}^n m_k \Delta x_k = \lim_{\substack{n \to \infty \\ \Delta x \to 0}} \sum_{k=1}^n M_k \Delta x_k = \int_a^b f(x)\, dx$$

Dabei sind M_k das Maximum und m_k das Minimum von $f(x)$ im k-ten Teilintervall:

$$M_k = \max \left\{ f(x) : x_{k-1} \le x \le x_k \right\}$$
$$m_k = \min \left\{ f(x) : x_{k-1} \le x \le x_k \right\}$$

Da die Grenzwerte der Obersumme und der Untersumme gleich sind, ist der Grenzwert der Differenz von Ober- und Untersumme null:

$$\lim_{\substack{n \to \infty \\ \Delta x \to 0}} \sum_{k=1}^n (M_k - m_k) \Delta x_k = 0$$

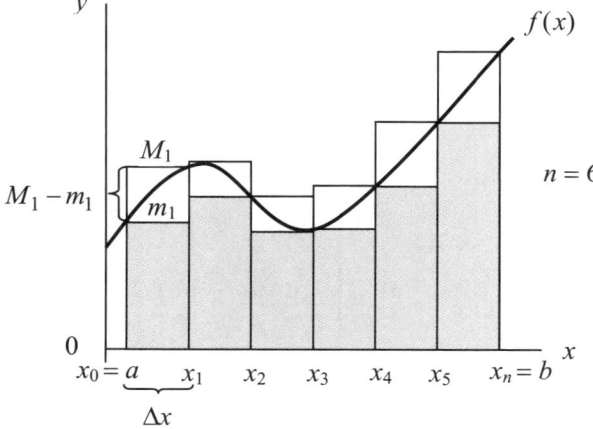

Dabei können die Teilintervalle Δx_k sämtlich verschieden sein, solange sie die Bedingung

$$\lim_{n \to \infty}(x_k - x_{k-1}) = \lim_{n \to \infty} \Delta x_k = 0$$

erfüllen, d.h. mit wachsendem n alle Teilintervalle Δx_k gegen null gehen.

Es lässt sich zeigen, dass nicht nur die Obersumme und die Untersumme denselben Grenzwert haben, sondern auch jede Zwischensumme. Bei der **Zwischensumme** nimmt das Treppenpolygon in jedem Teilintervall einen beliebigen Funktionswert von $f(x)$ aus dem Teilintervall an:

$$f(\xi_k) \quad \text{für } x_{k-1} \leq \xi_k \leq x_k ; k = 1, 2, \dots, n$$

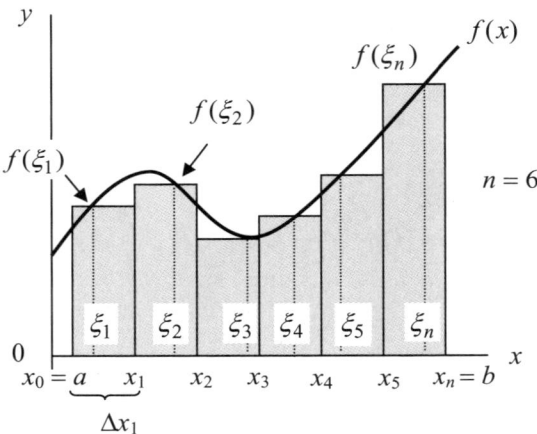

Die Treppenfunktion nimmt also nicht den größten (Obersumme) oder kleinsten (Untersumme) Funktionswert im Teilintervall an, sondern den Wert an einer beliebigen Stelle ξ_k des Teilintervalls k ($\xi = $ Xi, kleines griechisches x).

Für die Zwischensumme erhalten wir:

$$S_n = \sum_{k=1}^{n} f(\xi_k)(x_k - x_{k-1}) = \sum_{k=1}^{n} f(\xi_k)\Delta x_k \quad ; \xi_k \in [x_{k-1}, x_k]$$

Für stetige Funktionen existiert der Grenzwert

$$\lim_{\substack{n \to \infty \\ \Delta x \to 0}} \sum_{k=1}^{n} f(\xi_k)\Delta x_k \quad ; \xi_k \in [x_{k-1}, x_k]$$

und ist unabhängig von der Wahl der Teilungspunkte x_k und den Zwischenabszissen ξ_k.

Wir können daher definieren:

Riemannsches[1] Integral

Sei $f(x)$ eine in $[a, b]$ stetige Funktion und sei $[a, b]$ in n Teilintervalle Δx_k ($k = 1, \ldots, n$) so zerlegt, dass für $n \to \infty$ jedes Teilintervall Δx_k gegen null geht. Dann heißt der Grenzwert

$$\lim_{\substack{n \to \infty \\ \Delta x \to 0}} \sum_{k=1}^{n} f(\xi_k) \Delta x_k \qquad ; \xi_k \in [x_{k-1}, x_k]$$

bestimmtes (Riemannsches) Integral über $f(x)$ von a bis b, geschrieben:

$$\int_a^b f(x)\, dx = \lim_{\substack{n \to \infty \\ \Delta x \to 0}} \sum_{k=1}^{n} f(\xi_k)\, \Delta x_k$$

Mit dem Riemannschen Integral haben wir nun ein Verfahren zur numerischen Auswertung bestimmter Integrale gewonnen. Wir berechnen das bestimmte Integral als Grenzwert einer Summe von Rechteckflächen.

Integrierbar sind die folgenden Funktionen:

1. Jede in einem abgeschlossenen Intervall $[a, b]$ **stetige** Funktion ist integrierbar (s.o.).

2. Jede in $[a, b]$ **beschränkte** Funktion, die in $[a, b]$ nur **endlich viele Unstetigkeitsstellen** hat, ist dort integrierbar. Dazu gehören z.B. die Treppenfunktionen. (Wir bezeichnen eine Funktion als beschränkt, wenn es eine Zahl M gibt, so dass für alle $x \in [a, b]$ gilt: $|f(x)| \le M$)

3. Jede in $[a, b]$ **monotone** Funktion (wachsend oder fallend) ist in $[a, b]$ integrierbar.

Für die Differenzierbarkeit, Stetigkeit und Integrierbarkeit von Funktionen gelten die folgenden hierarchischen Beziehungen:

$$f \text{ differenzierbar in } [a, b]$$
$$\Downarrow$$
$$f \text{ stetig in } [a, b]$$
$$\Downarrow$$
$$f \text{ integrierbar in } [a, b]$$
$$\Downarrow$$
$$f \text{ beschränkt in } [a, b]$$

Jede differenzierbare Funktion ist auch stetig, jede stetige Funktion ist auch integrierbar und jede integrierbare Funktion ist beschränkt.

---

[1]Bernhard Riemann (1816 - 1866), deutscher Mathematiker.

5.1.4 Eigenschaften bestimmter Integrale

Wir haben das bestimmte Integral definiert als Grenzwert einer Summe von Rechteckflächen. Aus den Rechenregeln für Grenzwerte und Summen ergeben sich folgende

Rechenregeln für Integrale

1. $$\int_a^b f(x)\,dx = -\int_b^a f(x)\,dx$$

Werden bei einem bestimmten Integral die untere und die obere Integrationsgrenze vertauscht, dann ändert sich das Vorzeichen des Integrals.

In der Summe $\sum f(\xi_k)\Delta x_k$ sind die Δx_k als orientierte Strecken aufzufassen. Wird die Integrationsrichtung geändert, so ändert sich bei allen Δx_k das Vorzeichen und damit das Vorzeichen der Summe.

2. $$\int_a^a f(x)\,dx = 0 \qquad\qquad (\text{da } \Delta x_k = 0)$$

Ist die obere Integrationsgrenze gleich der unteren, die Länge des Integrationsintervalls gleich null, so ist auch das bestimmte Integral gleich null.

3. $$\int_a^b f(x)\,dx + \int_b^c f(x)\,dx = \int_a^c f(x)\,dx$$

Das bestimmte Integral kann durch Unterteilung des Integrationsintervalls $[a, c]$ als Summe zweier Teilintegrale dargestellt werden, da der Grenzwert einer Summe gleich der Summe der Grenzwerte der Summanden ist.

4. $$\int_a^b (f(x)+g(x))\,dx = \int_a^b f(x)\,dx + \int_a^b g(x)\,dx$$

Das bestimmte Integral einer Summe integrierbarer Funktionen ist gleich der Summe der Integrale der einzelnen Funktionen.

5. $$\int_a^b c\,f(x)\,dx = c\int_a^b f(x)\,dx$$

Wird der Integrand mit einer Konstanten multipliziert, so wird das bestimmte Integral mit dieser Konstanten multipliziert. Ein konstanter Faktor kann also vor das Integral gezogen werden.

Mittelwertsatz der Integralrechnung

Sei $f(x)$ eine in dem abgeschlossenen Intervall $[a,b]$ stetige Funktion, dann gibt es in diesem Intervall eine Stelle $x_0 \in [a,b]$, so dass

$$\int\limits_a^b f(x)\,dx = f(x_0)(b-a)$$

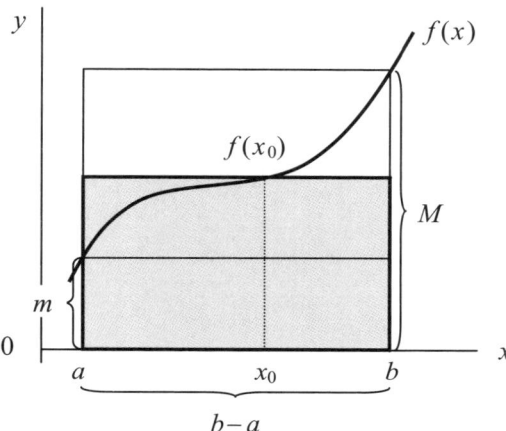

Das bestimmte Integral kann unter den Voraussetzungen dieses Satzes durch das Rechteck $f(x_0)(b-a)$ ersetzt werden. Dadurch vereinfacht sich der algebraische Umgang mit bestimmten Integralen.

Beweis:

Es gibt immer eine Rechteckfläche über dem Intervall $[a,b]$, die dieselbe Größe wie die Fläche unter der Kurve $f(x)$ hat. Die Höhe dieses Rechtecks beträgt:

$$h = \frac{\int\limits_a^b f(x)\,dx}{b-a} = \frac{F_a^b}{b-a}$$

Es bleibt daher zu zeigen, dass die Funktion $f(x)$ im Intervall $[a,b]$ tatsächlich den Funktionswert h annimmt, es also eine Stelle x_0 mit dem Funktionswert $f(x_0) = h$ geben muss.

Nach dem Satz von Weierstrass nimmt jede stetige Funktion in einem abgeschlossenen Intervall einen kleinsten Wert m und einen größten Wert M an[1].

---

[1] Karl Weierstass (1815 - 1897), deutscher Mathematiker. Siehe auch 2.3.3.

Daher liegt das bestimmte Integral zwischen den Flächen der Rechtecke $m(b-a)$ und $M(b-a)$:

$$m\,(b-a) \leq \int_a^b f(x)\,dx \leq M\,(b-a)$$

Weiterhin nimmt jede stetige Funktion $f(x)$ mit ihrem Minimum m und ihrem Maximum M auch alle zwischen m und M gelegenen Werte an. Wir erinnern uns daran, dass wir eine stetige Funktion durch eine zusammenhängende Kurve darstellen können.

Es muss daher zwischen dem Minimum m und dem Maximum M eine Stelle x_0 mit dem Funktionswert $f(x_0) = h$ geben

$$m \leq f(x_0) = h \leq M$$

für den gilt

$$\int_a^b f(x)\,dx = f(x_0)(b-a)$$

ÜBUNG 5.1

1. Berechnen Sie die Fläche unter der Geraden durch Ausschöpfung mit geometrischen Grundfiguren (Primitiven)

$$\int_a^b f(x)\,dx = \int_a^b (2x+3)\,dx$$

2. Berechnen Sie die Fläche unter der Normalparabel mit Hilfe des Riemannschen Integrals

$$\int_a^b f(x)\,dx = \int_a^b x^2\,dx$$

Setzen Sie dazu zunächst $a = 0$. Gehen Sie so vor wie bei der e-Funktion und bilden Sie die Untersumme. Benutzen Sie zur Vereinfachung der auftretenden Potenzreihe die folgende Summenformel:

$$\sum_{i=1}^{n-1} i^2 = \frac{n(n-1)(2n-1)}{6}$$

5.2 Das unbestimmte Integral

Bisher können wir bestimmte Integrale nur als Grenzwert einer unendlichen Summe von Rechteckflächen berechnen.

Nun soll der Zusammenhang zwischen der bestimmten Integration und der Differentiation hergestellt werden, aus dem sich ein vereinfachtes Berechnungsverfahren für bestimmte Integrale ergibt, das auf der unbestimmten Integration beruht (Hauptsatz der Differential- und Integralrechnung).

5.2.1 Integralfunktion

Wir knüpfen zunächst an die Definition des bestimmten Integrals an und nehmen wieder an, $f(t)$ sei eine in dem abgeschlossenen Intervall $[a, b]$ stetige Funktion. Dann ist $f(t)$ auch in jedem beliebigen Teilintervall $[a, x]$ mit $x \in [a, b]$ stetig.

Wir betrachten nun Teilintervalle, deren obere Grenze x wir als Variable auffassen. In jedem dieser Teilintervalle ist $f(t)$ integrierbar und hat das bestimmte Integral einen Wert, der nur von der oberen (variablen) Integrationsgrenze abhängt.

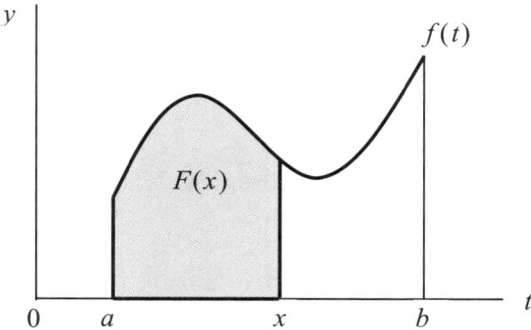

Das führt uns zur Definition der folgenden Funktion:

Integralfunktion

Sei $f(t)$ eine im Intervall $[a, b]$ stetige Funktion, dann heißt die Funktion

$$F(x) = \int\limits_{a}^{x} f(t)\, dt \qquad ; \; x \in [a, b]$$

Integralfunktion zu $f(t)$. Die Integralfunktion $F(x)$ ist eine Funktion der oberen Integrationsgrenze.

Während das bestimmte Integral eine reelle **Zahl** ist, die vom Integranden und den Integrationsgrenzen abhängt, ist die Integralfunktion eine **Funktion**, die mit Hilfe des bestimmten Integrals definiert wird.

Die Integralfunktion hat folgende wichtige Eigenschaft:

Ableitung der Integralfunktion

Sei $f(t)$ eine in $[a, b]$ stetige Funktion. Dann ist die Integralfunktion

$$F(x) = \int_a^x f(t)\,dt \qquad\qquad ; x \in [a, b]$$

in $[a, b]$ differenzierbar und die Ableitung ist gleich dem Wert des Integranden an der oberen Integrationsgrenze:

$$F'(x) = f(x)$$

Beweis:

Wir berechnen die Ableitung von $F(x)$, in dem wir die Integralfunktion in die Definition der Ableitung einsetzen:

$$F'(x) = \lim_{\Delta x \to 0} \frac{F(x + \Delta x) - F(x)}{\Delta x} = \lim_{\Delta x \to 0} \frac{\int_a^{x+\Delta x} f(t)\,dt - \int_a^x f(t)\,dt}{\Delta x}$$

Das Integral von a bis $x + \Delta x$ schreiben wir als Summe der beiden Teilintegrale von a bis x und von x bis $x + \Delta x$:

$$F'(x) = \lim_{\Delta x \to 0} \frac{1}{\Delta x} \left(\int_a^x f(t)\,dt + \int_x^{x+\Delta x} f(t)\,dt - \int_a^x f(t)\,dt \right)$$

Das erste und das letzte Integral von a bis x haben verschiedene Vorzeichen und heben sich gegenseitig auf, so dass sich die Ableitung vereinfacht zu:

$$F'(x) = \lim_{\Delta x \to 0} \frac{1}{\Delta x} \int_x^{x+\Delta x} f(t)\,dt$$

Nach dem Mittelwertsatz der Integralrechnung gibt es für eine in dem Intervall $[x, x + \Delta x]$ stetige Funktion $f(t)$ ein $t_0 \in [x, x + \Delta x]$, so dass

$$\int_x^{x+\Delta x} f(t)\,dt = f(t_0)(x + \Delta x - x) = f(t_0)\Delta x$$

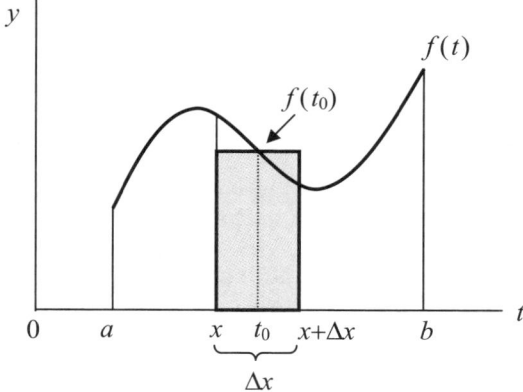

Bei der Bildung des Grenzwerts geht die Länge des Integrationsintervalls Δx gegen null. Folglich geht t_0 gegen x und $f(t_0)$ gegen $f(x)$:

$$\Delta x \to 0 \;\Rightarrow\; \begin{cases} t_0 \to x \\ f(t_0) \to f(x) \end{cases}$$

Damit ergibt sich für die Ableitung der Integralfunktion:

$$F'(x) = \lim_{\Delta x \to 0} \frac{1}{\Delta x} \int_{x}^{x+\Delta x} f(t)\,dt = \lim_{\Delta x \to 0} \frac{1}{\Delta x} f(t_0)\Delta x$$

$$= \lim_{\Delta x \to 0} f(t_0) = f(x)$$

Der Zuwachs der Fläche unter dem Graphen der Funktion $f(t)$ ist bei einer infinitesimal kleinen Verschiebung der oberen Integrationsgrenze gleich dem Wert der Funktion $f(x)$ an der Integrationsgrenze x.

5.2.2 Stammfunktion

Wir wenden uns nun der unbestimmten Integration zu, unter der wir die Umkehrung der Differentiation verstehen und definieren die

Stammfunktion

Sei $f(x)$ eine in dem abgeschlossenen Intervall $[a, b]$ stetige Funktion. Wir nennen eine Funktion $F(x)$ eine Stammfunktion von $f(x)$, wenn $F(x)$ in $[a, b]$ differenzierbar ist und für die Ableitung gilt

$$F'(x) = f(x) \qquad \text{für alle } x \in [a, b]$$

Jede Funktion, deren Ableitung mit dem gegebenen Integranden übereinstimmt, ist also eine Stammfunktion. Die Ermittlung einer Stammfunktion ist folglich die Umkehrung der Differentiation. Wird in der Differentialrechnung nach der Ableitung einer gegebenen Funktion gefragt, geht es nun darum, zu einer gegebenen Ableitung die Funktion zu finden, deren Ableitung sie ist.

Nun wissen wir aber, dass die Ableitung der Konstanten null ist, eine additive Konstante bei der Ableitung also wegfällt. Daher gilt

Unbestimmtheit der Stammfunktion

Ist $F(x)$ eine Stammfunktion von $f(x)$ und C eine beliebige Konstante, so ist auch $F(x) + C$ eine Stammfunktion von $f(x)$.

Beweis:

$$\frac{d}{dx}\big(F(x) + C\big) = \frac{d}{dx}F(x) = f(x)$$

Die Ableitung von $F(x) + C$ ist $f(x)$, da beim Differenzieren die Konstante C wegfällt.

Folgerung 1

Ist $F(x)$ eine Stammfunktion von $f(x)$, so erhält man die Gesamtheit der Stammfunktionen, indem man zu $F(x)$ eine beliebige Konstante C addiert.

Folgerung 2

Sind $F(x)$ und $G(x)$ Stammfunktionen von $f(x)$, so unterscheiden sie sich nur um eine Konstante. Es gibt also eine Konstante C, so dass

$$F(x) - G(x) = C \qquad\qquad ; \ x \in [a, b]$$

Für einfache Integranden können die Stammfunktionen durch Umkehrung der entsprechenden Ableitungsregel bestimmt werden. In den folgenden Beispielen fragen wir, welche Funktion $F(x)$ die Ableitung e^x, x^2 und $1/x$ hat.

BEISPIELE

1. $f(x) = e^x,\ F(x) = e^x,\ F_1(x) = e^x + 1,\ F_2(x) = e^x + 2, \ldots$

2. $f(x) = x^2,\ F(x) = \dfrac{x^3}{3},\ F_1(x) = \dfrac{x^3}{3} - 1,\ F_2(x) = \dfrac{x^3}{3} + 3, \ldots$

3. $f(x) = \dfrac{1}{x},\ F(x) = \ln x,\ F_1(x) = \ln x + 1,\ F_2(x) = \ln x + 2, \ldots$

Zwischen den Integralfunktionen und den Stammfunktionen von $f(x)$ besteht offenbar ein enger Zusammenhang:

Integralfunktion und Stammfunktion

Jede Integralfunktion von $f(x)$

$$F(x) = \int_a^x f(t)\,dt$$

ist wegen $F'(x) = f(x)$ zugleich eine Stammfunktion von $f(x)$.

Wir verwenden daher für die Stammfunktion eine von der Integralfunktion abgeleitete Symbolik. Für eine Stammfunktion von $f(x)$ schreiben wir unter Vernachlässigung der Integrationsschranken:

$$F(x) = \int f(x)\,dx \qquad \text{(gesprochen: "Integral } f \text{ von } x\ dx \text{ ")}$$

und bezeichnen die Gesamtheit der Stammfunktionen von $f(x)$ als unbestimmtes Integral:

Unbestimmtes Integral

Die Menge aller Stammfunktionen einer Funktion $f(x)$ wird unbestimmtes Integral von $f(x)$ genannt und geschrieben

$$\int f(x)\,dx = F(x) + C$$

Die beliebige Konstante C heißt **Integrationskonstante**.

Durch die Integrationskonstante C wird zum Ausdruck gebracht, dass es unendlich viele Stammfunktionen gibt, die sich jeweils durch eine Konstante unterscheiden (daher auch **unbestimmtes** Integral).

Die Integrationskonstante wird häufig (auch in Integrationstabellen) weggelassen und die Begriffe "Stammfunktion" und "unbestimmtes Integral" synonym gebraucht.

BEISPIELE

1. $\int e^x\,dx = e^x + C$

2. $\int 3x^2\,dx = x^3 + C$

3. $\int \dfrac{1}{x}\,dx = \ln x + C$

Wir können das unbestimmte Integral geometrisch interpretieren. Dazu definieren wir die

Integralkurve

Der Graph einer Stammfunktion $F(x)$ der Funktion $f(x)$ wird Integralkurve von $f(x)$ genannt.

Da bei der unbestimmten Integration die Integrationskonstante C unbestimmt bleibt, ergibt sich für jeden Wert von C eine andere Integralkurve.

Durch die unbestimmte Integration wird also nur der Kurventyp, aber nicht die Lage bestimmt. Die Integrationskonstante C kann daher als Lageparameter aufgefasst werden, der die vertikale Lage im Koordinatensystem angibt.

Dem unbestimmten Integral entspricht also geometrisch eine **unendliche Schar von Integralkurven**.

BEISPIEL

$$f(x) = 2x$$

$$\int f(x)\,dx = \int 2x\,dx = x^2 + C$$

Die Integralkurven der linearen Funktion $f(x) = 2x$ sind die Graphen der quadratischen Funktion

$$F_i(x) = x^2 + c_i$$

Es handelt sich um Normalparabeln, die um die Integrationskonstante C parallel nach oben ($C > 0$) oder unten ($C < 0$) verschoben sind, z.B.:

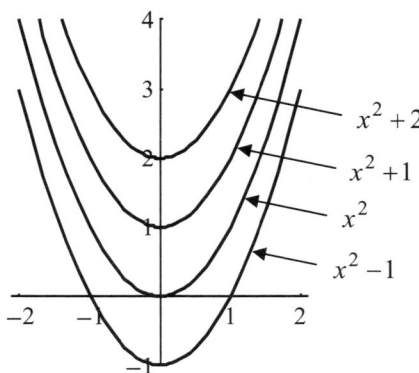

Die Steigung der Integralkurven

$$F'(x) = f(x) = 2x$$

ist unabhängig von der Lage, d.h. vom Wert der Integrationskonstanten C. Für gleiche x-Werte ist die Steigung aller Integralkurven gleich. Durch die Punkte gleicher Tangentensteigung der Integralkurven wird ein sogenannter Richtungspfad definiert.

5.2.3 Hauptsatz der Differential- und Integralrechnung

Mit Hilfe des unbestimmten Integrals lässt sich nun ein einfacheres Verfahren als das Grenzwertverfahren zur Berechnung bestimmter Integrale angeben. Es beruht auf dem

Hauptsatz der Differential- und Integralrechnung

Ist $f(x)$ im Intervall $[a, b]$ stetig und $F(x)$ eine beliebige Stammfunktion von $f(x)$ in $[a, b]$, so gilt:

$$\boxed{\int_a^b f(x)\, dx = F(b) - F(a)}$$

Das bestimmte Integral über $f(x)$ von a bis b ist gleich der Differenz der Funktionswerte einer beliebigen Stammfunktion $F(x)$ von $f(x)$ an den Stellen b und a (den Integrationsgrenzen).

Beweis:

Sei $F(x)$ eine Stammfunktion von $f(x)$. Jede Integralfunktion $G(x)$ von f kann dann geschrieben werden:

$$G(x) = \int_a^x f(t)\, dt = F(x) + C$$

da $G(x)$ eine Stammfunktion von $f(x)$ ist und sich von $F(x)$ nur um eine additive Konstante C unterscheidet.

Für $x = b$ erhalten wir

$$G(b) = \int_a^b f(t)\, dt = F(b) + C$$

und für $x = a$

$$G(a) = \int_a^a f(t)\, dt = F(a) + C = 0$$

Also hat C den Wert

$$C = -F(a)$$

Eingesetzt in $G(b)$ folgt der Hauptsatz

$$G(b) = \int\limits_a^b f(t)\, dt = F(b) - F(a)$$

Bei der Berechnung bestimmter Integrale mit Hilfe des Hauptsatzes der Differential- und Integralrechnung wird in zwei Schritten vorgegangen. Zuerst wird eine Stammfunktion ermittelt, dann werden die Werte der Stammfunktion an der oberen und unteren Integrationsgrenze berechnet und die Differenz gebildet. Daher sind die folgenden Schreibweisen gebräuchlich:

$$\int\limits_a^b f(x)\, dx = \left[F(x)\right]_a^b = F(x)\Big|_a^b = F(b) - F(a)$$

Dabei wird die Stammfunktion zunächst in eckige Klammern gesetzt und werden neben der rechten Klammer oben und unten die Integrationsgrenzen aufgeführt. Vereinfachend kann anstelle der eckigen Klammer der senkrechte Strich hinter der Stammfunktion verwendet werden.

BEISPIELE

1. $\quad \int\limits_a^b c\, dx = c \int\limits_a^b dx = c\, x \Big|_a^b = c(b - a)$

2. $\quad \int\limits_a^b x\, dx = \dfrac{x^2}{2} \bigg|_a^b = \dfrac{b^2}{2} - \dfrac{a^2}{2}$

3. $\quad \int\limits_a^b e^x\, dx = e^x \bigg|_a^b = e^b - e^a$

4. $\quad \int\limits_a^b (4x - 3)\, dx = \left[2x^2 - 3x\right]_a^b = (2b^2 - 3b) - (2a^2 - 3a)$

Die besondere Bedeutung des Hauptsatzes der Integralrechnung liegt darin, dass er die Berechnung bestimmter Integrale stetiger Funktionen auf die Ermittlung von Stammfunktionen zurückführt. Leider ist auch dieses Problem nicht immer leicht zu lösen, weil es keinen allgemeinen Algorithmus zur Auffindung von Stammfunktionen gibt. Wir wissen aber, dass eine in ihrem Definitionsbereich stetige Funktion $f(x)$ dort auch eine Stammfunktion $F(x)$ besitzt, auch wenn sich diese nicht nach einfachen Regeln bestimmen lässt.

5.2.4 Spezielle Stammfunktionen (Grundintegrale)

Einige einfache Integrationsregeln (bzw. Stammfunktionen) lassen sich unmittelbar aus der Umkehrung von Ableitungsregeln gewinnen. Der Beweis erfolgt jeweils durch Ableitung der Stammfunktion.

Für beliebige Funktionen $f(x)$ und $g(x)$ gelten die **Summen-** und die **Faktorregel**

1. $\int (f(x) \pm g(x))dx = \int f(x)\,dx \pm \int g(x)\,dx = F(x) \pm G(x) + C$

   Das unbestimmte Integral einer Summe (Differenz) von Funktionen ist gleich der Summe (Differenz) der Integrale. (Summenregel)

   Beweis: $(F \pm G)' = F' \pm G' = f \pm g$

2. $\int cf(x)\,dx = c\int f(x)\,dx = c \cdot F(x) + C$

   Das unbestimmte Integral des Produkts eines konstanten Faktors c und einer beliebigen Funktion $f(x)$ ist gleich dem Produkt des Faktors und des unbestimmten Integrals von $f(x)$. Der Faktor kann also vor das Integral gezogen werden. (Faktorregel)

   Beweis: $(cF)' = cF' = cf$

Aus der Umkehrung der Ableitungsregeln für die elementaren Funktionen ergeben sich die folgenden **Grundintegrale** :

1. $\int dx = x + C$

   Das unbestimmte Integral der Konstanten 1 ist $x + C$, da die Ableitung von $x + C$ gleich 1 ist.

2. $\int x^n dx = \dfrac{1}{n+1}\, x^{n+1} + C$

   Das unbestimmte Integral der Potenzfunktion erhalten wir, indem wir den Exponenten um 1 auf $n + 1$ erhöhen und durch den neuen Exponenten dividieren. (**Potenzregel**)

   Beweis: $\dfrac{d}{dx}\left(\dfrac{1}{n+1}\, x^{n+1}\right) = (n+1)\dfrac{1}{n+1}\, x^{n+1-1} = x^n$

3. $\int \dfrac{1}{x}\, dx = \int x^{-1}\, dx = \ln|x| + C \qquad\qquad x \in R \setminus \{0\}$

   Das unbestimmte Integral der Potenzfunktion x^{-1} ist der natürliche Logarithmus von x. Regel 2 ist in diesem Fall nicht anwendbar, da sie zu einem undefinierten Ausdruck führt!

Beweis: für $x > 0$ gilt $|x| = x$ und daher

$$\frac{d}{dx}\ln|x| = \frac{d}{dx}\ln x = \frac{1}{x}$$

für $x < 0$ gilt $|x| = -x$ und daher

$$\frac{d}{dx}\ln|x| = \frac{d}{dx}\ln(-x) = \frac{-1}{-x} = \frac{1}{x}$$

4. $\int e^x\, dx = e^x + C$

Das unbestimmte Integral der e-Funktion ist die e-Funktion, da die e-Funktion die einzige Funktion ist, die gleich ihrer Ableitung ist.

5. $\int \dfrac{f'(x)}{f(x)}\, dx = \ln|f(x)| + C$

Das unbestimmte Integral eines Quotienten, der im Zähler die Ableitung der Nennerfunktion enthält, ist der natürliche Logarithmus der Nennerfunktion.

Beweis: $\dfrac{d}{dx}\ln|f(x)| = \dfrac{f'(x)}{f(x)}$

BEISPIELE

1. $\int 3x\, dx = 3\int x\, dx = 3\,\dfrac{x^2}{2} + C$

2. $\int x^5 dx = \dfrac{1}{6}x^6 + C$

3. $\int x^{-2} dx = \dfrac{1}{-2+1}\, x^{-2+1} + C = -x^{-1} + C = -\dfrac{1}{x} + C$

4. $\int (2x^3 + 3x^2)\, dx = 2\,\dfrac{x^4}{4} + 3\,\dfrac{x^3}{3} + C = \dfrac{1}{2}\,x^4 + x^3 + C$

5. $\int \sqrt{x}\, dx = \int x^{\frac{1}{2}} dx = \dfrac{1}{\frac{1}{2}+1}\, x^{\frac{1}{2}+1} + C = \dfrac{1}{\frac{3}{2}}\, x^{\frac{3}{2}} + C = \dfrac{2}{3}\, x^{\frac{3}{2}} + C$

6. $\int 2(5x^4 - x^3 + 3 - \dfrac{1}{\sqrt{x}})\, dx = 2\,(x^5 - \dfrac{x^4}{4} + 3x - 2\sqrt{x}\,) + C$

Dabei ist C als Summe der Integrationskonstanten der Teilintegrale aufzufassen.

7. $\displaystyle\int \frac{1+x}{x^2}\,dx = \int (x^{-2}+x^{-1})\,dx = \frac{x^{-2+1}}{-2+1} + \ln|x| + C = -\frac{1}{x} + \ln|x| + C$

8. $\displaystyle\int \frac{3x^2+\sqrt{x}}{\sqrt{x^3}}\,dx = 3\int \frac{x^2}{\sqrt{x^3}}\,dx + \int \frac{\sqrt{x}}{\sqrt{x^3}}\,dx = 3\int x^{2-\frac{3}{2}}\,dx + \int x^{\frac{1}{2}-\frac{3}{2}}\,dx$

$$= 3\int x^{\frac{1}{2}}\,dx + \int x^{-1}\,dx$$

$$= 3\cdot\frac{2}{3}\,x^{\frac{3}{2}} + \ln|x| + C$$

$$= 2x^{\frac{3}{2}} + \ln|x| + C$$

9. $\displaystyle\int \frac{6x}{3x^2+5}\,dx = \ln|3x^2+5| + C$

10. $\displaystyle\int \frac{dx}{x\ln x} = \int \frac{\frac{1}{x}}{\ln x}\,dx = \ln|\ln x| + C$

ÜBUNG 5.2

1. Lösen Sie mit Hilfe der Grundintegrale:

   a. $\displaystyle\int (8x^2+4)\,dx$ b. $\displaystyle\int x^{\frac{3}{2}}\,dx$

   c. $\displaystyle\int x^{-3}\,dx$ d. $\displaystyle\int (5x^4-2x)\,dx$

   e. $\displaystyle\int (\sqrt{x}+1)\,dx$ f. $\displaystyle\int \frac{x^2+1}{x}\,dx$

2. Berechnen Sie die unbestimmten Integrale:

   a. $\displaystyle\int \frac{2x+\sqrt{x}^2}{3\sqrt{x}}\,dx$ b. $\displaystyle\int \frac{6x^2}{5+2x^3}\,dx$

   c. $\displaystyle\int x^2\sqrt{x}\,dx$ d. $\displaystyle\int \frac{x^2-1}{x-1}\,dx$

   e. $\displaystyle\int (4e^x+5)\,dx$ f. $\displaystyle\int (x^2-\sqrt{x})\,dx$

5.3 Integrationstechniken

Wir haben gesehen, dass sich das Integrationsproblem zurückführen lässt auf die
Ermittlung von Stammfunktionen. Leider gelten für die Berechnung der Stammfunktionen nicht die gleichen einfachen Gesetzmäßigkeiten wie für die Bildung
der Ableitungen.

Das unbestimmte Integral eines gegebenen Ausdrucks lässt sich nur aus der ge-
nauen Kenntnis der Ergebnisse der Differentiation gewinnen. Die Integration ist
daher viel schwieriger als die Differentiation.

Eine wichtige Hilfe sind Integrationstabellen, in denen die wichtigsten Stammfunktionen (Grundintegrale, Standardformen) zusammengestellt sind, von denen
wir bereits einige, die auf der Umkehrung der Differentiationsregeln beruhen,
kennengelernt haben.

Das Problem besteht dann darin, ein gegebenes Integral auf bekannte Grundintegrale zurückzuführen. Eine unverzichtbare Methode ist dabei auch das Raten und
die anschließende Probe durch Differenzieren.

Zwei wichtige allgemeine Regeln kennen wir bereits, die **Faktor**- und die **Summenregel**, die den Ableitungsregeln entsprechen

$$\int c\,f(x)\,dx = c\,\int f(x)\,dx = c\,F(x)$$
$$\int \big(f(x) \pm g(x)\big)dx = F(x) \pm G(x)$$

Für Produkte von Funktionen $f(x)\cdot g(x)$ gibt es dagegen keine allgemeinen Integrationsregeln. Aus der Umkehrung der Produktregel und der Kettenregel ergeben sich nur Integrationsregeln für **spezielle Produkte** von Funktionen, die **Substitutionsregel** und die Regel der **partiellen Integration**.

Ebensowenig gibt es eine allgemeine Quotientenregel, sondern nur Regeln für die
Integration gebrochen rationaler Funktionen, die auf der **Partialbruchzerlegung**
beruht.

5.3.1 Integration durch Substitution

Wir betrachten die zusammengesetzte Funktion

$$y = F(g(x)) = F(u) \qquad\qquad \text{mit } u = g(x)$$

Für die Differentiation gilt die Kettenregel

$$\frac{dy}{dx} = F'(g(x))\cdot g'(x) = \frac{dF}{du}\frac{du}{dx}$$

Durch Integration ergibt sich

$$\int F'(g(x))\,g'(x)\,dx = \int F'(u)\,\frac{du}{dx}\,dx = \int F'(u)\,du = F(u) + C$$

Ist nun $F(u)$ Stammfunktion von $f(u)$, dann können wir $F'(u)$ durch $f(u)$ ersetzen und erhalten

$$\int f(g(x))\,g'(x)\,dx = \int f(u)\,\frac{du}{dx}\,dx = \int f(u)\,du = F(u) + C$$

Damit haben wir die

Substitutionsregel

Sind $F'(u)$, $g(x)$ und $g'(x)$ stetige Funktionen und ist $F(u)$ Stammfunktion von $f(u)$, also $F'(u) = f(u)$, dann gilt

$$\boxed{\int f(g(x))\,g'(x)\,dx = F(g(x)) + C}$$

und

$$\boxed{\int f(u)\,\frac{du}{dx}\,dx = \int f(u)\,du = F(u) + C}$$

d.h. $F(g(x)) = F(u)$ ist eine Stammfunktion von $f(g(x))g'(x)$.

Wenn also der Integrand das Produkt einer zusammengesetzten Funktion $f(g(x))$ und der Ableitung $g'(x)$ der inneren Funktion ist, dann berechnen wir zuerst das unbestimmte Integral der äußeren Funktion $f(u)$

$$\int f(u)\,du = F(u) + C$$

und setzen dann $u = g(x)$ in $F(u)$ ein.

Diese Integrationstechnik beruht darauf

- den gegebenen Integranden in die Form $f(g(x))g'(x)$ zu bringen und

- durch Substitution $u = g(x)$ in die Form $f(u)$ zu überführen und zu integrieren, wenn $f(u)$ integrierbar ist, und schließlich

- in die Stammfunktion $F(u)$ wieder $u = g(x)$ einzusetzen.

BEISPIELE

1. $\underbrace{\int (x^2 + 4)^3}_{u} \underbrace{2x}_{u'} dx = \int u^3 \underbrace{u' dx}_{du} = \int u^3 du$

$$= \frac{1}{4} u^4 + C$$

$$= \frac{1}{4} (x^2 + 4)^4 + C$$

In diesem Beispiel hat der Integrand bereits die Form $f(g(x))g'(x)$ und wird durch die Substitution $u = x^2 + 4$ in $f(u) = u^3$ überführt. $f(u)$ wird dann nach der Regel 2 für Potenzfunktionen integriert.

Daraus ergibt sich für den Fall, dass die äußere Funktion eine Potenzfunktion ist, die allgemeine Regel

$$\int g(x)^n g'(x)\, dx = \int u^n du = \frac{1}{n+1} g(x)^{n+1} + C$$

und speziell für $n = 1$

$$\boxed{\int g(x) g'(x)\, dx = \int u\, du = \frac{1}{2} g(x)^2 + C}$$

Der Integrand ist in diesem Fall das Produkt einer Funktion mit der eigenen Ableitung. Damit lässt sich das folgende Beispiel direkt lösen.

2. $\int \ln x \frac{1}{x} dx = \frac{1}{2} (\ln x)^2 + C$ \qquad setze $u = \ln x$, $u' = \frac{1}{x}$, $dx = x\, du$

Der Integrand ist hier das Produkt des natürlichen Logarithmus $\ln x$ mit seiner Ableitung $1/x$.

3. $\int (x^2 + 4)^3 x\, dx$ \qquad setze $u = x^2 + 4$, $u' = 2x$, $dx = \dfrac{du}{2x}$

$$= \int u^3 x\, dx = \int u^3 x \frac{du}{u'} = \int u^3 x \frac{1}{2x}\, du$$

$$= \frac{1}{2} \int u^3 du$$

$$= \frac{1}{2} \frac{1}{4} u^4 + C$$

$$= \frac{1}{8} (x^2 + 4)^4 + C$$

In diesem Beispiel ist der Integrand nicht in der Form $f(g(x))g'(x)$ gegeben. Wir gehen nun so vor:

- Wir ersetzen versuchsweise einen Teil des Integranden durch

$$u = g(x) = x^2 + 4$$

- Dann errechnen wir die Ableitung u' und ersetzen dx durch

$$dx = \frac{du}{u'} = \frac{du}{2x}$$

  Nach der Substitution muss x vollständig durch u ersetzt sein, d.h. die Variable x darf nicht mehr im Integranden auftreten. Andernfalls muss eine andere Substitution versucht werden.

- Nun wird $f(u)$ integriert und schließlich wird wieder $u = g(x)$ in die Stammfunktion $F(u)$ eingesetzt.

- Die Richtigkeit der Substitution lässt sich stets durch Differentiation der ermittelten Stammfunktion $F(g(x))$ überprüfen, die den Integranden $f(g(x))g'(x)$ ergeben muss.

4. $\displaystyle\int \frac{x^2}{\sqrt{2+x^3}}\, dx$ setze $u = 2 + x^3$, $u' = 3x^2$, $dx = \dfrac{1}{3x^2}\, du$

$$= \int \frac{x^2}{\sqrt{u}} \frac{1}{3x^2}\, du = \int \frac{1}{3\sqrt{u}}\, du = \frac{1}{3} \int u^{-\frac{1}{2}}\, du$$

$$= \frac{2}{3} u^{\frac{1}{2}} + C$$

$$= \frac{2}{3} \sqrt{2+x^3} + C$$

5. $\displaystyle\int x\, e^{x^2}\, dx$ setze $u = x^2$, $u' = 2x$, $dx = \dfrac{1}{2x}\, du$

$$= \int x\, e^u \frac{1}{2x}\, du = \frac{1}{2} \int e^u\, du$$

$$= \frac{1}{2} e^u + C$$

$$= \frac{1}{2} e^{x^2} + C$$

6. $\displaystyle\int e^{ax}\,dx$ setze $u = ax$, $u' = a$, $dx = \dfrac{1}{a}\,du$

$$= \int e^{u}\,\frac{1}{a}\,du = \frac{1}{a}\int e^{u}\,du$$

$$= \frac{1}{a}\,e^{u} + C$$

$$= \frac{1}{a}\,e^{ax} + C$$

In diesem Fall hat der Integrand die Form $f(g(x)) = f(ax+b)$, d.h. die innere Funktion der zusammengesetzten Funktion ist linear.

Es gilt die allgemeine Regel

$$\boxed{\int f(ax+b)\,dx = \frac{1}{a}\int f(u)\,du}$$

7. $\displaystyle\int \sqrt{1-4x}\,dx = -\frac{1}{4}\int \sqrt{u}\,du = -\frac{1}{4}\int u^{\frac{1}{2}}\,du$

$$= -\frac{1}{4}\,\frac{2}{3}\,u^{\frac{3}{2}} + C$$

$$= -\frac{1}{6}\,(1-4x)^{\frac{3}{2}} + C$$

$$= -\frac{1}{6}\,\sqrt{1-4x}^{\,3} + C$$

8. $\displaystyle\int \frac{\ln x}{x}\,dx$ setze $u = \ln x$, $u' = \dfrac{1}{x}$, $dx = x\,du$

$$= \int \ln x\,\frac{1}{x}\,dx$$

$$= \int u\,\frac{1}{x}\,x\,du = \int u\,du$$

$$= \frac{1}{2}\,u^{2} + C$$

$$= \frac{1}{2}\,(\ln x)^{2} + C$$

9. $\int \dfrac{x}{x^2+1}\, dx$ $\qquad$ setze $u = x^2+1$, $u' = 2x$, $dx = \dfrac{1}{2x}\, du$

$$= \int \frac{x}{u}\,\frac{1}{2x}\, du = \frac{1}{2}\int \frac{1}{u}\, du$$

$$= \frac{1}{2}\ln|u| + C$$

$$= \frac{1}{2}\ln(x^2+1) + C$$

10. $\int \dfrac{x}{(x^2+1)\sqrt{x^2+1}}\, dx$ $\qquad$ setze $u = x^2+1$, $u' = 2x$, $dx = \dfrac{1}{2x}\, du$

$$= \int \frac{x}{u\sqrt{u}}\,\frac{1}{2x}\, du = \frac{1}{2}\int \frac{1}{\sqrt{u^3}}\, du = \frac{1}{2}\int u^{-\frac{3}{2}}\, du$$

$$= \frac{1}{2}(-2)\, u^{-\frac{1}{2}} + C$$

$$= -u^{-\frac{1}{2}} + C$$

$$= -\frac{1}{\sqrt{x^2+1}} + C$$

5.3.2 Partielle Integration

Die Methode der Partiellen Integration wird angewandt bei Integranden, die das Produkt zweier Funktionen sind (oder so dargestellt werden können), von denen eine leicht integrierbar ist. Dabei wird das gegebene, direkt nicht lösbare Integral auf ein Integral zurückgeführt, das sich wieder mit Hilfe der Standardformen (Grundintegrale) lösen lässt. Das Verfahren beruht auf der Umkehrung der **Produktregel**.

Seien u und v zwei differenzierbare Funktionen; dann gilt für die Ableitung des Produkts von u und v die Produktregel

$$(u \cdot v)' = u' \cdot v + u \cdot v'$$

$$\frac{d}{dx}(u \cdot v) = \frac{du}{dx}v + u\frac{dv}{dx}$$

Integration ergibt

$$u \cdot v = \int u'v\, dx + \int u v'dx$$

Lösen wir die Gleichung nun nach einem der beiden Integrale auf, dann erhalten wir die folgende Regel

Partielle Integration

Sind u und v stetig differenzierbare Funktionen, dann gilt für die Integration des Produkts $u'v$

$$\boxed{\int u'v\,dx = uv - \int u\,v'dx}$$

Die Anwendung der Regel für die partielle Integration setzt voraus:

- dass der Integrand sich als Produkt $u'v$ darstellen lässt,
- dass u' leicht integrierbar ist,
- dass die Ableitung von v zu einem Integral $\int u\,v'\,dx$ führt, das leichter integrierbar ist als das gegebene Integral.

Die Nützlichkeit der Regel hängt von der geeigneten Wahl von u' und v ab.

BEISPIELE

1. $\int x\,e^x dx$ setze $v=x,\ u'=e^x$; dann gilt $v'=1,\ u=e^x$

$$= xe^x - \int 1\cdot e^x dx$$
$$= xe^x - e^x + C$$
$$= (x-1)e^x + C$$

2. $\int x^2 e^x dx$ setze $v=x^2,\ u'=e^x$, dann gilt $v'=2x,\ u=e^x$

$$= x^2 e^x - \int 2x\,e^x dx$$
$$= x^2 e^x - 2\underbrace{\int x\,e^x dx}_{(x-1)e^x}\quad\text{(siehe Beispiel 1)}$$
$$= x^2 e^x - 2(x-1)e^x + C$$
$$= (x^2 - 2x + 2)e^x + C$$

In diesem Fall muss die Partielle Integration zweimal nacheinander angewandt werden. Allgemein gilt die **Rekursionsformel**:

$$\int x^n e^x dx = x^n e^x - n\int x^{n-1}e^x dx$$

3. $\int \ln x \, dx$ setze $v = \ln x$, $u' = 1$, dann gilt $v' = \dfrac{1}{x}$, $u = x$

$$= x \ln x - \int x \, \frac{1}{x} \, dx$$
$$= x \ln x - x + C$$
$$= x(\ln x - 1) + C$$

In diesem Fall wird der Integrand in das künstliche Produkt $u' \cdot v = 1 \cdot \ln x$ verwandelt.

4. $\int (\ln x)^2 \, dx$ setze $v = (\ln x)^2$, $u' = 1$; $v' = 2(\ln x)\dfrac{1}{x}$, $u = x$

$$= x(\ln x)^2 - \int x \, 2 \ln x \, \frac{1}{x} \, dx$$
$$= x(\ln x)^2 - 2 \int \ln x \, dx$$
$$= x(\ln x)^2 - 2x(\ln x - 1) + C$$
$$= x(\ln x)^2 - 2x \ln x + 2x + C$$
$$= x((\ln x)^2 - 2 \ln x + 1) + x + C$$
$$= x(\ln x - 1)^2 + x + C$$
$$= x((\ln x - 1)^2 + 1) + C$$

Allgemein gilt die **Rekursionsformel**

$$\int (\ln x)^n \, dx = x(\ln x)^n - n \int (\ln x)^{n-1} \, dx$$

d.h. die Lösung erhält man durch n-malige partielle Integration.

5. $\int x \ln x \, dx$ setze $v = \ln x$, $u' = x$, dann gilt $v' = \dfrac{1}{x}$, $u = \dfrac{x^2}{2}$

$$= \frac{x^2}{2} \ln x - \int \frac{x^2}{2} \, \frac{1}{x} \, dx$$
$$= \frac{x^2}{2} \ln x - \int \frac{x}{2} \, dx$$
$$= \frac{x^2}{2} \ln x - \frac{1}{2} \frac{x^2}{2} + C$$
$$= \frac{x^2}{2} \left(\ln x - \frac{1}{2} \right) + C$$

Allgemein gilt:

$$\int x^n \ln x \, dx = \frac{x^{n+1}}{n+1}\left(\ln x - \frac{1}{n+1}\right) + C$$

6. $\int e^x (x+1)\, dx$ setze $v = x+1,\ u' = e^x,$ dann gilt $v' = 1,\ u = e^x$

$$= e^x(x+1) \ - \int e^x 1\, dx$$

$$= e^x(x+1) - e^x + C$$

$$= xe^x + C$$

7. $\int e^x (x+1)^2\, dx$ setze $v = (x+1)^2,\ u' = e^x\ ;\ \ v' = 2(x+1),\ u = e^x$

$$= e^x(x+1)^2 - \int e^x 2(x+1)\, dx$$

$$= e^x(x+1)^2 - 2\underbrace{\int e^x(x+1)\, dx}_{xe^x} \quad \text{(siehe Beispiel 6)}$$

$$= e^x(x+1)^2 - 2xe^x + C$$

$$= e^x(x^2 + 2x +1) - 2xe^x + C$$

$$= e^x x^2 + 2xe^x + e^x - 2xe^x + C$$

$$= e^x(x^2 +1) + C$$

8. $\int \dfrac{xe^x}{(1+x)^2}\, dx$ setze $v = xe^x,\qquad u' = \dfrac{1}{(1+x)^2}$

$$v' = (1+x)e^x,\ u = -(1+x)^{-1}$$

$$= -\frac{1}{1+x}\, xe^x - \int -\frac{1}{1+x}\,(1+x)e^x dx$$

$$= -\frac{1}{1+x}\, xe^x + \int e^x dx$$

$$= -\frac{xe^x}{1+x} + e^x + C$$

$$= \frac{-xe^x + (1+x)e^x}{1+x} + C$$

$$= \frac{e^x}{1+x} + C$$

Besteht der Integrand aus dem Produkt eines Polynoms und einer e-Funktion, so setzt man immer v für das Polynom und u' für die e-Funktion. Durch die Ableitung sinkt der Grad des Polynoms um 1, während die e-Funktion durch die Integration unverändert bleibt.

Besteht der Integrand aus dem Produkt eines Polynoms und einer ln-Funktion, so setzt man immer u' für das Polynom und v für die ln-Funktion. Da die Ableitung der Logarithmusfunktion $1/x$ ergibt, verschwindet auf diese Weise der Logarithmus.

ÜBUNG 5.3

1. Berechnen Sie mit Hilfe der **Substitutionsregel**

   a. $\int (3x+7)^2 \, dx$ b. $\int \sqrt{2x-3} \, dx$

   c. $\int (4x^2 - x + 5)(8x-1) \, dx$ d. $\int (x^2 - x)(2x-1) \, dx$

   e. $\int 2(x^2 + 2)^5 x \, dx$ f. $\int \dfrac{x}{\sqrt{1+x^2}} \, dx$

   g. $\int e^{3x+1} \, dx$ h. $\int 4x e^{x^2+5} \, dx$

   i. $\int \dfrac{x}{(2x^2 - 3)^3} \, dx$ j. $\int \dfrac{x^2}{x^3 + 2} \, dx$

2. Berechnen Sie durch **partielle Integration**

   a. $\int x e^{3x} \, dx$ b. $\int x^2 e^x \, dx$

   c. $\int e^x (x+1)^2 \, dx$ d. $\int x e^{-x} \, dx$

   e. $\int (x+1) \ln x \, dx$ f. $\int x^2 \ln x \, dx$

   g. $\int 4x \ln x^2 \, dx$ h. $\int x \ln x^4 \, dx$

   i. $\int (x-1) e^{-x} \, dx$ j. $\int (2x-1) \ln(x-1) \, dx$

5.3.3 Integration durch Partialbruchzerlegung

Die Integration durch Partialbruchzerlegung ist eine Technik zur Integration gebrochen rationaler Funktionen, bei denen die bisherigen Verfahren versagen:

$$\int f(x)\,dx = \int \frac{p(x)}{q(x)}\,dx = \int \left(\frac{A_1}{q_1(x)} + \frac{A_2}{q_2(x)} + \ldots + \frac{A_n}{q_n(x)}\right)dx$$

Die gebrochen rationale Funktion wird dabei in eine Summe von Partialbrüchen zerlegt, die dann jeder für sich integriert werden.

Die Integration durch Partialbruchzerlegung ist nur anwendbar auf **echt** gebrochen rationale Funktionen, bei denen also der Grad des Nennerpolynoms $q(x)$ größer als der Grad des Zählerpolynoms $p(x)$ ist.

Jede unecht gebrochen rationale Funktion kann durch Polynomdivision in ein Polynom (ganze rationale Funktion) und eine echt gebrochen rationale Funktion überführt werden. Die Integration des Polynoms erfolgt dann wie bisher mit Hilfe der Grundregeln und die Integration der echt gebrochen rationalen Funktion durch Partialbruchzerlegung.

Zunächst zerlegen wir das Nennerpolynom $q(x)$ in Primpolynome. Wir bezeichnen ein Polynom als **Primpolynom**, wenn es keinen echten Teiler besitzt, d.h. nur durch eins und durch sich selbst teilbar ist.

Es lässt sich zeigen, dass es nur lineare und quadratische Primpolynome gibt, die Primpolynome also folgende Form haben:

$$a\,x + b \qquad \text{und} \qquad ax^2 + bx + c$$

Das Nennerpolynom $q(x)$ kann eindeutig in solche Primpolynome zerlegt werden. Es gilt der Satz:

> **Darstellung von Polynomen**
>
> Jedes Polynom lässt sich eindeutig als Produkt von Primpolynomen darstellen:
> $$q(x) = q_1(x) \cdot q_2(x) \cdot \ldots \cdot q_n(x)$$

BEISPIELE

1. $x^2 - 4 = (x+2)(x-2)$

2. $x^2 + 3x + 2 = (x+1)(x+2)$

3. $x^2 - 2x + 1 = (x-1)(x-1) = (x-1)^2$

Wir definieren nun den

Partialbruch

Unter einem Partialbruch verstehen wir eine echt gebrochen rationale Funktion in der Form

$$f(x) = \frac{p(x)}{q(x)^k} \ , \quad k \geq 1$$

wenn $q(x)$ ein Primpolynom ist.

Es gilt:

Zerlegung gebrochen rationaler Funktionen

Jede echt gebrochen rationale Funktion lässt sich eindeutig in eine Summe von Partialbrüchen zerlegen.

BEISPIEL

4. $\displaystyle f(x) = \frac{1}{x^2 - 4} = \frac{1}{(x-2)(x+2)} = \frac{A_1}{x-2} + \frac{A_2}{x+2}$

Zuerst wird das Nennerpolynom in Primpolynome, hier Linearfaktoren, zerlegt und dann ein geeigneter Lösungsansatz für die Partialbruchzerlegung gesucht. Dazu schreiben wir den Bruch als Summe zweier Partialbrüche mit den Linearfaktoren als Nenner. Die noch unbekannten Zähler dieser Partialbrüche bezeichnen wir mit A_1 und A_2.

Nun müssen die Konstanten A_1 und A_2 bestimmt werden. Dazu machen wir die beiden Partialbrüche gleichnamig, indem wir den ersten Bruch mit $x+2$ und den zweiten Bruch mit $x-2$ erweitern und fassen sie zu einem neuen Bruch mit dem Hauptnenner $(x-2)(x+2)$ zusammen:

$$f(x) = \frac{1}{x^2 - 4} = \frac{A_1}{x-2} + \frac{A_2}{x+2} = \frac{A_1(x+2) + A_2(x-2)}{(x-2)(x+2)}$$

Da die Nennerpolynome gleich sind, müssen auch die Zählerpolynome gleich sein. Die Konstanten A_1 und A_2 können also dadurch bestimmt werden, dass die Zählerpolynome gleichgesetzt werden.

Aus der Gleichheit der Zählerpolynome

$$1 = A_1(x+2) + A_2(x-2)$$
$$0 \cdot x + 1 = (A_1 + A_2)x + (A_1 - A_2)2$$

folgt durch Koeffizientenvergleich:

$$A_1 + A_2 = 0 \quad \Rightarrow \quad A_1 = -A_2$$

$$A_1 - A_2 = \frac{1}{2} \quad \Rightarrow \quad -A_2 - A_2 = \frac{1}{2}$$

$$-2A_2 = \frac{1}{2}$$

$$A_2 = -\frac{1}{4}$$

$$A_1 = -A_2 = \frac{1}{4}$$

Die Partialbruchzerlegung lautet daher:

$$f(x) = \frac{1}{x^2 - 4} = \frac{1}{(x-2)(x+2)} = \frac{\frac{1}{4}}{x-2} + \frac{-\frac{1}{4}}{x+2}$$

Die beiden Partialbrüche lassen sich nun getrennt mit Hilfe der Grundintegrale integrieren:

$$\int f(x)\,dx = \int \frac{1}{x^2 - 4}\,dx \;=\; \frac{1}{4}\int\left(\frac{1}{x-2} - \frac{1}{x+2}\right)dx$$

$$= \frac{1}{4}\left(\ln(x-2) - \ln(x+2)\right) + C$$

$$= \frac{1}{4}\ln\frac{x-2}{x+2} + C$$

Beim Koeffizientenvergleich der beiden Polynome benutzen wir den Satz:

Gleichheit von Polynomen

Zwei Polynome gleichen Grades sind genau dann gleich, wenn ihre Koeffizienten gleich sind.

Die allgemeine Technik der Integration durch Partialbruchzerlegung beruht also auf der Zerlegung des gebrochen rationalen Integranden in eine Summe von Partialbrüchen, die sich elementar integrieren lassen. Voraussetzung dafür ist die Zerlegung des Nennerpolynoms in ein Produkt von Primpolynomen, die zwar theoretisch für jedes reelle Polynom möglich, in der Praxis aber nicht immer einfach ist.

Die Art der Partialbrüche hängt von der Art der Primpolynome ab. Das folgende Lösungsschema fasst die Vorgehensweise zusammen und gibt einen Überblick über die möglichen Lösungsfälle.

Verfahren der Integration durch Partialbruchzerlegung

1. Darstellung des Nennerpolynoms als Produkt von Primpolynomen (Linearfaktoren und unteilbare quadratische Faktoren).

2. Bestimmung der Art der Partialbrüche. Dabei müssen folgende Fälle unterschieden werden:

Primpolynom im Nenner   *Entsprechender Partialbruch*

a) $ax + b$ $\dfrac{A}{ax+b}$

b) $(ax+b)^n$ $\dfrac{A_1}{ax+b} + \dfrac{A_2}{(ax+b)^2} + \cdots + \dfrac{A_n}{(ax+b)^n}$

c) $ax^2 + bx + c$ $\dfrac{Ax+B}{ax^2+bx+c}$

d) $(ax^2+bx+c)^n$ $\dfrac{A_1 x + B_1}{ax^2+bx+c} + \dfrac{A_2 x + B_2}{(ax^2+bx+c)^2} + \cdots$

$$\cdots + \frac{A_n x + B_n}{(ax^2+bx+c)^n}$$

3. Berechnung der Konstanten, die in den Zählern der Partialbrüche auftreten. Dazu werden die Partialbrüche wieder gleichnamig gemacht und das Zählerpolynom, das sich dabei ergibt und das ursprüngliche Zählerpolynom gleichgesetzt.

   Da die Polynome genau dann gleich sind, wenn ihre Koeffizienten gleich sind, werden die Koeffizienten gleichgesetzt. Aus den Gleichungen, die sich dabei ergeben, können die Konstanten berechnet werden.

4. Integration der Partialbrüche mit Hilfe der Grundregeln.

BEISPIELE

5. $\displaystyle \int \frac{1}{x^2 - 2x + 1} \, dx = \int \frac{1}{(x-1)^2} \, dx = \int \left(\frac{A_1}{x-1} + \frac{A_2}{(x-1)^2} \right) dx$

   Es handelt sich um ein Primpolynom vom Typ *b*. Wir machen die Partialbrüche gleichnamig, indem wir den ersten Bruch mit $x-1$ erweitern:

$$\frac{1}{x^2 - 2x + 1} = \frac{A_1(x-1) + A_2}{(x-1)^2}$$

Dann setzen wir die Zählerpolynome gleich:

$$1 = A_1 x - A_1 + A_2$$

Der Koeffizientenvergleich ergibt:

$$A_1 = 0 \quad \text{und} \quad -A_1 + A_2 = 1$$
$$\Rightarrow \quad A_2 = 1 + A_1 = 1$$

Die Partialbruchzerlegung führt zu folgendem Integral

$$\int \frac{1}{x^2 - 2x + 1}\,dx = \int \frac{1}{(x-1)^2}\,dx$$

das wir durch Substitution lösen. Wir setzen

$$u = x - 1, \quad \frac{du}{dx} = 1, \quad dx = du$$

und erhalten:

$$\int \frac{1}{x^2 - 2x + 1}\,dx = \int \frac{1}{u^2}\,du = \int u^{-2}\,du = (-1)u^{-1} + C$$
$$= -\frac{1}{u} + C = -\frac{1}{x-1} + C$$

6. $\displaystyle \int \frac{1}{x^2 + 3x + 2}\,dx = \int \frac{1}{(x+2)(x+1)}\,dx = \int \left(\frac{A_1}{x+2} + \frac{A_2}{x+1} \right) dx$

Es handelt sich um zwei Primpolynome vom Typ a. Wir machen die Partialbrüche gleichnamig, indem wir den ersten Bruch mit $x+1$ und den zweiten Bruch mit $x+2$ erweitern:

$$\frac{1}{(x+2)(x+1)} = \frac{A_1(x+1) + A_2(x+2)}{(x+2)(x+1)}$$

Dann setzen wir die Zählerpolynome gleich:

$$1 = A_1 x + A_1 + A_2 x + 2A_2$$
$$= (A_1 + A_2)x + (A_1 + 2A_2)$$

Der Koeffizientenvergleich ergibt

$$A_1 + A_2 = 0$$
$$A_1 = -A_2$$

und

$$A_1 + 2A_2 = 1$$
$$-A_2 + 2A_2 = 1$$
$$A_2 = 1$$
$$A_1 = -1$$

Die Partialbruchzerlegung lautet:

$$\frac{1}{x^2 + 3x + 2} = \frac{-1}{x+2} + \frac{1}{x+1}$$

Integration ergibt:

$$\int \frac{1}{x^2 + 3x + 2}\, dx = \int \left(\frac{-1}{x+2} + \frac{1}{x+1} \right) dx = -\ln(x+2) + \ln(x+1) + C$$

$$= \ln \frac{x+1}{x+2} + C$$

7. $$\int \frac{x+2}{x^3 - 4x^2 + 4x}\, dx = \int \frac{x+2}{x(x^2 - 4x + 4)}\, dx$$

$$= \int \frac{x+2}{x(x-2)^2}\, dx$$

$$= \int \left(\frac{A_1}{x} + \frac{A_2}{x-2} + \frac{A_3}{(x-2)^2} \right) dx$$

Es handelt sich um Primpolynome vom Typ *a* und *b*. Wir machen die Partialbrüche gleichnamig, indem wir den ersten Bruch mit $(x-2)^2$, den zweiten mit $x(x-2)$ und den dritten mit x erweitern:

$$\frac{x+2}{x^3 - 4x^2 + 4x} = \frac{A_1(x-2)^2 + A_2(x-2)x + A_3 x}{x(x-2)^2}$$

Dann setzen wir die Zählerpolynome gleich:

$$x + 2 = A_1(x-2)^2 + A_2(x-2)x + A_3 x$$

$$= A_1(x^2 - 4x + 4) + A_2(x^2 - 2x) + A_3 x$$

$$= A_1 x^2 - A_1 4x + A_1 4 + A_2 x^2 - A_2 2x + A_3 x$$

$$= (A_1 + A_2)x^2 + (A_3 - 4A_1 - 2A_2)x + 4A_1$$

Der Koeffizientenvergleich ergibt:

$$A_1 + A_2 = 0 \qquad \Rightarrow \quad A_2 = -A_1$$

$$A_3 - 4A_1 - 2A_2 = 1$$

$$4A_1 = 2 \qquad \Rightarrow \quad A_1 = \frac{1}{2} \ \Rightarrow \ A_2 = -\frac{1}{2}$$

und

$$A_3 = 1 + 4A_1 + 2A_2 = 1 + 4 \cdot \frac{1}{2} + 2 \cdot (-\frac{1}{2}) = 2$$

Die Partialbruchzerlegung lautet:

$$\frac{x+2}{x^3 - 4x^2 + 4x} = \frac{1/2}{x} - \frac{1/2}{x-2} + \frac{2}{(x-2)^2}$$

Integration ergibt:

$$\int \frac{x+2}{x^3 - 4x^2 + 4x}\, dx = \int \left(\frac{1/2}{x} - \frac{1/2}{x-2} + \frac{2}{(x-2)^2} \right) dx$$

$$= \frac{1}{2}\ln x - \frac{1}{2}\ln(x-2) - \frac{2}{x-2} + C$$

$$= \frac{1}{2}\ln\frac{x}{x-2} - \frac{2}{x-2} + C$$

8. $$\int \frac{4x}{1-x^4}\, dx = \int \frac{4x}{(1-x)(1+x)(1+x^2)}\, dx = \int \left(\frac{A_1}{1-x} + \frac{A_2}{1+x} + \frac{A_3 x + A_4}{1+x^2} \right) dx$$

Es handelt sich um zwei Primpolynome vom Typ a und ein Primpolynom vom Typ c. Wir machen die Partialbrüche wieder gleichnamig, indem wir den ersten Bruch mit $(1+x)(1+x^2)$ erweitern, den zweiten mit $(1-x)(1+x^2)$ und den dritten mit $(1-x)(1+x) = 1-x^2$. Dann setzen wir die Zählerpolynome gleich:

$$4x = A_1(1+x)(1+x^2) + A_2(1-x)(1+x^2) + (A_3 x + A_4)(1-x^2)$$

$$= A_1(1 + x^2 + x + x^3) + A_2(1 + x^2 - x - x^3) + A_3 x - A_3 x^3 + A_4 - A_4 x^2$$

$$= (A_1 + A_2 + A_4) + (A_1 - A_2 + A_3)x + (A_1 + A_2 - A_4)x^2 + (A_1 - A_2 - A_3)x^3$$

Auf der rechten Seite steht ein Polynom 3. Grades mit vier Koeffizienten. Der Koeffizientenvergleich ergibt daher vier lineare Gleichungen:

$$\begin{array}{rl} \text{I} & A_1 + A_2 + A_4 = 0 \\ \text{II} & A_1 - A_2 + A_3 = 4 \\ \text{III} & A_1 + A_2 - A_4 = 0 \\ \text{IV} & A_1 - A_2 - A_3 = 0 \end{array}$$

Aus den Gleichungen I und III ergibt sich A_4:

$$
\begin{array}{rl}
\text{I} & A_1 + A_2 + A_4 = 0 \\
\text{III} & \underline{A_1 + A_2 - A_4 = 0} \\
& 2A_4 = 0 \\
& A_4 = 0
\end{array}
$$

Nun wird A_4 in I eingesetzt:

$$
\begin{aligned}
A_1 + A_2 &= 0 \\
A_1 &= -A_2
\end{aligned}
$$

Dann werden II und IV nach A_3 gelöst:

$$
\begin{array}{rl}
\text{II} & A_1 - A_2 + A_3 = 4 \\
\text{IV} & \underline{A_1 - A_2 - A_3 = 0} \\
& 2A_3 = 4 \\
& A_3 = 2
\end{array}
$$

Aus II und I errechnet sich A_2:

$$
\begin{aligned}
A_1 - A_2 &= 4 - 2 = 2 \\
\underline{A_1 + A_2 = 0} \\
-2A_2 &= 2 \\
A_2 &= -1
\end{aligned}
$$

Daraus ergibt sich schließlich A_1:

$$
A_1 = -A_2 = -(-1) = 1
$$

Die Partialbruchzerlegung lautet:

$$
\frac{4x}{1 - x^4} = \frac{1}{1 - x} + \frac{-1}{1 + x} + \frac{2x}{1 + x^2}
$$

Integration ergibt:

$$
\begin{aligned}
\int \frac{4x}{1 - x^4}\, dx &= \int \left(\frac{1}{1 - x} + \frac{-1}{1 + x} + \frac{2x}{1 + x^2} \right) dx \\
&= -\ln(1 - x) - \ln(1 + x) + \ln(1 + x^2) + C \\
&= \ln \frac{1 + x^2}{(1 - x)(1 + x)} + C = \ln \frac{1 + x^2}{1 - x^2} + C
\end{aligned}
$$

5.4 Uneigentliche Integrale

5.4.1 Problemstellung

Bisher haben wir das bestimmte Integral von Funktionen betrachtet, die in einem abgeschlossenen (also **endlichen**) Intervall $[a, b]$ stetig (also **beschränkt**) sind.

Ist eine Funktion $f(x)$ aber nur in einem halboffenen Intervall $(a, b]$, $[a, b)$ oder in einem offenen Intervall (a, b) stetig, so können wir bisher nur die bestimmten Integrale über abgeschlossenen Teilintervallen, in denen die Funktion stetig ist, bilden.

Nähern wir uns dabei aber mit $f(x)$ einem Randpunkt, in dem $f(x)$ nicht definiert (nicht stetig) ist, so ist es möglich, dass

- $f(x)$ dort über alle Grenzen wächst, also unbeschränkt ist (Unendlichkeitsstelle) oder

- das Integrationsintervall selbst über alle Grenzen wächst, weil eine Integrationsgrenze unendlich ist ($a = -\infty$, $b = \infty$).

Wir wollen daher überlegen, unter welchen Bedingungen auch in diesen Fällen das Integral sinnvoll definiert werden kann. Solche Integrale finden sich in verschiedensten Anwendungen, z.B. in der Statistik und der Wirtschaftstheorie.

Da entweder der Integrand und (oder) das Integrationsintervall **unbeschränkt** sind, werden diese Integrale **uneigentliche Integrale** genannt.

5.4.2 Integrale mit unbeschränkten Integrationsintervallen

Wir betrachten das bestimmte Integral einer Funktion $f(x)$, die in dem halboffenen Intervall von a bis ∞ stetig und daher integrierbar ist. Da die obere Integrationsgrenze unbestimmt, das Integrationsintervall also unbeschränkt ist, können wir das bestimmte Integral selbst nicht berechnen. Geometrisch handelt es sich um eine Fläche mit unendlicher Ausdehnung, die mit gegen ∞ wachsendem x stetig zunimmt, aber unter gewissen Voraussetzungen dennoch einem endlichen Grenzwert zustrebt.

Wir berechnen daher das bestimmte Integral über einem abgeschlossenen Teilintervall $[a, b]$, indem wir für die obere Integrationsgrenze einen beliebigen endlichen Wert $b > a$ einsetzen. Das bestimmte Integral, das wir so erhalten, ist eine Funktion der oberen Integrationsgrenze b. Dann bilden wir den Grenzwert für $b \to \infty$ und bezeichnen den Grenzwert als uneigentliches Integral.

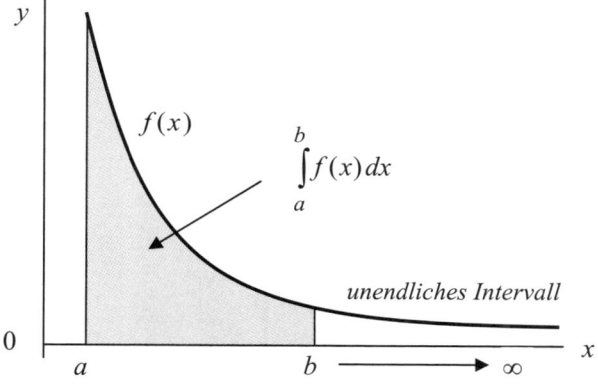

Wir definieren daher

Uneigentliches Integral

Sei $f(x)$ eine in $[a,\infty)$ stetige Funktion, dann ist $f(x)$ über jedem abgeschlossenen Teilintervall $[a,b]$ integrierbar. Existiert der Grenzwert

$$\lim_{b\to\infty} \int_a^b f(x)\,dx$$

so heißt $f(x)$ in $[a,\infty)$ **uneigentlich integrierbar** und der Grenzwert das
uneigentliche Integral von $f(x)$ über $[a,\infty)$:

$$\int_a^\infty f(x)\,dx = \lim_{b\to\infty} \int_a^b f(x)\,dx$$

Wir sagen dann auch, das uneigentliche Integral existiert oder **konvergiert**.

Existiert der Grenzwert nicht, so sagen wir, das uneigentliche Integral **divergiert**
und schreiben dann:

$$\int_a^\infty f(x)\,dx = \infty$$

Analog definieren wir das uneigentliche Integral für ein linksoffenes Integrationsintervall:

Sei $f(x)$ eine in $(-\infty,b]$ stetige Funktion, dann verstehen wir unter dem
uneigentlichen Integral von $f(x)$ über $(-\infty,b]$:

$$\int_{-\infty}^b f(x)\,dx = \lim_{a\to-\infty} \int_a^b f(x)\,dx$$

Schließlich können beide Integrationsgrenzen unendlich sein. Dann definieren wir:

> Sei $f(x)$ eine in $(-\infty, \infty)$ stetige Funktion, dann verstehen wir unter dem uneigentlichen Integral von $f(x)$ über $(-\infty, \infty)$ die Summe der uneigentlichen Integrale von $-\infty$ bis 0 und von 0 bis $+\infty$:
>
> $$\int\limits_{-\infty}^{\infty} f(x)\,dx = \int\limits_{-\infty}^{0} f(x)\,dx + \int\limits_{0}^{\infty} f(x)\,dx$$

Das uneigentliche Integral ist in diesem Fall konvergent, wenn beide Teilintegrale konvergieren. Anstelle der Null kann auch jede andere reelle Zahl a für die Intervallteilung verwendet werden.

BEISPIELE

1. $\displaystyle\int\limits_{0}^{\infty} e^{-x}\,dx = \lim_{b\to\infty} \int\limits_{0}^{b} e^{-x}\,dx = \lim_{b\to\infty} \left[-e^{-x}\right]_{0}^{b} = \lim_{b\to\infty}(-e^{-b}+1) = 1$

2. $\displaystyle\int\limits_{0}^{\infty} e^{x}\,dx = \lim_{b\to\infty} \int\limits_{0}^{b} e^{x}\,dx = \lim_{b\to\infty} \left[e^{x}\right]_{0}^{b} = \lim_{b\to\infty}(e^{b}-e^{0}) = \lim_{b\to\infty} e^{b}-1 = \infty$

3. $\displaystyle\int\limits_{-\infty}^{0} e^{x}\,dx = \lim_{a\to-\infty} \int\limits_{a}^{0} e^{x}\,dx = \lim_{a\to-\infty} \left[e^{x}\right]_{a}^{0} = \lim_{a\to-\infty}(e^{0}-e^{a}) = 1 - \lim_{a\to-\infty} e^{a} = 1$

4. $\displaystyle\int\limits_{1}^{\infty} \frac{1}{x^{\frac{3}{2}}}\,dx = \lim_{b\to\infty} \int\limits_{1}^{b} \frac{1}{x^{\frac{3}{2}}}\,dx = \lim_{b\to\infty} \int\limits_{1}^{b} x^{-\frac{3}{2}}\,dx = \lim_{b\to\infty} \left[-2x^{-\frac{1}{2}}\right]_{1}^{b}$

   $\displaystyle = \lim_{b\to\infty}\left(-2b^{-\frac{1}{2}}+2\right) = -2 \lim_{b\to\infty} \frac{1}{\sqrt{b}} + 2 = -0 + 2 = 2$

5. $\displaystyle\int\limits_{0}^{\infty} \frac{1}{1+x}\,dx = \lim_{b\to\infty} \int\limits_{0}^{b} \frac{1}{1+x}\,dx = \lim_{b\to\infty} \left[\ln(1+x)\right]_{0}^{b}$

   $\displaystyle = \lim_{b\to\infty}\left(\ln(1+b)-\ln 1\right) = \lim_{b\to\infty} \ln(1+b) - 0 = \infty$

6. $\displaystyle\int\limits_{1}^{\infty} \frac{1}{\sqrt{x}}\,dx = \lim_{b\to\infty} \int\limits_{1}^{b} \frac{1}{x^{\frac{1}{2}}}\,dx = \lim_{b\to\infty} \left[2x^{\frac{1}{2}}\right]_{1}^{b} = \lim_{b\to\infty} 2(b^{\frac{1}{2}}-1) = \infty$

7. $\displaystyle\int_1^\infty \frac{1}{x^n}\, dx = \lim_{b\to\infty}\int_1^b \frac{1}{x^n}\, dx$

$n > 1$
$$= \lim_{b\to\infty}\left[\frac{1}{1-n}\,\frac{1}{x^{n-1}}\right]_1^b = \lim_{b\to\infty}\frac{1}{1-n}\left(\frac{1}{b^{n-1}}-1\right) = \frac{1}{n-1}$$

$n < 1$
$$= \lim_{b\to\infty}\left[\frac{1}{1-n}\,\frac{1}{x^{n-1}}\right]_1^b = \lim_{b\to\infty}\frac{1}{1-n}\left(\frac{1}{b^{n-1}}-1\right) = \infty$$

$n = 1$
$$= \lim_{b\to\infty}\left[\ln x\right]_1^b = \lim_{b\to\infty}\ln b - \underbrace{\ln 1}_{=\,0} = \infty$$

5.4.3 Integrale mit unbeschränkten Integranden

Wir nehmen an, die Funktion $f(t)$ weise an der rechten Integrationsgrenze b eine Unendlichkeitsstelle auf. Bei Annäherung an die Stelle b wächst der Funktionswert daher über alle Grenzen. Der Integrand ist unbeschränkt. Das bestimmte Integral lässt sich unmittelbar nicht berechnen.

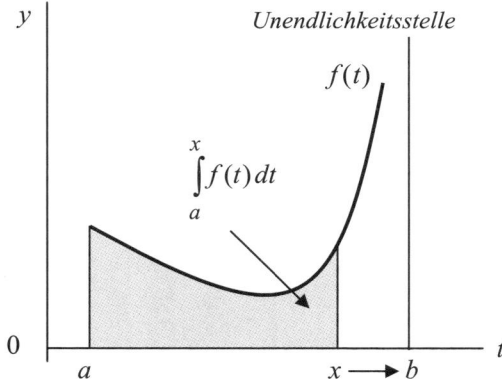

Wir berechnen daher das bestimmte Integral über einem beliebigen abgeschlossenen Teilintervall $[a, x]$. Dazu wählen wir als obere Integrationsgrenze einen beliebigen Wert $x \in [a, b)$ aus dem Integrationsintervall. Dann bilden wir den Grenzwert für $x \to b$ und bezeichnen den Grenzwert wieder als uneigentliches Integral.

Uneigentliches Integral

Sei $f(t)$ eine in einem rechts offenen Intervall $[a,b)$ stetige Funktion und sei $f(t)$ für $t \to b_-$ nicht beschränkt, dann ist $f(t)$ über jedem abgeschlossenen Teilintervall $[a,x]$ integrierbar. Existiert der Grenzwert

$$\lim_{x \to b_-} \int_a^x f(t)\, dt$$

so heißt $f(t)$ in $[a,b)$ **uneigentlich integrierbar** und der Grenzwert **uneigentliches Integral** von $f(t)$ über $[a,b)$, geschrieben

$$\int_a^b f(t)\, dt = \lim_{x \to b_-} \int_a^x f(t)\, dt$$

Existiert der Grenzwert, heißt das Integral **konvergent**, sonst divergent.

Entsprechend definieren wir für den Fall, dass der Integrand an der unteren Integrationsgrenze a eine Unendlichkeitsstelle aufweist:

Sei $f(t)$ in $(a,b]$ stetig und für $x \to a_+$ nicht beschränkt, so verstehen wir unter dem uneigentlichen Integral von $f(t)$ über $(a,b]$:

$$\int_a^b f(t)\, dt = \lim_{x \to a_+} \int_x^b f(t)\, dt$$

BEISPIELE

1. $$\int_0^1 \frac{1}{\sqrt{t}}\, dt = \lim_{x \to 0_+} \int_x^1 \frac{1}{\sqrt{t}}\, dt = \lim_{x \to 0_+} \int_x^1 t^{-\frac{1}{2}}\, dt = \lim_{x \to 0_+} \left[2t^{\frac{1}{2}} \right]_x^1$$

$$= 2 \cdot 1^{\frac{1}{2}} - \lim_{x \to 0_+} (2x^{\frac{1}{2}}) = 2 - 0 = 2$$

Allgemein gilt:

2. $$\int_0^1 \frac{1}{t^n}\, dt = \lim_{x \to 0_+} \int_x^1 \frac{1}{t^n}\, dt = \lim_{x \to 0_+} \left[\frac{1}{1-n} t^{1-n} \right]_x^1 =$$

$$= \frac{1}{1-n} - \underbrace{\lim_{x \to 0_+} \frac{1}{1-n} x^{1-n}}_{=0}$$

$$= \frac{1}{1-n} \qquad \text{für } 0 < n < 1, \text{ sonst divergent}$$

5.4.4 Vergleichstest für die Konvergenz

Die konvergenten uneigentlichen Integrale können als Flächen interpretiert werden, die eine unendliche Ausdehnung haben und trotzdem einen endlichen Flächeninhalt besitzen.

Auf dieser Interpretation beruht das folgende Vergleichsprinzip zur Auswertung uneigentlicher Integrale.

Vergleichsprinzip

Seien $f(x)$ und $g(x)$ in $[a, \infty)$ stetige Funktionen und außerdem

$$|f(x)| \le g(x) \quad \text{für alle } x \in [a, \infty)$$

Wenn $\int\limits_{a}^{\infty} g(x)\,dx$ konvergent ist, dann ist auch $\int\limits_{a}^{\infty} f(x)\,dx$ konvergent.

Ist dagegen $|f(x)| \ge g(x)$ für alle $x \in [a, \infty)$ und ist $\int\limits_{a}^{\infty} g(x)\,dx$ divergent,

dann ist auch $\int\limits_{a}^{\infty} f(x)\,dx$ divergent.

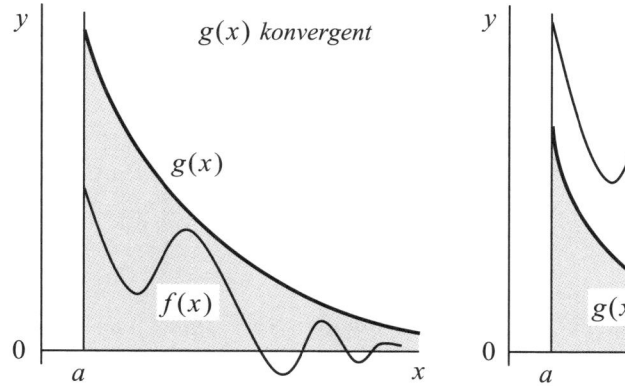

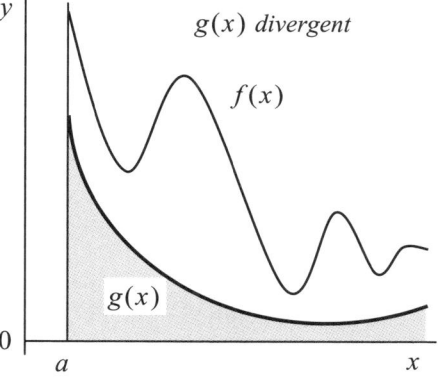

Wenn wir also eine Vergleichsfunktion $g(x)$ angeben können, deren Funktionswerte nie unter dem Betrag von $f(x)$ liegen und deren uneigentliches Integral existiert, dann folgt daraus, dass auch das uneigentliche Integral von $f(x)$ existiert. Denn die Fläche unter der Funktion $f(x)$ ist dann höchstens gleich der Fläche unter dem Graphen der Vergleichsfunktion $g(x)$.

Wenn wir umgekehrt eine Vergleichsfunktion $g(x)$ haben, die stets absolut kleiner als $f(x)$ ist und deren uneigentliches Integral divergiert, dann wissen wir, dass auch das uneigentliche Integral von $f(x)$ divergiert. Wenn die Fläche unter $g(x)$ unbeschränkt ist, dann ist auch die Fläche unter $f(x)$ unbeschränkt.

BEISPIEL

Eine der wichtigsten Funktionen der analytischen Statistik ist die Dichtefunktion der **Normalverteilung**; sie wird auch als Gaußsche Glocken- oder Fehlerkurve bezeichnet. Es handelt sich um eine e-Funktion des folgenden Typs

$$f(x) = e^{-x^2}$$

die nicht elementar integrierbar ist. D.h. wir können die Stammfunktion nicht angeben und daher das sogenannte **Fehlerintegral**

$$\int_{-\infty}^{\infty} e^{-x^2}\, dx = \int_{-\infty}^{0} e^{-x^2}\, dx + \int_{0}^{\infty} e^{-x^2}\, dx$$

nicht berechnen. Dennoch können wir mit Hilfe des Vergleichprinzips die Konvergenz beurteilen; dazu benutzen wir die Vergleichsfunktion e^{-x}.

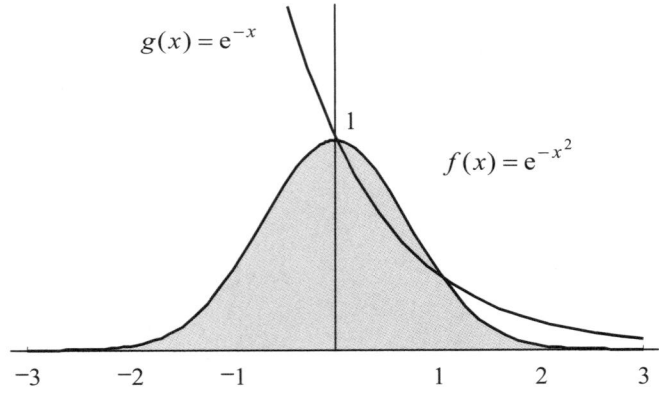

Das uneigentliche Integral der Vergleichsfunktion konvergiert über dem Intervall $[0, \infty)$:

$$\int_{0}^{\infty} e^{-x}\, dx = \lim_{b \to \infty} \int_{0}^{b} e^{-x}\, dx = \lim_{b \to \infty} \left[-e^{-x} \right]_{0}^{b}$$

$$= \lim_{b \to \infty} (-e^{-b} + e^{-0}) = 0 + 1 = 1$$

Die Vergleichsfunktion e^{-x} liegt aber nur für $x \geq 1$ über der Fehlerkurve

$$| e^{-x^2} | \leq e^{-x} \qquad x \geq 1$$

also ist zunächst nur das Fehlerintegral von 1 bis ∞ konvergent:

$$\int\limits_{1}^{\infty} e^{-x^2}\,dx \quad \text{konvergent}$$

Für $0 \le x \le 1$ gilt zwar:

$$|e^{-x^2}| \ge e^{-x}$$

Da aber e^{-x^2} stetig ist, ist e^{-x^2} über jedem abgeschlossenen Teilintervall integrierbar und das bestimmte Integral von 0 bis 1 definiert:

$$\int\limits_{0}^{1} e^{-x^2}\,dx \quad \text{definiert}$$

Daher ist das Fehlerintegral über dem ganzen Intervall von 0 bis ∞ konvergent:

$$\int\limits_{0}^{\infty} e^{-x^2}\,dx = \int\limits_{0}^{1} e^{-x^2}\,dx + \int\limits_{1}^{\infty} e^{-x^2}\,dx \quad \text{konvergent}$$

Schließlich ist e^{-x^2} symmetrisch zur y-Achse und daher gilt:

$$\int\limits_{-\infty}^{0} e^{-x^2}\,dx = \int\limits_{0}^{\infty} e^{-x^2}\,dx = \frac{1}{2}\int\limits_{-\infty}^{\infty} e^{-x^2}\,dx$$

Also ist das Fehlerintegral konvergent. Den folgenden Wert entnehmen wir einer Integrationstabelle. Er beruht auf der numerischen Auswertung des Fehlerintegrals:

$$\int\limits_{-\infty}^{\infty} e^{-x^2}\,dx = \sqrt{\pi}$$

ÜBUNG 5.4

1. $\displaystyle\int\limits_{1}^{\infty} \frac{1}{x^3}\,dx$ 2. $\displaystyle\int\limits_{0}^{\infty} \lambda e^{-\lambda x}\,dx$ 3. $\displaystyle\int\limits_{0}^{\infty} x\lambda e^{-\lambda x}\,dx$

4. $\displaystyle\int\limits_{-\infty}^{\infty} x e^{x^2}\,dx$ 5. $\displaystyle\int\limits_{0}^{b} \frac{x}{\sqrt{b^2-x^2}}\,dx$ 6. $\displaystyle\int\limits_{0}^{\infty} \frac{x}{x^2+1}\,dx$

5.5 Flächenberechnungen (Quadraturen)

Wir kehren nun zurück zu unserem Ausgangspunkt, dem Problem, eine Fläche zu berechnen, die durch eine Kurve begrenzt wird. Diese Fläche hatten wir bestimmtes Integral genannt und anfangs mit Hilfe geometrischer Figuren ausgeschöpft. Für nichtlineare Funktionen ergab sich die Fläche als Grenzwert einer Summe von Rechteckflächen (Riemannsches Integral).

Der Hauptsatz der Differential- und Integralrechnung führt die bestimmte Integration zurück auf die Berechnung von Stammfunktionen und bietet nun ein einfaches Verfahren zur Berechnung von Flächen in den Fällen, in denen wir die Stammfunktion angeben können.

Bei der Definition des bestimmten Integrals hatten wir vorausgesetzt, dass der Integrand $f(x)$ nicht negativ ist. Wir sind daher zunächst nur in der Lage, die Fläche unter Kurven zu bestimmen, die nicht unterhalb der x-Achse verlaufen.

5.5.1 Fläche unter einer Kurve

Nimmt der Integrand $f(x)$ keine negativen Werte an, liegt also der Graph stets oberhalb oder auf der x-Achse, dann gibt das bestimmte Integral die Fläche unter der Kurve an.

BEISPIELE

1. $y = x^2$; $x \in [0, 2]$

$$F = \int_0^2 x^2 \, dx = \left[\frac{x^3}{3} \right]_0^2 = \frac{2^3}{3} - \frac{0^3}{3} = \frac{8}{3} - 0 = 2{,}6\overline{6}$$

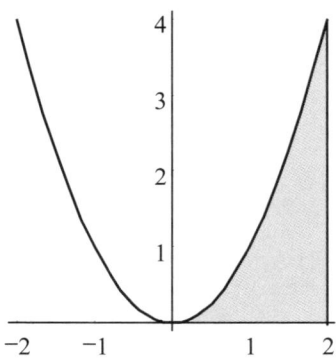

2. $y = \dfrac{x^2 - 4}{x^2}$; $x \in [2, 4]$

$$F = \int_{2}^{4} \frac{x^2 - 4}{x^2}\, dx = \int_{2}^{4}\left(1 - \frac{4}{x^2}\right) dx = \int_{2}^{4}(1 - 4x^{-2})\, dx = \left[x + 4x^{-1}\right]_{2}^{4}$$

$$= (4 + 4 \cdot 4^{-1}) - (2 + 4 \cdot 2^{-1}) = (4 + 1) - (2 + 2) = 5 - 4 = 1$$

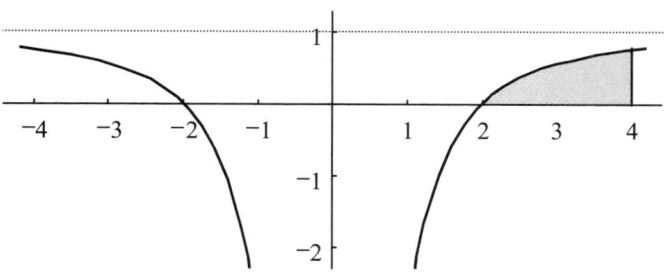

3. $y = \dfrac{1}{x^2}$; $x \in [1, 4]$

$$F = \int_{1}^{4} \frac{1}{x^2}\, dx = \int_{1}^{4} x^{-2}\, dx = \left[-x^{-1}\right]_{1}^{4}$$

$$= -4^{-1} - (-1^{-1}) = -\frac{1}{4} - (-1) = 1 - \frac{1}{4} = \frac{3}{4}$$

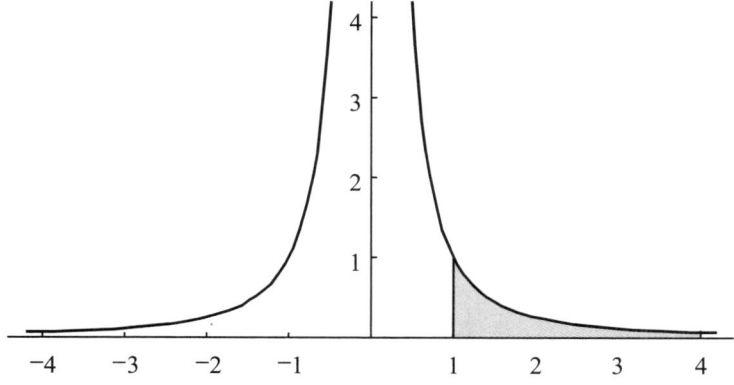

4. $y = e^x$; $\qquad x \in [-2, 2]$

$$F = \int_{-2}^{2} e^x \, dx = \left[e^x \right]_{-2}^{2} = e^2 - e^{-2} = 7{,}39 - 0{,}135 = 7{,}253$$

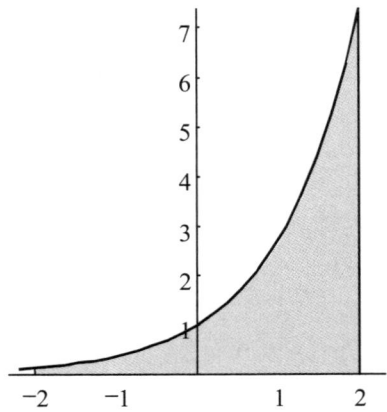

5. $y = x^2 - x$; $\qquad x \in [2, 4]$

$$F = \int_{2}^{4} (x^2 - x) \, dx = \left[\frac{x^3}{3} - \frac{x^2}{2} \right]_{2}^{4} = \left(\frac{64}{3} - \frac{16}{2} \right) - \left(\frac{8}{3} - \frac{4}{2} \right)$$

$$= \frac{128 - 48}{6} - \frac{16 - 12}{6} = \frac{76}{6} = 12{,}6\overline{6}$$

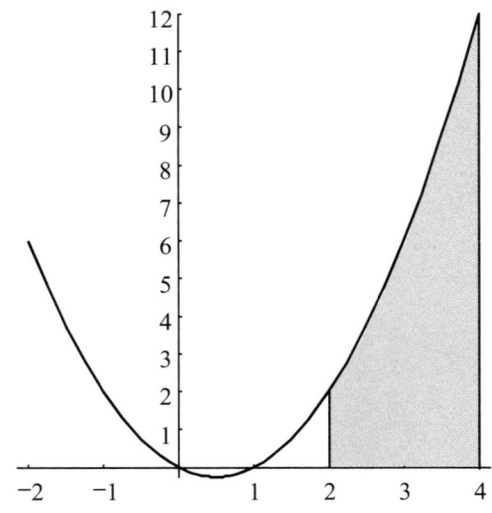

5.5.2 Negative Flächen

Wir wollen nun überlegen, wie wir verfahren müssen, wenn der Integrand die Nichtnegativitätsbedingung $f(x) \geq 0$ verletzt und auch negative Werte annimmt. Flächen unterhalb der x-Achse werden dann bei der Integration negativ gezählt. Liegt der Graph des Integranden im Integrationsintervall sowohl oberhalb als auch unterhalb der x-Achse, gibt das bestimmte Integral die Differenz der positiven und der negativen Flächen an.

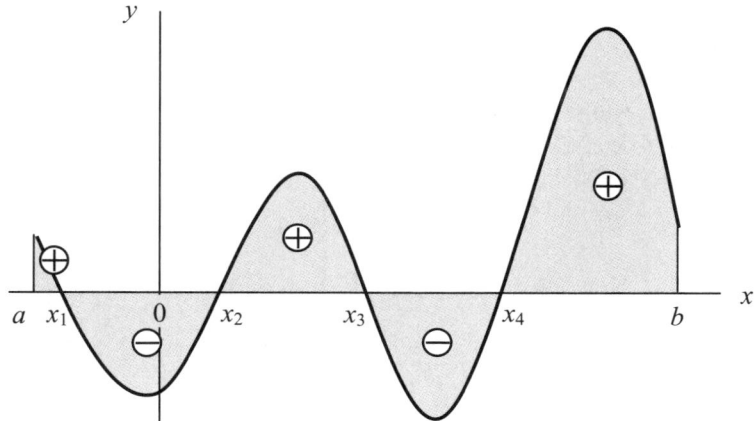

Interessieren wir uns aber für die Gesamtfläche zwischen der Kurve und der Abszisse, dann müssen wir zuerst die Nullstellen ermitteln und dann die Flächen über den Teilintervallen addieren.

Die Gesamtfläche erhält man also als **Summe der Absolutbeträge der Teilintegrale** zwischen den Nullstellen:

$$F = \left| \int_{a}^{x_1} f(t)\,dt \right| + \left| \int_{x_1}^{x_2} f(t)\,dt \right| + \ldots + \left| \int_{x_n}^{b} f(t)\,dt \right|$$

BEISPIELE

1. $y = 2x + x^2 - x^3 ; \quad x \in [-1, 1]$

   Berechnung der Nullstellen ($y = 0$):

   $$2x + x^2 - x^3 = 0$$
   $$x\,(2 + x - x^2) = 0$$
   $$\Rightarrow x_1 = 0$$

Das Produkt ist null, wenn einer der Faktoren null ist, also wenn $x = 0$ oder wenn der Klammerausdruck null ist:

$$x^2 - x - 2 = 0$$

$$x_{2/3} = \frac{1}{2} \pm \sqrt{\frac{1}{4} + 2} = \frac{1}{2} \pm \sqrt{\frac{9}{4}}$$

$$x_2 = \frac{1}{2} + \frac{3}{2} = 2$$

$$x_3 = \frac{1}{2} - \frac{3}{2} = -1$$

Die Nullstelle x_2 liegt außerhalb des Integrationsintervalls und x_3 fällt mit der linken Integrationsgrenze zusammen. Zu beachten ist daher nur die Nullstelle x_1. Wir berechnen daher die Beträge der Teilintegrale von -1 bis 0 und von 0 bis 1.

$$F = \left| \int_{-1}^{0} (2x + x^2 - x^3) \, dx \right| + \left| \int_{0}^{1} (2x + x^2 - x^3) \, dx \right|$$

$$= \left| \left[x^2 + \frac{x^3}{3} - \frac{x^4}{4} \right]_{-1}^{0} \right| + \left| \left[x^2 + \frac{x^3}{3} - \frac{x^4}{4} \right]_{0}^{1} \right|$$

$$= \left| 0 - \left(1 - \frac{1}{3} - \frac{1}{4} \right) \right| + \left| \left(1 + \frac{1}{3} - \frac{1}{4} \right) - 0 \right|$$

$$= \left| 0 - \left(1 - \frac{4+3}{12} \right) \right| + \left| \left(1 + \frac{4-3}{12} \right) - 0 \right|$$

$$= \left| -\frac{5}{12} \right| + \left| \frac{13}{12} \right| = \frac{18}{12} = \frac{3}{2}$$

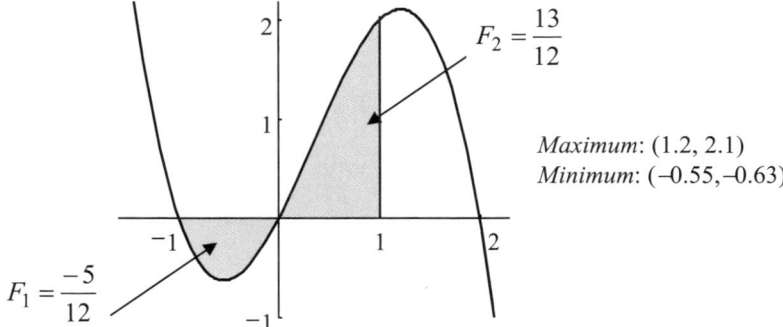

$$F_2 = \frac{13}{12}$$

$$F_1 = \frac{-5}{12}$$

Maximum: $(1.2, 2.1)$
Minimum: $(-0.55, -0.63)$

Dagegen wäre das bestimmte Integral unter Berücksichtigung der Vorzeichen der beiden Teilflächen:

$$F = \int_{-1}^{1}(2x + x^2 - x^3)\,dx = \left[x^2 + \frac{x^3}{3} - \frac{x^4}{4} \right]_{-1}^{1} = \frac{13}{12} - \frac{5}{12} = \frac{8}{12} = \frac{2}{3}$$

2. $y = x^3 - 4x$; $x \in [-2,3]$

Berechnung der Nullstellen ($y = 0$):

$$x^3 - 4x = 0$$

$$x\,(x^2 - 4) = 0$$

$$\Rightarrow x_1 = 0$$

Nullsetzen des Klammerausdrucks ergibt

$$x^2 - 4 = 0$$

$$x_{2/3} = \pm \sqrt{4} = \pm 2$$

$$x_2 = 2$$

$$x_3 = -2$$

Die Nullstelle x_3 fällt mit der linken Integrationsgrenze zusammen. Zu beachten sind daher nur die Nullstellen x_1 und x_2. Wir berechnen daher die Beträge der Teilintegrale von -2 bis 0, von 0 bis 2 und von 2 bis 3.

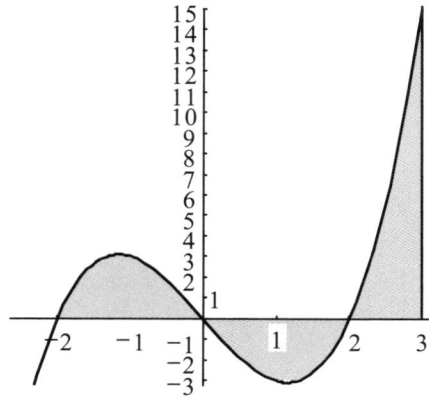

$$F = \left| \int_{-2}^{0} (x^3 - 4x)\, dx \right| + \left| \int_{0}^{2} (x^3 - 4x)\, dx \right| + \left| \int_{2}^{3} (x^3 - 4x)\, dx \right|$$

$$F = \left| \left[\frac{x^4}{4} - 2x^2 \right]_{-2}^{0} \right| + \left| \left[\frac{x^4}{4} - 2x^2 \right]_{0}^{2} \right| + \left| \left[\frac{x^4}{4} - 2x^2 \right]_{2}^{3} \right|$$

$$= \left| 0 - \left(\frac{16}{4} - 2 \cdot 4 \right) \right| + \left| \left(\frac{16}{4} - 2 \cdot 4 \right) - 0 \right| + \left| \left(\frac{81}{4} - 2 \cdot 9 \right) - \left(\frac{16}{4} - 2 \cdot 4 \right) \right|$$

$$= 4 + 4 + 6{,}25 = 14{,}25$$

Anhang: Berechnung der Extremwerte

1. $y = 2x + x^2 - x^3$

Extrema

Bedingung 1. Ordnung

$$y' = 2 + 2x - 3x^2 = 0$$

$$x^2 - \frac{2}{3}x - \frac{2}{3} = 0$$

$$x_{1/2} = \frac{1}{3} \pm \sqrt{\frac{1}{9} + \frac{2}{3}} = \frac{1}{3} \pm \frac{\sqrt{7}}{3}$$

$$x_1 = \frac{1}{3} + \frac{2{,}65}{3} = 1{,}22$$

$$x_2 = \frac{1}{3} - \frac{2{,}65}{3} = -0{,}55$$

Bedingung 2. Ordnung

$$y''(x) \quad = 2 - 6x$$
$$y''(1{,}22) \ = 2 - 6 \cdot 1{,}22 \qquad < 0 \ \Rightarrow \text{Maximum an der Stelle } x_1 = 1{,}22$$
$$y''(-0{,}55) = 2 - 6 \cdot (-0{,}55) > 0 \ \Rightarrow \text{Minimum an der Stelle } x_2 = -0{,}55$$

Funktionswerte

$$y(1{,}22) \ = 2 \cdot 1{,}22 + (1{,}22)^2 - (1{,}22)^3 = 2{,}44 + 1{,}49 - 1{,}82 = 2{,}11$$
$$y(-0{,}55) = 2 \cdot (-0{,}55) + (-0{,}55)^2 - (-0{,}55)^3 = -1{,}1 + 0{,}3 + 0{,}17 = -0{,}63$$

Wendepunkte

Bedingung 1. Ordnung

$$y'' = 2 - 6x = 0$$

$$x = \frac{2}{6} = \frac{1}{3}$$

Bedingung 2. Ordnung

$$y''' = -6 \neq 0 \qquad \text{für alle } x \Rightarrow \text{ Wendepunkt bei } x = \frac{1}{3}$$

Funktionswert

$$y(\tfrac{1}{3}) = 2 \cdot \frac{1}{3} + (\tfrac{1}{3})^2 - (\tfrac{1}{3})^3 = \frac{2 \cdot 9 + 1 \cdot 3 - 1}{27} = \frac{20}{27} = 0{,}74$$

2. $y = x^3 - 4x$

Extrema

Bedingung 1 .Ordnung

$$y' = 3x^2 - 4 = 0$$

$$x^2 = \frac{4}{3}$$

$$x_{1/2} = \pm \sqrt{\frac{4}{3}}$$

$$x_1 = \frac{2}{\sqrt{3}} = 1{,}15$$

$$x_2 = -\frac{2}{\sqrt{3}} = -1{,}15$$

Bedingung 2. Ordnung

$$y''(x) = 6x$$

$$y''(x_1) = 6 \cdot \frac{2}{\sqrt{3}} > 0 \qquad \Rightarrow \text{Minimum an der Stelle } x_1 = 1{,}15$$

$$y''(x_2) = 6 \cdot \left(-\frac{2}{\sqrt{3}}\right) < 0 \qquad \Rightarrow \text{Maximum an der Stelle } x_2 = -1{,}15$$

Funktionswerte

$$y(x_1) = \left(\frac{2}{\sqrt{3}}\right)^3 - 4 \cdot \frac{2}{\sqrt{3}} = \frac{8}{3\sqrt{3}} - \frac{8}{\sqrt{3}}$$

$$= \frac{8-24}{3\sqrt{3}} = -\frac{16}{3\sqrt{3}} = -3{,}08 \approx -3{,}1$$

$$y(x_2) = \left(-\frac{2}{\sqrt{3}}\right)^3 - 4\left(-\frac{2}{\sqrt{3}}\right) = \frac{-8}{3\sqrt{3}} + \frac{8}{\sqrt{3}}$$

$$= \frac{-8+24}{3\sqrt{3}} = \frac{16}{3\sqrt{3}} = 3{,}08 \approx 3{,}1$$

Wendepunkte

Bedingung 1. Ordnung

$$y'' = 6x = 0$$
$$x = 0$$

Bedingung 2. Ordnung

$$y''' = 6 \neq 0 \qquad \text{für alle } x \;\; \Rightarrow \;\; \text{Wendepunkt bei } x = 0$$

Funktionswert

$$y(0) = 0$$

5.5.3 Fläche zwischen zwei Kurven

Seien $f(x)$ und $g(x)$ zwei stetige Funktionen und liege $f(x)$ stets oberhalb von $g(x)$ also

$$f(x) \geq g(x) \qquad \text{für } x \in [a,b]$$

dann ist die Differenz der Funktionen stets nichtnegativ:

$$f(x) - g(x) \geq 0 \qquad \text{für } x \in [a,b]$$

Die Fläche zwischen den Kurven ergibt sich daher als bestimmtes Integral der Differenz der Funktionen über dem Intervall $[a,b]$:

$$F = \int_a^b (f(x) - g(x))\,dx$$

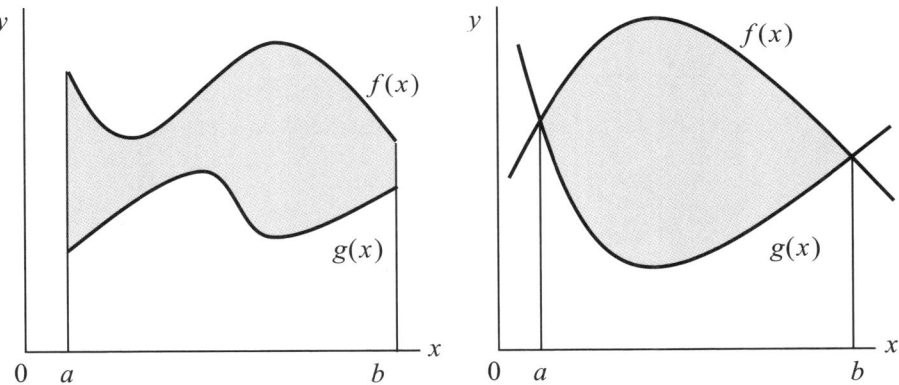

Wenn die beiden Kurven sich schneiden, berechnen wir das von den Kurven eingeschlossene Flächenstück, indem wir als Integrationsgrenzen a und b die Abszissen zweier benachbarter Schnittpunkte wählen.

BEISPIELE

1. $f(x) = x, \ g(x) = x^2$

   Berechnung der Schnittpunkte (= Nullstellen von $x - x^2$):

   $$x = x^2$$
   $$x - x^2 = 0$$
   $$x(1-x) = 0 \quad \Rightarrow x_1 = 0$$
   $$1 - x = 0 \quad \Rightarrow x_2 = 1$$

Die Fläche zwischen den Kurven beträgt:

$$F = \int_0^1 (x - x^2)\, dx = \left[\frac{x^2}{2} - \frac{x^3}{3} \right]_0^1 = \left(\frac{1}{2} - \frac{1}{3} \right) - 0 = \frac{1}{6}$$

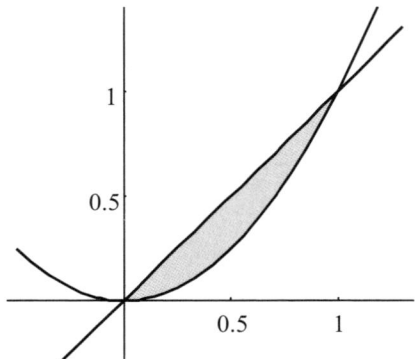

2. $f(x) = 2x^2, \ g(x) = x^3$

Berechnung der Schnittpunkte (= Nullstellen von $2x^2 - x^3$):

$$2x^2 = x^3$$
$$2x^2 - x^3 = 0$$
$$(2 - x)x^2 = 0 \quad \Rightarrow \quad x_{1/2} = 0$$
$$2 - x = 0 \quad \Rightarrow \quad x_3 = 2$$

Die Fläche zwischen den Kurven beträgt:

$$F = \int_0^2 (2x^2 - x^3)\, dx = \left[\frac{2}{3}x^3 - \frac{x^4}{4} \right]_0^2 = \left(\frac{2}{3} \cdot 8 - \frac{16}{4} \right) - 0 = \frac{4}{3}$$

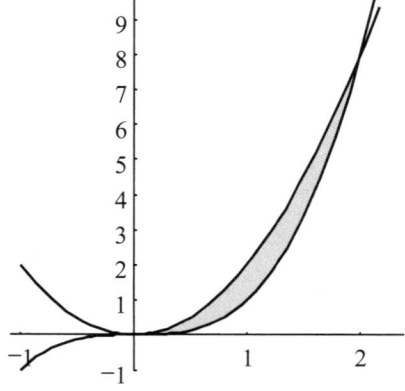

5.5.4 Doppelintegrale

Die Integralrechnung lässt sich auch auf Funktionen mehrerer Variablen übertragen. Wir sprechen dann von Doppel- oder Mehrfachintegralen. Bei einem bestimmten Doppelintegral handelt es sich um das bestimmte Integral einer Funktion zweier Variablen. Doppelintegrale begegnen uns u.a. in der Statistik bei der Berechnung von Wahrscheinlichkeiten zweidimensionaler stetiger Wahrscheinlichkeitsverteilungen.

Wir hatten unter dem bestimmten Integral einer Funktion einer Variablen die Fläche unter der Kurve über einem abgeschlossenen Intervall der x-Achse verstanden. Analog wollen wir unter dem bestimmten Integral einer Funktion $z = f(x, y)$ zweier Variablen den **Rauminhalt** unter der Fläche $z = f(x, y)$ über einem abgeschlossenen Bereich der xy-Ebene verstehen.

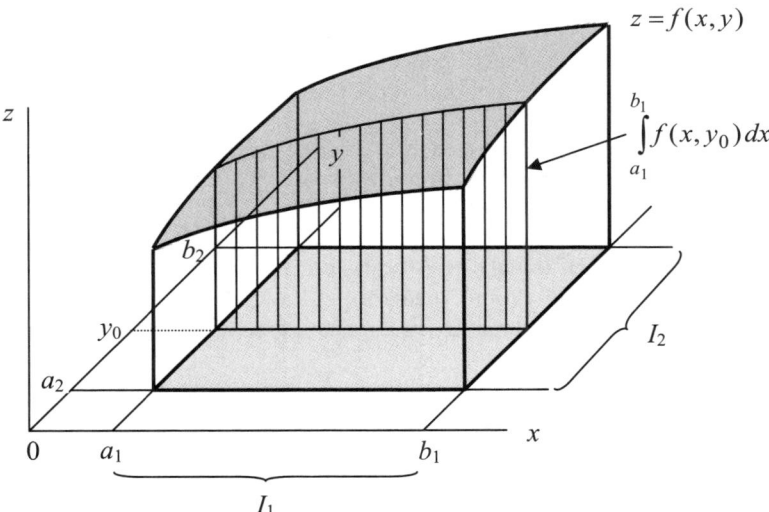

Wir definieren daher:

> **Bestimmtes Doppelintegral**
>
> Seien $I_1 = [a_1, b_1]$ und $I_2 = [a_2, b_2]$ abgeschlossene Intervalle und
>
> $$B = I_1 \times I_2 = \{(x, y) \mid x \in I_1,\, y \in I_2\} \subset \mathbf{R}^2$$
>
> ein abgeschlossener Bereich der xy-Ebene. Sei außerdem $z = f(x, y)$ eine in B stetige Funktion und $f(x, y) \geq 0$ für $(x, y) \in B$.
>
> Dann nennt man den Rauminhalt, der durch den Graphen von $z = f(x, y)$ und B begrenzt wird, bestimmtes Integral von $f(x, y)$ über dem Bereich B und schreibt dafür:

$$\iint_B f(x,y)\,dx\,dy = \int_{a_2}^{b_2} \int_{a_1}^{b_1} f(x,y)\,dx\,dy = \int_{a_1}^{b_1} \int_{a_2}^{b_2} f(x,y)\,dy\,dx$$

Dabei ist zu beachten, dass sich die Integrationsgrenzen des inneren (zweiten) Integrals auf die innere (erste) Integrationsvariable bezieht und die Integrationsgrenzen des äußeren (ersten) Integrals auf die äußere (zweite) Integrationsvariable.

Bei der Berechnung verfahren wir wie bei der partiellen Differentiation:

- Eine der beiden Variablen wird konstant gesetzt (z.B. $y = y_0$), wodurch aus der Funktion zweier Variablen eine Funktion einer Variablen und aus dem Doppelintegral ein Einfachintegral wird:

$$\int_{a_1}^{b_1} f(x,y_0)\,dx$$

  Nun wird nach der anderen Variablen (z.B. x) integriert. Dabei wird das äußere Integral völlig vernachlässigt.

- Das Ergebnis dieser "partiellen" Integration ist eine Funktion der konstant gesetzten zweiten Variablen (y) und wird nun nach dieser Variablen integriert.

Wir sprechen von **iterativer Integration** (lat. iteratio = Wiederholung), weil wir das Doppelintegral durch wiederholte Integration der Teilintegrale berechnen. Dabei lösen wir nacheinander zuerst das innere und dann das äußere Teilintegral.

Die Reihenfolge der Teilintegrale ist dabei beliebig. Die iterierten Integrale sind gleich:

$$\int_{a_2}^{b_2} \left(\int_{a_1}^{b_1} f(x,y)\,dx \right) dy = \int_{a_1}^{b_1} \left(\int_{a_2}^{b_2} f(x,y)\,dy \right) dx$$

Außerdem gilt für:

Separable Integranden

Lässt sich der Integrand als Produkt zweier Funktionen $f_1(x)$ und $f_2(y)$ schreiben, die jeweils nur von einer Variablen abhängen

$$f(x,y) = f_1(x)f_2(y)$$

dann ist das Doppelintegral gleich dem Produkt der Teilintegrale:

$$\int_{a_2}^{b_2} \int_{a_1}^{b_1} f(x,y)\,dx\,dy = \int_{a_2}^{b_2} f_2(y)\,dy \int_{a_1}^{b_1} f_1(x)\,dx$$

BEISPIELE

1. $\displaystyle \int_{y=1}^{y=3} \int_{x=2}^{x=4} a\,dx\,dy = \int_{1}^{3}\int_{2}^{4} dx\,dy$ mit $a = 1$

$$= \int_{1}^{3}\left[x \right]_{2}^{4} dy = \int_{1}^{3}(4-2)\,dy$$

$$= \int_{1}^{3} 2\,dy = \left[2y \right]_{1}^{3} = 6-2 = 4$$

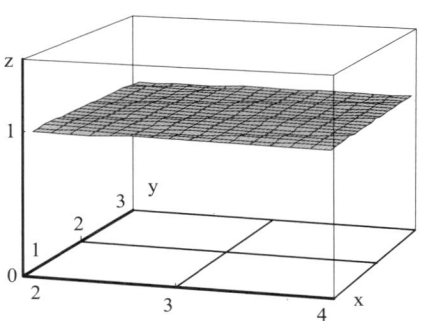

2. $\displaystyle \int_{0}^{2}\int_{1}^{3}(x+y)\,dx\,dy = \int_{0}^{2}\left(\int_{1}^{3}(x+y)\,dx \right) dy$

$$= \int_{0}^{2}\left[\frac{x^2}{2} + xy \right]_{1}^{3} dy$$

$$= \int_{0}^{2}\left(\frac{9}{2} + 3y - \frac{1}{2} - y \right) dy$$

$$= \int_{0}^{2}(4+2y)\,dy$$

$$= \left[4y + y^2 \right]_{0}^{2} = 8 + 4 = 12$$

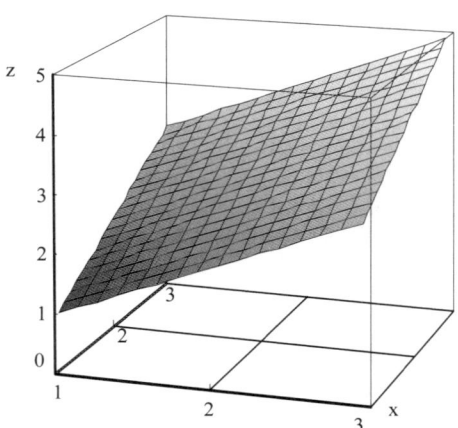

3. $\displaystyle\int_{2}^{3}\int_{1}^{3} xy \, dx \, dy \quad = \int_{2}^{3}\left(\int_{1}^{3} xy \, dx\right) dy$

$\displaystyle = \int_{2}^{3}\left[\frac{x^2}{2}\,y\right]_{1}^{3} dy = \int_{2}^{3}\left(\frac{9}{2}-\frac{1}{2}\right) y \, dy$

$\displaystyle = \int_{2}^{3} 4y \, dy$

$\displaystyle = \left[4\,\frac{y^2}{2}\right]_{2}^{3} = \left[2y^2\right]_{2}^{3} = 2\,(9-4) = 10$

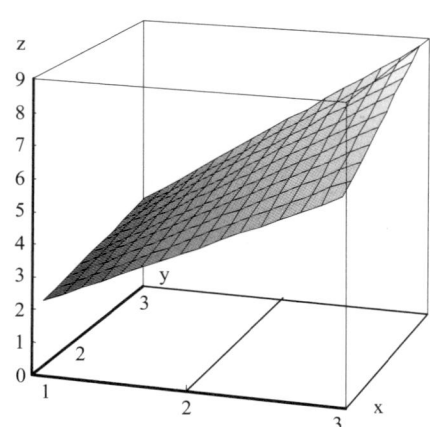

4. $\int\limits_{0}^{4}\int\limits_{0}^{2}(8-(x-1)^2-(y-2)^2)\,dxdy$

$$= \int\limits_{0}^{4}\int\limits_{0}^{2}(-x^2-y^2+2x+4y+3)\,dxdy$$

$$= \int\limits_{0}^{4}\left[-\frac{x^3}{3}-xy^2+x^2+4xy+3x\right]_{0}^{2} dy$$

$$= \int\limits_{0}^{4}\left[-\frac{x^3}{3}+x^2+x(4y-y^2+3)\right]_{0}^{2} dy$$

$$= \int\limits_{0}^{4}\left(10-\frac{8}{3}+8y-2y^2\right)dy$$

$$= \int\limits_{0}^{4}\left(\frac{22}{3}+8y-2y^2\right)dy$$

$$= \left[\frac{22}{3}y+4y^2-\frac{2}{3}y^3\right]_{0}^{4}$$

$$= \frac{88}{3}+64-\frac{2}{3}\cdot 64 = \frac{88}{3}+64-\frac{128}{3}$$

$$= 64-\frac{40}{3} = \frac{152}{3} = 50,6\overline{6}$$

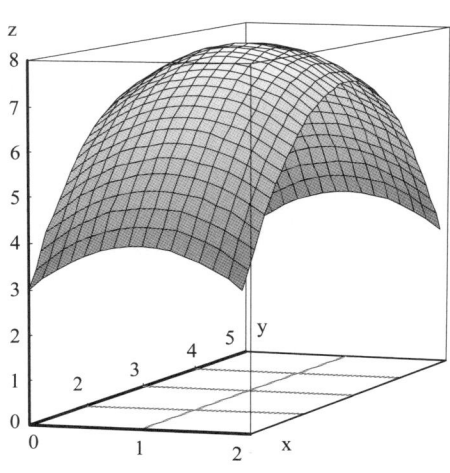

Bisher haben wir uns auf rechteckige Integrationsbereiche (kartesische Produkte von Intervallen in der xy-Ebene) beschränkt. Das Doppelintegral lässt sich auch allgemein für krummlinig begrenzte Integrationsbereiche definieren:

$$\iint_B f(x,y)\,dx\,dy = \int_{y_1}^{y_2} \left(\int_{x_1(y)}^{x_2(y)} f(x,y)\,dx \right) dy$$

$$= \int_{x_1}^{x_2} \left(\int_{y_1(x)}^{y_2(x)} f(x,y)\,dy \right) dx$$

Die Region in der Ebene wird nun durch eine Kurve begrenzt. Die Integrationsgrenzen von x sind dann eine Funktion von y und die Integrationsgrenzen von y eine Funktion von x.

Die Berechnung erfolgt wieder mit Hilfe der iterierten Integrale.

BEISPIELE

1. $\displaystyle\int_{x_1=0}^{x_2=1} \int_{y_1=0}^{y_2=x} (x+y)\,dy\,dx = \int_0^1 \int_0^x (x+y)\,dy\,dx$

$$= \int_0^1 \left[xy + \frac{1}{2}y^2 \right]_0^x dx = \int_0^1 \left(x\cdot x + \frac{1}{2}x^2 \right) dx$$

$$= \int_0^1 \left(x^2 + \frac{1}{2}x^2 \right) dx = \int_0^1 \frac{3}{2}x^2 \, dx$$

$$= \left[\frac{3}{2}\frac{x^3}{3} \right]_0^1 = \left[\frac{x^3}{2} \right]_0^1$$

$$= \frac{1^3}{2} - \frac{0^3}{2} = \frac{1}{2} - 0 = \frac{1}{2}$$

2. $\displaystyle\int_{-1}^{1} \int_{1}^{e^y} \frac{1}{xy}\,dx\,dy = \int_{-1}^{1} \int_{1}^{e^y} \frac{1}{x}\frac{1}{y}\,dx\,dy$

$$= \int_{-1}^{1} \left[\ln x \cdot \frac{1}{y} \right]_1^{e^y} dy$$

$$= \int_{-1}^{1} \left(\ln e^y \cdot \frac{1}{y} - \ln 1 \cdot \frac{1}{y} \right) dy$$

$$= \int_{-1}^{1} (\ln e^{y} - \ln 1)\frac{1}{y}\,dy$$

$$= \int_{-1}^{1} (y\ln e - \ln 1)\frac{1}{y}\,dy$$

$$= \int_{-1}^{1} (y\cdot 1 - 0)\frac{1}{y}\,dy = \int_{-1}^{1} y\frac{1}{y}\,dy$$

$$= \int_{-1}^{1} dy = \big[\,y\,\big]_{-1}^{1} = 1 - (-1) = 2$$

ÜBUNG 5.5

1. Berechnen Sie die bestimmten Integrale:

   a. $\displaystyle\int_{0}^{1}(x^2 - 2x + 3)\,dx$ b. $\displaystyle\int_{-1}^{1}(x+1)^2\,dx$ c. $\displaystyle\int_{0}^{2}(4x+1)^{\frac{1}{2}}\,dx$

   d. $\displaystyle\int_{0}^{1}\frac{dx}{(2x+1)^3}$ e. $\displaystyle\int_{1}^{4}(x^2 - x)\,dx$ f. $\displaystyle\int_{1}^{3}x\sqrt{2x^2 - 1}\,dx$

2. Berechnen Sie die Fläche unter der Kurve (negative Flächen!):

   a. $f(x) = -x^2 + 6x - 5;\quad x\in[0,6]$

   b. $f(x) = x^3 - 4x;\qquad x\in[-2,3]$

3. Berechnen Sie die Fläche zwischen den Kurven:

   a. $f(x) = 8 - x^2;\quad g(x) = x^2$

   b. $f(x) = -x^2 + 4x - 1;\quad g(x) = -x + 3$

   c. $f(x) = -2x^2 + 8x;\quad g(x) = x^3;\ x\geq 0$

4. Berechnen Sie die bestimmten Doppelintegrale:

   a. $\displaystyle\int_{0}^{3}\int_{2}^{4}(x-1)y^2\,dx\,dy$ b. $\displaystyle\int_{0}^{1}\int_{1}^{3}3x^2y\,dx\,dy$ c. $\displaystyle\int_{0}^{2}\int_{1}^{3}3(1+y)x^2\,dx\,dy$

   d. $\displaystyle\int_{0}^{1}\int_{0}^{1}ye^{xy}\,dx\,dy$ e. $\displaystyle\int_{1}^{2}\int_{0}^{3}(3x^2 + 2y)\,dx\,dy$ f. $\displaystyle\int_{1}^{2}\int_{2}^{3}x(1+y^2)\,dx\,dy$

5.6 Ökonomische Anwendungen

5.6.1 Konsumentenrente

Wir betrachten den Markt für ein beliebiges Gut. Das Nachfrageverhalten der Konsumenten (Käufer) wird dargestellt durch die **Nachfragefunktion**:

$$x_d = x_d(p)$$

Sie gibt an, welche Mengen des Gutes die Konsumenten bei alternativen Preisen nachfragen. Die Nachfragefunktion ist eine fallende Funktion des Marktpreises p. Je höher der Marktpreis ist, desto geringer ist die nachgefragte Menge (Nachfragegesetz).

In der grafischen Darstellung ist es üblich abweichend von der mathematischen Konvention die unabhängige Variable p auf der Ordinate und die abhängige Variable x auf der Abszisse abzutragen:

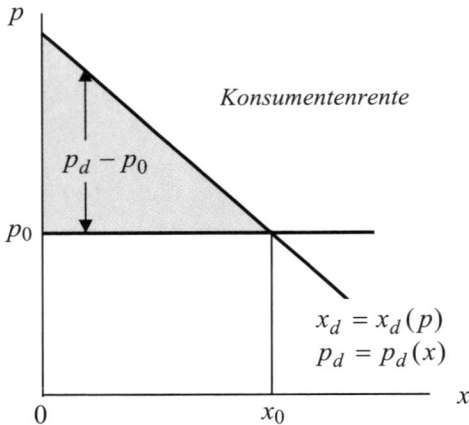

Lösen wir die Nachfragefunktion nach dem Preis p auf, erhalten wir die **Nachfragepreis**funktion oder **inverse Nachfragefunktion**:

$$p_d = p_d(x)$$

Sie gibt an, welchen Preis die Konsumenten bei alternativen Mengen bereit sind zu zahlen. Dieser Preis heißt auch Nachfragepreis (demand price).

Darstellungstechnisch hat die Nachfragepreisfunktion den Vorteil, dass die unabhängige Variable x wieder auf der Abszisse und die abhängige Variable p auf der Ordinate abgetragen wird.

Beträgt der Marktpreis nun p_0, dann wird die Menge x_0 nachgefragt. Der Marktpreis gilt auf einem Wettbewerbsmarkt (vollkommene Konkurrenz) für alle Konsumenten und Einheiten. Jeder Konsument zahlt also für jede gekaufte Einheit denselben Preis p_0.

Da die Nachfragekurve negativ geneigt ist, haben diejenigen Konsumenten bei diesem Marktpreis einen Vorteil, die bereit gewesen wären, für kleinere Mengen einen höheren Preis als p_0 zu zahlen. Wenn wir die Differenz zwischen Nachfragepreis und Marktpreis

$$p_d(x) - p_0$$

d.h. zwischen Zahlungsbereitschaft (willingness to pay) und Marktpreis über alle Einheiten summieren, ergibt sich die **Konsumentenrente** (A. Marshall[1]).

Geometrisch entspricht die Konsumentenrente der Fläche zwischen der Nachfragepreisfunktion $p_d(x)$ und der horizontalen Preisgeraden $p = p_0$. Es handelt sich also um die Fläche zwischen zwei Kurven, die wir durch Integration berechnen können:

$$R_c = \int_0^{x_0} (p_d(x) - p_0)\, dx = \int_0^{x_0} p_d(x)\, dx - p_0 x_0$$

Das erste Teilintegral

$$\int_0^{x_0} p_d(x)\, dx$$

entspricht der Gesamtfläche unter der Nachfragepreiskurve von 0 bis x_0 und misst die Zahlungsbereitschaft der Konsumenten. Das ist der Geldbetrag, den die Konsumenten maximal bereit wären für die Menge x_0 zu zahlen, was ihnen diese Menge also wert ist.

Das zweite Teilintegral

$$\int_0^{x_0} p_0\, dx = \left[p_0 x \right]_0^{x_0} = p_0 x_0$$

gibt die Fläche unter der Preisgeraden $p = p_0$ an, also die tatsächlichen Ausgaben der Konsumenten. Das ist der Betrag, der bei herrschendem Marktpreis p_0 für die Menge x_0 insgesamt gezahlt werden muss.

---

[1]Alfred Marshall (1842-1924): Principles of Economics, 1890

Die Konsumentenrente ist die Differenz dieser Flächen. Sie misst den Unterschied zwischen dem in Geldeinheiten ausgedrückten Wert, den die Menge x_0 für die Konsumenten hat und den Ausgaben, die beim Kauf entstehen. Sie ist ein Maß für den Vorteil (Handelsgewinn), den die Konsumenten durch den Kauf der Menge x_0 an diesem Markt erzielen.

BEISPIELE

1. Gegeben sei die Nachfragefunktion

    $$x = 10 - \frac{1}{2}p$$

    Beim Marktpreis $p_0 = 4$ wird die Menge $x_0 = 8$ nachgefragt

    $$x_0 = 10 - \frac{1}{2} \cdot 4 = 10 - 2 = 8$$

    Die Nachfragepreisfunktion lautet

    $$p = 20 - 2x$$

    und die Konsumentenrente beträgt

    $$R_c = \int_0^{x_0} p(x)\,dx - p_0 x_0 = \int_0^8 (20 - 2x)\,dx - 4 \cdot 8$$

    $$= \left[20x - x^2 \right]_0^8 - 32 = (160 - 64) - 32 = 96 - 32 = 64$$

    Die Konsumenten wären bereit, 96 GE für die Menge $x_0 = 8$ zu zahlen, müssen aber nur 32 GE zahlen. Sie erzielen also einen geldwerten Vorteil (benefits) in Höhe von 64 GE.

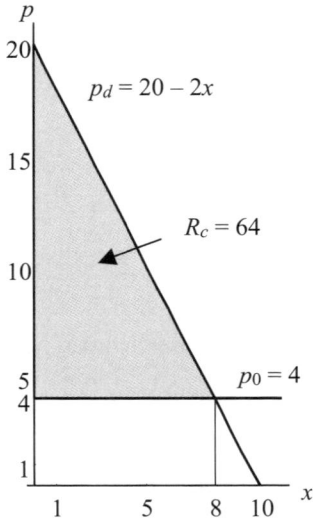
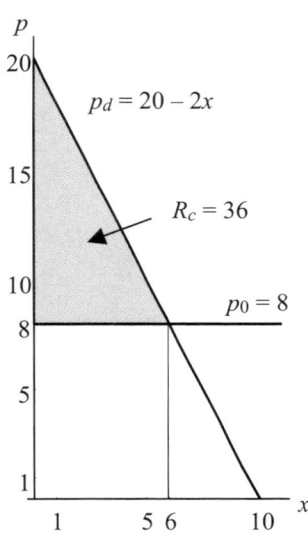

2. Steigt der Marktpreis auf $p_0 = 8$ wird die kleinere Menge $x_0 = 6$ nachgefragt

$$x_0 = 10 - \frac{1}{2} \cdot 8 = 10 - 4 = 6$$

Die Konsumentenrente sinkt auf

$$R_c = \int_0^{x_0} p(x)\,dx - p_0 x_0 = \int_0^6 (20 - 2x)\,dx - 8 \cdot 6$$

$$= \left[20x - x^2 \right]_0^6 - 48 = (120 - 36) - 48$$

$$= 84 - 48 = 36$$

5.6.2 Produzentenrente

Wir betrachten wieder einen Einzelmarkt. Das Angebotsverhalten der Produzenten wird durch die **Angebotsfunktion** dargestellt:

$$x_s = x_s(p)$$

Sie gibt an, welche Mengen die Produzenten bei alternativen Preisen anbieten.
Das Angebot x ist eine steigende Funktion des Marktpreises p. Je höher der
Marktpreis ist, desto größer ist die angebotene Menge.

Lösen wir die Angebotsfunktion nach dem Preis p auf, erhalten wir die **Angebotspreis**funktion oder **inverse Angebotsfunktion**:

$$p_s = p_s(x)$$

Sie gibt an, welchen Preis die Unternehmer für alternative Angebotsmengen verlangen; dieser Preis heißt auch Angebotspreis (supply price).

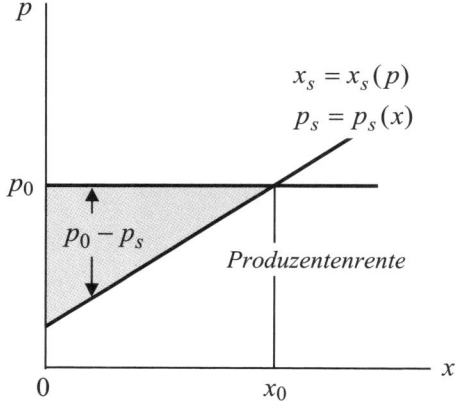

Zum Marktpreis p_0 wird die Menge x_0 angeboten. Der Marktpreis gilt auf einem Wettbewerbsmarkt (vollkommene Konkurrenz) für alle Produzenten und Einheiten. Jeder Anbieter erlöst also für jede verkaufte Einheit denselben Preis p_0.

Diejenigen Produzenten, die bereit wären, kleinere Mengen des Gutes zu einem niedrigeren Preis als p_0 anzubieten, haben einen Vorteil davon, dass der Preis p_0 beträgt.

Die Differenz zwischen Marktpreis und Angebotspreis, über alle Einheiten summiert, ergibt die **Produzentenrente**. Geometrisch entspricht ihr die Fläche zwischen der Preisgeraden p_0 und der Angebotspreisfunktion $p_s(x)$.

$$R_p = \int_0^{x_0}(p_0 - p_s(x))\,dx = p_0 x_0 - \int_0^{x_0} p_s(x)\,dx$$

Das erste Teilintegral gibt die Fläche unter der Preisgeraden wieder und entspricht den Erlösen der Produzenten. Aus der Sicht der Konsumenten sind das die Ausgaben.

Das zweite Teilintegral entspricht der Fläche unter der Angebotspreisfunktion von 0 bis x_0 und misst die variablen Gesamtkosten der Produzenten, also das, was die Produzenten mindestens für die Menge x_0 verlangen.

Die Produzentenrente ergibt sich dann als Differenz dieser Flächen, d.h. zwischen Erlösen und Kosten. Sie ist ein Maß für den Vorteil (Gewinn), den die Produzenten aus dem Verkauf der Menge x_0 an diesem Markt erzielen.

Die Summe von Produzentenrente und Konsumentenrente ist daher ein Maß für den gesellschaftlichen **Wohlfahrtsgewinn** durch freien Handel (Tausch).

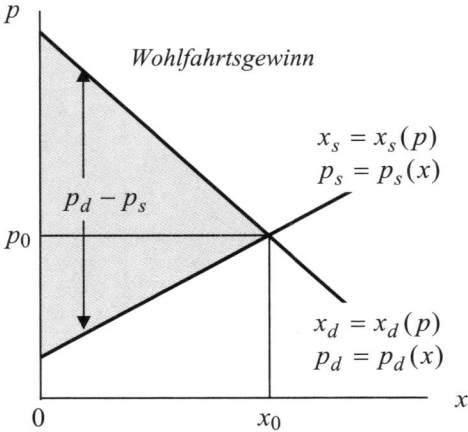

$$\Delta W = \int\limits_0^{x_0}(p_d(x) - p_s(x))\,dx = \int\limits_0^{x_0}p_d(x)\,dx - \int\limits_0^{x_0}p_s(x)\,dx = R_c + R_p$$

Geometrisch entspricht dem Wohlfahrtsgewinn die Fläche zwischen der Nachfragepreis- und der Angebotspreisfunktion.

BEISPIELE

1. Gegeben sei die Angebotsfunktion

    $$x_s = -2 + p$$

    Beim Marktpreis $p_0 = 8$ wird die Menge $x_0 = 6$ angeboten

    $$x_0 = -2 + p = -2 + 8 = 6$$

    Die Angebotspreisfunktion lautet

    $$p_s = 2 + x$$

    und die Produzentenrente beträgt:

    $$R_p = 8 \cdot 6 \; - \int\limits_0^6 (2 + x)\,dx = 48 - \left[2x + \frac{x^2}{2}\right]_0^6$$

    $$= 48 - \left(12 + \frac{36}{2}\right) = 48 - 30 = 18$$

    Grafisch ergibt sich folgendes Bild:

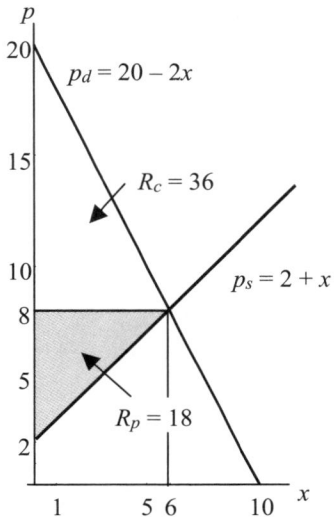

Mit der Nachfragepreisfunktion aus 5.6.1

$$p_d = 20 - 2x$$

ergibt sich der Wohlfahrtsgewinn:

$$\Delta W = R_c + R_p = 36 + 18 = 54$$

Der Wohlfahrtsgewinn entspricht der Fläche zwischen der Nachfrage-preis- und der Angebotspreisfunktion über dem Intervall von 0 bis x_0 und kann daher auch direkt berechnet werden.

$$\Delta W = \int_0^{x_0} (p_d(x) - p_s(x))\, dx$$

$$= \int_0^6 ((20 - 2x) - (2 + x))\, dx = \int_0^6 (18 - 3x)\, dx$$

$$= \left[18x - \frac{3x^2}{2} \right]_0^6 = 18 \cdot 6 - \frac{3 \cdot 36}{2} = 108 - 54 = 54$$

2. Gegeben seien die Angebotspreis- und die Nachfragepreisfunktionen

$$p_s = 3 + \frac{1}{2}x$$
$$p_d = 15 - x$$

Es sollen Konsumentenrente, Produzentenrente und Wohlfahrtgewinn im Marktgleichgewicht berechnet werden. Im Marktgleichgewicht gilt:

$$p_s = p_d$$

Wir berechnen das Marktgleichgewicht durch Gleichsetzen der Angebots- und Nachfragepreisfunktion:

$$3 + \frac{1}{2}x = 15 - x$$

$$\frac{3}{2}x = 12$$

$$x_0 = \frac{2}{3} \cdot 12 = 8$$

$$p_0 = 15 - x_0 = 15 - 8 = 7$$

Der Gleichgewichtspreis beträgt $p_0 = 7$. Bei diesem Preis bieten die Produzenten die Menge $x_0 = 8$ an und fragen die Konsumenten genau diese Menge nach. Der Markt ist also geräumt.

Konsumentenrente

$$R_c = \int_0^8 (15 - x)\, dx - 7 \cdot 8 = \left[15x - \frac{x^2}{2} \right]_0^8 - 56$$

$$= \left(120 - \frac{64}{2} \right) - 56 = 88 - 56 = 32$$

Produzentenrente

$$R_p = 7 \cdot 8 - \int_0^8 \left(3 + \frac{x}{2} \right) dx = 56 - \left[3x + \frac{x^2}{4} \right]_0^8$$

$$= 56 - \left(24 + \frac{64}{4} \right) = 56 - (24 + 16) = 56 - 40$$

$$= 16$$

Wohlfahrtsgewinn

$$\Delta W = R_c + R_p = 32 + 16 = 48$$

oder direkt

$$\Delta W = \int_0^8 \left((15 - x) - \left(3 + \frac{x}{2} \right) \right) dx = \int_0^8 \left(12 - \frac{3}{2} x \right) dx$$

$$= \left[12x - \frac{3}{2} \frac{x^2}{2} \right]_0^8 = 12 \cdot 8 - \frac{3}{2} \frac{64}{2} = 96 - 48$$

$$= 48$$

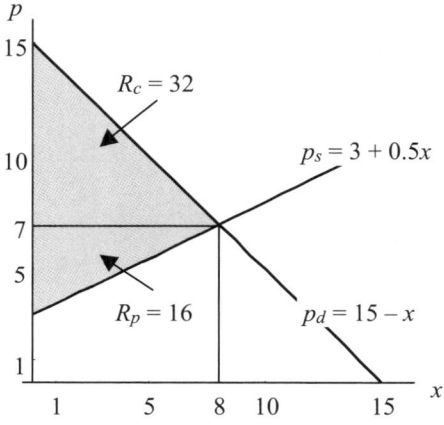

5.6.3 Ressourcialökonomie: Verbrauchsfunktion

Gegeben sei der Anfangsbestand einer nichtregenerierbaren natürlichen Ressource $B_0 = B$. Der gegenwärtige Verbrauch der Ressource sei R und steige jährlich mit der konstanten Rate r [%].

Wir interessieren uns für den Einfluss des Verbrauchsverhaltens auf die Lebensdauer der Ressource und wollen zwei Fragen beantworten,

- wie lange die Ressource reicht, wenn sich das Verbrauchsverhalten nicht ändert und

- wie sich das Verbrauchsverhalten ändern müsste, damit die Ressource ewig reicht.

Bei stetiger Betrachtung gilt die Verbrauchsfunktion

$$B'(t) = R(t) = R\,e^{rt}$$

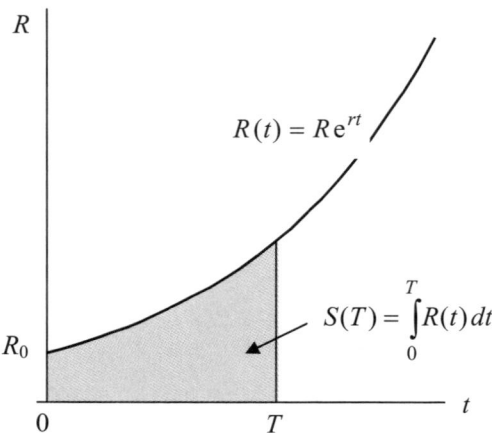

Der Verbrauch in T Jahren beträgt

$$S(T) = \int_0^T R(t)\, dt = R \int_0^T e^{rt}\, dt$$

und der Restbestand nach T Jahren ist:

$$B(T) = B - S(T) = B - R \int_0^T e^{rt}\, dt$$

Der Anfangsbestand B ist nach einer endlichen Zahl von Perioden T verbraucht.

Wir berechnen T, indem wir den Endbestand $B(T)$ null setzen

$$B(T) = B - R \int_0^T \mathrm{e}^{rt}\, dt = 0$$

und die Gleichung nach T lösen. Dazu müssen wir zunächst den Gesamtverbrauch $S(T)$ für den Zeitraum von T Jahren berechnen:

$$S(T) = R \int_0^T e^{rt}\, dt$$

$$= R \left[\frac{1}{r}\, \mathrm{e}^{rt} \right]_0^T = \frac{R}{r} (\mathrm{e}^{rT} - \mathrm{e}^{r0})$$

$$= \frac{R}{r} (\mathrm{e}^{rT} - 1)$$

und dann gleich dem Anfangsbestand B setzen:

$$\frac{R}{r} (\mathrm{e}^{rT} - 1) = B$$

$$\mathrm{e}^{rT} - 1 = \frac{rB}{R}$$

$$\mathrm{e}^{rT} = \frac{rB}{R} + 1$$

$$rT = \ln\left[\frac{rB}{R} + 1 \right]$$

$$T = \frac{1}{r} \ln\left[\frac{rB}{R} + 1 \right]$$

Die Anzahl der Perioden, nach der der Anfangsbestand B aufgebraucht ist, beträgt also:

$$T = \frac{1}{r} \ln\left[\frac{rB}{R} + 1 \right]$$

BEISPIELE

1. Gegeben seien die folgenden Werte:

$$B = 60.000 \ \ (\text{Mio.t})$$
$$R = 120 \qquad (\text{Mio.t})$$
$$r = 1\%$$

Die Reichweite der Ressource beträgt:

$$T = \frac{1}{0{,}01} \ln\left[\frac{0{,}01 \cdot 60.000}{120} + 1\right] = 100 \ln\left[\frac{600}{120} + 1\right]$$

$$= 100 \ln(5+1) = 100 \cdot 1{,}79$$

$$= 179 \ [\text{Jahre}]$$

2. Wir nehmen nun an, die Wachstumsrate des Verbrauchs r verdoppele sich:

$$B = 60.000 \ (\text{Mio.t})$$
$$R = 120 \qquad (\text{Mio.t})$$
$$r = 2\%$$

Die Reichweite der Ressource sinkt dann auf zwei Drittel der ursprünglichen Reichweite:

$$T = \frac{1}{0{,}02} \ln\left[\frac{0{,}02 \cdot 60.000}{120} + 1\right] = 50 \ln\left[\frac{1200}{120} + 1\right]$$

$$= 50 \ln(10+1) = 50 \cdot 2{,}4$$

$$= 120 \ [\text{Jahre}]$$

Solange der Verbrauch stetig steigt, aber auch dann, wenn er konstant wäre, wird der gegebene Bestand der natürlichen Ressource immer in einem endlichen Zeitraum verbraucht. Die Ressource kann daher nur dann ewig reichen, wenn der Verbrauch abnimmt.

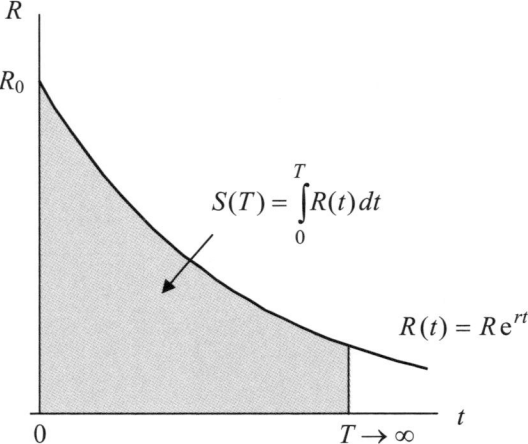

Mit welcher Rate $r < 0$ muss der Verbrauch jährlich abnehmen, damit der Bestand ewig reicht? Der Gesamtverbrauch über den unendlichen Zeithorizont von heute bis unendlich darf dann den Anfangsbestand nie übersteigen:

$$B \geq \int_0^\infty R\, e^{rt}\, dt = \lim_{T \to \infty} R \int_0^T e^{rt}\, dt$$

$$\geq \lim_{T \to \infty} \frac{R}{r} \underbrace{(e^{rT} - 1)}_{\to 0} \qquad \text{wenn } r < 0$$

$$B \geq -\frac{R}{r}$$

Bei der Auflösung nach r müssen wir mit $r < 0$ multiplizieren, wodurch sich die Ungleichung umkehrt:

$$r \leq -\frac{R}{B}$$

Der Verbrauch muss also stetig mit einer Rate abnehmen, die mindestens gleich der anfänglichen Verbrauchsquote R/B ist.

BEISPIEL

3. Bei unveränderten Annahmen über den Anfangsbestand und den Anfangsverbrauch müsste der Verbrauch von Periode zu Periode mit der Rate

$$r \leq -\frac{R}{B} = -\frac{120}{60.000} = -0,002$$

abnehmen, also um mindestens 0,2 Prozent, damit der Anfangsbestand von 60 Mio. Tonnen ewig reicht.

Wenn der Verbrauch stetig um 0,2 % sinkt, dann entspricht der Grenzwert des Gesamtverbrauchs für $T \to \infty$ dem Anfangsbestand von 60 Mio. Tonnen:

$$S = \int_0^\infty R\, e^{rt}\, dt = \lim_{T \to \infty} R \int_0^\infty e^{rt}\, dt = -\frac{R}{r} = \frac{-120}{-0,002}$$

$$= 60.000$$

5.6.4 Kostenfunktion, Grenzkostenfunktion

Wir hatten uns schon früher (Abschnitt 3.7.1) mit der Kostenfunktion beschäftigt und ihre Ableitung, die Grenzkostenfunktion, gebildet. Wir nehmen nun umgekehrt an, die Grenzkostenfunktion sei gegeben:

$$K'(x) = \frac{1}{10} x^2 - 3x + 30$$

und berechnen die Kostenfunktion $K(x)$ unter der Annahme, dass die Gesamtkosten für die Produktmenge $x = 30$ bekannt seien:

$$K(30) = 650$$

Da die Grenzkostenfunktion die Ableitung der Kostenfunktion ist, erhalten wir die Kostenfunktion durch **unbestimmte Integration** der Grenzkostenfunktion.

$$
\begin{aligned}
K(x) &= \int K'(x)\,dx = K_v(x) + K_f \\
&= \int \left(\frac{1}{10} x^2 - 3x + 30 \right) dx + C \\
&= \frac{1}{10} \frac{x^3}{3} - 3\frac{x^2}{2} + 30x + C \\
&= \underbrace{\frac{1}{30} x^3 - \frac{3}{2}x^2 + 30x}_{K_v(x)} + \underbrace{C}_{K_f}
\end{aligned}
$$

Die Gesamtkosten bestehen aus zwei Komponenten, den variablen Kosten $K_v(x)$, die von der Produktmenge x abhängen und den fixen Kosten K_f, die unabhängig von der Produktmenge anfallen.

Die Integrationskonstante, die bei der unbestimmten Integration auftritt, können wir daher ökonomisch als Fixkosten interpretieren und mit Hilfe der Randbedingung $K(30) = 650$ berechnen:

$$
\begin{aligned}
K(30) = \frac{1}{30} 30^3 - \frac{3}{2} 30^2 + 30 \cdot 30 + C &= 650 \\
900 \quad - \quad 1350 + \quad 900 \quad + C &= 650 \\
C &= 200
\end{aligned}
$$

Damit ergibt sich die Kostenfunktion:

$$K(x) = \frac{1}{30} x^3 - \frac{3}{2}x^2 + 30x + 200$$

Alternativ können wir die Kostenfunktion auch mit Hilfe der **bestimmten Integration** berechnen, wenn wir die variablen Kosten durch die **Integralfunktion**

$$K_v(x) = \int_0^x K'(t)\, dt$$

definieren. Die variablen Kosten der Produktmenge x entsprechen der Fläche unter der Grenzkostenfunktion über dem Intervall von 0 bis x. Die Gesamtkosten ergeben sich wieder als Summe der variablen und der fixen Kosten:

$$\begin{aligned} K(x) &= \int_0^x K'(t)\, dt + K_f \\ &= K_v(x) - \underbrace{K_v(0)}_{=0} + K_f \\ &= K_v(x) + K_f \end{aligned}$$

BEISPIEL

$$\begin{aligned} K(x) &= \int_0^x K'(t)\, dt + K_f \\ &= \int_0^x \left(\frac{1}{10} t^2 - 3\, t + 30 \right) dt + K_f \\ &= \left[\frac{1}{10} \frac{t^3}{3} - 3 \frac{t^2}{2} + 30\, t \right]_0^x + K_f \\ &= \frac{1}{30} x^3 - \frac{3}{2} x^2 + 30\, x + K_f \end{aligned}$$

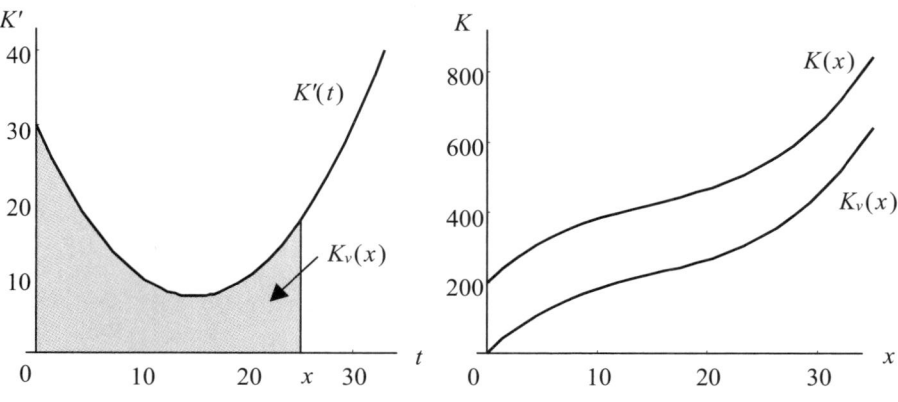

5.6.5 Grenzsteuersatz und Steuerbetrag

Am Beispiel eines fiktiven Einkommensteuertarifs wollen wir den Zusammenhang zwischen dem Steuerbetrag $T(x)$ und dem Steuertarif $t(x)$ (Grenzsteuersatz) untersuchen.

Gegeben sei der folgende linear-progressive Einkommensteuer-Tarif (Grenzsteuersatz):

$$T'(x) = t(x) = \begin{cases} 0 & 0 \leq x \leq 10.000 = 10^4 \\ \dfrac{x}{10^5} + \dfrac{1}{20} & 10^4 \leq x \leq 40.000 = 4 \cdot 10^4 \\ 0{,}45 & 4 \cdot 10^4 \leq x \end{cases}$$

Dabei bedeuten x das steuerpflichtige Jahreseinkommen und t den Grenzsteuersatz. Der Grenzsteuersatz gibt an, welcher Teil einer zusätzlichen Einkommenseinheit als Einkommensteuer abgeführt werden muss.

Der Steuertarif besteht aus drei Tarifbereichen. Bis zur Höhe des Existenzminimums von 10.000 € ist das Einkommen steuerfrei (Grundfreibetrag). Das den Freibetrag übersteigende Einkommen unterliegt der Einkommensteuer. Zwischen 10.000 und 40.000 € steigt der Grenzsteuersatz linear an, beginnend mit dem Eingangssteuersatz von 15% bis zum Spitzensteuersatz von 45% (linear progressiver Tarif). Ab 40.000 € gilt der konstante Spitzensteuersatz von 45%.

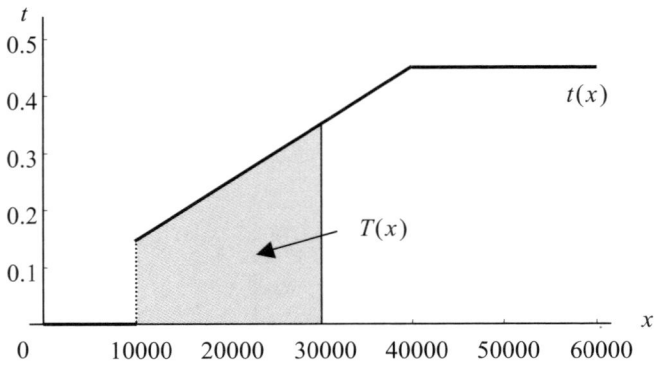

Aus dem Steuertarif $t(x)$ kann nun die Steuerbetragsfunktion $T(x)$ berechnet werden:

1. Für Einkommen bis zur Höhe des Freibetrags von 10.000 € ist der Steuerbetrag null:

    $$T_1(x) = 0 \qquad 0 \leq x \leq 10^4$$

2. Für den linear-progressiven Bereich des Steuertarifs, also bei Einkommen zwischen 10.000 € und 40.000 €, ergibt sich die Steuerbetragsfunktion durch Integration des Grenzsteuersatzes $t(x)$:

$$T_2(x) = \int t(x)\,dx$$

$$= \int \left(\frac{x}{10^5} + \frac{1}{20} \right) dx$$

$$= \frac{x^2}{2 \cdot 10^5} + \frac{x}{20} + C$$

Da das Existenzminimum in Höhe von 10.000 € steuerfrei ist (Grundfreibetrag), gilt:

$$T(10^4) = 0$$

Daraus kann die Integrationskonstante C berechnet werden:

$$T_2(10^4) = \frac{(10^4)^2}{2 \cdot 10^5} + \frac{10^4}{20} + C = 0$$

$$\frac{10^8}{2 \cdot 10^5} + \frac{10^4}{20} + C = 0$$

$$\frac{10^3}{2} + \frac{10^3}{2} + C = 0$$

$$500 + 500 + C = 0$$

$$C = -1000$$

Die Steuerbetragsfunktion für den linear-progressiven Bereich des Steuertarifs lautet:

$$T_2(x) = \frac{x^2}{2 \cdot 10^5} + \frac{x}{20} - 1000 \qquad 10^4 \le x \le 4 \cdot 10^4$$

3. Für den Bereich des Spitzensteuersatzes ab 40.000 € ergibt die Integration:

$$T_3(x) = \int 0{,}45\,dx = 0{,}45\,x + C$$

Die Integrationskonstante C muss nun so gewählt werden, dass der Steuersatz beim Einkommen von 40.000 € genauso hoch ist wie nach dem linear-progressiven Tarif $T_2(x)$:

$$T_3(4 \cdot 10^4) = T_2(4 \cdot 10^4)$$

Der Steuerbetrag am Ende des linear-progressiven Bereichs beträgt

$$T_2(4\cdot10^4) = \frac{(4\cdot10^4)^2}{2\cdot10^5} + \frac{4\cdot10^4}{20} - 1000$$

$$= \frac{16\cdot10^8}{2\cdot10^5} + \frac{4\cdot10^4}{20} - 1000$$

$$= 8\cdot10^3 + \frac{1}{5}\cdot10^4 - 10^3$$

$$= (8+2-1)\cdot10^3 = 9\cdot10^3 = 9000$$

Beim Einkommen von 40.000 € beträgt der Steuerbetrag 9.000 €. D.h. es muss gelten:

$$T_3(4\cdot10^4) = 0{,}45\cdot4\cdot10^4 + C = 9000$$

$$C = 9\cdot10^3 - 1{,}8\cdot10^4$$

$$= (9-18)\,10^3$$

$$= -9000$$

Im Bereich des Spitzensteuersatzes gilt daher die Steuerbetragsfunktion:

$$T_3(x) = 0{,}45x - 9000$$

Die vollständige Steuerbetragsfunktion lautet:

$$T(x) = \begin{cases} 0 & 0 \le x \le 10.000 = 10^4 \\[2mm] \dfrac{x^2}{2\cdot10^5} + \dfrac{x}{20} - 10^3 & 10^4 \le x \le 40.000 = 4\cdot10^4 \\[2mm] 0{,}45x - 9\cdot10^3 & 4\cdot10^4 \le x \end{cases}$$

5.6.6 Ertragswert einer Investition

Wir hatten uns bereits in Abschnitt 1.6.4 mit der Berechnung des Ertragswerts bei diskreter Diskontierung befasst. Die Integralrechnung erlaubt uns nun, den Ertragswert auch im Falle stetiger Diskontierung als Grenzfall der diskreten Diskontierung zu berechnen.

Wir betrachten daher ein Investitionsprojekt, dessen Durchführung Anschaffungskosten in Höhe von $P_0 = P$ verursacht und über einen Zeitraum von T Jahren gleichbleibende jährliche Nettoerträge R erwarten lässt:

$$R_t = R \qquad t = 1, \ldots, T$$

Um beurteilen zu können, ob das Projekt durchgeführt werden soll, müssen die Anschaffungskosten in Beziehung gesetzt werden zu den erwarteten jährlichen Nettoerträgen. Dazu werden die in der Zukunft anfallenden Nettoerträge mit einem geeigneten Kalkulationszinsfuß i (Marktzinssatz + Risikozuschlag) auf die Gegenwart diskontiert und zum Ertragswert summiert.

Der Gegenwartswert (Barwert) des in der Periode t anfallenden Nettoertrags R_t beträgt:

$$\frac{R}{(1+i)^t}$$

Über alle Perioden summiert ergibt das den Ertragswert (= Rentenbarwert):

$$E = \sum_{t=1}^{T} \frac{R}{(1+i)^t} = R \sum_{t=1}^{T} \frac{1}{(1+i)^t}$$

Wird der Nettoertrag nicht mehr jährlich, sonder halbjährlich, vierteljährlich usw. diskontiert, d.h. das Jahr in n Teilperioden der Länge $\Delta t = 1/n$ zerlegt, so erhalten wir als Abzinsungsfaktor der Teilperioden

$$\frac{1}{(1+\frac{i}{n})^{nt}} \qquad t = 1, \ldots, T$$

und den entsprechenden anteiligen Nettoertrag der Teilperioden

$$\frac{R}{n} = R\,\Delta t$$

Der Ertragswert lautet nun:

$$E = \sum_{t=1}^{nT} \frac{R\,\Delta t}{(1+\frac{i}{n})^{nt}} = R \sum_{t=1}^{nT} \frac{1}{(1+\frac{i}{n})^{nt}}\,\Delta t$$

Für $n \to \infty$ wird aus der diskreten Abzinsung die stetige Abzinsung mit dem Abzinsungsfaktor

$$\lim_{n \to \infty} \frac{1}{(1 + \frac{i}{n})^{nt}} = \frac{1}{e^{it}} = e^{-it}$$

Gleichzeitig wird für $n \to \infty$ aus der Summe das Integral und es gilt:

$$E = \lim_{\substack{n \to \infty \\ \Delta t \to 0}} R \sum_{t=1}^{nT} \frac{1}{(1 + \frac{i}{n})^{nt}} \, \Delta t = R \int_0^T e^{-it} dt \qquad \text{mit } R \Delta t = \frac{R}{n}$$

Nach Auswertung des bestimmten Integrals

$$E = R \int_0^T e^{-it} dt$$

$$= R \left[-\frac{1}{i} e^{-it} \right]_0^T$$

$$= R \left[-\frac{1}{i} e^{-iT} - \left(-\frac{1}{i} e^{-i \cdot 0} \right) \right]$$

erhalten wir den **Ertragswert bei stetiger Diskontierung**:

$$E = \frac{R}{i} (1 - e^{-iT})$$

Der Ausdruck vereinfacht sich für Investitionsobjekte mit langer, näherungsweise unendlicher Lebensdauer, zu denen Immobilien und insbesondere Daueranleihen[1] gehören. Wir lassen dazu T gegen unendlich gehen

$$E = \lim_{T \to \infty} E_T = \lim_{T \to \infty} \frac{R}{i} (1 - e^{-iT}) = \frac{R}{i} \lim_{T \to \infty} (1 - \underbrace{e^{-iT}}_{\to 0})$$

und erhalten als **Grenzwert** dieselbe einfache Formel wie bei diskreter Diskontierung:

$$E = \frac{R}{i}$$

Die Investition ist lohnend, wenn der Ertragswert größer als die Investitionskosten ist:

$$E > P$$

---

[1] Daueranleihen sind festverzinsliche Schuldverschreibungen mit unendlicher Laufzeit.

BEISPIEL

Gegeben sei ein Investitionsobjekt mit folgenden Merkmalen:

$$P = 500 \quad \text{Anschaffungskosten}$$
$$R = 100 \quad \text{Nettoertrag}$$
$$i = 0,1 \quad \text{Kalkulationszins}$$
$$T = 10 \quad \text{ökonomische Lebensdauer}$$

Der Ertragswert beträgt bei stetiger Diskontierung:

$$E = \frac{R}{i}(1 - e^{-iT}) = \frac{100}{0,1}(1 - e^{-0,1 \cdot 10}) = 1000(1 - e^{-1})$$
$$= 1000(1 - 0,368) = 1000 \cdot 0,632 = 632$$

und ist größer als die Anschaffungskosten $P = 500$.

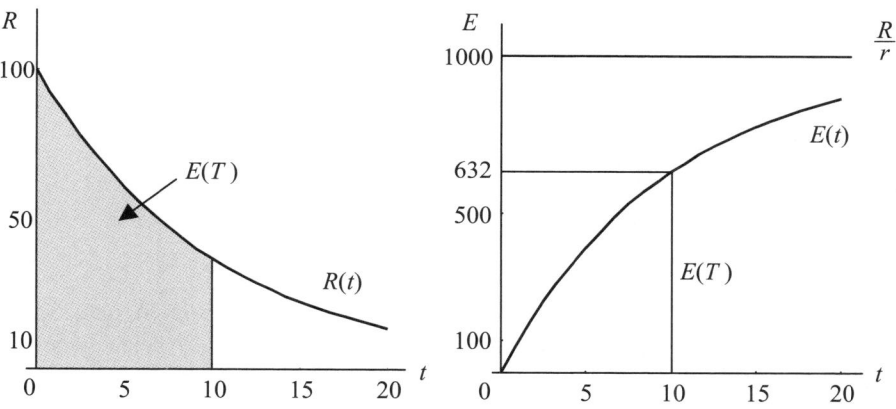

Zum Vergleich berechnen wir den Ertragswert bei diskreter Diskontierung:

$$E = R \sum_{t=1}^{T}(1+i)^t = 100 \sum_{t=1}^{10}(1+0,1)^t$$
$$= R \frac{1 - q^T}{q^T(1-q)} = 100 \frac{1 - 1,1^{10}}{1,1^{10}(1 - 1,1)} = 100 \cdot 6,14 = 614$$

Wir sehen, dass sich die Ergebnisse bereits bei einer Nutzungsdauer von nur 10 Perioden wenig unterscheiden. Die algebraisch einfachere stetige Formel für den Ertragswert ist daher auch im Falle der diskreten Diskontierung eine gute Approximation. Zumal die Ertragswertberechnung stets mit erheblichen Unsicherheiten behaftet ist, die um so größer sind, je länger der Zeithorizont ist.

ÜBUNG 5.6

1. Gegeben seien die Angebotspreis- und Nachfragepreisfunktionen eines statischen Marktmodells:

$$p_s = \frac{1}{10}x^2 \; ; \; p_d = 80 - 2x$$

   a. Berechnen Sie die Konsumentenrente für $p_0 = 20$!

   b. Berechnen Sie die Produzentenrente für $p_0 = 20$!

   c. Berechnen Sie den Wohlfahrtsgewinn im Marktgleichgewicht!

2. Berechnen Sie das uneigentliche Integral (Ertragswert eines Investitionsprojekts mit langer, näherungsweise unendlicher Lebensdauer):

$$E = \int_0^\infty R e^{-it}\, dt \qquad\qquad \text{mit } R = 5000, \quad i = 0,05$$

3. Gegeben sei die Funktion

$$f(x) = \begin{cases} \lambda e^{-\lambda x} & \text{für } x > 0 \\ 0 & \text{für alle anderen } x \end{cases}$$

   Zeigen Sie, dass

$$\int_{-\infty}^\infty f(x)\, dx = 1$$

4. Der Bestand $B = 9000$ [Mio. t] einer nichtregenerierbaren natürlichen Ressource und der jährliche Verbrauch $R = 72$ [Mio. t] seien gegeben. Wenn der Verbrauch jährlich mit der Rate r wächst (sinkt), dann beträgt der Restbestand nach T Jahren:

$$B(T) = B - \int_0^T R e^{rt}\, dt$$

   Mit welcher Rate müsste der Verbrauch jährlich sinken, damit die Ressource ewig reicht? (Lösen Sie die Gleichung für $B(T) = 0$ und $T \to \infty$ nach r auf und berechnen Sie r für die angegebenen Zahlenwerte!)

5. Berechnen Sie die Kostenfunktion $K(x)$ unter der Annahme, dass die Grenzkostenfunktion

$$K'(x) = \frac{3}{10}x^2 - 12x + 200$$

$$K(50) = 8500$$

   und die Gesamtkosten für $x = 50$ Einheiten gegeben seien.

6 Differenzengleichungen

6.1 Grundlagen

Die dynamische Wirtschaftstheorie befasst sich mit der Analyse ökonomischer Prozesse, d.h. der Entwicklung ökonomischer Variablen im Zeitablauf. Damit wird der Tatsache Rechnung getragen, dass jeder ökonomische Zustand eine Geschichte hat, also das Resultat einer Entwicklung ist. Es besteht eine wechselseitige Abhängigkeit zwischen Variablen und Perioden, der Vergangenheit und der Gegenwart, der Gegenwart und der Zukunft.

Wichtige Teilbereiche der dynamischen Wirtschaftstheorie sind die Konjunktur-, Wachstums- und Entwicklungstheorie, die Ressourcial- und Umweltökonomik, aber auch die Evolutorische Ökonomik.

6.1.1 Differenzen- und Differentialgleichungen

Herausragendes Merkmal zeitlicher Prozesse ist die **Zeitabhängigkeit** und die **Veränderung** der ökonomischen Variablen im Zeitablauf. Die dynamische Wirtschaftsanalyse benötigt daher geeignete mathematische Instrumente, um die zeitliche Interdependenz und die Veränderung von Variablen im Zeitablauf zu erfassen.

Die wichtigsten Instrumente der dynamischen Wirtschaftsanalyse sind die Differenzengleichungen, mit denen wir uns hier beschäftigen und die Differentialgleichungen, denen das folgende Kapitel gewidmet ist.

In einem dynamischen System hängen die ökonomischen Variablen jeder Periode auch von den ökonomischen Variablen der Vergangenheit ab. Daher definieren wir:

> **Dynamisches System**
>
> Wir nennen ein ökonomisches System **dynamisch**, wenn die Variablen von der Zeit abhängen, also datiert sind, und
>
> - entweder gleichzeitig Variablen verschiedener Zeitperioden (Zeitpunkte) vorkommen oder
>
> - für mindestens eine Variable auch ihre Veränderung in der Zeit auftritt.

Davon zu unterscheiden ist das **statische** System, in dem sich alle Variablen auf dieselbe Periode beziehen. Daher treten keine Veränderungen in der Zeit auf und kann folglich auf die Datierung der Variablen verzichtet werden. Wir erkennen ein statisches System also daran, dass die Zeit explizit nicht vorkommt.

Bei der Analyse dynamischer Systeme unterscheiden wir zwei Methoden, die diskrete und die stetige Analyse.

In der **diskreten** (diskontinuierlichen) Analyse oder **Periodenanalyse** kann die Zeit nur feste ganzzahlige Werte (das Datum) annehmen. Die Veränderung der Variablen in der Zeit wird durch die Differenz zwischen zwei Zeitpunkten erfasst. Das entsprechende mathematische Instrument bezeichnen wir daher als **Differenzengleichung**. In der einfachsten Form lautet die Differenzengleichung:

$$y + a\,\Delta y = b \qquad\qquad \text{mit} \qquad \Delta y = \frac{\Delta y}{\Delta t}, \ \ \Delta t = 1$$

Dabei ist y eine Funktion der Zeit und Δy die Veränderung zwischen zwei Perioden oder Zeitpunkten. Die zeitliche Differenz Δt beträgt immer eine Periode. Daher ist die Differenz Δy immer gleich dem Differenzenquotienten $\Delta y / \Delta t$.

Im Unterschied dazu wird in der **stetigen Analyse** die Zeit als Kontinuum aufgefasst. Die Zeit t kann also in jedem abgeschlossenen Intervall jeden Wert annehmen. Der zeitlichen Differenz entspricht nun ihr Grenzwert, die Ableitung nach der Zeit; wir sprechen daher von **Differentialgleichungen**. Der einfachste Fall einer Differentialgleichung lautet:

$$y + a\,y' = b \qquad\qquad \text{mit} \qquad y' = \frac{dy}{dt} = \lim_{\Delta t \to 0} \frac{\Delta y}{\Delta t}$$

Dabei ist y wieder eine Funktion der Zeit und y' die Ableitung nach der Zeit. Eine Differentialgleichung enthält also neben der Funktion y immer auch ihre Ableitung.

Solche Gleichungen heißen Funktionalgleichungen.

Funktionalgleichung

Eine Funktionalgleichung ist eine Gleichung, deren Unbekannte eine Funktion ist.

Normalerweise besteht das Lösungsproblem einer Gleichung darin, den Wert der Unbekannten zu finden, der die Gleichung erfüllt. Die Lösung der Funktionalgleichung ist dagegen diejenige Funktion $y(t)$, die die Funktionalgleichung für alle Werte von t erfüllt.

Lösung der Funktionalgleichung

Die Lösung einer Funktionalgleichung ist eine unbekannte **Funktion**, die die Funktionalgleichung **identisch** erfüllt, d.h. für alle Werte, die die unabhängige Variable, die in dieser Funktion vorkommt, annehmen kann.

BEISPIEL

Gegeben sei die Funktionalgleichung

$$y(t) - y'(t) = 0$$

Gesucht wird die Funktion einer Variablen $y(t)$, die diese Gleichung identisch erfüllt, für die also gilt:

- für jeden Wert der Variablen t
- ist der Wert der Funktion gleich dem Wert der Ableitung.

1. Die Lösung ergibt sich durch Integration der Gleichung

$$\frac{y'}{y} = 1$$

$$\int \frac{y'}{y}\, dt = \int dt$$

$$\ln y = t + C$$

$$y = e^{t+C}$$

$$y = e^t\, e^C = A\, e^t \qquad \text{mit } A = e^C$$

Die einzige Lösung dieser Differentialgleichung ist die e-Funktion. Zur Probe leiten wir die Lösung ab und erhalten:

$$y' = A e^t = y \qquad \text{für alle } t$$

Die e-Funktion ist die einzige Funktion, die für jeden Wert der unabhängigen Variablen mit ihrer Ableitung übereinstimmt.

2. Auch die Funktion

$$y = a\,t + b$$

erfüllt die Funktionsgleichung an der Stelle $t = \dfrac{a-b}{a}$; denn an dieser Stelle hat die Funktion den Funktionswert

$$y = a \qquad \text{für } t = \frac{a-b}{a}$$

und die Ableitung beträgt überall

$$y' = a \qquad \text{für alle } t$$

Für jeden anderen Wert von t nimmt die Funktion aber einen anderen Wert an als $y = a$. D.h. $y = a\,t + b$ erfüllt die Funktionalgleichung nicht identisch und ist daher keine Lösung im Sinne der obigen Definition.

6.1.2 Klassifikation von Differenzengleichungen

Bei der Quantifizierung ökonomischer Zusammenhänge sind wir auf die Zeitreihen ökonomischer Variabler der amtlichen Statistik und anderer Quellen angewiesen. Dabei werden die Zahlenwerte der ökonomischen Größen in gleichbleibenden zeitlichen Abständen ermittelt: monatlich, vierteljährlich, halbjährlich oder jährlich.

Beim Preisindex für die Lebenshaltungskosten verfügen wir z.B. über Monatsdaten ebenso in der Arbeitsmarktstatistik; das Inlandsprodukt wird monatlich, vierteljährlich oder jährlich berechnet.

In der empirischen Analyse haben wir es also immer mit diskreten (diskontinuierlichen) Variablen zu tun, die nur für bestimmte äquidistante Zeitpunkte $t, t+1$, $t+2, t+3, \ldots$ definiert sind:

$$y_t, \; y_{t+1}, \; y_{t+2}, \; y_{t+3}, \ldots$$

Dabei kann sich das Datum t auf den Monat, das Quartal oder das Jahr beziehen, aber stets nur ganzzahlige Werte annehmen.

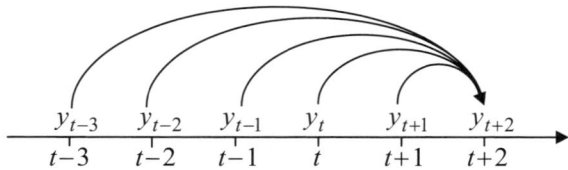

Die dynamische Analyse berücksichtigt nun die **zeitliche Interdependenz** zwischen den ökonomischen Variablen verschiedener Perioden und untersucht die ökonomischen Prozesse im Zeitablauf. Die geeignete Methode zur Analyse ökonomischer Prozesse, die sich in den diskreten Zeitreihen ökonomischer Variabler abbilden, ist die Periodenanalyse.

Mathematisch wird die Abhängigkeit der Gegenwart von der ökonomischen Vergangenheit durch **Differenzengleichungen** dargestellt.

Wir unterscheiden zwei Schreibweisen der Differenzengleichung, die **Differenzenschreibweise**, die wir in der einfachsten Form bereits kennen:

$$y_t + \alpha \, \Delta y_t = \beta \qquad \text{mit } \Delta y_t = y_t - y_{t-1}$$

und die äquivalente **Normalform**

$$y_t + a \, y_{t-1} = b$$

die anstelle der Differenz die Variablenwerte der verschiedener Perioden enthält.

Die Normalform der Differenzengleichung ergibt sich aus der Differenzen-schreibweise durch Einsetzen der Differenz Δy_t :

$$y_t + \alpha \, (y_t - y_{t-1}) = \beta$$
$$(1 + \alpha) \, y_t - \alpha y_{t-1} = \beta$$
$$y_t - \underbrace{\frac{\alpha}{1+\alpha}}_{a} \, y_{t-1} = \underbrace{\frac{\beta}{1+\alpha}}_{b}$$
$$y_t \quad + \quad a y_{t-1} = \quad b$$

Im Folgenden werden wir stets die Normalform verwenden und definieren daher:

Differenzengleichung (ΔG)

Die Gleichung

$$y_t + a_1 y_{t-1} + a_2 y_{t-2} + \ldots + a_n y_{t-n} = b \qquad a_n \neq 0, a_i = \text{const}$$

wird als lineare Differenzengleichung *n*-ter Ordnung bezeichnet. Erfüllt die Funktion y_t diese Differenzengleichung, so heißt y_t **Lösung der Differenzengleichung**.

Wir bezeichnen eine Differenzengleichung als

- **gewöhnlich**, wenn die unbekannte Funktion y nur von einer Variablen (*t*) abhängt, sonst als partielle Differenzengleichung.

- **linear**, wenn die unbekannte Funktion y nur in der 1. Potenz vorkommt, sonst als nicht-linear.

- Differenzengleichung **mit konstanten Koeffizienten**, wenn alle Koeffizienten a_i konstant sind.

- Differenzengleichung ***n*-ter Ordnung**, nach der höchsten zeitlichen Differenz $y_t - y_{t-n}$ der vorkommenden Funktionswerte.

- **inhomogen**, wenn $b \neq 0$ und als **homogen**, wenn $b = 0$.

Wir werden uns nur mit solchen Differenzengleichungen befassen, für die sich allgemeine Lösungen angeben lassen. Dazu gehören die folgenden Typen linearer Differenzengleichungen 1. und 2. Ordnung:

$y_t + a \, y_{t-1} = 0$	homogene Differenzengleichung 1. Ordnung
$y_t + a \, y_{t-1} = b$	inhomogene Differenzengleichung 1. Ordnung
$y_t + a_1 y_{t-1} + a_2 y_{t-2} = 0$	homogene Differenzengleichung 2. Ordnung
$y_t + a_1 y_{t-1} + a_2 y_{t-2} = b$	inhomogene Differenzengleichung 2. Ordnung

6.2 Homogene Differenzengleichungen 1. Ordnung

6.2.1 Lösung

Gegeben sei die homogene Differenzengleichung 1. Ordnung:

$$y_t + a y_{t-1} = 0$$

Durch Umstellung ergibt sich die Rekursionsformel

$$y_t = -a y_{t-1}$$

Daraus lässt sich der Wert von y_t für jeden Zeitpunkt (bzw. jede Periode) t durch Rekursion ermitteln:

$$y_1 = -a y_0$$
$$y_2 = -a y_1 = (-a)(-a y_0) = (-a)^2 y_0$$
$$y_3 = -a y_2 = (-a)(-a)^2 y_0 = (-a)^3 y_0$$
$$\vdots$$
$$y_t = -a y_{t-1} = (-a)(-a)^{t-1} y_0 = (-a)^t y_0$$

Die Lösung, die sich ergibt, heißt allgemeine Lösung der homogenen Differenzengleichung 1. Ordnung.

Allgemeine Lösung

Die allgemeine Lösung der homogenen Differenzengleichung 1. Ordnung lautet

$$\boxed{y_t = (-a)^t y_0}$$

und enthält eine beliebige Konstante y_0.

Wir überprüfen nun, ob die allgemeine Lösung tatsächlich die Differenzengleichungen erfüllt. Dazu setzen wir die Lösung in die Differenzengleichung ein:

$$y_t + a y_{t-1} = (-a)^t y_0 + a(-a)^{t-1} y_0 = (-a)^t y_0 - (-a)^t y_0 = 0$$

Es handelt sich also tatsächlich um die allgemeine Lösung der Differenzengleichung. Die Lösung wird deshalb als allgemeine Lösung bezeichnet, weil sie noch eine beliebige Konstante enthält. Mit der allgemeinen Lösung ist nur der Typ der Funktion, eine Exponentialfunktion der Zeit, bestimmt.

Die Lage der Funktion und ihr genauer Verlauf in der ty-Ebene hängen vom Wert der Konstanten y_0 ab.

Erst wenn ein Punkt in der ty-Ebene vorgegeben ist, durch den die Funktion verlaufen soll, ist ihre Lage und die Konstante bestimmt.

Bei ökonomischen Fragestellungen ist in der Regel eine **Anfangsbedingung**

$$y_0 = \bar{y}_0$$

gegeben, also der Wert, den die Lösung in der Anfangsperiode annehmen soll. Wenn wir die Anfangsbedingung in die allgemeine Lösung einsetzen, ergibt sich die partikuläre Lösung.

> **Partikuläre** oder **spezielle Lösung**
>
> Unter der partikulären Lösung einer Differenzengleichung verstehen wir eine Funktion, die sowohl die Differenzengleichung als auch eine gegebene Randbedingung erfüllt.
>
> Die partikuläre Lösung der homogenen Differenzengleichung 1. Ordnung, die die gegebene Anfangsbedingung erfüllt, lautet:
>
> $$\boxed{y_t = (-a)^t\, \bar{y}_0}$$

Die allgemeine Lösung der homogenen Differenzengleichung 1. Ordnung ist eine **Exponentialfunktion der Zeit**, deren Verhalten im Zeitablauf vom Vorzeichen und der absoluten Größe der Basis $-a$ abhängt.

Die Bewegung von y_t ist monoton, wenn $-a$ positiv und alternierend wenn $-a$ negativ ist; konvergent für $|a| < 1$, divergent für $|a| > 1$ und für $|a| = 1$ konstant.

6.2.2 Verhalten der Lösung im Zeitablauf (Dynamik)

Untersuchen wir die dynamischen Eigenschaften, also die möglichen zeitlichen Verläufe der Lösung

$$y_t = (-a)^t\, y_0$$

dann können wir sechs verschiedene Verlaufsmuster unterscheiden.

Betrachten wir zuerst den Fall, dass die Basis der Exponentialfunktion absolut kleiner als 1 ist

$$|-a| = |a| < 1$$

Die Exponentialfunktion y_t nimmt dann mit wachsendem t ab und **konvergiert** gegen null, nähert sich also asymptotisch der t-Achse.

Ist die Basis der Exponentialfunktion y_t positiv, also

$$0 < -a < 1$$

dann **konvergiert** die Lösung **monoton** gegen null.

Ist die Basis der Exponentialfunktion y_t aber negativ, also

$$-1 < -a < 0$$

dann wechselt y_t zwischen geraden und ungeraden Werten von t das Vorzeichen. Für gerade Werte von t ist $(-a)^t$ positiv und für ungerade negativ. Die Funktionswerte liegen also abwechselnd oberhalb und unterhalb der Abszisse. Wir sagen daher, die Lösung **konvergiert alternierend** gegen null.

Da die Lösung der homogenen Differenzengleichung 1. Ordnung eine diskrete Funktion der Zeit ist, besteht sie nur aus eine Folge von Punkten. Eine Vorstellung von der Dynamik der Lösung gewinnen wir, wenn wir die Punkte in einem ty-Diagramm darstellen und chronologisch durch ein Treppenpolygon verbinden. Im Falle der konvergenten Lösungen $|a| < 1$ strebt das Treppenpolygon monoton oder alternierend gegen die t-Achse.

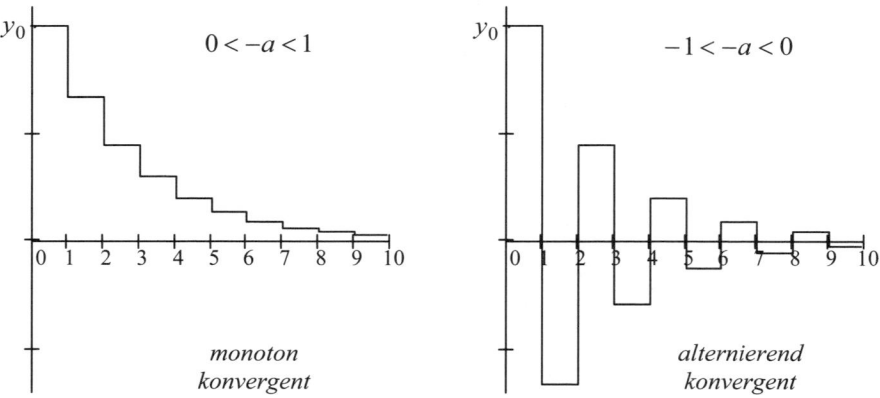

Betrachten wir nun den Fall, dass die Basis der Exponentialfunktion absolut größer als 1 ist

$$|-a| = |a| > 1$$

Dann nehmen die Werte der Exponentialfunktion mit wachsendem t zu, entfernen sich also zunehmend von der Abszisse. Wir bezeichnen die Lösung nun als **divergent**.

Ist die Basis der Exponentialfunktion y_t positiv, also

$$0 < 1 < -a$$

dann **divergent** die Lösung **monoton**.

Ist die Basis der Exponentialfunktion y_t dagegen negativ, also

$$-a < -1 < 0$$

dann **divergiert** die Lösung **alternierend**.

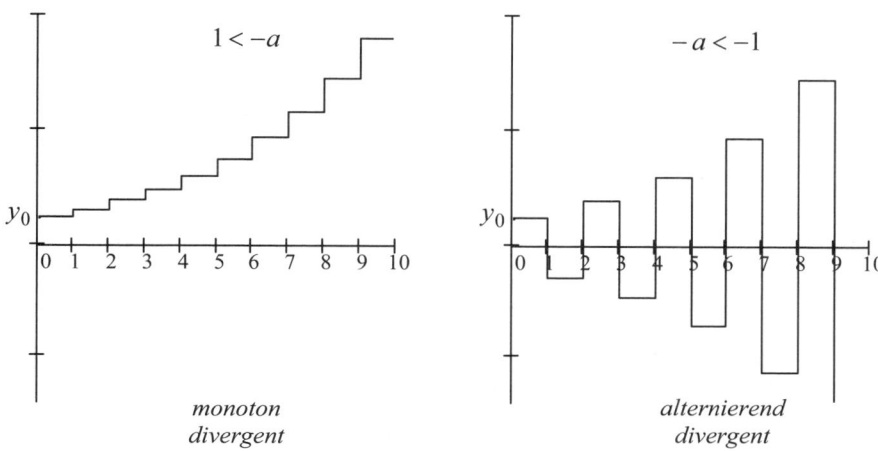

monoton
divergent

alternierend
divergent

Schließlich ist noch der Fall zu prüfen, dass die Basis der Exponentialfunktion absolut gleich 1 ist

$$|-a| = |a| = 1$$

Auch hier ist zwischen dem Fall des positiven und negativen Vorzeichens von $-a$ zu unterscheiden.

Ist die Basis der Exponentialfunktion y_t positiv

$$0 < -a = 1$$

dann vereinfacht sich die Lösung zu

$$y_t = (1)^t y_0 = y_0$$

nimmt also in jeder Periode denselben Wert an. Die Lösung ist dann **konstant**.

Ist die Basis der Exponentialfunktion y_t dagegen negativ, also

$$-a = -1 < 0$$

dann lautet die Lösung

$$y_t = (-1)^t y_0$$

alterniert also zwischen y_0 und $-y_0$. Wir sagen, die Lösung **alterniert mit konstanter Amplitude**.

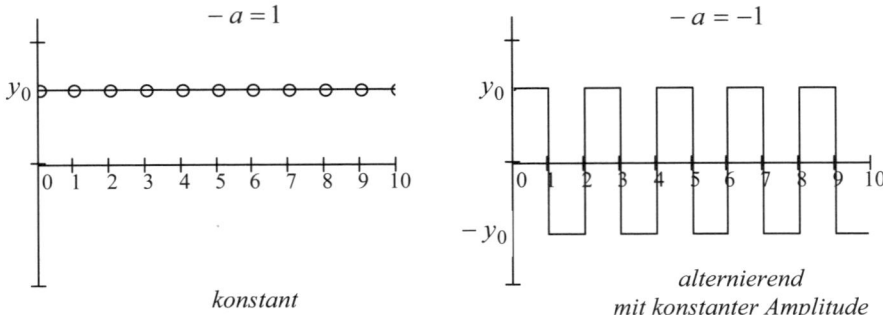

konstant   alternierend
                                        mit konstanter Amplitude

Da die homogenen Differenzengleichungen 1. Ordnung nur einen Koeffizienten aufweisen, werden die dynamischen Eigenschaften der Lösung ausschließlich durch die Eigenschaften dieses Koeffizienten bestimmt. Die Dynamik der Lösung lässt sich daher beurteilen, ohne die Lösung zu kennen oder zu berechnen.

Unsere Analyse der Verlaufsmuster zeigt, dass es **allein vom Betrag von *a* abhängt, ob die Lösung konvergiert**. Die Lösung ist konvergent, wenn der Betrag von *a* kleiner als 1, divergent, wenn der Betrag von *a* größer als 1 und konstant, wenn er gleich 1 ist.

Das **Vorzeichen von −*a* entscheidet darüber, ob die Lösung monoton oder alternierend verläuft**. Die Lösung ist monoton, wenn −*a* positiv und alternierend, wenn −*a* negativ ist.

Für die dynamischen Eigenschaften der Lösung gilt also folgendes Schema:

$$
\left. \begin{array}{ll} |a|<1 & \text{konvergent} \\ |a|>1 & \text{divergent} \\ |a|=1 & \text{konstant} \end{array} \right\} \quad \left\{ \begin{array}{ll} -a>0 & \text{monoton} \\ -a<0 & \text{alternierend} \end{array} \right.
$$

Bei der grafischen Darstellung ist zu beachten, dass die Lösung y_t eine **diskrete Funktion** der Zeit und daher nur für ganzzahlige Werte von *t* definiert ist. Der Graph der diskreten Funktion y_t besteht daher aus einer **Folge von Punkten**; zwischen den Punkten ist y_t nicht definiert.

Nur aus Gründen der Anschaulichkeit verbinden wir die Punkte durch einen Polygonzug (Treppenpolygon) und gewinnen so ein Bild von der zeitlichen Abfolge.

Dynamik der Lösung: Homogene Differenzengleichung 1. Ordnung

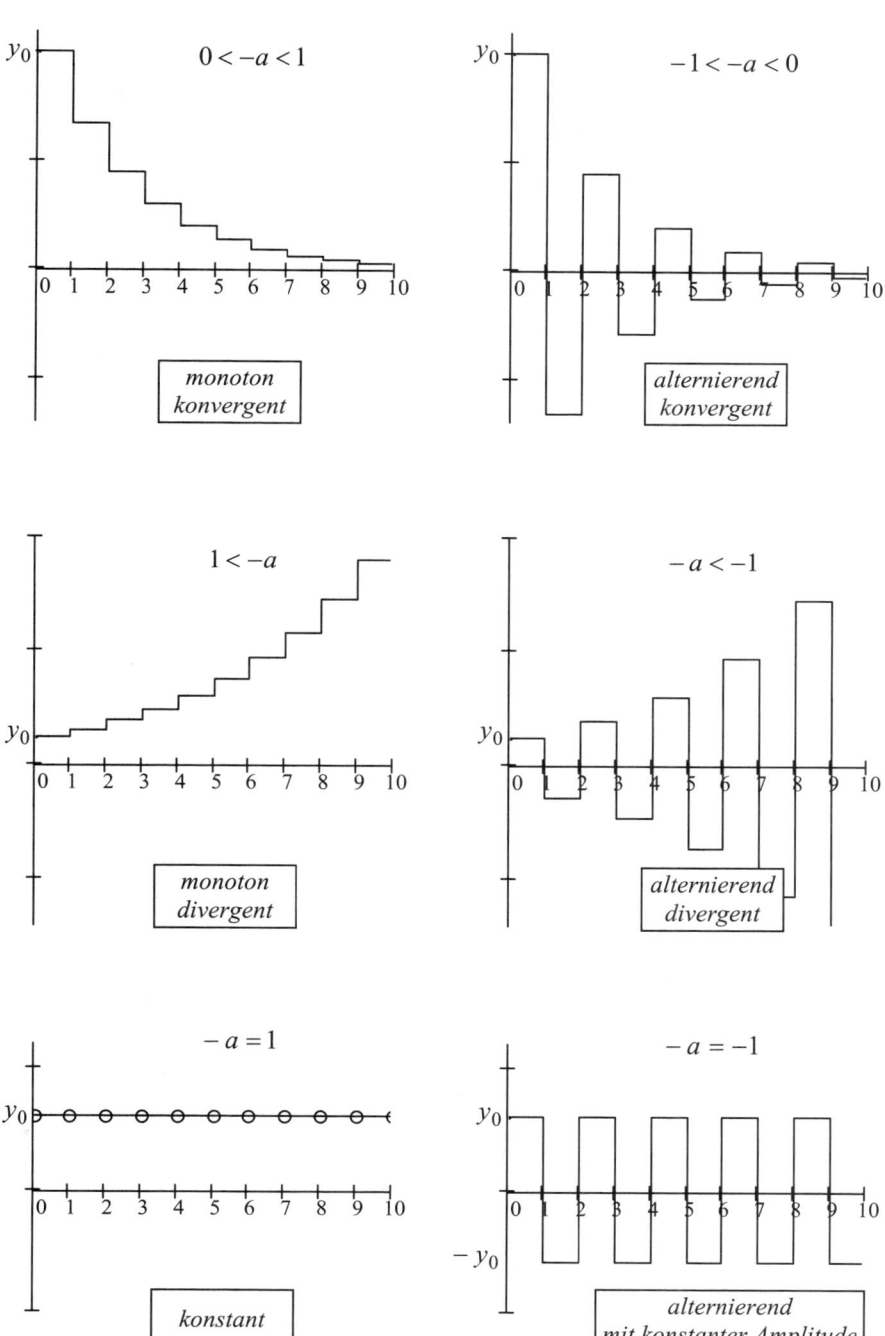

6.2.3 Beispiele

1. $y_t - 0,5y_{t-1} = 0$ $y_0 = 10$

Die allgemeine Lösung dieser homogenen Differenzengleichung 1. Ordnung berechnen wir, indem wir den Koeffizienten $a = -0,5$ bestimmen und $-a = 0,5$ in die Formel einsetzen:

$$y_t = (-a)^t y_0 = 0,5^t y_0$$

Die partikuläre Lösung für die gegebene Anfangsbedingung lautet:

$$y_t = 0,5^t \cdot 10 \qquad y_0 = 10$$

Die dynamischen Eigenschaften leiten sich aus den Koeffizientenkriterien ab:

$$|a| = 0,5 < 1 \qquad \Rightarrow \qquad \text{konvergent}$$

$$-a = 0,5 > 0 \qquad \Rightarrow \qquad \text{monoton}$$

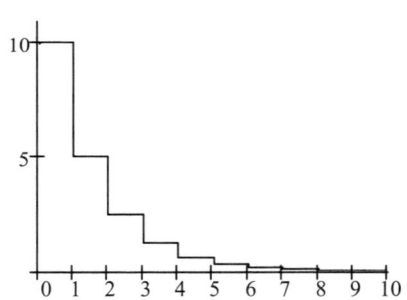

t	y
0	10,000
1	5,000
2	2,500
3	1,250
4	0,625
5	0,313
6	0,156
7	0,078
8	0,039
9	0,020
10	0,010

2. $3y_t + 2y_{t-1} = 0$ $y_0 = 10$

Diese Differenzengleichung ist nicht in Normalform gegeben. Die Normalform erhalten wir, wenn wir die Gleichung zuerst durch 3 dividieren:

$$y_t + \frac{2}{3}y_{t-1} = 0$$

Die allgemeine Lösung lautet dann:

$$y_t = (-a)^t y_0 = \left[-\frac{2}{3}\right]^t y_0$$

und die partikuläre Lösung für die gegebene Anfangsbedingung $y_0 = 10$:

$$y_t = \left[-\frac{2}{3}\right]^t 10$$

Dynamische Eigenschaften

$$|a| = \ 2/3 < 1 \quad \Rightarrow \quad \text{konvergent}$$
$$-a = -2/3 < 0 \quad \Rightarrow \quad \text{alternierend}$$

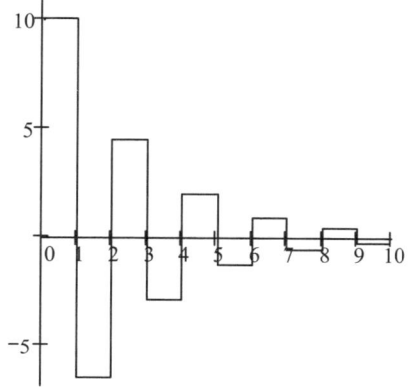

t	y
0	10,000
1	-6,667
2	4,444
3	-2,963
4	1,975
5	-1,317
6	0.878
7	-0,585
8	0,390
9	-0,260
10	0,173

3. $y_{t+1} - 2y_t = 0$ $\qquad\qquad y_0 = 1$

Da die Wahl der Anfangsperiode und damit des Nullpunkts $t = 0$ auf der t-Achse beliebig ist, ist die Differenzengleichung invariant gegenüber Nullpunktverschiebungen. Wenn wir t durch $t-1$ ersetzen, wird der Nullpunkt um eine Periode nach rechts oder nach vorne verschoben.

Aus y_{t+1} wird y_t und aus y_t wird y_{t-1}. Wir erhalten die Normalform

$$y_t - 2y_{t-1} = 0$$

Allgemeine Lösung

$$y_t = (-a)^t y_0 = 2^t y_0$$

Partikuläre Lösung für die gegebene Anfangsbedingung $y_0 = 1$

$$y_t = 2^t \cdot 1 = 2^t$$

Dynamische Eigenschaften

$$|a| = 2 > 1 \quad \Rightarrow \quad \text{divergent}$$

$$-a = 2 > 0 \quad \Rightarrow \quad \text{monoton}$$

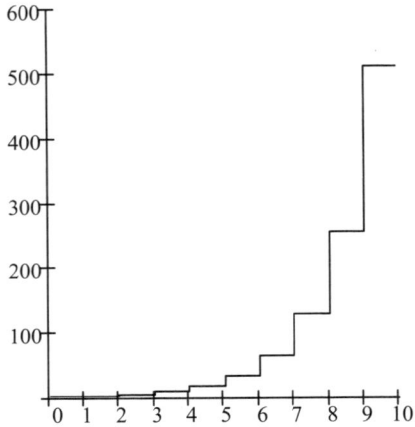

t	y
0	1
1	2
2	4
3	8
4	16
5	32
6	64
7	128
8	256
9	512
10	1.024

4. $2y_{t-1} + 3y_{t-2} = 0$ $\qquad$ $y_0 = 1$

Normalform

$$y_t + \frac{3}{2} y_{t-1} = 0$$

Allgemeine Lösung

$$y_t = \left[-\frac{3}{2} \right]^t y_0$$

Partikuläre Lösung für die gegebene Anfangsbedingung

$$y_t = \left[-\frac{3}{2} \right]^t \cdot 1 = \left[-\frac{3}{2} \right]^t$$

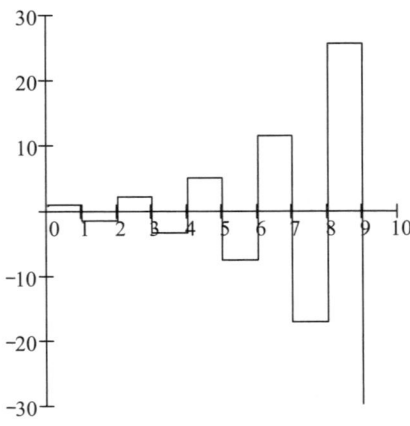

t	y
0	1,000
1	-1,500
2	2,250
3	-3,375
4	5,063
5	-7,594
6	11,391
7	-17,086
8	25,629
9	-38,443
10	57,665

Dynamische Eigenschaften

$$|a| = 3/2 > 1 \quad \Rightarrow \quad \text{divergent}$$
$$-a = -3/2 < 0 \quad \Rightarrow \quad \text{alternierend}$$

Auch in diesem Beispiel ist die Differenzengleichung nicht in der Normalform gegeben. Die Normalform ergibt sich, wenn wir die Gleichung durch 2 dividieren und dann t durch $t + 1$ ersetzen. Dadurch wird die Skala auf der t-Achse um 1 nach links verschoben. Aus y_{t-1} wird y_t und aus y_{t-2} wird y_{t-1}.

5. $\quad 4y_t - 4y_{t-1} = 0 \qquad\qquad y_0 = 5$

Normalform

$$y_t - y_{t-1} = 0$$

Allgemeine Lösung

$$y_t = 1^t \, y_0 = y_0$$

Partikuläre Lösung für die gegebene Anfangsbedingung

$$y_t = 1^t \cdot 5$$
$$= 5$$

Dynamische Eigenschaften

$$|a| = 1 = 1 \quad \Rightarrow \quad \text{konstant}$$
$$-a = 1 > 0 \quad \Rightarrow \quad \text{monoton}$$

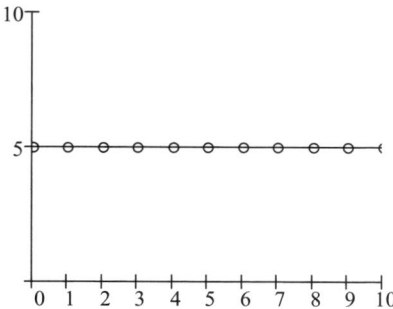

6. $\quad 3y_t + 3y_{t-1} = 0 \qquad\qquad y_0 = 5$

Normalform

$$y_t + y_{t-1} = 0$$

Allgemeine Lösung

$$y_t = (-1)^t y_0$$

Partikuläre Lösung für die gegebene Anfangsbedingung

$$y_t = (-1)^t \cdot 5$$

Dynamische Eigenschaften

$$|a| = 1 \qquad \Rightarrow \qquad \text{konstant}$$

$$-a = -1 < 0 \qquad \Rightarrow \qquad \text{alternierend}$$

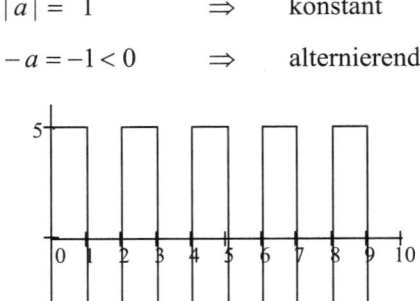

6.2.4 Anwendungen

(1) Zinsrechnung

Ein Geldbetrag K_0 (das Anfangskapital der Periode 0) werde zu einem festen Zinssatz i angelegt. Die Zinserträge werden jedes Jahr nachschüssig, d.h. am Ende der Zinsperiode, gutgeschrieben und verzinsen sich in der folgenden Periode mit. Das Endkapital K_t einer Periode ist also gleich der Summe aus Anfangskapital (Endkapital der Vorperiode) und Zinsertrag dieser Periode:

$$
\begin{aligned}
K_t &= K_{t-1} + iK_{t-1} \\
&= (1+i)K_{t-1} \\
&= qK_{t-1} \qquad\qquad \text{mit } q = 1+i \text{ (Aufzinsungsfaktor)}
\end{aligned}
$$

Das ist die Rekursionsform einer homogenen Differenzengleichung 1. Ordnung, die in Normalform lautet:

$$K_t - qK_{t-1} = 0$$

Die allgemeine Lösung

$$K_t = q^t K_0 \qquad\qquad t = 1, 2, 3, \ldots$$

ist uns als Zinseszinsformel aus der Finanzmathematik bekannt. Es handelt sich um eine diskrete Funktion der Zeit, die das Endkapital nach t Jahren angibt.

Beträgt der Wert des Kapitals am Anfang der ersten Periode, also zu Beginn des Anlagezeitraums

$$K_0 = \overline{K}_0$$

so ergibt sich die spezielle Lösung

$$K_t = q^t \overline{K}_0$$

BEISPIEL

Gegeben seien die folgenden Zahlenwerte für Anfangskapital, Zinssatz und Anlagezeitraum:

$$K_0 = 1.000 \; ; \; i = 0,1 \; ; \; T = 10$$

Dann erhalten wir für das Endkapital nach t Perioden:

$$K_t = q^t K_0 = (1+0,1)^t \cdot 1.000 = 1,1^t \cdot 1.000$$

Das ist das Endkapital jeder Periode, das sich ergibt, wenn die Zinsen jeden Jahres im folgenden Jahr dem Kapital zugeschlagen werden und sich dann mitverzinsen (Zinseszinsen).

Das Endkapital am Ende des Anlagezeitraums, also nach $T = 10$ Jahren, beträgt dann

$$K_{10} = q^{10} K_0 = 1,1^{10} \cdot 1.000 = 2.594$$

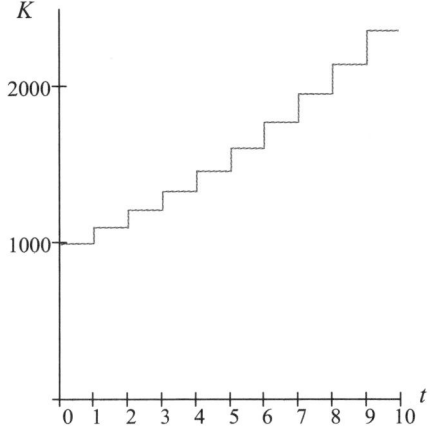

t	K
0	1.000
1	1.100
2	1.210
3	1.331
4	1.464
5	1.611
6	1.772
7	1.949
8	2.144
9	2.358
10	2.594

Dynamische Eigenschaften:

$$|q| = 1,1 > 1 \quad \Rightarrow \quad \text{divergent}$$

$$q = 1,1 > 0 \quad \Rightarrow \quad \text{monoton}$$

Bei positivem Zinssatz wächst das Kapital von Periode zu Periode mit der konstanten Rate $i = 0,1$. Die Entwicklung verläuft also monoton divergent.

(2) Geometrisch-degressive Abschreibung

Zu Beginn eines Jahres werde eine Maschine angeschafft. Die Anschaffungskosten A sollen geometrisch-degressiv mit der Rate r abgeschrieben werden. Bei der degressiven Abschreibung wird der nutzungsbedingten Wertminderung dadurch Rechnung getragen, dass jedes Jahr ein konstanter Prozentsatz r vom letzten Buchwert abgeschrieben wird. Der Buchwert der Periode t ergibt sich als Differenz des Buchwerts B_{t-1} der Vorperiode $t-1$ und des Abschreibungsbetrags rB_{t-1}:

$$B_t = B_{t-1} - rB_{t-1} = (1-r)B_{t-1}$$

Der Buchwert jeder Periode errechnet sich also aus dem vorangehenden nach der Rekursionsformel

$$B_t = (1-r)B_{t-1}$$

Es handelt sich wieder um eine homogene Differenzengleichung 1. Ordnung mit der Normalform

$$B_t - (1-r)B_{t-1} = 0$$

Die allgemeine Lösung lautet

$$B_t = (1-r)^t B_0 = (1-r)^t A \qquad t = 1, 2, 3, \ldots$$

da der Buchwert der 1. Periode den Anschaffungskosten entspricht. Für einen gegebenen Wert der Anschaffungskosten $\overline{A}$ ergibt sich daraus die partikuläre Lösung:

$$B_t = (1-r)^t \overline{A} \qquad t = 1, 2, 3, \ldots$$

BEISPIEL

Gegeben seien die folgenden Zahlenwerte für Anschaffungskosten, Abschreibungsrate und Abschreibungszeitraum

$$A = B_0 = 12.000 \, ; \quad r = 0,25 \, ; \quad T = 10$$

Dann erhalten wir für den Buchwert nach t Perioden

$$B_t = (1-r)^t B_0 = (1-0,25)^t \cdot 12.000 = 0,75^t \cdot 12.000$$

Ist anstelle der Anschaffungskosten der Buchwert am Ende der 2. Periode gegeben

$$B_2 = 6.750$$

dann können daraus die Anschaffungskosten berechnet werden:

$$B_2 = (1-r)^2 B_0$$
$$6.750 = (1-0,25)^2 B_0$$
$$B_0 = \frac{6.750}{0,75^2} = \frac{6.750}{0,5625} = 12.000$$

Der Buchwert am Ende des Abschreibungszeitraums beträgt:

$$B_{10} = (1-r)^{10} K_0 = 0,75^{10} \cdot 12.000 = 675,762$$

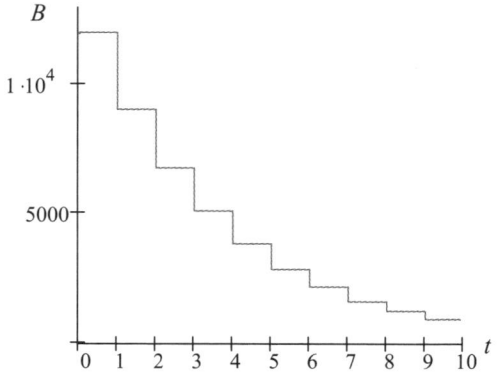

t	B
0	12.000
1	9.000
2	6.750
3	5.063
4	3.797
5	2.848
6	2.136
7	1.602
8	1.201
9	901
10	676

Dynamische Eigenschaften:

$$|1-r| = 0,75 < 1 \qquad \Rightarrow \qquad \text{konvergent}$$

$$1-r = 0,75 > 0 \qquad \Rightarrow \qquad \text{monoton}$$

Bei positiver Abschreibungsrate sinkt der Buchwert der Maschine von Periode zu Periode mit der konstanten Rate $r = 0,25$ und geht mit der Zahl der Perioden gegen null. Die Entwicklung verläuft also monoton (fallend) konvergent.

(3) Harrod-Modell [1]

Das Wachstumsmodell von Harrod ist der erste Versuch, das makroökonomische Gütermarktmodell zu dynamisieren. Es berücksichtigt explizit neben dem Einkommenseffekt auch den Kapazitätseffekt von Investitionen, der in der kurzfristigen (quasi-stationären) Keynes'schen Beschäftigungstheorie vernachlässigt werden konnte.

$$S_t = sY_{t-1} \qquad \text{Sparfunktion (mit Robertson Lag)}$$

$$I_t = v(Y_t - Y_{t-1}) \quad \text{Investitionsfunktion (Akzellerationsprinzip)}$$

$$S_t = I_t \qquad\qquad \text{Gleichgewichtsbedingung}$$

Die Konsumenten richten ihre Sparentscheidung nach dem Einkommen der Vorperiode und sparen in jeder Periode einen konstanten Teil s dieses Einkommens. Der Verhaltensparameter s ist die durchschnittliche Sparneigung oder Sparquote. Sie ist im Falle der proportionalen Sparfunktion, d.h. bei konstanter Sparquote, gleich der marginalen Sparneigung, die angibt, wie viel mehr gespart wird, wenn das Einkommen der Vorperiode um eine Einheit steigt.

Die Unternehmer investieren (netto) nur dann, wenn die Nachfrage (= Produktion) steigt, dann ist eine Ausweitung der Kapazität erforderlich, um die gestiegene Nachfrage befriedigen zu können. Sie desinvestieren, wenn die Nachfrage sinkt (maximal im Umfang der Reinvestition, die sie unterlassen können). Ist die Nachfrage konstant, so wird nicht investiert.

v wird als Akzellerationskoeffizient bezeichnet (Verhaltenskoeffizient) oder als marginaler Kapitalkoeffizient (technologischer Koeffizient), der angibt, wie viele Kapitaleinheiten nötig sind, um eine zusätzliche Produkteinheit zu erzeugen:

$$v = \frac{\Delta K}{\Delta Y} = \frac{I}{\Delta Y}$$

Vom Akzellerationsprinzip spricht man deshalb, weil erst eine Erhöhung der Nachfragesteigerung, also eine Beschleunigung der Nachfrageentwicklung zu einer Erhöhung der Investitionsnachfrage führt:

$$\Delta I_t = I_t - I_{t-1} = v\,(Y_t - Y_{t-1}) - v\,(Y_{t-1} - Y_{t-2})$$

$$= v\,\Delta Y_t - v\,\Delta Y_{t-1}$$

$$= v\,(\Delta Y_t - \Delta Y_{t-1})$$

$$= v\,\Delta(\Delta Y_t)$$

$$= v\,\Delta^2 Y_t$$

---

[1] "An Essay in Dynamic Theory" in Economic Journal, vol.49, 1939, S.14-33.

Im Gütermarktgleichgewicht muss die geplante Ersparnis gleich der geplanten Investition sein:

$$sY_{t-1} = v\left(Y_t - Y_{t-1}\right)$$

Daraus ergibt sich die homogene Differenzengleichung 1. Ordnung

$$vY_t - (v+s)\,Y_{t-1} = 0$$

mit der Normalform

$$Y_t - \frac{v+s}{v}\,Y_{t-1} = 0$$

und der allgemeinen Lösung

$$Y_t = \left(1 + \frac{s}{v}\right)^t Y_0$$

Die spezielle Lösung für die Anfangsbedingung $Y_0 = \overline{Y}_0$ lautet:

$$Y_t = \left(1 + \frac{s}{v}\right)^t \overline{Y}_0$$

Dabei bedeutet s/v die **"befriedigende" Wachstumsrate** (warranted rate of growth). Nur wenn das Inlandsprodukt (Nationaleinkommen) mit dieser Rate wächst, sind die Spar- und Investitionspläne kompatibel, d.h. ist der Gütermarkt in jeder Periode geräumt und werden die Kapazitätspläne der Unternehmer erfüllt.

Wächst das Inlandsprodukt mit einer geringeren Rate als s/v, so ist die Ersparnis in jeder Periode größer als die Investitionsnachfrage $S > I$. Das Angebot übersteigt die Nachfrage, es entsteht also eine Nachfragelücke, die die Unternehmer veranlasst, die Produktion und die Investition zu drosseln. Das führt bei sinkenden Wachstumsraten zu einer kumulativen Divergenz vom dynamischen Gleichgewichtspfad. Weil die Unternehmer zu wenig investieren, entstehen Überkapazitäten. Dieser Zusammenhang zwischen dem Investitionsverhalten und der Kapazitätsauslastung wird als **Harrod Paradoxon** bezeichnet.

Wächst das Inlandsprodukt mit einer höheren Rate als s/v, so ist $S < I$, die Nachfrage in jeder Periode größer als das Angebot. Die Entwicklung führt bei weiter steigenden Wachstumsraten kumulativ vom dynamischen Gleichgewicht fort.

Im Wachstumsgleichgewicht ergibt sich für den Zeitpfad der Ersparnis S

$$S_t = s\,Y_{t-1} = s\left(1 + \frac{s}{v}\right)^{t-1} Y_0$$

und für den Zeitpfad der Nettoinvestition I

$$I_t = v\,(Y_t - Y_{t-1})$$

$$= v\left[\left(1 + \frac{s}{v}\right)^t Y_0 - \left(1 + \frac{s}{v}\right)^{t-1} Y_0\right]$$

$$= v\left(1 + \frac{s}{v}\right)^{t-1} Y_0\left(1 + \frac{s}{v} - 1\right)$$

$$= s\left(1 + \frac{s}{v}\right)^{t-1} Y_0$$

In jeder Periode ist also die Investition gleich der Ersparnis

$$S_t = I_t$$

und wachsen Ersparnis S_t, Investition I_t und Produktion Y_t mit derselben Rate s/v.

BEISPIEL

Gegeben seien die Werte der Sparneigung und des Akzellerationskoeffizienten:

$$s = 0,2\ ;\ v = 2$$

Das Wachstumsmodell lautet dann:

$$S_t = 0,2\,Y_{t-1}$$
$$I_t = 2\,(Y_t - Y_{t-1})$$
$$S_t = I_t$$

Daraus folgt die Differenzengleichung

$$Y_t = (1 + 0,1)\,Y_{t-1}$$

und die allgemeine Lösung:

$$Y_t = (1 + 0,1)^t Y_0$$
$$S_t = I_t = 0,2\,(1 + 0,1)^{t-1} Y_0$$

Die spezielle Lösung für die Anfangsbedingung $Y_0 = \overline{Y}_0 = 100$ lautet:

$$Y_t = (1 + 0,1)^t 100$$

Die befriedigende Wachstumsrate beträgt:

$$\frac{s}{v} = \frac{0,2}{2} = 0,1$$

Im Wachstumsgleichgewicht (steady state) wachsen alle Größen in jeder Periode mit der konstanten Rate von 10%.

ÜBUNG 6.2

1. Erläutern Sie den Unterschied zwischen:

   a. einem statischen und einem dynamischen ökonomischen System!

   b. einer algebraischen Gleichung und einer Funktionalgleichung!

   c. einer Differenzengleichung und einer Differentialgleichung!

2. Bestimmen Sie für die folgenden Differenzengleichungen die allgemeine Lösung und die partikuläre Lösung für die gegebene Anfangsbedingung y_0:

   a. $6y_t + 2y_{t-1} = 0$; $y_0 = 3$ d. $2y_t - y_{t-1} = 0$; $y_0 = 100$

   b. $3y_t - 9y_{t-1} = 0$; $y_0 = 7$ e. $2y_t + 4y_{t-1} = 0$; $y_0 = 1$

   c. $y_{t-1} + 3y_t = 0$; $y_0 = 30$ f. $2y_{t+1} + 2y_t = 0$; $y_0 = 10$

   Überprüfen Sie die dynamischen Eigenschaften der Lösung und stellen Sie die Entwicklung der ersten 5 Perioden grafisch dar!

3. Das Anfangskapital sei $K_0 = 100$, der Jahreszinssatz $i = 10\%$.

   a. Welche Beziehung (Differenzengleichung) besteht zwischen den Werten des Endkapitals zweier aufeinanderfolgender Perioden?

   b. Wie lautet die allgemeine Lösung dieser Differenzengleichung?

   c. Welchen Wert hat das Endkapital nach 5 und 10 Perioden?

4. Eine Maschine werde geometrisch-degressiv mit der Rate $r = 0,3$ abgeschrieben. Der Buchwert (=Restwert) nach 5 Jahren sei $B_5 = 4000$.

   a. Stellen Sie die Beziehung zwischen den Buchwerten zweier aufeinanderfolgender Perioden durch eine Differenzengleichung dar!

   b. Berechnen Sie die allgemeine Lösung!

   c. Bestimmen Sie die partikuläre Lösung für die gegebene Randbedingung B_5 (berechnen Sie dazu die Anschaffungskosten der Maschine B_0)!

   d. Überprüfen Sie die dynamischen Eigenschaften und stellen Sie die Lösung für $t = 0, 1, \ldots, 5$ grafisch dar!

6.3 Inhomogene Differenzengleichungen 1. Ordnung

6.3.1 Lösung

Gegeben sei die inhomogene Differenzengleichung:

$$y_t + a\, y_{t-1} = b$$

Die Lösung kann wie bei den homogenen Differenzengleichungen 1. Ordnung durch Rekursion ermittelt werden. In Hinblick auf die Lösung der Differenzengleichungen höherer Ordnung wollen wir uns auch mit einem allgemeinen Lösungsverfahren vertraut machen, das wir dann bei der Lösung der Differenzengleichungen 2. Ordnung ausschließlich verwenden werden.

(1) Lösung durch Rekursion

Die Umstellung der Differenzengleichung ergibt die Rekursionsformel

$$y_t = -a y_{t-1} + b$$

Durch Rekursion können wir y_t für jedes $t = 1, 2, 3, \ldots$ auf den Anfangswert y_0 zurückführen:

$$y_1 = -a y_0 + b$$

$$y_2 = -a y_1 + b = -a\,(-a y_0 + b) + b = (-a)^2 y_0 - ab + b$$

$$y_3 = -a y_2 + b = -a((-a)^2 y_0 - ab + b) + b = (-a)^3 y_0 + (-a)^2 b + (-a) b + b$$

$$\vdots$$

$$y_t = -a\, y_{t-1} + b = (-a)^t y_0 + b \left[(-a)^{t-1} + (-a)^{t-2} + \ldots + (-a)^2 + (-a) + 1 \right]$$

$$= (-a)^t y_0 + b \sum_{i=0}^{t-1} (-a)^i$$

Für $a \neq -1$ erhalten wir mit der Summenformel für die geometrische Reihe:

$$y_t = (-a)^t y_0 + b\, \frac{1 - (-a)^t}{1 - (-a)} \qquad\qquad a \neq -1$$

$$= (-a)^t y_0 + \frac{b}{1+a} - (-a)^t \frac{b}{1+a}$$

$$= (-a)^t \left(y_0 - \frac{b}{1+a} \right) + \frac{b}{1+a}$$

Damit folgt die

Allgemeine Lösung

Die allgemeine Lösung der inhomogenen Differenzengleichung 1. Ordnung lautet für $a \neq -1$

$$y_t = (-a)^t \left(y_0 - \frac{b}{1+a} \right) + \frac{b}{1+a}$$

und enthält eine unbestimmte Konstante y_0.

Für den Sonderfall $a = -1$ ergibt sich

$$y_t = y_0 + bt \qquad\qquad a = -1$$

da für $-a = 1$ gilt:

$$(-a)^t = 1^t = 1$$

$$\sum_{i=0}^{t-1} (-a)^i = \sum_{i=0}^{t-1} 1^i = \underbrace{1+1+1+\ldots+1}_{t-\text{mal}} = t \cdot 1 = t$$

(2) Allgemeines Lösungsverfahren

Das allgemeine Lösungsverfahren beruht auf folgendem Satz:

Allgemeines Lösungsverfahren

Die allgemeine Lösung der inhomogenen Differenzengleichung 1. Ordnung ergibt sich als Summe

■ der allgemeinen Lösung der homogenen Differenzengleichung und

■ einer partikulären Lösung der inhomogenen Differenzengleichung

a. **Allgemeine Lösung der homogenen Differenzengleichung** 1. Ordnung

Die homogene Differenzengleichung erhalten wir aus der inhomogenen, wenn wir das Inhomogenitätsglied b null setzen:

$$y_t^* + a y_{t-1}^* = 0 \qquad\qquad \text{mit } b = 0$$

Zur Unterscheidung von der inhomogenen Differenzengleichung kennzeichnen wir die Variable der homogenen Differenzengleichung mit einem Stern.

Die allgemeine Lösung der homogenen Differenzengleichung 1. Ordnung kennen wir bereits. Sie lautet:

$$y_t^* = (-a)^t y_0^*$$

Es handelt sich dabei, wie wir wissen, um eine diskrete Exponentialfunktion der Zeit.

b. **Partikuläre Lösung** der inhomogenen Differenzengleichung 1. Ordnung

Eine **partikuläre Lösung** erhalten wir für $a \neq -1$, wenn wir y konstant setzen:

$$y = y_t = y_{t-1} = \alpha \qquad (\alpha \text{ unbekannte Konstante})$$

Wir prüfen also, ob es einen konstanten Wert für y gibt, der die Differenzengleichung erfüllt. Wenn y diesen Wert in zwei aufeinanderfolgenden Perioden annimmt, dann nimmt y diesen Wert auch in jeder folgenden Periode an, d.h. y ändert sich nicht mehr.

Wir ersetzen daher y_t und y_{t-1} in der inhomogenen Differenzengleichung durch die Konstante α

$$\alpha + a\alpha = b$$

klammern α aus

$$\alpha\,(1+a) = b$$

und lösen nach α auf, indem wir durch die Klammer dividieren

$$\alpha = \frac{b}{1+a} \qquad\qquad a \neq -1$$

Die Division ist natürlich nur für solche Werte von a zulässig, für die die Klammer ungleich null ist, also wenn a ungleich -1 ist. In diesem Fall lautet die partikuläre Lösung:

$$\hat{y} = \frac{b}{1+a} \qquad\qquad a \neq -1$$

Zur Unterscheidung von der allgemeinen Lösung und von der homogenen Lösung kennzeichnen wir die partikuläre Lösung durch ein "Dach".

Die partikuläre Lösung $\hat{y}$ hängt nur von den Koeffizienten a und b der Differenzengleichung ab und ist daher konstant.

Ist $a = -1$, so führt der Ansatz

$$\hat{y}_t = \alpha t^0 = \alpha$$

zu keinem Resultat. Wir wählen daher als Lösungsansatz die nächsthöhere Potenz von t, multiplizieren also α mit t:

$$\hat{y}_t = \alpha t^1 = \alpha t \qquad (\alpha \text{ unbekannte Konstante})$$

Wir setzen $y_t = \alpha t$ und $y_{t-1} = \alpha(t-1)$ in die inhomogene Differenzengleichung ein und lösen nach α auf:

$$\alpha t + a\,\alpha(t-1) = b \qquad a = -1$$
$$\alpha t + a\,\alpha t - a\,\alpha = b$$
$$\alpha t\underbrace{(1+a)}_{=0} - a\,\alpha = b$$

Der erste Term verschwindet, da die Klammer null ist. Mit $-a = 1$ ergibt sich:

$$\alpha = b$$

Die partikuläre Lösung der inhomogenen Differenzengleichung 1. Ordnung für $a = -1$ lautet also:

$$\hat{y}_t = bt$$

c. **Allgemeine Lösung der inhomogenen Differenzengleichung** 1. Ordnung

Die allgemeine Lösung der inhomogenen Differenzengleichung 1. Ordnung ergibt sich als Summe der homogenen Lösung y_t^* und der partikulären Lösung $\hat{y}_t$:

$$y_t = y_t^* + \hat{y}_t$$

Für $\alpha \neq -1$ erhalten wir

$$y_t = (-a)^t y_0^* + \frac{b}{1+a} \qquad a \neq -1$$

Die Lösung enthält noch die Hilfsvariable y_0^*, den beliebigen Anfangswert der homogenen Differenzengleichung. y_0^* kann aus dem Anfangswert y_0 der inhomogenen Differenzengleichung berechnet werden. Dazu setzen wir in der Lösung $t = 0$

$$y_0 = (-a)^0 y_0^* + \frac{b}{1+a}$$

$$= y_0^* + \frac{b}{1+a}$$

und lösen die Gleichung nach y_0^* auf:

$$y_0^* = y_0 - \frac{b}{1+a}$$

Wenn wir nun y_0^* in der Lösung durch diesen Ausdruck ersetzen, ergibt sich die bereits bekannte allgemeine Lösung der inhomogenen Differenzengleichung 1. Ordnung

$$y_t = (-a)^t \left(y_0 - \frac{b}{1+a} \right) + \frac{b}{1+a} \qquad a \neq -1$$

Für $-a = 1$ erhalten wir

$$y_t = (-a)^t y_0^* + bt$$

$$= y_0^* + bt$$

Die Hilfsvariable y_0^* führen wir wieder auf den Anfangswert y_0 zurück, indem wir $t = 0$ setzen:

$$y_0 = y_0^* + b \cdot 0$$
$$y_0^* = y_0$$

In diesem Fall ist also der Anfangswert der homogenen Differenzengleichung gleich dem Anfangswert der inhomogenen Differenzengleichung.

Die allgemeine Lösung der inhomogenen Differenzengleichung 1. Ordnung lautet daher für den Spezialfall $a = -1$:

$$y_t = y_0 + bt \qquad a = -1$$

Das allgemeine Lösungsverfahren führt also bei der inhomogenen Differenzengleichung 1. Ordnung zu denselben Resultaten wie das Rekursionsverfahren.

6.3.2 Dynamische Eigenschaften der Lösungen

Die Lösung der inhomogenen Differenzengleichung 1. Ordnung ist im allgemeinen Fall wieder eine diskrete Exponentialfunktion der Zeit:

$$y_t = (-a)^t \, (y_0 - \hat{y}) + \hat{y} \qquad\qquad a \neq -1$$

Ihre dynamischen Eigenschaften hängen wieder ab von Vorzeichen und Betrag der Basis $-a$.

Im Unterschied zur Lösung der homogenen Differenzengleichung weist die Lösung der inhomogenen Differenzengleichung eine additive Konstante auf, die partikuläre Lösung $\hat{y}$. Die Zeitpfade sind daher, bei sonst gleichen dynamischen Eigenschaften, gegenüber der homogenen Differenzengleichung parallel um $\hat{y}$ nach oben verschoben.

Der konstante Faktor $y_0 - \hat{y}$ der Exponentialfunktion, der wieder von der Anfangsbedingung abhängt, ist die Abweichung des Anfangswertes von der partikuläre Lösung. Wenn wir die partikuläre Lösung $\hat{y}$ als Gleichgewichtslösung interpretieren, bedeutet $y_0 - \hat{y}$ die anfängliche Abweichung vom Gleichgewichtswert.

Ist der Anfangswert gleich $\hat{y}$, dann gilt:

$$y_t = (-a)^t \, \underbrace{(y_0 - \hat{y})}_{=\,0} + \hat{y} = \hat{y} \qquad\qquad a \neq -1$$

nimmt also die Lösung in jeder folgenden Periode den Gleichgewichtswert $\hat{y}$ an.

Nur wenn der Anfangswert vom Gleichgewicht abweicht, die Differenz in der Klammer also von null verschieden ist, wird die Dynamik der Exponentialfunktion wirksam. Subtrahieren wir die partikuläre Lösung $\hat{y}$, dann erhalten wir:

$$y_t - \hat{y} = (-a)^t \, (y_0 - \hat{y}) \qquad\qquad a \neq -1$$

die Differenz zwischen dem aktuellen Wert y_t und dem Gleichgewichtswert von y. Die zeitliche Entwicklung der Abweichung ist also eine Exponentialfunktion der Zeit, deren Eigenschaften wieder von Betrag und Vorzeichen der Basis $-a$ abhängen.

Fall 1: Konvergenz

Betrachten wir zuerst den Fall, dass der Betrag von a kleiner als 1 ist

$$|-a| = |a| < 1$$

Die Exponentialfunktion geht dann mit wachsendem t wieder gegen null:

$$y_t = \underbrace{(-a)^t}_{\to 0} (y_0 - \hat{y}) + \hat{y} \qquad\qquad a \neq -1$$

Die Abweichung vom Gleichgewichtswert verschwindet im Zeitablauf, die Lösung y_t **konvergiert gegen den Gleichgewichtswert** $\hat{y}$.

Ist die Basis der Exponentialfunktion positiv, also

$$0 < -a < 1$$

dann konvergiert die Lösung **monoton** gegen die Gleichgewichtslösung $\hat{y}$.

Ist die Basis der Exponentialfunktion negativ, also

$$-1 < -a < 0$$

dann konvergiert die Lösung **alternierend** gegen die Gleichgewichtslösung $\hat{y}$.

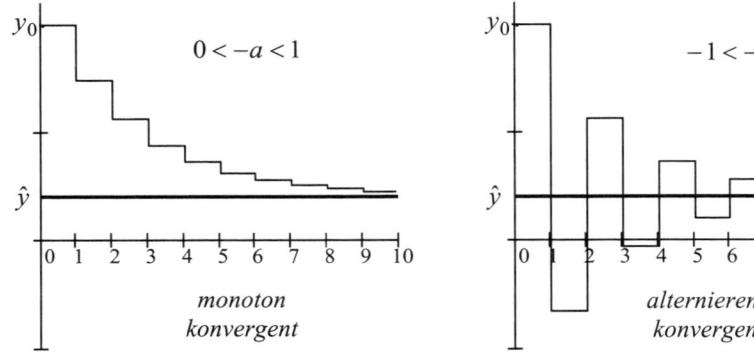

Fall 2: Divergenz

Betrachten wir nun den Fall, dass der Betrag von a größer als 1 ist

$$|-a| = |a| > 1$$

dann wächst die Exponentialfunktion mit t über alle Grenzen

$$y_t = \underbrace{(-a)^t}_{\to \pm\infty} (y_0 - \hat{y}) + \hat{y} \qquad\qquad a \neq -1$$

Die Abweichung vom Gleichgewichtswert nimmt mit der Zeit zu. Die Lösung entfernt sich mehr und mehr vom Gleichgewicht, ist also **divergent**.

Ist die Basis der Exponentialfunktion positiv

$$0 < 1 < -a$$

dann divergiert die Lösung **monoton**.

Ist die Basis der Exponentialfunktion negativ

$$-a < -1 < 0$$

dann divergiert die Lösung **alternierend** vom Gleichgewichtswert $\hat{y}$.

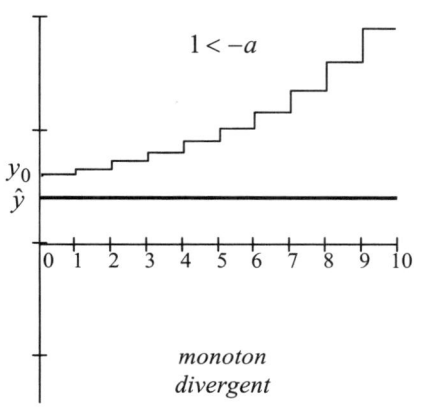 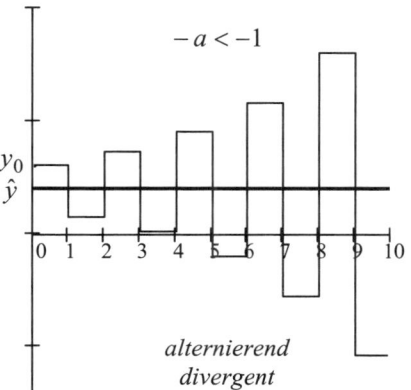

Fall 3: Konstanz

Schließlich bleibt noch der Fall übrig, dass die Basis der Exponentialfunktion absolut gleich 1 ist

$$|-a| = |a| = 1$$

Ist die Basis der Exponentialfunktion positiv

$$0 < -a = 1$$

dann liegt der Spezialfall vor. Die Lösung lautet nun

$$y_t = y_0 + bt$$

und ist eine lineare Funktion der Zeit, die je nach Vorzeichen des Koeffizienten b monoton steigend oder fallend verläuft. Es handelt sich hier um einen Sonderfall, der nur für einen einzigen Wert des Koeffizienten a gilt und keine praktische Bedeutung hat.

Ist die Basis der Exponentialfunktion negativ

$$-a = -1 < 0$$

dann lautet die Lösung

$$y_t = (-1)^t (y_0 - \hat{y}) + \hat{y} \qquad \text{mit } \hat{y} = \frac{b}{1+a} = \frac{b}{2}$$

und nimmt abwechselnd für gerade Exponenten den Wert y_0 und für ungerade Exponenten den Wert $-y_0 + b$ an.

Die Lösung **alterniert mit der konstanten Amplitude**

$$\frac{y_0 - (-y_0 + b)}{2} = \frac{2y_0 - b}{2} = y_0 - \frac{b}{2}$$

um die Gleichgewichtslösung.

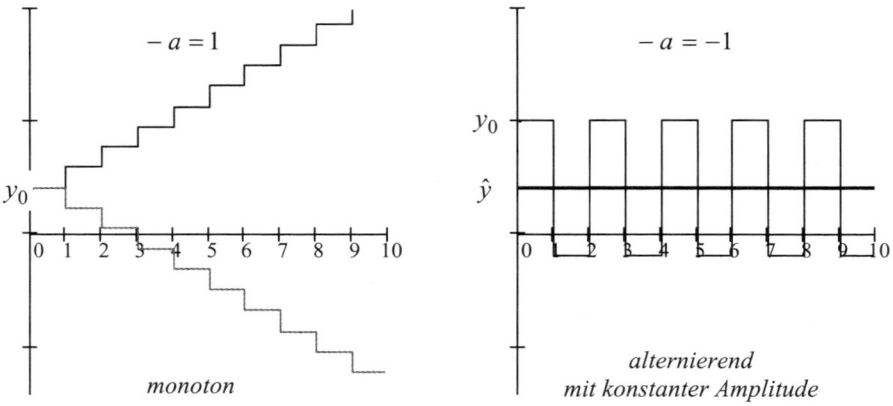

Der monotone Verlauf ($-a = 1$) und der alternierende Verlauf mit konstanter Amplitude ($-a = -1$).

<u>*Zusammenfassung der dynamischen Eigenschaften*</u>

Fassen wir die dynamischen Eigenschaften der Lösungen zusammen:

Auch bei der inhomogenen Differenzengleichung 1. Ordnung werden die dynamischen Eigenschaften der Lösung ausschließlich durch den Betrag und das Vorzeichen der Basis $-a$ der Exponentialfunktion der Zeit bestimmt.

Der **Betrag von *a* entscheidet darüber, ob die Lösung konvergiert**. Die Lösung ist konvergent, wenn der Betrag von *a* kleiner als 1 ist, divergent, wenn der Betrag von *a* größer als 1 ist und konstant, wenn er gleich 1 ist.

Das **Vorzeichen von** $-a$ entscheidet darüber, ob die Lösung **monoton oder alternierend** verläuft. Die Lösung ist monoton, wenn $-a$ positiv und alternierend, wenn $-a$ negativ ist.

Für die dynamischen Eigenschaften der Lösung der inhomogenen Differenzengleichung gilt also dasselbe Schema wie für die homogene Differenzengleichung 1. Ordnung:

$$
\left.
\begin{array}{ll}
|a| < 1 & \text{konvergent} \\
|a| > 1 & \text{divergent} \\
|a| = 1 & \text{konstant}
\end{array}
\right\}
\left\{
\begin{array}{ll}
-a > 0 & \text{monoton} \\
-a < 0 & \text{alternierend}
\end{array}
\right.
$$

Wir haben weiterhin gesehen, dass die konvergenten Zeitpfade von y_t mit wachsendem t gegen die partikuläre Lösung der inhomogenen Differenzengleichung 1. Ordnung

$$\hat{y} = \frac{b}{1+a}$$

konvergieren. Die partikuläre Lösung $\hat{y}$ wird daher als **Gleichgewichtslösung** oder **stationärer Wert** bezeichnet.

Der Gleichgewichtswert $\hat{y}$ und die Differenzengleichung werden **stabil** genannt, wenn jede Lösung der Differenzengleichung unabhängig von der Anfangsbedingung gegen $\hat{y}$ konvergiert.

Ein Gleichgewicht ist also **stabil**, wenn die Entwicklung nach jeder Störung des Gleichgewichts wieder zum Gleichgewicht zurück führt.

Es gilt daher der folgende Satz:

Stabilität der Gleichgewichtslösung

Die inhomogene Differenzengleichung 1. Ordnung

$$y_t + a\, y_{t-1} = b$$

hat die Gleichgewichtslösung

$$\hat{y} = \frac{b}{1+a} \qquad a \neq -1$$

und $\hat{y}$ ist genau dann stabil, wenn $|a| < 1$.

Dynamik der Lösung: Inhomogene Differenzengleichung 1. Ordnung

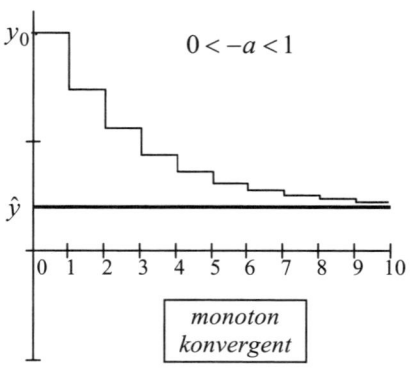

$0 < -a < 1$

monoton konvergent

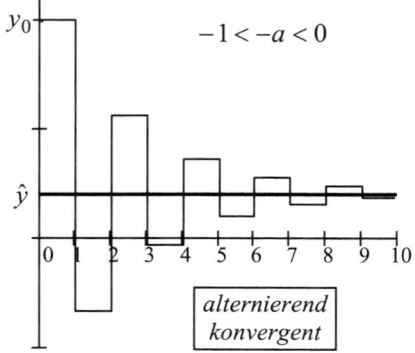

$-1 < -a < 0$

alternierend konvergent

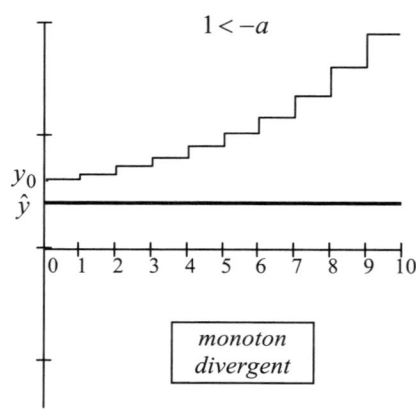

$1 < -a$

monoton divergent

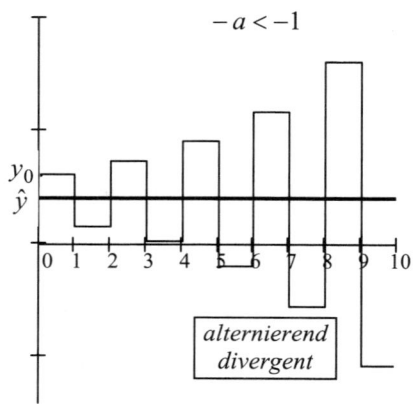

$-a < -1$

alternierend divergent

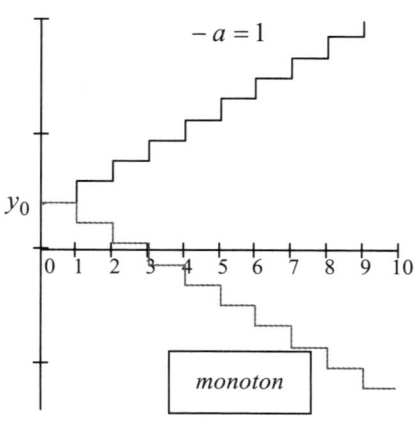

$-a = 1$

monoton

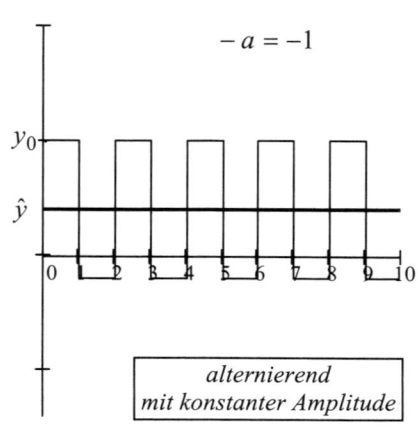

$-a = -1$

alternierend mit konstanter Amplitude

6.3.3 Beispiele

Zur Illustration der Verläufe betrachten wir einfache Zahlenbeispiele

1. $3y_t - 2y_{t-1} = 3$ $\qquad$ $y_0 = 10$

    Normalform

    $$y_t - \frac{2}{3} y_{t-1} = 1$$

    Gleichgewichtslösung

    $$\hat{y}_t = \frac{b}{1+a} = \frac{1}{1 - \frac{2}{3}} = \frac{1}{\frac{1}{3}} = 3$$

    Allgemeine Lösung

    $$y_t = (-a)^t (y_0 - \hat{y}) + \hat{y}$$
    $$= \left(\frac{2}{3}\right)^t (y_0 - 3) + 3$$

    Partikuläre Lösung für die gegebene Anfangsbedingung

    $$y_t = \left(\frac{2}{3}\right)^t (10 - 3) + 3 = \left(\frac{2}{3}\right)^t \cdot 7 + 3$$

    Dynamische Eigenschaften

    $$|a| = \frac{2}{3} < 1 \qquad \Rightarrow \qquad \text{konvergent}$$
    $$-a = \frac{2}{3} > 0 \qquad \Rightarrow \qquad \text{monoton}$$

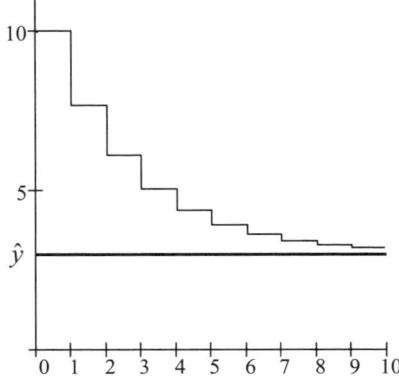

t	y
0	10,000
1	7,667
2	6,111
3	5,074
4	4,383
5	3,922
6	3,615
7	3,410
8	3,273
9	3,182
10	3,121

2. $2y_t + y_{t-1} = 3$ $y_0 = 10$

Normalform

$$y_t + \frac{1}{2}y_{t-1} = \frac{3}{2}$$

Gleichgewichtslösung

$$\hat{y}_t = \frac{b}{1+a} = \frac{\frac{3}{2}}{1+\frac{1}{2}} = \frac{\frac{3}{2}}{\frac{3}{2}} = 1$$

Allgemeine Lösung

$$y_t = \left(-\frac{1}{2}\right)^t (y_0 - \hat{y}) + \hat{y}$$

$$= \left(-\frac{1}{2}\right)^t (y_0 - 1) + 1$$

Partikuläre Lösung für die gegebene Anfangsbedingung

$$y_t = \left(-\frac{1}{2}\right)^t (10 - 1) + 1 = \left(-\frac{1}{2}\right)^t \cdot 9 + 1$$

Dynamische Eigenschaften

$$|a| = \frac{1}{2} < 1 \qquad \Rightarrow \qquad \text{konvergent}$$

$$-a = -\frac{1}{2} < 0 \qquad \Rightarrow \qquad \text{alternierend}$$

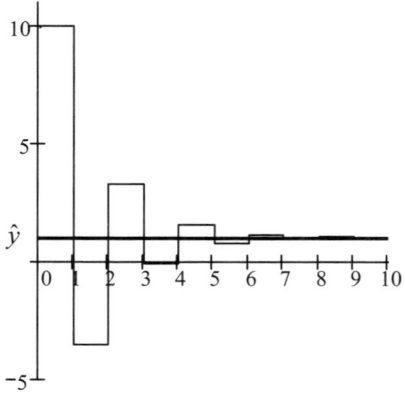

t	y
0	10,000
1	−3,500
2	3,250
3	−0,125
4	1,563
5	0,719
6	1,141
7	0,930
8	1,035
9	0,982
10	1,009

3. $-2y_t + 6y_{t-1} = 40$ $y_0 = 10,5$

Normalform

$$y_t - 3y_{t-1} = -20$$

Gleichgewichtslösung

$$\hat{y}_t = \frac{b}{1+a} = \frac{-20}{1-3} = \frac{-20}{-2} = 10$$

Allgemeine Lösung

$$y_t = 3^t \left(y_0 - \frac{-20}{1-3} \right) + \frac{-20}{1-3}$$
$$= 3^t (y_0 - 10) + 10$$

Partikuläre Lösung für die gegebene Anfangsbedingung

$$y_t = 3^t (10,5 - 10) + 10$$
$$= 3^t \cdot 0,5 + 10$$

Dynamische Eigenschaften

$$|a| = 3 > 1 \quad \Rightarrow \quad \text{divergent}$$
$$-a = 3 > 0 \quad \Rightarrow \quad \text{monoton}$$

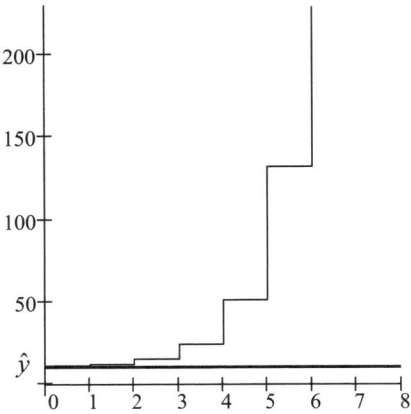

t	y
0	10,5
1	11,5
2	14,5
3	23,5
4	50,5
5	131,5
6	374,5
7	1.103,5
8	3.290,5
9	9.851,5
10	29.534,5

4. $2y_t + 4y_{t-1} = 30$ $y_0 = 6$

Normalform

$$y_t + 2y_{t-1} = 15$$

Gleichgewichtslösung

$$\hat{y}_t = \frac{b}{1+a} = \frac{15}{1+2} = 5$$

Allgemeine Lösung

$$y_t = (-2)^t\left(y_0 - \frac{15}{1+2}\right) + \frac{15}{1+2}$$
$$= (-2)^t(y_0 - 5) + 5$$

Partikuläre Lösung für die gegebene Anfangsbedingung

$$y_t = (-2)^t(6-5) + 5$$
$$= (-2)^t \cdot 1 + 5$$
$$= (-2)^t + 5$$

Dynamische Eigenschaften

$$|a| = 2 > 1 \qquad \Rightarrow \qquad \text{divergent}$$
$$-a = -2 < 0 \qquad \Rightarrow \qquad \text{alternierend}$$

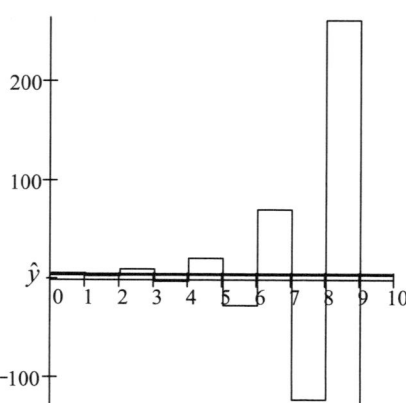

t	y
0	6
1	3
2	9
3	−3
4	21
5	−27
6	69
7	−123
8	261
9	−507
10	1.029

6.3.4 Anwendungen

(1) Cobweb-Modell [1]

Wir gehen von einem statischen Marktmodell mit linearen Nachfrage- und Angebotsfunktionen aus

$$x^d = a - bp \qquad \text{Nachfragefunktion}$$
$$x^s = c + dp \qquad \text{Angebotsfunktion}$$
$$x^s = x^d \qquad \text{Gleichgewichtsbedingung}$$

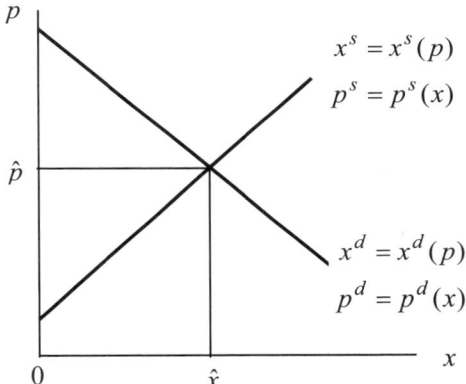

Unter Konkurrenzbedingungen führt das Zusammenspiel von Angebot und Nachfrage zum Gleichgewichtspreis $\hat{p}$, bei dem der Markt geräumt ist. Die nachgefragte Menge entspricht der angebotenen Menge $\hat{x}$. Die Nachfrager können dann soviel kaufen und die Anbieter soviel verkaufen, wie sie wollen, d.h. die Pläne von Nachfragern und Anbietern gehen in Erfüllung.

Formal erhalten wir den Gleichgewichtspreis, wenn wir die Angebots- und die Nachfragefunktion in die Gleichgewichtsbedingung einsetzen und nach p lösen:

$$c + dp = a - bp$$
$$bp + dp = a - c$$
$$\hat{p} = \frac{a - c}{b + d}$$

Das statische System erlaubt nur die Bestimmung des statischen Gleichgewichts, aber keine Aussage über das Verhalten des Systems außerhalb des Gleichgewichts.

---

[1] Die Bezeichnung stammt von N. Kaldor: A Classificatory Note on the Determinateness of Equilibrium, RES 1, 1934, S. 124-136.

Das statische Marktmodell lässt sich dadurch dynamisieren, dass wir die Verhaltensannahmen derart modifizieren, dass sie Reaktionen der Marktteilnehmer auf Ungleichgewichtssituationen zulassen. Dazu berücksichtigen wir nun die Tatsache, dass die **Produktion Zeit braucht**. Zwischen der Produktionsentscheidung und dem Angebot liegt die Reifezeit oder gestation period.

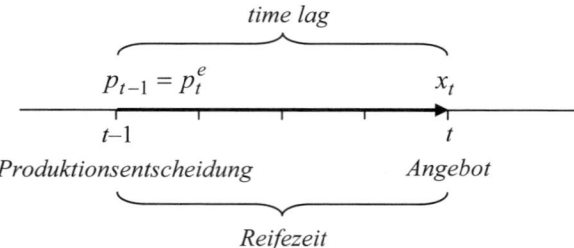

Zum Zeitpunkt der Produktionsentscheidung kennen die Produzenten nur den aktuellen Preis, d.h. den Preis der laufenden Periode, nicht aber den Preis, der gelten wird, wenn das Angebot auf den Markt kommt. Über den Preis, der dann gelten wird, können sie nur Vermutungen oder Erwartungen haben, die auf ihren Erfahrungen in der Gegenwart und Vergangenheit beruhen.

Im einfachsten Fall orientieren sie sich bei der Entscheidung über das zukünftige Angebot nur am gegenwärtigen Preis und erwarten, auch morgen denselben Preis wie heute erzielen zu können. Wir sprechen dann von statischen Erwartungen.

Statische Erwartungen

Die Produzenten erwarten in jeder Periode, denselben Preis wie in der Vorperiode erzielen zu können:

$$p_t^e = p_{t-1}$$

Das Angebot ist dann in jeder Periode eine Funktion des erwarteten Preises:

$$x_t^s = c + d\,p_t^e \qquad\qquad \text{mit} \quad p_t^e = p_{t-1}$$

und damit eine Funktion des Preises der Vorperiode:

$$x_t^s = c + d\,p_{t-1}$$

Die Angebotsfunktion weist nun eine zeitliche Verzögerung (time lag) von einer Periode auf, die der Reifezeit oder Produktionsdauer entspricht.

Die Nachfrager richten ihre Kaufentscheidung weiterhin nach dem laufenden Preis, der sich in jeder Periode aus dem Zusammenspiel von Angebot und Nachfrage ergibt, so dass der Markt in jeder Periode geräumt wird.

Das dynamische Marktmodell lautet nun:

$$x_t^d = a - b\,p_t$$

$$x_t^s = c + d\,p_{t-1}$$

$$x_t^s = x_t^d$$

Aus der Gleichgewichtsbedingung ergibt sich die inhomogene Differenzengleichung 1. Ordnung:

$$c + d\,p_{t-1} = a - b\,p_t$$

Umgeformt in die Normalform:

$$p_t + \frac{d}{b}\,p_{t-1} = \frac{a-c}{b}$$

Die partikuläre Lösung ($\hat{p} = p_t = p_{t-1}$) ist die Gleichgewichtslösung des statischen Systems:

$$\hat{p} = \frac{a-c}{b+d}$$

Die allgemeine Lösung lautet:

$$p_t = \left(-\frac{d}{b}\right)^t (p_0 - \hat{p}) + \hat{p} \qquad\qquad \hat{p} = \frac{a-c}{b+d}$$

Im Gleichgewicht gilt $p_t = \hat{p}$, ist der Preis also konstant. Außerhalb des Gleichgewichts ($p_t \neq \hat{p}$) gibt die Lösung der Differenzengleichung die Preisentwicklung im Zeitablauf an.

Die dynamischen Eigenschaften der Lösung hängen von den Verhaltensparametern b und d der Nachfrage- und Angebotsfunktionen ab. Bei **normalem Verlauf der Nachfrage- und Angebotsfunktionen** hat die Nachfragefunktion eine negative und die Angebotsfunktion eine positive Steigung:

$$\frac{dx^d}{dp} = -b < 0 \; ; \quad \frac{dx^s}{dp} = d > 0$$

D.h. die Parameter b und d, die dem Betrag der Steigungen entsprechen, sind positiv. Die Basis der Exponentialfunktion der Zeit ist dann immer negativ:

$$d, b > 0 \;\; \Rightarrow \;\; -\frac{d}{b} < 0$$

Bei normalen Nachfrage- und Angebotsfunktionen erhalten wir also immer eine **alternierende** Lösung. Im Ungleichgewicht alterniert der Preis um den Gleichgewichtswert $\hat{p}$.

Ob die Lösung konvergiert, der Gleichgewichtspreis also stabil ist, hängt ausschließlich vom Größenverhältnis von d und b ab. Es gilt das

Cobweb-Theorem

Das Gleichgewicht $\hat{p}$ des dynamischen Marktmodells ist genau dann stabil, wenn

$$\left| -\frac{d}{b} \right| < 1 \Leftrightarrow d < b$$

d.h. die **Steigung der Angebotsfunktion absolut kleiner als die Steigung der Nachfragefunktion** ist.

Dabei ist zu beachten, dass in der Grafik die unabhängige Variable auf der Ordinate und die abhängige Variable auf der Abszisse abgetragen ist. Die kleinere Steigung der Angebotsfunktion bedeutet daher im tp-Diagramm einen steileren Verlauf der Angebotsfunktion.

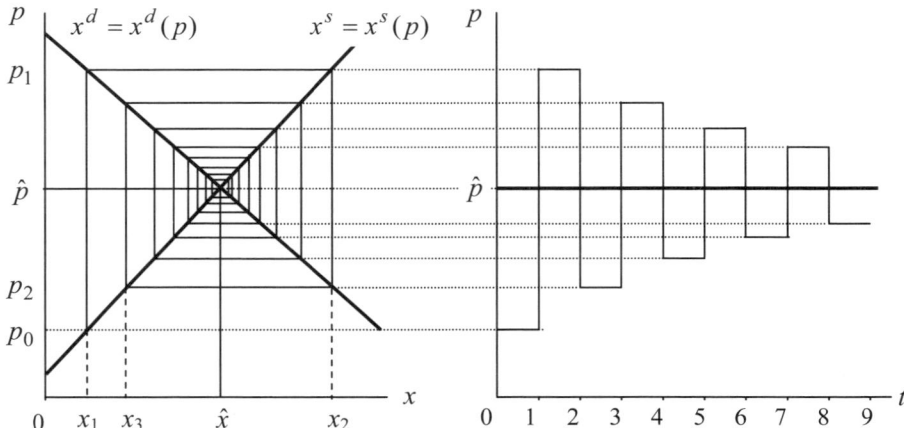

Angenommen der Preis in Periode null sei $p_0 < \hat{p}$. Dann bieten die Unternehmer in Periode 1 die Menge x_1 an. Das Angebot x_1 reicht aber nicht aus, um die Nachfrage beim Preis p_0 zu befriedigen (Überschussnachfrage); der Markträumungspreis steigt daher auf $p_1 > \hat{p}$. Dieser hohe Preis veranlasst die Unternehmer, das Angebot auszudehnen und in Periode 2 die Menge x_2 anzubieten. x_2 wird aber beim Preis p_1 nicht nachgefragt. Erst bei $p_2 < \hat{p}$ wird das Angebot x_2 von den Nachfragern aufgenommen. Dies führt dazu, dass die Unternehmen ihr Angebot in Periode 3 auf x_3 senken, etc.

BEISPIEL

Gegeben sei das folgende dynamische Marktmodell

$$x_t^d = 100 - p_t$$
$$x_t^s = 10 + 0,5 p_{t-1}$$
$$x_t^s = x_t^d \qquad\qquad p_0 = 20$$

Als Lösung des Marktmodells ergibt sich die inhomogene Differenzengleichung 1. Ordnung:

$$10 + 0,5 p_{t-1} = 100 - p_t$$
$$p_t + 0,5 p_{t-1} = 90$$

Im Marktgleichgewicht ist der Preis konstant, ergibt sich also in jeder Periode der gleiche Preis. Die Gleichgewichtslösung (partikuläre Lösung) errechnet sich daher aus dem Lösungsansatz $\hat{p} = p_t = p_{t-1}$

$$\hat{p} + 0,5 \hat{p} = 90$$
$$\hat{p} = \frac{90}{1 + 0,5} = 60$$

Die allgemeine Lösung der Differenzengleichung lautet dann

$$p_t = (-0,5)^t (p_0 - \hat{p}) + \hat{p} \qquad \text{mit } \hat{p} = 60$$
$$= (-0,5)^t (p_0 - 60) + 60$$

und die partikuläre Lösung für die gegebene Anfangsbedingung $p_0 = 20$

$$p_t = (-0,5)^t (20 - \hat{p}) + \hat{p} \qquad \text{mit } \hat{p} = 60$$
$$= (-0,5)^t (20 - 60) + 60$$
$$= (-0,5)^t (-40) + 60$$

Die Lösung kann natürlich auch direkt unter Verwendung der Formel

$$p_t = \left(-\frac{d}{b}\right)^t (p_0 - \hat{p}) + \hat{p} \qquad \text{mit } \hat{p} = \frac{a - c}{b + d}$$

berechnet werden, in die nur die gegebenen Parameterwerte und die Anfangsbedingung einzusetzen sind:

$$p_t = \left(-\frac{0,5}{1}\right)^t (20-60) + 60 \qquad \text{mit } \hat{p} = \frac{100-10}{1+0,5} = 60$$

$$= (-0,5)^t(-40) + 60$$

Dynamische Eigenschaften der Lösung:

$$\left|-\frac{d}{b}\right| = \left|-\frac{0,5}{1}\right| = 0,5 < 1 \;\Rightarrow\; \text{konvergent, } \hat{p} \text{ stabil}$$

$$-\frac{d}{b} = -\frac{0,5}{1} = -0,5 < 0 \;\Rightarrow\; \text{alternierend}$$

Da die Steigung der Angebotsfunktion absolut kleiner als die Steigung der Nachfragefunktion ist und Angebots- und Nachfragefunktion normal verlaufen, konvergiert die Lösung p_t alternierend gegen die Gleichgewichtslösung $\hat{p}$. Die Gleichgewichtslösung ist daher stabil.

Der Marktpreis p_t nimmt in den ersten 6 Perioden die folgenden Werte an, alterniert also mit abnehmender Amplitude gegen den Gleichgewichtspreis $\hat{p} = 60$:

t	0	1	2	3	4	5	6
p	20	80	50	65	57,5	61,25	59,375

Im Marktdiagramm weist die Preisentwicklung das typische Spinnwebenmuster auf, das dem Modell und Theorem den Namen gegeben hat.

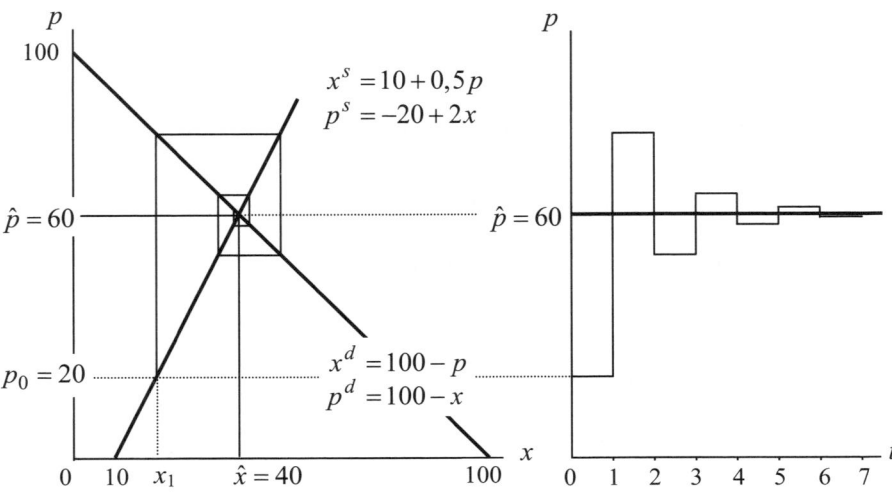

(2) Dynamischer Multiplikator

In der Makroökonomik werden alle Einzelmärkte, auf denen Güter und Dienste gehandelt werden, zu einem einzigen Markt aggregiert, dem gesamtwirtschaftlichen Gütermarkt.

Wir betrachten das Gütermarktmodell der nachfrageorientierten Makroökonomik. Es beruht auf der Annahme, dass die Volkswirtschaft sich in einer Unterbeschäftigungssituation befindet und das Angebot daher vollkommen preiselastisch jede Nachfrage befriedigen kann. Das Niveau von Produktion und Einkommen wird daher ausschließlich durch die Höhe der Nachfrage bestimmt.

In der einfachsten Form lautet das statische Gütermarktmodell:

$$Y = C + I + G \qquad \text{Gleichgewichtsbedingung}$$

$$C = \overline{C} + cY \qquad \text{Konsumfunktion}$$

$$I = \overline{I} \qquad \text{Investitionsfunktion}$$

$$G = \overline{G} \qquad \text{Staatsausgaben}$$

Zwei der drei aggregierten Nachfragekomponenten, die Investitionsnachfrage I und die Staatsausgaben G, werden der Einfachheit halber konstant gesetzt. Es wird also angenommen, sie seien exogen bestimmt. Die wichtigste Nachfragekomponente, die private Konsumnachfrage C, wird als lineare Funktion des Einkommens Y aufgefasst. $\overline{C}$ wird als autonomer Konsum und c als marginale Konsumneigung bezeichnet.

Im Gütermarktgleichgewicht ist das aggregierte Angebot Y gleich der Summe N der Nachfragekomponenten. Geometrisch liegt das Gleichgewicht im Schnittpunkt der Nachfragefunktion

$$N = C + I + G$$

mit der 45^0-Linie, die auch als Angebotsfunktion interpretiert werden kann.

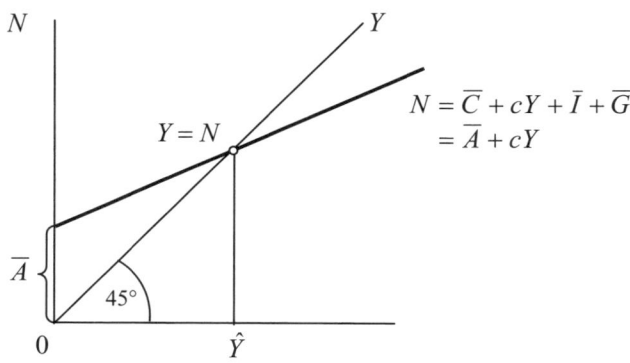

Das Gleichgewichtseinkommen beträgt:

$$\hat{Y} = \frac{1}{1-c}\,\overline{A} \qquad\qquad \text{mit } \overline{A} = \overline{C} + \overline{I} + \overline{G}$$

Das Gleichgewichtseinkommen ist also ein Vielfaches der einkommensunabhängigen autonomen Ausgaben $\overline{A}$. Dieses Vielfache wird auch als **Multiplikator** bezeichnet. Jede exogene Änderung der autonomen Ausgaben bewirkt eine Änderung des Gleichgewichtseinkommens um ein Vielfaches. Der Multiplikator

$$\frac{dY}{dA} = \frac{1}{1-c}$$

gibt daher an, um wieviel das Gleichgewichtseinkommen steigt, wenn die autonomen Ausgaben um eine Einheit erhöht werden.

Die Frage, ob und wie nach einer solchen exogenen Störung überhaupt ein neues Gleichgewicht erreicht wird, die Frage also nach dem Übergangsprozess vom alten zum neuen Gleichgewicht, kann nur im Rahmen eines dynamischen Modells beantwortet werden. Wir sprechen dann vom dynamischen Multiplikator oder Multiplikatorprozess.

Das statische Model lässt sich wieder durch geeignete Annahmen über das Reaktionsverhalten in Ungleichgewichtssituationen dynamisieren. Eine Möglichkeit besteht darin, verzögerte Angebotsreaktionen anzunehmen. Die Produzenten stellen erst am Ende einer Periode fest, dass ihre Angebotspläne nicht in Erfüllung gegangen sind und können ihr Angebot daher auch nur verzögert an die Nachfrage anpassen.

Wenn das Angebot mit einer Verzögerung (time lag) von einer Periode auf die Nachfrage reagiert, sprechen wir von einem **Lundberg-Lag**.

Das dynamische Gütermarktmodell lautet dann:

$$Y_t = C_{t-1} + I_{t-1} + G_{t-1}$$
$$C_t = \overline{C} + cY_t$$
$$I_t = \overline{I}$$
$$G_t = \overline{G}$$

Setzen wir die Nachfragekomponenten in die Nachfragefunktion ein

$$Y_t = \overline{C} + cY_{t-1} + \overline{I} + \overline{G}$$

so ergibt sich eine inhomogene Differenzengleichung 1. Ordnung:

$$Y_t - cY_{t-1} = \overline{A} \qquad\qquad \overline{A} = \overline{C} + \overline{I} + \overline{G}$$

Die Gleichgewichtslösung ist die Lösung des statischen Modells $\hat{Y} = Y_t = Y_{t-1}$:

$$\hat{Y} = \frac{1}{1-c}\,\overline{A}$$

Die allgemeine Lösung lautet:

$$Y_t = c^t(Y_0 - \hat{Y}) + \hat{Y} \qquad\qquad \hat{Y} = \frac{1}{1-c}\,\overline{A}$$

Es handelt sich wieder um eine diskrete Exponentialfunktion der Zeit, deren dynamische Eigenschaften von Vorzeichen und Betrag der Basis c, also der marginalen Konsumneigung, abhängen. Da die marginale Konsumneigung c immer positiv und kleiner als 1 ist, gilt:

$$|c| = c < 1 \qquad \Rightarrow \qquad \text{konvergent, } \hat{Y} \text{ stabil}$$

$$c > 0 \qquad \Rightarrow \qquad \text{monoton}$$

Produktion und Einkommen Y konvergieren im Falle einer Gleichgewichtsstörung monoton gegen das Gleichgewichtsniveau. Das Gleichgewichtseinkommen $\hat{Y}$ ist also stabil.

BEISPIEL

Gegeben sei das dynamische Gütermarktmodell

$$\begin{aligned} Y_t &= C_{t-1} + I_{t-1} + G_{t-1} \qquad\qquad Y_0 = 1200 \\ C_t &= 100 + 0{,}75 Y_t \\ I_t &= 100 \\ G_t &= 200 \end{aligned}$$

Als Lösung ergibt sich eine inhomogene Differenzengleichung 1. Ordnung

$$\begin{aligned} Y_t &= 100 + 0{,}75 Y_{t-1} + 100 + 200 \\ Y_t &= 0{,}75 Y_{t-1} + 400 \end{aligned}$$

Normalform

$$Y_t - 0{,}75 Y_{t-1} = 400$$

Gleichgewichtslösung (partikuläre Lösung: $\hat{Y} = Y_t = Y_{t-1}$)

$$\hat{Y} = \frac{1}{1 - 0{,}75} \cdot 400 = 4 \cdot 400 = 1600$$

Allgemeine Lösung

$$Y_t = 0,75^t (Y_0 - \hat{Y}) + \hat{Y}$$
$$= 0,75^t (Y_0 - 1600) + 1600$$

Partikuläre Lösung für die gegebene Anfangsbedingung

$$Y_t = 0,75^t (1200 - 1600) + 1600$$
$$= 0,75^t (-400) + 1600$$

Dynamische Eigenschaften

$$|a| = c = 0,75 < 1 \quad \Rightarrow \quad \text{konvergent, } \hat{Y} \text{ stabil}$$
$$-a = c = 0,75 > 0 \quad \Rightarrow \quad \text{monoton}$$

Produktion und Einkommen Y konvergieren monoton gegen das Gleichgewichtsniveau $\hat{Y} = 1.600$. Das Gleichgewichtseinkommen $\hat{Y}$ ist also stabil.

Wir können uns vorstellen, dass das ursprüngliche Gleichgewicht bei Y_0 lag. Durch eine exogene Erhöhung der autonomen Ausgaben um 100 steigt das Gleichgewichtseinkommen um den Multiplikatoreffekt

$$\Delta Y = \frac{1}{1-c} \Delta A = \frac{1}{1-0,75} \cdot 100 = 4 \cdot 100 = 400$$

auf $\hat{Y} = 1.600$. Beim ursprünglichen Einkommensniveau Y_0 befindet sich der Gütermarkt nun im Ungleichgewicht. Dadurch wird ein dynamischer Expansionsprozess ausgelöst, der gegen das neue Gleichgewicht konvergiert (dynamischer Multiplikator).

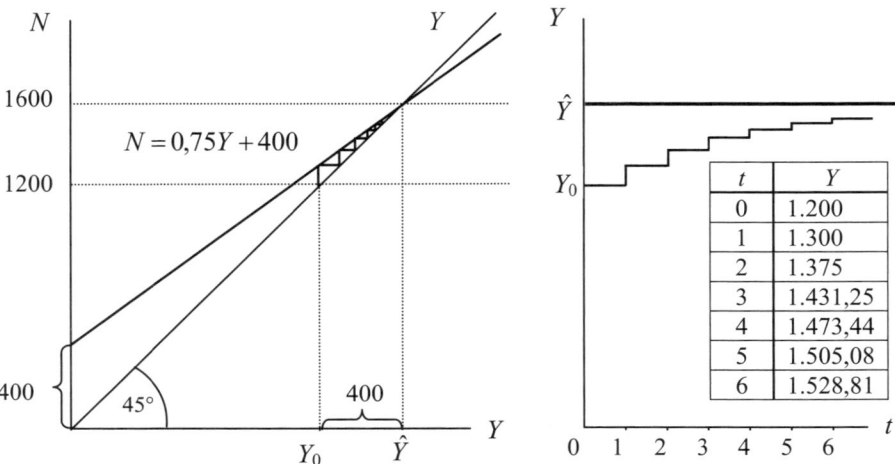

t	Y
0	1.200
1	1.300
2	1.375
3	1.431,25
4	1.473,44
5	1.505,08
6	1.528,81

ÜBUNG 6.3

1. Bestimmen Sie die allgemeine Lösung und die partikuläre Lösung für die Anfangsbedingung $y_0 = 10$ der folgenden Differenzengleichungen:

   a. $4y_t - y_{t-1} = 12$ d. $3y_{t+1} - 3y_t = 5$

   b. $2y_t + y_{t+1} = 6$ e. $3y_{t-2} + 9y_{t-1} = 72$

   c. $2y_t - 4y_{t-1} = 3$ f. $5y_t + 5y_{t-1} = 40$

   Überprüfen Sie die dynamischen Eigenschaften und stellen Sie den Zeitpfad der Lösungen für die ersten fünf Perioden grafisch dar!

2. Gegeben sei das folgende dynamische Marktmodell (Cobweb-Modell):

$$x_t^d = 125 - 3p_t$$

$$x_t^s = 35 + \frac{3}{2} p_t^e \qquad \text{mit } p_t^e = p_{t-1}$$

$$x_t^s = x_t^d$$

   a. Durch welche einfache Verhaltenshypothese wird das statische Marktmodell hier dynamisiert?

   b. Ermitteln Sie die Differenzengleichung für die Preisdynamik!

   c. Berechnen Sie den Gleichgewichtspreis (partikuläre Lösung). Begründen Sie Ihren Lösungsansatz!

   d. Nehmen Sie an, das Gleichgewicht sei gestört und der tatsächliche Preis sei $p_0 = 10$. Wie lautet die spezielle Lösung der Differenzengleichung für diese Anfangsbedingung?

   e. Welche Werte nimmt der Preis in den ersten fünf Perioden nach der Störung an?

   f. Stellen Sie die Preisentwicklung im x/p- und t/p-Diagramm grafisch dar und analysieren Sie ihre dynamischen Eigenschaften!

3. Gegeben sei das folgende gesamtwirtschaftliche Gütermarktmodell:

$$Y_t = C_{t-1} + I_{t-1} + G_{t-1}$$

$$C_t = 150 + 0,8Y_t$$

$$I_t = 100$$

$$G_t = 200$$

   a. Ermitteln Sie die Differenzengleichung, die das dynamische Verhalten von Y bestimmt!

   b. Ermitteln Sie die Gleichgewichtslösung (partikuläre Lösung)!

   c. Berechnen Sie die allgemeine Lösung der Differenzengleichung!

   d. Wie lautet die spezielle Lösung für die Anfangsbedingung $Y_0 = 1700$?

   e. Überprüfen Sie die dynamischen Eigenschaften der Lösung und stellen Sie die Dynamik der ersten fünf Perioden grafisch dar!

6.4 Homogene Differenzengleichungen 2. Ordnung

6.4.1 Lösungsansatz

Gegeben sei die homogene Differenzengleichung 2. Ordnung:

$$y_t + a\, y_{t-1} + b\, y_{t-2} = 0 \qquad\qquad b \neq 0$$

Wir wissen, dass die allgemeine Lösung der Differenzengleichung 1. Ordnung eine diskrete Exponentialfunktion der Zeit vom Typ λ^t enthält und dass λ eine Konstante ist, die durch die Koeffizienten der Differenzengleichung bestimmt wird. Daher vermuten wir, dass auch die Lösung der Differenzengleichung 2. Ordnung eine Funktion vom Typ λ^t ist und wählen den Lösungsansatz:

$$y_t = \lambda^t$$

Setzen wir diese Funktion in die Differenzengleichung 2. Ordnung ein, so ergibt sich:

$$\lambda^t + a\lambda^{t-1} + b\lambda^{t-2} = 0$$

Die Konstante λ ist dabei im Augenblick noch unbestimmt.

Wir klammern λ^{t-2} aus und erhalten:

$$\lambda^{t-2}(\lambda^2 + a\lambda + b) = 0$$

Wenn λ^t eine Lösung der Differenzengleichung ist, dann muss diese Gleichung für jeden Wert von t erfüllt, d.h. das Produkt auf der linken Seite null sein. Da die Exponentialfunktion λ^{t-2} stets ungleich null ist (abgesehen vom trivialen Fall $\lambda = 0$), ist das genau dann der Fall, wenn der Ausdruck in der Klammer, der t nicht enthält, null ist:

$$\lambda^2 + a\lambda + b = 0$$

Diese quadratische Gleichung ist eine Hilfsgleichung zur Lösung der Differenzengleichung und wird **charakteristische Gleichung** der homogenen Differenzengleichung 2. Ordnung genannt. Das Problem, eine Funktionalgleichung zu lösen, haben wir damit auf das einfachere Problem reduziert, eine algebraische Gleichung zu lösen.

Als Lösung dieser quadratischen Gleichung erhalten wir die beiden Wurzeln:

$$\lambda_1, \lambda_2 = \frac{-a \pm \sqrt{a^2 - 4b}}{2}$$

Der Ausdruck unter der Wurzel wird als **Diskriminante** Δ bezeichnet

$$\Delta = a^2 - 4b$$

und erlaubt, die folgenden drei Fälle zu unterscheiden:

$$\Delta > 0, \; \Delta < 0, \; \Delta = 0$$

6.4.2 Fall $\Delta > 0$: Reelle und ungleiche Wurzeln

Wenn die Diskriminante positiv ist, erhalten wir als Lösung der charakteristischen Gleichung zwei verschiedene reelle Wurzeln λ_1 und λ_2 :

$$\lambda_1 = \frac{-a + \sqrt{\Delta}}{2}, \qquad \lambda_2 = \frac{-a - \sqrt{\Delta}}{2}$$

Das heißt die beiden Exponentialfunktionen der Zeit

$$y_1(t) = \lambda_1^t$$
$$y_2(t) = \lambda_2^t$$

erfüllen die Differenzengleichung, sind also Lösungen der Differenzengleichung.

In der Regel wird aber keine der beiden Lösungen die beiden Anfangsbedingungen der Differenzengleichung 2. Ordnung erfüllen können, denen eine spezielle Lösung genügen muss.

Angenommen die Anfangsbedingungen sind:

$$y_0 = \bar{y}_0$$
$$y_1 = \bar{y}_1$$

Wenn $y_1(t) = \lambda_1^t$ (bzw. $y_2(t) = \lambda_2^t$) eine spezielle Lösung der Differenzengleichung ist, dann muss sie die beiden Anfangsbedingungen erfüllen:

$$\left.\begin{array}{l} y_1(0) = \lambda_1^0 = 1 = \bar{y}_0 \\ y_1(1) = \lambda_1^1 = \lambda_1 = \bar{y}_1 \end{array}\right\} \Rightarrow \frac{\bar{y}_1}{\bar{y}_0} = \lambda_1$$

Demnach kann $y_1(t) = \lambda_1^t$ nur dann beide Anfangsbedingungen erfüllen, wenn $\bar{y}_1$ das λ_1-fache von $\bar{y}_0$ ist, also $\bar{y}_1 = \lambda_1 \bar{y}_0$. Diese Bedingung ist im Normalfall, d.h. für alle $\bar{y}_1 \neq \lambda_1 \bar{y}_0$ nicht erfüllt.

Die allgemeine Lösung der homogenen Differenzengleichung 2. Ordnung für beliebige Anfangsbedingungen berechnen wir daher als Linearkombination der Lösungen $y_1(t)$ und $y_2(t)$. Es gilt das folgende allgemeine Lösungsprinzip:

Allgemeines Lösungsprinzip

Sind $y_1(t)$ und $y_2(t)$ zwei verschiedene Lösungen der homogenen Differenzengleichung 2. Ordnung, dann ist auch die Linearkombination

$$y(t) = A_1 y_1(t) + A_2 y_2(t)$$

für beliebige Konstanten A_1 und A_2 eine Lösung.

Dieser Satz lässt sich leicht dadurch beweisen, dass wir $y(t)$ in die Differenzengleichung einsetzen und zeigen, dass $y(t)$ die Differenzengleichung erfüllt:

$$(A_1 \lambda_1^t + A_2 \lambda_2^t) + a\,(A_1 \lambda_1^{t-1} + A_2 \lambda_2^{t-1}) + b\,(A_1 \lambda_1^{t-2} + A_2 \lambda_2^{t-2})$$

$$= A_1 \lambda_1^t + a\,A_1 \lambda_1^{t-1} + b\,A_1 \lambda_1^{t-2} + A_2 \lambda_2^t + a\,A_2 \lambda_2^{t-1} + b\,A_2 \lambda_2^{t-2}$$

$$= A_1 \underbrace{(\lambda_1^t + a\,\lambda_1^{t-1} + b\,\lambda_1^{t-2})}_{=0} + A_2 \underbrace{(\lambda_2^t + a\,\lambda_2^{t-1} + b\,\lambda_2^{t-2})}_{=0}$$

$$= 0$$

Da die linke Seite für $y(t)$ null ergibt, erfüllt $y(t)$ tatsächlich die Differenzengleichung. Also gilt:

Allgemeine Lösung

Die allgemeine Lösung der homogenen Differenzengleichung 2. Ordnung lautet im Falle $\Delta > 0$:

$$\boxed{y_t = A_1 \lambda_1^t + A_2 \lambda_2^t}$$

Die allgemeine Lösung der Differenzengleichung 2. Ordnung enthält **zwei unbestimmte Konstanten** A_1 und A_2.

Die Anfangsbedingungen liefern ein lineares Gleichungssystem für die beiden Konstanten, aus denen A_1 und A_2 berechnet werden können. Wir erhalten für $t = 0$

$$\bar{y}_0 = A_1 + A_2$$

und für $t = 1$

$$\bar{y}_1 = A_1 \lambda_1 + A_2 \lambda_2$$

Mit den speziellen Werten der Konstanten wird aus der allgemeinen Lösung wieder die **partikuläre Lösung**, die den gegebenen Anfangsbedingungen genügt.

Die **dynamischen Eigenschaften** der Lösung hängen von den Vorzeichen der Wurzeln λ_1 und λ_2 (monoton, alternierend, konstant) und den Beträgen der Wurzeln λ_1 und λ_2 (divergent, konvergent) ab. Die Lösung ist genau dann **konvergent**, wenn **beide Wurzeln absolut kleiner als eins** sind, genau dann konvergieren sowohl $A_1 \lambda_1^t$ als auch $A_2 \lambda_2^t$.

Mit wachsendem t wird die Lösung von der absolut größeren Wurzel dominiert. Diese Wurzel heißt auch **dominante Wurzel**. Bei der Analyse der dynamischen Eigenschaften genügt es daher, Vorzeichen und Betrag der dominanten Wurzel λ_d zu prüfen. Es gilt dann das von den Differenzengleichungen 1. Ordnung bekannte Schema für die dynamischen Eigenschaften:

$$
\left.
\begin{array}{ll}
|\lambda_d| < 1 & \text{konvergent} \\
|\lambda_d| > 1 & \text{divergent} \\
|\lambda_d| = 1 & \text{konstant}
\end{array}
\right\}
\left\{
\begin{array}{ll}
\lambda_d > 0 & \text{monoton} \\
\lambda_d < 0 & \text{alternierend}
\end{array}
\right.
$$

BEISPIELE

1. $y_t - 5 y_{t-1} + 6 y_{t-2} = 0$

    Charakteristische Gleichung

    $$\lambda^2 - 5\lambda + 6 = 0$$

    Wurzeln

    $$\lambda_{1/2} = \frac{5 \pm \sqrt{5^2 - 4 \cdot 6}}{2} = \frac{5 \pm \sqrt{25 - 24}}{2} = \frac{5 \pm \sqrt{1}}{2} = \frac{5 \pm 1}{2}$$

    $$\lambda_1 = \frac{5+1}{2} = \frac{6}{2} = 3$$

    $$\lambda_2 = \frac{5-1}{2} = \frac{4}{2} = 2$$

    Allgemeine Lösung

    $$y_t = A_1 \lambda_1^t + A_2 \lambda_2^t$$

    $$= A_1 3^t + A_2 2^t$$

    Berechnung der Konstanten für die Anfangsbedingungen $y_0 = 2$, $y_1 = 5$

    $$y_0 = A_1 \lambda_1^0 + A_2 \lambda_2^0 = 2$$

    $$A_1 \quad + A_2 \quad = 2 \mid \cdot 2$$

$$y_1 = A_1 \lambda_1^1 + A_2 \lambda_2^1 = 5$$
$$A_1 \cdot 3 + A_2 \cdot 2 = 5$$

Daraus ergibt sich folgendes lineare Gleichungssystem für A_1 und A_2, das wir nach A_1 lösen, indem wir die 1. Gleichung von der 2. subtrahieren

$$
\begin{aligned}
2A_1 + 2A_2 &= 4 \\
\underline{3A_1 + 2A_2} &= \underline{5} \\
A_1 &= 1
\end{aligned}
$$

Einsetzen von A_1 in die 1. Gleichung ergibt A_2

$$A_2 = 2 - A_1 = 2 - 1 = 1$$

Mit den Werten für A_1 und A_2 folgt die partikuläre Lösung

$$y_t = 1 \cdot 3^t + 1 \cdot 2^t = 3^t + 2^t$$

Dynamische Eigenschaften der Lösung

Die Lösung ist eine Linearkombination zweier diskreter Exponential-funktionen der Zeit 3^t und 2^t. Mit wachsendem t werden die dynamischen Eigenschaften ausschließlich durch die dominante Wurzel bestimmt:

$$\lambda_d = \lambda_1 = 3 \quad \text{da } |\lambda_1| = 3 > 2 = |\lambda_2|$$

Die Lösung divergiert daher monoton, wächst also mit steigendem t über alle Grenzen:

$$|\lambda_d| = 3 > 1 \quad \Rightarrow \quad \text{divergent}$$
$$\lambda_d = 3 > 0 \quad \Rightarrow \quad \text{monoton}$$

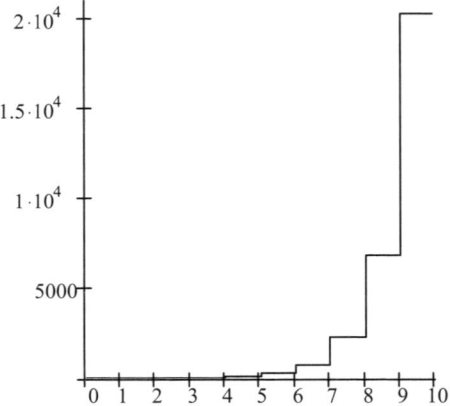

t	y
0	2
1	5
2	13
3	35
4	97
5	275
6	793
7	2.315
8	6.817
9	20.195
10	60.073

2. $y_t - y_{t-1} - \dfrac{3}{4} y_{t-2} = 0$

Charakteristische Gleichung

$$\lambda^2 - \lambda - \frac{3}{4} = 0$$

Wurzeln

$$\lambda_{1/2} = \frac{1 \pm \sqrt{1 - 4\left(-\frac{3}{4}\right)}}{2} = \frac{1 \pm \sqrt{1+3}}{2} = \frac{1 \pm \sqrt{4}}{2} = \frac{1 \pm 2}{2}$$

$$\lambda_1 = \frac{1+2}{2} = \frac{3}{2}$$

$$\lambda_2 = \frac{1-2}{2} = -\frac{1}{2}$$

Allgemeine Lösung

$$y_t = A_1 \lambda_1^t + A_2 \lambda_2^t$$

$$= A_1 \left(\frac{3}{2}\right)^t + A_2 \left(-\frac{1}{2}\right)^t$$

Berechnung der Konstanten für die Anfangsbedingungen $y_0 = 2$, $y_1 = 1$

$$y_0 = A_1 \lambda_1^0 + A_2 \lambda_2^0 = 2$$

$$A_1 \quad + A_2 \quad = 2$$

$$y_1 = A_1 \lambda_1^1 + A_2 \lambda_2^1 = 1$$

$$A_1 \cdot \frac{3}{2} - A_2 \cdot \frac{1}{2} = 1 \mid \cdot 2$$

Daraus ergibt sich das lineare Gleichungssystem

$$\begin{aligned} A_1 + A_2 &= 2 \\ 3A_1 - A_2 &= 2 \\ \hline 4A_1 \quad &= 4 \\ A_1 \quad &= 1 \end{aligned}$$

das wir nach A_1 lösen, indem wir beide Gleichungen addieren.

Einsetzen von A_1 in die 1. Gleichung ergibt A_2

$$A_2 = 2 - A_1 = 2 - 1 = 1$$

Mit den Werten für A_1 und A_2 folgt die partikuläre Lösung

$$y_t = 1 \cdot \left(\frac{3}{2}\right)^t + 1 \cdot \left(-\frac{1}{2}\right)^t = \left(\frac{3}{2}\right)^t + \left(-\frac{1}{2}\right)^t$$

Dynamische Eigenschaften der Lösung

Die Lösung ergibt sich hier durch Überlagerung einer monoton divergenten und einer alternierend konvergenten Exponentialfunktion der Zeit. Der konvergente Term beeinflusst die Entwicklung nur in den ersten Perioden und verschwindet mit wachsendem t.

Die dynamischen Eigenschaften der Lösung werden daher wieder ausschließlich durch den 1. Term mit der dominanten Wurzel λ_d bestimmt:

$$\lambda_d = \lambda_1 = \frac{3}{2} \quad \text{da } |\lambda_1| = \frac{3}{2} > \frac{1}{2} = |\lambda_2|$$

Da die dominante Wurzel positiv und absolut größer als eins ist, divergiert die Lösung monoton, wächst also mit wachsendem t über alle Grenzen:

$$|\lambda_d| = \frac{3}{2} > 1 \qquad \Rightarrow \qquad \text{divergent}$$

$$\lambda_d = \frac{3}{2} > 0 \qquad \Rightarrow \qquad \text{monoton}$$

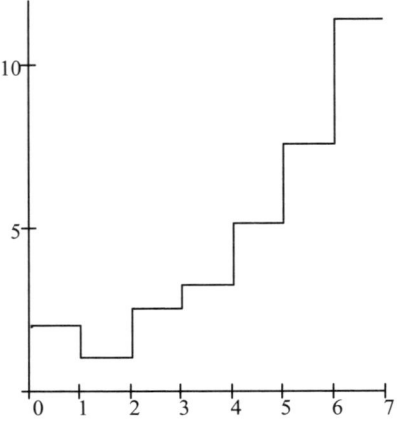

t	y
0	2,000
1	1,000
2	2,500
3	3,250
4	5,125
5	7,563
6	11,406
7	17,078
8	25,633
9	38,441
10	57,666

6.4.3 Kaninchenproblem[1] und Fibonacci-Folge

Das Kaninchenproblem geht zurück auf Leonardo von Pisa (1180–1250), genannt Fibonacci (Sohn des Bonacci). Er war der bedeutendste Mathematiker des Mittelalters. Ihm verdanken wir die Einführung des indisch-arabischen Dezimalsystems, bei dem es sich um ein Stellensystem handelt, das auch die Null kennt und das dem damals in Europa gebräuchlichen römischen Zahlensystem weit überlegen war.

In Erinnerung geblieben ist nur die berühmte Fibonacci-Folge, die auf dem folgenden Kaninchenproblem beruht:

Kaninchenproblem

Ein frisch geborenes Kaninchenpaar werde auf einer unbewohnten Insel ausgesetzt, um sich zu vermehren. Angenommen, ein junges Kaninchenpaar kann sich erst zwei Monate nach der Geburt vermehren und erzeuge dann in jedem Monat ein neues Paar Kaninchen.

Wie groß ist dann die Zahl der Kaninchenpaare nach t Monaten, wenn keine Kaninchen sterben und es keine natürlichen Feinde gibt, die den Bestand dezimieren?

Für die Vermehrung der Kaninchen gilt also folgende Gesetzmäßigkeit: Ein zum Zeitpunkt 0 geborenes Kaninchenpaar erzeuge vom zweiten Monat seiner Existenz an in jedem Monat ein weiteres Paar.

Die Entwicklung der Kaninchen-Population lässt sich leicht rekursiv berechnen. Wir wissen, dass in der 1. Periode ein Kaninchenpaar existiert. Da sich das Paar erst nach zwei Perioden vermehren kann, ist die Zahl der Kaninchenpaare in der 2. Periode unverändert 1. In der 3. Periode kann sich das Paar vermehren, das schon in der 1. Periode vorhanden war. Die Zahl der Kaninchenpaare steigt also um 1 auf 2. Es gilt:

$$K_2 = K_1 + K_0$$

Allgemein ergibt sich die Zahl der Kaninchenpaare in der Periode t als Summe

- der Zahl der Kaninchenpaare der Vorperiode K_{t-1}; sie sind auch noch in der Periode t vorhanden und

- der Zahl der in Periode t neu gezeugten Kaninchenpaare K_{t-2}; sie werden von den K_{t-2} Kaninchen gezeugt, die mindestens 2 Monate alt sind, also schon in Periode $t - 2$ vorhanden waren.

---

[1]Siehe auch A.E. Ott.: Einführung in die dynamische Wirtschaftstheorie, Göttingen 1963 S. 128, M.Gardner: Mathematischer Zirkus, Frankfurt 1988, S.166 ff

Daher gilt die Rekursionsformel:

$$K_t = K_{t-1} + K_{t-2} \qquad ; t > 1$$

Die Zahl der Kaninchenpaare jeder Periode ergibt sich also als Summe der Zahlen der Kaninchenpaare in den beiden Vorperioden.

Die Populationsdynamik wird dann durch folgende Zahlenfolge der Kaninchenpaare abgebildet. Diese Zahlen werden auch Fibonacci-Zahlen und die Folge Fibonacci-Folge genannt:

Fibonacci Zahlen

Monat (t)	0	1	2	3	4	5	6	7	8	9	10	11
Zahl der Kaninchenpaare	1	1	2	3	5	8	13	21	34	55	89	144

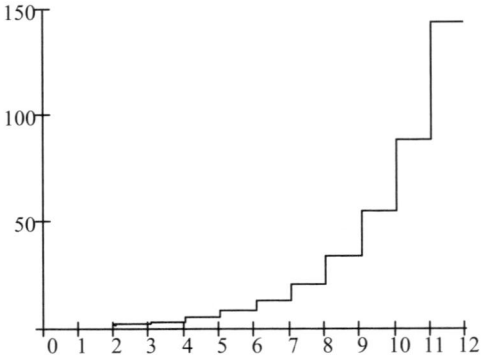

Es handelt sich um eine Folge mit faszinierenden mathematischen Eigenschaften, die sich daraus erklären, dass das Verhältnis zweier aufeinanderfolgender Fibonacci-Zahlen gegen den **Goldenen Schnitt** konvergiert und dass als Wurzeln der allgemeinen Lösung der Differenzengleichung der Goldene Schnitt und sein Kehrwert auftreten. Die Fibonacci-Folge wird gern dazu benutzt, die Prinzipien des organischen Wachstums zu illustrieren, weil sich in ihr ein Konstruktionsprinzip abbildet, das wir in vielen Bauplänen der Natur wiederfinden (Schneckenhäuser, Bienenwaben, Tannenzapfen, Sonnenblumen, Spiralnebel).

Formal geht es um die Lösung einer auf den ersten Blick sehr einfachen homogenen Differenzengleichung 2. Ordnung, die in Normalform lautet

$$K_t - K_{t-1} - K_{t-2} = 0$$

Charakteristische Gleichung

$$\lambda^2 - \lambda - 1 = 0$$

Wurzeln

$$\lambda_{1/2} = \frac{1 \pm \sqrt{1^2 - 4(-1)}}{2} = \frac{1 \pm \sqrt{1+4}}{2} = \frac{1 \pm \sqrt{5}}{2}$$

Allgemeine Lösung

$$K_t = \lambda_1^t A_1 + \lambda_2^t A_2$$

$$= \left(\frac{1 + \sqrt{5}}{2}\right)^t A_1 + \left(\frac{1 - \sqrt{5}}{2}\right)^t A_2$$

Berechnung der Konstanten für die Anfangswerte $K_0 = K_1 = 1$

Wir setzen zuerst $t = 0$

$$K_0 = \left(\frac{1 + \sqrt{5}}{2}\right)^0 A_1 + \left(\frac{1 - \sqrt{5}}{2}\right)^0 A_2 = 1$$

$$A_1 \qquad + \qquad A_2 = 1 \qquad\qquad | \cdot \frac{1 + \sqrt{5}}{2}$$

$$\frac{1 + \sqrt{5}}{2} A_1 + \frac{1 + \sqrt{5}}{2} A_2 = 1 \cdot \frac{1 + \sqrt{5}}{2}$$

und dann $t = 1$

$$K_1 = \left(\frac{1 + \sqrt{5}}{2}\right)^1 A_1 + \left(\frac{1 - \sqrt{5}}{2}\right)^1 A_2 = 1$$

Daraus ergibt sich das lineare Gleichungssystem für A_1 und A_2:

$$\frac{1 + \sqrt{5}}{2} A_1 + \frac{1 + \sqrt{5}}{2} A_2 = \frac{1 + \sqrt{5}}{2}$$

$$\frac{1 + \sqrt{5}}{2} A_1 + \frac{1 - \sqrt{5}}{2} A_2 = 1$$

Wir subtrahieren die 2. Gleichung von der 1. Gleichung

$$\left[\frac{1+\sqrt{5}}{2} - \frac{1-\sqrt{5}}{2}\right] A_2 = \frac{1+\sqrt{5}}{2} - 1$$

und lösen nach A_2 auf

$$\left[\frac{1+\sqrt{5}-1+\sqrt{5}}{2}\right] A_2 = \frac{1+\sqrt{5}-2}{2}$$

$$\sqrt{5}\, A_2 = \frac{-1+\sqrt{5}}{2}$$

$$A_2 = \frac{-1+\sqrt{5}}{2\sqrt{5}} = -\frac{1-\sqrt{5}}{2\sqrt{5}}$$

Nun setzen wir A_2 in die erste Gleichung ein und berechnen A_1

$$A_1 \quad + \quad A_2 = 1$$

$$A_1 = 1 - A_2$$

$$A_1 = 1 + \frac{1-\sqrt{5}}{2\sqrt{5}} = \frac{2\sqrt{5}+1-\sqrt{5}}{2\sqrt{5}}$$

$$A_1 = \frac{1+\sqrt{5}}{2\sqrt{5}}$$

Partikuläre Lösung für die Anfangswerte $K_0 = K_1 = 1$

$$K_t = \frac{1+\sqrt{5}}{2\sqrt{5}}\left(\frac{1+\sqrt{5}}{2}\right)^t - \frac{1-\sqrt{5}}{2\sqrt{5}}\left(\frac{1-\sqrt{5}}{2}\right)^t$$

$$= \frac{1}{\sqrt{5}}\left[\left(\frac{1+\sqrt{5}}{2}\right)^{t+1} - \left(\frac{1-\sqrt{5}}{2}\right)^{t+1}\right]$$

Mit $\lambda = \lambda_1$ und $\lambda_2 = \dfrac{1}{-\lambda}$ folgt für die partikuläre Lösung

$$y_t = \frac{1}{\sqrt{5}}\left[\lambda^{t+1} - \frac{1}{(-\lambda)^{t+1}}\right]$$

Dabei benutzen wir die folgende Umformung

$$\lambda_2 = \frac{1-\sqrt{5}}{2} = \frac{1-\sqrt{5}}{2}\frac{1+\sqrt{5}}{1+\sqrt{5}} = \frac{1-5}{2(1+\sqrt{5})}$$

$$= \frac{-4}{2(1+\sqrt{5})} = \frac{-2}{1+\sqrt{5}} = -\frac{1}{\frac{1+\sqrt{5}}{2}} = -\frac{1}{\lambda_1}$$

Dynamische Eigenschaften der Lösung

Dominante Wurzel

$$\lambda_d = \lambda_1 \quad \text{da} \ |\lambda_1| = \frac{1+\sqrt{5}}{2} > \frac{2}{1+\sqrt{5}} = \left|\frac{1-\sqrt{5}}{2}\right| = |\lambda_2|$$

Wurzelkriterien

$$|\lambda_d| = \frac{1+\sqrt{5}}{2} = 1{,}6180\ldots > 1 \quad \Rightarrow \quad \text{divergent}$$

$$\lambda_d = \frac{1+\sqrt{5}}{2} = 1{,}6180\ldots > 0 \quad \Rightarrow \quad \text{monoton}$$

t	$\dfrac{1}{\sqrt{5}}\lambda^{t+1}$	$-\dfrac{1}{\sqrt{5}}\dfrac{1}{(-\lambda)^{t+1}}$	K_t
0	0,724	0,276	1
1	1,171	−0,171	1
2	1,894	0,106	2
3	3,065	−0,065	3
4	4,960	0,040	5
5	8,025	−0,025	8
6	12,989	0,011	13
7	21,010	−0,010	21
8	33,994	0,006	34
9	55,004	−0,004	55
10	88,998	0,002	89
20	10.946,0	0	10.946
30	1.346.269,0	0	1.346.269

Die Lösung ergibt sich durch Überlagerung zweier diskreter Exponentialfunktionen der Zeit, von denen die erste monoton divergent und die zweite alternierend konvergent ist. Die dynamischen Eigenschaften der Lösung und damit die Populationsdynamik werden mit wachsendem t ausschließlich durch den monoton wachsenden Teil der Lösung bestimmt.

Konvergenzeigenschaften (Näherungsformeln)

Der zweite (alternierende) Term der Lösung konvergiert schnell gegen null. Der Grenzwert der Lösung beträgt:

$$\lim_{t \to \infty} K_t = \frac{1}{\sqrt{5}} \lambda^{t+1}$$

Für hinreichend große t (> 10) ist das Verhältnis zweier aufeinanderfolgender Fibonacci-Zahlen gleich dem Goldenen Schnitt λ:

$$\frac{K_{t+1}}{K_t} = \lambda = \frac{1 + \sqrt{5}}{2} = 1{,}6180\ldots$$

Das Verhältnis zweier aufeinanderfolgender Fibonacci-Zahlen konvergiert gegen den Goldenen Schnitt. Dabei alterniert das Verhältnis mit abnehmender Amplitude um λ, ist also abwechselnd größer und kleiner als der Goldene Schnitt.

Die Fibonacci-Zahlen werden, mit 1 beginnend, durchnumeriert und mit F_n bezeichnet. Wir setzen daher:

$$n = t + 1 = 1, 2, 3, \ldots$$

Die Näherungsformel lautet dann bei Rundung zur nächsten ganzen Zahl:

$$F_n = \frac{1}{\sqrt{5}} \lambda^n \qquad n = 1, 2, 3, \ldots$$

Die Fibonacci-Zahlen bilden also eine geometrische Folge. Für die Summe der ersten n Fibonacci-Zahlen gilt daher:

$$S_n = \frac{1}{\sqrt{5}} \frac{\lambda - \lambda^{n+1}}{1 - \lambda} = \frac{1}{\sqrt{5}} \frac{\lambda^{n+1} - \lambda}{\lambda - 1} = \frac{1}{\sqrt{5}} \frac{\lambda^{n+1} - \lambda}{\dfrac{\sqrt{5}+1}{2} - 1}$$

$$= \frac{1}{\sqrt{5}} \frac{\lambda^{n+1} - \lambda}{\dfrac{\sqrt{5}+1-2}{2}} = \frac{1}{\sqrt{5}} \frac{\lambda^{n+1} - \lambda}{\dfrac{\sqrt{5}-1}{2}} = \frac{1}{\sqrt{5}} \frac{\lambda^{n+1} - \lambda}{\dfrac{1}{\lambda}}$$

und folglich

$$S_n = \frac{1}{\sqrt{5}} \lambda^{n+2} - \frac{1}{\sqrt{5}} \lambda^2 = F_{n+2} - F_2 = F_{n+2} - 1$$

Die Summe der ersten n Fibonacci-Zahlen lässt sich einfacher als durch Summation dadurch berechnen, dass man die $(n+2)$-te Fibonacci-Zahl bildet und davon 1 subtrahiert.

Also gelten folgende Regeln:

1. Die Fibonacci-Zahlen können mittels der Näherungsformel

$$F_n = \frac{1}{\sqrt{5}} \lambda^n \qquad \text{mit } \lambda = \frac{1+\sqrt{5}}{2}$$

berechnet werden, wenn stets zur nächsten ganzen Zahl gerundet wird.

2. Für die Summe der ersten n Fibonacci-Zahlen gilt:

$$S_n = F_{n+2} - 1$$

Die Summe der ersten 12 Fibonacci-Zahlen erhalten wir, wenn wir von der 14. Fibonacci-Zahl 377 eins abziehen:

$$\underbrace{1 \quad 1 \quad 2 \quad 3 \quad 5 \quad 8 \quad 13 \quad 21 \; 34 \; 55 \; 89 \; 144}_{12} \; 233 \; 377 \; 610 \; 987$$

$$s_{12} = \sum_{i=1}^{12} F_i = F_{14} - 1 = 377 - 1 = 376$$

Die Entwicklung der Fibonaccifolge lässt sich durch die **Fibonacci-Spirale** veranschaulichen. Wir zeichnen dazu zwei Quadrate mit der Seitenlänge 1. Daran legen wir ein Quadrat mit der Seitelänge 2, dann ein Quadrat, dessen Seitelänge 3 der Summe der Seiten der vorangehenden Quadrate entspricht usw. Wenn wir nun die Eckpunkte der Quadrate diagonal verbinden, ergibt sich die Fibonacci-Spirale.

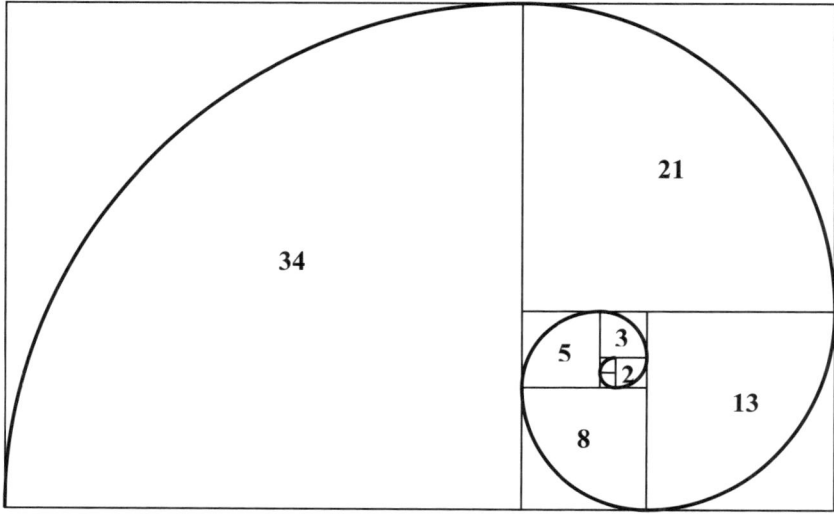

Anhang 6.4.3 Goldener Schnitt

Wird eine Strecke $\overline{AB}$ durch einen Punkt T so geteilt, dass der größere Abschnitt $\overline{AT}$ die mittlere Proportionale zwischen der ganzen Strecke $\overline{AB}$ und dem kleineren Abschnitt $\overline{TB}$ ist, dann heißt die Strecke stetig oder nach dem Goldenen Schnitt geteilt (stetige Teilung, lat. sectio aurea):

$$\boxed{\frac{\overline{AB}}{\overline{AT}} = \frac{\overline{AT}}{\overline{TB}} = \frac{\sqrt{5}+1}{2} = 1,618033988\ldots}$$

Konstruktion:

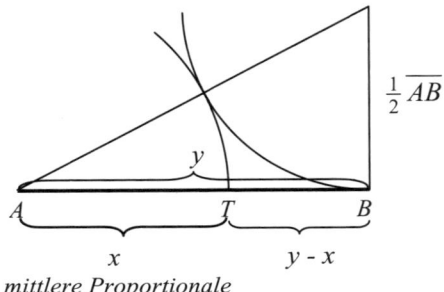

mittlere Proportionale

Berechnung:

$$\frac{y}{x} = \frac{x}{y-x}$$

$$y(y-x) = x^2 \qquad\qquad \text{(Euklid[1])}$$

$$y^2 - xy = x^2$$

$$y_{1/2} = \frac{x}{2} \pm \sqrt{\frac{x^2}{4} + x^2} = \frac{x}{2} \pm \frac{x\sqrt{5}}{2} = x\frac{1 \pm \sqrt{5}}{2}$$

$$\frac{y}{x} = \frac{\sqrt{5}+1}{2}$$

Es gilt:

$$\frac{x}{y} = \frac{2}{\sqrt{5}+1} = \frac{2(\sqrt{5}-1)}{(\sqrt{5}+1)(\sqrt{5}-1)} = \frac{2(\sqrt{5}-1)}{5-1} = \frac{\sqrt{5}-1}{2}$$

$$= \frac{\sqrt{5}-1}{2} = 0,618033988\ldots$$

---

[1] Eine Strecke ist so zu teilen, dass das Rechteck aus der ganzen Strecke und dem einen Abschnitt dem Quadrat über dem anderen Abschnitt gleich ist.

6.4.4 Fall $\Delta = 0$: Reelle und gleiche Wurzeln

Wenn die Diskriminante null ist, fallen die beiden Lösungen der charakteristischen Gleichung zusammen. Wir erhalten also zwei gleiche reelle Wurzeln

$$\lambda = \lambda_{1/2} = \frac{-a \pm \sqrt{\Delta}}{2} = \frac{-a \pm \sqrt{0}}{2} = -\frac{a}{2}$$

Das heißt wir haben in diesem Fall nur eine Lösung

$$y_1(t) = \lambda^t$$

und benötigen eine zweite Lösung, um nach dem allgemeinen Lösungsprinzip die allgemeine Lösung der Differenzengleichung bestimmen zu können.

Es lässt sich zeigen, dass in diesem Fall auch die Funktion

$$y_2(t) = t\lambda^t$$

die Differenzengleichung erfüllt. Es gilt daher das

Lösungsprinzip

Sind die beiden Wurzeln der charakteristischen Gleichung einer Differenzengleichung 2. Ordnung reell und gleich, und ist λ^t eine Lösung der Differenzengleichung, so ist auch $t\lambda^t$ eine Lösung.

Beweis:

Wir setzen $y_2(t) = t\lambda^t$ in die Differenzengleichung ein

$$t\lambda^t + a(t-1)\lambda^{t-1} + b(t-2)\lambda^{t-2} = 0$$

$$\lambda^{t-2}[t\lambda^2 + at\lambda - a\lambda + bt - 2b] = 0$$

$$\lambda^{t-2}[t\underbrace{(\lambda^2 + a\lambda + b)}_{=0} - a\lambda - 2b] = 0 \qquad \text{mit } \lambda = \frac{-a}{2}$$

$$\lambda^{t-2}\underbrace{\left[\frac{a^2}{2} - 2b\right]}_{=0} = 0 \qquad \text{mit } \Delta = a^2 - 4b = 0$$

Die Funktion $t\lambda^t$ erfüllt die Differenzengleichung für jedes t, ist also eine Lösung.

Wir erhalten folglich die allgemeine Lösung

Allgemeine Lösung

Die allgemeine Lösung der homogenen Differenzengleichung 2. Ordnung lautet im Falle $\Delta = 0$:

$$y_t = A_1 \lambda^t + A_2 t \lambda^t = (A_1 + A_2 t) \lambda^t$$

und enthält zwei unbestimmte Konstanten A_1 und A_2.

Die allgemeine Lösung ist in diesem Falle das Produkt einer diskreten linearen Funktion der Zeit in der Klammer und einer Exponentialfunktion der Zeit. Mit wachsendem t wird das dynamische Verhalten der Lösung dominiert durch die Exponentialfunktion λ^t. Der Einfluss der linearen Funktion der Zeit $A_1 + A_2 t$ wird überkompensiert durch λ^t. Die Lösung ist daher genau dann konvergent, wenn $|\lambda| < 1$.

Für die dynamischen Eigenschaften gelten die bereits bekannten Wurzelkriterien:

$$\left.\begin{array}{l} |\lambda| < 1 \quad \text{konvergent} \\ |\lambda| > 1 \quad \text{divergent} \\ |\lambda| = 1 \quad \text{konstant} \end{array}\right\} \left\{\begin{array}{l} \lambda > 0 \quad \text{monoton} \\ \lambda < 0 \quad \text{alternierend} \end{array}\right.$$

BEISPIEL

$$3y_t - 2y_{t-1} + \frac{1}{3}y_{t-2} = 0$$

Charakteristische Gleichung

$$\lambda^2 - \frac{2}{3}\lambda + \frac{1}{9} = 0$$

Wurzeln

$$\lambda_{1/2} = \frac{\frac{2}{3} \pm \sqrt{\frac{4}{9} - 4 \cdot \frac{1}{9}}}{2} = \frac{\frac{2}{3} \pm \sqrt{\frac{4}{9} - \frac{4}{9}}}{2} = \frac{\frac{2}{3} \pm \sqrt{0}}{2} = \frac{\frac{2}{3}}{2} = \frac{1}{3}$$

Allgemeine Lösung

$$y_t = A_1 \lambda^t + A_2 t \lambda^t = (A_1 + A_2 t)\lambda^t$$
$$= A_1 \left(\frac{1}{3}\right)^t + A_2 t \left(\frac{1}{3}\right)^t$$

Berechnung der Konstanten für die Anfangsbedingungen $y_0 = 9$, $y_1 = 5$

$$y_0 = A_1 \left(\frac{1}{3}\right)^0 + A_2 \cdot 0 \left(\frac{1}{3}\right)^0 = 9$$
$$A_1 \qquad\qquad\qquad = 9 = y_0$$

Im Falle $\Delta = 0$ ist die Konstante A_1 stets gleich der 1. Anfangsbedingung. Die beiden linearen Gleichungen, die sich aus den Anfangsbedingungen ergeben, können wir daher sukzessive lösen. Wir setzen A_1 in die 2. Gleichung ein, die sich für $t = 1$ ergibt und lösen nach A_2:

$$y_1 = A_1 \left(\frac{1}{3}\right)^1 + A_2 \cdot 1 \cdot \left(\frac{1}{3}\right)^1 = 5 \quad | \cdot 3$$
$$A_1 \quad + A_2 \qquad = 15$$
$$9 \quad\ + A_2 \qquad = 15$$
$$A_2 \qquad = 6$$

Partikuläre Lösung für die Anfangsbedingungen $y_0 = 9$, $y_1 = 5$

$$y_t = 9 \cdot \left(\frac{1}{3}\right)^t + 6 \cdot t \cdot \left(\frac{1}{3}\right)^t = (9 + 6t) \cdot \left(\frac{1}{3}\right)^t$$

Dynamische Eigenschaften

$$|\lambda| = \frac{1}{3} < 1 \qquad \Rightarrow \qquad \text{konvergent}$$

$$\lambda = \frac{1}{3} > 0 \qquad \Rightarrow \qquad \text{monoton}$$

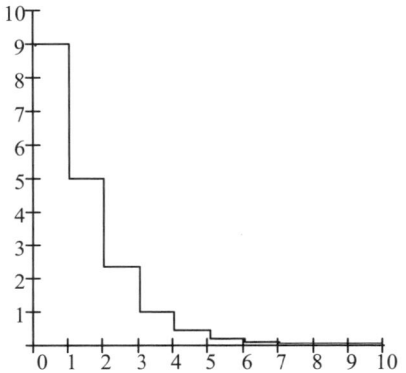

t	y
0	9,000
1	5,000
2	2,333
3	1,000
4	0,407
5	0,160
6	0,062
7	0,023
8	0,009
9	0,003
10	0,001

6.4.5 Exkurs: Komplexe Zahlen

(1) Definition der komplexen Zahl

Die charakteristische Gleichung der homogenen Differenzengleichung 2. Ordnung

$$\lambda^2 + a\lambda + b = 0$$

hat dann keine reellen Wurzeln

$$\lambda_{1/2} = \frac{-a \pm \sqrt{a^2 - 4b}}{2}$$

wenn die Diskriminante negativ ist

$$\Delta = a^2 - 4b < 0 \qquad (\Rightarrow b > 0)$$

Denn es gibt keine reelle Zahl, deren Quadrat negativ ist, also gleich $\Delta < 0$.

BEISPIEL

$$\lambda^2 - 6\lambda + 13 = 0$$

$$\lambda_{1/2} = \frac{6 \pm \sqrt{36 - 52}}{2} = \frac{6 \pm \sqrt{-16}}{2}$$

Wir können die Wurzel aus -16 nicht ziehen, da es keine reelle Zahl gibt, die mit sich selbst multipliziert -16 ergibt.

Wir helfen uns damit, dass wir neue Zahlen einführen, die wir als **imaginäre Zahlen** bezeichnen. Die Einheit der imaginären Zahlen nennen wir i und vereinbaren, dass i gleich der Wurzel aus -1 sein soll:

$$\sqrt{-1} = i \qquad \text{(imaginäre Einheit)}$$

Im Beispiel erhalten wir nun die Lösung

$$\lambda_{1/2} = \frac{6 \pm \sqrt{-16}}{2} = \frac{6 \pm \sqrt{16} \cdot \sqrt{-1}}{2} = \frac{6 \pm 4 \cdot i}{2} = 3 \pm 2i$$

Es handelt sich um eine Zahl, die aus zwei Komponenten besteht, einer reellen Zahl 3 und einer imaginären Zahl $2i$. Allgemein schreiben wir solche Zahlen

$$z = a + bi$$

und bezeichnen sie als **komplexe** Zahlen. Die Zahl a heißt **Realteil** und b **Imaginärteil** der komplexen Zahl.

Jede Zahl lässt sich als komplexe Zahl darstellen. Die Menge der komplexen Zahlen enthält die reellen Zahlen und die reinimaginären Zahlen als Teilmengen.

Wir erhalten für

$a \neq 0, \ b = 0$ die reelle Zahl $z = a$

$a = 0, \ b \neq 0$ die (rein) imaginäre Zahl $z = bi$

$a \neq 0, \ b \neq 0$ die komplexe Zahl $z = a + bi$

Als Lösung der quadratischen Gleichung ergibt sich für $\Delta < 0$ stets ein Paar komplexer Wurzeln

$$z_1 = a + bi$$
$$z_2 = a - bi$$

Diese beiden Zahlen heißen **konjugiert** komplex, d.h. z_2 ist die konjugiert komplexe Zahl zu z_1 und z_1 ist die konjugiert komplexe Zahl zu z_2. Die konjugiert komplexen Zahlen unterscheiden sich nur im Vorzeichen des Imaginärteils.

(2) Darstellung der komplexen Zahlen

a.   Darstellung mit **kartesischen Koordinaten** (Rechteckform)

Die naheliegende geometrische Darstellung der komplexen Zahlen ist die im kartesischen Koordinatensystem. Tragen wir in einem rechtwinkeligen Koordinatensystem den Realteil der komplexen Zahlen $z = a + bi$ auf der Abszisse und den Imaginärteil auf der Ordinate ab, so lässt sich jede komplexe Zahl als Punkt (a, b) mit den Koordinaten a und b darstellen. Dabei bezeichnet a den Abstand zur Ordinate und b den Abstand zur Abszisse.

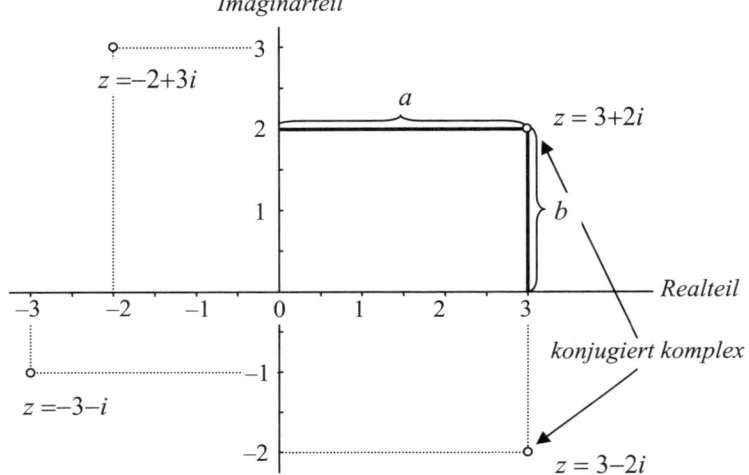

b. Darstellung mit **Polarkoordinaten** (Polarform)

Für das Rechnen mit komplexen Zahlen ist die alternative Darstellung mittels
Polarkoordinaten wichtig. Ein Punkt in der Ebene kann nicht nur durch seine
kartesischen Koordinaten (a, b), sondern auch durch seine Polarkoordinaten
(r, φ) dargestellt werden.

Die Polarkoordinate r bedeutet die **Entfernung** des Punktes zum Ursprung
und die Polarkoordinate φ den **Winkel**, den der Fahrstrahl zum Nullpunkt mit
der Abszisse bildet.

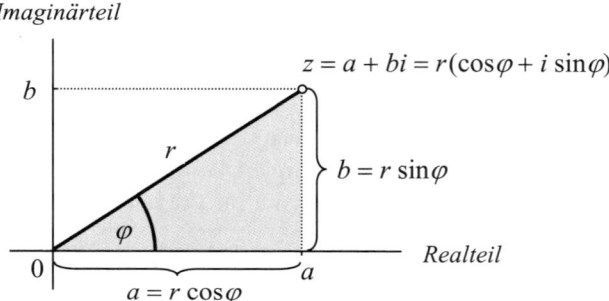

Die Polarkoordinaten (r, φ) können aus den kartesischen Koordinaten (a, b)
berechnet werden. Die Strecken a, b und r bilden ein rechtwinkliges Dreieck.
In einem rechtwinkligen Dreieck gilt:

$$\boxed{r = \sqrt{a^2 + b^2}}$$ (Satz von Pythagoras[1])

Die Seitenverhältnisse des Dreiecks hängen ausschließlich von der Größe des
Winkels φ ab. Das Verhältnis der Seiten b und a wird als **Tangens** von φ
bezeichnet und geschrieben:

$$\tan \varphi = \frac{b}{a}$$

Umgekehrt ist der Winkel eindeutig durch das Seitenverhältnis b/a bestimmt:

$$\boxed{\varphi = \tan^{-1} \frac{b}{a}}$$

Das Verhältnis der Strecken b und r heißt **Sinus** und das Verhältnis der Strecken a und r **Kosinus** von φ und wird geschrieben:

$$\sin \varphi = \frac{b}{r}, \qquad\qquad \cos \varphi = \frac{a}{r}$$

---

[1] Griechischer Philosoph 570–497 v.Chr.

Diese beiden trigonometrischen Beziehungen erlauben es uns nun umgekehrt, die kartesischen Koordinaten (a, b) durch die Polarkoordinaten (r, φ) auszudrücken:

$$\boxed{\begin{aligned} a &= r\cos\varphi \\ b &= r\sin\varphi \end{aligned}}$$

Setzen wir diese Ausdrücke für a und b in die komplexe Zahl ein, so erhalten wir die Darstellung der komplexen Zahlen mit Polarkoordinaten, die sogenannte **Polarform**

$$z = a + bi = r(\cos\varphi + i\sin\varphi)$$

Die Entfernung r zum Nullpunkt heißt **Betrag** und der Winkel φ **Argument** der komplexen Zahl $z = a + bi$.

BEISPIELE

1. Gegeben sei die komplexe Zahl

$$z = 1 + i$$

Betrag

$$r = \sqrt{a^2 + b^2} = \sqrt{1^2 + 1^2} = \sqrt{2}$$

Argument

$$\varphi = \tan^{-1}\frac{b}{a} = \tan^{-1}1 = 45° = \frac{\pi}{4}$$

Polarkoordinaten

$$(r, \varphi) = (1, \frac{\pi}{4})$$

Polarform

$$z = \sqrt{2}\left(\cos\frac{\pi}{4} + i\sin\frac{\pi}{4}\right)$$

2. Gegeben sei die komplexe Zahl

$$z = 3 + 2i$$

Betrag

$$r = \sqrt{a^2 + b^2} = \sqrt{3^2 + 2^2} = \sqrt{13}$$

Argument

$$\varphi = \tan^{-1}\frac{b}{a} = \tan^{-1}\frac{2}{3} = 33{,}69°$$

Polarkoordinaten

$$(r, \varphi) = (\sqrt{13},\ 33.69°)$$

Polarform

$$z = \sqrt{13}\,(\cos 33{,}69° +\ i \sin 33{,}69°)$$

(3) Rechnen mit komplexen Zahlen

Bei der Erweiterung des Systems der reellen Zahlen zum System der komplexen Zahlen bleiben die Rechenregeln für reelle Zahlen gültig.

Mit komplexen Zahlen wird daher gerechnet wie mit reellen und es gelten die Kommutativ- und Assoziativgesetze und das Distributivgesetz.

Addition und Subtraktion lassen sich am einfachsten in der Rechteckform (kartesische Koordinaten), Multiplikation und Division in der Polarform (Polarkoordinaten) ausführen.

Addition und Subtraktion

Gegeben seien zwei beliebige komplexe Zahlen

$$z_1 = a_1 + b_1 i \quad \text{und} \quad z_2 = a_2 + b_2 i$$

Für die Addition (Subtraktion) gilt dann:

$$z_1 \pm z_2 = (a_1 + b_1 i) \pm (a_2 + b_2 i)$$
$$= (a_1 \pm a_2) + (b_1 \pm b_2)\,i$$

Komplexe Zahlen werden addiert (subtrahiert), indem man ihre Realteile und ihre Imaginärteile addiert (subtrahiert).

Multiplikation

Wenn wir die Multiplikation der komplexen Zahlen mit kartesischen Koordinaten vornehmen, dann erhalten wir:

$$z_1 \cdot z_2 = (a_1 + b_1 i)(a_2 + b_2 i)$$
$$= (a_1 a_2 - b_1 b_2) + (a_1 b_2 + a_2 b_1)\,i$$

Dabei benutzen wir die Eigenschaft der imaginären Einheit

$$i^2 = -1$$

Verwenden wir dagegen die Polarform der komplexen Zahlen

$$z_1 = a_1 + b_1 i = r_1 (\cos\varphi_1 + i \sin\varphi_1)$$
$$z_2 = a_2 + b_2 i = r_2 (\cos\varphi_2 + i \sin\varphi_2)$$

dann ergibt sich

$$z_1 \cdot z_2 = r_1 (\cos\varphi_1 + i \sin\varphi_1) \cdot r_2 (\cos\varphi_2 + i \sin\varphi_2)$$
$$= r_1 r_2 \left[(\cos\varphi_1 \cos\varphi_2 - \sin\varphi_1 \sin\varphi_2) + (\cos\varphi_1 \sin\varphi_2 + \sin\varphi_1 \cos\varphi_2) i \right]$$

Mit den Additionstheoremen für trigonometrische Funktionen

$$\cos(\varphi_1 \pm \varphi_2) = \cos\varphi_1 \cos\varphi_2 \mp \sin\varphi_1 \sin\varphi_2$$
$$\sin(\varphi_1 \pm \varphi_2) = \sin\varphi_1 \cos\varphi_2 \pm \cos\varphi_1 \sin\varphi_2$$

folgt

$$z_1 \cdot z_2 = r_1 r_2 \left[\cos(\varphi_1 + \varphi_2) + i \sin(\varphi_1 + \varphi_2) \right]$$

Damit gilt die einfache Regel für die Multiplikation komplexer Zahlen:

Zwei komplexe Zahlen werden multipliziert, indem man ihre Beträge multipliziert und ihre Argumente addiert.

BEISPIELE

1. $z_1 z_2 = i \cdot i = \left[1 \cdot \left(\cos\dfrac{\pi}{2} + i \sin\dfrac{\pi}{2} \right) \right]^2 = 1^2 \cdot (\underbrace{\cos\pi}_{=-1} + i \underbrace{\sin\pi}_{=0}) = 1 \cdot (-1) = -1$

2. $z_1 z_2 = -2 \cdot 3 i = \left[2(\cos\pi + i \sin\pi) \right] \left[3 (\cos(\pi/2) + i \sin(\pi/2)) \right]$

    $= 6 \left[\underbrace{\cos(3\pi/2)}_{=0} + i \underbrace{\sin(3\pi/2)}_{=-1} \right] = -6 i$

Division

Dividieren wir zwei komplexe Zahlen in Polarform

$$\frac{z_1}{z_2} = \frac{r_1 (\cos\varphi_1 + i \sin\varphi_1)}{r_2 (\cos\varphi_2 + i \sin\varphi_2)}$$

und erweitern mit $(\cos\varphi_2 - i \sin\varphi_2)$, dann ergibt sich:

$$\frac{z_1}{z_2} = \frac{r_1\,(\cos\varphi_1 + i\sin\varphi_1)}{r_2\,(\cos\varphi_2 + i\sin\varphi_2)} \cdot \frac{(\cos\varphi_2 - i\sin\varphi_2)}{(\cos\varphi_2 - i\sin\varphi_2)}$$

$$= \frac{r_1\,\big[(\cos\varphi_1\cos\varphi_2 + \sin\varphi_1\sin\varphi_2) + i(\sin\varphi_1\cos\varphi_2 - \cos\varphi_1\sin\varphi_2)\big]}{r_2\,\underbrace{(\cos^2\varphi_2 + \sin^2\varphi_2)}_{=1}}$$

Mit den Additionstheoremen für trigonometrische Funktionen folgt:

$$\frac{z_1}{z_2} = \frac{r_1}{r_2}\,\big[\cos(\varphi_1 - \varphi_2) + i\sin(\varphi_1 - \varphi_2)\big]$$

Zwei komplexe Zahlen werden dividiert, indem man ihre Beträge dividiert und ihre Argumente subtrahiert.

BEISPIEL

$$\frac{z_1}{z_2} = \frac{1}{i} = \frac{1\cdot(\cos 0 + i\sin 0)}{1\cdot(\cos\frac{\pi}{2} + i\sin\frac{\pi}{2})} = 1\cdot[\underbrace{\cos(-\frac{\pi}{2})}_{=0} + i\underbrace{\sin(-\frac{\pi}{2})}_{=-1}] = -i$$

Potenzieren

Die Potenz z^n $(n \in \mathbf{N})$ einer komplexen Zahl erhalten wir durch Verallgemeinerung der Multiplikationsregel:

$$z^n = r^n(\cos\varphi + i\sin\varphi)^n$$

$$= r^n\big[\cos(\varphi + \varphi + \ldots + \varphi) + i\sin(\varphi + \varphi + \ldots + \varphi)\big]$$

$$= r^n(\cos n\varphi + i\sin n\varphi)$$

Wegen der Regel für die Division komplexer Zahlen gilt die Potenzregel auch für $n \in \mathbf{Z}$, d.h. auch für negative ganze Zahlen.

In der Verallgemeinerung heißt die Regel

Satz von Moivre[1]

Für jede komplexe Zahl $z \neq 0$ und jede rationale Zahl $q \in \mathbf{Q}$ gilt:

$$z^q = r^q(\cos\varphi + i\sin\varphi)^q = r^q(\cos q\varphi + i\sin q\varphi)$$

---

[1] Abraham de Moivre 1667–1754, französischer Mathematiker

Damit gilt für das Potenzieren komplexer Zahlen:

Die *n*-te Potenz einer komplexen Zahl erhält man, indem man den Betrag mit *n* potenziert und das Argument mit *n* multipliziert.

BEISPIEL

$$z^n = (1+i)^4 = \left[\sqrt{2}\left(\cos\frac{\pi}{4} + i\sin\frac{\pi}{4}\right)\right]^4 = \sqrt{2}^4\left(\cos\frac{\pi}{4}\cdot 4 + i\sin\frac{\pi}{4}\cdot 4\right)$$

$$= 4\cdot(\underbrace{\cos\pi}_{=-1} + i\underbrace{\sin\pi}_{=0}) = 4\cdot(-1) = -4$$

6.4.6 Fall $\Delta < 0$: Komplexe Wurzeln

Wenn die Diskriminante negativ ist, erhalten wir als Lösung der charakteristischen Gleichung zwei konjugiert komplexe Wurzeln λ_1 und λ_2 :

$$\lambda_1 = \frac{-a + i\sqrt{-\Delta}}{2} \;\; ; \;\; \lambda_2 = \frac{-a - i\sqrt{-\Delta}}{2} \qquad i = \sqrt{-1}$$

Bezeichnen wir den Realteil mit α und den Imaginärteil mit β (zur Unterscheidung von den Koeffizienten a und b der Differenzengleichung verwenden wir griechische Buchstaben), dann gilt:

$$\alpha = -\frac{a}{2} \;\; ; \;\; \beta = \frac{1}{2}\sqrt{-\Delta} = \frac{1}{2}\sqrt{-(a^2 - 4b)}$$

Die komplexen Wurzeln haben nun wieder die einfache Form

$$\lambda_1 = \alpha + i\beta \;\; ; \qquad \lambda_2 = \alpha - i\beta$$

Die allgemeine Lösung lautet dann nach dem allgemeinen Lösungsprinzip

$$y_t = A'\lambda_1^t + A''\lambda_2^t = A'(\alpha + i\beta)^t + A''(\alpha - i\beta)^t$$

Dabei sind A' und A'' zwei beliebige Konstanten, die wir später wieder durch A_1 und A_2 substituieren werden.

Da komplexe Zahlen sich am einfachsten in der Polarform potenzieren lassen, ersetzen wir die komplexen Wurzeln durch ihre Polarform:

$$y_t = A'\left[r(\cos\varphi + i\sin\varphi)\right]^t + A''\left[r(\cos\varphi - i\sin\varphi)\right]^t$$

$$= A'r^t(\cos\varphi + i\sin\varphi)^t + A''r^t(\cos\varphi - i\sin\varphi)^t$$

$$= r^t\left[A'(\cos\varphi + i\sin\varphi)^t + A''(\cos\varphi - i\sin\varphi)^t\right]$$

Mit dem Satz von Moivre folgt

$$y_t = r^t \left[A'(\cos\varphi t + i\sin\varphi t) + A''(\cos\varphi t - i\sin\varphi t) \right]$$

$$= r^t \left[\underbrace{(A' + A'')}_{A_1}\cos\varphi t + \underbrace{(A' - A'')i}_{A_2}\sin\varphi t \right]$$

Wir setzen nun

$$A_1 = A' + A'' \quad \text{und} \quad A_2 = (A' - A'')i$$

und erhalten die Lösung

$$y_t = r^t \left[A_1 \cos\varphi t + A_2 \sin\varphi t \right]$$

Die allgemeine Lösung y_t ist reell, wenn A' und A'' konjugiert komplexe Zahlen sind z.B.

$$A' = c + di \qquad A'' = c - di \qquad\qquad c, d \in \mathbf{R}$$

wobei c und d reelle Zahlen sind. Die Berechnung von A_1 und A_2 ergibt dann

$$A_1 = A' + A'' = c + di + c - di = 2c \qquad\qquad \in \mathbf{R}$$

$$A_2 = (A' - A'')i = ci + di^2 - ci + di^2 = -2d \in \mathbf{R} \qquad ; \quad i^2 = -1$$

D.h. A_1 und A_2 sind reell und damit auch die allgemeine Lösung.

Also gilt:

> **Allgemeine Lösung**
>
> Die allgemeine Lösung der homogenen Differenzengleichung 2. Ordnung lautet im Falle $\Delta < 0$:
>
> $$\boxed{y_t = r^t \left[A_1 \cos\varphi t + A_2 \sin\varphi t \right]}$$
>
> und enthält zwei unbestimmte Konstanten A_1 und A_2.

Es handelt sich um eine **trigonometrische Oszillation**, die auf der Überlagerung einer Kosinusfunktion und Sinusfunktion beruht und die als gedämpfte harmonische Schwingung bezeichnet wird.

Formal ist die allgemeine Lösung das Produkt einer diskreten Exponentialfunktion und der Linearkombination zweier Winkelfunktionen der Zeit in der Klammer.

Durch die Linearkombination der Kosinus- und Sinusfunktion wird eine ungedämpfte harmonische Schwingung erzeugt. Die Konstante A_1 ist die Amplitude der Kosinusfunktion und A_2 die Amplitude der Sinusfunktion. Die harmonische Oszillation ist eine periodische Funktion der Zeit, die sich nach einer endlichen

Zahl von Zeitperioden wiederholt. Die Zeit, die vergeht, bis eine vollständige Oszillation abgeschlossenen ist, wird als **Oszillationsperiode** bezeichnet und beträgt:

$$T = \frac{2\pi}{\varphi}$$

Der Kehrwert der Oszillationsperiode ist die **Oszillationsfrequenz**, die angibt, wie viele Oszillationen in einer Zeitperiode stattfinden:

$$f = \frac{1}{T} = \frac{\varphi}{2\pi}$$

Bei stetiger Betrachtung ($\varphi \to 0$) erhalten wir mit $A_1 = A_2 = 1$ folgendes Bild:

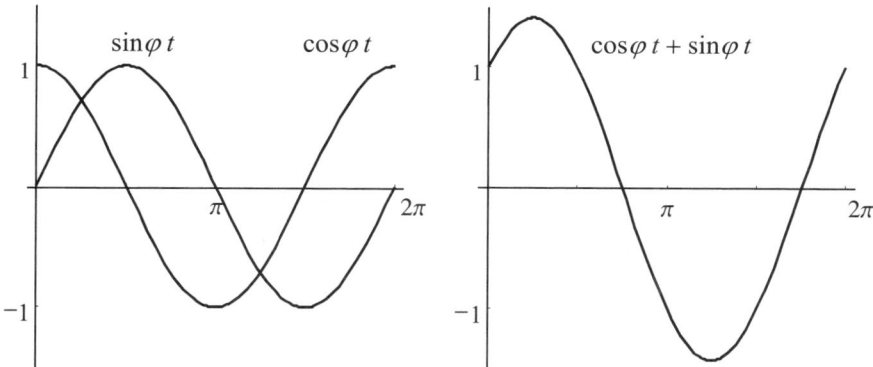

In der allgemeinen Lösung der Differenzengleichung 2. Ordnung treten im Fall $\Delta < 0$ **diskrete** Kosinus- und Sinusfunktionen auf, die nur für ganzzahlige Vielfache des konstanten Winkels φ definiert sind und daher durch einen Polygonzug dargestellt werden müssen.

Die **Amplitude** der Oszillation r^t ist eine diskrete Exponentialfunktion der Zeit.

Die Amplitude ist konstant, steigt oder fällt mit der Zeit je nachdem, ob der Betrag $r = 1$, $r > 1$ oder $r < 1$ ist. Nur dann, wenn $r < 1$ ist, verläuft die Oszillation gedämpft, ist die Lösung also konvergent.

Damit gilt das folgende Schema für die dynamischen Eigenschaften der Lösung:

$$
\left.\begin{array}{l} r < 1 \quad \text{konvergent} \\ r > 1 \quad \text{divergent} \\ r = 1 \quad \text{konstant} \end{array}\right\}
\left\{\begin{array}{l} \text{trigonometrische Oszillation} \\ \\ \text{Oszillationsperiode } T = \dfrac{2\pi}{\varphi} \end{array}\right.
$$

Der Verlauf der Sinus- und Kosinusfunktion lässt sich mit Hilfe des Einheitskreises veranschaulichen.

Unter dem **Einheitskreis** verstehen wir einen Kreis mit dem Radius $r = 1$ um den Koordinatenschnittpunkt eines ebenen Koordinatensystems.

Jedem Winkel φ entspricht ein Punkt P auf dem Einheitskreis mit den Koordinaten:

$$b = \sin\varphi, \quad a = \cos\varphi$$

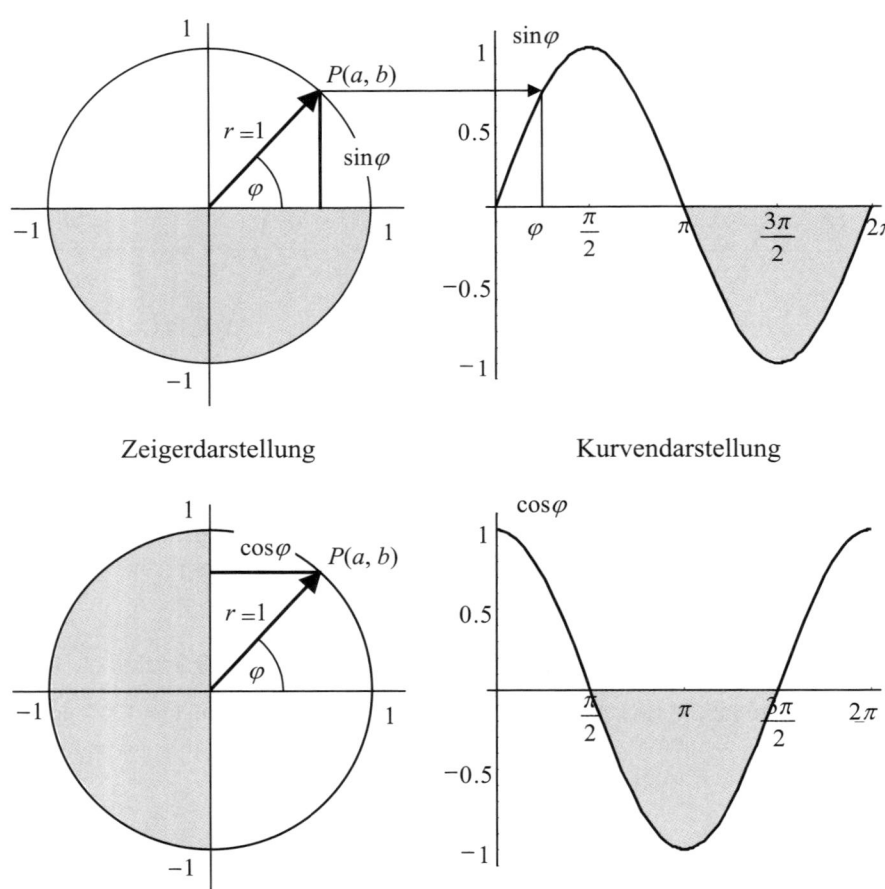

Zeigerdarstellung   Kurvendarstellung

Lassen wir nun einen Zeiger entgegen dem Uhrzeigersinn (mathematisch positiver Drehsinn) auf dem Einheitskreis rotieren, dann durchläuft P bei $(0, 1)$ beginnend alle Punkte auf dem Einheitskreis. Der Winkel φ, den der Zeiger mit der Abszisse bildet, nimmt dabei alle Winkel zwischen 0 und 2π an. Der Winkel kann in Grad oder im Bogenmaß angegeben werden. Das Bogenmaß ist die Länge des Kreisbogens auf dem Einheitskreis mit dem Umfang 2π, die dem Winkel $\varphi°$ entspricht. Für die Umrechnung von Grad in Bogenmaß gilt

$$\varphi = \varphi° \frac{2\pi}{360°}$$

Der **Sinus** ist der **Abstand des Punktes *P* zur Abszisse**. In der Grundstellung steht der Zeiger horizontal, der Winkel φ und der Sinus sind null. Dreht der Zeiger nun gegen den Uhrzeigersinn nach oben, dann wächst der Winkel φ und der Abstand von *P* zur Abszisse. Steht der Zeiger senkrecht, beträgt der Winkel $\pi/2$ und der Sinus nimmt seinen maximalen Wert 1 an. Dreht der Zeiger weiter in den 2. Quadranten, nimmt der Sinus mit wachsendem φ wieder ab. In der horizontalen Stellung beim Winkel π wird der Sinus wieder null.

Im 3. und 4. Quadranten weist der Zeiger nach unten, liegt *P* also unterhalb der Abszisse. Da der Abstand zur Abszisse eine gerichtete Strecke ist, wird der Sinus negativ. Bei $3\pi/2$ nimmt der Sinus seinen kleinsten Wert -1 an und steigt danach solange an, bis bei 2π der Einheitskreis durchlaufen ist. Hier nimmt der Sinus wieder seinen Anfangswert null an.

Übertragen wir den Zusammenhang zwischen dem Winkel φ, den der Zeiger mit der Abszisse bildet und dem zugehörigen Sinus in ein neues Diagramm, in dem wir den Sinus auf der Ordinate abtragen, dann erhalten wir die Kurvendarstellung des Sinus. Die Sinuskurve hat Nullstellen bei 0, π und 2π, ein Maximum bei $\pi/2$ und ein Minimum bei $3\pi/2$. Die Sinusfunktion ist eine reelle **periodische Funktion** mit der **Periode 2π**, deren Werte sich also nach 2π wiederholen.

Der **Kosinus** ist der **Abstand des Punktes *P* zur Ordinate**. In der horizontalen Zeigerstellung $\varphi = 0$ hat der Kosinus den maximalen Wert 1 und sinkt dann mit wachsendem φ auf null bei $\varphi = \pi/2$. Im 2. und 3. Quadranten weist der Zeiger nach links, liegt *P* also links der Ordinate und der Kosinus ist negativ. Beim Winkel π nimmt der Kosinus seinen kleinsten Wert -1 an und steigt dann wieder an. Beim Winkel $3\pi/2$ wird der Kosinus null und erreicht bei 2π wieder den maximalen Wert 1.

Die Kurvendarstellung zeigt, dass die Kosinusfunktion gegenüber der Sinusfunktion um $\pi/2$ phasenverschoben ist:

$$\cos\varphi = \sin(\varphi + \frac{\pi}{2})$$

Die **Kosinusfunktion ist ein Sonderfall der Sinusfunktion**. Durch Phasenverschiebung der Sinusfunktion um $\pi/2$ ergibt sich die Kosinusfunktion.

Der Betrag r der komplexen Wurzeln λ_1 und λ_2 der charakteristischen Gleichung lässt sich auf die Koeffizienten der Differenzengleichung zurückführen.

Es gilt:

$$r = \sqrt{\alpha^2 + \beta^2} \qquad \text{mit } \lambda_{1/2} = \alpha \pm i\beta$$

Dabei sind α der Realteil und β der Imaginärteil der Wurzeln der charakteristischen Gleichung:

$$\alpha = -\frac{a}{2} \ ; \ \ \beta = \frac{\sqrt{-\Delta}}{2} = \frac{\sqrt{-(a^2 - 4b)}}{2} = \frac{\sqrt{4b - a^2}}{2}$$

Eingesetzt

$$r = \sqrt{\frac{a^2}{4} + \frac{4b - a^2}{4}}$$

$$= \sqrt{\frac{a^2 + 4b - a^2}{4}}$$

$$= \sqrt{\frac{4b}{4}}$$

$$= \sqrt{b} \qquad b > 0$$

Folglich gilt:

$$r < 1 \ \Leftrightarrow \ b < 1$$
$$r > 1 \ \Leftrightarrow \ b > 1$$
$$r = 1 \ \Leftrightarrow \ b = 1$$

Damit hängt das Konvergenzverhalten der Lösung im Falle $\Delta < 0$ ausschließlich von der Größe des Koeffizienten b der Differenzengleichung ab, der in diesem Falle immer positiv ist.

Konvergenzverhalten

Die Lösung y_t der homogenen Differenzengleichung 2. Ordnung oszilliert

- mit fallender Amplitude, wenn $r < 1 \ \Leftrightarrow \ b < 1$
- mit steigender Amplitude, wenn $r > 1 \ \Leftrightarrow \ b > 1$
- mit konstanter Amplitude, wenn $r = 1 \ \Leftrightarrow \ b = 1$

Eine gedämpfte Oszillation der Lösung y_t liegt genau dann vor, wenn die **Stabilitätsbedingung**

$$b < 1 \ \text{ bzw. } \ 1 - b > 0$$

erfüllt ist.

BEISPIELE

1. $y_t - 2y_{t-1} + 2y_{t-2} = 0$

   Charakteristische Gleichung

   $$\lambda^2 - 2\lambda + 2 = 0$$

   Wurzeln

   $$\lambda_{1/2} = \frac{2 \pm \sqrt{2^2 - 4 \cdot 2}}{2} = \frac{2 \pm \sqrt{4 - 8}}{2} = \frac{2 \pm \sqrt{-4}}{2} = \frac{2 \pm i\sqrt{4}}{2}$$

   $$= \frac{2 \pm 2i}{2} = 1 \pm i$$

   Polarkoordinaten

   $$r = \sqrt{\alpha^2 + \beta^2} = \sqrt{1^2 + 1^2} = \sqrt{2}$$

   $$\varphi = \tan^{-1}\frac{\beta}{\alpha} = \tan^{-1}\frac{1}{1} = 45° = \frac{\pi}{4}$$

   Allgemeine Lösung

   $$y_t = r^t \left[A_1 \cos\varphi t + A_2 \sin\varphi t \right]$$

   $$= \sqrt{2}^t \left[A_1 \cos 45° t + A_2 \sin 45° t \right]$$

   Berechnung der **Konstanten** für die Anfangsbedingungen $y_0 = 4$, $y_1 = 5$

   $$y_0 = \sqrt{2}^0 \left[A_1 \cos(45°\cdot 0) + A_2 \sin(45°\cdot 0) \right] = 4$$

   $$A_1 \underbrace{\cos 0}_{=1} \quad + A_2 \underbrace{\sin 0}_{=0} \quad = 4$$

   $$A_1 = 4$$

   $$y_1 = \sqrt{2}^1 \left[A_1 \cos(45°\cdot 1) + A_2 \sin(45°\cdot 1) \right] = 5$$

   $$\sqrt{2} \left[A_1 \frac{1}{\sqrt{2}} \quad + A_2 \frac{1}{\sqrt{2}} \quad \right] = 5$$

   $$A_1 \; + \; A_2 = 5$$

Die linearen Gleichungen für A_1 und A_2, die sich aus den Anfangsbedingungen ergeben, werden hier sukzessive gelöst. Aus der 1. Gleichung ergibt sich stets A_1. Wird A_1 in die 2. Gleichung eingesetzt, ergibt sich A_2:

$$4 + A_2 = 5$$

$$A_2 = 5 - 4 = 1$$

Partikuläre Lösung für die Anfangsbedingungen $y_0 = 4$, $y_1 = 5$

$$y_t = \sqrt{2}^{\,t}\left[4\cos 45°\,t + \sin 45°\,t\right]$$

Dynamische Eigenschaften der Lösung

Es handelt sich um eine trigonometrische Oszillation. Die Oszillationsperiode beträgt

$$T = \frac{2\pi}{\varphi} = \frac{2\pi}{\pi/4} = 8$$

d.h. nach 8 Perioden ist eine Oszillation abgeschlossen.

Die Amplitude wächst mit der Zeit, da der Betrag größer als 1 ist

$$r = \sqrt{2} > 1 \quad \text{bzw.} \quad b = 2 > 1$$

Die Lösung ist daher divergent (instabil).

Für die erste Oszillationsperiode erhalten wir folgendes Bild:

t	$\sqrt{2}^{\,t}$	$4\cos\dfrac{\pi}{4}t$	$\sin\dfrac{\pi}{4}t$	$\sqrt{2}^{\,t}(4\cos\dfrac{\pi}{4}t + \sin\dfrac{\pi}{4}t)$
0	1	$4 \cdot 1$	0	4
1	$\sqrt{2}$	$4 \cdot 1/\sqrt{2}$	$1/\sqrt{2}$	$1 \cdot (4+1) = 5$
2	2	$4 \cdot 0$	1	2
3	$2\sqrt{2}$	$4 \cdot -1/\sqrt{2}$	$1/\sqrt{2}$	$2 \cdot (-4+1) = -6$
4	4	$4 \cdot (-1)$	0	-16
5	$4\sqrt{2}$	$4 \cdot -1/\sqrt{2}$	$-1/\sqrt{2}$	$4 \cdot (-4-1) = -20$
6	8	$4 \cdot 0$	-1	-8
7	$8\sqrt{2}$	$4 \cdot 1/\sqrt{2}$	$-1/\sqrt{2}$	$8 \cdot (4-1) = 24$
8	16	$4 \cdot 1$	0	64

Betrachten wir die Komponenten der Lösung:

In der Klammer haben wir eine Kosinusfunktion mit der Amplitude 4

$$y_t = 4\cos 45°t$$

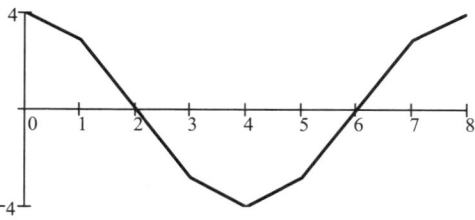

und eine Sinusfunktion mit der Amplitude 1

$$y_t = \sin 45°t$$

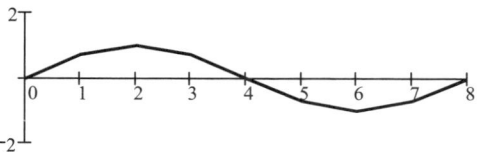

Die Linearkombination der Kosinusfunktion und der Sinusfunktion in der Klammer ist eine periodische Oszillation, die durch die Kosinusfunktion dominiert wird

$$y_t = 4\cos 45°t + \sin 45°t$$

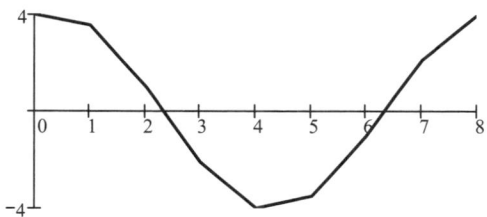

Durch die Multiplikation mit $\sqrt{2}^{\,t}$ wird die Amplitude der Oszillation eine steigende Funktion der Zeit

$$y_t = \sqrt{2}^{\,t}\left[4\cos 45°t + \sin 45°t\right]$$

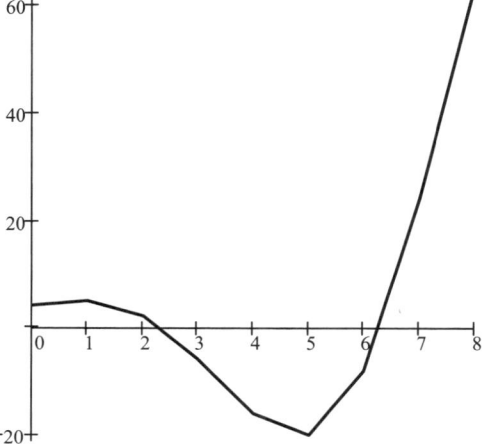

2. $y_t - \dfrac{1}{2} y_{t-1} + \dfrac{1}{4} y_{t-2} = 0$

Charakteristische Gleichung

$$\lambda^2 - \frac{1}{2}\lambda + \frac{1}{4} = 0$$

Wurzeln

$$\lambda_{1/2} = \frac{\dfrac{1}{2} \pm \sqrt{\dfrac{1}{4} - 4 \cdot \dfrac{1}{4}}}{2} = \frac{\dfrac{1}{2} \pm \sqrt{\dfrac{1-4}{4}}}{2} = \frac{\dfrac{1}{2} \pm \dfrac{\sqrt{3}}{2}i}{2} = \frac{1}{4} \pm \frac{\sqrt{3}}{4}i$$

Polarkoordinaten

$$r = \sqrt{\alpha^2 + \beta^2} = \sqrt{\frac{1}{16} + \frac{3}{16}} = \sqrt{\frac{4}{16}} = \sqrt{\frac{1}{4}} = \frac{1}{2}$$

$$\varphi = \tan^{-1}\frac{\beta}{\alpha} = \tan^{-1}\frac{\dfrac{\sqrt{3}}{4}}{\dfrac{1}{4}} = \tan^{-1}\sqrt{3} = 60° = \frac{\pi}{3}$$

Allgemeine Lösung

$$y_t = r^t \left[A_1 \cos\varphi t + A_2 \sin\varphi t \right]$$

$$= \frac{1}{2^t} \left[A_1 \cos 60° t + A_2 \sin 60° t \right]$$

Konstante für die Anfangsbedingungen $y_0 = 40$, $y_1 = 27{,}32$

$$y_0 = \frac{1}{2^0} \left[A_1 \cos(60° \cdot 0) + A_2 \sin(60° \cdot 0) \right] = 40$$

$$A_1 \underbrace{\cos 0}_{=1} + A_2 \underbrace{\sin 0}_{=0} = 40$$

$$A_1 = 40$$

$$y_1 = \frac{1}{2^1} \left[A_1 \cos(60° \cdot 1) + A_2 \sin(60° \cdot 1) \right] = 27{,}32$$

$$\frac{1}{2} \left[40 \cos 60° + A_2 \sin 60° \right] = 27{,}32$$

$$\frac{1}{2} \left[40 \cdot \frac{1}{2} + A_2 \frac{\sqrt{3}}{2} \right] = 27{,}32$$

$$40 \cdot \frac{1}{4} + A_2 \frac{\sqrt{3}}{4} = 27{,}32$$

$$A_2 \frac{\sqrt{3}}{4} = 17{,}32$$

$$A_2 = \frac{4 \cdot 17{,}32}{\sqrt{3}} = 4 \cdot 10 = 40$$

Partikuläre Lösung für die gegebenen Anfangsbedingungen

$$y_t = \frac{1}{2^t} \left[40 \cos 60^\circ t + 40 \sin 60^\circ t \right]$$

Dynamische Eigenschaften der Lösung

Es handelt sich um eine trigonometrische Oszillation. Die Oszillationsperiode beträgt

$$T = \frac{2\pi}{\varphi} = \frac{2\pi}{\pi/3} = 6$$

d.h. nach 6 Perioden ist eine Oszillation abgeschlossen.

Die Amplitude fällt mit der Zeit, da der Betrag kleiner als 1 ist

$$r = \frac{1}{2} < 1 \quad \text{bzw.} \quad b = \frac{1}{4} < 1$$

Die Lösung ist konvergent (stabil).

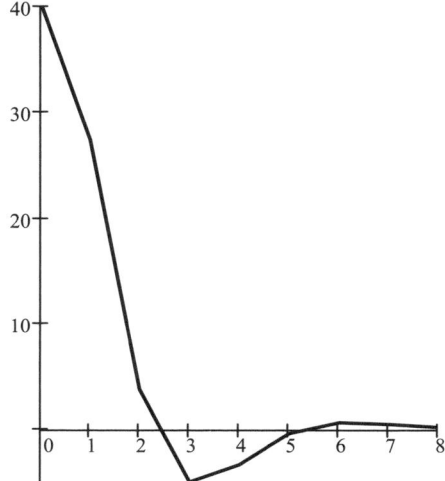

t	y
0	40,000
1	27,321
2	3,660
3	−5,000
4	−3,415
5	−0,458
6	0,625
7	0,427
8	0,057
9	−0,078
10	−0,053
11	−0,007
12	0,010

6.4.7 Stabilitätsbedingungen (Koeffizientenkriterien)

Auch in den Fällen reeller Wurzeln lässt sich anhand der Koeffizienten der charakteristischen Gleichung die Stabilität der Lösung überprüfen. Es gelten die

> **Koeffizientenkriterien**
>
> Die Lösung der homogenen Differenzengleichung 2. Ordnung ist genau
> dann stabil, wenn die folgenden Ungleichungen erfüllt sind:
>
> (1) $1 + a + b > 0$
>
> (2) $1 - a + b > 0$
>
> (3) $1 - b > 0$
>
> Genau dann sind die Wurzeln der charakteristischen Gleichung (ob reell
> oder komplex) absolut kleiner als eins.

Beweis

Für die reellen Wurzeln betrachten wir den Graphen der Parabel

$$f(\lambda) = \lambda^2 + a\lambda + b$$

mit der Scheitelpunktform

$$f(\lambda) = \left(\lambda + \frac{a}{2}\right)^2 - \frac{a^2}{4} + b = \left(\lambda + \frac{a}{2}\right)^2 - \frac{\Delta}{4}$$

Es handelt sich um eine nach oben geöffnete Parabel mit dem Scheitelpunkt

$$(\lambda_0, y_0) = \left(-\frac{a}{2}, -\frac{\Delta}{4}\right)$$

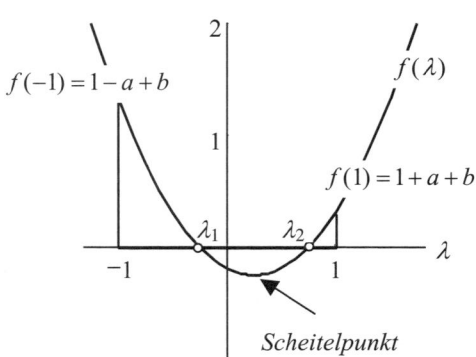

Die Wurzeln λ_1 und λ_2 sind die Nullstellen der Parabel.

Notwendige Bedingung dafür, dass beide Wurzeln absolut kleiner als 1 sind, ist, dass $f(\lambda)$ an den Stellen -1 und 1 positiv ist:

$$f(1) \,= 1 + a + b > 0$$
$$f(-1) = 1 - a + b > 0$$

Diese Bedingungen sind aber nicht hinreichend. Es ist möglich, dass sie erfüllt sind und die beiden Wurzeln dennoch absolut größer als eins sind:

    a. $\lambda_1, \lambda_2 < -1$

    b. $1 < \lambda_1, \lambda_2$

Daher müssen wir überlegen, wie wir die Fälle a. und b. ausschließen können.

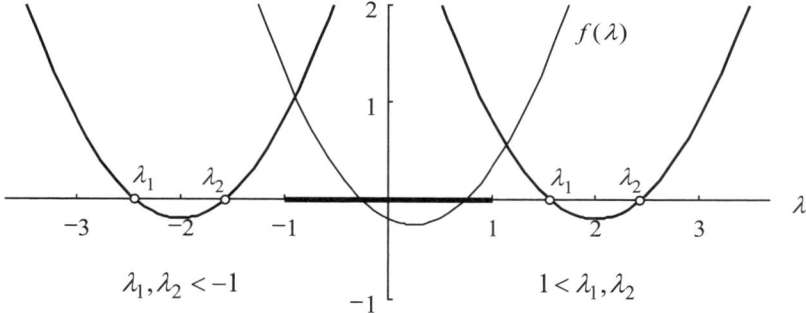

In den Fällen a. und b. haben beide Wurzeln dasselbe Vorzeichen und sind beide absolut größer als 1. Daher gilt:

$$\lambda_1 \cdot \lambda_2 > 1$$

Setzen wir für die Wurzeln ein:

$$\lambda_1 \cdot \lambda_2 = \frac{-a + \sqrt{\Delta}}{2} \cdot \frac{-a - \sqrt{\Delta}}{2} = \frac{(-a)^2 - \sqrt{\Delta}^2}{4}$$
$$= \frac{a^2 - (a^2 - 4b)}{4} = \frac{a^2 - a^2 + 4b}{4} = \frac{4b}{4}$$
$$= b > 1$$

Durch die zusätzliche Bedingung $b < 1$ oder

$$1 - b > 0$$

werden die Fälle a. und b. ausgeschlossen.

Im Falle komplexer Wurzeln ist $\Delta < 0$, liegt die Parabel also oberhalb der x-Achse; die Bedingungen (1) und (2) sind daher stets erfüllt. Die Bedingung (3) ist identisch mit der bereits hergeleiteten Stabilitätsbedingung.

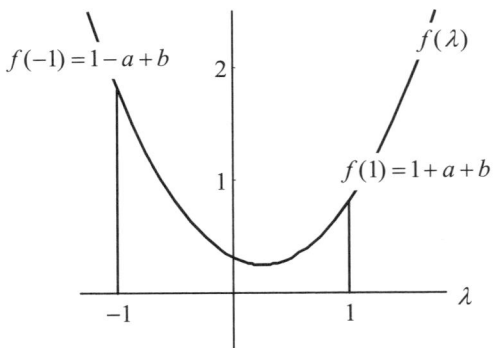

ÜBUNG 6.4

1. Ermitteln Sie für die folgenden Differenzengleichungen die allgemeine Lösung und die partikuläre Lösung für die gegebenen Anfangsbedingungen!

    a. $2y_t - y_{t-1} - y_{t-2} = 0$ $\qquad$ $y_0 = 9,\ y_1 = 3$

    b. $4y_t - 4y_{t-1} + y_{t-2} = 0$ $\qquad$ $y_0 = 10,\ y_1 = 17$

    c. $6y_t - y_{t-1} - 2y_{t-2} = 0$ $\qquad$ $y_0 = 10,\ y_1 = 2$

    d. $y_t + \dfrac{2}{5}y_{t-1} - \dfrac{3}{5}y_{t-2} = 0$ $\qquad$ $y_0 = 11,\ y_1 = -3$

    e. $8y_t - 4y_{t-1} + y_{t-2} = 0$ $\qquad$ $y_0 = 10,\ y_1 = 3$

    f. $4y_t - 6y_{t-1} + 3y_{t-2} = 0$ $\qquad$ $y_0 = 4,\ y_1 = 3$

    g. $y_t - \dfrac{1}{2}y_{t-1} + \dfrac{1}{4}y_{t-2} = 0$ $\qquad$ $y_0 = 16,\ y_1 = 2$

    Prüfen Sie die Stabilität und charakterisieren Sie den zeitlichen Verlauf der Lösungen!

2. Nehmen Sie im Fibonacci-Beispiel an, es werden 2 Kaninchenpaare ausgesetzt.

    a. Wie lautet nun die Differenzengleichung für die Populationsdynamik der Kaninchen und wie die Anfangsbedingungen?

    b. Wie viele Kaninchenpaare gibt es nach 12 Monaten, wenn keine Kaninchen sterben? Berechnen Sie die Populationsentwicklung durch Rekursion für die ersten 12 Monate und stellen Sie die Entwicklung grafisch dar!

    c. Ermitteln Sie die allgemeine und die spezielle Lösung der Differenzengleichung für die gegebenen Anfangsbedingungen!

6.5 Inhomogene Differenzengleichungen 2. Ordnung

Gegeben sei die inhomogene Differenzengleichung 2. Ordnung:

$$y_t + a y_{t-1} + b y_{t-2} = c \qquad c \neq 0$$

Die Lösung finden wir mit dem allgemeinen Verfahren, dass wir bei den Differenzengleichungen 1. Ordnung kennengelernt haben:

> **Allgemeines Lösungsverfahren**
>
> Die allgemeine Lösung der inhomogenen Differenzengleichung 2. Ordnung ergibt sich als Summe
>
> - der allgemeinen Lösung der homogenen Differenzengleichung und
> - einer partikulären Lösung der inhomogenen Differenzengleichung

Da wir die allgemeine Lösung der homogenen Differenzengleichung 2. Ordnung bereits kennen, benötigen wir nur noch eine geeignete partikuläre Lösung.

6.5.1 Partikuläre Lösung

Bei der partikulären Lösung können wir drei Lösungsfälle unterscheiden, die von den Werten der Koeffizienten der Differenzengleichung abhängen.

Fall 1

Eine partikuläre Lösung erhalten wir mit dem Lösungsansatz:

$$(1) \qquad \hat{y}_t = \alpha$$

Wir setzen in die inhomogene Differenzengleichung $\hat{y}_t = \alpha$ ein

$$\alpha + a\alpha + b\alpha = c$$

und lösen nach α auf

$$\alpha = \frac{c}{1 + a + b} \qquad \text{mit } 1 + a + b \neq 0$$

Also lautet die partikuläre Lösung in diesem Fall:

$$\hat{y}_t = \frac{c}{1 + a + b} \qquad \text{mit } 1 + a + b \neq 0$$

Fall 2

Für $1 + a + b = 0$ versagt dieser Lösungsansatz und wir wählen nun wieder als Lösungsansatz die nächsthöhere Potenz von t:

(2) $\hat{y}_t = \alpha t$ wenn $1 + a + b = 0$

Nun setzen wir $\hat{y}_t = \alpha t$ in die inhomogene Differenzengleichung ein

$$\alpha t + a\alpha(t-1) + b\alpha(t-2) = c$$

$$\alpha t + a\alpha t - a\alpha + b\alpha t - 2b\alpha = c$$

$$\alpha t \underbrace{(1 + a + b)}_{=0} + \alpha(-a - 2b) = c$$

$$\alpha = \frac{c}{-a - 2b}$$

Wegen $1 + a + b = 0$, gilt auch $-b = 1 + a$; damit folgt:

$$\alpha = \frac{c}{-a + 2(1+a)} = \frac{c}{-a + 2 + 2a} = \frac{c}{2 + a} \quad \text{mit } a \neq -2$$

Also lautet die partikuläre Lösung in diesem Spezialfall:

$$\hat{y}_t = \frac{c}{2 + a} t \qquad \text{mit } 1 + a + b = 0;\ 2 + a \neq 0$$

Fall 3

Für $2 + a = 0$ versagt auch dieser Lösungsansatz. Es gilt:

$$\left. \begin{array}{l} 1 + a + b = 0 \\ 2 + a = 0 \end{array} \right\} \Rightarrow a = -2,\ b = 1$$

In diesem Spezialfall haben die Koeffizienten der Differenzengleichung die festen Werte $a = -2$ und $b = 1$. Als Lösungsansatz wählen wir nun wieder die nächsthöhere Potenz von t:

(3) $\hat{y}_t = \alpha t^2$ wenn $1 + a + b = 0$ und $2 + a = 0$

Wir setzen $\hat{y}_t$ in die inhomogene Differenzengleichung ein und berechnen die Konstante α:

$$\alpha t^2 + a\alpha(t-1)^2 + b\alpha(t-2)^2 = c$$

$$\alpha t^2 + a\alpha(t^2 - 2t + 1) + b\alpha(t^2 - 4t + 4) = c$$

$$\alpha t^2 + a\alpha t^2 - 2a\alpha t + a\alpha + b\alpha t^2 - 4b\alpha t + 4b\alpha = c$$

$$\alpha t^2 \underbrace{(1 + a + b)}_{= 0} + \alpha t \underbrace{(-2a - 4b)}_{= 0} + \alpha(a + 4b) = c$$

Mit $a = -2$ und $b = 1$ erhalten wir für α :

$$\alpha = \frac{c}{a + 4b} = \frac{c}{-2 + 4 \cdot 1} = \frac{c}{2}$$

Die partikuläre Lösung lautet also in diesem Spezialfall:

$$\hat{y}_t = \frac{c}{2} t^2 \qquad\qquad \text{mit } 1 + a + b = 0 ;\ 2 + a = 0$$

6.5.2 Allgemeine Lösung

Die allgemeine Lösung der inhomogenen Differenzengleichung 2. Ordnung ist dann die Summe der homogenen und einer partikulären Lösung:

$$y_t = y_t^* + \hat{y}_t$$

Wir haben drei homogene und drei partikuläre Lösungen unterschieden, die nun prinzipiell miteinander kombiniert werden können. Es ist leicht einzusehen, dass nicht alle Kombinationen der drei homogenen (ungleiche reelle, gleiche reelle, komplexe Wurzeln) und der drei partikulären Lösungsfälle möglich sind.

Die homogene Lösung hängt ab vom Vorzeichen der Diskriminante

$$\Delta = a^2 - 4b$$

1. Der allgemeine Fall der partikulären Lösung (1)

$$\hat{y}_t = \frac{c}{1 + a + b}$$

ist vereinbar mit allen drei Lösungsfällen der homogenen Differenzengleichung. Die Bedingung

$$1 + a + b \neq 0$$

bedeutet keine Einschränkung für die homogene Lösung.

2. Im Fall der partikulären Lösung (2)

$$\hat{y}_t = \frac{c}{2+a}\,t$$

gilt

$$1+a+b = 0 \qquad\qquad \text{mit }\ a \neq -2$$

$$-b = 1+a$$

Ersetzen wir $-b$ in der Diskriminante durch $1+a$, dann ergibt sich mit der 2. Binomischen Formel:

$$\Delta = a^2 + 4\,(1+a) = a^2 + 4 + 4a$$

$$= \underbrace{(a+2)^2}_{\neq 0} > 0 \qquad\qquad \text{mit }\ a \neq -2$$

Da der Klammerausdruck wegen $a \neq -2$ nicht null sein kann, ist das Quadrat der Klammer und damit die Diskriminante immer positiv. Dieser Spezialfall impliziert daher stets zwei verschiedene reelle Wurzeln:

$$\lambda_{1/2} = \frac{-a \pm \sqrt{(a+2)^2}}{2} = \frac{-a \pm (a+2)}{2}$$

$$\lambda_1 = \frac{-a+(a+2)}{2} = \frac{-a+a+2}{2} = \frac{2}{2} = 1$$

$$\lambda_2 = \frac{-a-(a+2)}{2} = \frac{-a-a-2}{2} = \frac{-2a-2}{2} = -a-1 = b$$

Die Parabel $f(\lambda)$, deren Nullstellen die Wurzeln λ_1 und λ_2 sind, hat also eine Nullstelle immer an der Stelle $\lambda_1 = 1$. An dieser Stelle ist annahmegemäß

$$f(1) = 1+a+b = 0$$

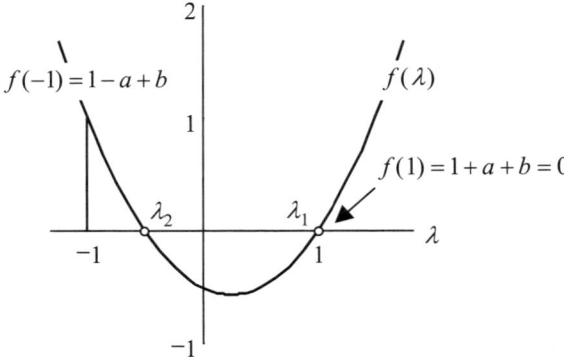

3. Im Fall der partikulären Lösung (3)

$$\hat{y}_t = \frac{c}{2} t^2$$

gilt

$$1 + a + b = 0 \quad \text{und} \quad a = -2$$

Setzen wir wieder in die Diskriminante Δ ein

$$\Delta = (a + 2)^2 = 0 \qquad \text{mit } a = -2$$

dann sehen wir, dass die Diskriminante in diesem Fall wegen $a = -2$ immer null ist. D.h. die homogene Lösung hat zwei gleiche reelle Wurzeln:

$$\lambda_{1/2} = -\frac{a}{2} \pm \frac{\sqrt{(a+2)^2}}{2} = -\frac{a}{2} = -\frac{-2}{2} = 1$$

Die Nullstellen der Parabel $f(\lambda)$ fallen nun zusammen. Der Scheitelpunkt liegt an der Stelle $\lambda_1 = \lambda_2 = 1$.

Fassen wir die möglichen Kombinationen homogener und partikulärer Lösungen in einer Tabelle zusammen:

Partikuläre Lösung *Homogene Lösung*	$\hat{y}_t = \dfrac{c}{1+a+b}$ (1)	$\hat{y}_t = \dfrac{c}{2+a} t$ (2)	$\hat{y}_t = \dfrac{c}{2} t^2$ (3)
$y_t^* = A_1 \lambda_1^t + A_2 \lambda_2^t$ $\lambda_1 \ne \lambda_2$ *reell*	X	X	
$y_t^* = (A_1 + t A_2) \lambda^t$ $\lambda_1 = \lambda_2$ *reell*	X		X
$y_t^* = r^t [A_1 \cos\varphi t + A_2 \sin\varphi t]$ $\lambda_1 \ne \lambda_2$ *komplex*	X		

In den Spezialfällen (2) und (3) sind die Lösungen nie konvergent, die Gleichgewichtslösungen also immer instabil, da entweder eine (2) oder beide Wurzeln (3) eins sind.

Im allgemeinen Fall (1) der partikulären Lösung, der mit allen drei homogenen Lösungen vereinbar ist, sind monotone, alternierende oder oszilierende Verlaufsmuster um die Gleichgewichtslösung möglich, deren Konvergenzverhalten vom Betrag der Wurzeln abhängt.

Schema der dynamischen Eigenschaften

Für die dynamischen Eigenschaften der Lösung der inhomogenen Differenzengleichungen 2. Ordnung gilt das von den homogenen Differenzengleichungen 2. Ordnung bekannte Schema. Die Überprüfung der dynamischen Eigenschaften der inhomogenen Differenzengleichung 2. Ordnung kann sowohl anhand der Wurzelkriterien als auch der Koeffizientenkriterien erfolgen.

Die **Koeffizientenkriterien** ermöglichen auch ohne Kenntnis der Lösung eine allgemeine Aussage über die Stabilität der Gleichgewichtslösung. Die genaue Analyse der dynamischen Eigenschaft setzt die Berechnung der Lösung voraus. Hier kommen die **Wurzelkriterien** zur Anwendung.

Reelle Wurzeln: Fall $\Delta > 0$ und $\Delta = 0$

Wurzelkriterien

$$\left. \begin{array}{ll} |\lambda_d| < 1 & \text{konvergent} \\ |\lambda_d| > 1 & \text{divergent} \\ |\lambda_d| = 1 & \text{konstant} \end{array} \right\} \left\{ \begin{array}{ll} \lambda_d > 0 & \text{monoton} \\ \lambda_d < 0 & \text{alternierend} \end{array} \right.$$

Koeffizientenkriterien

$$\left. \begin{array}{l} 1 + a + b > 0 \\ 1 - a + b > 0 \\ 1 \quad - b > 0 \end{array} \right\} \Rightarrow \hat{y} \ stabil$$

Komplexe Wurzeln: Fall $\Delta < 0$

Wurzelkriterien

$$\left. \begin{array}{ll} r < 1 & \text{konvergent} \\ r > 1 & \text{divergent} \\ r = 1 & \text{konstant} \end{array} \right\} \left\{ \begin{array}{l} \text{trigonometrische Oszillation} \\ \text{Oszillationsperiode} \ T = \dfrac{2\pi}{\varphi} \end{array} \right.$$

Koeffizientenkriterien

$$\left. \begin{array}{l} \left. \begin{array}{l} 1 + a + b > 0 \\ 1 - a + b > 0 \end{array} \right\} \begin{array}{l} immer \\ erfüllt \end{array} \\ 1 \quad - b > 0 \end{array} \right\} \Rightarrow \hat{y} \ stabil$$

6.5.3 Beispiele

1. $y_t - 6y_{t-1} + 8y_{t-2} = 90$

   a) Allgemeine **Lösung der homogenen Differenzengleichung** 2. Ordnung

   Charakteristische Gleichung

   $$\lambda^2 - 6\lambda + 8 = 0$$

   $$\lambda_{1/2} = \frac{6 \pm \sqrt{6^2 - 4 \cdot 8}}{2} = \frac{6 \pm \sqrt{36 - 32}}{2} = \frac{6 \pm \sqrt{4}}{2}$$

   $$\lambda_1 = \frac{6+2}{2} = 4$$

   $$\lambda_2 = \frac{6-2}{2} = 2$$

   Allgemeine Lösung der homogenen Differenzengleichung

   $$y_t^* = A_1 \lambda_1^t + A_2 \lambda_2^t = A_1 4^t + A_2 2^t$$

   b) **Partikuläre Lösung der inhomogenen Differenzengleichung**

   $$\hat{y}_t = \frac{c}{1+a+b} = \frac{90}{1-6+8} = \frac{90}{3} = 30$$

   c) **Allgemeine Lösung der inhomogenen Differenzengleichung**

   $$y_t = y_t^* + \hat{y}_t = A_1 \lambda_1^t + A_2 \lambda_2^t + \frac{c}{1+a+b}$$

   $$= A_1 4^t + A_2 2^t + 30$$

   d) **Partikuläre Lösung für die Anfangsbedingungen** $y_0 = 31, y_1 = 36$

   Berechnung der Konstanten für die gegebenen Anfangsbedingungen

   $$y_0 = A_1 \quad + A_2 \quad + 30 = 31 \quad |\cdot 2$$
   $$y_1 = A_1 \cdot 4 + A_2 \cdot 2 + 30 = 36$$

   Das lineare Gleichungssystem für A_1 und A_2 lautet

   $$2A_1 + 2A_2 = 2$$
   $$\underline{4A_1 + 2A_2 = 6}$$
   $$2A_1 \qquad = 4$$
   $$A_1 = 2$$

Einsetzen von A_1 ergibt A_2

$$2 + A_2 = 1$$
$$A_2 = -1$$

Partikuläre Lösung

$$y_t = 2 \cdot 4^t - 2^t + 30$$

e) **Dynamisches Verhalten**

Dominante Wurzel

$$\lambda_d = \lambda_1 = 4 \quad da \ |\lambda_1| = 4 > 2 = |\lambda_2|$$

Wurzelkriterien

$$|\lambda_d| = 4 > 1 \quad \Rightarrow \quad y_t \ divergent, \ \hat{y} \ instabil$$
$$\lambda_d = 4 > 0 \quad \Rightarrow \quad y_t \ monoton$$

Koeffizientenkriterien

$$1 + a + b = 1 - 6 + 8 = \ \ 3 > 0$$
$$1 - a + b = 1 + 6 + 8 = 15 > 0$$
$$1 \quad - b = 1 \quad - 8 = -7 < 0 \quad \Rightarrow \hat{y} \ ist \ instabil$$

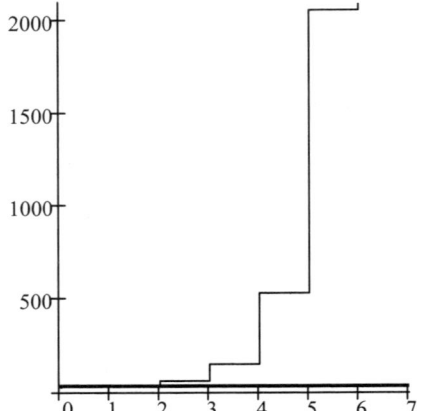

t	y
0	31
1	36
2	58
3	150
4	526
5	2.046
6	8.158
7	32.670
8	130.846
9	523.806
10	2.096.158

Die Lösung y_t ist divergent, die Gleichgewichtslösung $\hat{y}_t$ instabil. Eine Störung des Gleichgewichts löst einen dynamischen Prozess aus, der immer weiter vom Gleichgewicht wegführt.

2. $y_t - \dfrac{3}{2} y_{t-1} + \dfrac{3}{4} y_{t-2} = \dfrac{5}{2}$

a) **Allgemeine Lösung der homogenen Differenzengleichung** 2. Ordnung

Charakteristische Gleichung

$$\lambda^2 - \frac{3}{2}\lambda + \frac{3}{4} = 0$$

Wurzeln

$$\lambda_{1/2} = \frac{\dfrac{3}{2} \pm \sqrt{\left(\dfrac{3}{2}\right)^2 - 4 \cdot \dfrac{3}{4}}}{2} = \frac{\dfrac{3}{2} \pm \sqrt{\dfrac{9-12}{4}}}{2} = \frac{\dfrac{3}{2} \pm \sqrt{\dfrac{-3}{4}}}{2}$$

$$= \frac{\dfrac{3}{2} \pm \dfrac{\sqrt{3}}{2} i}{2}$$

$$= \frac{3}{4} \pm \frac{\sqrt{3}}{4} i \qquad \Rightarrow \alpha = \frac{3}{4}, \ \beta = \frac{\sqrt{3}}{4}$$

Polarkoordinaten

$$r = \sqrt{\alpha^2 + \beta^2} = \sqrt{\frac{9}{16} + \frac{3}{16}} = \sqrt{\frac{12}{16}} = \sqrt{\frac{3}{4}} = \frac{\sqrt{3}}{2}$$

$$\varphi = \tan^{-1}\frac{\beta}{\alpha} = \tan^{-1}\frac{\dfrac{\sqrt{3}}{4}}{\dfrac{3}{4}} = \tan^{-1}\frac{\sqrt{3}}{3} = 30° = \frac{\pi}{6}$$

Allgemeine Lösung der homogenen Differenzengleichung

$$y_t^* = r^t \left[A_1 \cos\varphi t + A_2 \sin\varphi t \right]$$

$$= \left(\frac{\sqrt{3}}{2}\right)^t \left[A_1 \cos 30° t + A_2 \sin 30° t \right]$$

b) **Partikuläre Lösung der inhomogenen Differenzengleichung**

$$\hat{y}_t = \frac{c}{1+a+b} = \frac{\dfrac{5}{2}}{1 - \dfrac{3}{2} + \dfrac{3}{4}} = \frac{\dfrac{5}{2}}{1 - \dfrac{3}{4}} = \frac{\dfrac{5}{2}}{\dfrac{1}{4}} = 4 \cdot \frac{5}{2} = 10$$

c) **Allgemeine Lösung der inhomogenen Differenzengleichung**

$$y_t = y_t^* + \hat{y}_t$$

$$y_t = r^t \left[A_1 \cos \varphi t + A_2 \sin \varphi t \right] + \hat{y}_t$$

$$= \left(\frac{\sqrt{3}}{2} \right)^t \left[A_1 \cos 30° t + A_2 \sin 30° t \right] + 10$$

d) **Partikuläre Lösung für die Anfangsbedingungen** $y_0 = 30, y_1 = 28$

Berechnung der Konstanten für die gegebenen Anfangsbedingungen

$$y_0 = \frac{\sqrt{3}^0}{2^0} \left[A_1 \cos (30° \cdot 0) + A_2 \sin (30° \cdot 0) \right] + 10 = 30$$

$$A_1 \underbrace{\cos 0}_{=1} \quad + \quad A_2 \underbrace{\sin 0}_{=0} \quad = 20$$

$$A_1 = 20$$

$$y_1 = \frac{\sqrt{3}^1}{2^1} \left[A_1 \cos (30° \cdot 1) + A_2 \sin (30° \cdot 1) \right] + 10 = 28$$

$$\frac{\sqrt{3}}{2} \left[20 \underbrace{\cos 30°}_{= \sqrt{3}/2} \quad + \quad A_2 \underbrace{\sin 30°}_{=1/2} \right] \quad = 18$$

$$\frac{\sqrt{3}}{2} \left[20 \cdot \frac{\sqrt{3}}{2} + A_2 \frac{1}{2} \right] = 18$$

$$20 \cdot \frac{3}{4} + A_2 \frac{\sqrt{3}}{4} = 18$$

$$60 + A_2 \sqrt{3} = 72$$

$$A_2 \sqrt{3} = 72 - 60 = 12$$

$$A_2 = \frac{12}{\sqrt{3}} = 6{,}928$$

Partikuläre Lösung für die gegebenen Anfangsbedingungen

$$y_t = \left(\frac{\sqrt{3}}{2} \right)^t \left[20 \cos 30° t + 6{,}928 \sin 30° t \right] + 10$$

e) Dynamisches Verhalten

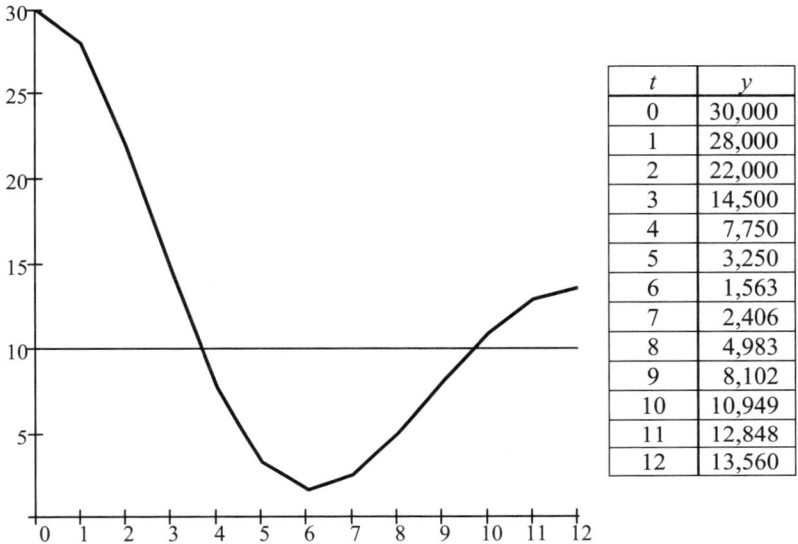

t	y
0	30,000
1	28,000
2	22,000
3	14,500
4	7,750
5	3,250
6	1,563
7	2,406
8	4,983
9	8,102
10	10,949
11	12,848
12	13,560

Es handelt sich um eine **trigonometrische Oszillation** mit der Oszillationsperiode:

$$T = \frac{2\pi}{\varphi} = \frac{2\pi}{\frac{\pi}{6}} = 12$$

Nach 12 Perioden ist eine Oszillation abgeschlossen.

Die Amplitude r^t fällt mit der Zeit, da der Betrag r kleiner als 1 ist

$$r = \frac{\sqrt{3}}{2} < 1$$

Die Lösung ist konvergent und die Gleichgewichtslösung $\hat{y}$ stabil. Die Lösung y_t konvergiert oszillierend mit fallender Amplitude gegen die Gleichgewichtslösung $\hat{y}$.

Auch das Koeffizientenkriterium für die Stabilität der Gleichgewichtslösung ist erfüllt:

$$1 - b = 1 - \frac{3}{4} = \frac{1}{4} > 0$$

6.5.4 Anwendungen

(1) Goodwin-Modell[1]

Am Beispiel des Cobweb-Modells haben wir gesehen, wie sich das statische Marktmodell dynamisieren lässt. Dabei wurde die einfachste Hypothese über die Preiserwartungen der Produzenten benutzt und **statische Erwartungen** angenommen:

$$p_t^e = p_{t-1}$$

Die Unternehmer erwarten also, dass sich der Preis nicht ändern wird, d.h. in jeder Periode der Preis der Vorperiode gelten wird.

Wir wollen nun mit Goodwin annehmen, dass die Unternehmer auch die Preisentwicklung, die zum Preis der Vorperiode geführt hat, berücksichtigen:

$$p_t^e = p_{t-1} + \alpha (p_{t-1} - p_{t-2})$$

Dabei ist

$$\Delta p_{t-1} = p_{t-1} - p_{t-2}$$

die Preisveränderung in der Vorperiode und α ein Erwartungsparameter.

Der in der Periode t erwartete Preis p_t^e hängt nun nicht nur vom Preis der Vorperiode p_{t-1} ab, sondern auch von der Preisveränderung Δp_{t-1} in der Vorperiode.

Die Unternehmer erwarten nur dann den Preis der Vorperiode, wenn sich der Preis in der Vorperiode nicht geändert hat ($\Delta p_{t-1} = 0$).

Nach dem Vorzeichen des Erwartungsparameters α können wir nun drei Fälle unterscheiden:

Statische Erwartung: $\alpha = 0$

Das Goodwin-Modell wird dann zum einfachen Cobweb-Modell, enthält also das Cobweb-Modell als Sonderfall.

Extrapolative Erwartung: $\alpha > 0$

Die Produzenten erwarten, dass die eingetretene Preisentwicklung sich in der Zukunft fortsetzen wird.

---

[1] Goodwin, R.M.: Dynamic Coupling with Especial Reference to Markets having Production Lags; Econometrica 15(1947), S.181-204

Wenn der Preis in der Vorperiode $t-1$ gestiegen ist ($\Delta p_{t-1} > 0$), dann erwarten sie, dass er auch in der Periode t steigen wird.

Für $\alpha = 1$ erwarten die Produzenten, dass der Preis in Periode t um denselben Betrag Δp_{t-1} steigen wird wie in der Vorperiode

$$p_t^e = p_{t-1} + \Delta p_{t-1}$$

Für $\alpha < 1$ erwarten sie, dass sich die Preiserhöhung abschwächen wird und für $\alpha > 1$, dass die Preiserhöhung sich verstärken wird.

Analog erwarten die Unternehmer, dass der Preis weiter fallen wird, wenn er in der Vorperiode gefallen ist ($\Delta p_{t-1} < 0$).

Regressive Erwartung: $\alpha < 0$

Die Produzenten erwarten nun, dass sich die Preisentwicklung in der Zukunft umkehren wird.

Wenn der Preis in der Vorperiode gestiegen ist ($\Delta p_{t-1} > 0$), dann erwarten sie, dass er in der Periode t wieder fallen wird (u.u.).

Für $\alpha = -1$ erwarten die Produzenten, dass sich die Preisentwicklung vollständig umkehren wird, d.h. der Preis in der Periode t um denselben Betrag fallen wird, um den er in der Periode $t-1$ gestiegen ist (u.u.).

$$\begin{aligned} p_t^e &= p_{t-1} - \Delta p_{t-1} \\ &= p_{t-1} - p_{t-1} + p_{t-2} \\ &= p_{t-2} \end{aligned}$$

Das Modell lautet unter der vereinfachenden Annahme $\alpha = -1$:

$$\begin{aligned} x_t^d &= a - bp_t \\ x_t^s &= c + dp_{t-2} \\ x_t^s &= x_t^d \end{aligned}$$

Als Lösung des Marktmodells ergibt sich eine inhomogene Differenzengleichung 2. Ordnung:

$$\begin{aligned} c + dp_{t-2} &= a - bp_t \\ bp_t + dp_{t-2} &= a - c \\ p_t + \frac{d}{b} p_{t-2} &= \frac{a-c}{b} \end{aligned}$$

Die **Gleichgewichtslösung** (partikuläre Lösung) errechnet sich aus dem Lösungs-ansatz $\hat{p} = p_t = p_{t-1} = p_{t-2}$

$$\hat{p} = \frac{\dfrac{a-c}{b}}{1 + \dfrac{d}{b}} = \frac{\dfrac{a-c}{b}}{\dfrac{b+d}{b}} = \frac{a-c}{b+d}$$

Allgemeine Lösung

Charakteristische Gleichung

$$\lambda^2 + \frac{d}{b} = 0$$

$$\lambda_{1/2} = \pm\sqrt{-\frac{d}{b}} = \pm i\sqrt{\frac{d}{b}} \qquad \Rightarrow \alpha = 0, \ \beta = \sqrt{\frac{d}{b}}$$

Polarkoordinaten

$$r = \sqrt{\alpha^2 + \beta^2} = \sqrt{\frac{d}{b}}$$

$$\varphi = \tan^{-1}\frac{\beta}{\alpha} = \tan^{-1}\frac{\sqrt{\dfrac{d}{b}}}{0} = \tan^{-1}\infty = 90°$$

oder Berechnung mit dem Sinus

$$\varphi = \sin^{-1}\frac{\beta}{r} = \sin^{-1}\frac{\sqrt{\dfrac{d}{b}}}{\sqrt{\dfrac{d}{b}}} = \sin^{-1}1 = \frac{\pi}{2} = 90°$$

Allgemeine Lösung

$$p_t = \sqrt{\frac{d}{b}}^{\,t}\left(A_1 \cos\frac{\pi}{2}t + A_2 \sin\frac{\pi}{2}t\right) + \hat{p} \qquad \text{mit } \hat{p} = \frac{a-c}{b+d}$$

Spezielle Lösung für gegebene Anfangsbedingungen $\bar{p}_0, \bar{p}_1$

$$p_0 = A_1 \underbrace{\cos 0}_{=1} + A_2 \underbrace{\sin 0}_{=0} + \hat{p} = \bar{p}_0$$

$$A_1 \qquad\qquad\qquad = \bar{p}_0 - \hat{p}$$

$$p_1 = \sqrt{\frac{d}{b}} \, (\underbrace{A_1 \cos \frac{\pi}{2}}_{=0} + \underbrace{A_2 \sin \frac{\pi}{2}}_{=1}) + \hat{p} = \bar{p}_1$$

$$\sqrt{\frac{d}{b}} \, A_2 = \bar{p}_1 - \hat{p}$$

$$A_2 = \sqrt{\frac{b}{d}} \, (\bar{p}_1 - \hat{p})$$

Spezielle Lösung

$$p_t = \sqrt{\frac{d}{b}}^{\,t} \left[(\bar{p}_0 - \hat{p}) \cos \frac{\pi}{2} t + \sqrt{\frac{b}{d}} (\bar{p}_1 - \hat{p}) \sin \frac{\pi}{2} t \right] + \hat{p}$$

$$= \sqrt{\frac{d}{b}}^{\,t} (\bar{p}_0 - \hat{p}) \cos \frac{\pi}{2} t + \sqrt{\frac{d}{b}}^{\,t-1} (\bar{p}_1 - \hat{p}) \sin \frac{\pi}{2} t + \hat{p}$$

BEISPIEL

Gegeben sei das folgende dynamische Marktmodell mit **regressiven** Erwartungen der Produzenten:

$$x_t^d = 150 - \frac{3}{2} p_t$$

$$x_t^s = 20 + \frac{2}{3} p_t^e \qquad \text{mit } p_t^e = p_{t-1} + \alpha(p_{t-1} - p_{t-2}), \ \alpha = -1$$

$$x_t^s = x_t^d$$

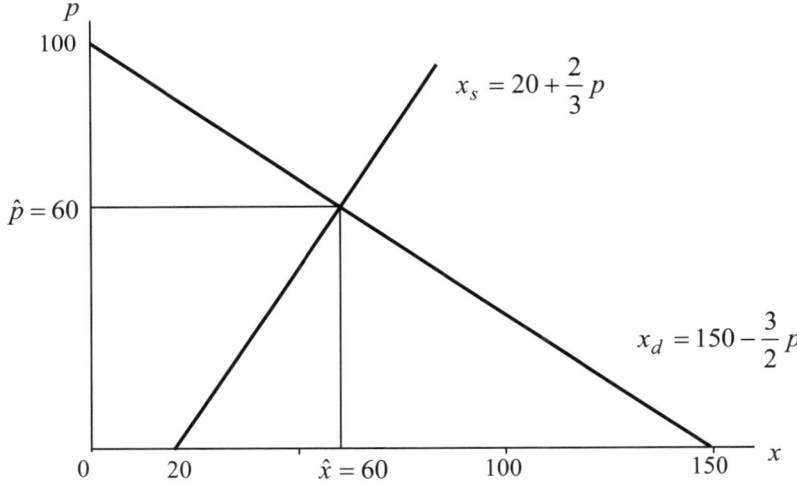

Lösung des Marktmodells:

$$20 + \frac{2}{3} p_{t-2} = 150 - \frac{3}{2} p_t$$

$$\frac{3}{2} p_t + \frac{2}{3} p_{t-2} = 150 - 20$$

$$p_t + \frac{2}{3} \cdot \frac{2}{3} p_{t-2} = \frac{2}{3} \cdot 130$$

$$p_t + \frac{4}{9} p_{t-2} = \frac{260}{3}$$

Gleichgewichtslösung

$$\hat{p} = \frac{\dfrac{260}{3}}{1 + \dfrac{4}{9}} = \frac{\dfrac{260}{3}}{\dfrac{9+4}{9}} = \frac{260}{3} \cdot \frac{9}{13} = 20 \cdot 3 = 60$$

Allgemeine Lösung

Charakteristische Gleichung

$$\lambda^2 + 0 \cdot \lambda + \frac{4}{9} = 0$$

$$\lambda_{1/2} = \pm \sqrt{-\frac{4}{9}} = \pm i \frac{2}{3} \quad \Rightarrow \quad \alpha = 0, \ \beta = \frac{2}{3}$$

Polarkoordinaten

$$r = \sqrt{\alpha^2 + \beta^2} = \sqrt{\left(\frac{2}{3}\right)^2} = \frac{2}{3}$$

$$\varphi = \tan^{-1} \frac{\beta}{\alpha} = \tan^{-1} \frac{\dfrac{2}{3}}{0} = \tan^{-1} \infty = 90°$$

oder

$$\varphi = \sin^{-1} \frac{\beta}{r} = \sin^{-1} \frac{\dfrac{2}{3}}{\dfrac{2}{3}} = \sin^{-1} 1 = 90° = \frac{\pi}{2}$$

Allgemeine Lösung

$$p_t = \left(\frac{2}{3}\right)^t \left(A_1 \cos \frac{\pi}{2} t + A_2 \sin \frac{\pi}{2} t \right) + \hat{p} \quad , \quad \hat{p} = 60$$

Partikuläre Lösung für die Anfangsbedingungen $p_0 = 60$, $p_1 = 80$

Berechnung der Konstanten für die gegebenen Anfangsbedingungen

$$p_0 = 1 \cdot (A_1 \underbrace{\cos 0}_{=1} + A_2 \underbrace{\sin 0}_{=0}) + 60 = 60$$

$$A_1 \qquad\qquad = 60 - 60$$

$$A_1 = 0$$

$$p_1 = \frac{2}{3}(A_1 \underbrace{\cos\frac{\pi}{2}}_{=0} + A_2 \underbrace{\sin\frac{\pi}{2}}_{=1}) + 60 = 80$$

$$\frac{2}{3}A_2 \qquad = 80 - 60$$

$$A_2 = \frac{3}{2} \cdot 20 = 30$$

Spezielle Lösung für die gegebenen Anfangsbedingungen

$$p_t = \left(\frac{2}{3}\right)^t 30 \sin\frac{\pi}{2}t + 60$$

Dynamische Eigenschaften

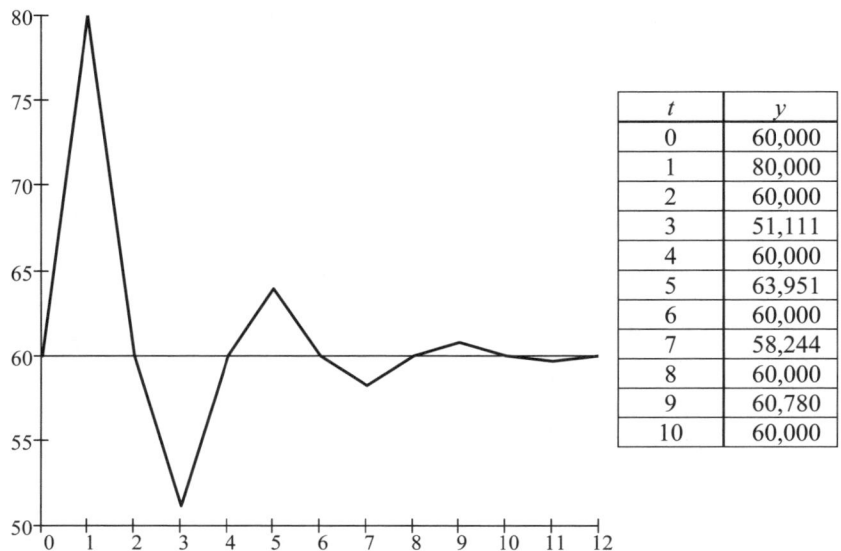

t	y
0	60,000
1	80,000
2	60,000
3	51,111
4	60,000
5	63,951
6	60,000
7	58,244
8	60,000
9	60,780
10	60,000

Es handelt sich um eine **trigonometrische Oszillation**. Die Oszillationsperiode beträgt

$$T = \frac{2\pi}{\varphi} = \frac{2\pi}{\frac{\pi}{2}} = 4$$

d.h. nach 4 Perioden ist eine Oszillation abgeschlossen.

Die Amplitude fällt mit der Zeit, da der Betrag kleiner als 1 ist

$$r = \frac{2}{3} < 1$$

Die Lösung ist konvergent und die Gleichgewichtslösung $\hat{p}$ (das Marktgleichgewicht) stabil. Nach einer Gleichgewichtstörung oszilliert der Markträumungspreis p_t mit fallender Amplitude um den Gleichgewichtspreis $\hat{p}$ und konvergiert im Zeitablauf gegen den Gleichgewichtspreis.

(2) Multiplikator-Akzellerator-Modell (Samuelson)[1]

Das Interaktionsmodell von P. A. Samuelson ist das einfachste Konjunkturmodell. Es basiert auf dem Gütermarktmodell[2] der Keynes'schen Beschäftigungstheorie und erklärt die konjunkturellen Schwankungen aus der Wechselwirkung von Multiplikator- und Akzelleratorprozessen.

$$Y_t = C_t + I_t + G_t \qquad \text{Gleichgewichtsbedingung}$$

$$C_t = \alpha Y_{t-1} \qquad \text{Konsumfunktion, } 0 < \alpha < 1$$

$$I_t = \beta (C_t - C_{t-1}) \qquad \text{Investitionsfunktion, } \beta > 0$$

$$G_t = \overline{G} \qquad \text{Staatsausgaben (autonome Ausgaben)}$$

Die Dynamisierung des statischen Gütermarktmodells wird durch zwei Verhaltensannahmen erreicht:

- Eine **verzögerte Konsumfunktion**, die einen Time-Lag von einer Periode aufweist. Es wird angenommen, dass die Konsumnachfrage C_t jeder Periode vom Einkommen Y_{t-1} der Vorperiode abhängt. Diese Annahme ist um so plausibler, je kürzer die Periode ist und bedeutet dann einfach, dass die Konsumenten in jeder Periode das Einkommen der Vorperiode ausgeben.

---

[1]Paul A. Samuelson: Interaction between the Multiplier Analysis and the Principle of Acceleration, Review of Economics and Statistics Bd. 21 (1939), S. 75- 78.

[2] Siehe Abschnitt 6.3.4.

- Eine Investitionsfunktion nach dem **Akzellerationsprinzip**. Die Investitionsnachfrage ist eine lineare Funktion der Nachfrageänderung ΔC_t. Der Proportionalitätsfaktor β heißt Akzellerationskoeffizient.

$$I_t = \beta \Delta C_t$$

Da der Konsum der Endzweck aller wirtschaftlichen Aktivitäten ist, wird letztlich nur deshalb produziert und investiert, um die Konsumnachfrage zu befriedigen.

Eine positive Nettoinvestition bedeutet eine Erhöhung der Produktionskapazitäten. Investiert wird daher nur, wenn die vorhandenen Kapazitäten nicht ausreichen, die Nachfrage zu befriedigen, wenn also die Konsumnachfrage zunimmt.

Die Investition ist konstant, wenn die Konsumnachfrage von Periode zu Periode um denselben Betrag wächst.

Die Investition steigt nur dann, wenn die Veränderung der Konsumnachfrage ΔC_t zunimmt, sich die Zunahme also **beschleunigt.** Daher die Bezeichnung Akzellerationsprinzip[1]:

$$
\begin{aligned}
\Delta I_t &= I_t - I_{t-1} \\
&= \beta \Delta C_t - \beta \Delta C_{t-1} \\
&= \beta (\Delta C_t - \Delta C_{t-1}) \\
&= \beta \Delta^2 C_t
\end{aligned}
$$

Nur der Anstieg der Investitionsnachfrage ist beschäftigungswirksam und bewirkt über den Multiplikatorprozess eine Erhöhung des Einkommens- und Beschäftigungsniveaus.

Substitution der Verhaltensgleichungen in die Gleichgewichtsbedingung ergibt die Bewegungsgleichung des Modells, eine inhomogene Differenzengleichung 2. Ordnung:

$$
\begin{aligned}
Y_t &= \alpha Y_{t-1} + \beta (\alpha Y_{t-1} - \alpha Y_{t-2}) + G \\
&= \alpha Y_{t-1} + \alpha \beta Y_{t-1} - \alpha \beta Y_{t-2} + G
\end{aligned}
$$

Dabei setzen wir zuerst die Konsumfunktion für t und $t-1$ in die Investitionsfunktion ein und dann die Konsum- und die Investitionsfunktion in die Gleichgewichtsbedingung.

In Normalform lautet die Differenzengleichung:

$$Y_t - \alpha (1 + \beta) Y_{t-1} + \alpha \beta Y_{t-2} = G$$

---

[1] In der Physik versteht man unter der Beschleunigung die Ableitung der Geschwindigkeit nach der Zeit, also die 2. Ableitung des Weges nach der Zeit.

1.   **Allgemeine Lösung der homogenen Differenzengleichung** 2. Ordnung

Die charakteristische Gleichung ist

$$\lambda^2 - \alpha(1+\beta)\lambda + \alpha\beta = 0$$

Wurzeln

$$\lambda_{1/2} = \frac{\alpha(1+\beta) \pm \sqrt{\alpha^2(1+\beta)^2 - 4\alpha\beta}}{2}$$

Nach dem Vorzeichen der Diskriminante können auch hier wieder die drei prinzipiell möglichen homogenen Lösungen unterschieden werden:

a) $\Delta > 0$: Wurzeln reell, verschieden

$$Y_t^* = A_1\lambda_1^t + A_2\lambda_2^t \; ; \quad \lambda_{1/2} = \frac{\alpha(1+\beta) \pm \sqrt{\alpha^2(1+\beta)^2 - 4\alpha\beta}}{2}$$

b) $\Delta = 0$: Wurzeln reell, gleich

$$Y_t^* = A_1\lambda^t + A_2 t\lambda^t \; ; \qquad \lambda = \frac{\alpha(1+\beta)}{2}$$

c) $\Delta < 0$: Wurzeln komplex

$$Y_t^* = r^t(A_1\cos\varphi t + A_2\sin\varphi t)$$

$$\text{mit}\;\; r = \sqrt{\alpha\beta}, \; \varphi = \tan^{-1}\frac{\sqrt{-\alpha^2(1+\beta)^2 + 4\alpha\beta}}{\alpha(1+\beta)}$$

2.   **Partikuläre Lösung** (Gleichgewichtslösung)

$$\hat{Y}_t = \frac{c}{1+a+b} = \frac{G}{1-\alpha(1+\beta)+\alpha\beta}$$

$$\hat{Y}_t = \frac{G}{1-\alpha} \qquad\qquad \text{mit}\;\; 0 < \alpha < 1$$

Das ist die Gleichgewichtslösung des statischen Modells, die sich aus dem Lösungsansatz $Y = Y_t = Y_{t-1} = Y_{t-2}$ ergibt.

3. **Allgemeine Lösung der inhomogenen Differenzengleichung** 2. Ordnung

a) $$Y_t = A_1 \lambda_1^t + A_2 \lambda_2^t + \frac{G}{1-\alpha}$$

b) $$Y_t = A_1 \lambda^t + A_2 t \lambda^t + \frac{G}{1-\alpha}$$

c) $$Y_t = r^t (A_1 \cos\varphi t + A_2 \sin\varphi t) + \frac{G}{1-\alpha}$$

Wobei λ_1, λ_2, λ, r, φ wie oben definiert sind und A_1, A_2 aus den Anfangsbedingungen berechnet werden können.

4. **Stabilität**

Die Gleichgewichtslösung ist stabil, wenn der homogene Lösungsteil konvergiert, d.h. mit wachsendem t gegen null geht. Wir prüfen daher die Koeffizientenkriterien für die Stabilität der Gleichgewichtslösung.

Stabilitätsbedingungen

$$\left.\begin{array}{l} 1 + a + b > 0 \\ 1 - a + b > 0 \\ 1 \quad - b > 0 \end{array}\right\} \text{ mit } a = -\alpha(1+\beta),\ b = \alpha\beta$$

also

$$\begin{aligned} 1 + a + b &= 1 - \alpha(1+\beta) + \alpha\beta \\ &= 1 - \alpha - \alpha\beta + \alpha\beta \\ &= 1 - \alpha > 0 \qquad\qquad \text{da } 0 < \alpha < 1 \end{aligned}$$

$$1 - a + b = 1 + \alpha(1+\beta) + \alpha\beta > 0 \qquad \text{da } \alpha, \beta > 0$$

$$1 \quad - b = 1 - \alpha\beta > 0$$

Da die ersten beiden Koeffizientenkriterien für die Stabilität immer erfüllt
sind, ist das Gleichgewicht $\hat{Y}$ des dynamischen Gütermarktmodells genau
dann stabil, wenn das Produkt aus marginaler Konsumneigung und Akzellera-
tor kleiner als eins ist oder

$$\alpha < \frac{1}{\beta}$$

wenn die marginale Konsumneigung kleiner als der Kehrwert des Akzellera-
tors ist.

Für alle möglichen Anfangsbedingungen konvergiert der Zeitpfad von Y_t gegen die Gleichgewichtslösung

- monoton[1], wenn

$$\Delta = \alpha^2 (1+\beta)^2 - 4\alpha\beta \geq 0$$

$$\alpha \geq \frac{4\beta}{(1+\beta)^2}$$

- oszillierend, wenn

$$\Delta = \alpha^2 (1+\beta)^2 - 4\alpha\beta < 0$$

$$\alpha < \frac{4\beta}{(1+\beta)^2}$$

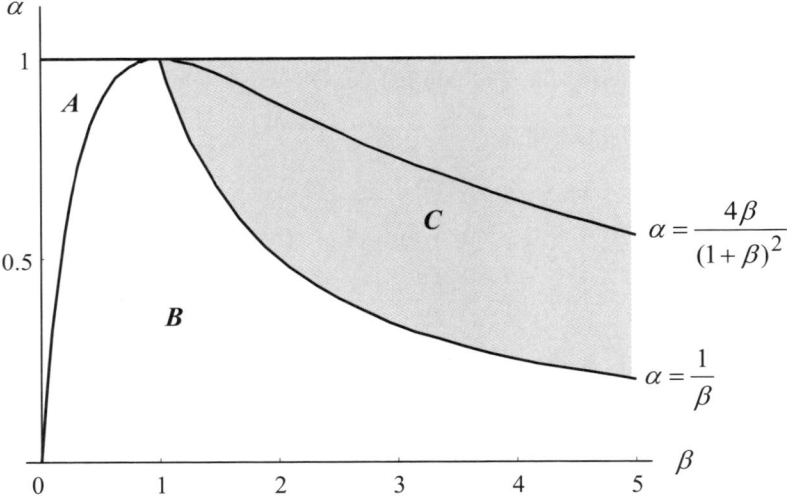

Aus der Grafik ist ersichtlich, für welche Kombinationen von α und β die Lösung stabil bzw. instabil ist.

A+B   in den Regionen **A** und **B** gilt $\alpha < 1$ und $\alpha < \frac{1}{\beta}$, d.h. die Stabilitätsbedingung ist erfüllt.

A   in der Region **A** ist $\Delta > 0$, d.h. Y_t konvergiert monoton gegen die Gleichgewichtslösung.

---

[1] Alternierende Lösungen können nicht auftreten, da im Falle $\Delta > 0$ beide Wurzeln positiv sind.

B   in der Region **B** ist $\Delta < 0$, d.h. es treten zwei konjugiert komplexe Wurzeln auf; die Lösung konvergiert oszillierend.

A/B   auf der Grenzlinie **A/B** ist $\Delta = 0$, d.h. es gibt nur eine reelle Wurzel; die Lösung konvergiert monoton.

B/C   auf der Grenzlinie **B/C** ist $\Delta < 0$; die Wurzeln sind komplex und die Lösung oszilliert wegen

$$\alpha = \frac{1}{\beta}$$

mit der konstanten Amplitude

$$r = \sqrt{\alpha\beta} = 1$$

Die Lösung ist also nicht stabil.

C   In der Region **C** (schattiert) ist die Stabilitätsbedingung verletzt. Alle Koeffizientenkombinationen führen hier zu instabilen Lösungen.

BEISPIEL

Gegeben sei das folgende dynamische Gütermarktmodell

$$Y_t = C_t + I_t + G_t$$
$$C_t = \alpha Y_{t-1} \qquad \text{mit } \alpha = 0{,}5$$
$$I_t = \beta(C_t - C_{t-1}) \qquad \text{mit } \beta = 1$$
$$G_t = 100$$

Einsetzen der Verhaltensgleichungen für C_t, I_t, und G_t in die Gleichgewichtsbedingung ergibt die inhomogene Differenzengleichung

$$\begin{aligned}
Y_t &= \alpha(1+\beta)Y_{t-1} - \alpha\beta Y_{t-2} + G_t \\
&= 0{,}5(1+1)Y_{t-1} - 0{,}5 \cdot 1 \cdot Y_{t-2} + 100 \\
&= Y_{t-1} - 0{,}5 Y_{t-2} + 100
\end{aligned}$$

mit der Normalform

$$Y_t - Y_{t-1} + 0{,}5 Y_{t-2} = 100$$

Die Koeffizientenkriterien erlauben Aussagen über die dynamischen Eigenschaften der Lösung, ohne die Lösung zu kennen. Es ist

$$\alpha = 0{,}5 < 1 = \frac{1}{\beta}$$

Die Gleichgewichtslösung ist also stabil. Außerdem gilt:

$$\alpha = 0,5 < 1 = \frac{4\beta}{(1+\beta)^2}$$

d.h. die Wurzeln sind komplex. Als Lösung erhalten wir also eine trigonometrische Oszillation, die gegen den Gleichgewichtswert konvergiert.

Allgemeine Lösung der homogenen Differenzengleichung 2. Ordnung

Charakteristische Gleichung und Wurzeln

$$\lambda^2 - \lambda + 0,5 = 0$$

$$\lambda_{1/2} = \frac{1 \pm \sqrt{1^2 - 4 \cdot 0,5}}{2} = \frac{1 \pm \sqrt{1-2}}{2} = \frac{1 \pm \sqrt{-1}}{2}$$

$$\lambda_{1/2} = \frac{1}{2} \pm \frac{i}{2} \qquad\qquad \Rightarrow \alpha = \frac{1}{2}; \ \beta = \frac{1}{2}$$

Polarkoordinaten

$$r = \sqrt{\left(\frac{1}{2}\right)^2 + \left(\frac{1}{2}\right)^2} = \sqrt{\frac{1}{2}} = \frac{1}{\sqrt{2}} \qquad \text{oder} \ \ r = \sqrt{\alpha\beta} = \sqrt{0,5}$$

$$\varphi = \tan^{-1}\frac{\frac{1}{2}}{\frac{1}{2}} = \tan^{-1}1 = 45° = \frac{\pi}{4}$$

Allgemeine Lösung der homogenen Differenzengleichung

$$Y_t^* = r^t (A_1 \cos \varphi t + A_2 \sin \varphi t)$$

$$= \frac{1}{\sqrt{2}^t}(A_1 \cos 45°t + A_2 \sin 45°t)$$

Partikuläre Lösung der inhomogenen Differenzengleichung

$$\hat{Y}_t = \frac{G}{1-\alpha} = \frac{100}{1-0,5} = \frac{100}{0,5} = 200$$

Allgemeine Lösung der inhomogenen Differenzengleichung

$$Y_t = Y_t^* + \hat{Y}_t = \frac{1}{\sqrt{2}^t}(A_1 \cos 45° t + A_2 \sin 45° t) + 200$$

Partikuläre Lösung für die Anfangsbedingungen $Y_0 = 100$, $Y_1 = 150$

Berechnung der Konstanten für die gegebenen Anfangsbedingungen

$$Y_0 = \frac{1}{\sqrt{2}^0} \ (A_1 \underbrace{\cos 45^\circ \cdot 0}_{=1} + A_2 \underbrace{\sin 45^\circ \cdot 0}_{=0}) \ + 200 = 100$$

$$A_1 = 100 - 200$$

$$A_1 = -100$$

$$Y_1 = \frac{1}{\sqrt{2}^1} \ (A_1 \underbrace{\cos 45^\circ \cdot 1}_{=1/\sqrt{2}} + A_2 \underbrace{\sin 45^\circ \cdot 1}_{=1/\sqrt{2}}) \ + 200 = 150$$

$$\frac{1}{\sqrt{2}} \left(A_1 \frac{1}{\sqrt{2}} \ + \ A_2 \frac{1}{\sqrt{2}} \right) \qquad = -50$$

$$\frac{1}{2} A_1 \qquad + \quad \frac{1}{2} A_2 \qquad = -50$$

Wir setzen nun A_1 ein und erhalten A_2

$$A_1 \quad + \quad A_2 \qquad = -100$$

$$-100 \quad + \quad A_2 \qquad = -100$$

$$A_2 \qquad = 0$$

Die partikuläre Lösung für die gegebenen Anfangsbedingungen lautet dann

$$Y_t = \frac{1}{\sqrt{2}^t} \ (-100 \cos 45^\circ t) \ + 200$$

Dynamisches Verhalten

Es handelt sich um eine **trigonometrische Oszillation** mit der Oszillationsperiode:

$$T = \frac{2\pi}{\varphi} = \frac{2\pi}{\dfrac{\pi}{4}} = 8$$

Nach 8 Perioden ist eine Oszillation abgeschlossen.

Die Amplitude fällt mit der Zeit, da der Betrag kleiner als 1 ist

$$r = \frac{1}{\sqrt{2}} < 1$$

Die Lösung ist konvergent und die Gleichgewichtlösung $\hat{Y}$ stabil. Die Lösung Y_t konvergiert oszillierend mit fallender Amplitude gegen die Gleichgewichtslösung $\hat{Y}$.

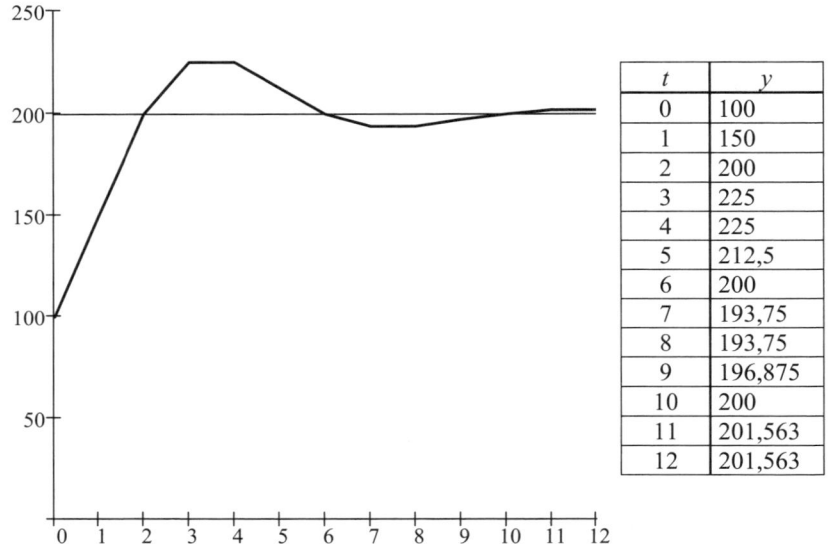

t	y
0	100
1	150
2	200
3	225
4	225
5	212,5
6	200
7	193,75
8	193,75
9	196,875
10	200
11	201,563
12	201,563

Interpretation

Angenommen die autonomen Ausgaben G sind ursprünglich

$$G_0 = 50$$

Das Gleichgewichtseinkommen beträgt dann

$$\hat{Y}_0 = \frac{G}{1-\alpha} = \frac{50}{1-0,5} = 100$$

Die Wirtschaft befindet sich zur Periode 0 im Gleichgewicht

$$Y_0 = Y_{t-1} = Y_{t-2} = 100$$

In der Periode 1 steigen nun die Ausgaben G (autonomer Konsum, Investition, Export, Staatsausgaben) um

$$\Delta G_1 = 50$$

und betragen nun

$$G_1 = 100$$

Das neue Gleichgewichtseinkommen ist dann

$$\hat{Y}_1 = \frac{100}{0,5} = 200$$

Die Wirtschaft befindet sich in Periode 1 unterhalb des Gleichgewichts

$$Y_1 = 150 \quad (= \hat{Y}_0 + 50)$$

Die Erhöhung der autonomen Ausgaben G löst einen Multiplikatorprozess (induzierte Konsumnachfrage) aus, der durch einen Akzelleratorprozess überlagert wird (induzierte Investitionsnachfrage).

Das Periodeneinkommen konvergiert in gedämpften Schwingungen gegen das neue Gleichgewichtseinkommen $\hat{Y}_t = 200$. Ursache der zyklischen Entwicklung des Periodeneinkommens ist die durch die autonome Nachfrageerhöhung induzierte Investitionsnachfrage.

ÜBUNG 6.5

1. Gegeben seien die folgenden Differenzengleichungen:

$$y_t - 5y_{t-1} + 6y_{t-2} = -6 \quad ; y_0 = 3, y_1 = 5$$
$$y_t - 6y_{t-1} + 9y_{t-2} = 12 \quad ; y_0 = 2, y_1 = 9$$

   a. Berechnen Sie die Gleichgewichtslösung!
   b. Überprüfen Sie die Stabilität der Gleichgewichtslösung anhand der Koeffizientenkriterien!
   c. Ermitteln Sie die allgemeine Lösung und die partikuläre Lösung für die gegebenen Anfangsbedingungen!
   d. Überprüfen Sie die dynamischen Eigenschaften der Lösung und stellen Sie den Zeitpfad der Lösung für die ersten fünf Perioden grafisch dar!

2. Gegeben seien die Differenzengleichungen:

$$2y_t - 2y_{t-1} + y_{t-2} = 10 \quad ; y_0 = 20, y_1 = 16$$
$$y_t - 2y_{t-1} + 4y_{t-2} = 60 \quad ; y_0 = 21, y_1 = 21$$

   a. Wie lautet jeweils die Gleichgewichtslösung?
   b. Wie lässt sich die Stabilität der Differenzengleichung beurteilen, ohne die Gleichgewichtslösung zu berechnen?
   c. Berechnen Sie die partikuläre Lösung für die gegebenen Anfangsbedingungen!
   d. Analysieren Sie die dynamischen Eigenschaften und stellen Sie die Dynamik der Lösung für eine Oszillationsperiode grafisch dar!

3. Gegeben sei das folgende Konjunkturmodell (SAMUELSON-Modell):

$$Y_t = C_t + I_t + G_t$$
$$C_t = \alpha Y_{t-1} \qquad \text{mit } \alpha = \tfrac{2}{3}$$
$$I_t = \beta(C_t - C_{t-1}) \qquad \text{mit } \beta = \tfrac{1}{2}$$
$$G_t = 20$$

a. Ermitteln und klassifizieren Sie die Differenzengleichung, die das dynamische Verhalten von Y bestimmt!

b. Ermitteln Sie die Gleichgewichtslösung (partikuläre Lösung).

c. Berechnen Sie die allgemeine Lösung der Differenzengleichung.

d. Wie lautet die spezielle Lösung für die Anfangsbedingungen: $Y_0 = 66$, $Y_1 = 64$?

e. Überprüfen Sie die dynamischen Eigenschaften der Lösung und stellen Sie die Dynamik einer Oszillationsperiode graphisch dar.

4. Gegeben sei das folgende dynamische Marktmodell (GOODWIN-Modell):

$$x_t^d = 200 - 2p_t$$
$$x_t^s = -10 + p_t^e \qquad \text{mit } p_t^e = p_{t-1} + \alpha(p_{t-1} - p_{t-2}) \text{ und } \alpha = -1$$
$$x_t^s = x_t^d$$

a. Interpretieren Sie die Preiserwartungshypothese, durch die das statische Marktmodell dynamisiert wird?

b. Berechnen Sie den Gleichgewichtspreis (partikuläre Lösung).

c. Ermitteln Sie die Differenzengleichung für die Preisdynamik im Ungleichgewicht!

d. Nehmen Sie an, in Periode 0 herrsche Gleichgewicht und in Periode 1 werde das Gleichgewicht durch exogene Einflüsse gestört; der tatsächliche Preis sei $p_1 = 80$. Wie lautet die spezielle Lösung der Differenzengleichung für diese Anfangsbedingungen?

e. Stellen Sie die Preisentwicklung für zwei Oszillationsperioden im t/p-Diagramm graphisch dar und analysieren Sie ihre dynamischen Eigenschaften!

7 Differentialgleichungen

Differentialgleichungen gehören wie Differenzengleichungen zu den mathematischen Instrumenten der dynamischen Wirtschaftsanalyse. Im Unterschied zu den Differenzengleichungen wird die Zeit nun als Kontinuum aufgefasst. Sowohl die Differentialgleichung als auch ihre Lösung sind daher **stetige** Funktionen der Zeit.

Während wir bei den Differenzengleichungen nur für die dargestellten Fälle linearer Differenzengleichungen **allgemeine** Lösungen angeben können, gibt es eine Vielfalt nicht-linearer Differentialgleichungen, die allgemein lösbar sind.

Daher kann es hier nur darum gehen, einige Grundprinzipien der Lösungstechnik zu erarbeiten und die Analogien zu den Lösungstechniken der Differenzengleichungen sichtbar zu machen.

Wir beschränken uns deshalb auch bei der Darstellung der Differentialgleichungen auf die gebräuchlichsten linearen Typen. Die Lösungsverfahren beruhen durchweg auf der Anwendung der Integralrechnung.

7.1 Definition und Klassifikation

Unter einer Differentialgleichungen (DG) verstehen wir eine Funktionalgleichung, die eine oder mehrere Ableitungen y', y'', y''', $\dots$, $y^{(n)}$ einer unbekannten Funktion $f(x)$ enthält, die natürlich differenzierbar sein muss. Bei wirtschaftswissenschaftlichen Fragestellungen ist f in der Regel eine Funktion der Zeit, also $y = f(t)$.

Das Lösungsproblem besteht wieder (wie bei den Differenzengleichungen) darin, diejenige differenzierbare Funktion $y = f(t)$ zu bestimmen, die die Differentialgleichung identisch erfüllt. $f(t)$ heißt dann Lösung der Differentialgleichung.

BEISPIEL

Wir hatten schon das folgende Beispiel einer einfachen Differentialgleichung kennengelernt

$$y'(t) - y(t) = 0$$

mit der Lösung

$$y(t) = A\,e^{t}$$

Es handelt sich hier um eine Differentialgleichung vom Typ

$$y'(t) + a y(t) = b \qquad \text{mit } a = -1, \ b = 0$$

oder allgemein

$$y^{(n)} + a_1 y^{(n-1)} + \ldots + a_{n-2} y'' + a_{n-1} y' + a_n y = b$$

Eine solche Differentialgleichung bezeichnen wir als

- **gewöhnlich**, wenn die unbekannte Funktion y nur von einer Variablen (t) abhängt, sonst als partielle Differentialgleichung.

- **linear**, wenn y und die Ableitungen von y nur in der ersten Potenz vorkommen, sonst vom k-ten Grad, wenn k die Potenz der höchsten Ableitung ist.

- Differentialgleichung mit **konstanten Koeffizienten**, wenn alle Koeffizienten a_i ($i = 1, \ldots, n$) konstant sind.

- **n-ter Ordnung** nach der höchsten vorkommenden Ableitung $y^{(n)}$ der Funktion y.

- **inhomogen**, wenn $b \neq 0$ und **homogen**, wenn $b = 0$.

Wir definieren:

Lineare Differentialgleichung

Die Gleichung

$$y^{(n)} + a_1 y^{(n-1)} + \ldots + a_{n-2} y'' + a_{n-1} y' + a_n y = b \quad ; a_n \neq 0, \ a_i = const.$$

heißt lineare Differentialgleichung n-ter Ordnung mit konstanten Koeffizienten. Erfüllt die Funktion $y(t)$ diese Differentialgleichung, so heißt $y(t)$ Lösung der Differentialgleichung.

Wir beschränken uns auf die in der ökonomischen Analyse gebräuchlichsten linearen Differentialgleichungen:

$$y'(t) + a y(t) = 0 \qquad \text{homogene Differentialgleichung 1. Ordnung}$$

$$y'(t) + a y(t) = b \qquad \text{inhomogene Differentialgleichung 1. Ordnung}$$

$$y''(t) + a_1 y'(t) + a_2 y(t) = 0 \qquad \text{homogene Differentialgleichung 2. Ordnung}$$

$$y''(t) + a_1 y'(t) + a_2 y(t) = b \qquad \text{inhomogene Differentialgleichung 2. Ordnung}$$

7.2 Homogene Differentialgleichungen 1. Ordnung

7.2.1 Lösung

Gegeben sei die homogene Differentialgleichung 1. Ordnung

$$y' + a\,y = 0 \qquad ; \quad a \neq 0$$

(1) Lösung durch Integration

Diese Differentialgleichung lässt sich nach einer einfachen Umformung durch Integration lösen. Wir dividieren durch y

$$y' = -a\,y$$

$$\frac{y'}{y} = -a$$

und integrieren dann beide Seiten der Gleichung nach t

$$\int \frac{y'}{y}\,dt = \int -a\,dt$$

$$\ln y = -at + C$$

$$y = e^{-at+C} = e^{-at}\,e^{C} = A\,e^{-at} \qquad\qquad \text{mit } A = e^{C}$$

Die Konstante A können wir durch den Anfangswert y_0 ausdrücken. Es gilt:

$$y(0) = y_0 = A\,e^{-a\cdot 0} = A$$

Wir erhalten die

Allgemeine Lösung

Die allgemeine Lösung (oder Fundamentallösung) der homogenen Differentialgleichung 1. Ordnung lautet

$$\boxed{y = y_0 e^{-at}}$$

und enthält eine beliebige Konstante y_0.

Wenn die **Anfangsbedingung** gegeben ist

$$y = \overline{y}_0$$

ergibt sich die spezielle oder partikuläre Lösung, indem wir die Anfangsbedingung in die allgemeine Lösung einsetzen:

Partikuläre Lösung

Die partikuläre Lösung der homogenen Differentialgleichung 1. Ordnung, die eine gegebene Anfangsbedingung

$$y = \bar{y}_0$$

erfüllt, lautet

$$\boxed{y = \bar{y}_0 e^{-at}}$$

(2) Allgemeines Lösungsverfahren

Allgemein erhalten wir die Lösung der homogenen Differentialgleichung 1. Ordnung nach dem folgenden Lösungsverfahren.

Gesucht wird eine Funktion y, für die gilt

$$y' = -a\,y$$

d.h. eine Funktion, deren Ableitung ein Vielfaches der Funktion selbst ist.

Aus der Differentialrechnung wissen wir, dass die einzige Funktion, die gleich ihrer Ableitung ist, die e-Funktion ist.

Wir wählen daher den **Lösungsansatz**

$$y = e^{\lambda t}$$

berechnen die Ableitung

$$y' = \lambda e^{\lambda t}$$

setzen y und y' in die Differentialgleichung ein und klammern $e^{\lambda t}$ aus

$$\lambda e^{\lambda t} + a e^{\lambda t} = 0$$
$$(\lambda + a) e^{\lambda t} = 0$$

Wenn $e^{\lambda t}$ eine Lösung der Differentialgleichung ist, so muss diese Gleichung für alle Werte von t erfüllt sein und das ist genau dann der Fall, wenn der Ausdruck in der Klammer, der t nicht enthält, null ist. Damit erhalten wir die folgende **charakteristische Gleichung** der Differentialgleichung

$$\lambda + a = 0$$

die uns erlaubt, λ zu bestimmen

$$\lambda = -a$$

und damit die Lösung der Differentialgleichung

$$y = e^{-at}$$

Daraus folgt die allgemeine Lösung nach dem Satz:

Allgemeines Lösungsprinzip

Ist $y(t)$ eine Lösung einer homogenen Differentialgleichung 1. Ordnung, so ist auch $Ay(t)$ eine Lösung, wobei A eine beliebige Konstante ist.

Dieser Satz lässt sich leicht dadurch beweisen, dass wir $y = A\,e^{-at}$ und die Ableitung $y' = -aA e^{-at}$ in die Differentialgleichung einsetzen:

$$y' + ay = -aA e^{-at} + aA e^{-at} = 0$$

Die allgemeine Lösung der homogenen Differentialgleichung 1. Ordnung lautet daher

$$y(t) = A\,e^{-at}$$

und enthält wieder eine beliebige Konstante A. Das allgemeine Lösungsverfahren führt also zum selben Ergebnis wie die Integration.

7.2.2 Dynamisches Verhalten der Lösung

Die allgemeine Lösung der homogenen Differentialgleichung 1. Ordnung ist eine stetige e-Funktion der Zeit, deren dynamische Eigenschaften nur vom Vorzeichen und nicht vom Betrag des Parameters $-a$ abhängen.

Der Parameter $-a$ der e-Funktion kann als relative Veränderung oder **Wachstumsrate** von y interpretiert werden:

$$\hat{y} = \frac{y'}{y} = -a$$

Da die Wachstumsrate nur positiv oder negativ sein kann ($a \neq 0$), gibt es nur zwei Verlaufsmuster der Lösung:

Für $-a > 0$ wächst e^{-at} monoton und Ae^{-at} geht monoton gegen unendlich, ist $y(t)$ also **divergent**

Für $-a < 0$ fällt e^{-at} monoton und Ae^{-at} geht monoton gegen null, ist $y(t)$ also **konvergent**.

Im Unterschied zu den Differenzengleichungen 1. Ordnung gibt es keine alternierenden Lösungen und nur im trivialen Fall $-a = 0$ konstante Lösungen.

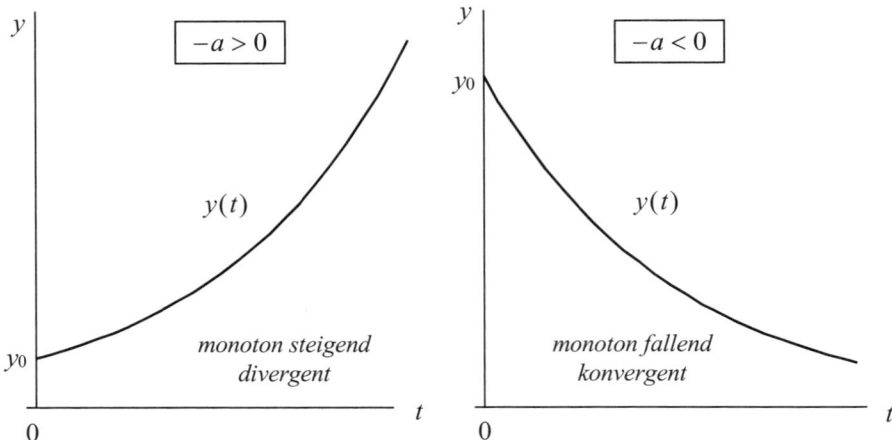

BEISPIELE

   1. $y' - 0,5y = 0$ $y_0 = 10$

       Allgemeine Lösung

$$y = y_0 \, e^{0,5t}$$

       Partikuläre Lösung für die gegebene Anfangsbedingung

$$y = 10 \, e^{0,5t}$$

       Dynamische Eigenschaften

$$-a = 0,5 > 0 \qquad \Rightarrow \qquad \text{monoton steigend, divergent}$$

   2. $y' + 2y = 0$ $y_0 = 100$

       Allgemeine Lösungen

$$y = y_0 \, e^{-2t}$$

       Partikuläre Lösung für die gegebene Anfangsbedingung

$$y = 100 e^{-2t}$$

       Dynamische Eigenschaften

$$-a = -2 < 0 \qquad \Rightarrow \qquad \text{monoton fallend, konvergent}$$

7.2.3 Homogene DG mit variablen Koeffizienten

Wir betrachten nun den Fall, dass der Koeffizient a nicht konstant, sondern eine Funktion der Zeit ist. Gegeben sei also die Differentialgleichung

$$y' + a(t)y = 0$$

(1) Lösung durch Integration

Wir stellen die Differentialgleichung um

$$y' = -a(t)y$$
$$\frac{y'}{y} = -a(t)$$

und integrieren nach t

$$\int \frac{y'}{y}\, dt = \int -a(t)\, dt$$

$$\ln y = \int -a(t)\, dt + C$$

$$y = e^{-\int a(t)\, dt + C} = e^{-\int a(t)\, dt}\, e^{C} = A\, e^{-\int a(t)\, dt} \qquad \text{mit } e^{C} = A$$

Die allgemeine Lösung lautet also im Falle des variablen Koeffizient $a(t)$

$$\boxed{y = A\, e^{-\int a(t)\, dt}}$$

(2) Lösung allgemein

Wir wählen nun den Lösungsansatz $y = e^{\lambda(t)}$ und setzen in die Differentialgleichung ein

$$\lambda' e^{\lambda(t)} + a(t)\, e^{\lambda(t)} = 0$$
$$\left[\lambda'(t) + a(t)\right] e^{\lambda(t)} = 0$$

Die charakteristische Gleichung lautet dann

$$\lambda'(t) + a(t) = 0$$

Wir lösen nach λ' auf und integrieren

$$\lambda'(t) = -a(t)$$
$$\lambda(t) = -\int a(t)\, dt$$

Also ist die allgemeine Lösung

$$y(t) = A\,e^{-\int a(t)dt}$$

BEISPIELE

1. $y' - 4ty = 0$ $\qquad$ $y_0 = 10$

    Der Koeffizient a ist eine lineare Funktion der Zeit

    $$a(t) = -4t$$

    Allgemeine Lösung

    $$y = A\,e^{-\int a(t)dt} = A\,e^{\int 4t\,dt} = A\,e^{2t^2}$$

    Partikuläre Lösung für die gegebene Anfangsbedingung

    $$y = 10\,e^{2t^2}$$

    Dynamische Eigenschaften

    monoton steigend, da $2t^2$ monoton ist.

2. $y' - \dfrac{1}{t}y = 0$ $\qquad$ $y(1) = y_1 = 20$

    Hier gilt

    $$a(t) = -\frac{1}{t}$$

    Allgemeine Lösung

    $$y = A\,e^{-\int a(t)dt} = A\,e^{\int \frac{1}{t}dt} = A\,e^{\ln t} = At \qquad ; t > 0$$

    Partikuläre Lösung für die gegebene Randbedingung

    $$y = 20\,e^{\ln t} = 20t$$

    Dynamische Eigenschaften

    monoton steigend, da $\ln t$ monoton ist.

7.3 Inhomogene Differentialgleichungen 1. Ordnung

Gegeben sei die inhomogenen Differentialgleichung 1. Ordnung

$$y' + ay = b$$

Bei der Ermittlung der allgemeinen Lösung der inhomogenen Differentialgleichungen benutzen wir dasselbe Lösungsprinzip wie bei den Differenzengleichungen:

> **Allgemeines Lösungsverfahren**
>
> Die allgemeine Lösung der inhomogenen Differentialgleichung 1. Ordnung ergibt sich als Summe
>
> - der allgemeinen Lösung der homogenen Differentialgleichung und
> - einer partikulären Lösung der inhomogenen Differentialgleichung

Da wir die allgemeine Lösung der homogenen Differentialgleichung bereits kennen, benötigen wir nur noch eine partikuläre Lösung der inhomogenen Differentialgleichung.

7.3.1 Partikuläre Lösung

Wir wollen die partikuläre Lösung zuerst für den einfachen Fall berechnen, dass das Inhomogenitätsglied b eine Konstante ist und dann für den Fall, dass b eine Funktion der Zeit ist.

(1) Partikuläre Lösung für konstantes b

Bei der Berechnung der partikulären Lösung gehen wir wieder nach der **Methode der unbestimmten Koeffizienten** vor, die wir bereits von den Differenzengleichungen kennen. Sie besteht darin, als Lösungsansatz denselben Funktionstyp zu wählen wie den des Inhomogenitätsglieds b.

Ist das Inhomogenitätsglied wie hier eine Konstante, so wählen wir als **Lösungsansatz** eine Konstante:

(1) $\hat{y} = \alpha$

Wir prüfen also, ob es eine Konstante α gibt, die die Differentialgleichung erfüllt. Wir setzen $\hat{y} = \alpha$ und $\hat{y}' = 0$ in die Differentialgleichung ein und berechnen α

$$0 + a\alpha = b$$

$$\alpha = \frac{b}{a} \qquad a \neq 0$$

Unter der Annahme, dass a nicht null ist, lautet die partikuläre Lösung dann

$$\boxed{\hat{y} = \frac{b}{a}} \qquad a \neq 0$$

Ist dagegen $a = 0$, so versuchen wir den Lösungsansatz

(2) $\qquad \hat{y} = \alpha t$

setzen in die Differentialgleichung ein und lösen wieder nach α auf

$$\alpha - 0 \cdot \alpha t = b$$
$$\alpha = b$$

Also lautet die partikuläre Lösung in diesem Spezialfall

$$\hat{y} = bt \qquad\qquad a = 0$$

Es handelt sich hier um einen degenerierten Sonderfall der inhomogenen Differentialgleichung 1. Ordnung, den wir im Folgenden vernachlässigen wollen.

(2) Partikuläre Lösung, wenn b eine Exponentialfunktion der Zeit ist

Gegeben ist die Funktion

$$y' + a y = B e^{dt}$$

Das Inhomogenitätsglied ist nun eine e-Funktion der Zeit. Wir wählen daher den Lösungsansatz

(1) $\qquad \hat{y} = C e^{dt}$

Dabei ist C eine unbestimmte Konstante, die wir berechnen, indem wir $\hat{y}$ und $\hat{y}'$ in die Differentialgleichung einsetzen

$$d C e^{dt} + a C e^{dt} = B e^{dt}$$
$$(d + a) C e^{dt} = B e^{dt}$$
$$\left[(d + a) C - B \right] e^{dt} = 0$$

Diese Gleichung ist genau dann für jedes t erfüllt, wenn der Klammerausdruck null ist:

$$(d + a) C - B = 0$$
$$C = \frac{B}{d + a}$$

Die partikuläre Lösung lautet also

$$\boxed{\hat{y}(t) = \frac{B}{d+a}\,\mathrm{e}^{dt}} \qquad d+a \neq 0$$

Ist dagegen $d+a = 0$, dann gilt

$$d = -a = \lambda$$

d.h. d ist die Wurzel der charakteristischen Gleichung der homogenen Differentialgleichung.

Wir wählen nun den Lösungsansatz

$$(2) \qquad \hat{y} = t\,C\mathrm{e}^{dt}$$

und setzen in die Differentialgleichung ein

$$C\mathrm{e}^{dt} + t\,d\,C\mathrm{e}^{dt} + a\,t\,C\mathrm{e}^{dt} = B\mathrm{e}^{dt}$$

$$(\underbrace{d+a}_{=0})\,t\,C\mathrm{e}^{dt} + (C-B)\,\mathrm{e}^{dt} = 0$$

$$(C-B)\,\mathrm{e}^{dt} = 0$$

$$C - B = 0$$

$$C = B$$

Die partikuläre Lösung lautet nun

$$\boxed{\hat{y}(t) = tB\mathrm{e}^{dt}} \qquad d+a = 0$$

7.3.2 Allgemeine Lösung

Die allgemeine Lösung ergibt sich als Summe der homogenen und der partikulären Lösung:

$$y(t) = y^{*}(t) + \hat{y}(t)$$

$$y(t) = A\,\mathrm{e}^{-at} + \hat{y}(t)$$

Für $t = 0$ können wir die Konstante A aus der Anfangsbedingung berechnen:

$$y_0 = A + \hat{y}$$

$$A = y_0 - \hat{y}$$

Damit erhalten wir die

Allgemeine Lösung

Die allgemeine Lösung der inhomogenen Differentialgleichung 1. Ordnung lautet

$$y(t) = e^{-at}(y_0 - \hat{y}) + \hat{y}$$

und für konstantes b

$$\boxed{y(t) = e^{-at}\left(y_0 - \frac{b}{a}\right) + \frac{b}{a}} \quad a \neq 0$$

und enthält eine unbestimmte Konstante y_0.

Die dynamischen Eigenschaften der Lösung hängen ausschließlich vom Vorzeichen der Wachstumsrate $-a$ ab. Es gilt dasselbe Schema wie für die homogene Differentialgleichung 1. Ordnung:

$$\left.\begin{array}{ll} -a < 0 & \text{konvergent} \\ -a > 0 & \text{divergent} \end{array}\right\} \text{ monoton}$$

Bei ökonomischen Problemstellungen kann die partikuläre Lösung $\hat{y}$ wieder als Gleichgewichtswert der Variablen y interpretiert werden. Und zwar als stationäres Gleichgewicht, wenn $\hat{y}$ konstant ist und als dynamisches Gleichgewicht (moving equilibrium), wenn $\hat{y}(t)$ eine Funktion der Zeit ist.

Die Differenz $y_0 - \hat{y}$ ist dann die anfängliche Abweichung des Zeitpfades vom Gleichgewicht und $e^{-at}(y_0 - \hat{y})$ ist der Zeitpfad der Abweichung vom Gleichgewicht:

$$y(t) = \underset{\nearrow}{e^{-at}(y_0 - \hat{y})} + \underset{\nwarrow}{\hat{y}}$$

$$\textit{Abweichung} \qquad \textit{Gleichgewicht}$$

Für $-a < 0$ verschwindet die Abweichung im Zeitablauf, ist das Gleichgewicht also stabil. Es gilt der folgende Satz:

Stabilität der Gleichgewichtslösung

Die inhomogene Differentialgleichung 1. Ordnung

$$y' + ay = b$$

hat die Gleichgewichtslösung

$$\hat{y} = \frac{b}{a} \qquad a \neq 0$$

und $\hat{y}$ ist genau dann stabil, wenn $-a < 0$.

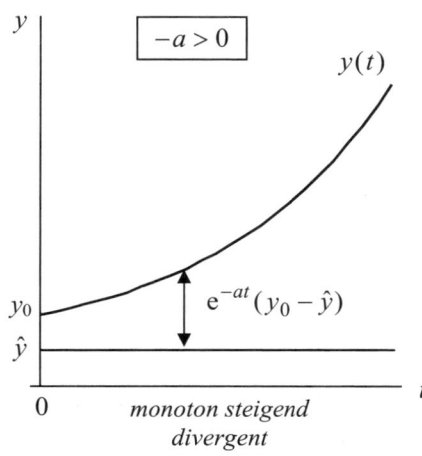

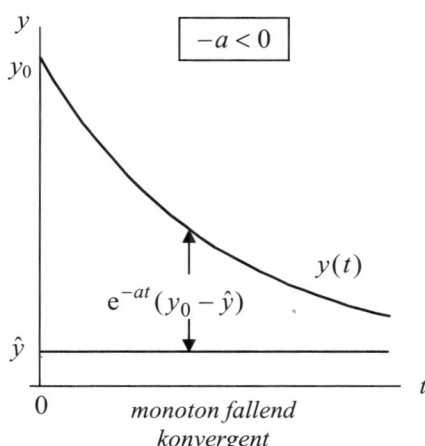

BEISPIELE

1. $y' + 2y = 10$ $y_0 = 8$

     Allgemeine Lösung

$$y = e^{-2t}(y_0 - \hat{y}) + \hat{y} \quad ; \quad \hat{y} = \frac{b}{a} = \frac{10}{2} = 5$$

$$= e^{-2t}(y_0 - 5) + 5$$

     Partikuläre Lösung für die gegebene Anfangsbedingung

$$y = e^{-2t}(8 - 5) + 5 = 3e^{-2t} + 5$$

     Dynamische Eigenschaften

$$-a = -2 < 0 \quad\quad \Rightarrow \quad\quad \text{monoton fallend, konvergent}$$

2. $y' - 3y = -30$ $y_0 = 15$

     Allgemeine Lösung

$$y = e^{3t}(y_0 - \hat{y}) + \hat{y} \quad ; \quad \hat{y} = \frac{b}{a} = \frac{-30}{-3} = 10$$

$$= e^{3t}(y_0 - 10) + 10$$

     Partikuläre Lösung für die gegebene Anfangsbedingung

$$y = e^{3t}(15 - 10) + 10 = 5e^{3t} + 10$$

     Dynamische Eigenschaften

$$-a = 3 > 0 \quad\quad \Rightarrow \quad\quad \text{monoton steigend, divergent}$$

7.3.3 Inhomogene DG mit variablen Koeffizienten

Gegeben sei die inhomogene Differentialgleichung

$$y' + a(t)y = b(t)$$

Nun ist auch der Koeffizient a eine Funktion der Zeit. Als Lösung der entsprechenden homogenen Differentialgleichung 1. Ordnung mit einem variablen Koeffizienten $a(t)$ hatte sich ergeben

$$y = A e^{-\int a(t)dt}$$

Wir nehmen an, dass nun auch die Konstante A in der Lösung variabel, d.h. eine Funktion von t sein wird (Methode der Parametervariation[1]). Wir versuchen also den Lösungsansatz

$$\hat{y} = A(t) e^{-\int a(t)dt}$$

und setzen in die Differentialgleichung ein:

$$A'e^{-\int a(t)dt} \underbrace{- Aa(t)e^{-\int a(t)dt} + a(t)A e^{-\int a(t)dt}}_{0} = b(t)$$

Da der 2. und 3. Summand sich gegenseitig aufheben, vereinfacht sich die Gleichung zu:

$$A'e^{-\int a(t)dt} = b(t)$$

$$A' = b(t)e^{\int a(t)dt}$$

Durch Integration ergibt sich A:

$$A(t) = \int b(t)e^{\int a(t)dt} dt$$

Damit lautet eine partikuläre Lösung

$$\hat{y}(t) = \int b(t)e^{\int a(t)dt} dt \cdot e^{-\int a(t)dt}$$

und die allgemeine Lösung

$$\boxed{y(t) = \int b(t)e^{\int a(t)dt} dt \cdot e^{-\int a(t)dt} + C e^{-\int a(t)dt}}$$

---

[1] Lagranges Methode der Parametervariation besteht darin, eine Konstante, die in der Lösung einer einfacheren Differentialgleichung, hier der homogenen, auftritt, als Variable aufzufassen.

BEISPIEL

Gegeben sei die Differentialgleichung

$$y' - y = t \qquad\qquad \text{mit } a(t) = -1,\ b(t) = t$$

Die allgemeine Lösung lautet

$$
\begin{aligned}
y &= \int t\, \mathrm{e}^{\int (-1)dt}\, dt \cdot \mathrm{e}^{-\int (-1)dt} + C\,\mathrm{e}^{-\int (-1)dt} \\
&= \mathrm{e}^{t} \int t\, \mathrm{e}^{-t}\, dt + C\,\mathrm{e}^{t} \qquad\qquad \text{mit } \mathrm{e}^{-\int (-1)dt} = \mathrm{e}^{t} \\
&= \mathrm{e}^{t} \mathrm{e}^{-t}(-t-1) + C\,\mathrm{e}^{t} \\
&= -t - 1 + C\,\mathrm{e}^{t}
\end{aligned}
$$

Dabei haben wir die folgende partielle Integration benutzt:

$$
\begin{aligned}
\int t\, \mathrm{e}^{-t}\, dt &= -t \cdot \mathrm{e}^{t} - \int -\mathrm{e}^{-t}\, dt \quad \text{mit } v = t,\ u' = \mathrm{e}^{-t},\ v' = 1,\ u = -\mathrm{e}^{-t} \\
&= -t \cdot \mathrm{e}^{t} - \mathrm{e}^{-t} + C \\
&= \mathrm{e}^{-t}(-t-1) + C
\end{aligned}
$$

7.3.4 Anwendungen

(1) Stabilität des Marktgleichgewichts (Evans Preisanpassungsmodell)

Wir nennen einen Wettbewerbsmarkt **stabil**, wenn eine Preisabweichung vom Gleichgewichtspreis nach oben zu einem Überschussangebot und nach unten zu einer Überschussnachfrage führt, weil das Überschussangebot tendenziell preissenkend, die Überschussnachfrage tendenziell preiserhöhend wirkt.

Diese Zusammenhänge lassen sich durch geeignete **Dynamisierung** des einfachen Marktmodells formalisieren:

$$
\begin{aligned}
x^{d}(t) &= a - b\,p(t) \qquad\qquad && \text{Nachfragefunktion} \\
x^{s}(t) &= c + d\,p(t) && \text{Angebotsfunktion}
\end{aligned}
$$

Im Gleichgewicht gilt

$$x^{d}(t) = x^{s}(t) \qquad\qquad \text{Gleichgewichtsbedingung}$$

und der Gleichgewichtspreis beträgt

$$\hat{p} = \frac{a-c}{b+d}$$

Ist der Markt nicht im Gleichgewicht, so nehmen wir mit **Leon Walras**[1] an, dass

- bei einer positiven Überschussnachfrage die nicht befriedigten Käufer den Preis in die Höhe treiben.

- bei einer negativen Überschussnachfrage (=Überschussangebot) die Anbieter sich unterbieten und den Preis nach unten drücken.

Die Formalisierung dieser dynamische Verhaltens- bzw. Reaktionshypothese lautet

$$\frac{dp}{dt} = \gamma \left[x^d(t) - x^s(t) \right] \qquad ; \gamma > 0$$

Dabei ist γ ein Reaktionskoeffizient, der die Intensität der Preisreaktion bestimmt, die durch die angenommenen Verhaltensweisen der Marktteilnehmer ausgelöst wird.

Setzen wir die Nachfrage- und Angebotsfunktion in die Reaktionsfunktion ein

$$p' = \gamma \left[(a - b p(t)) - (c + d p(t)) \right]$$
$$= \gamma (a - c) - \gamma (b + d) p(t)$$

dann erhalten wir eine inhomogene Differentialgleichung 1. Ordnung mit konstanten Koeffizienten:

$$p'(t) + \underbrace{\gamma (b + d)}_{\alpha} p(t) = \underbrace{\gamma (a - c)}_{\beta}$$
$$p'(t) \quad + \quad \alpha \; p(t) \quad = \quad \beta$$

Die allgemeine Lösung lautet:

$$p = (p_0 - \hat{p}) e^{-\alpha t} + \hat{p}$$
$$= (p_0 - \hat{p}) e^{-\gamma (b+d) t} + \hat{p}$$

mit der Gleichgewichtslösung (partikulären Lösung)

$$\hat{p} = \frac{\beta}{\alpha} = \frac{\gamma (a - c)}{\gamma (b + d)} = \frac{a - c}{b + d}$$

Das Marktgleichgewicht ist bei den angenommenen Reaktionen der Marktteilnehmer auf Gleichgewichtsstörungen **stabil** (Walras), wenn

$$-\gamma (b + d) < 0 \qquad ; \gamma > 0$$

---

[1] Léon Walras 1834-1910, schweizerischer Ökonom

oder

$$b + d > 0$$
$$d > -b$$

d.h. die Steigung der Angebotsfunktion größer ist als die Steigung der Nachfrage-funktion.

$$\boxed{\textit{Walras-Stabilität}}$$

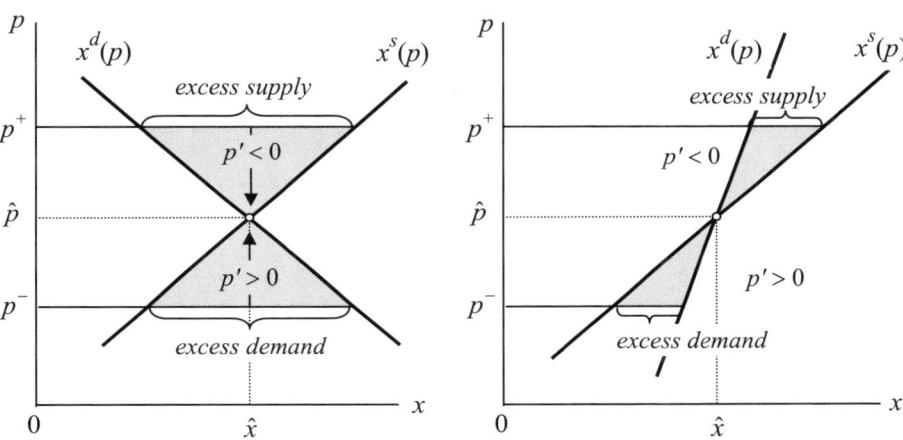

Das ist der Fall bei normalen Nachfrage- und Angebotsfunktionen, für die gilt:

$$\frac{dx^d}{dp} = -b < 0 \quad ; \quad \frac{dx^s}{dp} = d > 0$$

Das ist aber auch dann der Fall, wenn die Nachfragefunktion einen anormalen Verlauf aufweist, solange ihre Steigung kleiner als die der Angebotsfunktion ist:

$$0 < \frac{dx^d}{dp} = -b < d = \frac{dx^s}{dp}$$

Das Marktgleichgewicht ist **instabil**, wenn

$$-\gamma(b+d) > 0 \qquad ; \quad \gamma > 0$$

oder

$$b + d < 0$$
$$d < -b$$

d.h. die Steigung der Angebotsfunktion kleiner ist als die Steigung der Nachfrage-funktion.

Das ist der Fall bei **anormalen Nachfragefunktionen**, wenn

$$\frac{dx^d}{dp} > \frac{dx^s}{dp}$$

d.h. wenn die Steigung der Nachfragefunktion **positiv und größer** als die der Angebotsfunktion ist.

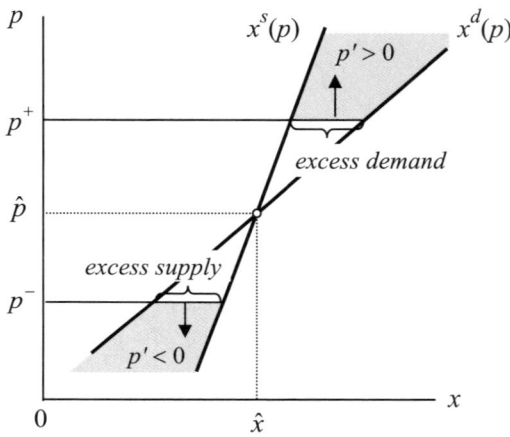

Walras-Instabilität

BEISPIEL

$$x^d = 80 - 4p$$
$$x^s = -10 + 2p$$
$$x^s = x^d$$

Gleichgewichtslösung

$$\hat{p} = \frac{a-c}{b+d} = \frac{80+10}{4+2} = \frac{90}{6} = 15$$
$$\hat{x} = 80 - 4 \cdot 15 = 20$$

Allgemeine Lösung

$$p(t) = (p_0 - \hat{p})\,\mathrm{e}^{-\gamma(4+2)t} + \hat{p} = (p_0 - \hat{p})\,\mathrm{e}^{-\gamma 6t} + \hat{p}$$

Dynamische Eigenschaften

$$-\gamma 6 < 0 \quad \Rightarrow \quad \text{monoton fallend, konvergent}$$

Das Marktgleichgewicht ist dynamisch stabil, da $d = 2 > -4 = b$, die Nachfragefunktion und die Angebotsfunktion also normal verlaufen.

(2) Domar-Modell (Wachstum)[1]

Das Wachstumsmodell von Domar ist eng verwandt mit dem in Abschnitt 6.2.3 behandelten Harrod-Modell. Es berücksichtigt neben dem Einkommenseffekt der Investitionsnachfrage den in der kurzfristigen Keynes´schen Beschäftigungstheorie vernachlässigten **Kapazitätseffekt der Investitionen**. Investitionen sind nicht nur Teil der aggregierten Nachfrage, sondern erhöhen auch die volkswirtschaftliche Produktionskapazität.

Damit die durch die Nettoinvestitionen geschaffenen neuen Kapazitäten auch ausgenutzt werden, muss die volkswirtschaftliche Nachfrage ständig steigen.

Das Domar-Modell erlaubt es, die Wachstumsrate zu berechnen, mit der die Investitionsnachfrage steigen muss, damit die durch die Investitionen geschaffenen Kapazitäten stets ausgelastet sind.

Es gilt

$$Y' = \frac{1}{s}I' \qquad \text{Einkommenseffekt der Investitionserhöhung}$$

$$Y' = \frac{1}{v}I \qquad \text{Kapazitätseffekt der Investition}$$

Dabei bedeuten s die marginale Sparneigung oder Sparquote, $1/s$ den Multiplikator und Y' den Multiplikatoreffekt der Investitionserhöhung I'. Wenn die Investitionsnachfrage um I' steigt, dann steigen Produktion und Einkommen um Y'.

Damit ist die Wirkung der Investitionserhöhung nicht erschöpft. Investitionen dienen der Erhöhung der Produktionskapazitäten und werden nur dann vorgenommen, wenn die Auslastung der neuen Kapazitäten erwartet werden kann. Eine Erhöhung der Investitionsnachfrage rechnet sich daher nur, wenn mit steigender Nachfrage gerechnet werden kann.

Es bedeuten v den marginalen Kapitalkoeffizienten und $1/v$ die marginale Kapitalproduktivität. Sie gibt an, um welchen Betrag die Kapazität steigt, wenn eine zusätzliche Kapitaleinheit (Investition) eingesetzt wird. Y' ist also der Kapazitätseffekt der Investition I, nicht nur der zusätzlichen Investitionen I'.

Kapazitätsgleichgewicht herrscht genau dann, wenn die Nachfrage im Gleichschritt mit der Kapazität wächst, wenn also der Einkommenseffekt gleich dem Kapazitätseffekt ist:

$$\frac{1}{s}I' = \frac{1}{v}I$$

---

[1] Domar, E.: Capital Expansion, Rate of Growth and Employment, Econometrica, vol.14, 1946

d.h. die Investitionsnachfrage $I(t)$ die folgende homogene Differentialgleichung 1. Ordnung erfüllt:

$$I' - \frac{s}{v} I = 0$$

Die allgemeine Lösung der Differentialgleichung lautet

$$I = I_0 \, e^{\frac{s}{v} t}$$

Wenn die Investitionsnachfrage mit der Rate $\frac{s}{v}$ wächst, sind Einkommens- und Kapazitätseffekt der Investitionen gleich. Die Nachfrage wächst dann gerade mit der Rate, die erforderlich ist, um die wachsenden Kapazitäten auszulasten. Die Wachstumsrate ist um so größer, je höher die Sparquote und je niedriger der Kapitalkoeffizient ist.

ÜBUNG 7.3

1. Gegeben seien die folgenden homogenen linearen Differentialgleichungen 1. Ordnung:

    a. $y' - 3y = 0$; $y_0 = 3$

    b. $y' + 1{,}1 y = 0$; $y_0 = 20$

    c. $y' + 0{,}1 y = 0$; $y_0 = 10$

    d. $y' - t y = 0$; $y_0 = 21$

    Berechnen Sie die allgemeine Lösung und die spezielle Lösung für die gegebenen Anfangsbedingungen. Charakterisieren Sie das zeitliche Verhalten Lösungen.

2. Gegeben seien die Differentialgleichungen:

    a. $y' - y = 3$; $y_0 = 5$

    b. $y' + 0{,}2 y = 1$; $y_0 = 10$

    c. $y' + 3y = 12$; $y_0 = 4$

    Klassifizieren Sie die Differentialgleichungen!

    Wie lautet die allgemeine Lösung und die spezielle Lösung für die gegebenen Anfangsbedingungen?

    Prüfen Sie die Stabilität und analysieren Sie die dynamischen Eigenschaften! Stellen Sie die zeitliche Entwicklung grafisch dar!

7.4 Lineare Differentialgleichungen 2. Ordnung

Gegeben sei die inhomogene Differentialgleichung 2. Ordnung mit konstanten Koeffizienten:

$$y'' + ay' + by = c \qquad a, b, c = \text{const}$$

Die Lösung berechnen wir wieder mit dem allgemeinen Lösungsverfahren:

Allgemeines Lösungsverfahren

Die allgemeine Lösung der inhomogenen Differentialgleichung 2. Ordnung ergibt sich als Summe

- der allgemeinen Lösung der homogenen Differentialgleichung und

- einer partikulären Lösung der inhomogenen Differentialgleichung

Wir beginnen daher mit der Lösung der korrespondierenden homogenen Differentialgleichung.

7.4.1 Lösung der homogenen Differentialgleichung 2. Ordnung

Wir betrachten die homogene Differentialgleichung 2. Ordnung, die sich ergibt, wenn wir $c = 0$ setzen.

$$y'' + a y' + b y = 0$$

Als Lösung der Differentialgleichung 1. Ordnung hatte sich eine **e-Funktion der Zeit** ergeben. Wir vermuten daher, dass auch die Lösung der Differentialgleichung 2. Ordnung eine e-Funktion der Zeit sein wird und wählen daher den **Lösungsansatz**

$$y(t) = e^{\lambda t}$$

Wir bilden die Ableitungen und setzen y'', y' und y in die Differentialgleichung ein:

$$\lambda^2 e^{\lambda t} + a\lambda e^{\lambda t} + b e^{\lambda t} = 0$$

$$e^{\lambda t}(\lambda^2 + a\lambda + b) = 0$$

Wenn $e^{\lambda t}$ eine Lösung der Differentialgleichung ist, muss die Differentialgleichung für jedes t erfüllt sein; d.h. das Produkt der e-Funktion und der Klammer muss für jedes t null sein. Das ist genau dann der Fall, wenn der Klammerausdruck, der t nicht enthält, null ist. Die **charakteristische Gleichung** der Differentialgleichung lautet daher

$$\lambda^2 + a\lambda + b = 0$$

Das Problem, eine Funktionalgleichung zu lösen, wird also wieder überführt, in das Problem eine algebraische Gleichung zu lösen.

Als Lösung dieser quadratischen Gleichung erhalten wir die beiden **Wurzeln**

$$\lambda_{1/2} = \frac{-a \pm \sqrt{a^2 - 4b}}{2}$$

Mit der **Diskriminante**

$$\Delta = a^2 - 4b$$

sind wieder drei Fälle zu unterscheiden

$$\Delta > 0, \ \Delta = 0, \ \Delta < 0$$

(1) Fall $\Delta > 0$: Reelle und ungleiche Wurzeln

In diesem Fall ist die Diskriminante positiv und die Wurzeln sind reell und verschieden

$$\lambda_1 = \frac{-a + \sqrt{\Delta}}{2} \quad ; \quad \lambda_2 = \frac{-a - \sqrt{\Delta}}{2}$$

D.h. die beiden e-Funktionen

$$y_1(t) = e^{\lambda_1 t}$$
$$y_2(t) = e^{\lambda_2 t}$$

erfüllen die Differentialgleichung. Die allgemeine Lösung der homogenen Differentialgleichung 2. Ordnung ergibt sich als Linearkombination von $y_1(t)$ und $y_2(t)$. Es gilt das

Allgemeine Lösungsprinzip

Sind $y_1(t)$ und $y_2(t)$ zwei verschiedene (linear unabhängige[1]) Lösungen der homogenen linearen Differentialgleichung 2. Ordnung, dann ist auch

$$y(t) = A_1 y_1(t) + A_2 y_2(t)$$

für beliebige A_1 und A_2 eine Lösung.

---

[1] $\begin{vmatrix} y_1 & y_2 \\ y_1' & y_2' \end{vmatrix} = y_1 y_2' - y_1' y_2 \neq 0$ für alle t

Beweis:

Den Beweis können wir wieder leicht dadurch führen, dass wir y'', y' und y in die Differentialgleichung einsetzen:

$$y'' + ay' + by$$

$$= A_1\lambda_1^2 e^{\lambda_1 t} + A_2\lambda_2^2 e^{\lambda_2 t} + a(A_1\lambda_1 e^{\lambda_1 t} + A_2\lambda_2 e^{\lambda_2 t}) + b(A_1 e^{\lambda_1 t} + A_2 e^{\lambda_2 t})$$

$$= A_1\lambda_1^2 e^{\lambda_1 t} + A_2\lambda_2^2 e^{\lambda_2 t} + aA_1\lambda_1 e^{\lambda_1 t} + aA_2\lambda_2 e^{\lambda_2 t} + bA_1 e^{\lambda_1 t} + bA_2 e^{\lambda_2 t}$$

$$= A_1\lambda_1^2 e^{\lambda_1 t} + aA_1\lambda_1 e^{\lambda_1 t} + bA_1 e^{\lambda_1 t} + A_2\lambda_2^2 e^{\lambda_2 t} + aA_2\lambda_2 e^{\lambda_2 t} + bA_2 e^{\lambda_2 t}$$

$$= A_1 e^{\lambda_1 t} \underbrace{(\lambda_1^2 + a\lambda_1 + b)}_{=0} \quad + \quad A_2 e^{\lambda_2 t} \underbrace{(\lambda_2^2 + a\lambda_2 + b)}_{=0} = 0$$

Folglich erfüllt $y(t)$ tatsächlich die Differentialgleichung. Damit gilt:

Allgemeine Lösung

Die allgemeine Lösung der homogenen Differentialgleichung 2. Ordnung lautet im Falle $\Delta > 0$:

$$\boxed{y(t) = A_1 e^{\lambda_1 t} + A_2 e^{\lambda_2 t}}$$

Die allgemeine Lösung der Differentialgleichung 2. Ordnung enthält zwei unbestimmte Konstanten A_1 und A_2.

Dynamisches Verhalten

Die allgemeine Lösung ist eine Linearkombination zweier e-Funktionen der Zeit. Der Zeitpfad der Lösung verläuft daher immer **monoton**; das Konvergenzverhalten hängt ausschließlich von den Vorzeichen der Wurzeln ab.

Konvergenz

Die Lösung der homogenen Differentialgleichung 2. Ordnung ist im Falle $\Delta > 0$ genau dann konvergent (stabil), wenn beide Wurzeln negativ sind

$$\lambda_1, \lambda_2 < 0$$

Genau dann konvergieren sowohl $y_1(t)$ als auch $y_2(t)$.

Sind eine oder beide Wurzeln positiv, ist der Zeitpfad divergent.

Die Konvergenzeigenschaften der Lösung lassen sich auch ohne Kenntnis der Lösung anhand der Vorzeichen der Koeffizienten der Differentialgleichung beurteilen. Die Beziehungen zwischen den Vorzeichen der Koeffizienten und der Wurzeln führen zu den folgenden Koeffizientenkriterien:

Koeffizientenkriterien

Die Lösung der homogenen Differentialgleichung 2. Ordnung ist im Falle $\Delta > 0$ genau dann konvergent (stabil), wenn

$$a > 0 \,, \ b \geq 0$$

Sonst ist die Lösung divergent (instabil).

Beweis:

Angenommen beide Wurzeln sind negativ

$$\lambda_{1/2} = \frac{-a \pm \sqrt{a^2 - 4b}}{2} < 0$$

dann folgt aus $\lambda_1 < 0$

$$\underbrace{-a}_{<0} + \underbrace{\sqrt{a^2 - 4b}}_{>0} < 0$$

dass der Koeffizient a positiv sein muss

$$a > 0$$

Die weitere Umformung der Ungleichung ergibt, dass auch der Koeffizient b positiv sein muss:

$$-a + \sqrt{a^2 - 4b} < 0$$
$$-a < -\sqrt{a^2 - 4b}$$
$$a > \sqrt{a^2 - 4b}$$
$$a^2 > a^2 - 4b$$
$$0 > -4b$$
$$b > 0$$

Unter der Annahme, dass die 1. Wurzel negativ ist ($\lambda_1 < 0$) und daher der Koeffizient a positiv ist ($a > 0$), folgt

$$\underbrace{-a}_{<0} - \underbrace{\sqrt{a^2 - 4b}}_{>0} < 0$$

Dann ist stets auch die zweite Wurzel negativ: $\lambda_2 < 0$.

Analog folgt aus $a > 0$ und $b > 0$, dass beide Wurzeln negativ sind. Im Falle $a > 0$ und $b = 0$ ist die 1. Wurzel null: $\lambda_1 = 0$. Die Lösung lautet daher

$$y(t) = A_1 + A_2 \mathrm{e}^{-at} \qquad \text{mit } \lambda_2 = -a$$

und konvergiert nicht gegen null, sondern gegen A_1.

(2) Fall $\Delta = 0$: Reelle gleiche Wurzeln

Wenn die Diskriminante null ist, sind die Wurzeln reell und gleich

$$\lambda = \lambda_1 = \lambda_2 = -\frac{a}{2}$$

d.h. wir haben nur eine Lösung der Differentialgleichung

$$y_1(t) = \mathrm{e}^{\lambda t}$$

und benötigen eine zweite Lösung, um die allgemeine Lösung bestimmen zu können. Es lässt sich zeigen, dass in diesem Fall ($\Delta = 0$) auch

$$y_2(t) = t\mathrm{e}^{\lambda t}$$

eine Lösung ist. Es gilt das

Lösungsprinzip

Sind die beiden Wurzeln der charakteristischen Gleichung einer Differentialgleichung 2. Ordnung reell und gleich und ist $\mathrm{e}^{\lambda t}$ eine Lösung der Differentialgleichung, so ist auch $t\mathrm{e}^{\lambda t}$ eine Lösung.

Beweis:

Wir bilden die Ableitungen von $y_2 = t\mathrm{e}^{\lambda t}$

$$y_2' = \mathrm{e}^{\lambda t} + t\lambda \mathrm{e}^{\lambda t}$$
$$y_2'' = \lambda \mathrm{e}^{\lambda t} + \lambda \mathrm{e}^{\lambda t} + t\lambda^2 \mathrm{e}^{\lambda t} = 2\lambda \mathrm{e}^{\lambda t} + t\lambda^2 \mathrm{e}^{\lambda t}$$

und setzen in die Differentialgleichung ein

$$(2\lambda \mathrm{e}^{\lambda t} + t\lambda^2 \mathrm{e}^{\lambda t}) + a(\mathrm{e}^{\lambda t} + t\lambda \mathrm{e}^{\lambda t}) + bt\mathrm{e}^{\lambda t} = 0$$
$$\underbrace{(2\lambda + a)}_{=0} \mathrm{e}^{\lambda t} + \underbrace{(\lambda^2 + a\lambda + b)}_{=0} t\mathrm{e}^{\lambda t} = 0$$

D.h. $y_2 = t\mathrm{e}^{\lambda t}$ erfüllt die Differentialgleichung, ist also eine Lösung.

Wir erhalten folglich die allgemeine Lösung

Allgemeine Lösung

Die allgemeine Lösung der homogenen Differentialgleichung 2. Ordnung lautet im Falle $\Delta = 0$:

$$y(t) = A_1 e^{\lambda t} + A_2 t e^{\lambda t} = (A_1 + A_2 t) e^{\lambda t}$$

und enthält zwei unbestimmte Konstanten A_1 und A_2.

Dynamisches Verhalten

Die allgemeine Lösung ist in diesem Falle das Produkt einer linearen Funktion der Zeit in der Klammer und einer e-Funktion der Zeit. Mit wachsendem t wird das dynamische Verhalten der Lösung dominiert durch die e-Funktion $e^{\lambda t}$. Der Einfluss der linearen Funktion der Zeit $A_1 + A_2 t$ wird überkompensiert durch $e^{\lambda t}$. Die Lösung ist daher genau dann konvergent, wenn $\lambda < 0$.

Daher gilt

Konvergenz

Die Lösung der homogenen Differentialgleichung 2. Ordnung ist im Falle $\Delta = 0$ genau dann konvergent, wenn

$$a > 0$$

sonst divergent (instabil).

Beweis:

$$\lim_{t \to \infty} y(t) = \lim_{t \to \infty} (A_1 e^{\lambda t} + A_2 t e^{\lambda t})$$

$$= A_1 \underbrace{\lim_{t \to \infty} e^{\lambda t}}_{= 0 \quad \text{für } \lambda < 0} + A_2 \lim_{t \to \infty} t e^{\lambda t}$$

$$= \qquad 0 \quad + A_2 \lim_{t \to \infty} t e^{\lambda t}$$

$$= A_2 \lim_{t \to \infty} \frac{t}{e^{-\lambda t}}$$

Die Zähler- und Nennerfunktion gehen gegen unendlich. Der Grenzwert ist also ein unbestimmter Ausdruck der Form ∞ / ∞. Nach der L´Hospitalschen Regel[1] gilt in diesem Fall:

---

[1] siehe Kapitel 3.5.3

$$\lim_{x \to \infty} \frac{f(x)}{g(x)} = \lim_{x \to \infty} \frac{f'(x)}{g'(x)}$$

also

$$\lim_{t \to \infty} \frac{t}{e^{-\lambda t}} = \lim_{t \to \infty} \frac{1}{-\lambda e^{-\lambda t}} = \lim_{t \to \infty} \underbrace{-\lambda^{-1} e^{\lambda t}}_{\to 0} = 0 \quad \text{für } \lambda < 0$$

(3) Fall $\Delta < 0$: Konjugiert komplexe Wurzeln

Wenn die Diskriminante negativ ist, ergeben sich als Lösung der charakteristischen Gleichung zwei konjugiert komplexe Wurzeln

$$\lambda_{1/2} = \frac{-a \pm i\sqrt{-\Delta}}{2} \qquad\qquad \Delta = a^2 - 4b$$

oder einfach

$$\lambda_{1/2} = \alpha \pm i\beta \qquad\qquad \alpha = \frac{-a}{2}, \ \beta = \frac{\sqrt{-\Delta}}{2}$$

Die allgemeine Lösung lautet:

$$\begin{aligned}
y(t) &= A'e^{\lambda_1 t} + A''e^{\lambda_2 t} \\
&= A'e^{(\alpha+i\beta)t} + A''e^{(\alpha-i\beta)t} \\
&= A'e^{\alpha t + i\beta t} + A''e^{\alpha t - i\beta t} \\
&= A'e^{\alpha t}e^{i\beta t} + A''e^{\alpha t}e^{-i\beta t} \\
&= e^{\alpha t}(A'e^{i\beta t} + A''e^{-i\beta t})
\end{aligned}$$

wobei A', A'' zwei beliebige Konstanten sind, die (wie wir sehen werden) konjugiert komplexe Zahlen sein müssen.

Die imaginären e-Funktionen können wir mit Hilfe der **Eulerschen Formel**

$$e^{\pm ix} = \cos x \pm i \sin x \qquad\qquad \text{mit } x = \beta t$$

als Linearkombinationen von Sinus- und Kosinusfunktionen darstellen:

$$\begin{aligned}
y(t) &= e^{\alpha t}\left[A'(\cos \beta t + i \sin \beta t) + A''(\cos \beta t - i \sin \beta t)\right] \\
&= e^{\alpha t}\left[\underbrace{(A' + A'')}\cos \beta t + \underbrace{(A' - A'')}i \sin \beta t\right] \\
&= e^{\alpha t}\left[\quad A_1 \quad \cos \beta t + \quad A_2 \quad \sin \beta t\right]
\end{aligned}$$

Die allgemeine Lösung ist reell, wenn A' und A'' konjugiert komplexe Zahlen sind, z.B.

$$A' = c + id \qquad A'' = c - id \; ; \; c, d \in \mathbf{R}$$

Dann sind A_1 und A_2 reelle Zahlen

$$A_1 = A' + A'' = c + id + c - id = 2c$$

$$A_2 = i(A' - A'') = i(c + id - c + id) = i^2 2d = -2d \qquad \text{mit } i^2 = -1$$

und es gilt:

Allgemeine Lösung

Die allgemeine Lösung der homogenen Differentialgleichung 2. Ordnung lautet im Falle $\Delta < 0$:

$$\boxed{y(t) = \mathrm{e}^{\alpha t}\left[A_1 \cos \beta t + A_2 \sin \beta t \right]}$$

und enthält zwei unbestimmte Konstanten A_1 und A_2.

Die Lösung ähnelt der Lösung der entsprechenden Differenzengleichung 2. Ordnung[1]. Sie ist insofern einfacher, als der Real- und der Imaginärteil der komplexen Wurzeln direkt eingehen und nicht die daraus abgeleiteten Polarkoordinaten.

Dynamisches Verhalten

Es handelt sich hier um den stetigen Fall einer trigonometrischen Oszillation. Durch die Überlagerung der Kosinus- und Sinusfunktion entsteht eine stetige **harmonische Schwingung**.

Die **Oszillationsperiode** beträgt

$$T = \frac{2\pi}{\beta}$$

und gibt die Zeit an, die vergeht, bis eine vollständige Oszillation abgeschlossen ist. Sie hängt ausschließlich vom Imaginärteil β der komplexen Wurzel ab, der auch als Eigenfrequenz der Oszillation bezeichnet wird.

Die **Amplitude** der Oszillation $\mathrm{e}^{\alpha t}$ ist eine stetige e-Funktion der Zeit. Die zeitliche Entwicklung der Amplitude und damit das Konvergenzverhalten wird nur durch das Vorzeichen des Realteils α und nicht durch seinen Betrag

---

[1] vgl. dazu die Analogien bei den Differenzengleichungen in 6.4.5.

bestimmt. Der Realteil entspricht der Wachstumsrate der Amplitude und wird, wenn er negativ ist, auch als Dämpfungsfaktor bezeichnet.

Die Amplitude ist konstant, steigt oder fällt je nachdem, ob der Realteil der Wurzeln null $\alpha = 0$, positiv $\alpha > 0$ oder negativ $\alpha < 0$ ist. Nur dann, wenn $\alpha < 0$ ist, verläuft die Oszillation gedämpft, ist die Lösung also konvergent.

Damit gilt das folgende Schema für die dynamischen Eigenschaften der Lösung:

$$
\left.
\begin{array}{ll}
\alpha < 0 & \text{konvergent} \\
\alpha > 0 & \text{divergent} \\
\alpha = 0 & \text{konstant}
\end{array}
\right\}
\left\{
\begin{array}{l}
\text{trigonometrische Oszillation} \\
\text{Oszillationsperiode } T = \dfrac{2\pi}{\beta}
\end{array}
\right.
$$

Das Vorzeichen des Realteils α der komplexen Wurzeln hängt nur vom Vorzeichen des Koeffizienten a der Differentialgleichung ab und es gilt

$$
\left.
\begin{array}{l}
\alpha > 0 \\
\alpha = 0 \\
\alpha < 0
\end{array}
\right\}
\quad \alpha = -\dfrac{a}{2} \quad
\left\{
\begin{array}{l}
a < 0 \\
a = 0 \\
a > 0
\end{array}
\right.
$$

Die Lösung ist genau dann konvergent (stabil), wenn der Realteil der komplexen Wurzeln negativ ist $\alpha < 0$ und d.h. wenn $a > 0$ ist. Daher gilt:

Konvergenz

Die Lösung der homogenen Differentialgleichung 2. Ordnung ist im Falle $\Delta < 0$ genau dann konvergent (stabil), wenn

$$a > 0$$

sonst divergent (instabil).

Unabhängig vom Vorzeichen der Diskriminante gilt damit als hinreichende Bedingung für die Stabilität der Lösung das folgende

Koeffizientenkriterium

Die Lösung der homogenen Differentialgleichung 2. Ordnung ist in allen Fällen ($\Delta < 0$, $\Delta = 0$, $\Delta > 0$) stabil, wenn

$$a > 0, \ b > 0$$

In den Fällen 2. und 3. ist die Lösung auch dann stabil, wenn die Bedingung $b > 0$ nicht erfüllt ist.

7.4.2 Partikuläre Lösung der inhomogenen DG 2. Ordnung

Bei der partikulären Lösung der Differentialgleichung

$$y'' + a\,y' + b\,y = c$$

können wir wieder drei Lösungsfälle unterscheiden.

Im allgemeinen Fall wählen wir als Lösungsansatz wieder die konstante Funktion (Methode der unbestimmten Koeffizienten)

(1) $\qquad \hat{y} = \alpha$

und setzen $\hat{y}'' = 0$, $\hat{y}' = 0$ und $\hat{y} = \alpha$ in die Differentialgleichung ein

$$0 + a \cdot 0 + b \cdot \alpha = c$$

$$\alpha = \frac{c}{b} \qquad ; \quad b \neq 0$$

Also lautet die partikuläre Lösung unter der Voraussetzung, dass b nicht verschwindet

$$\boxed{\hat{y}(t) = \frac{c}{b}} \qquad b \neq 0$$

Im Falle $b = 0$ versuchen wir den Lösungsansatz

(2) $\qquad \hat{y} = \alpha t$

und setzen $\hat{y}'' = 0$, $\hat{y}' = \alpha$ und $\hat{y}$ in die Differentialgleichung ein

$$0 + a \cdot \alpha + \underbrace{b \cdot \alpha t}_{=0} = c$$

$$\alpha = \frac{c}{a} \qquad ; \quad a \neq 0$$

Die partikuläre Lösung lautet im Falle $a \neq 0$ und $b = 0$

$$\boxed{\hat{y}(t) = \frac{c}{a}\,t} \qquad b = 0,\, a \neq 0$$

Ist auch $a = 0$, wählen wir den Lösungsansatz

(3) $\qquad \hat{y} = \alpha t^2$

und setzen $\hat{y}'' = 2\alpha$, $\hat{y}' = 2\alpha t$ und $\hat{y}$ in die Differentialgleichung ein:

$$2\alpha + 0 \cdot 2\alpha t + 0 \cdot \alpha t^2 = c$$

$$\alpha = \frac{c}{2}$$

Die partikuläre Lösung lautet in diesem Sonderfall:

$$\hat{y}(t) = \frac{c}{2} t^2 \qquad a = 0, \; b = 0$$

7.4.3 Allgemeine Lösung der inhomogenen DG 2. Ordnung

Die allgemeine Lösung der inhomogenen Differentialgleichung 2. Ordnung ist dann die Summe der homogenen und einer partikulären Lösung

$$y_t = y_t^* + \hat{y}_t$$

Folgende Kombinationen homogener und partikulärer Lösungen sind möglich

$$b \neq 0 \qquad y(t) = A_1 e^{\lambda_1 t} + A_2 e^{\lambda_2 t} + \frac{c}{b} \qquad \Delta > 0$$

$$y(t) = A_1 e^{\lambda t} + A_2 t e^{\lambda t} + \frac{c}{b} \qquad \Delta = 0$$

$$y(t) = e^{\alpha t} (A_1 \cos \beta t + A_2 \sin \beta t) + \frac{c}{b} \qquad \Delta < 0$$

und die Spezialfälle

$$b = 0, a \neq 0 \qquad y(t) = A_1 + A_2 e^{-at} + \frac{c}{a} t \qquad \Delta > 0$$

$$b = 0, a = 0 \qquad y(t) = A_1 + A_2 + \frac{c}{2} t^2 = A + \frac{c}{2} t^2 \qquad \Delta = 0$$

Die partikuläre Lösung kann bei ökonomischen Fragestellungen wieder als Gleichgewichtswert der Variablen $y(t)$ aufgefasst werden. Das Gleichgewicht ist stabil, wenn die Lösung der homogenen Differentialgleichung konvergiert, d.h. es gilt

Stabilität

Die Lösung der homogenen Differentialgleichung 2. Ordnung ist konvergent und die Gleichgewichtslösung stabil, wenn

$$a > 0, \; b > 0$$

In den beiden Spezialfällen sind die Lösungen also stets divergent, die Gleichgewichtslösungen immer instabil.

BEISPIELE

1. $y'' - 3y' - 4y = 12$

a) **Lösung der homogenen Differentialgleichung** 2. Ordnung

Charakteristische Gleichung

$$\lambda^2 - 3\lambda - 4 = 0$$

Wurzeln

$$\lambda_{1/2} = \frac{3 \pm \sqrt{3^2 - 4 \cdot (-4)}}{2} = \frac{3 \pm \sqrt{9+16}}{2} = \frac{3 \pm \sqrt{25}}{2} = \frac{3 \pm 5}{2}$$

$$\lambda_1 = 4 \; ; \; \lambda_2 = -1$$

Allgemeine Lösung der homogenen Differentialgleichung

$$y^*(t) = A_1 e^{4t} + A_2 e^{-t}$$

b) **Partikuläre Lösung der inhomogenen Differentialgleichung**

$$\hat{y}(t) = \frac{c}{b} = \frac{12}{-4} = -3$$

c) **Allgemeine Lösung der inhomogenen Differentialgleichung**

$$y(t) = y^*(t) + \hat{y}(t) = A_1 e^{4t} + A_2 e^{-t} - 3$$

d) **Partikuläre Lösung für die Anfangsbedingungen** $y_0 = 0$, $y_1 = 1$

Berechnung der Konstanten für die gegebenen Anfangsbedingungen

Wir setzen $t = 0$ und lösen nach A_1 auf

$$y(0) = A_1 + A_2 - 3 = 0$$
$$A_1 = 3 - A_2$$

Dann setzen wir $t = 1$, ersetzen A_1 und lösen nach A_2 auf

$$y(1) = A_1 e^4 + A_2 e^{-1} - 3 = 1$$
$$(3 - A_2) e^4 + A_2 e^{-1} - 3 = 1$$
$$3 e^4 - A_2 e^4 + A_2 e^{-1} = 4$$
$$A_2 (e^{-1} - e^4) = 4 - 3 e^4$$

$$A_2 = \frac{4 - 3e^4}{e^{-1} - e^4} = \frac{4 - 163{,}8}{-54{,}23} = 2{,}9466$$

Schließlich setzen wir A_2 in A_1 ein

$$A_1 = 3 - A_2 = 3 - 2{,}9466 = 0{,}0534$$

Partikuläre Lösung

$$y(t) = 0{,}0534\,\mathrm{e}^{4t} + 2{,}9466\,\mathrm{e}^{-t} - 3$$

e) **Dynamische Eigenschaften**

Wurzelkriterien

$$\lambda_1 = 4 > 0 \quad \Rightarrow \text{ divergent, } \hat{y} \text{ instabil}$$
$$\lambda_2 = -1 < 0$$

Koeffizientenkriterien

$$\left.\begin{array}{l} a = -3 < 0 \\ b = -4 < 0 \end{array}\right\} \Rightarrow \text{ divergent, } \hat{y} \text{ instabil}$$

2. $y'' + 5y' + 4y = 20$

a) **Lösung der homogenen Differentialgleichung** 2. Ordnung

Charakteristische Gleichung

$$\lambda^2 + 5\lambda + 4 = 0$$

Wurzeln

$$\lambda_{1/2} = \frac{-5 \pm \sqrt{5^2 - 4\cdot 4}}{2} = \frac{-5 \pm \sqrt{25-16}}{2} = \frac{-5 \pm 3}{2}$$
$$\lambda_1 = -1$$
$$\lambda_2 = -4$$

Allgemeine Lösung der homogenen Differentialgleichung

$$y^*(t) = A_1\mathrm{e}^{-t} + A_2\mathrm{e}^{-4t}$$

b) **Partikuläre Lösung der inhomogenen Differentialgleichung**

$$\hat{y}(t) = \frac{c}{b} = \frac{20}{4} = 5$$

c) **Allgemeine Lösung der inhomogenen Differentialgleichung**

$$y(t) = A_1\mathrm{e}^{-t} + A_2\mathrm{e}^{-4t} + 5$$

d) **Partikuläre Lösung für die Anfangsbedingungen** $y_0 = 15$, $y_0' = 8$

Berechnung der Konstanten für die gegebenen Anfangsbedingungen

$$y(0) = A_1 e^0 + A_2 e^0 + 5 = 15$$
$$A_1 + A_2 = 10$$

In diesem Beispiel ist als 2. Anfangsbedingung die Ableitung $y_0' = 8$ gegeben:

$$y'(t) = -A_1 e^{-t} - 4A_2 e^{-4t}$$
$$y'(0) = -A_1 e^0 - 4A_2 e^0 = 8$$
$$-A_1 - 4A_2 = 8$$

Wir erhalten das folgende lineare Gleichungssystem für A_1 und A_2:

$$\begin{aligned} A_1 + A_2 &= 10 \\ -A_1 - 4A_2 &= 8 \\ \hline -3A_2 &= 18 \\ A_2 &= -6 \end{aligned}$$

Substitution von A_2 ergibt A_1

$$A_1 = 10 - A_2 = 10 - (-6) = 16$$

Partikuläre Lösung

$$y(t) = 16 e^{-t} - 6 e^{-4t} + 5$$

e) **Dynamische Eigenschaften**

Wurzelkriterien: $\left.\begin{aligned} \lambda_1 &= -1 < 0 \\ \lambda_2 &= -4 < 0 \end{aligned}\right\} \Rightarrow$ konvergent, $\hat{y}$ stabil

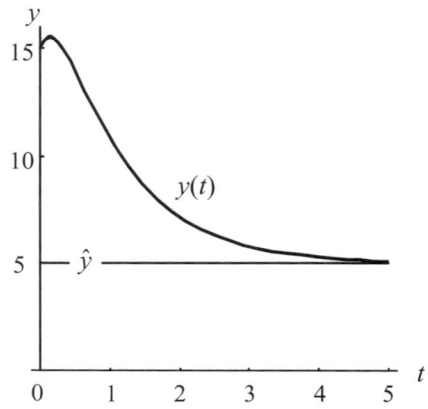

3. $$y'' + y' + 2,5y = 50$$

a) **Lösung der homogenen Differentialgleichung** 2. Ordnung

Charakteristische Gleichung

$$\lambda^2 + \lambda + 2,5 = 0$$

Wurzeln

$$\lambda_{1/2} = \frac{-1 \pm \sqrt{1 - 4 \cdot 2,5}}{2} = -\frac{1}{2} \pm \frac{3}{2} i \qquad ; \quad \alpha = -\frac{1}{2}, \beta = \frac{3}{2}$$

Allgemeine Lösung der homogenen Differentialgleichung

$$y^*(t) = e^{\alpha t}(A_1 \cos \beta t + A_2 \sin \beta t)$$
$$= e^{-0,5t}(A_1 \cos 1,5t + A_2 \sin 1,5t)$$

b) **Partikuläre Lösung der inhomogenen Differentialgleichung**

$$\hat{y} = \frac{c}{b} = \frac{50}{\frac{5}{2}} = 50 \cdot \frac{2}{5} = 20$$

c) **Allgemeine Lösung der inhomogenen Differentialgleichung**

$$y(t) = e^{-0,5t}(A_1 \cos 1,5t + A_2 \sin 1,5t) + 20$$

d) **Partikuläre Lösung für die Anfangsbedingungen** $y_0 = 40$, $y_1 = 35$

Berechnung der Konstanten für die gegebenen Anfangsbedingungen

$$y(0) = e^0(A_1 \cos 0 + A_2 \sin 0) + 20 = 40$$
$$A_1 \cdot 1 \quad + A_2 \cdot 0 \quad + 20 = 40$$
$$A_1 = 40 - 20 = 20$$

$$y(1) = e^{-0,5}(A_1 \cos 1,5 + A_2 \sin 1,5) + 20 = 35$$

Substitution von $A_1 = 20$

$$20 \cos 1,5 + A_2 \sin 1,5 = 15 e^{0,5}$$

$$A_2 = \frac{15 e^{0,5} - 20 \cos 1,5}{\sin 1,5} = \frac{23,316}{0,9975} = 23,37$$

Partikuläre Lösung

$$y(t) = e^{-0,5t}(20 \cos 1,5t + 23,37 \sin 1,5t) + 20$$

e) **Dynamische Eigenschaften**

Wurzelkriterium

$$\alpha = -0,5 < 0 \quad \Rightarrow \quad \text{konvergent, } \hat{y} \text{ stabil}$$

Koeffizientenkriterien

$$\left. \begin{array}{l} a = 1 \ > 0 \\ b = 2,5 > 0 \end{array} \right\} \quad \Rightarrow \quad \text{konvergent, } \hat{y} \text{ stabil}$$

Es handelt sich um eine trigonometrische Oszillation mit der Oszillationsperiode

$$T = \frac{2\pi}{\beta} = \frac{2\pi}{1,5} = 4,19$$

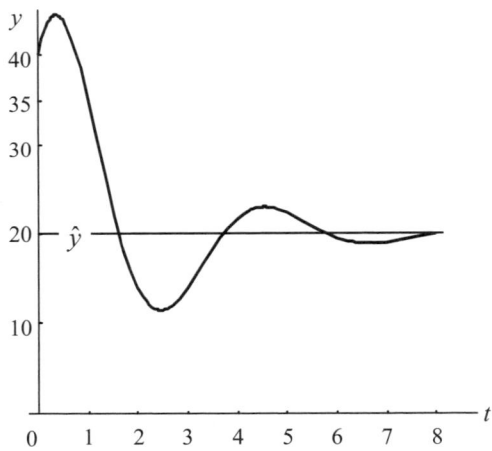

ÜBUNG 7.4

1. Gegeben seien die Differentialgleichungen:

   a. $y'' + 3y' + 2y = 30$; $y(0) = 20$, $y(1) = 15$
   b. $4y'' - 4y' + y = 40$; $y(0) = 40$, $y(1) = 45$
   c. $y'' + 5y' + 4y = 20$; $y(0) = 4$, $y'(0) = 6$
   d. $y'' + 2y' + 5y = 50$; $y(0) = 10$, $y(1) = 12$

   Berechnen Sie die partikuläre Lösung und analysieren Sie die dynamischen Eigenschaften!

2. Berechnen Sie die allgemeine Lösung und prüfen Sie die Stabilität.

   a. $2y'' + 4y' - 20y = -80$ d. $2y'' + 4y' + 20y = 80$
   b. $y'' + y' = 5$ e. $y'' + \frac{1}{2}y' + \frac{5}{16}y = 25$
   c. $y'' - 4y = 20$ f. $y'' + 4y' + 5y = 100$

8 Lineare Algebra[1] (Matrixalgebra)

Ökonomische Fragestellungen führen häufig zu linearen Gleichungen und Systemen linearer Gleichungen. Das erklärt sich daraus, dass lineare Gleichungen leichter zu handhaben sind als nichtlineare und deshalb ökonomische Hypothesen nach Möglichkeit durch lineare Funktionen dargestellt werden oder durch Funktionen, die sich in lineare transformieren lassen. So ist z.B. die viel verwendete Cobb-Douglas-Funktion eine Potenzfunktion

$$z = x^{\alpha} y^{\beta}$$

aber linear in den Logarithmen der Variablen[2]

$$\ln z = \alpha \ln x + \beta \ln y$$

Formal lässt sich die Annahme linearer Beziehungen zumindest approximativ immer damit begründen, dass auch jede nichtlineare Funktion in einer hinreichend kleinen Umgebung näherungsweise linear ist, solange die Aussagen auch tatsächlich auf diese kleine Umgebung beschränkt bleiben.

Die lineare Algebra verdankt ihre Entstehung dem Problem, lineare Gleichungssysteme zu lösen und stellt heute **ein wichtiges Hilfsmittel zur Formalisierung und Lösung solcher Gleichungssysteme dar**. Die in diesem Zusammenhang entwickelten Instrumente der Matrixalgebra finden aber ebenso Anwendung bei der Darstellung und Lösung nichtlinearer Probleme, so z.B. in der Differentialrechnung der Funktionen mehrerer Variablen. Erst die Matrixalgebra erlaubt uns die allgemeine Formulierung der Bedingungen 2. Ordnung für Maximierungs- und Optimierungsprobleme, die wir in Kapitel 4 nur für Funktionen zweier Variablen angeben konnten.

Die typischen Anwendungsgebiete der linearen Algebra sind die lineare und nichtlineare Optimierung, Operations Research, Statistik und Ökonometrie, aber auch die Kostenrechnung oder die Theorie der Differenzen- und Differentialgleichungen.

---

[1] Die Bezeichnung Algebra kommt aus dem Arabischen und geht auf den Titel eines Lehrbuchs von **al-Hwarizmi** (ca.780-850 n.Chr.), eines bedeutenden arabischen Mathematikers, zurück, das sich mit der Lösung von Gleichungen beschäftigt: "Hisab **al-gabr w'al-muqabala**". Auf Deutsch: "Rechenverfahren durch Ergänzen und Ausgleichen". Dabei bedeutet "Ergänzen" das Hinüberschaffen negativer Glieder auf die andere Seite der Gleichung und "Ausgleichen" die Zusammenfassung gleichartiger Glieder auf beiden Seiten der Gleichung zu einem Glied.

Im 12. und 13. Jht. kam die latinisierte Bezeichnung **Algebra et Almuqabala** auf, die dann zu Algebra verkürzt wurde. Von der Gleichungslehre wurde die Bezeichnung schließlich auf das symbolische Rechnen mit Buchstaben übertragen.

[2] Vgl. Abschnitt 3.4.8

8.1 Definitionen und Unterscheidungen

Die Leistungsfähigkeit der linearen Algebra bei der Lösung mehrdimensionaler Problemstellungen beruht auf der Einführung neuer mathematischer Instrumente, der Matrix und des Vektors. Um zu verstehen, worum es dabei geht, betrachten wir zuerst zwei einfache Beispiele.

8.1.1 Beispiele

Die Beziehungen zwischen ökonomischen Variablen, zwischen denen ein linearer Zusammenhang besteht, lassen sich häufig mit Hilfe von Tabellen quantifizieren.

(1) Technologie-Matrix

Eine Unternehmung produziere zwei Produkte P_1 und P_2. Dabei werden drei verschiedene Rohstoffe verarbeitet R_1, R_2 und R_3. Die Rohstoffmengen, die pro Produkteinheit benötigt werden, lassen sich durch folgende Tabelle darstellen:

Produkt / Rohstoff	P_1	P_2
R_1	2	3
R_2	1	2
R_3	3	4

Die Zahlen in den Tabellenfeldern sind die Produktionskoeffizienten. Jede Spalte bildet einen Produktionsprozess oder eine Aktivität ab. In der 1. Spalte stehen z.B. die Mengen der drei Rohstoffe, die nötig sind, um eine Einheit des Produkts P_1 zu erzeugen. Für eine Einheit P_1 werden folglich 2 Einheiten R_1, 1 Einheit R_2 und 3 Einheiten R_3 benötigt. Die Koeffizienten sind konstant, also unabhängig von der Anzahl produzierter Einheiten oder vom Produktionsniveau. D.h. die Rohstoffe oder allgemein die Produktionsfaktoren müssen in diesem festen Mengenverhältnis eingesetzt werden und können nur so produktiv genutzt werden. Man spricht daher auch von einer Technologie mit fixen Koeffizienten. Eine solche Technologie ist vollständig durch die Angabe der Produktionskoeffizienten, also durch die Tabelle, bestimmt.

(2) Verflechtungsmatrix

Die Handelsbeziehungen zwischen drei Unternehmen (Sektoren, Regionen, Ländern) lassen sich durch die tabellarische Erfassung der Lieferungen innerhalb einer Periode, z.B. eines Jahres, darstellen. Diese Tabelle kann sowohl zeilenweise als auch spaltenweise gelesen werden.

In den Zeilen dieser Tabelle steht für jede Unternehmung der Wert der Lieferungen an andere Unternehmungen. Berücksichtigt werden dabei nur Markttransaktionen. Nicht berücksichtigt werden die Eigenlieferungen oder der Eigenverbrauch, denen keine Markttransaktionen zugrunde liegen und die daher nicht erfasst werden können. Die Lieferungen jeder Unternehmung an sich selbst sind daher null.

von \ an	U_1	U_2	U_3
U_1	0	10	50
U_2	30	0	100
U_3	90	40	0

In den Spalten steht für jede Unternehmung der Wert der von anderen Unternehmen empfangenen Lieferungen.

Durch eine solche Verflechtungsmatrix können ebenso die Handelsbeziehungen zwischen den Sektoren (z.B. Landwirtschaft, Industrie, Dienstleistungen) einer Volkswirtschaft, zwischen Regionen (z.B. den Bundesländern) oder zwischen Volkswirtschaften (z.B. den Staaten der EU) erfasst und dargestellt werden. Ein wichtiges Beispiel sind die Input-Output-Tabellen, die die Lieferbeziehungen zwischen den Sektoren einer Volkswirtschaft abbilden.

Die Tabellen in den Beispielen sind nichts anderes als **rechteckige Anordnungen von reellen Zahlen**. Wenn wir solche Tabellen einer mathematischen Behandlung zugänglich machen wollen, müssen wir vom Sachzusammenhang abstrahieren. Wir lassen daher die Vorspalte und die Kopfzeile weg und konzentrieren uns nur auf die Zelleneinträge.

Ein solches Zahlenschema nennt man in der Mathematik eine **Matrix**, die einzelnen Zahlen **Elemente** der Matrix und schreibt sie in der Form:

$$\begin{pmatrix} 2 & 3 \\ 1 & 2 \\ 3 & 4 \end{pmatrix} \quad \text{und} \quad \begin{pmatrix} 0 & 10 & 50 \\ 30 & 0 & 100 \\ 90 & 40 & 0 \end{pmatrix}$$

Die Elemente werden dabei unter Wahrung der Anordnung in runde Klammern eingeschlossen; gebräuchlich sind auch eckige Klammern.

8.1.2 Matrix und Vektor

(1) Definition der Matrix

Ein rechteckiges Zahlenschema mit m Zeilen und n Spalten in der Form

$$\mathbf{A} = (a_{ij}) = \begin{pmatrix} a_{11} & a_{12} & \cdots & a_{1n} \\ a_{21} & a_{22} & \cdots & a_{2n} \\ \vdots & \vdots & \ddots & \vdots \\ a_{m1} & a_{m2} & \cdots & a_{mn} \end{pmatrix}$$

heißt $m{\times}n$-Matrix (auch mn-Matrix oder einfach Matrix). Die $m{\cdot}n$ reellen Zahlen a_{ij} heißen Elemente oder Koeffizienten der Matrix; m heißt **Zeilenzahl**, n **Spaltenzahl** und $m{\times}n$ die **Ordnung** der Matrix.

a_{ij} bezeichnet das Element in der i-ten Zeile ($i = 1, 2, 3, \ldots, m$) und in der j-ten Spalte ($j = 1, 2, 3, \ldots, n$).

Matrizen werden durch große lateinische Buchstaben oder durch das in Klammern gesetzte allgemeine Element (a_{ij}) bezeichnet.

BEISPIELE

1. $\mathbf{A} = \begin{pmatrix} 4 & 3 & 0 \\ 1 & 7 & 4 \end{pmatrix}$ ist eine 2×3 - Matrix mit $\begin{aligned} a_{12} &= 3 \\ a_{23} &= 4 \end{aligned}$

2. $\mathbf{A} = \begin{pmatrix} 3 & -2 & 9 \\ 0 & 0 & 1 \\ 8 & 3 & -4 \\ 1 & 0 & 0 \end{pmatrix}$ ist eine 4×3 - Matrix mit $\begin{aligned} a_{13} &= 9 \\ a_{22} &= 0 \\ a_{41} &= 1 \end{aligned}$

3. $\mathbf{A} = \begin{pmatrix} 3 & 0 \\ 0 & 2 \end{pmatrix}$ ist eine 2×2 - Matrix

4. **Hesse-Matrix**

    Gegeben sei die Funktion

    $$y = f(x_1, x_2) = x_1^2 + x_1 x_2$$

    der $n = 2$ Variablen x_i. Die $n{\times}n$ partiellen Ableitungen 2. Ordnung können wir durch eine Matrix darstellen.

    Wir bezeichnen die $n{\times}n$-Matrix der partiellen Ableitungen 2. Ordnung als Hesse-Matrix von f und schreiben:

$$\mathbf{H}(f) = \begin{pmatrix} f_{11} & f_{12} \\ f_{21} & f_{22} \end{pmatrix} = \begin{pmatrix} 2 & 1 \\ 1 & 0 \end{pmatrix} \qquad \text{mit } f_{ij} = \frac{\partial^2 f}{\partial x_j \partial x_i}$$

(2) Definition des Vektors

Eine $m \times 1$-Matrix (die also nur aus einer Spalte besteht) wird **Spaltenvektor** genannt, geschrieben:

$$\mathbf{x} = \begin{pmatrix} x_1 \\ x_2 \\ x_3 \\ \vdots \\ x_m \end{pmatrix}$$

Die reellen Zahlen x_i heißen **Komponenten**; m die **Dimension** des Vektors.

Eine $1 \times n$-Matrix (die also nur aus einer Zeile besteht) wird **Zeilenvektor** genannt:

$$\mathbf{x}^T = (x_1, \ x_2, \ x_3, \ \dots, \ x_n)$$

Vektoren werden durch kleine lateinische Buchstaben bezeichnet, die ohne das hochgestellte T (für transponiert) immer einen Spaltenvektor bedeuten und nur mit hochgestelltem T einen Zeilenvektor.

BEISPIELE

1. Der Konsumplan eines privaten Haushalts, der in einer Periode x_1 Einheiten des 1. Gutes, x_2 Einheiten des 2. Gutes usw. x_n Einheiten des n-ten Gutes verbraucht, kann durch den **Konsumvektor** dargestellt werden:

$$\mathbf{x} = \begin{pmatrix} x_1 \\ x_2 \\ x_3 \\ \vdots \\ x_n \end{pmatrix} = \begin{pmatrix} 3 \\ 7 \\ 0 \\ \vdots \\ 1 \end{pmatrix}$$

2. Das Produktionsprogramm einer Mehrproduktunternehmung, die $n = 13$ verschiedene Güter erzeugt, kann durch einen n-dimensionalen **Produktvektor** dargestellt werden:

$$\mathbf{x}^T = (x_1, x_2, x_3, \dots, x_n) = (11, 14, 91, \dots, 53)$$

Die Komponenten x_i $(i = 1, 2, \dots, 13)$ sind die Mengen der n verschiedenen Produkte i, die in der betrachteten Periode erzeugt oder verkauft werden sollen.

3. Die n Preise $p_1, p_2, \ldots, p_n$, die ein Unternehmen für seine n Erzeugnisse am Markt erlöst, können durch den **Preisvektor** dargestellt werden:

$$\mathbf{p}^T = (p_1, p_2, \ldots, p_n) = (2, 5, 8, \ldots, 3)$$

Es handelt sich hier um einen Vektor, der stets als Zeilenvektor verwendet und daher i.d.R. als Zeilenvektor **definiert** wird, so dass das hochgestellte T entfallen kann.

4. Vektorfunktion

Sei $y = f(x_1, x_2, \ldots, x_n)$ eine Funktion der n Variablen x_i, dann können wir die n Variablen auch in einem Vektor zusammenfassen:

$$y = f(\mathbf{x}) = f(x_1, x_2, \ldots, x_n)$$

5. **Gradient**[1]

Betrachten wir erneut die Funktion

$$y = f(x_1, x_2) = x_1^2 + x_1 x_2$$

der $n = 2$ Variablen x_i. Die n partiellen Ableitungen 1. Ordnung können wir durch einen Vektor darstellen. Wir bezeichnen den n-dimensionalen Zeilenvektor der partiellen Ableitungen 1. Ordnung als Gradient von f und schreiben:

$$\operatorname{grad} f = \nabla f = (f_1, f_2) = (2x_1 + x_2, \; x_1) = \begin{pmatrix} 2x_1 + x_2 \\ x_1 \end{pmatrix}^T$$

Bei einigen Rechenoperationen ist es zweckmäßig, die Matrix durch ihre Zeilen- oder Spaltenvektoren darzustellen. Jede $m \times n$-Matrix besteht aus m Zeilen und n Spalten. Wir bezeichnen daher mit

$\mathbf{a}^i$ die i-te Zeile der Matrix $\mathbf{A}$ (= Zeilenvektor)

$\mathbf{a}_j$ die j-te Spalte der Matrix $\mathbf{A}$ (= Spaltenvektor)

und erhalten folgende Zeilen- und Spaltendarstellungen der Matrix:

$$\mathbf{A} = \begin{pmatrix} a_{11} & \cdots & a_{1n} \\ \vdots & \ddots & \vdots \\ a_{m1} & \cdots & a_{mn} \end{pmatrix} = \begin{pmatrix} \mathbf{a}^1 \\ \vdots \\ \mathbf{a}^m \end{pmatrix} = (\mathbf{a}_1, \mathbf{a}_2, \ldots, \mathbf{a}_n)$$

Die Matrix $\mathbf{A}$ kann also als Spaltenvektor ihrer Zeilen $\mathbf{a}^i$ oder als Zeilenvektor ihrer Spalten $\mathbf{a}_j$ aufgefasst werden.

---

[1] vgl. zu Gradient und Hesse-Matrix die Darstellung in Kapitel 8.7.3. Das Symbbol ∇ heißt Nabla und wird gesprochen "del".

8.1.3 Spezielle Matrizen

(1) Nullmatrix

Eine Matrix heißt Nullmatrix **0**, wenn alle ihre Elemente null sind

$$\mathbf{A} = (a_{ij}) = \mathbf{0} \; ; \qquad a_{ij} = 0 \text{ für alle } i, j$$

Die Nullmatrix erfüllt bei Matrixoperationen dieselbe Funktion wie die Null beim Rechnen mit reellen Zahlen. Sie ist das **Neutralelement** bei der Addition von Matrizen, so wie die Null das Neutralelement bei der Addition reeller Zahlen ist.

BEISPIELE

1. $\quad \mathbf{A} = \begin{pmatrix} 0 & 0 \\ 0 & 0 \end{pmatrix} = \mathbf{0}$

2. $\quad \mathbf{B} = \begin{pmatrix} 0 & 0 & 0 & 0 \\ 0 & 0 & 0 & 0 \\ 0 & 0 & 0 & 0 \\ 0 & 0 & 0 & 0 \end{pmatrix} = \mathbf{0}$

(2) Quadratische Matrix

Eine Matrix mit n Zeilen und n Spalten heißt quadratische Matrix n-ter Ordnung.

Unter der **Diagonale** (auch **Hauptdiagonale**) einer quadratischen Matrix versteht man die Elemente

$$a_{11}, a_{22}, a_{33}, \ldots, a_{nn}$$

also die Elemente, die auf der Diagonale von links oben nach rechts unten liegen.

Als **Nebendiagonale** bezeichnet man Elemente, die auf der Diagonale von links unten nach rechts oben liegen.

BEISPIEL

$$\mathbf{A} = \begin{pmatrix} 1 & 0 & -2 \\ 4 & 3 & 6 \\ 7 & 2 & -5 \end{pmatrix} \qquad \begin{array}{l} \text{quadratische Matrix 3. Ordnung} \\ \text{Hauptdiagonale} : 1, 3, -5 \\ \text{Nebendiagonale} : 7, 3, -2 \end{array}$$

(3) Dreiecksmatrix

Eine quadratische Matrix heißt (obere oder untere) Dreiecksmatrix, wenn alle Elemente auf einer Seite (unterhalb oder oberhalb) der Hauptdiagonale null sind:

$$\mathbf{A} = \begin{pmatrix} a_{11} & \cdots & a_{1n} \\ & \ddots & \vdots \\ 0 & & a_{nn} \end{pmatrix} \qquad a_{ij} = 0 \text{ für } i > j$$

$$\mathbf{A} = \begin{pmatrix} a_{11} & & 0 \\ \vdots & \ddots & \\ a_{n1} & \cdots & a_{nn} \end{pmatrix} \qquad a_{ij} = 0 \text{ für } i < j$$

BEISPIELE

1. $\mathbf{A} = \begin{pmatrix} 1 & 3 \\ 0 & 2 \end{pmatrix}$ obere Dreiecksmatrix

2. $\mathbf{B} = \begin{pmatrix} 2 & 0 & 0 \\ 4 & 1 & 0 \\ 7 & 0 & 3 \end{pmatrix}$ untere Dreiecksmatrix

(4) Diagonalmatrix

Eine quadratische Matrix heißt Diagonalmatrix, wenn alle Elemente außerhalb der Diagonale null sind:

$$\mathbf{A} = \begin{pmatrix} a_{11} & & 0 \\ & \ddots & \\ 0 & & a_{nn} \end{pmatrix} \qquad a_{ij} = 0 \text{ für } i \neq j$$

BEISPIEL

1. $\mathbf{A} = \begin{pmatrix} 1 & 0 \\ 0 & 2 \end{pmatrix}$ Diagonalmatrix 2. Ordnung

2. $\mathbf{B} = \begin{pmatrix} 3 & & & & 0 \\ & 1 & & & \\ & & 7 & & \\ & & & 2 & \\ 0 & & & & 5 \end{pmatrix}$ Diagonalmatrix 5. Ordnung

(5) Einheitsmatrix[1]

Eine Diagonalmatrix heißt Einheitsmatrix n-ter Ordnung $\mathbf{I}_n$, wenn alle Elemente auf der Hauptdiagonale eins sind.

Auf die Angabe der Ordnung wird in der Regel verzichtet und die Einheitsmatrix einfach mit $\mathbf{I}$ bezeichnet, wenn aus dem Zusammenhang die Ordnung eindeutig erkennbar ist.

$$\mathbf{I}_n = \begin{pmatrix} 1 & & 0 \\ & \ddots & \\ 0 & & 1 \end{pmatrix} \qquad \begin{aligned} a_{ij} &= 0 \ \text{für} \ i \neq j \\ a_{ij} &= 1 \ \text{für} \ i = j \end{aligned}$$

Die Einheitsmatrix erfüllt bei den Matrixoperationen dieselbe Funktion, wie die Zahl 1 beim Rechnen mit reellen Zahlen. Sie ist das **Neutralelement** bei der Matrizenmultiplikation.

BEISPIELE

1. $\mathbf{I}_2 = \begin{pmatrix} 1 & 0 \\ 0 & 1 \end{pmatrix}$ Einheitsmatrix 2. Ordnung

2. $\mathbf{I}_4 = \begin{pmatrix} 1 & & & 0 \\ & 1 & & \\ & & 1 & \\ 0 & & & 1 \end{pmatrix}$ Einheitsmatrix 4. Ordnung

Die Spaltenvektoren der Einheitsmatrix $\mathbf{I}_n$ heißen **Einheitsvektoren** $\mathbf{e}_j$.

Es gibt z.B. 2 zweidimensionale Einheitsvektoren

$$\mathbf{e}_1 = \begin{pmatrix} 1 \\ 0 \end{pmatrix} ; \ \mathbf{e}_2 = \begin{pmatrix} 0 \\ 1 \end{pmatrix}$$

und 4 vierdimensionale Einheitsvektoren

$$\mathbf{e}_1 = \begin{pmatrix} 1 \\ 0 \\ 0 \\ 0 \end{pmatrix} ; \ \mathbf{e}_2 = \begin{pmatrix} 0 \\ 1 \\ 0 \\ 0 \end{pmatrix} ; \ \mathbf{e}_3 = \begin{pmatrix} 0 \\ 0 \\ 1 \\ 0 \end{pmatrix} ; \ \mathbf{e}_4 = \begin{pmatrix} 0 \\ 0 \\ 0 \\ 1 \end{pmatrix}$$

---

[1] engl. identity matrix, daher das Symbol $\mathbf{I}$

8.2 Matrixoperationen

Für Matrizen lassen sich Rechenoperationen analog zur Addition, Subtraktion, Multiplikation und Division der reellen Zahlen definieren. Für diese Matrixoperationen gelten jedoch nicht alle Rechenregeln der reellen Zahlen.

8.2.1 Addition und Subtraktion von Matrizen

Addition und Subtraktion

Sind $\mathbf{A} = (a_{ij})$ und $\mathbf{B} = (b_{ij})$ zwei $m \times n$-Matrizen, so ist die Summe (Differenz) von $\mathbf{A}$ und $\mathbf{B}$

$$\mathbf{A} \pm \mathbf{B} = \mathbf{C}$$

die $m \times n$-Matrix $\mathbf{C}$ mit den Elementen $c_{ij} = a_{ij} \pm b_{ij}$.

Wir bilden also die Summe bzw. Differenz, indem wir die einander entsprechenden Elemente der beiden Matrizen addieren bzw. subtrahieren:

$$\mathbf{A} \pm \mathbf{B} = \begin{pmatrix} a_{11} & \cdots & a_{1n} \\ \vdots & \ddots & \vdots \\ a_{m1} & \cdots & a_{mn} \end{pmatrix} \pm \begin{pmatrix} b_{11} & \cdots & b_{1n} \\ \vdots & \ddots & \vdots \\ b_{m1} & \cdots & b_{mn} \end{pmatrix} = \begin{pmatrix} a_{11} \pm b_{11} & \cdots & a_{1n} \pm b_{1n} \\ \vdots & \ddots & \vdots \\ a_{m1} \pm b_{m1} & \cdots & a_{mn} \pm b_{mn} \end{pmatrix}$$

Es können nur Matrizen **gleicher Ordnung** (gleicher Zeilen- und Spaltenzahl) addiert bzw. subtrahiert werden. Matrizen werden **elementweise** addiert bzw. subtrahiert.

BEISPIELE

1. $\mathbf{A} = \begin{pmatrix} 2 & 5 \\ 4 & 8 \\ 3 & 1 \end{pmatrix}$; $\mathbf{B} = \begin{pmatrix} 1 & 5 \\ 2 & 6 \\ 3 & 7 \end{pmatrix}$

Summe

$$\mathbf{A} + \mathbf{B} = \begin{pmatrix} 2+1 & 5+5 \\ 4+2 & 8+6 \\ 3+3 & 1+7 \end{pmatrix} = \begin{pmatrix} 3 & 10 \\ 6 & 14 \\ 6 & 8 \end{pmatrix}$$

Differenz

$$\mathbf{A} - \mathbf{B} = \begin{pmatrix} 2-1 & 5-5 \\ 4-2 & 8-6 \\ 3-3 & 1-7 \end{pmatrix} = \begin{pmatrix} 1 & 0 \\ 2 & 2 \\ 0 & -6 \end{pmatrix}$$

2. Ein Unternehmen produziere zwei Güter und beliefere damit in den Jahren 2010 und 2011 drei verschiedene Kunden. Die gelieferten Mengen werden tabellarisch erfasst:

2010

Gut \ Kunde	K_1	K_2	K_3
P_1	5	3	0
P_2	0	6	1

2011

Gut \ Kunde	K_1	K_2	K_3
P_1	6	3	1
P_2	1	5	0

Die Summe der in den Jahren 2010 und 2011 an die Kunden gelieferten Einheiten beider Produkte ergibt sich durch Addition der Tabellen bzw. Matrizen:

$$\mathbf{A} + \mathbf{B} = \begin{pmatrix} 5 & 3 & 0 \\ 0 & 6 & 1 \end{pmatrix} + \begin{pmatrix} 6 & 3 & 1 \\ 1 & 5 & 0 \end{pmatrix} = \begin{pmatrix} 11 & 6 & 1 \\ 1 & 11 & 1 \end{pmatrix}$$

Die Veränderung der Lieferungen zwischen den Jahren 2011 und 2010 ergibt sich als Differenz der Matrizen:

$$\mathbf{B} - \mathbf{A} = \begin{pmatrix} 6 & 3 & 1 \\ 1 & 5 & 0 \end{pmatrix} - \begin{pmatrix} 5 & 3 & 0 \\ 0 & 6 & 1 \end{pmatrix} = \begin{pmatrix} 1 & 0 & 1 \\ 1 & -1 & -1 \end{pmatrix}$$

RECHENREGELN

Die Matrizenaddition ist kommutativ und assoziativ, d.h. es gelten für die $m \times n$-Matrizen $\mathbf{A}$, $\mathbf{B}$ und $\mathbf{C}$ die folgenden Regeln:

$$\mathbf{A} + \mathbf{B} = \mathbf{B} + \mathbf{A}$$
$$(\mathbf{A} + \mathbf{B}) + \mathbf{C} = \mathbf{A} + (\mathbf{B} + \mathbf{C})$$

Da die Addition (Subtraktion) elementweise definiert ist, folgen diese Regeln unmittelbar aus den Rechenregeln für reelle Zahlen.

Bei der Addition von Matrizen spielt die Reihenfolge keine Rolle. Werden zwei Matrizen $\mathbf{A}$ und $\mathbf{B}$ addiert, so ist das Ergebnis unabhängig davon, ob $\mathbf{B}$ zu $\mathbf{A}$ oder $\mathbf{A}$ zu $\mathbf{B}$ addiert wird.

Sollen drei Matrizen $\mathbf{A}$, $\mathbf{B}$ und $\mathbf{C}$ addiert werden, so kann zuerst die Summe aus $\mathbf{A}$ und $\mathbf{B}$ gebildet werden und dann $\mathbf{C}$ addiert werden oder zuerst die Summe aus $\mathbf{B}$ und $\mathbf{C}$ gebildet werden und dann $\mathbf{A}$ addiert werden. Daher kann bei der Addition von Matrizen darauf verzichtet werden, Klammern zu setzen.

8.2.2 Multiplikation mit einem Skalar

Eine **reelle Zahl** (das ist eine 1×1-Matrix) wird im Zusammenhang mit Matrix-operationen als **Skalar**[1] bezeichnet.

Die Multiplikation einer Matrix mit einem Skalar bedeutet also die **Multiplikation mit einer reellen Zahl**.

> ### Multiplikation mit einem Skalar
>
> Ist $\mathbf{A} = (a_{ij})$ eine $m\times n$-Matrix und α ein Skalar, so ist das Produkt
>
> $$\alpha\mathbf{A} = \mathbf{B}$$
>
> die $m\times n$-Matrix $\mathbf{B}$ mit den Elementen $b_{ij} = \alpha a_{ij}$.

Eine Matrix wird mit einem Skalar multipliziert, indem jedes Element der Matrix mit dem Skalar multipliziert wird.

Also gilt:

$$\alpha\mathbf{A} = \begin{pmatrix} \alpha a_{11} & \cdots & \alpha a_{1n} \\ \vdots & \ddots & \vdots \\ \alpha a_{m1} & \cdots & \alpha a_{mn} \end{pmatrix} = \begin{pmatrix} b_{11} & \cdots & b_{1n} \\ \vdots & \ddots & \vdots \\ b_{m1} & \cdots & b_{mn} \end{pmatrix} = \mathbf{B}$$

BEISPIELE

1. $\alpha\mathbf{A} = 3 \cdot \begin{pmatrix} 4 & 3 \\ 8 & -2 \\ -1 & 0 \end{pmatrix} = \begin{pmatrix} 3\cdot4 & 3\cdot3 \\ 3\cdot8 & 3\cdot(-2) \\ 3\cdot(-1) & 3\cdot0 \end{pmatrix} = \begin{pmatrix} 12 & 9 \\ 24 & -6 \\ -3 & 0 \end{pmatrix}$

2. $\alpha\mathbf{x} = 5 \cdot \begin{pmatrix} 3 \\ 8 \\ 7 \\ 2 \end{pmatrix} = \begin{pmatrix} 5\cdot3 \\ 5\cdot8 \\ 5\cdot7 \\ 5\cdot2 \end{pmatrix} = \begin{pmatrix} 15 \\ 40 \\ 35 \\ 10 \end{pmatrix}$

3. Angenommen im Beispiel 2 des vorigen Abschnitts 8.2.1 sollen die Lieferungen im folgenden Jahr 2012 verdoppelt werden, dann ergibt sich die neue Matrix der Jahreslieferungen durch Multiplikation der Liefermatrix *B* des Jahres 2011 mit $\alpha = 2$:

---

[1] Skalare sind Größen, die (abgesehen von der Maßeinheit) bereits durch Angabe einer reellen Zahl vollständig bestimmt sind. Ihren Namen haben sie von der Eigenschaft, auf einer Skala (lat. Leiter) dargestellt werden zu können.

$$\alpha \mathbf{B} = 2 \cdot \begin{pmatrix} 6 & 3 & 1 \\ 1 & 5 & 0 \end{pmatrix} = \begin{pmatrix} 12 & 6 & 2 \\ 2 & 10 & 0 \end{pmatrix} = \mathbf{C}$$

RECHENREGELN

Die Multiplikation einer Matrix mit einem Skalar ist kommutativ, assoziativ und distributiv, d.h. es gilt:

$$\alpha \mathbf{A} = \mathbf{A} \alpha$$
$$(\alpha \beta) \mathbf{A} = \alpha (\beta \mathbf{A})$$
$$(\alpha + \beta) \mathbf{A} = \alpha \mathbf{A} + \beta \mathbf{A}$$
$$\alpha (\mathbf{A} + \mathbf{B}) = \alpha \mathbf{A} + \alpha \mathbf{B}$$

8.2.3 Transponieren

Das Transponieren einer Matrix ist eine neue Rechenoperation, die sich aus der Natur der Matrix, die aus Zeilen und Spalten besteht, ergibt und für die es bei den reellen Zahlen keine Entsprechung gibt.

> **Transponierte Matrix**
>
> Ist $\mathbf{A} = (a_{ij})$ eine $m \times n$-Matrix, so ist die transponierte Matrix $\mathbf{A}^T$ (auch $\mathbf{A}'$ geschrieben)
>
> $$\mathbf{A}^T = (a_{ji})$$
>
> die $n \times m$-Matrix, die man erhält, wenn man die Zeilen und die Spalten von $\mathbf{A}$ vertauscht.

Also gilt:

$$\mathbf{A} = \underbrace{\begin{pmatrix} a_{11} & \cdots & \cdots & a_{1n} \\ \vdots & & & \vdots \\ a_{m1} & \cdots & \cdots & a_{mn} \end{pmatrix}}_{m \times n} \quad \Rightarrow \quad \mathbf{A}^T = \underbrace{\begin{pmatrix} a_{11} & \cdots & a_{m1} \\ \vdots & & \vdots \\ \vdots & & \vdots \\ a_{1n} & \cdots & a_{mn} \end{pmatrix}}_{n \times m}$$

Insbesondere ist die Transponierte eines n-dimensionalen Spaltenvektors ein n-dimensionaler Zeilenvektor und die Transponierte eines n-dimensionalen Zeilenvektors ein n-dimensionaler Spaltenvektor.

BEISPIELE

1. $\mathbf{A} = \begin{pmatrix} 6 & 3 & 1 \\ 1 & 5 & 0 \end{pmatrix}$; $\mathbf{A}^T = \begin{pmatrix} 6 & 1 \\ 3 & 5 \\ 1 & 0 \end{pmatrix}$

2. $\mathbf{x} = \begin{pmatrix} 1 \\ 4 \\ 2 \\ 5 \end{pmatrix}$; $\mathbf{x}^T = \begin{pmatrix} 1, & 4, & 2, & 5 \end{pmatrix}$

Für quadratische Matrizen lässt sich das Transponieren als Spiegelung an der Hauptdiagonale auffassen.

BEISPIEL

3. $\mathbf{A} = \begin{pmatrix} 1 & 3 & 5 \\ 4 & -2 & 7 \\ 2 & 0 & 3 \end{pmatrix}$; $\mathbf{A}^T = \begin{pmatrix} 1 & 4 & 2 \\ 3 & -2 & 0 \\ 5 & 7 & 3 \end{pmatrix}$

Ein Sonderfall der quadratischen Matrix liegt vor, wenn sich die Matrix beim Transponieren nicht ändert. Eine solche Matrix ist symmetrisch zur Hauptdiagonalen. Die Spiegelung an der Diagonale bewirkt daher keine Veränderung.

> **Symmetrische Matrix**
>
> Eine quadratische Matrix $\mathbf{A}$ heißt symmetrisch, wenn
>
> $$\mathbf{A}^T = \mathbf{A}$$
>
> d.h. wenn sie mit ihrer Transponierten übereinstimmt.

BEISPIEL

4. $\mathbf{A} = \begin{pmatrix} 1 & 4 & 2 \\ 4 & -2 & 0 \\ 2 & 0 & 3 \end{pmatrix}$; $\mathbf{A}^T = \begin{pmatrix} 1 & 4 & 2 \\ 4 & -2 & 0 \\ 2 & 0 & 3 \end{pmatrix}$

RECHENREGELN

$$(\mathbf{A}^T)^T = \mathbf{A}$$
$$(\mathbf{A} + \mathbf{B})^T = \mathbf{A}^T + \mathbf{B}^T$$
$$(\alpha\mathbf{A})^T = \alpha\mathbf{A}^T$$

8.2.4 Matrizenmultiplikation

Wir hatten gesehen, dass die Addition von Matrizen nicht immer zulässig ist, sondern nur Matrizen gleicher Ordnung addiert werden können. Auch die Multiplikation von Matrizen unterliegt einer Einschränkung.

Die Matrizenmultiplikation ist nur definiert für konforme Matrizen, d.h. Matrizen deren Spalten- und Zeilenzahl übereinstimmen.

> **Konformität**
>
> Die Matrizen **A** und **B** heißen konform, wenn die Spaltenzahl von **A** gleich der Zeilenzahl von **B** ist.

Die $m \times n$-Matrix **A** und die $n \times p$-Matrix **B** sind konform und können in dieser Reihenfolge miteinander multipliziert werden:

$$\mathbf{A} \times \mathbf{B} = \begin{pmatrix} a_{11} & \cdots & a_{1n} \\ \vdots & & \vdots \\ \vdots & & \vdots \\ a_{m1} & \cdots & a_{mn} \end{pmatrix} \times \begin{pmatrix} b_{11} & \cdots & \cdots & b_{1p} \\ \vdots & & & \vdots \\ b_{n1} & \cdots & \cdots & b_{np} \end{pmatrix}$$

Der einfachste Fall der Matrizenmultiplikation ist die Multiplikation eines n-dimensionalen Zeilenvektors mit einem n-dimensionalen Spaltenvektor, also das Produkt einer $1 \times n$-Matrix und einer $n \times 1$-Matrix.

(1) Skalarprodukt (inneres Produkt) zweier Vektoren

> **Skalarprodukt**
>
> Seien $\mathbf{a} = (a_i)$ und $\mathbf{b} = (b_i)$ zwei n-dimensionale Vektoren, so ist das (Skalar-) Produkt von **a** und **b** die reelle Zahl
>
> $$\mathbf{a}^T \mathbf{b} = \sum_{i=1}^{n} a_i b_i = a_1 b_1 + a_2 b_2 + \ldots + a_n b_n$$
>
> Die Vektoren werden dabei komponentenweise multipliziert und die Produkte addiert.

Das Skalarprodukt zweier Vektoren ist also kein Vektor und keine Matrix sondern eine **reelle Zahl** (Skalar). Für die praktische Berechnung schreiben wir die Vektoren **a** und **b** aus und erhalten dann

$$\mathbf{a}^T \mathbf{b} = (a_1, \ a_2, \ \ldots \ , \ a_n) \begin{pmatrix} b_1 \\ b_2 \\ \vdots \\ b_n \end{pmatrix} = a_1 b_1 + a_2 b_2 + \ldots + a_n b_n$$

Schematisch erhalten wir folgendes Bild:

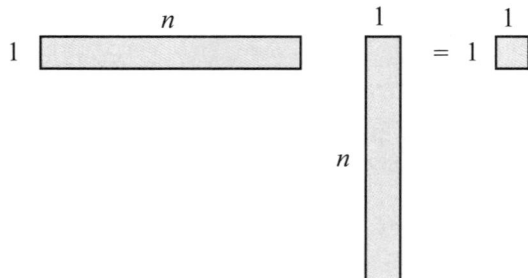

Es gilt

$$\mathbf{a}^T \mathbf{b} = \mathbf{b}^T \mathbf{a} \qquad \text{da} \quad \sum_{i=1}^{n} a_i b_i = \sum_{i=1}^{n} b_i a_i$$

D.h. die Reihenfolge, in der wir die Vektoren miteinander multiplizieren, ist unerheblich, solange der erste Vektor ein Zeilen- und der zweite Vektor ein Spaltenvektor ist.

BEISPIELE

1. $\mathbf{a}^T \mathbf{b} = (1 \quad 4 \quad 2 \quad 5) \begin{pmatrix} 3 \\ 0 \\ 7 \\ 1 \end{pmatrix} = 1 \cdot 3 + 4 \cdot 0 + 2 \cdot 7 + 5 \cdot 1 = 22$

2. $\mathbf{a}^T \mathbf{b} = (2 \quad 1 \quad 0) \begin{pmatrix} 6 \\ 12 \\ 21 \end{pmatrix} = 2 \cdot 6 + 1 \cdot 12 + 0 \cdot 21 = 24$

3. Eine Mehrproduktunternehmung erzeuge $n = 5$ verschiedene Produkte; die Marktpreise seien $p_1, p_2, \ldots, p_5$. In einem Monat seien die Mengen $x_1, \ldots, x_5$ verkauft worden. Der Monatserlös lässt sich dann als Skalarprodukt des Preisvektors und des Mengenvektors darstellen:

$$E(\mathbf{x}) = (p_1, p_2, \ldots, p_5) \begin{pmatrix} x_1 \\ x_2 \\ \vdots \\ x_5 \end{pmatrix} = p_1 x_1 + p_2 x_2 + \ldots + p_5 x_5 = \sum_{i=1}^{5} p_i x_i$$

$$= \mathbf{p}^T \mathbf{x}$$

(2) Multiplikation einer Matrix mit einem Vektor

Produkt Matrix und Vektor

Seien $\mathbf{A}$ eine $m \times n$-Matrix und $\mathbf{x}$ ein n-dimensionaler Vektor, so ist das Produkt von $\mathbf{A}$ und $\mathbf{x}$

$$\mathbf{A}\mathbf{x} = \mathbf{c}$$

der m-dimensionale Vektor $\mathbf{c}$ mit den Komponenten

$$c_i = \mathbf{a}^i \mathbf{x} = \sum_{j=1}^{n} a_{ij} x_j \qquad i = 1, 2, \ldots, m$$

wobei $\mathbf{a}^i$ der i-te Zeilenvektor von $\mathbf{A}$ ist.

Die i-te Komponente c_i von $\mathbf{c}$ ist also das Skalarprodukt der i-ten Zeile $\mathbf{a}^i$ von $\mathbf{A}$ mit dem Vektor $\mathbf{x}$.

Das Produkt $\mathbf{A}\mathbf{x}$ erhält man, indem man jede Zeile von $\mathbf{A}$ mit dem Vektor $\mathbf{x}$ multipliziert, d.h. indem man $\mathbf{A}$ **zeilenweise mit x multipliziert**.

Also gilt:

$$\mathbf{A}\mathbf{x} = \begin{pmatrix} a_{11} & \cdots & a_{1n} \\ a_{21} & \cdots & a_{2n} \\ \vdots & \ddots & \vdots \\ a_{m1} & \cdots & a_{mn} \end{pmatrix} \begin{pmatrix} x_1 \\ \vdots \\ x_n \end{pmatrix} = \begin{pmatrix} \sum_{j=1}^{n} a_{1j} x_j \\ \vdots \\ \sum_{j=1}^{n} a_{mj} x_j \end{pmatrix}$$

In der schematischen Darstellung erhalten wir folgendes Bild:

BEISPIELE

$$1. \quad \mathbf{A}\mathbf{x} = \begin{pmatrix} 1 & 3 & 8 \\ 0 & 2 & 4 \\ 2 & 0 & 1 \\ 4 & 1 & 3 \end{pmatrix} \begin{pmatrix} 2 \\ 1 \\ 4 \end{pmatrix} = \begin{pmatrix} 1 \cdot 2 + 3 \cdot 1 + 8 \cdot 4 \\ 0 \cdot 2 + 2 \cdot 1 + 4 \cdot 4 \\ 2 \cdot 2 + 0 \cdot 1 + 1 \cdot 4 \\ 4 \cdot 2 + 1 \cdot 1 + 3 \cdot 4 \end{pmatrix} = \begin{pmatrix} 37 \\ 18 \\ 8 \\ 21 \end{pmatrix}$$

2. $$\mathbf{Ax} = \begin{pmatrix} 0 & 2 & 3 & 1 \\ 8 & -1 & 9 & -2 \\ -2 & 0 & 5 & 3 \end{pmatrix} \begin{pmatrix} 3 \\ 1 \\ 5 \\ 2 \end{pmatrix} = \begin{pmatrix} 0 \cdot 3 + 2 \cdot 1 + 3 \cdot 5 + 1 \cdot 2 \\ 8 \cdot 3 - 1 \cdot 1 + 9 \cdot 5 - 2 \cdot 2 \\ -2 \cdot 3 + 0 \cdot 1 + 5 \cdot 5 + 3 \cdot 2 \end{pmatrix} = \begin{pmatrix} 19 \\ 64 \\ 25 \end{pmatrix}$$

3. $$\mathbf{I\,x} = \begin{pmatrix} 1 & 0 & 0 \\ 0 & 1 & 0 \\ 0 & 0 & 1 \end{pmatrix} \begin{pmatrix} 2 \\ 4 \\ 6 \end{pmatrix} = \begin{pmatrix} 2 \\ 4 \\ 6 \end{pmatrix} = \mathbf{x}$$

Die Multiplikation eines Vektors **x** mit der Einheitsmatrix **I** ergibt wieder den Vektor **x**. Das zeigt, dass die Einheitsmatrix bei der Multiplikation von Matrizen dieselbe Rolle spielt wie die 1 bei der Multiplikation reeller Zahlen.

4. Ein Unternehmen erzeuge unter Einsatz von $m = 3$ verschiedenen Rohstoffen (Vorprodukten) $n = 2$ Produkte. Es gelten die Produktionskoeffizienten des Einführungsbeispiels auf S. 548.

Die Technologie-Matrix lautet dann:

$$\mathbf{A} = \begin{pmatrix} 2 & 3 \\ 1 & 2 \\ 3 & 4 \end{pmatrix}$$

Für jedes gegebene Produktionsprogramm **x**, z.B.

$$\mathbf{x} = \begin{pmatrix} 50 \\ 20 \end{pmatrix}$$

kann dann mit Hilfe der Technologie-Matrix der Rohstoffbedarf berechnet werden. Wir erhalten den Verbrauchsvektor **r**, indem wir die Technologie-Matrix von rechts mit dem Produktvektor **x** multiplizieren:

$$\mathbf{Ax} = \mathbf{r}$$

Im Beispiel ergibt sich:

$$\mathbf{r} = \begin{pmatrix} 2 & 3 \\ 1 & 2 \\ 3 & 4 \end{pmatrix} \begin{pmatrix} 50 \\ 20 \end{pmatrix} = \begin{pmatrix} 160 \\ 90 \\ 230 \end{pmatrix}$$

Es sind also 160 Einheiten des 1. Rohstoffs, 90 Einheiten des 2. und 230 Einheiten des 3. Rohstoffs erforderlich, um 50 Einheiten von P_1 und 20 Einheiten von P_2 herzustellen.

$$n \text{ Produkte} \qquad \text{Produktmengen} \quad \text{Rohstoffbedarf}$$

$$m \text{ Rohstoffe} \begin{pmatrix} a_{11} & \cdots & a_{1n} \\ \vdots & \ddots & \vdots \\ a_{m1} & \cdots & a_{mn} \end{pmatrix} \times \begin{pmatrix} x_1 \\ \vdots \\ x_n \end{pmatrix} = \begin{pmatrix} r_1 \\ \vdots \\ r_m \end{pmatrix}$$

$$\mathbf{A} \qquad\qquad \times \qquad \mathbf{x} \qquad = \qquad \mathbf{r}$$

5. Jedes lineare Gleichungssystem lässt sich in Matrixschreibweise darstellen, z.B. auch das einfache Marktmodell mit linearen Nachfrage- und Angebotsfunktionen.

$$x = a - bp \qquad \text{Nachfragefunktion}$$
$$x = c + dp \qquad \text{Angebotsfunktion}$$

Formen wir die Gleichungen so um, dass die Konstanten rechts und die Variablen x und p links stehen

$$x + bp = a$$
$$x - dp = c$$

dann ergibt sich die folgende Matrixdarstellung des Marktmodells:

$$\begin{pmatrix} 1 & b \\ 1 & -d \end{pmatrix} \begin{pmatrix} x \\ p \end{pmatrix} = \begin{pmatrix} a \\ c \end{pmatrix}$$

(3) Multiplikation zweier Matrizen

Produkt zweier Matrizen

Seien $\mathbf{A}$ eine $m \times n$-Matrix und $\mathbf{B}$ eine $n \times p$-Matrix, so ist das Produkt $\mathbf{AB}$ der Matrizen $\mathbf{A}$ und $\mathbf{B}$

$$\mathbf{AB} = \mathbf{C}$$

die $m \times p$-Matrix $\mathbf{C}$ mit den Elementen

$$c_{ij} = \mathbf{a}^i \mathbf{b}_j = \sum_{k=1}^{n} a_{ik} b_{kj} \qquad i = 1, 2, \ldots, m; \; j = 1, 2, \ldots, p$$

Dabei sind $\mathbf{a}^i \, (i = 1, \ldots, m)$ die Zeilenvektoren von $\mathbf{A}$ und $\mathbf{b}_j \, (j = 1, \ldots, p)$ die Spaltenvektoren von $\mathbf{B}$.

Wir multiplizieren zwei konforme Matrizen $\mathbf{A}$ und $\mathbf{B}$ miteinander, indem wir jede Zeile von $\mathbf{A}$ mit jeder Spalte von $\mathbf{B}$ multiplizieren. Die Elemente der Produkt-Matrix $\mathbf{C}$ sind also die Skalarprodukte der i-ten Zeile von $\mathbf{A}$ und der j-ten Spalte von $\mathbf{B}$.

Also gilt:

$$\mathbf{AB} = \begin{pmatrix} a_{11} & \cdots & a_{1n} \\ \vdots & \ddots & \vdots \\ a_{m1} & \cdots & a_{mn} \end{pmatrix} \begin{pmatrix} b_{11} & \cdots & b_{1p} \\ \vdots & \ddots & \vdots \\ b_{n1} & \cdots & b_{np} \end{pmatrix} = \begin{pmatrix} \sum_{k=1}^{n} a_{1k} b_{k1} & \cdots & \sum_{k=1}^{n} a_{1k} b_{kp} \\ \vdots & \ddots & \vdots \\ \sum_{k=1}^{n} a_{mk} b_{k1} & \cdots & \sum_{k=1}^{n} a_{mk} b_{kp} \end{pmatrix}$$

Schematisch erhalten wir folgendes Bild:

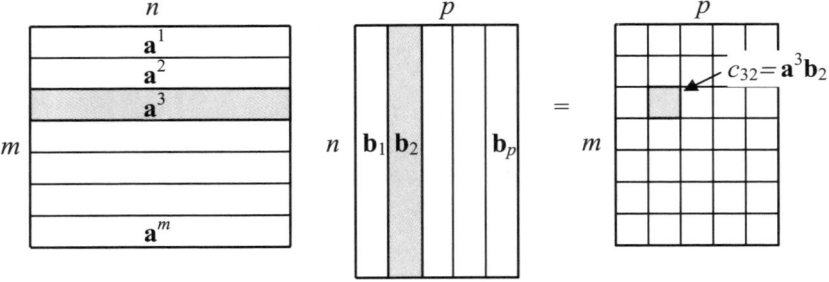

BEISPIELE

1. $\mathbf{AB} = \begin{pmatrix} 1 & 3 & -1 \\ 2 & 0 & 0 \\ 0 & -1 & 6 \end{pmatrix} \begin{pmatrix} 1 & 0 \\ -1 & 2 \\ 1 & 3 \end{pmatrix} = \begin{pmatrix} 1 \cdot 1 - 3 \cdot 1 - 1 \cdot 1 & 1 \cdot 0 + 3 \cdot 2 - 1 \cdot 3 \\ 2 \cdot 1 - 0 \cdot 1 + 0 \cdot 1 & 2 \cdot 0 + 0 \cdot 2 + 0 \cdot 3 \\ 0 \cdot 1 + 1 \cdot 1 + 6 \cdot 1 & 0 \cdot 0 - 1 \cdot 2 + 6 \cdot 3 \end{pmatrix}$

$$= \begin{pmatrix} -3 & 3 \\ 2 & 0 \\ 7 & 16 \end{pmatrix}$$

2. $\mathbf{IB} = \begin{pmatrix} 1 & 0 & 0 \\ 0 & 1 & 0 \\ 0 & 0 & 1 \end{pmatrix} \begin{pmatrix} 1 & 0 \\ -1 & 2 \\ 1 & 3 \end{pmatrix} = \begin{pmatrix} 1 \cdot 1 - 0 \cdot 1 + 0 \cdot 1 & 1 \cdot 0 + 0 \cdot 2 + 0 \cdot 3 \\ 0 \cdot 1 - 1 \cdot 1 + 0 \cdot 1 & 0 \cdot 0 + 1 \cdot 2 + 0 \cdot 3 \\ 0 \cdot 1 - 0 \cdot 1 + 1 \cdot 1 & 0 \cdot 0 + 0 \cdot 2 + 1 \cdot 3 \end{pmatrix}$

$$= \begin{pmatrix} 1 & 0 \\ -1 & 2 \\ 1 & 3 \end{pmatrix} = \mathbf{B}$$

3. $\mathbf{AB} = \begin{pmatrix} 1 & 2 \\ 2 & 4 \end{pmatrix} \begin{pmatrix} 2 & -4 \\ -1 & 2 \end{pmatrix} = \begin{pmatrix} 1 \cdot 2 + 2(-1) & 1(-4) + 2 \cdot 2 \\ 2 \cdot 2 + 4(-1) & 2(-4) + 4 \cdot 2 \end{pmatrix} = \begin{pmatrix} 0 & 0 \\ 0 & 0 \end{pmatrix} = \mathbf{0}$

Es ist offenbar möglich, dass das Produkt zweier Matrizen $\mathbf{A}$ und $\mathbf{B}$ gleich der Nullmatrix ist, ohne dass eine der beiden Matrizen $\mathbf{A}$ oder $\mathbf{B}$ die Nullmatrix ist.

Für die Berechnung von Matrizenprodukten empfiehlt sich die Anordnung der Matrizen nach **Falk**. In einer Tabelle, in deren Zentrum die Produkt-Matrix **C** steht, wird die Matrix **A** links von **C** und die Matrix **B** oberhalb von **C** angeordnet. Nun wird wieder jede Zeile $\mathbf{a}^i$ von **A** mit jeder Spalte $\mathbf{b}_j$ von **B** multipliziert und das Ergebnis c_{ij} dort eingetragen, wo sich die i-te Zeile von **A** und die j-te Spalte von **B** schneiden.

FALKSCHE ANORDNUNG

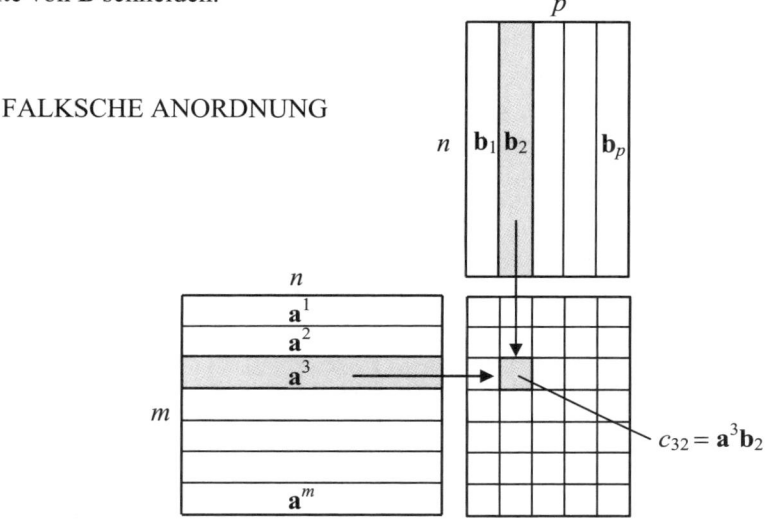

$c_{32} = \mathbf{a}^3 \mathbf{b}_2$

4.

B	1	3	4
A	2	1	0
1	0	1	3	4
−2	1	0	−5	−8
3	1	5	10	12

AB

A	1	0
	−2	1
B	3	1
1	3	4	7	7
2	1	0	0	1

BA

5.

B	4	3
	1	−1
A	0	1
1	0	−2	4	1
3	5	1	17	5
2	−1	0	7	7

AB

A	1	0	−2
	3	5	1
B	2	−1	0
4	3		
1	−1		
0	1		

nicht definiert

Die Matrizen **B** und **A** sind in dieser Reihenfolge nicht konform. Daher ist das Produkt **BA** nicht definiert. Die Spaltenzahl von **B** ist kleiner als die Zeilenzahl von **A**.

RECHENREGELN

1. Die Matrizenmultiplikation ist nicht kommutativ, d.h. im allgemeinen sind die Produkte **AB** und **BA** verschieden (soweit sie überhaupt definiert sind):

$$\mathbf{AB} \neq \mathbf{BA}$$

2. Die Matrizenmultiplikation ist assoziativ und distributiv, d.h. es gilt:

$$(\mathbf{AB})\mathbf{C} = \mathbf{A}(\mathbf{BC}) = \mathbf{ABC}$$
$$\mathbf{A}(\mathbf{B}+\mathbf{C}) = \mathbf{AB} + \mathbf{AC}$$
$$(\mathbf{A}+\mathbf{B})\mathbf{C} = \mathbf{AC} + \mathbf{BC}$$

3. Für das Transponieren des Produkts gilt:

$$(\mathbf{AB})^T = \mathbf{B}^T\mathbf{A}^T$$

4. Wird eine Matrix mit der Einheitsmatrix multipliziert, so ändert sich die Matrix nicht:

$$\mathbf{AI} = \mathbf{IA} = \mathbf{A}$$

5. Die Multiplikation eines Produktes mit einem Skalar ist kommutativ und assoziativ:

$$\alpha(\mathbf{AB}) = (\alpha\mathbf{A})\mathbf{B} = \mathbf{A}(\alpha\mathbf{B})$$

Da die Matrizenmultiplikation **nicht kommutativ** ist, ist stets die **Reihenfolge der Multiplikation** zu beachten, insbesondere bei Matrizengleichungen ist zwischen der Multiplikation mit einer Matrix von **rechts** oder von **links** zu unterscheiden.

BEISPIELE

1. $\mathbf{a}^T\mathbf{b} = \begin{pmatrix} 1 & 3 & 6 \end{pmatrix}\begin{pmatrix} -2 \\ 4 \\ -1 \end{pmatrix} = -2 + 12 - 6 = 4$

$$\mathbf{ba}^T = \begin{pmatrix} -2 \\ 4 \\ -1 \end{pmatrix}\begin{pmatrix} 1 & 3 & 6 \end{pmatrix} = \begin{pmatrix} -2 & -6 & -12 \\ 4 & 12 & 24 \\ -1 & -3 & -6 \end{pmatrix}$$

Folglich gilt:

$$\mathbf{a}^T\mathbf{b} \neq \mathbf{ba}^T$$

da $\mathbf{a}^T\mathbf{b} = \sum\limits_{i=1}^{n} a_i b_i$ ein Skalar und $\mathbf{b}\mathbf{a}^T = (b_i a_j)$ eine Matrix ist.

Das Produkt eines m-dimensionalen Spaltenvektors und eines n-dimensionalen Zeilenvektors ist eine $m{\times}n$-Matrix (!) und heißt **dyadisches** Produkt.

2. $\mathbf{A}(\mathbf{B}\mathbf{C}) = \begin{pmatrix} 1 & -1 \\ 6 & 10 \end{pmatrix}\begin{pmatrix} 5 & -2 & 3 \\ -8 & 0 & 6 \end{pmatrix}\begin{pmatrix} -1 \\ 0 \\ -4 \end{pmatrix} = \begin{pmatrix} 1 & -1 \\ 6 & 10 \end{pmatrix}\begin{pmatrix} -17 \\ -16 \end{pmatrix} = \begin{pmatrix} -1 \\ -262 \end{pmatrix}$

$(\mathbf{A}\mathbf{B})\mathbf{C} = \begin{pmatrix} 13 & -2 & -3 \\ -50 & -12 & 78 \end{pmatrix}\begin{pmatrix} -1 \\ 0 \\ -4 \end{pmatrix} = \begin{pmatrix} -1 \\ -262 \end{pmatrix} = \mathbf{A}(\mathbf{B}\mathbf{C}) = \mathbf{A}\mathbf{B}\mathbf{C}$

3. $\mathbf{A}(\mathbf{B}\mathbf{C}) = \begin{pmatrix} 3 & 0 \\ -4 & -1 \end{pmatrix}\begin{pmatrix} 3 & 5 & 7 \\ 0 & -1 & 8 \end{pmatrix}\begin{pmatrix} 6 \\ -1 \\ 0 \end{pmatrix} = \begin{pmatrix} 3 & 0 \\ -4 & -1 \end{pmatrix}\begin{pmatrix} 13 \\ 1 \end{pmatrix} = \begin{pmatrix} 39 \\ -53 \end{pmatrix}$

$\mathbf{C}^T\mathbf{B}^T\mathbf{A}^T = \begin{pmatrix} 6 & -1 & 0 \end{pmatrix}\begin{pmatrix} 3 & 0 \\ 5 & -1 \\ -7 & 8 \end{pmatrix}\begin{pmatrix} 3 & -4 \\ 0 & -1 \end{pmatrix} = \begin{pmatrix} 13 & 1 \end{pmatrix}\begin{pmatrix} 3 & -4 \\ 0 & -1 \end{pmatrix}$

$= \begin{pmatrix} 39 & -53 \end{pmatrix} = (\mathbf{A}\mathbf{B}\mathbf{C})^T$

4. **Materialverflechtung**:

Eine Unternehmung produziere in einem 2-stufigen Produktionsprozess die Produkte P_1 und P_2:

	Z_1	Z_2	Z_3
R_1	2	3	4
R_2	7	4	5

Abteilung I

	P_1	P_2
Z_1	6	0
Z_2	4	2
Z_3	5	6

Abteilung II

In Abteilung I werden aus den Rohstoffen (Vorleistungen) R_1 und R_2 die Zwischenprodukte Z_1, Z_2 und Z_3 erzeugt, die in der Abteilung II zu den Endprodukten P_1 und P_2 verarbeitet werden.

Die entsprechenden Technologie-Matrizen sind:

$$\mathbf{A} = \begin{pmatrix} 2 & 3 & 4 \\ 7 & 4 & 5 \end{pmatrix} ; \qquad \mathbf{B} = \begin{pmatrix} 6 & 0 \\ 4 & 2 \\ 5 & 6 \end{pmatrix}$$

Für jeden gegebenen Endproduktvektor **x** kann der Zwischenproduktvektor **z**

$$\mathbf{z} = \mathbf{B}\,\mathbf{x}$$

und für jeden gegebenen Zwischenproduktvektor der Rohstoffvektor **r**

$$\mathbf{r} = \mathbf{A}\,\mathbf{z}$$

berechnet werden. Die Technologiematrix für den zweistufigen Produktionsprozess ist dann das Produkt der Matrizen **A** und **B**:

$$\mathbf{C} = \mathbf{A}\mathbf{B}$$

Der Rohstoffbedarf kann mit Hilfe von **C** für ein gegebenes **x** direkt berechnen werden:

$$\mathbf{r} = \mathbf{C}\,\mathbf{x} = \mathbf{A}\mathbf{B}\,\mathbf{x}$$

Die komplexe Lieferverflechtung der Abteilungen lässt sich grafisch mit Hilfe des **Gozintographen der Materialverflechtung** darstellen:

Gozintograph der Materialverflechtung

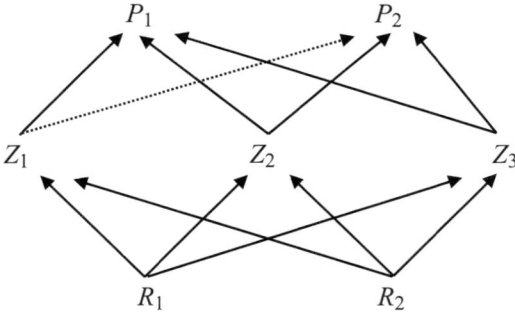

ZAHLENBEISPIEL

Gegeben sei der Produktvektor

$$\mathbf{x} = \begin{pmatrix} 200 \\ 400 \end{pmatrix}$$

Daraus errechnet sich der Rohstoffvektor

$$\mathbf{r} = \begin{pmatrix} 2 & 3 & 4 \\ 7 & 4 & 5 \end{pmatrix} \begin{pmatrix} 6 & 0 \\ 4 & 2 \\ 5 & 6 \end{pmatrix} \begin{pmatrix} 200 \\ 400 \end{pmatrix}$$

$$= \begin{pmatrix} 44 & 30 \\ 83 & 38 \end{pmatrix} \begin{pmatrix} 200 \\ 400 \end{pmatrix} = \begin{pmatrix} 20800 \\ 31800 \end{pmatrix}$$

und der Zwischenproduktvektor

$$\mathbf{z} = \mathbf{Bx} = \begin{pmatrix} 6 & 0 \\ 4 & 2 \\ 5 & 6 \end{pmatrix} \begin{pmatrix} 200 \\ 400 \end{pmatrix} = \begin{pmatrix} 1200 \\ 1600 \\ 3400 \end{pmatrix}$$

ÜBUNG 8.2

Gegeben seien die folgenden Vektoren und Matrizen:

$$\mathbf{x} = \begin{pmatrix} 1 \\ 3 \\ 2 \end{pmatrix} \qquad \mathbf{y} = \begin{pmatrix} 2 \\ 0 \\ 1 \end{pmatrix} \qquad \mathbf{z} = \begin{pmatrix} 3 \\ 0 \\ 4 \\ 2 \end{pmatrix}$$

$$\mathbf{A} = \begin{pmatrix} 1 & 0 & 5 \\ 2 & 3 & 0 \\ 4 & 1 & 2 \end{pmatrix} \qquad \mathbf{B} = \begin{pmatrix} 3 & -4 & 6 \\ 1 & 0 & -3 \\ 2 & 5 & 1 \end{pmatrix} \qquad \mathbf{C} = \begin{pmatrix} -1 & 4 & 0 \\ 3 & 1 & -5 \\ 0 & 2 & 3 \\ -2 & 3 & 1 \end{pmatrix}$$

1. Bilden Sie die folgenden Summen (Differenzen) der gegebenen Vektoren und Matrizen:

     a. $\mathbf{x} + \mathbf{y}$ b. $\mathbf{x} - \mathbf{y}$ c. $\mathbf{y} + \mathbf{z}$

     d. $\mathbf{A} + \mathbf{B}$ e. $\mathbf{B} - \mathbf{A}$ f. $\mathbf{A} + \mathbf{C}$

2. Bilden Sie folgende Produkte (mit einem Skalar):

     a. $3\,\mathbf{x}$ b. $(-1)\,\mathbf{y}$ c. $0\,\mathbf{z}$

     d. $2\,\mathbf{A}$ e. $3\,(\mathbf{A} - \mathbf{B})$ f. $(-1)\,\mathbf{C}$

     g. $5\,\mathbf{I}_3$

3. Bilden Sie die Transponierte:

     a. $\mathbf{x}^T$ b. $\mathbf{y}^T$ c. $(\mathbf{z}^T)^T$

     d. $\mathbf{A}^T$ e. $(\mathbf{A} + \mathbf{B})^T$ f. $(2\,\mathbf{C})^T$

     g. $(\mathbf{I}_3)^T$

4.   Berechnen Sie die Skalarprodukte:
  a. $\mathbf{x}^T \mathbf{y}$ b. $\mathbf{y}^T \mathbf{x}$ c. $(\mathbf{x}^T \mathbf{y}) \mathbf{z}$

5.   Berechnen Sie die Matrizenprodukte:
  a. $\mathbf{A}\,\mathbf{x}$ b. $\mathbf{B}\,\mathbf{y}$ c. $\mathbf{C}^T \mathbf{z}$
  d. $\mathbf{I}\,\mathbf{x}$ e. $\mathbf{A}\,\mathbf{B}$ f. $\mathbf{B}\,\mathbf{A}$
  g. $\mathbf{B}\,\mathbf{C}$ h. $\mathbf{C}\,\mathbf{B}$ i. $\mathbf{I}\,\mathbf{A}$
  j. $\mathbf{x}\,\mathbf{y}^T$ k. $\mathbf{A}\,\mathbf{z}$ l. $\mathbf{z}^T \mathbf{C}$

6.   Eine Unternehmung produziere in einem 2-stufigen Produktionsprozess
  die Produkte P_1 und P_2

Abteilung I	Z_1	Z_2
R_1	1	2
R_2	0	1
R_3	3	0

Abteilung II	P_1	P_2	P_2
Z_1	2	0	3
Z_2	1	1	0

In Abteilung I werden aus Primärfaktoren R_1, R_2, R_3 die Zwischenprodukte Z_1 und Z_2 erzeugt, die in Abteilung II zu den Endprodukten P_1,
P_2 und P_3 verarbeitet werden.

  a.   Berechnen Sie die zusammengefasste Technologiematrix $\mathbf{AB} = \mathbf{C}$
     und interpretieren Sie die Koeffizienten!

  b.   Ermitteln Sie den Bedarf an Zwischenprodukten $\mathbf{z}$ und Primärfakto-
     ren $\mathbf{r}$ für das Produktionsprogramm $\mathbf{x}^T = (20, 40, 10)$!

7.   Für eine Mehrproduktunternehmung seien die Technologiematrix $\mathbf{A}$, der
  Vektor der Faktorpreise $\mathbf{q}$, der Produktpreise $\mathbf{p}$ und das Produktionsprogramm $\mathbf{x}$ gegeben:

$$\mathbf{A} = \begin{pmatrix} 1 & 2 & 0 \\ 3 & 1 & 1 \\ 1 & 2 & 3 \end{pmatrix} \;;\; \mathbf{q} = (2,3,1) \;;\; \mathbf{p} = (15,10,8) \;;\; \mathbf{x} = \begin{pmatrix} 10 \\ 20 \\ 10 \end{pmatrix}$$

  a.   Berechnen Sie den Faktorbedarf $\mathbf{r} = \mathbf{Ax}$!
  b.   Berechnen Sie den Erlös $E(\mathbf{x}) = \mathbf{px}$!
  c.   Berechnen Sie den Vektor der Stückkosten $\mathbf{k} = \mathbf{qA}$!
  d.   Berechnen Sie die Gesamtkosten $K(\mathbf{x}) = \mathbf{qr} = \mathbf{qAx} = \mathbf{kx}$!
  e.   Berechnen Sie den Gewinn $G(\mathbf{x}) = \mathbf{px} - \mathbf{kx} = (\mathbf{p} - \mathbf{k})\mathbf{x} = (\mathbf{p} - \mathbf{qA})\mathbf{x}$!

8.3 Determinanten

8.3.1 Definition der Determinante

Die Determinante einer Matrix ist eine reelle **Zahl** (Skalar), die nach bestimmten Regeln aus den Elementen der Matrix berechnet wird.

Determinanten sind nur für **quadratische Matrizen** definiert. Sie werden benötigt bei der Matrizendivision (Inversion) und bei der Lösung linearer Gleichungssysteme. Die Determinante einer quadratischen Matrix n-ter Ordnung heißt Determinante n-ter Ordnung. Wir beginnen mit dem einfachsten Fall, der Determinante 2. Ordnung und definieren:

> **Determinante 2. Ordnung**
>
> Sei $\mathbf{A} = (a_{ij})$ eine 2×2- Matrix
>
> $$\mathbf{A} = \begin{pmatrix} a_{11} & a_{12} \\ a_{21} & a_{22} \end{pmatrix}$$
>
> dann verstehen wir unter der Determinante von $\mathbf{A}$, abgekürzt det$\mathbf{A}$ oder $|\mathbf{A}|$, die Zahl, die sich wie folgt aus den Elementen von $\mathbf{A}$ berechnet:
>
> $$|\mathbf{A}| = \begin{vmatrix} a_{11} & a_{12} \\ a_{21} & a_{22} \end{vmatrix} = a_{11}a_{22} - a_{21}a_{12}$$

Wir berechnen die Determinante 2. Ordnung, indem wir das Produkt der Hauptdiagonalelemente bilden und davon das Produkt der Nebendiagonalelemente subtrahieren.

BEISPIEL

1. $\mathbf{A} = \begin{pmatrix} 1 & 4 \\ 2 & 10 \end{pmatrix}$ $\quad |\mathbf{A}| = \begin{vmatrix} 1 & 4 \\ 2 & 10 \end{vmatrix} = 1 \cdot 10 - 2 \cdot 4 = 2$

2. $\mathbf{A} = \begin{pmatrix} 3 & 7 \\ 2 & -4 \end{pmatrix}$ $\quad |\mathbf{A}| = \begin{vmatrix} 3 & 7 \\ 2 & -4 \end{vmatrix} = 3 \cdot (-4) - 2 \cdot 7 = -26$

3. $\mathbf{A} = \begin{pmatrix} 2 & 5 \\ 6 & 15 \end{pmatrix}$ $\quad |\mathbf{A}| = \begin{vmatrix} 2 & 5 \\ 6 & 15 \end{vmatrix} = 2 \cdot 15 - 6 \cdot 5 = 0$

Die Berechnung der Determinanten heißt auch **Entwicklung** der Determinante, die Zeilen- und Spaltenzahl $n = 2$ heißt **Ordnung** der Determinante.

Determinante 3. Ordnung

Sei $\mathbf{A} = (a_{ij})$ eine 3×3-Matrix, dann verstehen wir unter der Determinante von $\mathbf{A}$ die Zahl

$$|\mathbf{A}| = \begin{vmatrix} a_{11} & a_{12} & a_{13} \\ a_{21} & a_{22} & a_{23} \\ a_{31} & a_{32} & a_{33} \end{vmatrix} = a_{11}\begin{vmatrix} a_{22} & a_{23} \\ a_{32} & a_{33} \end{vmatrix} - a_{21}\begin{vmatrix} a_{12} & a_{13} \\ a_{32} & a_{33} \end{vmatrix} + a_{31}\begin{vmatrix} a_{12} & a_{13} \\ a_{22} & a_{23} \end{vmatrix}$$

$$= a_{11}(a_{22}a_{33} - a_{32}a_{23}) - a_{21}(a_{12}a_{33} - a_{32}a_{13}) + a_{31}(a_{12}a_{23} - a_{22}a_{13})$$

$$= a_{11}a_{22}a_{33} - a_{11}a_{32}a_{23} - a_{21}a_{12}a_{33} + a_{21}a_{32}a_{13} + a_{31}a_{12}a_{23} - a_{31}a_{22}a_{13}$$

Die Determinante 3. Ordnung ist eine algebraische Summe aus $3! = 1 \cdot 2 \cdot 3 = 6$ Produkten, von denen jedes aus drei verschiedenen Elementen der Matrix besteht.

Das Berechnungsverfahren heißt **Laplacesche**[1] **Determinantenentwicklung** oder **Determinantenentwicklung mit Hilfe der Kofaktoren**.

Die Entwicklung kann nach einer beliebigen Spalte oder Zeile vorgenommen werden. Dabei wird jedes Element der Spalte (oder Zeile) mit seinem Kofaktor multipliziert und dann die Summe gebildet. Die Berechnung der Kofaktoren beruht auf der Berechnung der Unterdeterminanten $(n-1)$-ter Ordnung.

Unterdeterminante

Unter der Unterdeterminante $|\mathbf{A}_{ij}|$ verstehen wir die Determinante, die sich ergibt, wenn in $|\mathbf{A}|$ die i-te Zeile und die j-te Spalte gestrichen werden:

$$|\mathbf{A}_{ij}| = \begin{vmatrix} a_{11} & \cdots & a_{1j} & \cdots & a_{1n} \\ \vdots & & \vdots & & \vdots \\ a_{i1} & \cdots & a_{ij} & \cdots & a_{in} \\ \vdots & & \vdots & & \vdots \\ a_{n1} & \cdots & a_{nj} & \cdots & a_{nn} \end{vmatrix}$$

Kofaktor

Der Kofaktor $\mathbf{A}_{ij}$ des Elements a_{ij} ist die mit $(-1)^{i+j}$ multiplizierte Unterdeterminante $|\mathbf{A}_{ij}|$:

$$\mathbf{A}_{ij} = (-1)^{i+j}\,|\mathbf{A}_{ij}|$$

---

[1] Marquis Pierre-Simon Laplace (1749-1827); französischer Mathematiker und Astronom, Erfinder des Logarithmus, Begründer der systematischen Wahrscheinlichkeitsrechnung.

Also gilt:

$$\mathbf{A}_{ij} = (-1)^{i+j} \begin{vmatrix} a_{11} \cdots & a_{1j} \cdots & a_{1n} \\ \vdots & \vdots & \vdots \\ a_{i1} \cdots & \boxed{a_{ij}} \cdots & a_{in} \\ \vdots & \vdots & \vdots \\ a_{n1} \cdots & a_{nj} \cdots & a_{nn} \end{vmatrix}$$

In der Vorzeichenfunktion $(-1)^{i+j}$ ist der Exponent die Summe aus Zeilen- und Spaltenzahlen. Das Vorzeichen ist positiv, wenn die Summe gerade und negativ, wenn die Summe ungerade ist. Die Kofaktoren nehmen daher entlang jeder Spalte oder Zeile abwechselnd positive und negative Vorzeichen an nach folgendem **Schachbrettmuster**:

$$\begin{matrix} + & - & + & - \\ - & + & - & + \\ + & - & + & - \\ - & + & - & + \end{matrix}$$

Bei der Entwicklung der Determinante 3. Ordnung nach der 1. Spalte sind die Kofaktoren z.B.:

$$\mathbf{A}_{11} = (-1)^2 \begin{vmatrix} a_{11} & a_{12} & a_{13} \\ a_{21} & a_{22} & a_{23} \\ a_{31} & a_{32} & a_{33} \end{vmatrix} = + \begin{vmatrix} a_{22} & a_{23} \\ a_{32} & a_{33} \end{vmatrix}$$

$$\mathbf{A}_{21} = (-1)^3 \begin{vmatrix} a_{11} & a_{12} & a_{13} \\ a_{21} & a_{22} & a_{23} \\ a_{31} & a_{32} & a_{33} \end{vmatrix} = - \begin{vmatrix} a_{12} & a_{13} \\ a_{32} & a_{33} \end{vmatrix}$$

$$\mathbf{A}_{31} = (-1)^4 \begin{vmatrix} a_{11} & a_{12} & a_{13} \\ a_{21} & a_{22} & a_{23} \\ a_{31} & a_{32} & a_{33} \end{vmatrix} = + \begin{vmatrix} a_{12} & a_{13} \\ a_{22} & a_{23} \end{vmatrix}$$

BEISPIELE

1. $\mathbf{A} = \begin{pmatrix} 3 & 0 & -2 \\ 6 & -8 & 1 \\ 0 & 3 & 4 \end{pmatrix}$

   Die Determinante dieser quadratischen Matrix 3. Ordnung soll zuerst nach der 1. Spalte und dann nach der 1. Zeile entwickelt werden.

Entwicklung nach der 1. Spalte

$$|\mathbf{A}| = 3 \cdot \begin{vmatrix} -8 & 1 \\ 3 & 4 \end{vmatrix} - 6 \cdot \begin{vmatrix} 0 & -2 \\ 3 & 4 \end{vmatrix} + 0 \cdot \begin{vmatrix} 0 & -2 \\ -8 & 1 \end{vmatrix}$$

$$= 3 \cdot (-32 - 3) - 6 \cdot (0 + 6) = -105 - 36 = -141$$

Entwicklung nach der 1. Zeile

$$|\mathbf{A}| = 3 \cdot \begin{vmatrix} -8 & 1 \\ 3 & 4 \end{vmatrix} - 0 \cdot \begin{vmatrix} 6 & 1 \\ 0 & 4 \end{vmatrix} + (-2) \cdot \begin{vmatrix} 6 & -8 \\ 0 & 3 \end{vmatrix}$$

$$= 3 \cdot (-32 - 3) - 2 \cdot (18 - 0) = -105 - 36 = -141$$

2. $\mathbf{A} = \begin{pmatrix} 2 & 4 & 3 \\ 1 & 0 & 0 \\ 3 & 2 & 1 \end{pmatrix}$

$$|\mathbf{A}| = 2 \cdot \begin{vmatrix} 0 & 0 \\ 2 & 1 \end{vmatrix} - 1 \cdot \begin{vmatrix} 4 & 3 \\ 2 & 1 \end{vmatrix} + 3 \cdot \begin{vmatrix} 4 & 3 \\ 0 & 0 \end{vmatrix}$$

$$= 2 \cdot 0 - 1(4 - 6) + 3 \cdot 0 = 2$$

Determinanten 3. Ordnung können auch mit Hilfe der **Sarusschen Regel**[1] berechnet werden.

Dazu werden die 1. und 2. Spalte rechts neben die Determinante geschrieben und die Summe der Hauptdiagonalprodukte (positiv) und der Nebendiagonalprodukte (negativ) nach folgendem Schema gebildet:

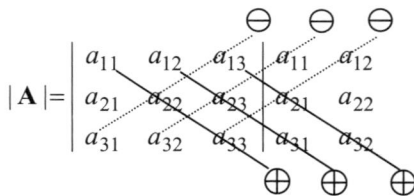

BEISPIEL

3. $\mathbf{A} = \begin{pmatrix} 3 & 0 & -2 \\ 6 & -8 & 1 \\ 0 & 3 & 4 \end{pmatrix}$

---

[1] P. Sarrus, französischer Mathematiker 1768-1861

$$|\mathbf{A}| = \begin{vmatrix} 3 & 0 & -2 \\ 6 & -8 & 1 \\ 0 & 3 & 4 \end{vmatrix} \begin{matrix} 3 & 0 \\ 6 & -8 \\ 0 & 3 \end{matrix}$$

$$= 3 \cdot (-8) \cdot 4 + 0 \cdot 1 \cdot 0 + (-2) \cdot 6 \cdot 3 - 0 \cdot (-8) \cdot (-2) - 3 \cdot 1 \cdot 3 - 4 \cdot 6 \cdot 0$$

$$= -96 + 0 - 36 - 0 - 9 - 0 = -141$$

Im Unterschied zur Sarrusschen Regel erlaubt die Determinantenentwicklung mit Hilfe der Kofaktoren auch Determinanten höherer Ordnung zu berechnen.

Wir definieren daher allgemein:

Determinante n-ter Ordnung

Sei $\mathbf{A}$ eine $n \times n$-Matrix, so ist die Determinante von $\mathbf{A}$ die Zahl

$$|\mathbf{A}| = \begin{vmatrix} a_{11} & \cdots & a_{1n} \\ \vdots & \ddots & \vdots \\ a_{n1} & \cdots & a_{nn} \end{vmatrix}$$

die sich aus den Elementen von $\mathbf{A}$ berechnet

a.   durch die Entwicklung nach der i-ten Zeile

$$|\mathbf{A}| = \sum_{j=1}^{n} a_{ij} \mathbf{A}_{ij}$$

b.   durch die Entwicklung nach der j-ten Spalte

$$|\mathbf{A}| = \sum_{i=1}^{n} a_{ij} \mathbf{A}_{ij}$$

Dabei ist

$$\mathbf{A}_{ij} = (-1)^{i+j} |\mathbf{A}_{ij}|$$

der Kofaktor von a_{ij} und $|\mathbf{A}_{ij}|$ die Unterdeterminante, die sich ergibt, wenn in $\mathbf{A}$ die i-te Zeile und die j-te Spalte gestrichen werden.

Die Kofaktoren sind selbst wieder Determinanten und können berechnet werden durch Entwicklung in Determinanten niedrigerer Ordnung.

Die Berechnung kann dadurch vereinfacht werden, dass stets nach der Zeile oder Spalte mit der größten Anzahl von Nullen entwickelt wird.

BEISPIEL

$$|\mathbf{A}| = \begin{vmatrix} 2 & 1 & 0 & 5 \\ 0 & 2 & -2 & 1 \\ 1 & -1 & 3 & 0 \\ 3 & 0 & 1 & 2 \end{vmatrix}$$

$$= 2 \cdot \begin{vmatrix} 2 & -2 & 1 \\ -1 & 3 & 0 \\ 0 & 1 & 2 \end{vmatrix} - 0 + 1 \cdot \begin{vmatrix} 1 & 0 & 5 \\ 2 & -2 & 1 \\ 0 & 1 & 2 \end{vmatrix} - 3 \cdot \begin{vmatrix} 1 & 0 & 5 \\ 2 & -2 & 1 \\ -1 & 3 & 0 \end{vmatrix}$$

$$= 2 \left(2 \cdot \begin{vmatrix} 3 & 0 \\ 1 & 2 \end{vmatrix} + 1 \cdot \begin{vmatrix} -2 & 1 \\ 1 & 2 \end{vmatrix} \right) + 1 \left(1 \cdot \begin{vmatrix} -2 & 1 \\ 1 & 2 \end{vmatrix} - 2 \cdot \begin{vmatrix} 0 & 5 \\ 1 & 2 \end{vmatrix} \right)$$

$$- 3 \left(-2 \cdot \begin{vmatrix} 1 & 5 \\ -1 & 0 \end{vmatrix} - 3 \cdot \begin{vmatrix} 1 & 5 \\ 2 & 1 \end{vmatrix} \right)$$

$$= 2 \left[2(6-0) + 1(-4-1) \right] + 1 \left[1(-4-1) - 2(0-5) \right]$$

$$- 3 \left[-2(0+5) - 3(1-10) \right]$$

$$= 2(12-5) + 1(-5+10) - 3(-10+27)$$

$$= 14 + 5 - 51$$

$$= -32$$

Die Determinante 4. Ordnung wird in vier Determinanten 3. Ordnung und diese in je drei Determinanten 2. Ordnung entwickelt. Das Ergebnis sind $4! = 4 \cdot 3 \cdot 2 \cdot 1 = 24$ Produkte, die aus vier verschiedenen Elementen der Matrix bestehen.

Das Beispiel zeigt, wie langwierig die Entwicklung von Determinanten höherer Ordnung ist. Die Berechnung ist auch dann sehr umständlich, wenn bei der Auswahl der Spalte oder Zeile, nach der entwickelt wird, auf die Nullen geachtet wird.

Aus der Natur der Determinanten ergeben sich nun einige Rechenregeln, die auch bei der Entwicklung von Determinanten hilfreich sind. Sie zeigen, wie wir das Koeffizientenschema (Anordnungsschema) der Determinanten verändern können, ohne dass sich der Zahlenwert verändert und umgekehrt, und wie sich der Zahlenwert ändert, wenn die Determinante gewissen einfachen Transformationen unterworfen wird.

Die systematische Anwendung der Regeln erlaubt es, die Determinanten **vor** der Entwicklung so umzuformen, dass sich die Zahl der Rechenschritte bei der Entwicklung wesentlich reduziert.

8.3.2 Eigenschaften von Determinanten (Rechenregeln)

Für Determinanten gelten die folgenden speziellen Rechenregeln. Diese Regeln erklären sich überwiegend selbst. Zur Übung können die Beweise anhand der angegebenen Beweisskizzen leicht nachvollzogen werden.

Auch die anschließenden Zahlenbeispiele dienen sowohl der Veranschaulichung als auch als Plausibilitätsbeweis.

1. Die Determinante der Einheitsmatrix ist 1:

$$|\mathbf{I}| = 1$$

Beweis: Folgt aus der Anwendung der Regel 2 auf die Einheitsmatrix.

2. Die Determinante einer Dreiecksmatrix ist gleich dem Produkt ihrer Diagonalelemente:

$$|\mathbf{A}| = \begin{vmatrix} a_{11} & a_{12} & a_{13} & \cdots & a_{1n} \\ & a_{22} & a_{23} & \cdots & a_{2n} \\ & & a_{33} & \cdots & a_{3n} \\ & & & \ddots & a_{4n} \\ 0 & & & & a_{nn} \end{vmatrix} = a_{11}a_{22}a_{33}\ldots a_{nn}$$

Beweis:

> Die Determinante wird sukzessive nach der 1. Spalte entwickelt. Die 1. Spalte von $|\mathbf{A}|$ enthält nur ein von null verschiedenes Element, a_{11}. Der Kofaktor von a_{11}, also $\mathbf{A}_{11}$, enthält in der 1. Spalte ebenfalls nur ein von null verschiedenes Element, a_{22} und wird daher auch nach der 1. Spalte entwickelt usw.

3. Eine Determinante, in der eine Zeile oder Spalte nur aus Nullen besteht, ist null:

$$|\mathbf{A}| = \begin{vmatrix} a_{11} & 0 & a_{13} & \cdots & a_{1n} \\ a_{21} & 0 & a_{23} & \cdots & a_{2n} \\ a_{31} & 0 & a_{33} & \cdots & a_{3n} \\ \vdots & \vdots & \vdots & \vdots & \vdots \\ a_{n1} & 0 & a_{n3} & \cdots & a_{nn} \end{vmatrix} = 0$$

Beweis:

> Die Determinate wird nach der Zeile oder Spalte entwickelt, die nur Nullen enthält. Alle Produkte der Elemente dieser Zeile oder Spalte mit ihren Kofaktoren sind null.

4. Werden die Zeilen und Spalten einer Determinante vertauscht, so ändert sich ihr Wert nicht:

$$|\mathbf{A}| = |\mathbf{A}^T|$$

Beweis:

> Die Entwicklung von $|\mathbf{A}|$ nach der i-ten Zeile führt zum selben Ergebnis wie die Entwicklung von $|\mathbf{A}^T|$ nach der i-ten Spalte.

5. Wird jedes Element einer Zeile oder Spalte mit derselben Konstanten multipliziert, so wird der Wert der Determinante mit der Konstanten multipliziert:

$$\alpha|\mathbf{A}| = \begin{vmatrix} a_{11} & \alpha a_{12} & a_{13} & \cdots & a_{1n} \\ a_{21} & \alpha a_{22} & a_{23} & \cdots & a_{2n} \\ a_{31} & \alpha a_{32} & a_{33} & \cdots & a_{3n} \\ \vdots & \vdots & \vdots & \vdots & \vdots \\ a_{n1} & \alpha a_{n2} & a_{n3} & \cdots & a_{nn} \end{vmatrix}$$

Beweis:

> Die Determinate wird nach der mit α multiplizierten Zeile oder Spalte entwickelt und dann α ausgeklammert.

6. Werden zwei Zeilen oder Spalten einer Determinante vertauscht, so ändert sich das Vorzeichen der Determinante:

$$-|\mathbf{A}| = \begin{vmatrix} a_{11} & a_{13} & a_{12} & \cdots & a_{1n} \\ a_{21} & a_{23} & a_{22} & \cdots & a_{2n} \\ a_{31} & a_{33} & a_{32} & \cdots & a_{3n} \\ \vdots & \vdots & \vdots & \vdots & \vdots \\ a_{n1} & a_{n3} & a_{n2} & \cdots & a_{nn} \end{vmatrix}$$

Beweis:

> Es werden zwei benachbarte Spalten vertauscht und dann die Determinate nach einer der vertauschten Spalten entwickelt; es ändern sich nur die Vorzeichen der Kofaktoren.

7. Sind zwei Zeilen oder Spalten einer Determinante gleich, so ist ihr Wert null:

$$|\mathbf{A}| = \begin{vmatrix} a_{11} & a_{12} & a_{12} & \cdots & a_{1n} \\ a_{21} & a_{22} & a_{22} & \cdots & a_{2n} \\ a_{31} & a_{32} & a_{32} & \cdots & a_{3n} \\ \vdots & \vdots & \vdots & \vdots & \vdots \\ a_{n1} & a_{n2} & a_{n2} & \cdots & a_{nn} \end{vmatrix} = 0$$

Beweis:

Die Vertauschung der beiden gleichen Zeilen (Spalten) müsste das Vorzeichen ändern; da beide Zeilen (Spalten) gleich sind, kann sich nichts ändern:

$$|\mathbf{A}| = -|\mathbf{A}| \;\Rightarrow\; |\mathbf{A}| = 0$$

Aus der Gleichheit von $|\mathbf{A}|$ und $-|\mathbf{A}|$ folgt aber, dass $|\mathbf{A}|$ null ist.

8. Der Wert einer Determinante ändert sich nicht, wenn zu einer Zeile (Spalte) das Vielfache einer anderen Zeile (Spalte) addiert wird:

$$|\mathbf{A}| = \begin{vmatrix} a_{11} & a_{12} + \alpha\, a_{14} & a_{13} & \cdots & a_{1n} \\ a_{21} & a_{22} + \alpha\, a_{24} & a_{23} & \cdots & a_{2n} \\ a_{31} & a_{32} + \alpha\, a_{34} & a_{33} & \cdots & a_{3n} \\ \vdots & \vdots & \vdots & \vdots & \vdots \\ a_{n1} & a_{n2} + \alpha\, a_{n4} & a_{n3} & \cdots & a_{nn} \end{vmatrix}$$

Beweis:

Zu einer beliebigen Spalte, der Einfachheit halber zur 1. Spalte, werde das α-fache der k-ten Spalte addiert. Dann wird die neue Determinante $|\mathbf{A}^*|$ nach der 1. Spalte entwickelt:

$$|\mathbf{A}^*| = \sum_{i=1}^{n}(a_{i1} + \alpha\, a_{ik})\mathbf{A}_{i1} = \sum_{i=1}^{n} a_{i1}\mathbf{A}_{i1} + \alpha \underbrace{\sum_{i=1}^{n} a_{ik}\mathbf{A}_{i1}}_{=\,0} = |\mathbf{A}|$$

Die 2. Summe ist die entwickelte Form einer Determinante, deren 1. und k-te Spalte gleich sind. Ihr Wert ist daher nach Regel 7 null:

$$\sum_{i=1}^{n} a_{ik}\mathbf{A}_{i1} = \begin{vmatrix} a_{1k} & a_{12} & \cdots & a_{1k} & \cdots & a_{1n} \\ a_{2k} & a_{22} & \cdots & a_{2k} & \cdots & a_{2n} \\ a_{3k} & a_{32} & \cdots & a_{3k} & \cdots & a_{3n} \\ \vdots & \vdots & \vdots & \vdots & \vdots & \vdots \\ a_{nk} & a_{n2} & \cdots & a_{nk} & \cdots & a_{nn} \end{vmatrix} = 0$$

9. Die Determinante des Produkts zweier Matrizen ist gleich dem Produkt der Determinanten:

$$|\mathbf{AB}| = |\mathbf{A}||\mathbf{B}|$$

Beweis: Der Beweis ist aufwendig. Daher wird auf das Zahlenbeispiel (9.) verwiesen.

BEISPIELE

Zu jeder der aufgeführten Regeln soll nun ein Zahlenbeispiel durchgerechnet werden, das die Handhabung, aber auch die Richtigkeit der Regeln zeigen soll.

1. Einheitsmatrix

$$|\mathbf{I}| = \begin{vmatrix} 1 & & & 0 \\ & 1 & & \\ & & 1 & \\ 0 & & & 1 \end{vmatrix} = 1 \cdot \begin{vmatrix} 1 & & 0 \\ & 1 & \\ 0 & & 1 \end{vmatrix} = 1 \cdot 1 \cdot \begin{vmatrix} 1 & 0 \\ 0 & 1 \end{vmatrix} = 1 \cdot 1 \cdot 1 \cdot 1 = 1$$

2. Dreiecksmatrix

$$|\mathbf{A}| = \begin{vmatrix} 1 & 2 & 3 & 4 \\ & 4 & 1 & 5 \\ & & 2 & 2 \\ 0 & & & 3 \end{vmatrix} = 1 \cdot \begin{vmatrix} 4 & 1 & 5 \\ & 2 & 2 \\ 0 & & 3 \end{vmatrix} = 1 \cdot 4 \cdot \begin{vmatrix} 2 & 2 \\ 0 & 3 \end{vmatrix} = 1 \cdot 4 \cdot 2 \cdot 3 = 24$$

3. Nullzeile

$$|\mathbf{A}| = \begin{vmatrix} 1 & 3 & 4 \\ 0 & 0 & 0 \\ 5 & 1 & 2 \end{vmatrix} = -0 \cdot \begin{vmatrix} 3 & 4 \\ 1 & 2 \end{vmatrix} + 0 \cdot \begin{vmatrix} 1 & 4 \\ 5 & 2 \end{vmatrix} - 0 \cdot \begin{vmatrix} 1 & 3 \\ 5 & 1 \end{vmatrix} = 0$$

4. Transponieren

$$|\mathbf{A}| = \begin{vmatrix} 3 & 1 & 3 \\ 1 & 4 & 2 \\ 0 & 5 & 2 \end{vmatrix} = 3 \cdot \begin{vmatrix} 4 & 2 \\ 5 & 2 \end{vmatrix} - 1 \cdot \begin{vmatrix} 1 & 3 \\ 5 & 2 \end{vmatrix} + 0 \cdot \begin{vmatrix} 1 & 3 \\ 4 & 2 \end{vmatrix}$$

$$= 3(8-10) - 1(2-15) = 3(-2) - 1(-13) = 7$$

$$|\mathbf{A}^T| = \begin{vmatrix} 3 & 1 & 0 \\ 1 & 4 & 5 \\ 3 & 2 & 2 \end{vmatrix} = 3 \cdot \begin{vmatrix} 4 & 5 \\ 2 & 2 \end{vmatrix} - 1 \cdot \begin{vmatrix} 1 & 5 \\ 3 & 2 \end{vmatrix} + 0 \cdot \begin{vmatrix} 1 & 4 \\ 3 & 2 \end{vmatrix}$$

$$= 3(8-10) - 1(2-15) = 7$$

5. Multiplikation mit einem Skalar

$$\alpha |\mathbf{A}| = \alpha \begin{vmatrix} 3 & 1 & 3 \\ 1 & 4 & 2 \\ 0 & 5 & 2 \end{vmatrix} = \begin{vmatrix} \alpha 3 & 1 & 3 \\ \alpha 1 & 4 & 2 \\ \alpha 0 & 5 & 2 \end{vmatrix} = \alpha \cdot 3 \begin{vmatrix} 4 & 2 \\ 5 & 2 \end{vmatrix} - \alpha \begin{vmatrix} 1 & 3 \\ 5 & 2 \end{vmatrix} = \alpha \cdot 7$$

6. Vertauschung von Spalten

$$|\mathbf{A}| = \begin{vmatrix} 3 & 1 & 3 \\ 1 & 4 & 2 \\ 0 & 5 & 2 \end{vmatrix} = 3 \cdot \begin{vmatrix} 4 & 2 \\ 5 & 2 \end{vmatrix} - 1 \cdot \begin{vmatrix} 1 & 3 \\ 5 & 2 \end{vmatrix} + 0 \cdot \begin{vmatrix} 1 & 3 \\ 4 & 2 \end{vmatrix}$$

$$= 3(8-10) - 1(2-15) = 3(-2) - 1(-13) = 7$$

Vertauschung der 1. und 3. Spalte ergibt

$$|\mathbf{B}| = \begin{vmatrix} 3 & 1 & 3 \\ 2 & 4 & 1 \\ 2 & 5 & 0 \end{vmatrix} = 3 \cdot \begin{vmatrix} 2 & 4 \\ 2 & 5 \end{vmatrix} - 1 \cdot \begin{vmatrix} 3 & 1 \\ 2 & 5 \end{vmatrix} + 0 \cdot \begin{vmatrix} 3 & 1 \\ 2 & 4 \end{vmatrix}$$

$$= 3(10-8) - 1(15-2) = 3(+2) - 1(+13) = -7$$

7. Zwei gleiche Spalten

$$|\mathbf{C}| = \begin{vmatrix} 3 & 3 & 3 \\ 1 & 1 & 2 \\ 0 & 0 & 2 \end{vmatrix} = 3 \cdot \begin{vmatrix} 1 & 1 \\ 0 & 0 \end{vmatrix} - 2 \cdot \begin{vmatrix} 3 & 3 \\ 0 & 0 \end{vmatrix} + 2 \cdot \begin{vmatrix} 3 & 3 \\ 1 & 1 \end{vmatrix}$$

$$= 3 \cdot 0 - 2 \cdot 0 + 2 \cdot (3-3) = 0$$

8. Subtraktion von Zeilen

Von der 2. Zeile von $|\mathbf{A}|$ wird die 3. Zeile abgezogen

$$|\mathbf{A}| = \begin{vmatrix} 3 & 1 & 3 \\ 1 & 4 & 2 \\ 0 & 5 & 2 \end{vmatrix} = \begin{vmatrix} 3 & 1 & 3 \\ 1 & -1 & 0 \\ 0 & 5 & 2 \end{vmatrix}$$

$$= 3 \cdot \begin{vmatrix} -1 & 0 \\ 5 & 2 \end{vmatrix} - 1 \cdot \begin{vmatrix} 1 & 3 \\ 5 & 2 \end{vmatrix} + 0 \cdot \begin{vmatrix} 1 & 3 \\ -1 & 0 \end{vmatrix} = 3(-2-0) - 1(2-15) = 7$$

9. Produkt

$$|\mathbf{A}| = \begin{vmatrix} 3 & 1 & 3 \\ 1 & 4 & 2 \\ 0 & 5 & 2 \end{vmatrix} = 7$$

$$|\mathbf{B}| = \begin{vmatrix} 1 & 3 & -3 \\ 2 & 0 & 1 \\ -1 & 4 & -2 \end{vmatrix} = -3 \cdot \begin{vmatrix} 2 & 1 \\ -1 & -2 \end{vmatrix} + 0 \cdot \begin{vmatrix} 1 & -3 \\ -1 & -2 \end{vmatrix} - 4 \cdot \begin{vmatrix} 1 & -3 \\ 2 & 1 \end{vmatrix}$$

$$= -3(-4+1) + 0 - 4(1+6) = 9 - 28 = -19$$

Die Determinante des Produkts beträgt

$$|\mathbf{AB}| = \begin{vmatrix} 2 & 21 & -14 \\ 7 & 11 & -3 \\ 8 & 8 & 1 \end{vmatrix} = \begin{vmatrix} 2 & 19 & -14 \\ 7 & 4 & -3 \\ 8 & 0 & 1 \end{vmatrix} \qquad \text{2. Spalte – 1. Spalte}$$

$$= -19 \cdot \begin{vmatrix} 7 & -3 \\ 8 & 1 \end{vmatrix} + 4 \cdot \begin{vmatrix} 2 & -14 \\ 8 & 1 \end{vmatrix} = -19(7+24) + 4(2+112)$$

$$= -19 \cdot 31 + 4 \cdot 114 = -589 + 456 = -133$$

und das Produkt der Determinanten:

$$|\mathbf{A}| \, |\mathbf{B}| = 7 \cdot (-19) = -133$$

ANWENDUNGEN

1. Umformung in die Determinante einer Dreiecksmatrix

    Jede Determinante lässt sich mit Hilfe der Regel 8 in die Dreiecksform überführen und dann nach Regel 2 berechnen, indem man das Produkt der Diagonalelemente bildet.

$$|\mathbf{A}| = \begin{vmatrix} 3 & 1 & 3 \\ 1 & 4 & 2 \\ 0 & 5 & 2 \end{vmatrix}$$

$$= \begin{vmatrix} 3 & 1 & 3 \\ 0 & \frac{11}{3} & 1 \\ 0 & 5 & 2 \end{vmatrix} \qquad \text{II} - \frac{1}{3}\text{I}$$

$$= \begin{vmatrix} 3 & 1 & 3 \\ 0 & \frac{11}{3} & 1 \\ 0 & 0 & \frac{7}{11} \end{vmatrix} \qquad \text{III} - \frac{3}{11} \cdot 5\,\text{II}$$

$$= 3 \cdot \frac{11}{3} \cdot \frac{7}{11} = 7$$

2. Berechnung unbestimmter Koeffizienten

    Gelegentlich treten in den Koeffizienten von Matrizen unbestimmte Konstanten auf. Dann interessiert die Frage, für welche Werte der Konstanten die Matrix regulär oder singulär ist. Dazu wird die Determinante entwickelt und null gesetzt.

    Die Entwicklung der Determinante führt stets zu einem Polynom, dessen Nullstellen die Werte der Konstanten sind, für die die Determinante verschwindet, die Matrix also singulär ist. Für alle anderen Werte der Konstanten ist die Matrix regulär.

Gegeben sei die Matrix

$$\mathbf{A} = \begin{pmatrix} 1 & 0 & 2a \\ 1 & a & 1 \\ -1 & 2a & 0 \end{pmatrix}$$

Für welche Werte von a wird die Determinante null?

Zur Beantwortung der Frage wird die Determinante nach der 1. Zeile entwickelt und dann null gesetzt:

$$|\mathbf{A}| = \begin{vmatrix} 1 & 0 & 2a \\ 1 & a & 1 \\ -1 & 2a & 0 \end{vmatrix} = 1 \cdot \begin{vmatrix} a & 1 \\ 2a & 0 \end{vmatrix} + 2a \cdot \begin{vmatrix} 1 & a \\ -1 & 2a \end{vmatrix}$$

$$= -2a + 2a(2a + a)$$

$$= -2a + 6a^2 = 0$$

Die quadratische Gleichung wird nun nach a gelöst. Dazu wird a ausgeklammert:

$$6a^2 - 2a = 0$$

$$a^2 - \frac{1}{3}a = 0$$

$$a\left(a - \frac{1}{3}\right) = 0 \qquad \Rightarrow a_1 = 0 \; ; \; a_2 = \frac{1}{3}$$

Die Menge der reellen Zahlen, für die $|\mathbf{A}|$ null wird, ist:

$$\mathbb{L} = \{\, 0, \, 1/3 \}$$

Für alle anderen Werte von a ist die Determinante ungleich null:

$$a \in \mathbf{R} \setminus \{\, 0, \, 1/3 \}$$

Für $a = 1$ hat die Determinante z.B. den Wert:

$$|\mathbf{A}| = 6a^2 - 2a = 6 - 2 = 4$$

ÜBUNG 8.3

Gegeben seien die folgenden Matrizen:

$$\mathbf{A} = \begin{pmatrix} 4 & 1 & 3 \\ 2 & 3 & 1 \\ 0 & 2 & 2 \end{pmatrix} \qquad \mathbf{B} = \begin{pmatrix} 1 & 3 & -3 \\ 3 & 4 & 0 \\ 2 & 0 & 1 \end{pmatrix} \qquad \mathbf{C} = \begin{pmatrix} 1 & 7 & 1 \\ 3 & 2 & 3 \\ 5 & 1 & 5 \end{pmatrix}$$

$$\mathbf{D} = \begin{pmatrix} 5 & 1 & 6 & 3 \\ 0 & 0 & 0 & 0 \\ 2 & 4 & 1 & 3 \\ 3 & 3 & 5 & 2 \end{pmatrix} \qquad \mathbf{E} = \begin{pmatrix} 2 & 4 & 2 & 1 \\ 0 & 0 & 5 & 4 \\ 0 & 0 & 1 & 2 \\ 0 & 0 & 0 & 3 \end{pmatrix} \qquad \mathbf{F} = \begin{pmatrix} 0 & 1 & 0 & 0 \\ 0 & 0 & 0 & 5 \\ 2 & 0 & 0 & 0 \\ 0 & 0 & 3 & 0 \end{pmatrix}$$

1. Berechnen Sie die Determinanten durch Entwicklung nach einer beliebigen Zeile oder Spalte!

2. Berechnen Sie $|\mathbf{A}^T|$, $|\mathbf{B}^T|$!

3. Bilden Sie: $3|\mathbf{A}|$, $(-2)|\mathbf{B}|$, $|3\mathbf{A}|$!

4. Vertauschen Sie die 1. und 3. Spalte von $\mathbf{A}$ bzw. $\mathbf{B}$ und berechnen Sie die Determinanten!

5. Berechnen Sie $|\mathbf{A}| - |\mathbf{B}|$, $|\mathbf{A} - \mathbf{B}|$!

6. Subtrahieren Sie das 2-fache der 2. Zeile von der 1. Zeile in $|\mathbf{A}|$ und berechnen Sie die Determinante!

7. Addieren Sie das 3-fache der 3. Zeile zur 1. Zeile von $|\mathbf{B}|$ und berechnen Sie die Determinante!

8. Zeigen Sie, dass $|\mathbf{A}\,\mathbf{B}| = |\mathbf{A}|\,|\mathbf{B}|$!

9. Überführen Sie die Determinanten $|\mathbf{A}|$, $|\mathbf{B}|$ und $|\mathbf{F}|$ in die Dreiecksform und berechnen Sie die Determinanten!

10. Berechnen Sie die Werte der Konstanten a, für die die Determinanten von $\mathbf{G}$ und von $\mathbf{H}$ null werden!

$$\mathbf{G} = \begin{pmatrix} 1 & a & 0 \\ 0 & 1 & 1 \\ 4a & 2a & a \end{pmatrix} \qquad \mathbf{H} = \begin{pmatrix} 0 & a & 0 & 0 \\ 6/7 & 0 & -1/2 & -a \\ 0 & 7a & -a & -14 \\ 12 & 3/2 & 6a & 0 \end{pmatrix}$$

8.4 Inverse Matrizen

8.4.1 Definition der Inversen

Wir haben mit den Determinanten ein Hilfsmittel der Matrixalgebra kennengelernt, das uns nun erlaubt, eine weitere Rechenoperation für Matrizen zu definieren. In Analogie zu den Rechenoperationen für reelle Zahlen haben wir bereits die Addition, Subtraktion und Multiplikation für Matrizen eingeführt. Es fehlt noch die Matrizenoperation, die der Division reeller Zahlen entspricht. Die Division selbst ist für Matrizen nicht definiert; die der Division entsprechende Rechenoperation ist die Matrizeninversion.

Um zu verstehen, worum es dabei geht, betrachten wir zunächst eine einzelne **lineare Gleichung**

$$\alpha x = \beta \qquad\qquad \alpha, \beta \in \mathbf{R}, \ \alpha \neq 0$$

Wir wissen, dass es zu jeder reellen Zahl α ($\neq 0$) einen Kehrwert α^{-1} gibt, den wir auch als Inverse bezeichnen, und dass das Produkt einer reellen Zahl mit ihrem Kehrwert 1 ergibt:

$$\alpha^{-1}\alpha = \alpha \, \alpha^{-1} = 1$$

Daher lösen wir die lineare Gleichung, indem wir sie durch α dividieren oder mit dem Kehrwert α^{-1} multiplizieren:

$$\underbrace{\alpha^{-1}\alpha}_{=1} x = \alpha^{-1}\beta$$

$$x = \alpha^{-1}\beta = \frac{\beta}{\alpha}$$

Betrachten wir nun die **Matrizengleichung**

$$\mathbf{A}\mathbf{x} = \mathbf{b} \qquad\qquad (\mathbf{A} \text{ sei eine } n{\times}n\text{-Matrix})$$

und überlegen wir, ob sich das Lösungsprinzip der linearen Gleichung auf die Matrizengleichung übertragen lässt.

Dabei müssen wir beachten, dass die Einheitsmatrix $\mathbf{I}$ an die Stelle der 1 bei reellen Zahlen tritt und dass die Matrizenmultiplikation nicht kommutativ ist.

Wenn es nun auch für die quadratische Matrix $\mathbf{A}$ eine Inverse $\mathbf{B}$ gibt, mit der Eigenschaft, dass ihr Produkt mit der Matrix $\mathbf{A}$ die Einheitsmatrix ergibt:

$$\mathbf{B} \cdot \mathbf{A} = \mathbf{I}$$

dann können wir die Matrizengleichung nach **x** lösen, indem wir sie von links mit **B** multiplizieren:

$$\underbrace{\mathbf{B} \cdot \mathbf{A}}_{\mathbf{I}} \; \mathbf{x} = \mathbf{B} \cdot \mathbf{b}$$

$$\mathbf{I} \cdot \mathbf{x} = \mathbf{B} \cdot \mathbf{b}$$

$$\mathbf{x} = \mathbf{B} \cdot \mathbf{b}$$

Wir definieren daher:

> **Inverse Matrix**
>
> Gibt es zu einer quadratischen Matrix **A** eine Matrix **B** mit der Eigenschaft
>
> $$\mathbf{B}\,\mathbf{A} = \mathbf{I}$$
>
> so heißt **B** inverse Matrix (oder Inverse) von **A** und wird geschrieben
>
> $$\mathbf{B} = \mathbf{A}^{-1}$$ (gesprochen: "A minus 1")

Das Symbol $\mathbf{A}^{-1}$ bezeichnet dabei nur die Matrix mit der angegebenen Eigenschaft und darf keinesfalls als Potenz und die hochgestellte −1 nicht als Exponent aufgefasst werden. Der Kehrwert der Matrix **A** ist ebensowenig definiert wie die Division von Matrizen:

$$\mathbf{A}^{-1} \neq \frac{1}{\mathbf{A}}$$

Für die Inverse gilt also:

$$\mathbf{A}^{-1}\mathbf{A} = \mathbf{I}$$

Es lässt sich zeigen, dass es für jede Matrix **A** nur eine Inverse gibt, d.h. die Inverse eindeutig ist.

> **Eindeutigkeit der Inversen**
>
> Existiert die Inverse einer quadratischen Matrix **A**, so gilt
>
> $$\mathbf{A}^{-1}\mathbf{A} = \mathbf{A}\,\mathbf{A}^{-1} = \mathbf{I}$$
>
> d.h. die linke Inverse ist gleich der rechten Inversen.

Beweis:

Angenommen **B** sei eine rechte Inverse von **A**, d.h.

$$\mathbf{A}\,\mathbf{B} = \mathbf{I}$$

dann gilt für die linke Inverse:

$$\mathbf{A}^{-1} = \mathbf{A}^{-1}\mathbf{I} = \underbrace{\mathbf{A}^{-1}\mathbf{A}}_{=\mathbf{I}}\mathbf{B} = \mathbf{B}$$

Also ist die rechte Inverse **B** gleich der linken Inversen von **A**, d.h. es gibt nur eine Inverse.

Während für jede reelle Zahl mit Ausnahme der Null die Inverse existiert, ist die Existenz der Inversen für quadratische Matrizen durchaus nicht selbstverständlich.

Es gibt quadratische Matrizen (außer der Nullmatrix), die keine Inverse haben. Die Existenz der Inversen ist daher ein wichtiges Unterscheidungsmerkmal von Matrizen.

8.4.2 Berechnung der Inversen aus Determinante und Adjunkte

Aus der Definition der inversen Matrix lässt sich unmittelbar ein Berechnungsverfahren entwickeln. Es gilt für die Inverse **B** der Matrix **A**:

$$\mathbf{A}\,\mathbf{B} = \mathbf{I}$$

Wir erhalten z.B. für eine 2×2-Matrix, wenn wir die Matrizen ausschreiben:

$$\begin{pmatrix} a_{11} & a_{12} \\ a_{21} & a_{22} \end{pmatrix} \begin{pmatrix} b_{11} & b_{12} \\ b_{21} & b_{22} \end{pmatrix} = \begin{pmatrix} 1 & 0 \\ 0 & 1 \end{pmatrix}$$

Die Multiplikation von **A** und **B** ergibt:

$$\begin{pmatrix} a_{11}b_{11} + a_{12}b_{21} & a_{11}b_{12} + a_{12}b_{22} \\ a_{21}b_{11} + a_{22}b_{21} & a_{21}b_{12} + a_{22}b_{22} \end{pmatrix} = \begin{pmatrix} 1 & 0 \\ 0 & 1 \end{pmatrix}$$

Zwei Matrizen sind genau dann gleich, wenn ihre Elemente gleich sind. Wir setzen daher die beiden Matrizen elementweise gleich und erhalten vier lineare Gleichungen für die vier Koeffizienten b_{ij} der Inversen **B**:

$$
\begin{aligned}
(1) && a_{11}b_{11} + a_{12}b_{21} &= 1 && \Big| & \cdot a_{22} \\
(2) && a_{21}b_{11} + a_{22}b_{21} &= 0 && \Big| & \cdot(-a_{12}) \\[1em]
(3) && a_{11}b_{12} + a_{12}b_{22} &= 0 && \Big| & \cdot a_{22} \\
(4) && a_{21}b_{12} + a_{22}b_{22} &= 1 && \Big| & \cdot(-a_{12})
\end{aligned}
$$

Diese vier Gleichungen lassen sich paarweise nach b_{11}, b_{21} und b_{12}, b_{22} lösen.

Dazu multiplizieren wir zuerst Gleichung (1) mit a_{22} und Gleichung (2) mit $-a_{12}$ und addieren die beiden Gleichungen anschließend:

$$a_{11}a_{22}b_{11} + a_{12}a_{22}b_{21} = a_{22}$$
$$\underline{-a_{12}a_{21}b_{11} - a_{12}a_{22}b_{21} = -a_{12} \cdot 0}$$

$$(\underbrace{a_{11}a_{22} - a_{12}a_{21}}_{|\mathbf{A}|})\, b_{11} = a_{22}$$

$$b_{11} = \frac{a_{22}}{|\mathbf{A}|}$$

Das Ergebnis setzen wir in Gleichung (2) ein und lösen nach b_{21} :

$$a_{21}\frac{a_{22}}{|\mathbf{A}|} + a_{22}b_{21} = 0$$

$$b_{21} = -\frac{a_{21}}{|\mathbf{A}|}$$

Analog lösen wir die Gleichungen (3) und (4) nach b_{12} und b_{22} :

$$a_{11}a_{22}b_{12} + a_{12}a_{22}b_{22} = 0$$
$$\underline{-a_{12}a_{21}b_{12} - a_{12}a_{22}b_{22} = -a_{12}}$$

$$(\underbrace{a_{11}a_{22} - a_{12}a_{21}}_{|\mathbf{A}|})\, b_{12} = -a_{12}$$

$$b_{12} = \frac{-a_{12}}{|\mathbf{A}|}$$

Das Ergebnis setzen wir in Gleichung (3) ein und lösen nach b_{22} :

$$a_{11}\frac{-a_{12}}{|\mathbf{A}|} + a_{12}b_{22} = 0$$

$$b_{22} = \frac{a_{11}}{|\mathbf{A}|}$$

Folglich erhalten wir für die Inverse

$$\mathbf{A}^{-1} = \begin{pmatrix} b_{11} & b_{12} \\ b_{21} & b_{22} \end{pmatrix} = \begin{pmatrix} \dfrac{a_{22}}{|\mathbf{A}|} & \dfrac{-a_{12}}{|\mathbf{A}|} \\ \dfrac{-a_{21}}{|\mathbf{A}|} & \dfrac{a_{11}}{|\mathbf{A}|} \end{pmatrix} = \frac{1}{|\mathbf{A}|}\begin{pmatrix} a_{22} & -a_{12} \\ -a_{21} & a_{11} \end{pmatrix}$$

Die Inverse einer quadratischen Matrix 2. Ordnung besteht also aus den Elementen der Matrix $\mathbf{A}$; nur sind die Elemente auf der Diagonale vertauscht und die Elemente auf der Nebendiagonale haben die Vorzeichen gewechselt.

Das Ergebnis lässt sich verallgemeinern und auf quadratische Matrizen höherer Ordnung übertragen, wenn wir uns überlegen, dass in den Elementen der Inversen die Kofaktoren von $\mathbf{A}^T$ enthalten sind:

$$b_{ij} = (-1)^{i+j} \cdot \frac{|\mathbf{A}_{ji}|}{|\mathbf{A}|} = \frac{\mathbf{A}_{ji}}{|\mathbf{A}|} \qquad\qquad i,j = 1,2$$

Zum Beweis berechnen wir die Kofaktoren der 2×2-Matrix:

$$\mathbf{A}_{11} = + \begin{vmatrix} a_{11} & a_{12} \\ a_{21} & a_{22} \end{vmatrix} = a_{22} \qquad \mathbf{A}_{12} = - \begin{vmatrix} a_{11} & a_{12} \\ a_{21} & a_{22} \end{vmatrix} = -a_{21}$$

$$\mathbf{A}_{21} = - \begin{vmatrix} a_{11} & a_{12} \\ a_{21} & a_{22} \end{vmatrix} = -a_{12} \qquad \mathbf{A}_{22} = + \begin{vmatrix} a_{11} & a_{12} \\ a_{21} & a_{22} \end{vmatrix} = a_{11}$$

Unter Verwendung der Kofaktoren erhalten wir dann die folgende Darstellung der Inversen von $\mathbf{A}$:

$$\mathbf{A}^{-1} = \frac{1}{|\mathbf{A}|} \begin{pmatrix} a_{22} & -a_{12} \\ -a_{21} & a_{11} \end{pmatrix} = \frac{1}{|\mathbf{A}|} \begin{pmatrix} \mathbf{A}_{11} & \mathbf{A}_{21} \\ \mathbf{A}_{12} & \mathbf{A}_{22} \end{pmatrix} = \frac{1}{|\mathbf{A}|} \cdot (\mathbf{A}_{ji})$$

Auf der rechten Seite steht nun die transponierte Matrix der Kofaktoren. Dafür führen wir eine neue Bezeichnung ein und definieren:

Adjungierte Matrix

Die transponierte Matrix der Kofaktoren $(\mathbf{A}_{ij})$ heißt Adjungierte der Matrix $\mathbf{A}$ oder **Adjunkte**, geschrieben

$$\mathbf{A}_{adj} = (\mathbf{A}_{ji}) = \begin{pmatrix} \mathbf{A}_{11} & \mathbf{A}_{21} \\ \mathbf{A}_{12} & \mathbf{A}_{22} \end{pmatrix} \qquad\qquad i,j = 1,2$$

Wir können die Inverse folglich mit Hilfe der Determinante und der Adjunkte von $\mathbf{A}$ ausdrücken. Es gilt:

Inverse Matrix

Die Inverse einer quadratischen Matrix $\mathbf{A}$ ist gleich dem Produkt des Kehrwerts der Determinante und der Adjunkte von $\mathbf{A}$

$$\mathbf{A}^{-1} = \frac{1}{|\mathbf{A}|} \cdot \mathbf{A}_{adj}$$

Analog gilt für eine beliebige $n \times n$-Matrix höherer Ordnung

$$\mathbf{A}^{-1} = \frac{1}{|\mathbf{A}|} \cdot \mathbf{A}_{adj} = \frac{1}{|\mathbf{A}|} \begin{pmatrix} \mathbf{A}_{11} & \mathbf{A}_{21} & \cdots & \mathbf{A}_{n1} \\ \mathbf{A}_{12} & \mathbf{A}_{22} & \cdots & \vdots \\ \vdots & \vdots & \ddots & \vdots \\ \mathbf{A}_{1n} & \mathbf{A}_{2n} & \cdots & \mathbf{A}_{nn} \end{pmatrix}$$

Dabei ist

$$\mathbf{A}_{ji} = (-1)^{i+j} |\mathbf{A}_{ji}| \qquad\qquad i = 1, \ldots, n;\ j = 1, \ldots, n$$

der Kofaktor von a_{ji} und $|\mathbf{A}_{ji}|$ die Unterdeterminante, die man erhält, wenn in $\mathbf{A}$ die j-te Zeile und die i-te Spalte gestrichen werden.

Wir nennen eine quadratische Matrix $\mathbf{A}$ **invertierbar**, wenn ihre Inverse $\mathbf{A}^{-1}$ existiert.

Eine notwendige Bedingung für die Existenz der Inversen $\mathbf{A}^{-1}$ der Matrix $\mathbf{A}$ ist offenbar, dass die Determinante nicht verschwindet

$$|\mathbf{A}| \neq 0$$

da der Kehrwert der Determinante $|\mathbf{A}|^{-1}$ nicht definiert ist, wenn $|\mathbf{A}| = 0$ ist.

Diese Bedingung ist aber auch hinreichend und es gilt daher:

Invertierbarkeit

Eine quadratische Matrix $\mathbf{A}$ ist genau dann invertierbar, wenn

$$|\mathbf{A}| \neq 0$$

d.h. ihre Determinante nicht verschwindet.

Die Eigenschaft der Invertierbarkeit erlaubt uns nun, die Matrizen in zwei Klassen zu unterteilen, die regulären und die singulären Matrizen.

Reguläre und singuläre Matrizen

Eine quadratische Matrix $\mathbf{A}$ heißt

    regulär, wenn ihre Determinante nicht verschwindet

$$|\mathbf{A}| \neq 0$$

    singulär, wenn ihre Determinante verschwindet

$$|\mathbf{A}| = 0$$

BEISPIELE

1. Gegeben sei die Matrix

$$\mathbf{A} = \begin{pmatrix} 3 & 5 \\ -8 & 2 \end{pmatrix}$$

Determinante

$$|\,\mathbf{A}\,| = 6 + 40 = 46 \neq 0 \qquad \Rightarrow \qquad \mathbf{A} \text{ ist invertierbar}$$

Adjunkte

$$\mathbf{A}_{adj} = \begin{pmatrix} a_{22} & -a_{12} \\ -a_{21} & a_{11} \end{pmatrix} = \begin{pmatrix} 2 & -5 \\ 8 & 3 \end{pmatrix}$$

Inverse

$$\mathbf{A}^{-1} = \frac{1}{|\,\mathbf{A}\,|} \cdot \mathbf{A}_{adj} = \frac{1}{46} \begin{pmatrix} 2 & -5 \\ 8 & 3 \end{pmatrix}$$

Die Richtigkeit des Ergebnisses können wir stets dadurch überprüfen, dass wir die Matrix $\mathbf{A}$ mit der Inversen multiplizieren:

$$\mathbf{A}\,\mathbf{A}^{-1} = \mathbf{I}$$

Eine rechnerisch einfachere Probe ergibt sich aus

$$\mathbf{A}\,\mathbf{A}^{-1} = \mathbf{A}\,\frac{1}{|\,\mathbf{A}\,|}\,\mathbf{A}_{adj}$$

wenn wir die Gleichung mit der Determinante (einem Skalar !) multiplizieren:

$$|\,\mathbf{A}\,|\,\mathbf{I} = \mathbf{A}\cdot\mathbf{A}_{adj}$$

Die Probe besteht dann darin, $\mathbf{A}$ mit der Adjunkte und nicht mit der Inversen zu multiplizieren. Das Ergebnis muss dann die Diagonalmatrix mit der Determinante auf der Diagonale sein:

$$\mathbf{A}\,\mathbf{A}_{adj} = |\,\mathbf{A}\,| \begin{pmatrix} 1 & & & 0 \\ & 1 & & \\ & & \ddots & \\ 0 & & & 1 \end{pmatrix} = \begin{pmatrix} |\,\mathbf{A}\,| & & & 0 \\ & |\,\mathbf{A}\,| & & \\ & & \ddots & \\ 0 & & & |\,\mathbf{A}\,| \end{pmatrix}$$

Im Beispiel erhalten wir:

$$\mathbf{A}\,\mathbf{A}_{adj} = \begin{pmatrix} 3 & 5 \\ -8 & 2 \end{pmatrix}\begin{pmatrix} 2 & -5 \\ 8 & 3 \end{pmatrix} = \begin{pmatrix} 46 & 0 \\ 0 & 46 \end{pmatrix}$$

2. Gegeben sei die 3×3-Matrix

$$\mathbf{A} = \begin{pmatrix} 1 & 3 & 3 \\ 1 & 4 & 3 \\ 1 & 3 & 4 \end{pmatrix}$$

Determinante

$$|\mathbf{A}| = 1 \cdot \begin{vmatrix} 4 & 3 \\ 3 & 4 \end{vmatrix} - 1 \cdot \begin{vmatrix} 3 & 3 \\ 3 & 4 \end{vmatrix} + 1 \cdot \begin{vmatrix} 3 & 3 \\ 4 & 3 \end{vmatrix}$$

$$= (16 - 9) - (12 - 9) + (9 - 12)$$

$$|\mathbf{A}| = 7 - 3 - 3 = 1 \neq 0 \qquad \Rightarrow \qquad \mathbf{A} \text{ ist invertierbar.}$$

Kofaktoren

$$\mathbf{A}_{11} = +|\mathbf{A}_{11}| = + \begin{vmatrix} 4 & 3 \\ 3 & 4 \end{vmatrix} = \ 16 - 9 \ = \ 7$$

$$\mathbf{A}_{12} = -|\mathbf{A}_{12}| = - \begin{vmatrix} 1 & 3 \\ 1 & 4 \end{vmatrix} = -(4 - 3) \ = -1$$

$$\mathbf{A}_{13} = +|\mathbf{A}_{13}| = + \begin{vmatrix} 1 & 4 \\ 1 & 3 \end{vmatrix} = \ 3 - 4 \ = -1$$

$$\mathbf{A}_{21} = -|\mathbf{A}_{21}| = - \begin{vmatrix} 3 & 3 \\ 3 & 4 \end{vmatrix} = -(12 - 9) = -3$$

$$\mathbf{A}_{22} = +|\mathbf{A}_{22}| = + \begin{vmatrix} 1 & 3 \\ 1 & 4 \end{vmatrix} = \ 4 - 3 \ = \ 1$$

$$\mathbf{A}_{23} = -|\mathbf{A}_{23}| = - \begin{vmatrix} 1 & 3 \\ 1 & 3 \end{vmatrix} = -(3 - 3) \ = \ 0$$

$$\mathbf{A}_{31} = +|\mathbf{A}_{31}| = + \begin{vmatrix} 3 & 3 \\ 4 & 3 \end{vmatrix} = \ 9 - 12 = -3$$

$$\mathbf{A}_{32} = -|\mathbf{A}_{32}| = - \begin{vmatrix} 1 & 3 \\ 1 & 3 \end{vmatrix} = -(3 - 3) \ = \ 0$$

$$\mathbf{A}_{33} = +|\mathbf{A}_{33}| = + \begin{vmatrix} 1 & 3 \\ 1 & 4 \end{vmatrix} = \ 4 - 3 \ = \ 1$$

Inverse

$$\mathbf{A}^{-1} = \frac{1}{|\mathbf{A}|}\begin{pmatrix} \mathbf{A}_{11} & \mathbf{A}_{21} & \mathbf{A}_{31} \\ \mathbf{A}_{12} & \mathbf{A}_{22} & \mathbf{A}_{32} \\ \mathbf{A}_{13} & \mathbf{A}_{23} & \mathbf{A}_{33} \end{pmatrix} = \frac{1}{1}\begin{pmatrix} 7 & -3 & -3 \\ -1 & 1 & 0 \\ -1 & 0 & 1 \end{pmatrix}$$

Probe

	$\mathbf{A}$		$\mathbf{A}_{adj}$	7	−3	−3
				−1	1	0
				−1	0	1
1	3	3		1	0	0
1	4	3		0	1	0
1	3	4		0	0	1

3. Gegeben sei die 3×3-Matrix

$$\mathbf{A} = \begin{pmatrix} 1 & 2 & -1 \\ 2 & 3 & 1 \\ 1 & 1 & -2 \end{pmatrix}$$

Determinante

$$|\mathbf{A}| = 1 \cdot \begin{vmatrix} 3 & 1 \\ 1 & -2 \end{vmatrix} - 2 \cdot \begin{vmatrix} 2 & -1 \\ 1 & -2 \end{vmatrix} + 1 \cdot \begin{vmatrix} 2 & -1 \\ 3 & 1 \end{vmatrix}$$

$$= (-6-1) - 2(-4+1) + 1(2+3)$$

$$|\mathbf{A}| = -7 + 6 + 5 = 4 \neq 0 \quad \Rightarrow \quad \mathbf{A} \text{ ist invertierbar.}$$

Kofaktoren

$$\mathbf{A}_{11} = +|\mathbf{A}_{11}| = + \begin{vmatrix} 3 & 1 \\ 1 & -2 \end{vmatrix} = -6-1 = -7$$

$$\mathbf{A}_{12} = -|\mathbf{A}_{12}| = - \begin{vmatrix} 2 & 1 \\ 1 & -2 \end{vmatrix} = -(-4-1) = 5$$

$$\mathbf{A}_{13} = +|\mathbf{A}_{13}| = + \begin{vmatrix} 2 & 3 \\ 1 & 1 \end{vmatrix} = 2-3 = -1$$

$$\mathbf{A}_{21} = -\left|\mathbf{A}_{21}\right| = -\begin{vmatrix} 2 & -1 \\ 1 & -2 \end{vmatrix} = -(-4+1) = \ 3$$

$$\mathbf{A}_{22} = +\left|\mathbf{A}_{22}\right| = +\begin{vmatrix} 1 & -1 \\ 1 & -2 \end{vmatrix} = \ -2+1 \ = -1$$

$$\mathbf{A}_{23} = -\left|\mathbf{A}_{23}\right| = -\begin{vmatrix} 1 & 2 \\ 1 & 1 \end{vmatrix} = \ -(1-2) = \ 1$$

$$\mathbf{A}_{31} = +\left|\mathbf{A}_{31}\right| = +\begin{vmatrix} 2 & -1 \\ 3 & 1 \end{vmatrix} = \ 2+3 \ = \ 5$$

$$\mathbf{A}_{32} = -\left|\mathbf{A}_{32}\right| = -\begin{vmatrix} 1 & -1 \\ 2 & 1 \end{vmatrix} = \ -(1+2) \ = -3$$

$$\mathbf{A}_{33} = +\left|\mathbf{A}_{33}\right| = +\begin{vmatrix} 1 & 2 \\ 2 & 3 \end{vmatrix} = \ 3-4 \ = -1$$

Inverse

$$\mathbf{A}^{-1} = \frac{1}{|\mathbf{A}|}\begin{pmatrix} \mathbf{A}_{11} & \mathbf{A}_{21} & \mathbf{A}_{31} \\ \mathbf{A}_{12} & \mathbf{A}_{22} & \mathbf{A}_{32} \\ \mathbf{A}_{13} & \mathbf{A}_{23} & \mathbf{A}_{33} \end{pmatrix} = \frac{1}{4}\begin{pmatrix} -7 & 3 & 5 \\ 5 & -1 & -3 \\ -1 & 1 & -1 \end{pmatrix}$$

Probe

$\mathbf{A}$			$\mathbf{A}_{adj}$ -7	3	5
			5	-1	-3
			-1	1	-1
1	2	-1	4	0	0
2	3	1	0	4	0
1	1	-2	0	0	4

Hinweis:

Da die Inverse genau dann existiert, wenn $|\mathbf{A}| \neq 0$, wird zuerst immer die Determinante $|\mathbf{A}|$ berechnet! Die Berechnung der Kofaktoren erübrigt sich, wenn die Determinante null ist und die Inverse daher nicht existiert.

4. Eine Unternehmung produziere in einem zweistufigen Produktionsprozess die Produkte P_1 und P_2. Die Technologie-Matrizen der beiden Produktionsstufen seien

$$\mathbf{A} = \begin{pmatrix} 1 & 2 & 0 \\ 2 & 1 & 1 \end{pmatrix} \qquad \mathbf{B} = \begin{pmatrix} 0 & 1 \\ 1 & 2 \\ 2 & 1 \end{pmatrix}$$

Die monatlichen Lieferungen der Vorprodukte R_1 und R_2 seien

$$\mathbf{r} = \begin{pmatrix} 800 \\ 1100 \end{pmatrix}$$

Bei welchem Produktionsprogramm $\mathbf{x}$ werden die Vorprodukte in jeder Periode vollständig verbraucht?

Es gilt die Matrizengleichung

$$\mathbf{C}\,\mathbf{x} = \mathbf{r} \qquad \text{mit} \quad \mathbf{C} = \mathbf{A}\,\mathbf{B}$$

Wir lösen nach $\mathbf{x}$ auf, indem wir von links mit der Inversen der zusammengefassten Technologiematrix $\mathbf{C}$ multiplizieren:

$$\mathbf{x} = \mathbf{C}^{-1}\,\mathbf{r} \qquad \text{mit} \quad \mathbf{C}^{-1} = (\mathbf{A}\,\mathbf{B})^{-1}$$

Wir berechnen zuerst $\mathbf{C}$

$$\mathbf{C} = \mathbf{A}\,\mathbf{B} = \begin{pmatrix} 1 & 2 & 0 \\ 2 & 1 & 1 \end{pmatrix} \begin{pmatrix} 0 & 1 \\ 1 & 2 \\ 2 & 1 \end{pmatrix} = \begin{pmatrix} 2 & 5 \\ 3 & 5 \end{pmatrix}$$

dann die Determinante

$$|\mathbf{C}| = 10 - 15 = -5$$

und schließlich die Inverse

$$\mathbf{C}^{-1} = \frac{1}{-5} \begin{pmatrix} 5 & -5 \\ -3 & 2 \end{pmatrix}$$

Das Produkt aus inverser Technologiematrix und Verbrauchsvektor ergibt den Produktvektor:

$$\mathbf{x} = \mathbf{C}^{-1}\,\mathbf{r} = -\frac{1}{5} \begin{pmatrix} 5 & -5 \\ -3 & 2 \end{pmatrix} \begin{pmatrix} 800 \\ 1100 \end{pmatrix} = -\frac{1}{5} \begin{pmatrix} -1500 \\ -200 \end{pmatrix} = \begin{pmatrix} 300 \\ 40 \end{pmatrix}$$

Von den beiden Produkten müssen 300 und 40 Einheiten erzeugt werden, wenn die Rohstoffmengen vollständig verbraucht werden sollen.

8.4.3 Eigenschaften der Inversen

1. Die **Inverse der Inversen** $\mathbf{A}^{-1}$ einer Matrix $\mathbf{A}$ ist die ursprüngliche Matrix $\mathbf{A}$:

$$(\mathbf{A}^{-1})^{-1} = \mathbf{A}$$

Beweis:

Für die Inverse von $\mathbf{A}^{-1}$ gilt:

$$\begin{aligned}
(\mathbf{A}^{-1})^{-1}\, \mathbf{A}^{-1} &= \mathbf{I} \qquad |\cdot \mathbf{A} \\
(\mathbf{A}^{-1})^{-1}\, \underbrace{\mathbf{A}^{-1}\cdot \mathbf{A}}_{\mathbf{I}} &= \mathbf{I}\cdot \mathbf{A} \\
(\mathbf{A}^{-1})^{-1} &= \mathbf{A}
\end{aligned}$$

2. Die **Determinante der Inversen** einer Matrix $\mathbf{A}$ ist gleich dem Kehrwert der Determinante der Matrix $\mathbf{A}$:

$$|\mathbf{A}^{-1}| = \frac{1}{|\mathbf{A}|}$$

Beweis:

Für die Determinante von $\mathbf{A}^{-1}\mathbf{A}$ gilt

$$|\mathbf{A}^{-1}\mathbf{A}| = |\mathbf{I}| = 1$$

da die Determinante der Einheitsmatrix 1 ist. Außerdem ist die Determinate des Produkts zweier Matrizen gleich dem Produkt der Determinanten:

$$|\mathbf{A}^{-1}\mathbf{A}| = |\mathbf{A}^{-1}|\,|\mathbf{A}| = 1$$

Nach Division mit $|\mathbf{A}|$ folgt:

$$|\mathbf{A}^{-1}| = \frac{1}{|\mathbf{A}|}$$

3. Die **Inverse der Transponierten** einer Matrix ist gleich der Transponierten der Inversen der Matrix:

$$(\mathbf{A}^{T})^{-1} = (\mathbf{A}^{-1})^{T}$$

Beweis:

Die Transponierte von $\mathbf{A}^{-1}\mathbf{A}$ ist gleich der Einheitsmatrix

$$(\mathbf{A}^{-1}\mathbf{A})^{T} = \mathbf{I}^{T} = \mathbf{I}$$

und die Transponierte eines Produkts ist gleich dem umgekehrten Produkt der Transponierten:

$$(\mathbf{A}^{-1}\mathbf{A})^T = \mathbf{A}^T(\mathbf{A}^{-1})^T = \mathbf{I} \qquad | \ (\mathbf{A}^T)^{-1} \cdot$$

Nach Multiplikation von links mit der Inversen $(\mathbf{A}^T)^{-1}$ folgt:

$$\underbrace{(\mathbf{A}^T)^{-1} \cdot \mathbf{A}^T}_{\mathbf{I}}(\mathbf{A}^{-1})^T = (\mathbf{A}^T)^{-1} \cdot \mathbf{I}$$

$$(\mathbf{A}^{-1})^T = (\mathbf{A}^T)^{-1}$$

4. Die **Inverse des Produkts** zweier Matrizen ist gleich dem umgekehrten Produkt der Inversen:

$$(\mathbf{A}\mathbf{B})^{-1} = \mathbf{B}^{-1}\mathbf{A}^{-1}$$

Beweis:

Für die Inverse von $\mathbf{A}\mathbf{B}$ gilt:

$$(\mathbf{A}\mathbf{B})(\mathbf{A}\mathbf{B})^{-1} = \mathbf{I}$$

Außerdem ist das folgende Produkt gleich der Einheitsmatrix:

$$\mathbf{A}\underbrace{\mathbf{B}\,\mathbf{B}^{-1}}_{\mathbf{I}}\mathbf{A}^{-1} = \underbrace{\mathbf{A}\mathbf{A}^{-1}}_{\mathbf{I}} = \mathbf{I}$$

Wir setzen gleich und multiplizieren von links mit der Inversen $(\mathbf{A}\mathbf{B})^{-1}$:

$$(\mathbf{A}\mathbf{B})(\mathbf{A}\mathbf{B})^{-1} = \mathbf{A}\mathbf{B}\,\mathbf{B}^{-1}\mathbf{A}^{-1} \qquad | \ (\mathbf{A}\mathbf{B})^{-1} \cdot$$

$$\underbrace{(\mathbf{A}\mathbf{B})^{-1}(\mathbf{A}\mathbf{B})}_{\mathbf{I}}(\mathbf{A}\mathbf{B})^{-1} = \underbrace{(\mathbf{A}\mathbf{B})^{-1}\mathbf{A}\mathbf{B}}_{\mathbf{I}}\,\mathbf{B}^{-1}\mathbf{A}^{-1}$$

$$(\mathbf{A}\mathbf{B})^{-1} = \mathbf{B}^{-1}\mathbf{A}^{-1}$$

4'. Allgemein gilt für **Mehrfachprodukte**

$$(\mathbf{A}\mathbf{B}\mathbf{C}\mathbf{D}\ldots)^{-1} = \ldots\ \mathbf{D}^{-1}\mathbf{C}^{-1}\mathbf{B}^{-1}\mathbf{A}^{-1}$$

5. Aus der Regel 4 folgt nach Multiplikation von rechts mit $\mathbf{A}$

$$\mathbf{B}^{-1}\mathbf{A}^{-1} = (\mathbf{A}\mathbf{B})^{-1} \qquad | \cdot \mathbf{A}$$

die folgende Formel, mit der Matrizenprodukte vereinfacht werden können:

$$\mathbf{B}^{-1} = (\mathbf{A}\mathbf{B})^{-1}\mathbf{A}$$

8.4.4 Berechnung der Inversen mit Elementaroperationen

Viele Methoden der Matrixalgebra verdanken ihre Entstehung den Lösungsme-
thoden linearer Gleichungssysteme. Bei der Lösung eines linearen Gleichungssystems ist es oft zweckmäßig, das ursprüngliche System mit Hilfe von Elementaroperationen in ein äquivalentes System zu transformieren, das dieselbe Lösung
wie das ursprüngliche System hat, aber leichter zu lösen ist.

Ein äquivalentes System ergibt sich, wenn

- zwei Gleichungen vertauscht werden.

- eine Gleichung mit einer von Null verschiedenen Konstanten multipliziert wird.

- zu einer Gleichung das Vielfache einer anderen Gleichung addiert
  wird.

Entsprechend lassen sich die drei folgenden elementaren Zeilen- bzw. Spaltenope-
rationen definieren, die eine gegebene Matrix $\mathbf{A}$ in eine **äquivalente** Matrix transformieren.

(1) Das **Vertauschen der i-ten Zeile mit der j-ten Zeile** einer Matrix $\mathbf{A}$ ist äquivalent dem Matrizenprodukt $\mathbf{C}_1 \mathbf{A}$ mit

$$
\mathbf{C}_1 = \begin{pmatrix}
1 & \cdots & \cdots & \cdots & \cdots & 0 \\
\vdots & \ddots & \vdots & \vdots & & \vdots \\
\vdots & \cdots & 0 & \boxed{1} & \cdots & \vdots \\
\vdots & \cdots & \boxed{1} & 0 & \cdots & \vdots \\
\vdots & & \vdots & \vdots & \ddots & \vdots \\
0 & \cdots & \cdots & \cdots & \cdots & 1
\end{pmatrix}
\begin{matrix}
\\ \\ i - \text{te Zeile} \\ j - \text{te Zeile} \\ \\ \\
\end{matrix}
$$

$\quad\quad\quad\quad\quad\quad\quad\quad i \quad\quad j$

Die Elementarmatrix $\mathbf{C}_1$ ist aus der Einheitsmatrix $\mathbf{I}$ durch Vertauschen der
Elemente

$$a_{ii} = 1 \quad \text{und} \quad a_{ij} = 0$$

$$a_{jj} = 1 \quad \text{und} \quad a_{ji} = 0$$

entstanden.

Wird die Matrix $\mathbf{A}$ von links mit $\mathbf{C}_1$ multipliziert, so werden die i-te Zeile
und die j-te Zeile von $\mathbf{A}$ vertauscht.

BEISPIELE

1. $\mathbf{C}_1 \mathbf{A} = \begin{pmatrix} 0 & 1 \\ 1 & 0 \end{pmatrix} \begin{pmatrix} 1 & 3 \\ 2 & 4 \end{pmatrix} = \begin{pmatrix} 2 & 4 \\ 1 & 3 \end{pmatrix}$

2. $\mathbf{C}_1 \mathbf{A} = \begin{pmatrix} 1 & 0 & 0 \\ 0 & 0 & 1 \\ 0 & 1 & 0 \end{pmatrix} \begin{pmatrix} 1 & 3 & 3 \\ 1 & 4 & 3 \\ 1 & 3 & 4 \end{pmatrix} = \begin{pmatrix} 1 & 3 & 3 \\ 1 & 3 & 4 \\ 1 & 4 & 3 \end{pmatrix}$

Die 2. und die 3. Zeile werden durch $\mathbf{C}_1$ vertauscht.

(2) Die **Multiplikation der *i*-ten Zeile einer Matrix mit einer von Null verschiedenen Konstanten** α ($\alpha \in \mathbb{R} \setminus \{0\}$) ist äquivalent dem Matrizenprodukt $\mathbf{C}_2 \mathbf{A}$ mit

$$\mathbf{C}_2 = \begin{pmatrix} 1 & \cdots & \cdots & \cdots & \cdots & 0 \\ \vdots & 1 & \vdots & \vdots & & \vdots \\ \vdots & \cdots & \boxed{\alpha} & & \cdots & \vdots \\ \vdots & \cdots & & 1 & \cdots & \vdots \\ \vdots & & \vdots & \vdots & \ddots & \vdots \\ 0 & \cdots & \cdots & \cdots & \cdots & 1 \end{pmatrix} \quad i - \text{te Zeile}$$

Die Elementarmatrix $\mathbf{C}_2$ ist aus der Einheitsmatrix durch Multiplikation des Diagonalelements $a_{ii} = 1$ mit α entstanden.

Wird also $\mathbf{A}$ von links mit $\mathbf{C}_2$ multipliziert, so wird die *i*-te Zeile von $\mathbf{A}$ mit α multipliziert.

BEISPIELE

1. $\mathbf{C}_2 \mathbf{A} = \begin{pmatrix} 1 & 0 \\ 0 & \alpha \end{pmatrix} \begin{pmatrix} 1 & 3 \\ 2 & 4 \end{pmatrix} = \begin{pmatrix} 1 & 3 \\ \alpha \cdot 2 & \alpha \cdot 4 \end{pmatrix}$

2. $\mathbf{C}_2 \mathbf{A} = \begin{pmatrix} 1 & 0 & 0 \\ 0 & 2 & 0 \\ 0 & 0 & 1 \end{pmatrix} \begin{pmatrix} 1 & 3 & 3 \\ 1 & 4 & 3 \\ 1 & 3 & 4 \end{pmatrix} = \begin{pmatrix} 1 & 3 & 3 \\ 2 & 8 & 6 \\ 1 & 3 & 4 \end{pmatrix}$

Die 2. Zeile von $\mathbf{A}$ wird durch die Multiplikation mit der Elementarmatrix $\mathbf{C}_2$ mit 2 multipliziert.

(3) Die **Addition des β-fachen** ($\beta \in \mathbb{R}$) **der j-ten Zeile zur i-ten Zeile** der Matrix **A** ist äquivalent zum Matrizenprodukt $\mathbf{C}_3 \mathbf{A}$ mit

$$\mathbf{C}_3 = \begin{pmatrix} 1 & \cdots & \cdots & 0 & \cdots & 0 \\ \vdots & \ddots & \vdots & \vdots & & \vdots \\ \vdots & \cdots & 1 & \boxed{\beta} & \cdots & 0 \\ \vdots & \cdots & \cdots & 1 & \cdots & \vdots \\ \vdots & & \vdots & \vdots & \ddots & \vdots \\ 0 & \cdots & \cdots & 0 & \cdots & 1 \end{pmatrix} \quad i-\text{te Zeile}$$

(with column markers i and j above)

Die Elementarmatrix $\mathbf{C}_3$ ist aus der Einheitsmatrix durch Addition von β zum Element $a_{ij} = 0$ hervorgegangen, so dass

$$a_{ij} = \beta$$

BEISPIELE

1. $\mathbf{C}_3 \mathbf{A} = \begin{pmatrix} 1 & \beta \\ 0 & 1 \end{pmatrix} \begin{pmatrix} 1 & 3 \\ 2 & 4 \end{pmatrix} = \begin{pmatrix} 1+\beta \cdot 2 & 3+\beta \cdot 4 \\ 2 & 4 \end{pmatrix}$

2. $\mathbf{C}_3 \mathbf{A} = \begin{pmatrix} 1 & 0 & 0 \\ -1 & 1 & 0 \\ 0 & 0 & 1 \end{pmatrix} \begin{pmatrix} 1 & 3 & 3 \\ 1 & 4 & 3 \\ 1 & 3 & 4 \end{pmatrix} = \begin{pmatrix} 1 & 3 & 3 \\ -1+1 & -3+4 & -3+3 \\ 1 & 3 & 4 \end{pmatrix} = \begin{pmatrix} 1 & 3 & 3 \\ 0 & 1 & 0 \\ 1 & 3 & 4 \end{pmatrix}$

    Von der zweiten Zeile von **A** wird das einfache der ersten Zeile subtrahiert.

Mit Hilfe der Elementaroperationen lässt sich nun die Inverse berechnen. Es gilt:

Satz

Jede reguläre quadratische Matrix lässt sich durch eine endliche Zahl von Zeilenumformungen in eine Einheitsmatrix überführen.

Also gilt:

$$\mathbf{C}_n \, \mathbf{C}_{n-1} \, ... \, \mathbf{C}_3 \, \mathbf{C}_2 \, \mathbf{C}_1 \, \mathbf{A} = \underbrace{(\mathbf{C}_n \, \mathbf{C}_{n-1} \, ... \, \mathbf{C}_3 \, \mathbf{C}_2 \, \mathbf{C}_1)}_{\mathbf{C}} \mathbf{A} = \mathbf{I}$$

Wir fassen das Produkt der Elementarmatrizen zur Transformationsmatrix **C** zusammen

$$\mathbf{C}\,\mathbf{A} = \mathbf{I} \qquad |\cdot \mathbf{A}^{-1}$$

und multiplizieren die Gleichung dann von rechts mit der Inversen

$$\underbrace{\mathbf{C}\,\mathbf{A}\,\mathbf{A}^{-1}}_{\mathbf{I}} = \mathbf{I}\,\mathbf{A}^{-1}$$

Damit gilt:

$$\mathbf{C}\cdot\mathbf{I} = \mathbf{A}^{-1}$$

Dieselbe Reihe von Elementaroperationen (Zeilenumformungen)

$$\mathbf{C} = \mathbf{C}_n \ldots \mathbf{C}_2\,\mathbf{C}_1$$

die die Matrix $\mathbf{A}$ in die Einheitsmatrix $\mathbf{I}$ überführt, überführt die Einheitsmatrix $\mathbf{I}$ in die Inverse $\mathbf{A}^{-1}$. Also gilt:

Satz

> Wird eine quadratische Matrix durch eine Reihe von Zeilenoperationen in eine Einheitsmatrix $\mathbf{I}$ überführt, so überführt dieselbe Reihe von Zeilenoperationen die Einheitsmatrix in die Inverse $\mathbf{A}^{-1}$.

Daraus erhalten wir das folgende Berechnungsverfahren für die Inverse:

Berechnung der Inversen

> Man schreibt die $n{\times}n$-Matrix $\mathbf{A}$ und die n-reihige Einheitsmatrix $\mathbf{I}$ nebeneinander und überführt schrittweise $\mathbf{A}$ durch Zeilenoperationen in die Einheitsmatrix, während man gleichzeitig $\mathbf{I}$ durch dieselben Zeilenoperationen in $\mathbf{A}^{-1}$ überführt.

Bei diesem Verfahren wird also ein Tableau der Form

$$(\,\mathbf{A}\,|\,\mathbf{I}\,)$$

durch Elementaroperationen transformiert in ein Tableau der Form

$$(\,\mathbf{I}\,|\,\mathbf{A}^{-1}\,)$$

Das Verfahren ist auch dann anwendbar, wenn $|\mathbf{A}| = 0$ ist. Es bricht in diesem Fall von selbst ab, wenn sich $|\mathbf{A}| = 0$ ergibt (z.B. eine Zeile oder Spalte nur Nullen enthält oder die Dreiecksmatrix eine Null in der Diagonale aufweist). Ist dagegen $|\mathbf{A}| \neq 0$, so führt das Verfahren immer zu $\mathbf{A}^{-1}$.

Bei der Berechnung der Inversen mit Hilfe elementarer Zeilentransformationen muss die Matrix **A** in die Einheitsmatrix **I** überführt werden. Wir verwenden dazu ein schematisiertes Verfahren, dass als **Gauß-Algorithmus** (mit vollständiger Elimination) bezeichnet wird und in modifizierter Form bei der Lösung linearer Gleichungssysteme benutzt wird. Das Verfahren beruht auf folgenden Schritten:

Gauss-Algorithmus

1. Schritt:

    a.   Die 1. Zeile wird durch ihr Diagonalelement a_{11} dividiert, so dass das Diagonalelement der umgeformten Zeile 1 ist.

    b.   Von allen anderen Zeilen i ($i \neq 1$) wird dann das a_{i1}-fache der 1. Zeile abgezogen, so dass in allen anderen Zeilen in der 1. Spalte nur noch Nullen stehen.

2. Schritt

    a.   Nun wird die 2. Zeile (bereits umgeformt) durch ihr Diagonalelement $\bar{a}_{22}$ dividiert, so dass das neue Diagonalelement der 2. Zeile 1 wird.

    b.   Von allen anderen Zeilen (auch der 1.) wird das a_{i2}-fache ($i \neq 2$) der 2. Zeile abgezogen, so dass in der 2. Spalte aller anderen Zeilen eine Null steht.

3. Schritt

    a.   . . .

    b.   . . .

$\vdots$

k. Schritt

    Ist beim k-ten Schritt ($k = 1, \ldots, n$) das Diagonalelement der k-ten Zeile a_{kk} null, so wird diese Zeile mit einer darunterliegenden Zeile vertauscht, deren Element $a_{ik} \neq 0$ ungleich null ist. Ein solches Element muss es geben, da sonst in der k-ten Spalte nur Nullen stünden, Dann wäre die Determinante $|\mathbf{A}|$ null und würde folglich die Inverse $\mathbf{A}^{-1}$ nicht existieren.

n. Schritt

    a.   Schließlich wird die n-te Zeile durch ihr Diagonalelement $\bar{a}_{nn}$ dividiert, so dass das neue Diagonalelement der n-ten Zeile 1 wird.

    b.   Von allen vorangehenden Zeilen wird das a_{in}-fache ($i \neq n$) der n-ten Zeile abgezogen, so dass auch in der n-ten Spalte in allen anderen Zeilen eine Null steht.

BEISPIELE

1. Gegeben sei die 3×3-Matrix

$$\mathbf{A} = \begin{pmatrix} 1 & 1 & 3 \\ 1 & 2 & 4 \\ -1 & 2 & 1 \end{pmatrix}$$

Mit Hilfe von elementaren Zeilenumformungen soll $\mathbf{A}$ in die Einheitsmatrix $\mathbf{I}$ überführt werden. Dabei verwenden wir den Gaußalgorithmus. Wir notieren jeweils neben den Zeilen, durch welche Zeilentransformation die neue Zeile entstanden ist. Die Division durch das Diagonalelement entfällt in diesem Beispiel, weil die Diagonalelemente jeweils 1 sind.

A			**I**			
1	1	3	1	0	0	
1	2	4	0	1	0	
−1	2	1	0	0	1	
1	1	3	1	0	0	
0	1	1	−1	1	0	II − I
0	3	4	1	0	1	III + I
1	0	2	2	−1	0	I − II
0	1	1	−1	1	0	
0	0	1	4	−3	1	III − 3II
1	0	0	−6	5	−2	I − 2III
0	1	0	−5	4	−1	II − III
0	0	1	4	−3	1	
I			$\mathbf{A}^{-1}$			

Die Inverse lautet also

$$\mathbf{A}^{-1} = \begin{pmatrix} -6 & 5 & -2 \\ -5 & 4 & -1 \\ 4 & -3 & 1 \end{pmatrix}$$

2. Gegeben sei die 3×3-Matrix

$$\mathbf{A} = \begin{pmatrix} 1 & 3 & 3 \\ 1 & 4 & 3 \\ 1 & 3 & 4 \end{pmatrix}$$

Wie im ersten Beispiel notieren wir zunächst das $(\mathbf{A}|\mathbf{I})$-Tableau und ü-berführen es schrittweise durch elementare Zeilenumformungen in das $(\mathbf{I}|\mathbf{A}^{-1})$-Tableau. Dabei wählen wir die Zeilenumformungen so, dass die Matrix $\mathbf{A}$ in die Einheitsmatrix $\mathbf{I}$ überführt wird. Auch hier entfällt die Division durch das Diagonalelement, da die Diagonalelemente jeweils 1 sind.

	A			**I**		
1	3	3	1	0	0	
1	4	3	0	1	0	
1	3	4	0	0	1	
1	3	3	1	0	0	
0	1	0	-1	1	0	II $-$ I
0	0	1	-1	0	1	III $-$ I
1	0	3	4	-3	0	I $-$ 3II
0	1	0	-1	1	0	
0	0	1	-1	0	1	
1	0	0	7	-3	-3	I $-$ 3III
0	1	0	-1	1	0	
0	0	1	-1	0	1	
	I			$\mathbf{A}^{-1}$		

Die Inverse lautet also

$$\mathbf{A}^{-1} = \begin{pmatrix} 7 & -3 & -3 \\ -1 & 1 & 0 \\ -1 & 0 & 1 \end{pmatrix}$$

ÜBUNG 8.4

Gegeben seien die folgenden Matrizen:

$$\mathbf{A} = \begin{pmatrix} 1 & 3 & 0 \\ 1 & 4 & 0 \\ 2 & 9 & 2 \end{pmatrix} \qquad \mathbf{B} = \begin{pmatrix} 2 & 4 & -2 \\ 3 & 7 & 0 \\ 4 & 10 & 3 \end{pmatrix} \qquad \mathbf{C} = \begin{pmatrix} 2 & 3 & -1 \\ 4 & 1 & 3 \\ 0 & -5 & 5 \end{pmatrix}$$

$$\mathbf{D} = \begin{pmatrix} -1 & -3 & 4 \\ 2 & 7 & -6 \\ 3 & 13 & -3 \\ 1 & 4 & -2 \end{pmatrix} \qquad \mathbf{E} = \begin{pmatrix} 1 & 2 & 3 & -1 \\ 3 & 1 & 4 & 2 \\ -1 & 3 & 2 & -4 \end{pmatrix}$$

1. Entwickeln Sie die Determinanten der gegebenen Matrizen nach einer beliebigen Zeile oder Spalte und prüfen Sie, welche der Matrizen invertierbar ist!

2. Berechnen Sie die Inversen $\mathbf{A}^{-1}$ und $\mathbf{B}^{-1}$ mit Hilfe der Determinante und der Adjunkte! Machen Sie die Probe: $\mathbf{A}\mathbf{A}_{adj} = |\mathbf{A}| \mathbf{I}$!

3. Berechnen Sie die Inversen $\mathbf{A}^{-1}$ und $\mathbf{B}^{-1}$ mit Hilfe elementarer Matrizenoperationen!

4. Zeigen Sie, dass $(\mathbf{A}\mathbf{B})^{-1} = \mathbf{B}^{-1}\mathbf{A}^{-1}$!

5. Gegeben seien die Vektoren

$$\mathbf{a}_1 = \begin{pmatrix} 2 \\ 0 \\ 8 \end{pmatrix} \qquad \mathbf{a}_2 = \begin{pmatrix} 0 \\ 1 \\ 0 \end{pmatrix} \qquad \mathbf{a}_3 = \begin{pmatrix} b \\ 2 \\ 3b \end{pmatrix}$$

   a. Bestimmen Sie die Menge der reellen Zahlen b, für die die aus den Vektoren $\mathbf{a}_1$, $\mathbf{a}_2$, $\mathbf{a}_3$ gebildete Matrix $\mathbf{A} = (\mathbf{a}_1, \mathbf{a}_2, \mathbf{a}_3)$ invertierbar ist.

   b. Berechnen Sie die Inverse der Matrix $\mathbf{A} = (\mathbf{a}_1, \mathbf{a}_2, \mathbf{a}_3)$ für $b = 1$!

6. Eine Mehrproduktunternehmung verarbeite drei Vorprodukte R_1, R_2 und R_3 zu den Endprodukten P_1, P_2 und P_2. Die Technologiematrix $\mathbf{A}$ sei

$$\mathbf{A} = \begin{pmatrix} 2 & 1 & 0 \\ 1 & 2 & 3 \\ 3 & 1 & 1 \end{pmatrix}$$

   Welche Menge der drei Produkte müssen in einer Periode hergestellt werden, wenn die Lieferungen an Vorprodukten durch den Rohstoffvektor $\mathbf{r}^T = (20, 10, 10)$ gegeben sind? Interpretieren Sie die Koeffizienten der inversen Technologiematrix!

8.5 Vektorräume, lineare Unabhängigkeit und Rang

Einige Begriffe der Linearen Algebra, die wir im Folgenden verwenden werden, leiten sich aus der geometrischen Bedeutung von Vektoren ab. Dazu gehören die Linearkombination von Vektoren, die lineare Abhängigkeit und Unabhängigkeit.

Die geometrische Interpretation von Vektoren führt zum Begriff des Vektorraums.

8.5.1 Vektorräume und lineare Unabhängigkeit

Wir wissen, dass die Elemente von Matrizen und die Komponenten von Vektoren reelle Zahlen sind. Wir sprechen daher allgemein auch von reellen Matrizen und Vektoren.

(1) Vektorraum $\mathbb{R}^2$

Die zweidimensionalen Vektoren können wir als geordnete Paare reeller Zahlen (a_1, a_2) auffassen. Jeder zweidimensionale Vektor ist also ein Element des zwei-dimensionalen reellen Zahlenraums $\mathbb{R}^2$, geometrisch ein Punkt in der Ebene mit den Koordinaten a_1 und a_2. Vektoren stellen wir daher geometrisch durch einen Pfeil dar, der vom Nullpunkt zu dem Punkt mit den Koordinaten a_1 und a_2 zeigt.

Vektoren sind gerichtete Strecken (von lat. vehere = ziehen), die vollständig durch ihre Länge (ihren Betrag) und ihre Richtung bestimmt sind.

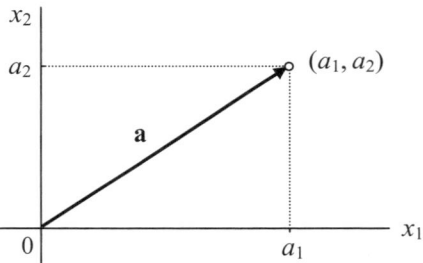

Die Gesamtheit der zweidimensionalen Vektoren wird als **reeller Vektorraum** $\mathbb{R}^2$ bezeichnet. Geometrisch entspricht ihm die reelle Zahlenebene aller Zahlen-paare (a_1, a_2).

Im Vektorraum $\mathbb{R}^2$ sind zwei Rechenoperationen erklärt

- die Addition von Vektoren
- die Multiplikation eines Vektors mit einem Skalar.

Diese beiden Operationen führen nicht aus dem Vektorraum hinaus. Ihr Resultat ist immer ein zweidimensionalen Vektor, also ein Element des $\mathbb{R}^2$.

Die Summe der beiden zweidimensionalen Vektoren $\mathbf{a}_1$ und $\mathbf{a}_2$ bilden wir, indem wir die Komponenten addieren; das ergibt den zweidimensionalen Vektor $\mathbf{b}$:

$$\mathbf{a}_1 + \mathbf{a}_2 = \begin{pmatrix} a_{11} \\ a_{21} \end{pmatrix} + \begin{pmatrix} a_{12} \\ a_{22} \end{pmatrix} = \begin{pmatrix} a_{11} + a_{12} \\ a_{21} + a_{22} \end{pmatrix} = \begin{pmatrix} b_1 \\ b_2 \end{pmatrix} = \mathbf{b}$$

Wir multiplizieren einen Vektor $\mathbf{a}_1$ mit einem Skalar α, indem wir jede Komponente von $\mathbf{a}_1$ mit dem Skalar multiplizieren:

$$\alpha \mathbf{a}_1 = \begin{pmatrix} \alpha\, a_{11} \\ \alpha\, a_{21} \end{pmatrix} = \begin{pmatrix} c_1 \\ c_2 \end{pmatrix} = \mathbf{c}$$

Zwei Vektoren, die auf derselben Ursprungsgeraden liegen, haben dieselbe Richtung. Der Vektor $\mathbf{c}$ hat dieselbe Richtung wie $\mathbf{a}_1$. Durch Multiplikation mit dem Skalar α ändert sich nur die Länge des Vektors und für $\alpha < 0$ der Richtungssinn.

Linearkombination

Wir nennen einen Vektor $\mathbf{b}$, der sich als Summe von Vielfachen der Vektoren $\mathbf{a}_1$ und $\mathbf{a}_2$ darstellen lässt

$$\alpha_1 \mathbf{a}_1 + \alpha_2 \mathbf{a}_2 = \mathbf{b}$$

eine Linearkombination der Vektoren $\mathbf{a}_1$ und $\mathbf{a}_2$.

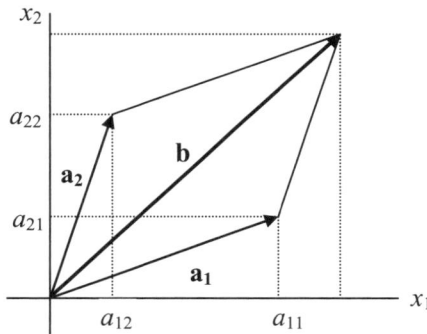

Jeder Vektor des $\mathbb{R}^2$ lässt sich als Linearkombination der beiden Einheitsvektoren

$$\mathbf{e}_1 = \begin{pmatrix} 1 \\ 0 \end{pmatrix} \quad , \quad \mathbf{e}_2 = \begin{pmatrix} 0 \\ 1 \end{pmatrix}$$

darstellen:

$$\alpha_1 \mathbf{e}_1 + \alpha_2 \mathbf{e}_2 = \mathbf{b}$$

z.B.:

$$3\mathbf{e}_1 + 2\mathbf{e}_2 = 3\begin{pmatrix} 1 \\ 0 \end{pmatrix} + 2\begin{pmatrix} 0 \\ 1 \end{pmatrix} = \begin{pmatrix} 3 \\ 2 \end{pmatrix} = \mathbf{b}$$

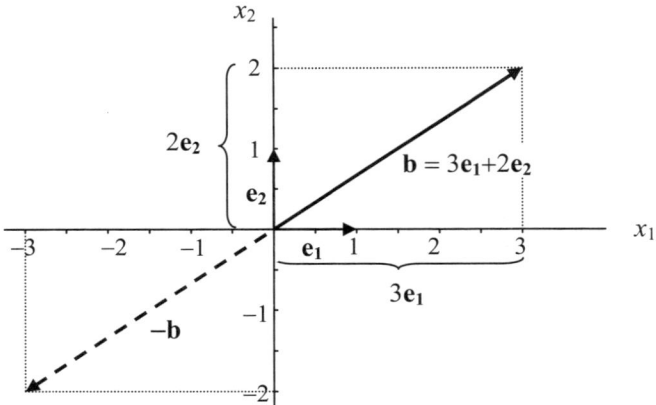

Mit Hilfe der beiden Einheitsvektoren kann jeder Vektor des $\mathbb{R}^2$ erzeugt werden. Die Einheitsvektoren spannen den $\mathbb{R}^2$ auf.

Basis des $\mathbb{R}^2$

Ein System von Vektoren, das die Eigenschaft hat, den Vektorraum $\mathbb{R}^2$ aufzuspannen, nennen wir eine **Basis** des $\mathbb{R}^2$, die Vektoren des Systems **Basisvektoren**.

Eine Basis des $\mathbb{R}^2$ besteht aus genau zwei Basisvektoren. Die beiden Basisvektoren sind linear unabhängig, d.h. der eine darf kein Vielfaches des anderen sein.

Lineare Unabhängigkeit

Zwei zweidimensionale Vektoren $\mathbf{a}_1$ und $\mathbf{a}_2$ heißen **linear unabhängig**, wenn aus der Gleichung

$$\alpha_1 \mathbf{a}_1 + \alpha_2 \mathbf{a}_2 = \mathbf{0}$$

stets folgt, dass α_1 **und** α_2 null sind

$$\alpha_1 = \alpha_2 = 0$$

Genau dann lässt sich der eine Vektor nicht als Vielfaches des anderen darstellen.

BEISPIELE

1. Die Einheitsvektoren sind stets linear unabhängig:

$$\alpha_1 \begin{pmatrix} 1 \\ 0 \end{pmatrix} + \alpha_2 \begin{pmatrix} 0 \\ 1 \end{pmatrix} = \begin{pmatrix} \alpha_1 \\ \alpha_2 \end{pmatrix} = \begin{pmatrix} 0 \\ 0 \end{pmatrix} \qquad \Rightarrow \alpha_1, \alpha_2 = 0$$

Die Gleichung ist nur erfüllt, wenn sowohl α_1 als auch α_2 null sind.

2. Je zwei Vektoren mit verschiedener Richtung (nicht nur verschiedenen Vorzeichen = Richtungssinn) sind linear unabhängig.

$$\alpha_1 \begin{pmatrix} 1 \\ 1 \end{pmatrix} + \alpha_2 \begin{pmatrix} 0 \\ 1 \end{pmatrix} = \begin{pmatrix} \alpha_1 \\ \alpha_1 + \alpha_2 \end{pmatrix} = \begin{pmatrix} 0 \\ 0 \end{pmatrix} \quad \Rightarrow \quad \begin{aligned} \alpha_1 &= 0 \\ \alpha_1 + \alpha_2 &= 0 \Rightarrow \alpha_2 = 0 \end{aligned}$$

3. Zwei Vektoren mit gleicher Richtung sind nicht linear unabhängig. Auch wenn sie verschiedene Vorzeichen haben, sich also im Richtungssinn unterscheiden, lässt sich der eine Vektor stets als Vielfaches des anderen darstellen. Die Gleichung

$$\alpha_1 \begin{pmatrix} 4 \\ 2 \end{pmatrix} + \alpha_2 \begin{pmatrix} -2 \\ -1 \end{pmatrix} = \mathbf{0}$$

ist erfüllt für $\alpha_2 = 2\alpha_1$ also z.B. für $\alpha_1 = 1$, $\alpha_2 = 2$

$$1 \cdot \begin{pmatrix} 4 \\ 2 \end{pmatrix} + 2 \cdot \begin{pmatrix} -2 \\ -1 \end{pmatrix} = \begin{pmatrix} 4 \\ 2 \end{pmatrix} - \begin{pmatrix} 4 \\ 2 \end{pmatrix} = \mathbf{0}$$

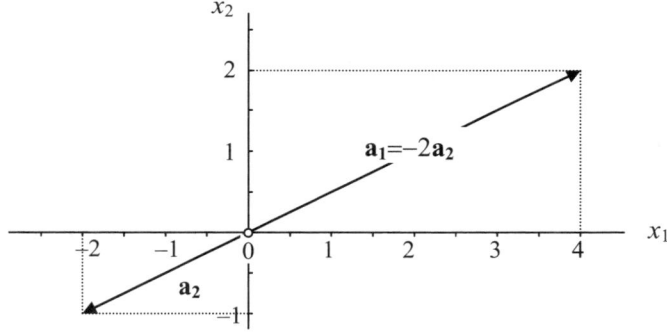

Zwei Vektoren, die nicht linear unabhängig sind, sind linear abhängig. Wir definieren daher:

Lineare Abhängigkeit

Zwei zweidimensionale Vektoren $\mathbf{a}_1$ und $\mathbf{a}_2$ heißen **linear abhängig**, wenn aus der Gleichung

$$\alpha_1 \mathbf{a}_1 + \alpha_2 \mathbf{a}_2 = \mathbf{0}$$

folgt, dass nicht α_1 **und** α_2 null sind. Genau dann lässt sich der eine Vektor als Vielfaches des anderen darstellen.

Ist einer der Vektoren der Nullvektor, so sind die Vektoren immer linear abhängig.

BEISPIEL

4. Sei $\mathbf{a}_1$ der Nullvektor und $\mathbf{a}_2$ ein beliebiger Vektor, dann ist die Gleichung

$$\alpha_1\,\mathbf{0} + \alpha_2\,\mathbf{a}_2 = \mathbf{0}$$

erfüllt für $\alpha_1 \neq 0$, $\alpha_2 = 0$.

Ist der Vektor $\mathbf{b}$ die Linearkombination von $\mathbf{a}_1$ und $\mathbf{a}_2$

$$\alpha_1\,\mathbf{a}_1 + \alpha_2\,\mathbf{a}_2 = \mathbf{b}$$

so sind die Vektoren $\mathbf{a}_1$,$\mathbf{a}_2$,$\mathbf{b}$ linear abhängig, denn es gilt dann

$$\alpha_1\,\mathbf{a}_1 + \alpha_2\,\mathbf{a}_2 + \mathbf{b} = \mathbf{0}$$

Daraus folgt auch:

Linear unabhängige Vektoren im $\mathbb{R}^2$

Mehr als zwei Vektoren sind im $\mathbb{R}^2$ stets linear abhängig. Im $\mathbb{R}^2$ gibt es höchstens 2 linear unabhängige Vektoren.

(2) Vektorraum $\mathbb{R}^n$

Die vorstehenden Überlegungen lassen sich verallgemeinern:

Vektorraum $\mathbb{R}^n$

Der Vektorraum $\mathbb{R}^n$ ist die Menge aller n-dimensionalen (reellen) Vektoren, in der die Addition und die Multiplikation mit einem Skalar erklärt ist.

Linearkombination

Ein n-dimensionaler Vektor $\mathbf{b}$ heißt Linearkombination der Vektoren $\mathbf{a}_1, \dots, \mathbf{a}_n$ ($\in \mathbb{R}^n$), wenn er sich als Summe von Vielfachen der Vektoren $\mathbf{a}_1, \dots, \mathbf{a}_n$ darstellen lässt, es also reelle Zahlen $\alpha_1, \dots, \alpha_n$ gibt, so dass:

$$\alpha_1\,\mathbf{a}_1 + \alpha_2\,\mathbf{a}_2 + \dots + \alpha_n\,\mathbf{a}_n = \mathbf{b}$$

Lineare Unabhängigkeit

Die n Vektoren $\mathbf{a}_1, \dots, \mathbf{a}_n$ ($\in \mathbb{R}^n$) heißen **linear unabhängig**, wenn sich keiner als Linearkombination der anderen darstellen lässt, d.h.

$$\alpha_1\,\mathbf{a}_1 + \alpha_2\,\mathbf{a}_2 + \dots + \alpha_n\,\mathbf{a}_n = \mathbf{0} \qquad \alpha_i \in \mathbb{R}$$

nur erfüllt ist für

$$\alpha_1 = \alpha_2 = \dots = \alpha_n = 0$$

Lineare Abhängigkeit

Die n Vektoren $\mathbf{a}_1, \ldots, \mathbf{a}_n$ ($\in \mathbb{R}^n$) heißen **linear abhängig**, wenn sich mindestens einer als Linearkombination der anderen darstellen lässt, d.h.

$$\alpha_1 \mathbf{a}_1 + \alpha_2 \mathbf{a}_2 + \ldots + \alpha_n \mathbf{a}_n = \mathbf{0} \qquad \alpha_i \in \mathbb{R}$$

und nicht alle α_i null sind.

Daraus folgt in Analogie zum zweidimensionalen Vektorraum:

1. Die n verschiedenen Einheitsvektoren des $\mathbb{R}^n$ sind linear unabhängig.

2. Ist einer der Vektoren $\mathbf{a}_1, \ldots, \mathbf{a}_n$ der Nullvektor, so sind die Vektoren $\mathbf{a}_1, \ldots, \mathbf{a}_n$ linear abhängig.

3. Ist $\mathbf{b}$ die Linearkombination der Vektoren $\mathbf{a}_1, \ldots, \mathbf{a}_n$ so sind die Vektoren $\mathbf{a}_1, \ldots, \mathbf{a}_n, \mathbf{b}$ linear abhängig.

4. Der n-dimensionale Nullvektor lässt sich stets als Linearkombination beliebiger Vektoren $\mathbf{a}_1, \ldots, \mathbf{a}_n$ darstellen

$$0 \cdot \mathbf{a}_1 + 0 \cdot \mathbf{a}_2 + \ldots + 0 \cdot \mathbf{a}_n = \mathbf{0}$$

5. Lässt sich der Vektor $\mathbf{b}$ nicht als Linearkombination der Vektoren $\mathbf{a}_1, \ldots, \mathbf{a}_n$ darstellen, so heißt $\mathbf{b}$ linear unabhängig von den Vektoren $\mathbf{a}_1, \ldots, \mathbf{a}_n$; dann gilt nämlich

$$\alpha_1 \mathbf{a}_1 + \alpha_2 \mathbf{a}_2 + \ldots + \alpha_n \mathbf{a}_n + \mathbf{b} \neq \mathbf{0}$$

6. Im $\mathbb{R}^n$ existieren **höchstens n linear unabhängige Vektoren**. Mehr als n Vektoren (z.B. $m > n$) sind stets linear abhängig.

7. Jedes System mit n linear unabhängigen Vektoren $\mathbf{a}_1, \ldots, \mathbf{a}_n$ bildet eine **Basis des $\mathbb{R}^n$**. Die Vektoren $\mathbf{a}_i$ heißen Basisvektoren. Die gebräuchlichste Basis des $\mathbb{R}^n$ sind die n Einheitsvektoren $\mathbf{e}_i$ ($i = 1, \ldots, n$).

Für quadratische Matrizen besteht ein Zusammenhang zwischen der linearen Abhängigkeit der Spalten oder Zeilen und der Invertierbarkeit. Es gilt:

Invertierbarkeit

Die Vektoren $\mathbf{a}_1, \ldots, \mathbf{a}_n$ sind genau dann linear unabhängig (eine Basis von $\mathbb{R}^n$), wenn die aus ihnen gebildete Matrix

$$\mathbf{A} = (\mathbf{a}_1, \ldots, \mathbf{a}_n)$$

invertierbar ist, bzw. $|\mathbf{A}| \neq 0$.

Die n Vektoren $\mathbf{a}_1, \ldots, \mathbf{a}_n$ ($\in \mathbb{R}^n$) sind genau dann linear abhängig, wenn die aus ihnen gebildete Matrix $\mathbf{A}$ nicht invertierbar ist, bzw. $| \, \mathbf{A} \, | = 0$.

Beweis:

Sei der Vektor $\mathbf{a}_k$ linear abhängig von den anderen Vektoren $\mathbf{a}_i$ $(i \neq k)$, dann ist er darstellbar als Linearkombination

$$\mathbf{a}_k = \sum_{i \neq k} \alpha_i \, \mathbf{a}_i$$

Der Wert der Determinante $| \, \mathbf{A} \, |$ ändert sich nicht, wenn zur k-ten Spalte Vielfache anderer Spalten addiert werden. Wird also zur k-ten Spalte $- \sum_{i \neq k} \alpha_i \, \mathbf{a}_i$ addiert

$$\mathbf{a}_k^* = \mathbf{a}_k - \sum_{i \neq k} \alpha_i \, \mathbf{a}_i = \mathbf{0}$$

dann entsteht in der k-ten Spalte der Nullvektor (nur Nullen). Eine Determinante mit einer Spalte, in der nur Nullen stehen, ist null; folglich gilt

$$| \, \mathbf{A} \, | = 0$$

Sei nun umgekehrt die Determinante null, $| \, \mathbf{A} \, | = 0$, dann ist eine Spalte das Vielfache anderer Spalten

$$\mathbf{a}_k = \sum_{i \neq k} \alpha_i \, \mathbf{a}_i$$

und folglich sind die Vektoren $\mathbf{a}_i$ $(i = 1, \ldots, n)$ linear abhängig.

Daraus folgt:

Basisdarstellung

Jeder Vektor $\mathbf{b}$ des $\mathbb{R}^n$ lässt sich eindeutig als Linearkombination einer Basis $\mathbf{a}_1, \ldots, \mathbf{a}_n$ des $\mathbb{R}^n$ darstellen.

$$\alpha_1 \mathbf{a}_1 + \alpha_2 \mathbf{a}_2 + \ldots + \alpha_n \mathbf{a}_n = \mathbf{b}$$

Beweis:

Die Linearkombination lässt sich als Matrizengleichung schreiben

$$\mathbf{A} \, \mathbf{x} = \mathbf{b}$$

Wegen $| \, \mathbf{A} \, | \neq 0$ existiert die Inverse und es gilt

$$\mathbf{x} = \mathbf{A}^{-1} \mathbf{b}$$

d.h. es gibt eindeutige Koeffizienten $\alpha_1, \ldots, \alpha_n$ zur Darstellung von $\mathbf{b}$.

8.5.2 Rang einer Matrix

Die Anzahl linear unabhängiger Spalten oder Zeilen ist eine so wichtige Eigenschaft von Matrizen, dass wir dafür eine eigene Symbolik einführen und definieren:

> **Rang**
>
> Sei **A** eine $m \times n$-Matrix, so bezeichnen wir die maximale Anzahl linear unabhängiger Spalten (oder Zeilen) als Rang der Matrix, geschrieben
>
> $$r(\mathbf{A}) \qquad \text{(gesprochen "Rang A")}$$

Der Rang einer Matrix hat folgende Eigenschaften, die unmittelbar aus der Definition folgen und die wir ohne Beweis notieren:

Eigenschaften

1. Für jede $m \times n$-Matrix ist der **Spaltenrang gleich dem Zeilenrang**, d.h. die Maximalzahl linear unabhängiger Spalten ist gleich der Maximalzahl linear unabhängiger Zeilen. Daraus folgt:

2. Der Rang einer $m \times n$-Matrix ist höchstens **gleich der kleineren der beiden Zahlen *m* oder *n***, der Zeilen- oder Spaltenzahl:

    $$r(\mathbf{A}) \le \min(m, n)$$

3. Hat eine $n \times n$-Matrix den maximalen Rang $r(\mathbf{A}) = n$, so ist sie **invertierbar**.

4. Die **Produktmatrix** zweier quadratischer Matrizen vom Rang $r = n$ hat ebenfalls den Rang r

    $$r(\mathbf{A}) = r(\mathbf{B}) = r(\mathbf{A}\mathbf{B})$$

5. Die **Elementaroperationen verändern den Rang** einer Matrix **nicht**. Sei **C** eine Elementarmatrix, die **A** einer endlichen Zahl von Zeilentransformationen unterwirft, so gilt

    $$r(\mathbf{C}\mathbf{A}) = r(\mathbf{A})$$

Rangbestimmung

Bei der Rangbestimmung einer Matrix müssen die Zeilen bzw. Spalten der Matrix auf lineare Abhängigkeit bzw. Unabhängigkeit überprüft werden.

Formal geht es darum, die Untermatrix (Teilmatrix) größerer Ordnung zu finden, deren Determinante ungleich null ist. Der Rang der Matrix ist dann die **Ordnung der größten nicht verschwindenden Unterdeterminante**.

Wir wissen, dass die Determinante einer Dreiecksmatrix gleich dem Produkt ihrer Diagonalelemente ist.

Der Rang einer Dreiecksmatrix ist folglich gleich der **Zahl nicht verschwindender Hauptdiagonalelemente**.

Die praktische Rangbestimmung bedient sich daher des Gaußschen Algorithmus. Mit Hilfe von Elementaroperationen, auf denen der Gaußsche Algorithmus beruht, ist es immer möglich, eine $m \times n$-Matrix zu diagonalisieren und in folgendes Schema zu überführen:

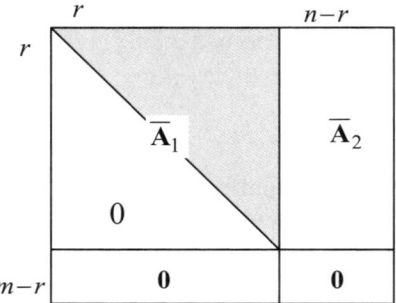

Diese Anordnung erlaubt es, den Rang $r(\mathbf{A})$ direkt abzulesen. Der Rang r ist die Ordnung der größten nicht singulären Dreiecksmatrix.

Hat die $m \times n$-Matrix den maximalen Rang $r = \min(m,n)$, so ergibt sich für die Fälle $m = n$, $m > n$, $m < n$ folgendes Schema

Fall $m = n$

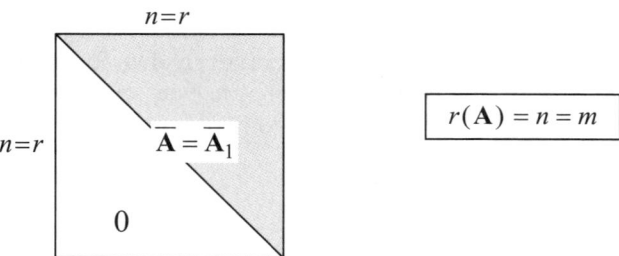

$$\boxed{r(\mathbf{A}) = n = m}$$

Im Falle einer quadratischen Matrix ist der Rang dann maximal, wenn die Dreiecksmatrix auf der Diagonale nur von null verschiedene Elemente enthält.

Fall *m* > *n*

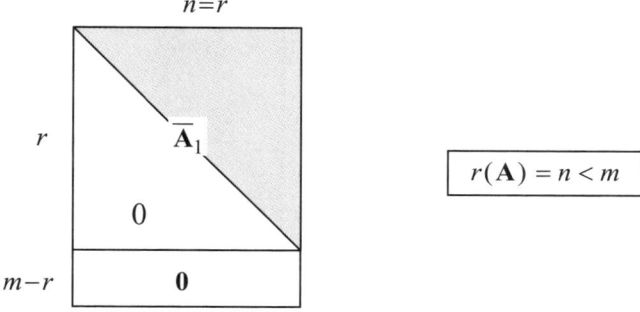

$$r(\mathbf{A}) = n < m$$

In diesem Fall ist die Zeilenzahl *m* größer als die Spaltenzahl *n*. Der maximale Rang ist daher gleich der Spaltenzahl *r* = *n*. Die letzten *m−n* Zeilen sind von den anderen *n* linear abhängig und werden durch Elementaroperationen in Nullzeilen überführt.

Fall *m* < *n*

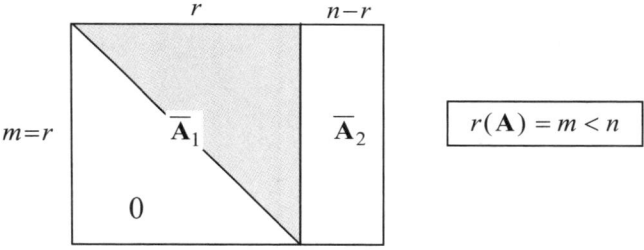

$$r(\mathbf{A}) = m < n$$

In diesem Fall ist die Zeilenzahl *m* kleiner als die Spaltenzahl *n*. Der maximale Rang ist daher gleich der Zeilenzahl *r* = *m*. Die letzten *n−m* Spalten sind von den anderen *m* linear abhängig.

BEISPIELE

1. Gegeben sei die quadratische Matrix 3.Ordnung.

$$\mathbf{A} = \begin{pmatrix} 1 & -1 & 0 \\ -1 & 2 & 3 \\ 0 & 1 & 2 \end{pmatrix}$$

Wir wissen, dass der maximale Rang $r(\mathbf{A}) = n = 3$ ist. Wir berechnen den Rang, indem wir die Matrix mit Hilfe von Elementaroperationen in die Dreiecksform überführen. Dabei benutzen wir die Tabellenform der Matrix:

$$\begin{array}{rrr} 1 & -1 & 0 \\ -1 & 2 & 3 \\ 0 & 1 & 2 \end{array}$$

Im ersten Schritt addieren wir die 1. Zeile zur 2. Zeile:

$$
\begin{array}{rrrl}
1 & -1 & 0 & \\
0 & 1 & 3 & \text{II} + \text{I} \\
0 & 1 & 2 &
\end{array}
$$

In der 1. Spalte stehen nun unter der Hauptdiagonale nur noch Nullen. Wir subtrahieren nun die 2. Zeile von der 3. Zeile:

$$
\left.
\begin{array}{rrr}
1 & -1 & 0 \\
0 & 1 & 3 \\
0 & 0 & -1
\end{array}
\right| \quad \text{III} - \text{II}
$$

In der Dreiecksform sind alle Diagonalelemente ungleich null. Der Rang von **A** ist also maximal:

$$
\Rightarrow r(\mathbf{A}) = n = 3
$$

2. Gegeben sei die quadratische Matrix 3.Ordnung:

$$
\mathbf{A} = \begin{pmatrix}
5 & -3 & -1 \\
1 & 1 & 3 \\
3 & 0 & 3
\end{pmatrix}
$$

in Tabellenform

$$
\begin{array}{rrr}
5 & -3 & -1 \\
1 & 1 & 3 \\
3 & 0 & 3
\end{array}
$$

Im ersten Schritt müssten wir die 1. Zeile durch ihr Diagonalelement 5 dividieren und erhielten außerhalb der Diagonale Brüche.

Da die 2. Zeile an der ersten Stelle eine 1 aufweist, vertauschen wir stattdessen die 1. und die 2. Zeile und erhalten:

$$
\begin{array}{rrrl}
1 & 1 & 3 & \text{I} \rightarrow \text{II} \\
5 & -3 & -1 & \text{II} \rightarrow \text{I} \\
3 & 0 & 3 &
\end{array}
$$

Nun subtrahieren wir geeignete Vielfache der 1. Zeile von den darunter liegenden Zeilen, von der 2. Zeile das 5-fache und von der 3. Zeile das 3-fache:

$$
\begin{array}{rrr}
1 & 1 & 3 \\
0 & -8 & -16 \quad \text{II} - 5\text{I} \\
0 & -3 & -6 \quad \text{III} - 3\text{I}
\end{array}
$$

Wir dividieren nun die 2. Zeile durch ihr Diagonalelement −8:

$$
\begin{array}{rrr}
1 & 1 & 3 \\
0 & 1 & 2 \quad \text{II} : (-8) \\
0 & -3 & -6
\end{array}
$$

und addieren das 3-fache der 2. Zeile zur 3. Zeile

$$
\begin{array}{rr|r}
1 & 1 & 3 \\
0 & 1 & 2 \\
\hline
0 & 0 & 0 \quad \text{III} + 3\text{II}
\end{array}
$$

In diesem Fall ist das letzte Diagonalelement null. Die Diagonale enthält nur zwei von null verschiedene Elemente. Die Ordnung der größten nicht verschwindenden Unterdeterminante ist 2.

Der Rang dieser 3×3-Matrix ist also nicht maximal:

$$\Rightarrow r(\mathbf{A}) = 2 < 3 = n$$

3.   Gegeben sei die folgende 4×3-Matrix:

$$
\mathbf{A} = \begin{pmatrix}
1 & 3 & 3 \\
1 & 4 & 3 \\
1 & 3 & 4 \\
0 & 4 & -1
\end{pmatrix}
$$

Wir wissen, dass der maximale Rang $r(\mathbf{A}) = n = 3$ ist. Wir überprüfen den Rang, indem wir $\mathbf{A}$ in die Dreiecksform überführen.

In Tabellenform lautet $\mathbf{A}$:

$$
\begin{array}{rrr}
1 & 3 & 3 \\
1 & 4 & 3 \\
1 & 3 & 4 \\
0 & 4 & -1
\end{array}
$$

Da das Diagonalelement der 1. Zeile eins ist, subtrahieren wir die 1. Zeile von der 2. und von der 3. Zeile:

$$
\begin{array}{ccc c}
1 & 3 & 3 & \\
0 & 1 & 0 & \text{II} - \text{I} \\
0 & 0 & 1 & \text{III} - \text{I} \\
0 & 4 & -1 &
\end{array}
$$

Nun subtrahieren wir das 4-fache der 2. Zeile von der 4. Zeile

$$
\begin{array}{ccc c}
1 & 3 & 3 & \\
0 & 1 & 0 & \\
0 & 0 & 1 & \\
0 & 0 & -1 & \text{IV} - 4\text{II}
\end{array}
$$

und addieren schließlich die 3. Zeile zur 4. Zeile

$$
\begin{array}{ccc|c}
1 & 3 & 3 & \\
0 & 1 & 0 & \\
0 & 0 & 1 & \\
\hline
0 & 0 & 0 & \text{IV} + \text{III}
\end{array}
$$

Alle Elemente auf der Diagonale sind ungleich null, der Rang ist daher maximal:

$$\Rightarrow r(\mathbf{A}) = n = 3 < 4 = m$$

4.   Gegeben sei die folgende 3×4-Matrix:

$$
\mathbf{A} = \begin{pmatrix}
2 & 2 & 1 & 0 \\
0 & 1 & 0 & 1 \\
2 & 5 & 1 & 2
\end{pmatrix}
$$

Der maximale Rang ist in diesem Fall gleich der Zeilenzahl $r(\mathbf{A}) = m = 3$. Wir überprüfen den Rang, indem wir $\mathbf{A}$ in die Dreiecksform überführen.

In Tabellenform lautet $\mathbf{A}$:

$$
\begin{array}{cccc}
2 & 2 & 1 & 0 \\
0 & 1 & 0 & 1 \\
2 & 5 & 1 & 2
\end{array}
$$

Da das Diagonalelement der 1. Zeile 2 ist, dividieren wir die 1. Zeile durch 2:

$$\begin{array}{cccc} 1 & 1 & 1/2 & 0 \\ 0 & 1 & 0 & 1 \\ 2 & 5 & 1 & 2 \end{array} \quad \text{I} : 2$$

Nun subtrahieren wir das 2-fache der 1. Zeile von der 3. Zeile

$$\begin{array}{cccc} 1 & 1 & 1/2 & 0 \\ 0 & 1 & 0 & 1 \\ 0 & 3 & 0 & 2 \end{array} \quad \text{III} - 2\text{I}$$

Im nächsten Schritt subtrahieren wir das 3-fache der 2. Zeile von der 3. Zeile:

$$\begin{array}{cccc} 1 & 1 & 1/2 & 0 \\ 0 & 1 & 0 & 1 \\ 0 & 0 & 0 & -1 \end{array} \quad \text{III} - 3\text{II}$$

Das Diagonalelement der 3. Zeile ist nun null und der Gauß-Algorithmus würde deshalb abbrechen. Wir vertauschen daher die 3. und die 4. Spalte

$$\text{III} \leftrightarrow \text{IV}$$

$$\begin{array}{cccc} 1 & 1 & 0 & 1/2 \\ 0 & 1 & 1 & 0 \\ 0 & 0 & -1 & 0 \end{array}$$

und dividieren schließlich noch die 3. Zeile durch -1:

$$\left[\begin{array}{ccc|c} 1 & 1 & 0 & 1/2 \\ 0 & 1 & 1 & 0 \\ 0 & 0 & 1 & 0 \end{array}\right] \quad (-1)\text{III}$$

Nun sind wieder alle Diagonalelemente ungleich null; also ist der Rang maximal

$$\Rightarrow r(\mathbf{A}) = m = 3 < 4 = n$$

ÜBUNG 8.5 (Fortsetzung 8.4)

1. Bestimmen Sie den maximalen Rang der Matrizen in ÜBUNG 8.4!

2. Berechnen Sie den Rang der Matrizen $\mathbf{A}$, $\mathbf{B}$, $\mathbf{C}$, $\mathbf{D}$ und $\mathbf{E}$!

3. Prüfen Sie, für welche Werte der Konstanten b die Vektoren $\mathbf{a}_1$, $\mathbf{a}_2$, $\mathbf{a}_3$ in Aufgabe 5 linear unabhängig sind!

8.6 Lineare Gleichungssysteme

8.6.1 Begriff und Problemstellung

Lineare Gleichungen sind in der ökonomischen Anwendung wegen ihrer Einfachheit sehr verbreitet. Wir haben z.B. mehrfach das lineare Marktmodell verwendet, bei dem sowohl die Nachfrage- als auch die Angebotsfunktion linear sind.

Eine lineare Funktion oder Gleichung bedeutet im einfachsten Fall eine Funktion einer Variablen in der **Normalform**

$$a_1 x_1 + a_2 x_2 = b$$

oder allgemein

$$a_1 x_1 + a_2 x_2 + \ldots + a_n x_n = b$$

Bei einem solchen linearen Polynom treten die Variablen $x_1, x_2, \ldots, x_n$ in der ersten Potenz auf. Die konstanten Koeffizienten $a_1, a_2, \ldots, a_n$ werden genauso wie die Variablen durchnumeriert. Auf der rechten Seite steht nur die Konstante b, die unabhängig von den Variablen ist.

Haben wir es mit mehr als einer linearen Gleichung zu tun, dann werden die Gleichungen numeriert ($i = 1, 2, 3, \ldots, m$) und wir sprechen von einem **linearen Gleichungssystem**. Die Koeffizienten haben dann zwei Indizes: der erste Index (= Zeilenindex) bezieht sich auf die Gleichung und der zweite (= Spaltenindex) auf die Variable.

Wir definieren nun:

> **Lineares Gleichungssystem (LS)**
>
> Ein System von m linearen Gleichungen mit n Variablen $x_1, x_2, \ldots, x_n$ in der Form:
>
> $$a_{11} x_1 + a_{12} x_2 + \ldots + a_{1n} x_n = b_1$$
> $$a_{21} x_1 + a_{22} x_2 + \ldots + a_{2n} x_n = b_2$$
> $$\vdots \qquad \vdots \qquad \qquad \vdots \qquad \vdots$$
> $$a_{m1} x_1 + a_{m2} x_2 + \ldots + a_{mn} x_n = b_m$$
>
> heißt lineares Gleichungssystem.

Die Zahl der Gleichungen kann gleich der Zahl der Variablen ($m = n$) sein. Wir sprechen dann von einem quadratischen linearen Gleichungssystem.

Die Zahl der Gleichungen kann aber auch größer ($m > n$) als die Zahl der Variablen oder kleiner ($m < n$) als die Zahl der Variablen sein.

Die linke Seite der linearen Gleichung können wir als Skalarprodukt des Zeilenvektors der Koeffizienten und des Spaltenvektors der Variablen auffassen:

$$a_{i1}x_1 + a_{i2}x_2 + \ldots + a_{in}x_n = (a_{i1}, a_{i2}, \ldots, a_{in}) \begin{pmatrix} x_1 \\ x_2 \\ \vdots \\ x_n \end{pmatrix}$$

Wenn wir die Koeffizienten aller Gleichungen als Zeilen in einer Koeffizientenmatrix zusammenfassen, erhalten wir unter Verwendung der Matrixschreibweise
folgende Darstellung des Linearen Gleichungssystems:

$$\begin{pmatrix} a_{11} & \cdots & a_{1n} \\ \vdots & \ddots & \vdots \\ a_{m1} & \cdots & a_{mn} \end{pmatrix} \begin{pmatrix} x_1 \\ \vdots \\ x_n \end{pmatrix} = \begin{pmatrix} b_1 \\ \vdots \\ b_m \end{pmatrix}$$

Bezeichnen wir die $m{\times}n$-Matrix der Koeffizienten mit $\mathbf{A}$, den n-dimensionalen
Vektor der Variablen mit $\mathbf{x}$ und den m-dimensionalen Vektor der Konstanten mit
$\mathbf{b}$, so erhalten wir die Matrizengleichung:

$$\mathbf{A}\,\mathbf{x} = \mathbf{b}$$

Wir unterscheiden:

Homogene und inhomogene lineare Gleichungssysteme

Ein lineares Gleichungssystem wird **homogen** genannt, wenn

$$\mathbf{b} = \mathbf{0}$$

d.h. alle Koeffizienten b_i $(i = 1, 2, \ldots, m)$ null sind und **inhomogen**, wenn
wenigstens ein b_i von null verschieden ist:

$$\mathbf{b} \neq \mathbf{0}$$

Das **Lösungsproblem** eines linearen Gleichungssystems besteht darin, Werte für
die n Variablen x_i $(i = 1, 2, \ldots, n)$ zu finden, die alle m linearen Gleichungen
gleichzeitig (simultan) erfüllen.

Dabei können zumindest analytisch drei Teilfragen unterschieden werden:

- Gibt es überhaupt eine Lösung? Das ist die Frage nach der **Existenz**
  einer Lösung.

- Ist die Lösung eindeutig, d.h. gibt es eine oder mehrere Lösungen?
  Das ist die Frage nach der **Eindeutigkeit** der Lösung.

- Wie finden wir die Lösung? Das ist die Frage nach der **Lösungstechnik.**

Bei der praktischen Berechnung der Lösung lassen sich die Teilfragen in der Regel jedoch nicht trennen. Mit der Frage nach der Existenz und Eindeutigkeit der Lösung ist zugleich die Frage nach der Lösung selbst beantwortet.

Die Existenz und Eindeutigkeit der Lösung eines linearen Gleichungssystems lässt sich aufgrund von Rangkriterien beurteilen. Das wichtigste Lösungsverfahren ist der Gaußsche Algorithmus, der gleichzeitig der Überprüfung der Rangkriterien dient.

8.6.2 Existenz einer Lösung

Wir können das lineare Gleichungssystem

$$\mathbf{A}\mathbf{x} = \mathbf{b}$$

mit Hilfe der Spaltenvektoren $\mathbf{a}_i$ der Matrix $\mathbf{A}$ auch schreiben:

$$\mathbf{a}_1 x_1 + \mathbf{a}_2 x_2 + \ldots + \mathbf{a}_n x_n = \mathbf{b}$$

Die Frage nach der Existenz einer Lösung des linearen Gleichungssystems ist folglich gleichbedeutend mit der Frage, ob sich der m-dimensionale Vektor $\mathbf{b}$ als Linearkombination der Spaltenvektoren $\mathbf{a}_i$ ($i = 1, 2, \ldots, n$) darstellen lässt. Ist $\mathbf{b}$ linear unabhängig von den Spaltenvektoren $\mathbf{a}_i$ ($i = 1, 2, \ldots, n$), so lässt sich $\mathbf{b}$ nicht als Linearkombination der Vektoren $\mathbf{a}_i$ darstellen und es existiert keine Lösung des linearen Gleichungssystems.

Daher gilt die

Existenzbedingung

Ein lineares Gleichungssystem $\mathbf{A}\mathbf{x} = \mathbf{b}$ hat genau dann (wenigstens) eine Lösung, wenn $\mathbf{b}$ linear abhängig ist von den Spaltenvektoren $\mathbf{a}_i$ der Koeffizientenmatrix $\mathbf{A}$.

Die Existenzbedingung können wir auch als Rangbedingung formulieren. Dazu bilden wir die **erweiterte Matrix** $(\mathbf{A}, \mathbf{b})$, die aus der Koeffizientenmatrix $\mathbf{A}$ und dem Spaltenvektor $\mathbf{b}$ als zusätzlicher Spalte besteht:

$$(\mathbf{A}, \mathbf{b}) = \begin{pmatrix} a_{11} & \cdots & a_{1n} & b_1 \\ \vdots & \ddots & \vdots & \vdots \\ a_{m1} & \cdots & a_{mn} & b_m \end{pmatrix}$$

Ist $\mathbf{b}$ linear unabhängig von den Spaltenvektoren $\mathbf{a}_i$, dann ist der Rang der erweiterten Matrix größer als der Rang der Koeffizientenmatrix $\mathbf{A}$:

$$r(\mathbf{A},\mathbf{b}) = r(\mathbf{A}) + 1 > r(\mathbf{A})$$

D.h. durch die Erweiterung um die Spalte **b** steigt der Rang, die maximale Zahl linear unabhängiger Spalten, um 1.

Ist **b** linear abhängig von den Spaltenvektoren $\mathbf{a}_i$, dann gilt:

$$r(\mathbf{A},\mathbf{b}) = r(\mathbf{A})$$

Der Rang ändert sich durch die Erweiterung nicht.

Wir erhalten also die

Existenzbedingung (Rangkriterium)

Ein lineares Gleichungssystem $\mathbf{A}\mathbf{x} = \mathbf{b}$ hat genau dann wenigstens eine Lösung, wenn der Rang der erweiterten Matrix gleich dem Rang von **A** ist

$$r(\mathbf{A},\mathbf{b}) = r(\mathbf{A})$$

Ist die Bedingung verletzt, der Rang der erweiterten Matrix also größer als der Rang von **A**

$$r(\mathbf{A},\mathbf{b}) > r(\mathbf{A})$$

dann existiert keine Lösung; das lineare Gleichungssystem ist **unverträglich** oder **inkonsistent**.

BEISPIEL

Gegeben sei das folgende lineare Gleichungssystem:

$$x_1 + 3x_2 + 3x_3 = 1$$
$$x_1 + 4x_2 + 3x_3 = 0$$
$$x_1 + 3x_2 + 4x_3 = 0$$
$$4x_2 - x_3 = c$$

Dieses lineare Gleichungssystem enthält eine unbestimmte Konstante c. Von ihrem Wert hängt es ab, ob das lineare Gleichungssystem lösbar ist oder nicht.

In Matrizenschreibweise lautet das lineare Gleichungssystem:

$$\begin{pmatrix} 1 & 3 & 3 \\ 1 & 4 & 3 \\ 1 & 3 & 4 \\ 0 & 4 & -1 \end{pmatrix} \mathbf{x} = \begin{pmatrix} 1 \\ 0 \\ 0 \\ c \end{pmatrix}$$

und die erweiterte Matrix:

$$\begin{pmatrix} 1 & 3 & 3 & | & 1 \\ 1 & 4 & 3 & | & 0 \\ 1 & 3 & 4 & | & 0 \\ 0 & 4 & -1 & | & c \end{pmatrix}$$

Mit Hilfe elementarer Zeilentransformationen (Gauß-Algorithmus) überführen wir die erweiterte Matrix in die Dreiecksform und können dann den Rang an der Anzahl nicht verschwindender Diagonalelemente ablesen:

$$\left.\begin{matrix} 1 & 3 & 3 & 1 \\ 0 & 1 & 0 & -1 \\ 0 & 0 & 1 & -1 \\ 0 & 4 & -1 & c \end{matrix}\right| \begin{matrix} \\ \mathrm{II}-\mathrm{I} \\ \mathrm{III}-\mathrm{I} \\ \\ \end{matrix}$$

$$\left.\begin{matrix} 1 & 3 & 3 & 1 \\ 0 & 1 & 0 & -1 \\ 0 & 0 & 1 & -1 \\ 0 & 0 & -1 & c+4 \end{matrix}\right| \begin{matrix} \\ \\ \\ \mathrm{IV}-4\mathrm{II} \end{matrix}$$

$$\left.\begin{matrix} 1 & 3 & 3 & | & 1 \\ 0 & 1 & 0 & | & -1 \\ 0 & 0 & 1 & | & -1 \\ \hline 0 & 0 & 0 & | & c+3 \end{matrix}\right| \begin{matrix} \\ \\ \\ \mathrm{IV}+\mathrm{III} \end{matrix}$$

Wir sehen, dass der Rang der Koeffizientenmatrix maximal ist

$$r(\mathbf{A}) = n = 3$$

da auf der Diagonale drei von null verschiedene Elemente auftreten. Der Rang der erweiterten Matrix hängt davon ab, welchen Wert c annimmt. Nur für $c = -3$ ist der Rang der erweiterten Matrix gleich dem Rang von **A** und das lineare Gleichungssystem lösbar.

Also gilt

$$r(\mathbf{A}) = 3 < 4 = r(\mathbf{A}, \mathbf{b}) \qquad \text{für} \quad c \neq -3$$
$$r(\mathbf{A}) = 3 = r(\mathbf{A}, \mathbf{b}) \qquad \text{für} \quad c = -3$$

Im Falle der Inkonsistenz des linearen Gleichungssystems tritt in der Dreiecksform von **A** immer eine Zeile auf, die nur aus Nullen besteht, aber in der Erweiterungsspalte einen von null verschiedenen Wert aufweist ($c + 3 \neq 0$).

8.6.3 Inhomogene lineare Gleichungssysteme: Fall $m = n$

Gegeben sei ein inhomogenes lineares Gleichungssystem

$$\mathbf{Ax} = \mathbf{b} \qquad \mathbf{b} \neq 0$$

Wir nehmen an, das System sei lösbar, d.h. der Rang der erweiterten Matrix sei gleich dem Rang von $\mathbf{A}$: $r(\mathbf{A}, \mathbf{b}) = r(\mathbf{A})$. Zu unterscheiden sind dann die drei Fälle $m = n$, $m < n$ und $m > n$.

Wir beginnen mit dem Fall $m = n$. Die Zahl der Gleichungen entspricht dann der Zahl der Variablen; die Matrix $\mathbf{A}$ ist quadratisch n-ter Ordnung, die Vektoren $\mathbf{x}$ und $\mathbf{b}$ sind n-dimensional.

Es gilt:

Eindeutigkeit der Lösung

Ein quadratisches lineares Gleichungssystem $\mathbf{Ax} = \mathbf{b}$ hat genau dann eine eindeutige Lösung, wenn der Rang von $\mathbf{A}$ maximal ist, d.h.

$$r(\mathbf{A}) = r(\mathbf{A}, \mathbf{b}) = n$$

Genau dann ist die Matrix $\mathbf{A}$ invertierbar und die Matrixgleichung durch Multiplikation von links mit der Inversen $\mathbf{A}^{-1}$ eindeutig lösbar.

(1) Lösung mit der Inversen

Damit ist zugleich ein Lösungsverfahren gegeben, das auf der Berechnung der Inversen $\mathbf{A}^{-1}$ beruht

$$\mathbf{A\,x} = \mathbf{b} \qquad | \; \mathbf{A}^{-1} \cdot$$
$$\mathbf{A}^{-1}\mathbf{A\,x} = \mathbf{A}^{-1}\mathbf{b}$$
$$\mathbf{x} = \mathbf{A}^{-1}\mathbf{b}$$

Die Lösung mit der Inversen empfiehlt sich dann, wenn $\mathbf{b}$ variabel ist und die Lösung für verschiedene Vektoren $\mathbf{b}$ gesucht wird.

BEISPIELE

1. Gegeben sei das quadratische lineare Gleichungssystem

$$x_1 + 3x_2 + 3x_3 = 1$$
$$x_1 + 4x_2 + 3x_3 = 0$$
$$x_1 + 3x_2 + 4x_3 = 0$$

In Matrixschreibweise lautet das lineare Gleichungssystem

$$\begin{pmatrix} 1 & 3 & 3 \\ 1 & 4 & 3 \\ 1 & 3 & 4 \end{pmatrix} \mathbf{x} = \begin{pmatrix} 1 \\ 0 \\ 0 \end{pmatrix}$$

und die Lösung mit der Inversen

$$\mathbf{x} = \mathbf{A}^{-1}\mathbf{b}$$

$$\mathbf{x} = \begin{pmatrix} 7 & -3 & -3 \\ -1 & 1 & 0 \\ -1 & 0 & 1 \end{pmatrix} \begin{pmatrix} 1 \\ 0 \\ 0 \end{pmatrix} = \begin{pmatrix} 7 \\ -1 \\ -1 \end{pmatrix}$$

Dabei verwenden wir die bereits in einem früheren Beispiel berechnete Inverse (siehe Seite 548). Wenn die Inverse einmal berechnet ist, lässt sich die Lösung leicht für jeden anderen Vektor **b** bestimmen:

$$\mathbf{x} = \begin{pmatrix} 7 & -3 & -3 \\ -1 & 1 & 0 \\ -1 & 0 & 1 \end{pmatrix} \begin{pmatrix} 1 \\ 0 \\ 1 \end{pmatrix} = \begin{pmatrix} 7-3 \\ -1+0 \\ -1+1 \end{pmatrix} = \begin{pmatrix} 4 \\ -1 \\ 0 \end{pmatrix}$$

In ökonomischen Modellen sind im Vektor **b** häufig Instrumentvariable zusammengefasst, deren Einfluss auf die Lösung durch Variation der Komponenten von **b** analysiert werden kann.

2. Gegeben sei das quadratische lineare Gleichungssystem

$$10x_1 + 15x_2 - 2x_3 = 1$$
$$6x_1 + 9x_2 - x_3 = 2$$
$$5x_1 + 8x_2 - x_3 = 1$$

In Matrixschreibweise lautet das lineare Gleichungssystem

$$\begin{pmatrix} 10 & 15 & -2 \\ 6 & 9 & -1 \\ 5 & 8 & -1 \end{pmatrix} \mathbf{x} = \begin{pmatrix} 1 \\ 2 \\ 1 \end{pmatrix}$$

Mit der Inversen, deren Berechnung wir an dieser Stelle überspringen, ergibt sich die Lösung

$$\mathbf{x} = \begin{pmatrix} 1 & 1 & -3 \\ -1 & 0 & 2 \\ -3 & 5 & 0 \end{pmatrix} \begin{pmatrix} 1 \\ 2 \\ 1 \end{pmatrix} = \begin{pmatrix} 0 \\ 1 \\ 7 \end{pmatrix}$$

(2) Cramersche Regel

Ein weiteres Lösungsverfahren für quadratische lineare Gleichungssysteme beruht auf der Berechnung von Determinanten:

Cramersche Regel[1]

Das quadratische lineare Gleichungssystem

$$\mathbf{Ax = b} \qquad\qquad \mathbf{b} \neq 0$$

hat für $|\mathbf{A}| \neq 0$ die eindeutige Lösung:

$$x_i = \frac{|\mathbf{A}_i|}{|\mathbf{A}|} \qquad i = 1, 2, \ldots, n$$

Dabei ist

$$|\mathbf{A}_i| = \begin{vmatrix} a_{11} & \cdots & a_{1i-1} & b_1 & a_{1i+1} & \cdots & a_{1n} \\ a_{21} & \cdots & a_{2i-1} & b_2 & a_{2i+1} & \cdots & a_{2n} \\ a_{31} & \cdots & a_{3i-1} & b_3 & a_{3i+1} & \cdots & a_{3n} \\ \vdots & & \vdots & \vdots & \vdots & & \vdots \\ a_{n1} & \cdots & a_{ni-1} & b_n & a_{ni+1} & \cdots & a_{nn} \end{vmatrix}$$

die Determinante, die man erhält, wenn man in $|\mathbf{A}|$ die i-te Spalte $\mathbf{a}_i$ durch die Spalte $\mathbf{b}$ ersetzt.

Beweis:

Der Einfachheit halber wählen wir $i = 1$ und berechnen $|\mathbf{A}_1|$.

$$|\mathbf{A}_1| = \begin{vmatrix} b_1 & a_{12} & a_{13} & \cdots & a_{1n} \\ b_2 & a_{22} & a_{23} & \cdots & a_{2n} \\ \vdots & \vdots & \vdots & & \vdots \\ \vdots & \vdots & \vdots & & \vdots \\ b_n & a_{n2} & a_{n3} & \cdots & a_{nn} \end{vmatrix}$$

Wir ersetzen also in der Determinante $|\mathbf{A}|$ die erste Spalte durch die Spalte $\mathbf{b}$. Nun gilt aber

$$\mathbf{Ax = b}$$

---

[1] Gabriel Cramer (1704-1752), schweizerischer Mathematiker

Daher können wir die Spalte **b** in der Determinante $|\mathbf{A}_1|$ durch die linke Seite **Ax** des linearen Gleichungssystems ersetzen:

$$|\mathbf{A}_1| = \begin{vmatrix} \boxed{\begin{matrix} a_{11}x_1 + a_{12}x_2 + \ldots + a_{1n}x_n \\ a_{21}x_1 + a_{22}x_2 + \ldots + a_{2n}x_n \\ \vdots \\ \vdots \\ a_{n1}x_1 + a_{n2}x_2 + \ldots + a_{nn}x_n \end{matrix}} & \begin{matrix} a_{12} & a_{13} & \cdots & a_{1n} \\ a_{22} & a_{23} & \cdots & a_{2n} \\ \vdots & \vdots & \ddots & \vdots \\ \vdots & \vdots & \cdots & \vdots \\ a_{n2} & a_{n3} & \cdots & a_{nn} \end{matrix} \end{vmatrix}$$

Der Wert einer Determinante ändert sich nicht, wenn von einer Spalte Vielfache anderer Spalten subtrahiert werden. Wir können daher von der 1. Spalte das x_2-fache der 2. Spalte abziehen, dann das x_3-fache der 3. Spalte usf. schließlich das x_n-fache der n-ten Spalte und erhalten:

$$|\mathbf{A}_1| = \begin{vmatrix} \boxed{\begin{matrix} a_{11}x_1 \\ a_{21}x_1 \\ \vdots \\ \vdots \\ a_{n1}x_1 \end{matrix}} & \begin{matrix} a_{12} & a_{13} & \cdots & a_{1n} \\ a_{22} & a_{23} & \cdots & a_{2n} \\ \vdots & \vdots & \ddots & \vdots \\ \vdots & \vdots & \cdots & \vdots \\ a_{n2} & a_{n3} & \cdots & a_{nn} \end{matrix} \end{vmatrix}$$

Eine Determinante wird mit einem Skalar multipliziert, indem eine Spalte (oder Zeile) mit dem Skalar multipliziert wird. Daher können wir den konstanten Faktor x_1 der ersten Spalte vor die Determinante ziehen und erhalten:

$$|\mathbf{A}_1| = x_1 \begin{vmatrix} a_{11} & a_{12} & a_{13} & \cdots & a_{1n} \\ a_{21} & a_{22} & a_{23} & \cdots & a_{2n} \\ \vdots & \vdots & \vdots & \ddots & \vdots \\ \vdots & \vdots & \vdots & \cdots & \vdots \\ a_{n1} & a_{n2} & a_{n3} & \cdots & a_{nn} \end{vmatrix} = x_1 |\mathbf{A}|$$

Für $|\mathbf{A}| \neq 0$ können wir durch die Determinante $|\mathbf{A}|$ dividieren und es folgt, wie behauptet, die Komponente x_1 des Lösungsvektors:

$$x_1 = \frac{|\mathbf{A}_1|}{|\mathbf{A}|}$$

Ersetzen wir in $|\mathbf{A}|$ eine beliebige andere Spalte i durch $\mathbf{b} = \mathbf{Ax}$, so erhalten wir analog:

$$x_i = \frac{|\mathbf{A}_i|}{|\mathbf{A}|} \qquad i = 2, 3, \ldots, n$$

Wird die Determinante $|\mathbf{A}_i|$ nach der i-ten Spalte, das ist $\mathbf{b}$, entwickelt, so ergibt sich mit

$$x_i = \frac{1}{|\mathbf{A}|} \sum_{j=1}^{n} \mathbf{b}_j \mathbf{A}_{ji}$$

dasselbe Resultat, wie bei der Berechnung von $\mathbf{x}$ mit Hilfe der Inversen:

$$\begin{pmatrix} x_1 \\ \vdots \\ x_i \\ \vdots \\ x_n \end{pmatrix} = \frac{1}{|\mathbf{A}|} \begin{pmatrix} A_{11} & A_{21} & \cdots & \cdots & A_{n1} \\ \vdots & \vdots & & & \vdots \\ A_{1i} & A_{2i} & \cdots & \cdots & A_{ni} \\ \vdots & \vdots & & \ddots & \vdots \\ A_{1n} & A_{2n} & \cdots & \cdots & A_{nn} \end{pmatrix} \begin{pmatrix} b_1 \\ b_2 \\ \vdots \\ \vdots \\ b_n \end{pmatrix}$$

Beide Verfahren beruhen also auf denselben Rechenschritten, die aber bei der Cramerschen Regel deshalb abgekürzt werden, weil die explizite Berechnung der Inversen entfällt.

Die Cramersche Regel ist nützlich bei linearen Gleichungssystemen mit höchstens drei Variablen; bei linearen Gleichungssystemen höherer Ordnung ist die Determinantenentwicklung zu umständlich.

Unabhängig von der rechenpraktischen Bedeutung ist die Cramersche Regel ein wichtiges Instrument der analytischen Ökonomik. Sie erlaubt die explizite algebraische Darstellung der Lösung eines quadratischen linearen Gleichungssystems.

BEISPIELE

1. Wir lösen das lineare Gleichungssystem

$$\begin{aligned} x_1 + 3x_2 + 3x_3 &= 1 \\ x_1 + 4x_2 + 3x_3 &= 0 \\ x_1 + 3x_2 + 4x_3 &= 0 \end{aligned}$$

dessen Lösung wir aus früheren Beispielen bereits kennen, nun mit der Cramerschen Regel. Dazu berechnen wir die Determinanten:

$$|\mathbf{A}| = \begin{vmatrix} 1 & 3 & 3 \\ 1 & 4 & 3 \\ 1 & 3 & 4 \end{vmatrix} = 1 \cdot \begin{vmatrix} 4 & 3 \\ 3 & 4 \end{vmatrix} - 1 \cdot \begin{vmatrix} 3 & 3 \\ 3 & 4 \end{vmatrix} + 1 \cdot \begin{vmatrix} 3 & 3 \\ 4 & 3 \end{vmatrix}$$

$$= (16 - 9) - (12 - 9) + (9 - 12)$$

$$= 7 - 3 - 3 = 1$$

Die Determinanten $|\mathbf{A}_i|$ entwickeln wir nach der i-ten Spalte, also nach der Spalte $\mathbf{b}$:

$$|\mathbf{A}_1| = \begin{vmatrix} 1 & 3 & 3 \\ 0 & 4 & 3 \\ 0 & 3 & 4 \end{vmatrix} = 1 \cdot \begin{vmatrix} 4 & 3 \\ 3 & 4 \end{vmatrix} = 16 - 9 = 7$$

$$|\mathbf{A}_2| = \begin{vmatrix} 1 & 1 & 3 \\ 1 & 0 & 3 \\ 1 & 0 & 4 \end{vmatrix} = -1 \cdot \begin{vmatrix} 1 & 3 \\ 1 & 4 \end{vmatrix} = -(4 - 3) = -1$$

$$|\mathbf{A}_3| = \begin{vmatrix} 1 & 3 & 1 \\ 1 & 4 & 0 \\ 1 & 3 & 0 \end{vmatrix} = 1 \cdot \begin{vmatrix} 1 & 4 \\ 1 & 3 \end{vmatrix} = 3 - 4 = -1$$

Wir dividieren nun die Determinanten $|\mathbf{A}_i|$ durch $|\mathbf{A}|$ und erhalten mit der Cramerschen Regel die Lösung:

$$x_1 = \frac{|\mathbf{A}_1|}{|\mathbf{A}|} = \frac{7}{1} = 7$$

$$x_2 = \frac{|\mathbf{A}_2|}{|\mathbf{A}|} = \frac{-1}{1} = -1$$

$$x_3 = \frac{|\mathbf{A}_3|}{|\mathbf{A}|} = \frac{-1}{1} = -1$$

2. Gegeben sei das lineare Gleichungssystem

$$
\begin{aligned}
2x_1 \quad\quad\; + 2x_3 &= 4 \\
3x_1 + x_2 + x_3 &= 6 \\
x_1 + 2x_2 + 3x_3 &= 8
\end{aligned}
$$

Wir prüfen zuerst, ob das lineare Gleichungssystem eindeutig lösbar ist. Dazu entwickeln wir die Determinante $|\mathbf{A}|$ nach der 1. Zeile:

$$|\mathbf{A}| = \begin{vmatrix} 2 & 0 & 2 \\ 3 & 1 & 1 \\ 1 & 2 & 3 \end{vmatrix} = 2 \cdot \begin{vmatrix} 1 & 1 \\ 2 & 3 \end{vmatrix} - 0 \cdot \begin{vmatrix} 3 & 1 \\ 1 & 3 \end{vmatrix} + 2 \cdot \begin{vmatrix} 3 & 1 \\ 1 & 2 \end{vmatrix}$$

$$= 2(3 - 2) + 2(6 - 1)$$

$$= 2 + 10 = 12$$

Das quadratische lineare Gleichungssystem ist genau dann eindeutig lösbar, wenn der Rang maximal ist, d.h.

$$r(\mathbf{A}) = r(\mathbf{A}, \mathbf{b}) = n = 3$$

Das ist genau dann der Fall, wenn die Determinante $|\mathbf{A}|$ nicht verschwindet

$$|\mathbf{A}| = 12 \neq 0$$

Also ist das lineare Gleichungssystem eindeutig lösbar. Wir berechnen daher nun die Determinanten $|\mathbf{A}_i|$:

$$|\mathbf{A}_1| = \begin{vmatrix} 4 & 0 & 2 \\ 6 & 1 & 1 \\ 8 & 2 & 3 \end{vmatrix} = 4 \cdot \begin{vmatrix} 1 & 1 \\ 2 & 3 \end{vmatrix} - 0 \cdot \begin{vmatrix} 6 & 1 \\ 8 & 3 \end{vmatrix} + 2 \cdot \begin{vmatrix} 6 & 1 \\ 8 & 2 \end{vmatrix}$$

$$= 4(3-2) + 2(12-8) = 4 + 8 = 12$$

$$|\mathbf{A}_2| = \begin{vmatrix} 2 & 4 & 2 \\ 3 & 6 & 1 \\ 1 & 8 & 3 \end{vmatrix} = 2 \cdot \begin{vmatrix} 6 & 1 \\ 8 & 3 \end{vmatrix} - 4 \cdot \begin{vmatrix} 3 & 1 \\ 1 & 3 \end{vmatrix} + 2 \cdot \begin{vmatrix} 3 & 6 \\ 1 & 8 \end{vmatrix}$$

$$= 2(18-8) - 4(9-1) + 2(24-6) = 20 - 32 + 36 = 24$$

$$|\mathbf{A}_3| = \begin{vmatrix} 2 & 0 & 4 \\ 3 & 1 & 6 \\ 1 & 2 & 8 \end{vmatrix} = 2 \cdot \begin{vmatrix} 1 & 6 \\ 2 & 8 \end{vmatrix} - 0 \cdot \begin{vmatrix} 3 & 6 \\ 1 & 8 \end{vmatrix} + 4 \cdot \begin{vmatrix} 3 & 1 \\ 1 & 2 \end{vmatrix}$$

$$= 2(8-12) + 4(6-1) = -8 + 20 = 12$$

Schließlich dividieren wir wieder die Determinanten $|\mathbf{A}_i|$ durch $|\mathbf{A}|$ und erhalten mit der Cramerschen Regel die Lösung:

$$x_1 = \frac{|\mathbf{A}_1|}{|\mathbf{A}|} = \frac{12}{12} = 1$$

$$x_2 = \frac{|\mathbf{A}_2|}{|\mathbf{A}|} = \frac{24}{12} = 2$$

$$x_3 = \frac{|\mathbf{A}_3|}{|\mathbf{A}|} = \frac{12}{12} = 1$$

(3) Gaußscher Algorithmus

Ein universelles Lösungsverfahren, das sich auch zur Lösung nicht-quadratischer linearer Gleichungssysteme eignet, ist das Gaußsche Eliminationsverfahren (Gaußscher Algorithmus). Mit Hilfe von Elementaroperationen wird das gegebene lineare Gleichungssystem in ein **äquivalentes** gestaffeltes System überführt, das sich leichter lösen lässt:

$$x_1 + \overline{a}_{12}x_2 + \cdots + \overline{a}_{1n}x_n = \overline{b}_1$$
$$x_2 + \cdots + \overline{a}_{2n}x_n = \overline{b}_2$$
$$\ddots \qquad \vdots \quad \vdots \quad \vdots$$
$$\ddots \qquad \vdots \quad \vdots \quad \vdots$$
$$x_n = \overline{b}_n$$

Dabei wird die erweiterte Matrix $(\mathbf{A}, \mathbf{b})$ in die Dreiecksform überführt:

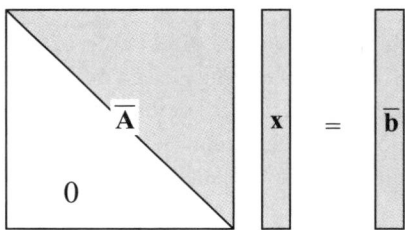

Aus dem gestaffelten System können die Unbekannten x_i der Reihe nach von unten nach oben bestimmt werden. Da die letzte Gleichung nur noch die Variable x_n enthält, wird zuerst die n-te Gleichung nach x_n gelöst. Anschließend wird x_n in die $(n-1)$-te Gleichung eingesetzt und daraus x_{n-1} berechnet. Dann werden x_n und x_{n-1} in die $(n-2)$-te Gleichung eingesetzt und daraus x_{n-2} berechnet usf. Der Vorteil des Verfahrens besteht darin, dass das lineare Gleichungssystem sukzessiv gelöst wird, d.h. immer nur eine Gleichung mit einer Unbekannten.

BEISPIELE

1. Wir lösen erneut das lineare Gleichungssystem

$$x_1 + 3x_2 + 3x_3 = 1$$
$$x_1 + 4x_2 + 3x_3 = 0$$
$$x_1 + 3x_2 + 4x_3 = 0$$

Dazu notieren wir die erweiterte Matrix in Tabellenform

$$\begin{array}{ccc|c} 1 & 3 & 3 & 1 \\ 1 & 4 & 3 & 0 \\ 1 & 3 & 4 & 0 \end{array}$$

und subtrahieren die erste Zeile von der zweiten und dritten Zeile

$$\begin{array}{ccc|cl} 1 & 3 & 3 & 1 & \\ 0 & 1 & 0 & -1 & \text{II}-\text{I} \\ 0 & 0 & 1 & -1 & \text{III}-\text{I} \end{array}$$

Damit sind in diesem einfachen Beispiel bereits alle Elemente unterhalb der Diagonale in Nullen überführt. Die Dreiecksform der erweiterten Matrix übertragen wir nun in Gleichungen und erhalten die **Staffelform**:

$$\begin{aligned} x_1 + 3x_2 + 3x_3 &= 1 \\ x_2 &= -1 \\ x_3 &= -1 \end{aligned}$$

Aus der 3. Gleichung können wir x_3 direkt ablesen. Im allgemeinen Fall wird x_3 nun in die 2. Gleichung eingesetzt und nach x_2 gelöst. In diesem Beispiel tritt aber x_3 in der 2. Gleichung nicht mehr auf, so dass auch x_2 direkt abgelesen werden kann. Schließlich werden x_3 und x_2 in die 1. Gleichung eingesetzt und diese nach x_1 gelöst.

$$\begin{aligned} x_3 &= -1 \\ x_2 &= -1 \\ x_1 &= 1 - 3x_2 - 3x_3 = 1 - 3(-1) - 3(-1) = 7 \end{aligned}$$

2. Wir lösen nun das lineare Gleichungssystem

$$\begin{aligned} 2x_1 + 2x_3 &= 4 \\ 3x_1 + x_2 + x_3 &= 6 \\ x_1 + 2x_2 + 3x_3 &= 8 \end{aligned}$$

mit dem Gauß-Algorithmus. Die erweiterte Matrix lautet in Tabellenform

$$\begin{array}{ccc|c} 2 & 0 & 2 & 4 \\ 3 & 1 & 1 & 6 \\ 1 & 2 & 3 & 8 \end{array}$$

Im ersten Schritt muss die 1. Zeile durch ihr Diagonalelement 2 dividiert werden:

$$\begin{array}{ccc|c}
1 & 0 & 1 & 2 \\
3 & 1 & 1 & 6 \\
1 & 2 & 3 & 8
\end{array} \quad 1/2 \cdot \text{I}$$

Dann müssen in der 1. Spalte die Elemente unterhalb der Diagonale in Nullen überführt werden. Deshalb wird von der 2. Zeile das dreifache und von der 3. Zeile das einfache der 1. Zeile subtrahiert:

$$\begin{array}{ccc|c}
1 & 0 & 1 & 2 \\
0 & 1 & -2 & 0 \\
0 & 2 & 2 & 6
\end{array} \quad \begin{array}{l} \\ \text{II} - 3\text{I} \\ \text{III} - \text{I} \end{array}$$

Im nächsten Schritt müssen in der 2. Spalte die Elemente unterhalb der Diagonale in Nullen überführt werden. Dazu muss die 2. Zeile durch ihr Diagonalelement dividiert werden, so dass das neue Diagonalelement 1 wird und dann Vielfache der 2. Zeile von den darunter liegenden Zeilen abgezogen werden. Da das Diagonalelement hier bereits 1 ist, entfällt dieser Schritt und wir subtrahieren das zweifache der 2. Zeile von der 3. Zeile:

$$\begin{array}{ccc|c}
1 & 0 & 1 & 2 \\
0 & 1 & -2 & 0 \\
0 & 0 & 6 & 6
\end{array} \quad \begin{array}{l} \\ \\ \text{III} - 2\text{II} \end{array}$$

Schließlich wird die 3. Zeile durch ihr Diagonalelement dividiert:

$$\begin{array}{ccc|c}
1 & 0 & 1 & 2 \\
0 & 1 & -2 & 0 \\
0 & 0 & 1 & 1
\end{array} \quad \begin{array}{l} \\ \\ 1/6 \cdot \text{III} \end{array}$$

Damit sind alle Elemente unterhalb der Diagonale in Nullen überführt. Die Dreiecksform der erweiterten Matrix übertragen wir wieder in Gleichungen und erhalten die

Staffelform:

$$\begin{aligned}
x_1 \quad + \quad x_3 &= 2 \qquad && \Rightarrow x_1 = 2 - x_3 = 2 - 1 = 1 \\
x_2 - 2x_3 &= 0 \qquad && \Rightarrow x_2 = 2x_3 = 2 \cdot 1 = 2 \\
x_3 &= 1 \qquad && \Rightarrow x_3 = 1
\end{aligned}$$

Aus der 3. Gleichung können wir x_3 direkt ablesen. x_3 wird nun in die 2. Gleichung eingesetzt und diese nach x_2 gelöst. Schließlich werden x_3 und x_2 in die 1. Gleichung eingesetzt und diese nach x_1 gelöst.

8.6.4 Inhomogene lineare Gleichungssysteme: Fall $m > n$

Wir nehmen nun an, die Zahl der Gleichungen m sei größer als die Zahl der Unbekannten n. Mit Hilfe von Elementaroperationen (Gaußscher Algorithmus) kann das lineare Gleichungssystem immer in die folgende Dreiecksform überführt werden:

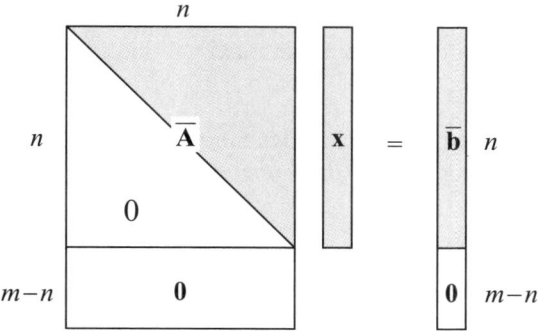

Der maximale Rang der Koeffizientenmatrix $\mathbf{A}$ ist die Spaltenzahl n:

$$r_{\max}(\mathbf{A}) = \min(m,n) = n < m$$

Mindestens $m-n$ Zeilen der Matrix $\mathbf{A}$ und wegen $r(\mathbf{A}) = r(\mathbf{A},\mathbf{b})$ auch der erweiterten Matrix $(\mathbf{A},\mathbf{b})$ sind von den anderen n Zeilen linear abhängig und können durch Elementaroperationen in Nullzeilen überführt werden.

In Matrixschreibweise erhalten wir folgende Darstellung des linearen Gleichungssystems:

(1) $\overline{\mathbf{A}}\mathbf{x} = \overline{\mathbf{b}}$

(2) $\mathbf{0}\mathbf{x} = \mathbf{0}$

Es besteht aus zwei Teilsystemen. Das Teilsystem (1) ist ein quadratisches lineares Gleichungssystem mit n Gleichungen und n Unbekannten. Das Teilsystem (2) enthält die restlichen $m-n$ Gleichungen mit denselben n Unbekannten.

Jeder Lösungsvektor des Teilsystems (1), der also die ersten n Gleichungen erfüllt, ist auch Lösung des Teilsystems (2), da das Produkt der Nullmatrix $\mathbf{0}$ mit jedem Lösungsvektor $\mathbf{x}$ den Nullvektor ergibt. Die letzten $m-n$ Gleichungen sind also überflüssig oder **redundant** und können bei der Ermittlung der Lösung des linearen Gleichungssystems vernachlässigt werden.

Das quadratische Teilsystem (1) hat aber, wie wir bereits wissen, genau dann eine eindeutige Lösung, wenn die $n \times n$-Matrix $\overline{\mathbf{A}}$ invertierbar ist. Wir erhalten dann die Lösung:

$$\mathbf{x} = \overline{\mathbf{A}}^{-1}\overline{\mathbf{b}}$$

Es gilt also für die Eindeutigkeit der Lösung das folgende Rangkriterium:

Eindeutigkeit der Lösung

Ein lineares Gleichungssystem mit mehr Gleichungen m als Unbekannten n hat genau dann eine eindeutige Lösung, wenn

$$r(\mathbf{A}) = r(\mathbf{A}, \mathbf{b}) = n < m$$

d.h. der Rang der Koeffizientenmatrix maximal und gleich dem Rang der erweiterten Matrix ist.

Ein lineares Gleichungssystem mit mehr Gleichungen als Unbekannten, in dem $m - n$ Gleichungen aus den anderen n Gleichungen ableitbar sind, wird als **überbestimmt** bezeichnet.

Das lineare Gleichungssystem ist unlösbar, wenn $r(\mathbf{A}) < r(\mathbf{A}, \mathbf{b})$; dann tritt in den $m - n$ letzten Zeilen des transformierten Vektors $\mathbf{b}$ mindestens eine von null verschiedene Komponente auf.

Für die Überprüfung des Rangs der erweiterten Matrix $(\mathbf{A}, \mathbf{b})$ und die Berechnung der Lösung benutzen wir wieder den Gaußschen Algorithmus.

BEISPIELE

1. Gegeben sei das folgende lineare Gleichungssystem mit $m = 4$ Gleichungen und $n = 3$ Unbekannten. Wir wissen, dass der maximale Rang der Koeffizientenmatrix $\mathbf{A}$ der Spaltenzahl entspricht, der Rang von $\mathbf{A}$ also höchstens gleich 3 ist.

$$
\begin{aligned}
x_1 + 4x_2 + 2x_3 &= 0 \\
2x_1 + 9x_2 + 4x_3 &= 1 \\
x_1 + 5x_2 + 3x_3 &= 4 \\
2x_1 + 8x_2 + 3x_3 &= -3
\end{aligned}
$$

Die erweiterte Matrix $(\mathbf{A}, \mathbf{b})$ schreiben wir wieder als Tabelle:

1	4	2	0	
2	9	4	1	
1	5	3	4	
2	8	3	−3	
1	4	2	0	
0	1	0	1	II − 2I
0	1	1	4	III − I
0	0	−1	−3	IV − 2I

$$
\begin{array}{ccc|c}
1 & 4 & 2 & 0 \\
0 & 1 & 0 & 1 \\
0 & 0 & 1 & 3 \quad \text{III} - \text{II} \\
0 & 0 & -1 & -3
\end{array}
$$

$$
\begin{array}{ccc|c}
1 & 4 & 2 & 0 \\
0 & 1 & 0 & 1 \\
0 & 0 & 1 & 3 \\
\hline
0 & 0 & 0 & 0 \quad \text{IV} + \text{III}
\end{array}
$$

Nach der Überführung der erweiterten Matrix $(\mathbf{A}, \mathbf{b})$ in die Dreiecksform weist die 4. Zeile nur noch Nullen auf. Die Zahl der von null verschiedenen Diagonalelemente ist $n = 3$. Der Rang von $\mathbf{A}$ ist daher maximal und gleich dem Rang der erweiterten Matrix:

$$r(\mathbf{A}) = r(\mathbf{A}, \mathbf{b}) = n = 3 < 4 = m$$

Es existiert also eine eindeutige Lösung, die wir unmittelbar aus der Dreiecksform der erweiterten Matrix ablesen können:

$$x_3 = 3$$
$$x_2 = 1$$
$$x_1 = -4x_2 - 2x_3 = -4 - 6 = -10$$

2. Gegeben sei das lineare Gleichungssystem

$$
\begin{array}{rcrcrcr}
2x_1 & - & x_2 & + & x_3 & = & 3 \\
x_1 & + & 2x_2 & - & x_3 & = & 1 \\
3x_1 & + & x_2 & + & x_3 & = & 6 \\
x_1 & + & x_2 & - & 2x_3 & = & -2
\end{array}
$$

Die erweiterte Matrix $(\mathbf{A}, \mathbf{b})$ lautet tabellarisch:

$$
\begin{array}{ccc|c}
2 & -1 & 1 & 3 \\
1 & 2 & -1 & 1 \\
3 & 1 & 1 & 6 \\
1 & 1 & -2 & -2
\end{array}
$$

$$
\begin{array}{ccc|cl}
1 & 2 & -1 & 1 & \quad \text{I} \rightarrow \text{II} \\
2 & -1 & 1 & 3 & \quad \text{II} \rightarrow \text{I} \\
3 & 1 & 1 & 6 \\
1 & 1 & -2 & -2
\end{array}
\qquad \textit{Zeilentausch}
$$

$$
\begin{array}{ccc|c}
1 & 2 & -1 & 1 \\
0 & -5 & 3 & 1 \qquad \text{II}-2\text{I} \\
0 & -5 & 4 & 3 \qquad \text{III}-3\text{I} \\
0 & -1 & -1 & -3 \qquad \text{IV}-\text{I}
\end{array}
$$

$$
\begin{array}{ccc|c}
1 & 2 & -1 & 1 \\
0 & 1 & 1 & 3 \qquad \text{II}\rightarrow\text{IV} \\
0 & -5 & 4 & 3 \qquad\qquad\quad \textit{Zeilentausch} \\
0 & -5 & 3 & 1 \qquad -\text{IV}\rightarrow\text{II}
\end{array}
$$

$$
\begin{array}{ccc|c}
1 & 2 & -1 & 1 \\
0 & 1 & 1 & 3 \\
0 & 0 & 9 & 18 \qquad \text{III}+5\text{II} \\
0 & 0 & 8 & 16 \qquad \text{IV}+5\text{II}
\end{array}
$$

$$
\begin{array}{ccc|c}
1 & 2 & -1 & 1 \\
0 & 1 & 1 & 3 \\
0 & 0 & 1 & 2 \qquad 1/9\cdot\text{III} \\
0 & 0 & 8 & 16
\end{array}
$$

$$
\begin{array}{ccc|c}
1 & 2 & -1 & 1 \\
0 & 1 & 1 & 3 \\
0 & 0 & 1 & 2 \\
\hline
0 & 0 & 0 & 0 \qquad \text{IV}-8\,\text{III}
\end{array}
$$

Der Rang von **A** ist maximal und gleich dem Rang der erweiterten Matrix:

$$r(\mathbf{A}) = r(\mathbf{A},\mathbf{b}) = n = 3 < 4 = m$$

Es existiert also eine eindeutige Lösung, die wir unmittelbar aus der Dreiecksform der erweiterten Matrix ablesen können:

$$
\begin{aligned}
x_3 &= 2 \\
x_2 &= 3 - x_3 = 3 - 2 = 1 \\
x_1 &= 1 - 2x_2 + x_3 = 1 - 2\cdot 1 + 2 = 1
\end{aligned}
$$

Der Lösungsvektor lautet:

$$
\mathbf{x} = \begin{pmatrix} x_1 \\ x_2 \\ x_3 \end{pmatrix} = \begin{pmatrix} 1 \\ 1 \\ 2 \end{pmatrix}
$$

8.6.5 Inhomogene lineare Gleichungssysteme: Fall $m < n$

Die Zahl der Gleichungen m sei nun kleiner als die Zahl der Unbekannten n.

Mit Hilfe von Elementaroperationen lässt sich das lineare Gleichungssystem in die folgende Dreiecksform überführen:

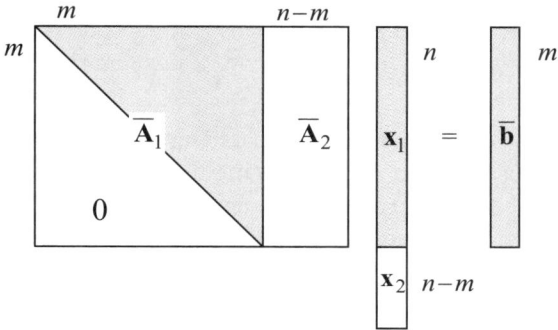

Wir nehmen an, $\mathbf{A}$ habe den maximalen Rang m und das System sei lösbar

$$r(\mathbf{A}) = r(\mathbf{A},\mathbf{b}) = m < n$$

Wenn der Rang von $\mathbf{A}$ nicht maximal ist, also $r(\mathbf{A}) < m$, treten redundante Gleichungen auf, wie im vorangehenden Fall des überbestimmten linearen Gleichungssystems.

Die Dreiecksmatrix $\overline{\mathbf{A}}_1$ ist dann invertierbar (regulär) und die $n-m$ Spalten der Teilmatrix $\overline{\mathbf{A}}_2$ sind linear abhängig von den Spalten der $m \times m$-Matrix $\overline{\mathbf{A}}_1$.

Entsprechend der Unterteilung der Matrix $\overline{\mathbf{A}}$ in eine quadratische $m \times m$-Matrix $\overline{\mathbf{A}}_1$ und eine $m \times (n-m)$-Matrix $\overline{\mathbf{A}}_2$ unterteilen wir auch den Vektor $\mathbf{x}$ in einen Vektor $\mathbf{x}_1$, der die ersten m Variablen enthält

$$\mathbf{x}_1^T = (x_1, x_2, \ldots, x_m)$$

und einen Vektor $\mathbf{x}_2$, der die letzten $n-m$ Variablen enthält:

$$\mathbf{x}_2^T = (x_{m+1}, x_{m+2}, \ldots, x_n)$$

In Matrixschreibweise lautet das gestaffelte lineare Gleichungssystem nun:

$$\left(\overline{\mathbf{A}}_1, \overline{\mathbf{A}}_2\right) \begin{pmatrix} \mathbf{x}_1 \\ \mathbf{x}_2 \end{pmatrix} = \overline{\mathbf{b}}$$

Multiplizieren wir auf der linken Seite die partitionierte Matrix $\overline{\mathbf{A}} = (\overline{\mathbf{A}}_1, \overline{\mathbf{A}}_2)$ mit dem partitionierten Vektor $\mathbf{x}^T = (\mathbf{x}_1, \mathbf{x}_2)$ dann ergibt sich:

$$\overline{\mathbf{A}}_1 \mathbf{x}_1 + \overline{\mathbf{A}}_2 \mathbf{x}_2 = \overline{\mathbf{b}}$$
$$\overline{\mathbf{A}}_1 \mathbf{x}_1 = \overline{\mathbf{b}} - \overline{\mathbf{A}}_2 \mathbf{x}_2 \qquad | \ \overline{\mathbf{A}}_1^{-1} \cdot$$

Wenn die Teilmatrix $\overline{\mathbf{A}}_1$ invertierbar ist, dann können wir die Matrizengleichung von links mit der Inversen $\overline{\mathbf{A}}_1^{-1}$ multiplizieren und erhalten die Lösung:

$$\mathbf{x}_1 = \overline{\mathbf{A}}_1^{-1} (\overline{\mathbf{b}} - \overline{\mathbf{A}}_2 \mathbf{x}_2)$$
$$= \overline{\mathbf{A}}_1^{-1} \overline{\mathbf{b}} - \overline{\mathbf{A}}_1^{-1} \overline{\mathbf{A}}_2 \mathbf{x}_2$$

Die Lösung $\mathbf{x}_1$ des linearen Gleichungssystems **hängt ab** von $\mathbf{x}_2$. D.h. das lineare Gleichungssystem lässt sich nur dann eindeutig für $\mathbf{x}_1$ lösen, wenn $\mathbf{x}_2$ gegeben ist. Wir erhalten also eine Lösung für die ersten m Variablen x_i $(i = 1, \ldots, m)$, wenn für die restlichen $n - m$ Variablen x_k $(k = m+1, \ldots, n)$ Werte festgesetzt werden.

Folglich hat das lineare Gleichungssystem **keine eindeutige Lösung**, sondern unendlich viele Lösungen, für jede Festlegung der freien Variablen x_k eine andere (bzw. für jeden Vektor $\mathbf{x}_2 \in \mathbf{R}^{n-m}$).

Damit gilt also für die

Eindeutigkeit der Lösung

Ein lineares Gleichungssystem $\mathbf{A}\mathbf{x} = \mathbf{b}$ mit weniger Gleichungen m als Unbekannten n hat unendlich viele Lösungen.

Ein solches lineares Gleichungssystem wird als **unterbestimmt** bezeichnet. Man sagt auch, es habe $n - m$ **Freiheitsgrade**, da $n - m$ Variablen frei bestimmt werden können.

Die eindeutige Lösung, die man erhält, wenn man $\mathbf{x}_2 = \mathbf{0}$ setzt

$$\mathbf{x}_1 = \overline{\mathbf{A}}_1^{-1} \overline{\mathbf{b}}$$

heißt **Basislösung** des linearen Gleichungssystems, die in $\mathbf{x}_1$ enthaltenen Variablen **Basisvariablen** und $\overline{\mathbf{A}}_1$ **Basismatrix**; in der Basislösung sind $n - m$ Variablen null gesetzt.

Da prinzipiell jede Variable Basisvariable sein kann, gibt es so viele Basislösungen, wie es Möglichkeiten gibt, aus n Variablen m Variablen auszuwählen. Die Anzahl der Basislösungen entspricht daher der Anzahl der Kombinationen m-ter Ordnung der n Variablen und wird durch den Binomialkoeffizienten ausgedrückt:

$$\binom{n}{m} = \frac{n \cdot (n-1) \cdot (n-2) \cdot \ldots \cdot (n-m+1)}{1 \cdot 2 \cdot 3 \cdot \ldots \cdot m}$$

BEISPIELE

1. Gegeben sei das lineare Gleichungssystem

$$
\begin{aligned}
x_1 + 4x_2 + 2x_3 + 2x_4 &= 0 \\
2x_1 + 9x_2 + 4x_3 + 3x_4 &= 1 \\
x_1 + 5x_2 + 3x_3 - x_4 &= 4
\end{aligned}
$$

Die erweiterte Matrix $(\mathbf{A},\mathbf{b})$ schreiben wir als Tabelle und formen um:

$$
\begin{array}{cccc|c}
1 & 4 & 2 & 2 & 0 \\
2 & 9 & 4 & 3 & 1 \\
1 & 5 & 3 & -1 & 4
\end{array}
$$

$$
\begin{array}{cccc|c}
1 & 4 & 2 & 2 & 0 & \\
0 & 1 & 0 & -1 & 1 & \text{II} - 2\text{I} \\
0 & 1 & 1 & -3 & 4 & \text{III} - \text{I}
\end{array}
$$

$$
\begin{array}{ccc|c|c}
1 & 4 & 2 & 2 & 0 & \\
0 & 1 & 0 & -1 & 1 & \\
0 & 0 & 1 & -2 & 3 & \text{III} - \text{II}
\end{array}
$$

Der Rang von $\mathbf{A}$ ist maximal und gleich dem Rang der erweiterten Matrix:

$$
r(\mathbf{A}) = r(\mathbf{A},\mathbf{b}) = m = 3 < 4 = n
$$

Da die Zahl der Variablen $n = 4$ größer als die Zahl der Gleichungen $m = 3$ ist, gibt es unendlich viele Lösungen. Das lineare Gleichungssystem ist unterbestimmt und hat einen Freiheitsgrad.

Wir erhalten folgende Staffelform des lineare Gleichungssystems

$$
\begin{aligned}
x_1 + 4x_2 + 2x_3 + 2x_4 &= 0 \\
x_2 \qquad\quad - x_4 &= 1 \\
x_3 - 2x_4 &= 3
\end{aligned}
$$

mit der Lösung:

$$
\begin{aligned}
x_3 &= 3 + 2x_4 \\
x_2 &= 1 + x_4 \\
x_1 &= -4x_2 - 2x_3 - 2x_4 = -4(1 + x_4) - 2(3 + 2x_4) - 2x_4 \\
&= -4 - 4x_4 - 6 - 4x_4 - 2x_4 = -10 - 10x_4
\end{aligned}
$$

In der Vektorschreibweise lautet die Lösung:

$$\begin{pmatrix} x_1 \\ x_2 \\ x_3 \end{pmatrix} = \begin{pmatrix} -10 \\ 1 \\ 3 \end{pmatrix} - \begin{pmatrix} 10 \\ -1 \\ -2 \end{pmatrix} x_4$$

Für $x_4 = 0$ erhalten wir die Basislösung:

$$\begin{pmatrix} x_1 \\ x_2 \\ x_3 \end{pmatrix} = \begin{pmatrix} -10 \\ 1 \\ 3 \end{pmatrix}$$

Wenn wir wissen, dass der Rang der Koeffizientenmatrix $\mathbf{A}$ maximal ist

$$r(\mathbf{A}) = r(\mathbf{A}, \mathbf{b}) = m < n$$

und welche m Spalten linear unabhängig sind, können wir die Lösung auch mit Hilfe der Inversen $\overline{\mathbf{A}}_1^{-1}$ der regulären Teilmatrix $\overline{\mathbf{A}}_1$ von $\mathbf{A}$ angeben.

Aus der Matrixdarstellung des partitionierten linearen Gleichungssystems

$$\left(\overline{\mathbf{A}}_1, \overline{\mathbf{A}}_2 \right) \begin{pmatrix} \mathbf{x}_1 \\ \mathbf{x}_2 \end{pmatrix} = \overline{\mathbf{b}}$$

erhalten wir unter der Annahme, dass die ersten $m = 3$ Spalten linear unabhängig sind:

$$\begin{pmatrix} 1 & 4 & 2 & 2 \\ 2 & 9 & 4 & 3 \\ 1 & 5 & 3 & -1 \end{pmatrix} \begin{pmatrix} x_1 \\ x_2 \\ x_3 \\ x_4 \end{pmatrix} = \begin{pmatrix} 0 \\ 1 \\ 4 \end{pmatrix}$$

Nach Berechnung der Inversen der quadratischen Teilmatrix $\overline{\mathbf{A}}_1$

$$\overline{\mathbf{A}}_1^{-1} = \begin{pmatrix} 7 & -2 & -2 \\ -2 & 1 & 0 \\ 1 & -1 & 1 \end{pmatrix}$$

erhalten wir die Lösung für die ersten $m = 3$ Variablen des lineare Gleichungssystems:

$$\mathbf{x}_1 = \overline{\mathbf{A}}_1^{-1}\,\mathbf{b} - \overline{\mathbf{A}}_1^{-1}\,\overline{\mathbf{A}}_2\,\mathbf{x}_2$$

$$\begin{pmatrix} x_1 \\ x_2 \\ x_3 \end{pmatrix} = \begin{pmatrix} 7 & -2 & -2 \\ -2 & 1 & 0 \\ 1 & -1 & 1 \end{pmatrix}\begin{pmatrix} 0 \\ 1 \\ 4 \end{pmatrix} - \begin{pmatrix} 7 & -2 & -2 \\ -2 & 1 & 0 \\ 1 & -1 & 1 \end{pmatrix}\begin{pmatrix} 2 \\ 3 \\ -1 \end{pmatrix}(x_4)$$

$$= \begin{pmatrix} -10 \\ 1 \\ 3 \end{pmatrix} - \begin{pmatrix} 10 \\ -1 \\ -2 \end{pmatrix} x_4$$

2. Gegeben sei das lineare Gleichungssystem

$$\begin{aligned} x_1 + 2x_2 + x_3 + 3x_4 &= -1 \\ 2x_1 + 4x_2 + 3x_3 + 5x_4 &= 2 \\ x_1 - 2x_2 - 6x_3 + 6x_4 &= -1 \end{aligned}$$

Erweiterte Matrix $(\mathbf{A}, \mathbf{b})$ tabellarisch

1	2	1	3	-1
2	4	3	5	2
1	-2	-6	6	-1

1	2	1	3	-1	
0	0	1	-1	4	II $-$ 2I
0	-4	-7	3	0	III $-$ I

Da das neue Diagonalelement der 2. Zeile null ist, vertauschen wir die 2. und 3. Spalte. Das neue Diagonalelement ist nun eins. Mit dem Spaltentausch werden auch die Variablen vertauscht. Der 2. Spalte entspricht nun x_3 und der 3. Spalte x_2.

	x_3	x_2		
1	1	2	3	-1
0	1	0	-1	4
0	-7	-4	3	0

1	1	2	3	-1	
0	1	0	-1	4	
0	0	-4	-4	28	III $+$ 7II

$$
\begin{array}{cccc|c}
x_1 & x_3 & x_2 & x_4 & \\
1 & 1 & 2 & 3 & -1 \\
0 & 1 & 0 & -1 & 4 \\
0 & 0 & 1 & 1 & -7 \quad -1/4\ \mathrm{III}
\end{array}
$$

Der Rang von **A** ist maximal und gleich dem Rang der erweiterten Matrix:

$$r(\mathbf{A}) = r(\mathbf{A},\mathbf{b}) = m = 3 < 4 = n$$

Die Zahl der Variablen $n = 4$ ist größer als die Zahl der Gleichungen $m = 3$, daher gibt es unendlich viele Lösungen. Das lineare Gleichungssystem ist unterbestimmt und hat einen Freiheitsgrad.

Wir erhalten folgende Staffelform des lineare Gleichungssystems:

$$
\begin{aligned}
x_1 + x_3 + 2x_2 + 3x_4 &= -1 \\
x_3 \quad\quad - x_4 &= 4 \\
x_2 + x_4 &= -7
\end{aligned}
$$

mit der Lösung für die ersten $m = 3$ Variablen:

$$
\begin{aligned}
x_2 &= -7 - x_4 \\
x_3 &= 4 + x_4 \\
x_1 &= -1 - x_3 - 2x_2 - 3x_4 = -1 - (4 + x_4) - 2(-7 - x_4) - 3x_4 \\
&= -1 - x_4 - 4 + 2x_4 + 14 - 3x_4 = 9 + -2x_4
\end{aligned}
$$

In der Vektorschreibweise lautet die Lösung:

$$
\begin{pmatrix} x_1 \\ x_2 \\ x_3 \end{pmatrix} = \begin{pmatrix} 9 \\ -7 \\ 4 \end{pmatrix} + \begin{pmatrix} -2 \\ -1 \\ 1 \end{pmatrix} x_4
$$

Für $x_4 = 0$ ergibt sich die Basislösung:

$$
\begin{pmatrix} x_1 \\ x_2 \\ x_3 \end{pmatrix} = \begin{pmatrix} 9 \\ -7 \\ 4 \end{pmatrix}
$$

Die anderen drei Basislösungen erhalten wir, indem wir nacheinander die Variablen x_1, x_2 und x_3 als Nichtbasisvariablen wählen.

1. Gegeben sei das inhomogene lineare Gleichungssystem:

$$
\begin{aligned}
x_1 + 3x_2 &= 3 \\
x_1 + 4x_2 &= 2 \\
2x_1 + 9x_2 + 2x_3 &= 1
\end{aligned}
$$

   a. Prüfen Sie anhand der Rangkriterien, ob das lineare Gleichungssystem eine Lösung hat und ob die Lösung eindeutig ist!

   b. Berechnen Sie die Lösung mit Hilfe der Inversen und mit dem GAUSS'SCHEN Algorithmus!

   c. Wie lautet die Lösung des entsprechenden homogenen linearen Gleichungssystems $\mathbf{Ax} = \mathbf{0}$?

2. Gegeben sei das lineare Gleichungssystem:

$$
\begin{aligned}
x_1 + \quad\quad x_3 &= 2 \\
x_1 + 3x_2 + 4x_3 &= 5 \\
2x_1 - x_2 - x_3 &= -3
\end{aligned}
$$

   a. Überführen Sie das L.S. in Matrizenform und klassifizieren Sie es!

   b. Entwickeln Sie die Determinante der Koeffizientenmatrix $\mathbf{A}$ nach der 1. Zeile. Prüfen Sie anhand der Determinante, ob $\mathbf{A}$ invertierbar ist. Bestimmen Sie $r(\mathbf{A})$!

   c. Berechnen Sie die Inverse $\mathbf{A}^{-1}$!

   d. Bestimmen Sie die Lösung des linearen Gleichungssystems mit Hilfe der Inversen!

   e. Berechnen Sie zur Kontrolle die Lösung des linearen Gleichungssystems mit Hilfe der CRAMERSCHEN Regel!

3. Bei der Herstellung der drei Produkte P_1, P_2, P_3 werden drei Rohstoffe (Vorprodukte) R_1, R_2, R_3 eingesetzt. Die Lagerbestände der drei Rohstoffe r_i und die Produktionskoeffizienten a_{ij} seien wie folgt tabelliert:

	P_1	P_2	P_3	r_i
R_1	1	2	3	30
R_2	3	1	4	30
R_3	2	5	4	60

Welche Mengen x_1, x_2 und x_3 müssen produziert werden, damit die Materialvorräte vollständig verbraucht werden?

   a. Formulieren Sie das Problem als lineares Gleichungssystem und überführen Sie es in die Matrizenschreibweise!

   b. Prüfen Sie, ob das lineare Gleichungssystem eindeutig lösbar ist!

   c. Berechnen Sie die Lösung $\mathbf{x} = \mathbf{A}^{-1}\mathbf{r}$!

8.6.6 Homogene lineare Gleichungssysteme

Betrachten wir nun das homogene lineare Gleichungssystem

$$\mathbf{A}\mathbf{x} = \mathbf{b} \qquad\qquad \mathbf{b} = \mathbf{0}$$

Ein solches lineares Gleichungssystem hat stets wenigstens eine Lösung, die sogenannte **triviale Lösung**

$$\mathbf{x} = \mathbf{0}$$

Der Nullvektor erfüllt jedes homogene lineare Gleichungssystem

$$\mathbf{A}\mathbf{x} = \mathbf{A}\mathbf{0} = \mathbf{0}$$

Da der m-dimensionale Nullvektor $\mathbf{b}$ sich außerdem als Linearkombination beliebiger m-dimensionaler Vektoren $\mathbf{a}_i$ darstellen lässt, ist er immer von den Spaltenvektoren der Matrix $\mathbf{A}$ linear abhängig; denn es gilt:

$$\mathbf{a}_1 x_1 + \mathbf{a}_2 x_2 + \ldots + \mathbf{a}_n x_n + \mathbf{0} \cdot x_{n+1} = \mathbf{0}$$
$$\text{mit } x_i = 0 \text{ für } i = 1, 2, \ldots, n; \text{ und } x_{n+1} \neq 0$$

Es gibt Zahlen x_i $(i = 1, 2, \ldots, n+1)$, die nicht alle null sind, die diese Gleichung erfüllen $(x_{n+1} \neq 0)$. Folglich ist der Nullvektor von allen Vektoren linear abhängig.

Für ein homogenes lineares Gleichungssystem gilt also immer

$$r(\mathbf{A}) = r(\mathbf{A}, \mathbf{b}) = r(\mathbf{A}, \mathbf{0})$$

existiert also auch nach dem Rangkriterium, das stets erfüllt ist, wenigstens eine (triviale) Lösung.

Interessanter ist die Frage, unter welchen Voraussetzungen ein homogenes lineares Gleichungssystem auch eine nichttriviale, also von null verschiedene, Lösung hat. Es gilt die

> **Existenzbedingung**
>
> Ein homogenes lineares Gleichungssystem hat genau dann eine nichttriviale Lösung, wenn der Rang der Koeffizientenmatrix $\mathbf{A}$ kleiner als die Zahl der Variablen ist
>
> $$r(\mathbf{A}) < n$$
>
> und d.h. wenn die Determinante der Koeffizientenmatrix $\mathbf{A}$ verschwindet
>
> $$|\mathbf{A}| = 0$$

Das folgt unmittelbar aus der Definition der linearen Abhängigkeit. Die Existenz eines vom Nullvektor verschiedenen Vektors $\mathbf{x} \neq \mathbf{0}$, der das homogene lineare Gleichungssystem erfüllt, ist gleichbedeutend mit der linearen Abhängigkeit der Spaltenvektoren von $\mathbf{A}$.

Die Spaltenvektoren von $\mathbf{A}$ sind genau dann linear abhängig, wenn es von null verschiedene Zahlen x_i $(i = 1, 2, \ldots, n)$ gibt, so dass die Gleichung

$$\mathbf{a}_1 x_1 + \mathbf{a}_2 x_2 + \ldots + \mathbf{a}_n x_n = \mathbf{0}$$

erfüllt ist oder in Matrizenschreibweise, wenn es einen Vektor $\mathbf{x} \neq \mathbf{0}$ gibt, so dass

$$\mathbf{A}\mathbf{x} = \mathbf{0}$$

Überprüfen wir die drei Fälle.

Fall m = n

Wenn nur $r(\mathbf{A}) < n$ Spalten (bzw. Zeilen) linear unabhängig sind, können die Spalten von $\mathbf{A}$ wieder so angeordnet werden, dass die ersten $r(\mathbf{A})$ Spalten linear unabhängig sind.

Wir erhalten so eine $r \times r$-Teilmatrix $\overline{\mathbf{A}}_1$, die nichtsingulär ist, und eine $r \times (n-r)$-Teilmatrix $\overline{\mathbf{A}}_2$ aus den restlichen Spalten. Die letzten $n-r$ Zeilen sind redundant, da sie von den anderen Zeilen linear abhängig sind.

Fassen wir die Variablen analog zu den Vektoren $\mathbf{x}_1$ und $\mathbf{x}_2$ zusammen, so hat das lineare Gleichungssystem nach Überführung in die Dreiecksform folgende Gestalt:

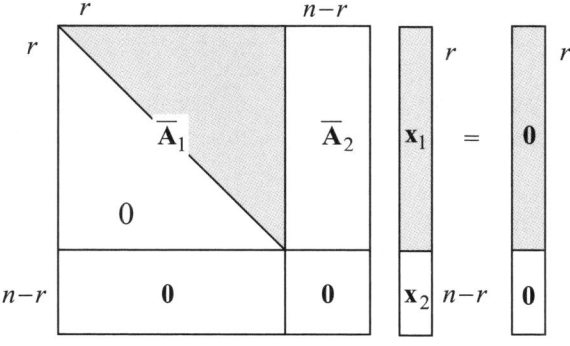

Daraus folgt die Matrizengleichung:

$$\overline{\mathbf{A}}_1 \mathbf{x}_1 + \overline{\mathbf{A}}_2 \mathbf{x}_2 = \mathbf{0}$$

$$\mathbf{x}_1 = -\overline{\mathbf{A}}_1^{-1} \overline{\mathbf{A}}_2 \mathbf{x}_2$$

Die $n-r(\mathbf{A})$ Variablen, die in $\mathbf{x}_2$ zusammengefasst sind, können wieder, wie im Falle des unterbestimmten inhomogenen linearen Gleichungssystems, frei festgesetzt werden. Es gibt also unendlich viele Lösungen.

Fall m > n

Hier können wir entsprechend verfahren. Die Zahl der redundanten Zeilen $m-r(\mathbf{A})$ ist um $m-n$ größer als im Falle des quadratischen linearen Gleichungssystems.

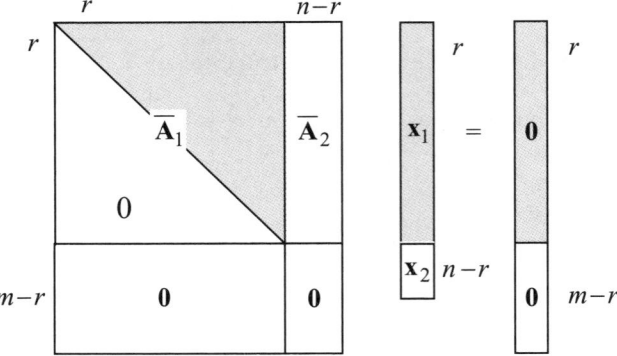

Die Matrizengleichung lautet wieder:

$$\overline{\mathbf{A}}_1\mathbf{x}_1 + \overline{\mathbf{A}}_2\mathbf{x}_2 = \mathbf{0}$$
$$\mathbf{x}_1 = -\overline{\mathbf{A}}_1^{-1}\overline{\mathbf{A}}_2\mathbf{x}_2$$

Fall m < n

Hier gilt notwendig $r(\mathbf{A}) \le m < n$, existiert also immer eine nichttriviale Lösung der Form

$$\mathbf{x}_1 = -\overline{\mathbf{A}}_1^{-1}\overline{\mathbf{A}}_2\mathbf{x}_2$$

mit $n-r(\mathbf{A})$ Freiheitsgraden.

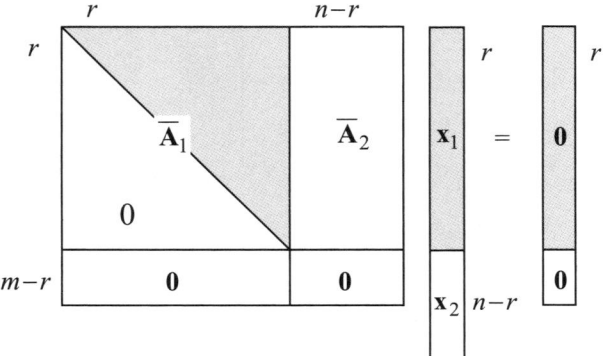

Also gibt es nur im unterbestimmten homogenen linearen Gleichungssystem stets eine nichttriviale Lösung und in den anderen Fällen genau dann, wenn sie unterbestimmt sind, d.h. wenn $r(\mathbf{A}) < m \le n$.

Fassen wir die Rangkriterien zusammen. Sie gelten unabhängig davon, ob $\mathbf{b} \ne 0$ oder $\mathbf{b} = 0$ ist, d.h. sowohl für inhomogene als auch für homogene lineare Gleichungssysteme.

Zusammenfassung der Rangkriterien

Genau dann, wenn:

(1) $r(\mathbf{A},\mathbf{b}) = r(\mathbf{A})$

ist das lineare Gleichungssystem konsistent und es existiert **wenigstens eine** Lösung.

(2) $r(\mathbf{A},\mathbf{b}) = r(\mathbf{A}) = n$,

hat das lineare Gleichungssystem **eine eindeutige** Lösung; für $\mathbf{b} = 0$ ist das die triviale Lösung $\mathbf{x} = 0$.

(3) $r(\mathbf{A},\mathbf{b}) = r(\mathbf{A}) < n$,

hat das lineare Gleichungssystem **keine eindeutige** Lösung, sondern unendlich viele Lösungen ($n-r$ Freiheitsgrade); für $\mathbf{b} = 0$ hat das lineare Gleichungssystem genau dann nichttriviale Lösungen.

(4) $r(\mathbf{A},\mathbf{b}) > r(\mathbf{A})$,

ist das lineare Gleichungssystem inkonsistent und es existiert **keine** Lösung.

BEISPIELE

1. Gegeben sei das homogene lineare Gleichungssystem

$$
\begin{aligned}
x_1 + 4x_2 + 2x_3 &= 0 \\
2x_1 + 9x_2 + 4x_3 &= 0 \\
x_1 + 5x_2 + 3x_3 &= 0
\end{aligned}
$$

mit der erweiterten Matrix $(\mathbf{A},\mathbf{b})$ in Tabellenform

1	4	2	0
2	9	4	0
1	5	3	0

$$\begin{array}{ccc|cl} 1 & 4 & 2 & 0 & \\ 0 & 1 & 0 & 0 & \text{II}-2\text{I} \\ 0 & 1 & 1 & 0 & \text{III}-\text{I} \end{array}$$

$$\begin{array}{ccc|cl} 1 & 4 & 2 & 0 & \\ 0 & 1 & 0 & 0 & \\ 0 & 0 & 1 & 0 & \text{III}-\text{II} \end{array}$$

Der Rang von **A** ist maximal und gleich dem Rang der erweiterten Matrix:

$$r(\mathbf{A}) = r(\mathbf{A,0}) = n = 3$$

Die Koeffizientenmatrix **A** ist **regulär**. Es existiert also **nur** die **triviale Lösung**, die wir unmittelbar aus der Dreiecksform der erweiterten Matrix ablesen können. Aus der Tabelle erhalten wir durch sukzessives Einsetzen von unten:

$$x_3 = 0$$
$$x_2 = 0$$
$$x_1 = -4x_2 - 2x_3 = -4 \cdot 0 - 2 \cdot 0 = 0$$

2. Wir modifizieren Beispiel 1 und ersetzen a_{33} durch

$$a_{33} = 3 - 1 = 2$$

Das lineare Gleichungssystem lautet nun

$$\begin{aligned} x_1 + 4x_2 + 2x_3 &= 0 \\ 2x_1 + 9x_2 + 4x_3 &= 0 \\ x_1 + 5x_2 + 2x_3 &= 0 \end{aligned}$$

mit der erweiterten Matrix $(\mathbf{A,b})$ in Tabellenform

$$\begin{array}{ccc|c} 1 & 4 & 2 & 0 \\ 2 & 9 & 4 & 0 \\ 1 & 5 & 2 & 0 \end{array}$$

$$\begin{array}{ccc|cl} 1 & 4 & 2 & 0 & \\ 0 & 1 & 0 & 0 & \text{II}-2\text{I} \\ 0 & 1 & 0 & 0 & \text{III}-\text{I} \end{array}$$

$$
\begin{array}{ccc|c}
1 & 4 & 2 & 0 \\
0 & 1 & 0 & 0 \\
0 & 0 & 0 & 0
\end{array} \qquad \text{III} - \text{II}
$$

Der Rang von **A** ist nun nicht mehr maximal sondern um 1 kleiner als die Spaltenzahl $n = 3$:

$$
r(\mathbf{A}) = r(\mathbf{A},\mathbf{0}) = 2 < 3 = n
$$

Die Koeffizientenmatrix **A** ist **singulär**. Es existiert eine (nicht eindeutige) **nicht-triviale Lösung** des homogenen linearen Gleichungssystems, die wir unmittelbar aus der Dreiecksform der erweiterten Matrix ablesen können:

$$
\begin{aligned}
x_2 &= 0 \\
x_1 &= -4x_2 - 2x_3 = -4 \cdot 0 - 2x_3 = -2x_3
\end{aligned}
$$

Wir können die Lösung auch algebraisch mit Hilfe der Inversen berechnen:

$$
\begin{aligned}
\begin{pmatrix} x_1 \\ x_2 \end{pmatrix} &= -\overline{\mathbf{A}}_1^{-1}\overline{\mathbf{A}}_2(x_3) \\[2mm]
&= -\begin{pmatrix} 1 & -4 \\ 0 & 1 \end{pmatrix}\begin{pmatrix} 2 \\ 0 \end{pmatrix} x_3 = \begin{pmatrix} -2 \\ 0 \end{pmatrix} x_3
\end{aligned}
$$

Dasselbe Ergebnis erhalten wir, wenn wir von der Ausgangsform des linearen Gleichungssystems ausgehen und annehmen (oder wissen), dass die letzte Gleichung redundant ist:

$$
\begin{aligned}
\begin{pmatrix} x_1 \\ x_2 \end{pmatrix} &= -\overline{\mathbf{A}}_1^{-1}\overline{\mathbf{A}}_2(x_3) \\[2mm]
&= -\begin{pmatrix} 1 & 4 \\ 2 & 9 \end{pmatrix}^{-1}\begin{pmatrix} 2 \\ 4 \end{pmatrix} x_3 = -\begin{pmatrix} 9 & -4 \\ -2 & 1 \end{pmatrix}\begin{pmatrix} 2 \\ 4 \end{pmatrix} x_3 \\[2mm]
&= -\begin{pmatrix} 18-16 \\ -4+4 \end{pmatrix} x_3 = \begin{pmatrix} -2 \\ 0 \end{pmatrix} x_3
\end{aligned}
$$

ÜBUNG 8.6.6

1. Gegeben sei das lineare Gleichungssystem:

$$
\begin{aligned}
-x_1 - 3x_2 + 4x_3 &= 3 \\
2x_1 + 7x_2 - 6x_3 &= -4 \\
3x_1 + 13x_2 - 3x_3 &= 0 \\
x_1 + 4x_2 - 2x_3 &= -1
\end{aligned}
$$

 a. Klassifizieren Sie das lineare Gleichungssystem!

 b. Überprüfen Sie die Rangkriterien für die Existenz und Eindeutigkeit der Lösung (Benutzen Sie den Gaußalgorithmus)!

 c. Überführen Sie das lineare Gleichungssystem in die Staffelform und bestimmen Sie die Lösung!

2. Gegeben sei das lineare Gleichungssystem:

$$
\begin{aligned}
x_1 + 2x_2 + 3x_3 - x_4 &= 2 \\
3x_1 + x_2 + 4x_3 + 2x_4 &= 6 \\
-x_1 + 3x_2 + 2x_3 - 4x_4 &= -2
\end{aligned}
$$

 a. Klassifizieren Sie das lineare Gleichungssystem!

 b. Wie lauten die Rangkriterien für die Existenz und Eindeutigkeit der Lösung? Ist eine eindeutige Lösung möglich?

 c. Berechnen Sie die Lösung (wenn sie existiert) und überprüfen Sie die Rangbedingungen!

 d. Wie lautet die Basislösung für $x_3 = x_4 = 0$?

3. Dem inhomogenen linearen Gleichungssystem in Aufgabe 2. entspricht das folgende **homogene** lineare Gleichungssystem:

$$
\begin{aligned}
x_1 + 2x_2 + 3x_3 - x_4 &= 0 \\
3x_1 + x_2 + 4x_3 + 2x_4 &= 0 \\
-x_1 + 3x_2 + 2x_3 - 4x_4 &= 0
\end{aligned}
$$

 a. Bestimmen Sie die Lösung des homogenen linearen Gleichungssystems!

 b. Zeigen Sie an diesem Beispiel, dass die allgemeine Lösung eines inhomogenen linearen Gleichungssystems gleich ist der Summe

 ▪ einer partikulären Lösung des inhomogenen linearen Gleichungssystems (z.B. der Basislösung) und

 ▪ der Lösung des homogenen linearen Gleichungssystems!

8.7 Extremalbedingungen für Funktionen

Die Matrixalgebra findet auch in der Differentialrechnung vielfältige Anwendungen. Für den einfachsten Fall einer Funktion zweier Variablen haben wir bereits in Kapitel 4.4 und 4.5 hinreichende Bedingungen für unbeschränkte und beschränkte Extrema kennengelernt. Für Funktionen von mehr als 2 Variablen lassen sich die Bedingungen 2. Ordnung nur mit Hilfe von Matrizen darstellen. Dazu benötigen wir einige neue Grundbegriffe.

8.7.1 Gradient, Hesse-Matrix

Gegeben sei eine reelle Funktion der n Variablen $x_1, x_2, \ldots, x_n$

$$z = f(x_1, x_2, \ldots, x_n) = f(\mathbf{x}) \quad ; \quad \mathbf{x} \in \mathbf{R}^n, z \in \mathbf{R}$$

Fassen wir den n-Tupel der Variablen als Vektor $\mathbf{x}$ auf

$$\mathbf{x} = (x_1, x_2, \ldots, x_n)$$

dann ordnet f jedem Vektor $\mathbf{x}$ des $\mathbf{R}^n$ genau eine reelle Zahl z zu.

Wir nehmen im Folgenden an, f sei zweimal stetig differenzierbar und definieren:

> **Gradient**
>
> Der n-dimensionale Zeilenvektor der 1. partiellen Ableitung der Funktion $f(\mathbf{x})$ heißt Gradient von f
>
> $$\operatorname{grad} f = \nabla f = (f_1, f_2, \ldots, f_n) = \left(\frac{\partial f}{\partial x_1}, \frac{\partial f}{\partial x_2}, \ldots, \frac{\partial f}{\partial x_n} \right)$$

BEISPIEL

1. Gegeben sei die Funktion f der drei Variablen x_1, x_2 und x_3

$$f(\mathbf{x}) = x_1^2 + 2x_2^2 + x_3^2 + x_1 x_2 - 2x_3 - 7x_1 + 12$$

$$\nabla f^T = \begin{pmatrix} f_1 \\ f_2 \\ f_3 \end{pmatrix} = \begin{pmatrix} 2x_1 + x_2 - 7 \\ 4x_2 + x_1 \\ 2x_3 - 2 \end{pmatrix}$$

Der Gradient von f ist selbst wieder eine Funktion der n Variablen $x_1, x_2, \ldots, x_n$ bzw. des Vektors $\mathbf{x} \in \mathbf{R}^n$.

Durch den Gradienten wird also jedem Vektor $\mathbf{x}$ ein Vektor $\nabla f(\mathbf{x})$ zugeordnet.

Vektorfeld, vektorwertige Funktion

Eine Abbildung

$$f : \mathbf{R}^n \to \mathbf{R}^m$$

die jedem Vektor des $\mathbf{R}^n$ einen Vektor des $\mathbf{R}^m$ zuordnet, heißt **vektorwertige Funktion** oder **Vektorfeld**.

Der Gradient ist ein spezielles Vektorfeld ($\mathbf{R}^n \to \mathbf{R}^n$). Durch Vektorfelder können auf einfache Weise Systeme von Funktionen (von n Variablen) dargestellt werden.

Wir erhalten die 2. partielle Ableitung von f, indem wir jede der n partiellen Ableitungen 1. Ordnung nach jeder der Variablen $x_1, x_2, \ldots, x_n$ partiell differenzieren.

Hesse-Matrix

Die $n \times n$ - Matrix der 2. partiellen Ableitung von f heißt Hesse-Matrix.

$$\mathbf{H}(f) = \begin{pmatrix} f_{11} & f_{12} & \cdots & f_{1n} \\ f_{21} & f_{22} & \cdots & f_{2n} \\ \vdots & \vdots & \ddots & \vdots \\ f_{n1} & f_{n2} & \cdots & f_{nn} \end{pmatrix} \quad \text{mit } f_{ij} = \frac{\partial^2 f}{\partial x_j \partial x_i}$$

Die Hesse-Matrix ist wegen $f_{ij} = f_{ji}$ symmetrisch (Satz von Schwarz).

BEISPIEL

2. Für die Funktion f der drei Variablen x_1, x_2 und x_3

$$f(\mathbf{x}) = x_1^2 + 2x_2^2 + x_3^2 + x_1 x_2 - 2x_3 - 7x_1 + 12$$

erhalten wir die Hesse-Matrix

$$\mathbf{H}(f) = \begin{pmatrix} 2 & 1 & 0 \\ 1 & 4 & 0 \\ 0 & 0 & 2 \end{pmatrix}$$

Bereits bei der Entwicklung von Determinanten haben wir die Unterdeterminanten einer quadratischen Matrix kennengelernt. Die Unterdeterminanten werden auch als Minoren bezeichnet.

Ein Sonderfall der Minoren sind die Hauptminoren, die wir nun definieren:

Hauptminor

Unter dem Hauptminor k-ter Ordnung $\Delta_k = |\mathbf{A}_k|$ der quadratischen Matrix $\mathbf{A}$ verstehen wir die Unterdeterminante von $|\mathbf{A}|$, die aus den ersten k Zeilen und Spalten von $|\mathbf{A}|$ besteht und die sich ergibt, wenn in $|\mathbf{A}|$ die letzten $n-k$ Zeilen und Spalten gestrichen werden.

$$\Delta_k = |\mathbf{A}_k| = \begin{vmatrix} a_{11} & \cdots & a_{1k} & a_{1k+1} & & a_{1n} \\ \vdots & \ddots & \vdots & \vdots & & \vdots \\ a_{k1} & \cdots & a_{kk} & a_{kk+1} & \cdots & a_{kn} \\ a_{k+1,1} & & a_{k+1,k} & & & a_{k+1,n} \\ \vdots & & \vdots & & & \vdots \\ a_{n1} & & a_{nk} & a_{nk+1} & \cdots & a_{nn} \end{vmatrix}$$

Mit Hilfe der Hauptminoren können wir nun eine wichtige "Vorzeichen"-Eigenschaft von Matrizen definieren:

Definitheit

Eine Matrix ist genau dann

positiv definit, wenn alle Hauptminoren positiv sind

$$\Delta_1, \Delta_2, \ldots, \Delta_n > 0$$

negativ definit, wenn die Vorzeichen der Hauptminoren alternieren

$$\Delta_1 < 0, \Delta_2 > 0, \Delta_3 < 0, \ldots, (-1)^n \Delta_n = (-1)^n |\mathbf{A}| > 0$$

BEISPIEL

3. Wir prüfen die Definitheit der Hesse-Matrix aus Beispiel 2

$$\mathbf{H}(f) = \begin{pmatrix} 2 & 1 & 0 \\ 1 & 4 & 0 \\ 0 & 0 & 2 \end{pmatrix}$$

Die Hauptminoren sind:

$$\Delta_1 = |\mathbf{H}_1| = 2 > 0, \quad \Delta_2 = |\mathbf{H}_2| = \begin{vmatrix} 2 & 1 \\ 1 & 4 \end{vmatrix} = 7 > 0$$

$$\Delta_3 = |\mathbf{H}_3| = |\mathbf{H}| = \begin{vmatrix} 2 & 1 & 0 \\ 1 & 4 & 0 \\ 0 & 0 & 2 \end{vmatrix} = 2 \begin{vmatrix} 2 & 1 \\ 1 & 4 \end{vmatrix} = 14 > 0$$

Alle Hauptminoren sind positiv, also ist die Matrix $\mathbf{H}$ positiv definit.

8.7.2 Hinreichende Bedingungen für unbeschränkte Extrema

Sei $f(\mathbf{x}) = f(x_1, x_2, \ldots, x_n)$ eine Funktion der n Variablen $x_1, x_2, \ldots, x_n$ und sei $f(\mathbf{x})$ zweimal stetig differenzierbar. Dann gelten folgende

Hinreichende Bedingungen für ein Maximum

Hat die Funktion $f(\mathbf{x})$ an der Stelle $\mathbf{x}^*$ einen **kritischen Punkt**

$\qquad$ 1.$\quad \nabla f(\mathbf{x}^*) = \mathbf{0}$

und ist die Hesse-Matrix ist an der Stelle $\mathbf{x}^*$ **negativ definit**

$\qquad$ 2.$\quad \Delta_1 < 0,\ \Delta_2 > 0,\ \Delta_3 < 0, \ldots, (-1)^n \Delta_n = (-1)^n \,|\,\mathbf{H}\,| > 0$

alternieren also die Vorzeichen der Hauptminoren

$$ f_{11} < 0, \quad \begin{vmatrix} f_{11} & f_{12} \\ f_{21} & f_{22} \end{vmatrix} > 0, \ldots $$

dann hat die Funktion an dieser Stelle ein relatives **Maximum**.

Analog gilt

Hinreichende Bedingungen für ein Minimum

Hat die Funktion $f(\mathbf{x})$ an der Stelle $\mathbf{x}^*$ einen **kritischen Punkt**

$\qquad$ 1.$\quad \nabla f(\mathbf{x}^*) = \mathbf{0}$

und ist die Hesse-Matrix an der Stelle $\mathbf{x}^*$ **positiv definit**

$\qquad$ 2.$\quad \Delta_1 > 0,\ \Delta_2 > 0,\ \Delta_3 > 0$

sind also die Vorzeichen aller Hauptminoren positiv

$$ f_{11} > 0, \quad \begin{vmatrix} f_{11} & f_{12} \\ f_{21} & f_{22} \end{vmatrix} > 0, \ldots $$

dann hat die Funktion an dieser Stelle ein relatives **Minimum**.

Die Bedingungen 2. Ordnung werden hier ohne Beweis aufgeführt. Sie sind aber auch ohne Beweis als Verallgemeinerung der Bedingungen für Funktionen zweier Variablen verständlich. Für ein Maximum gilt im Falle einer Funktion zweier Variablen

$$ f_{11} < 0, \quad \begin{vmatrix} f_{11} & f_{12} \\ f_{21} & f_{22} \end{vmatrix} = f_{11}f_{22} - f_{21}f_{12} = f_{11}f_{22} - f_{21}^2 > 0, $$

und für ein Minimum

$$ f_{11} > 0, \quad \begin{vmatrix} f_{11} & f_{12} \\ f_{21} & f_{22} \end{vmatrix} = f_{11}f_{22} - f_{21}f_{12} = f_{11}f_{22} - f_{21}^2 > 0, $$

also die Bedingungen, die wir bereits in Abschnitt 4.4.2 hergeleitet haben.

BEISPIELE

1. $f(\mathbf{x}) = x_1^2 + 2x_2 + x_3^2 + x_1 x_2 - 2x_3 - 7x_1 + 12$

Bedingung 1. Ordnung

$$\nabla f^T = \begin{pmatrix} 2x_1 + x_2 - 7 \\ 4x_2 + x_1 \\ 2x_3 - 2 \end{pmatrix} = \mathbf{0}$$

Wir setzen die Komponenten des Gradienten, also die partiellen Ableitungen 1. Ordnung, null. Daraus ergibt sich das folgende lineare Gleichungssystem für die Variablen x_1, x_2 und x_3:

$$\begin{array}{rcrcl} 2x_1 & + & x_2 & & = 7 \\ x_1 & + & 4x_2 & & = 0 \\ & & 2x_3 & = & 2 \end{array}$$

Dann überführen wir das lineare Gleichungssystem in die Matrizenschreibweise:

$$\begin{pmatrix} 2 & 1 & 0 \\ 1 & 4 & 0 \\ 0 & 0 & 2 \end{pmatrix} \mathbf{x} = \begin{pmatrix} 7 \\ 0 \\ 2 \end{pmatrix}$$

und berechnen die Lösung z.B. mit der Cramersche Regel:

$$x_1^* = \frac{|\mathbf{A}_1|}{|\mathbf{A}|} = \frac{56}{14} = 4$$

$$x_2^* = \frac{|\mathbf{A}_2|}{|\mathbf{A}|} = -\frac{14}{14} = -1$$

$$x_3^* = \frac{|\mathbf{A}_3|}{|\mathbf{A}|} = \frac{14}{14} = 1$$

Der Lösungsvektor lautet also:

$$\mathbf{x}^* = \begin{pmatrix} 4 \\ -1 \\ 1 \end{pmatrix}$$

Die Funktion $f(\mathbf{x})$ hat an der Stelle $\mathbf{x}^*$ einen kritischen Punkt.

Bedingung 2. Ordnung

Hesse-Matrix

$$\mathbf{H}(\mathbf{x}^*) = \begin{pmatrix} 2 & 1 & 0 \\ 1 & 4 & 0 \\ 0 & 0 & 2 \end{pmatrix}$$

Hauptminoren

$$\Delta_1 = 2 > 0, \ \Delta_2 = \begin{vmatrix} 2 & 1 \\ 1 & 4 \end{vmatrix} = 7 > 0, \ \Delta_3 = |\mathbf{H}| = 14 > 0$$

Da alle Hauptminoren positiv sind, ist **H positiv definit**. Folglich hat die Funktion f an der Stelle $\mathbf{x}^*$ ein relatives **Minimum**.

2. $f(\mathbf{x}) = x_1 x_2 + 6x_1 - x_1^2 - x_2^2 - x_3^2$

Bedingung 1. Ordnung

$$\nabla f^T = \begin{pmatrix} x_2 + 6 - 2x_1 \\ x_1 - 2x_2 \\ -2x_3 \end{pmatrix} = 0$$

Daraus ergibt sich das folgende lineare Gleichungssystem

$$
\begin{array}{rrrcr}
-2x_1 & + & x_2 & & = -6 \\
x_1 & - & 2x_2 & & = 0 \\
& & -2x_3 & = & 0
\end{array}
$$

in Matrizenschreibweise:

$$\begin{pmatrix} -2 & 1 & 0 \\ 1 & -2 & 0 \\ 0 & 0 & -2 \end{pmatrix} \mathbf{x} = \begin{pmatrix} -6 \\ 0 \\ 0 \end{pmatrix}$$

Die Lösung erhalten wir mit der Cramersche Regel. Dazu berechnen wir zuerst die Determinanten:

$$|\mathbf{A}| = \begin{vmatrix} -2 & 1 & 0 \\ 1 & -2 & 0 \\ 0 & 0 & -2 \end{vmatrix} = -2 \begin{vmatrix} -2 & 1 \\ 1 & -2 \end{vmatrix} = -6$$

$$|\mathbf{A}_1| = \begin{vmatrix} -6 & 1 & 0 \\ 0 & -2 & 0 \\ 0 & 0 & -2 \end{vmatrix} = -2 \begin{vmatrix} -6 & 1 \\ 0 & -2 \end{vmatrix} = -24$$

$$|\mathbf{A}_2| = \begin{vmatrix} -2 & -6 & 0 \\ 1 & 0 & 0 \\ 0 & 0 & -2 \end{vmatrix} = -2 \begin{vmatrix} -2 & -6 \\ 1 & 0 \end{vmatrix} = -12$$

$$|\mathbf{A}_3| = \begin{vmatrix} -2 & 1 & -6 \\ 1 & -2 & 0 \\ 0 & 0 & 0 \end{vmatrix} = 0$$

Die Lösung mit der Cramersche Regel lautet

$$x_1^* = \frac{|\mathbf{A}_1|}{|\mathbf{A}|} = \frac{-24}{-6} = 4$$

$$x_2^* = \frac{|\mathbf{A}_2|}{|\mathbf{A}|} = -\frac{-12}{-6} = 2$$

$$x_3^* = \frac{|\mathbf{A}_3|}{|\mathbf{A}|} = \frac{0}{-6} = 0$$

und der Lösungsvektor

$$\mathbf{x}^* = \begin{pmatrix} 4 \\ 2 \\ 0 \end{pmatrix}$$

Bedingung 2. Ordnung

Hesse-Matrix

$$\mathbf{H}(\mathbf{x}^*) = \begin{pmatrix} -2 & 1 & 0 \\ 1 & -2 & 0 \\ 0 & 0 & -2 \end{pmatrix}$$

Hauptminoren

$$\Delta_1 = -2 < 0, \quad \Delta_2 = \begin{vmatrix} -2 & 1 \\ 1 & -2 \end{vmatrix} = 3 > 0, \quad \Delta_3 = |\mathbf{H}| = -6 < 0$$

Die Vorzeichen der Hauptminoren alternieren mit −1 beginnend; **H** ist **negativ definit**. Folglich hat die Funktion f an der Stelle $\mathbf{x}^*$ ein relatives **Maximum**.

8.7.3 Hinreichende Bedingungen für beschränkte Extrema

Seien $f(\mathbf{x}) = f(x_1, x_2, \ldots, x_n)$ und $g(\mathbf{x}) = g(x_1, x_2, \ldots, x_n)$ reelle Funktionen der n Variablen $x_1, x_2, \ldots, x_n$ mit demselben Definitionsbereich $D \in \mathbf{R}^n$ und seien $f(\mathbf{x})$ zweimal und $g(\mathbf{x})$ einmal stetig differenzierbar.

Das **klassische Optimierungsproblem**

$$\text{Max} \quad f(\mathbf{x}) = f(x_1, x_2, \ldots, x_n)$$
$$\text{NB} \quad g(\mathbf{x}) = g(x_1, x_2, \ldots, x_n) = 0$$

besteht dann darin, die Zielfunktion $f(\mathbf{x})$ unter der Nebenbedingung $g(\mathbf{x}) = 0$ zu maximieren (bzw. minimieren). Die bereits in 4.5 behandelte Lösungsmethode beruht auf der Einführung der Lagrangefunktion

$$L(\mathbf{x}, \lambda) = f(\mathbf{x}) - \lambda g(\mathbf{x})$$

Wir wissen dass, jede Lösung $\mathbf{x}^*$ des klassischen Optimierungsproblems zugleich ein Maximum $(\mathbf{x}^*, \lambda^*)$ der Lagrangefunktion ist (u.u.). Es gilt daher:

> **Satz**
>
> Hat die Lagrangefunktion $L(\mathbf{x}, \lambda)$ an der Stelle $(\mathbf{x}^*, \lambda^*)$ einen kritischen Punkt
>
> $$\nabla L\,(\mathbf{x}^*, \lambda^*) = \mathbf{0}$$
>
> dann hat die Zielfunktion $f(\mathbf{x})$ unter der Nebenbedingung $g(\mathbf{x}) = 0$ an der Stelle $\mathbf{x}^*$ ein **Maximum**, wenn
>
> $$\mathbf{H}(L\,(\mathbf{x}^*, \lambda^*)) \text{ \textbf{negativ definit} ist}$$
>
> und ein **Minimum**, wenn
>
> $$\mathbf{H}(L\,(\mathbf{x}^*, \lambda^*)) \text{ \textbf{positiv definit} ist.}$$

Daraus ergeben sich folgende hinreichende Bedingungen für ein Maximum der Zielfunktion $f(\mathbf{x})$ unter der Nebenbedingung $g(\mathbf{x}) = 0$

> **Hinreichende Bedingungen für ein Maximum**
>
> 1. $\nabla L = \mathbf{0}$
> 2. $\mathbf{H}(L)$ ist **negativ** definit, d.h. $\Delta_3 > 0$, $\Delta_4 < 0$, $\Delta_5 > 0, \ldots$
>
> Die letzten $n{-}1$ Hauptminoren von $\mathbf{H}(L)$ weisen alternierende Vorzeichen auf.

Analog lauten die hinreichende Bedingungen für ein Minimum der Zielfunktion $f(\mathbf{x})$ unter der Nebenbedingung $g(\mathbf{x}) = 0$:

Hinreichende Bedingungen für ein Minimum

1. $\nabla L = \mathbf{0}$

2. $\mathbf{H}(L)$ ist **positiv** definit, d.h. $\Delta_3 < 0$, $\Delta_4 < 0$, $\Delta_5 < 0$, ...

Die letzten $n-1$ Hauptminoren von $\mathbf{H}(L)$ weisen negative Vorzeichen auf.

Dabei ist die Hesse-Matrix der Lagrangefunktion

$$\mathbf{H}(L) = \begin{pmatrix} L_{\lambda\lambda} & L_{\lambda x_1} & \cdots & \cdots & L_{\lambda x_n} \\ L_{x_1\lambda} & L_{x_1 x_1} & \cdots & \cdots & L_{x_1 x_n} \\ \vdots & \vdots & \ddots & & \vdots \\ \vdots & \vdots & & \ddots & \vdots \\ L_{x_n\lambda} & L_{x_n x_1} & \cdots & \cdots & L_{x_n x_n} \end{pmatrix} = \begin{pmatrix} 0 & g_1 & \cdots & \cdots & g_n \\ g_1 & L_{11} & \cdots & \cdots & L_{1n} \\ \vdots & \vdots & \ddots & & \vdots \\ \vdots & \vdots & & \ddots & \vdots \\ g_n & L_{n1} & \cdots & \cdots & L_{nn} \end{pmatrix} = \begin{pmatrix} 0 & \nabla g \\ \nabla g & \dfrac{\partial^2 L}{\partial \mathbf{x}^2} \end{pmatrix}$$

Für lineare Nebenbedingungen wird daraus die **geränderte Hesse-Matrix** von f

$$\mathbf{H}(L) = \begin{pmatrix} 0 & g_1 & \cdots & \cdots & g_n \\ g_1 & f_{11} & \cdots & \cdots & f_{1n} \\ \vdots & \vdots & \ddots & & \vdots \\ \vdots & \vdots & & \ddots & \vdots \\ g_n & f_{n1} & \cdots & \cdots & f_{nn} \end{pmatrix} = \begin{pmatrix} 0 & \nabla g \\ \nabla g & \mathbf{H}(f) \end{pmatrix}$$

Unter Beachtung der Bedingungen 1. Ordnung

$$f_i = \lambda g_i \ \Rightarrow g_i = \frac{1}{\lambda} f_i = \alpha f_i$$

kann schließlich g_i durch f_i ersetzt werden

$$\mathbf{H}(L) = \begin{pmatrix} 0 & \alpha f_1 & \cdots & \cdots & \alpha f_n \\ \alpha f_1 & f_{11} & \cdots & \cdots & f_{1n} \\ \vdots & \vdots & \ddots & & \vdots \\ \vdots & \vdots & & \ddots & \vdots \\ \alpha f_n & f_{n1} & \cdots & \cdots & f_{nn} \end{pmatrix} = \begin{pmatrix} 0 & \alpha\nabla f \\ \alpha\nabla f & \mathbf{H}(f) \end{pmatrix}$$

Die Hauptminoren der mit den partiellen Ableitungen der Zielfunktion geränderten Hesse-Matrix $\mathbf{F}$ haben dieselben Vorzeichen wie die von $\mathbf{H}$, da das Quadrat von λ positiv ist:

$$|\mathbf{H}(L)| = \begin{vmatrix} 0 & \alpha\nabla f \\ \alpha\nabla f & \mathbf{H}(f) \end{vmatrix} = \alpha^2 \begin{vmatrix} 0 & \nabla f \\ \nabla f & \mathbf{H}(f) \end{vmatrix} = \alpha^2 |\mathbf{F}| \qquad ; \alpha = 1/\lambda^2 > 0$$

Die Definitheit von $\mathbf{H}$ kann daher auch anhand der Matrix $\mathbf{F}$ überprüft werden.

Im Falle einer Zielfunktion mit zwei Variablen lautet die geränderte Hesse-Matrix

$$\mathbf{H}(L) = \begin{pmatrix} 0 & g_1 & g_2 \\ g_1 & f_{11} & f_{12} \\ g_2 & f_{21} & f_{22} \end{pmatrix} = \begin{pmatrix} 0 & \nabla g \\ \nabla g & \mathbf{H}(f) \end{pmatrix}$$

Es ist daher nur das Vorzeichen des Hauptminors 3. Ordnung $\mathbf{\Delta}_3$, d.h. der Determinante von $\mathbf{H}$ selbst zu prüfen:

$$| \mathbf{H}(L) | = \begin{vmatrix} 0 & g_1 & g_2 \\ g_1 & f_{11} & f_{12} \\ g_2 & f_{21} & f_{22} \end{vmatrix} = -g_1 \begin{vmatrix} g_1 & g_2 \\ f_{21} & f_{22} \end{vmatrix} + g_2 \begin{vmatrix} g_1 & g_2 \\ f_{11} & f_{12} \end{vmatrix} > 0$$

Daraus folgt die Bedingung 2. Ordnung für ein Maximum der Zielfunktion bei linearer Nebenbedingung

$$- g_1{}^2 f_{22} + 2 g_1 g_2 f_{12} - g_2{}^2 f_{11} > 0$$

Diese Bedingung ist komplizierter als die, die wir in Abschnitt 4.5.2 eingeführt haben, da sie die Nebenbedingung explizit berücksichtigt. Durch Umformung ergibt sich

$$\mathbf{H}(L) = -[\, g_1{}^2 f_{22} - 2 g_1 g_2 f_{12} + g_2{}^2 f_{11} \,]$$

$$= -(g_1, -g_2) \begin{pmatrix} f_{11} & f_{12} \\ f_{21} & f_{22} \end{pmatrix} \begin{pmatrix} g_1 \\ -g_2 \end{pmatrix} > 0$$

Für ein Maximum der Zielfunktion unter der linearen Nebenbedingung muss also im kritischen Punkt $\mathbf{x}^*$ gelten:

$$(g_1, -g_2) \begin{pmatrix} f_{11} & f_{12} \\ f_{21} & f_{22} \end{pmatrix} \begin{pmatrix} g_1 \\ -g_2 \end{pmatrix} < 0$$

Hinreichend dafür ist (unabhängig von g_1 und g_2), dass die Hesse-Matrix der Zielfunktion **negativ definit** ist:

$$f_{11} > 0, \quad \begin{vmatrix} f_{11} & f_{12} \\ f_{21} & f_{22} \end{vmatrix} = f_{11} f_{22} - f_{21} f_{12} = f_{11} f_{22} - f_{21}{}^2 > 0$$

Diese Bedingungen hatten wir in Abschnitt 4.5.2 als hinreichende Bedingungen 2. Ordnung kennengelernt. Sie sind strenger als die Definitheit der geränderten Hesse-Matrix, da sie die Konkavität der Zielfunktion in der Umgebung des kritischen Punkts verlangt, die nicht notwendig für ein beschränktes Maximum ist. Notwendig ist nur die Konvexität der Kontur.

Wir wollen uns daher erneut die Anwendungsbeispiele aus Abschnitt 4.5.5 vornehmen, in denen die strengen Bedingungen 2. Ordnung versagt haben, weil die Zielfunktionen nicht konkav waren und nun die Definitheit der geränderten Hesse-Matrix überprüfen.

BEISPIELE

1. **Haushaltoptimum**

   Als Lösung des klassischen Optimierungsproblems

   $$\text{Max} \quad u = x_1 x_2$$
   $$\text{NB} \quad 5x_1 + 10x_2 = 100$$

   hatten wir einen kritischen Punkt der Lagrangefunktion an der Stelle

   $$(\mathbf{x}^*, \lambda) = (x_1, x_2, \lambda) = (10, 5, 1)$$

   ermittelt. Wir überprüfen die Bedingungen 2. Ordnung für die geränderte Hesse-Matrix:

   $$\mathbf{H}(L) = \begin{pmatrix} 0 & g_1 & g_2 \\ g_1 & f_{11} & f_{12} \\ g_2 & f_{21} & f_{22} \end{pmatrix} = \begin{pmatrix} 0 & p_1 & p_2 \\ p_1 & f_{11} & f_{12} \\ p_2 & f_{21} & f_{22} \end{pmatrix} = \begin{pmatrix} 0 & 5 & 10 \\ 5 & 0 & 1 \\ 10 & 1 & 0 \end{pmatrix}$$

   Für ein Maximum muss das Vorzeichen des Hauptminors 3. Ordnung Δ_3, d.h. der Determinante $|\mathbf{H}|$ positiv sein:

   $$|\mathbf{H}(L)| = \begin{vmatrix} 0 & 5 & 10 \\ 5 & 0 & 1 \\ 10 & 1 & 0 \end{vmatrix} = -5 \begin{vmatrix} 5 & 10 \\ 1 & 0 \end{vmatrix} + 10 \begin{vmatrix} 5 & 10 \\ 0 & 1 \end{vmatrix}$$
   $$= -5(-10) + 10 \cdot 5 = 50 + 50 = 100 > 0$$

   Das Haushaltoptimum liegt also an der Stelle $\mathbf{x}^* = (10, 5)$.

2. **Minimalkostenkombination**

   Die Lösung des klassischen Optimierungsproblems

   $$\text{Max} \quad x = v_1^\alpha v_2^\beta = v_1^{1/3} v_2^{2/3}$$
   $$\text{NB} \quad v_1 + 2v_2 = 30$$

   mit dem Lagrangeverfahren hatte einen kritischen Punkt an der Stelle

   $$(\mathbf{v}^*, \lambda) = (v_1, v_2, \lambda) = (10, 10, 1/3)$$

   ergeben.

Wir überprüfen die Bedingungen 2. Ordnung für die geränderte Hesse-Matrix:

$$\mathbf{H}(L) = \begin{pmatrix} 0 & g_1 & g_2 \\ g_1 & f_{11} & f_{12} \\ g_2 & f_{21} & f_{22} \end{pmatrix} = \begin{pmatrix} 0 & q_1 & q_2 \\ q_1 & f_{11} & f_{12} \\ q_2 & f_{21} & f_{22} \end{pmatrix} = \begin{pmatrix} 0 & 1 & 2 \\ 1 & \frac{-2}{90} & \frac{2}{90} \\ 2 & \frac{2}{90} & \frac{-2}{90} \end{pmatrix}$$

Für ein Maximum muss das Vorzeichen des Hauptminors 3. Ordnung Δ_3, d.h. der Determinante $|\mathbf{H}|$ positiv sein:

$$|\mathbf{H}(L)| = \begin{vmatrix} 0 & 1 & 2 \\ 1 & \frac{-2}{90} & \frac{2}{90} \\ 2 & \frac{2}{90} & \frac{-2}{90} \end{vmatrix} = -1 \begin{vmatrix} 1 & 2 \\ \frac{2}{90} & \frac{-2}{90} \end{vmatrix} + 2 \begin{vmatrix} 1 & 2 \\ \frac{-2}{90} & \frac{2}{90} \end{vmatrix}$$

$$= -(\frac{-2}{90} - \frac{4}{90}) + 2(\frac{2}{90} + \frac{4}{90}) = (\frac{4}{90} + \frac{12}{90}) = \frac{18}{90} = \frac{1}{5} > 0$$

Die hinreichenden Bedingungen 2. Ordnung sind also erfüllt. Die Minimalkostenkombination liegt tatsächlich an der Stelle $\mathbf{v}^* = (10, 10)$.

Bei der Berechnung der Determinante $|\mathbf{H}|$ haben wir den Wert der Produktionsfunktion an der Stelle $\mathbf{v}^* = (10, 10)$ benutzt

$$x = v_1^{\alpha} v_2^{\beta} = v_1^{1/3} v_2^{2/3} = 10^{1/3} 10^{2/3} = 10$$

und die partiellen Ableitungen 2. Ordnung:

$$x_{11} = -\beta\alpha \frac{x}{v_1^2} = -\frac{1}{3} \cdot \frac{2}{3} \cdot \frac{10}{100} = -\frac{2}{90} < 0$$

$$x_{22} = -\alpha\beta \frac{x}{v_2^2} = -\frac{2}{3} \cdot \frac{1}{3} \cdot \frac{10}{100} = -\frac{2}{90} < 0$$

$$x_{12} = \alpha\beta \frac{x}{v_1 v_2} = \frac{1}{3} \cdot \frac{2}{3} \cdot \frac{10}{100} = \frac{2}{90} > 0$$

3. Gegeben sei das folgende Optimierungsproblem:

$$\text{Max} \quad f(\mathbf{x}) = -x_1^2 - 2x_2^2 - x_3^2 + x_1 x_2 + x_3$$
$$\text{NB} \quad g(\mathbf{x}) = x_1 + x_2 + x_3 - 35 = 0$$

Die Lagrangefunktion lautet:

$$L(\mathbf{x}, \lambda) = -x_1^2 - 2x_2^2 - x_3^2 + x_1 x_2 + x_3 - \lambda(x_1 + x_2 + x_3 - 35)$$

Bedingung 1. Ordnung

$$\nabla L^T = \begin{pmatrix} -2x_1 + x_2 - \lambda \\ -4x_2 + x_1 - \lambda \\ -2x_3 + 1 - \lambda \\ -(x_1 + x_2 + x_3 - 35) \end{pmatrix} = \mathbf{0}$$

Daraus ergibt sich das folgende lineare Gleichungssystem:

$$\begin{aligned} -2x_1 + x_2 \qquad\quad - \lambda &= 0 \\ x_1 - 4x_2 \qquad\quad - \lambda &= 0 \\ - 2x_3 - \lambda &= -1 \\ -x_1 - x_2 - x_3 \qquad &= -35 \end{aligned}$$

in Matrizenschreibweise:

$$\begin{pmatrix} -2 & 1 & 0 & -1 \\ 1 & -4 & 0 & -1 \\ 0 & 0 & -2 & -1 \\ -1 & -1 & -1 & 0 \end{pmatrix} \begin{pmatrix} \mathbf{x} \\ \lambda \end{pmatrix} = \begin{pmatrix} 0 \\ 0 \\ -1 \\ -35 \end{pmatrix}$$

mit der Lösung:

$$\begin{pmatrix} \mathbf{x}^* \\ \lambda \end{pmatrix} = \begin{pmatrix} 15 \\ 9 \\ 11 \\ -21 \end{pmatrix}$$

Bedingung 2. Ordnung

Geränderte Hesse-Matrix:

$$\mathbf{H}(L) = \begin{pmatrix} 0 & 1 & 1 & 1 \\ 1 & -2 & 1 & 0 \\ 1 & 1 & -4 & 0 \\ 1 & 0 & 0 & -2 \end{pmatrix}$$

Hauptminoren 3. und 4. Ordnung:

$$\Delta_3 = \begin{vmatrix} 0 & 1 & 1 \\ 1 & -2 & 1 \\ 1 & 1 & -4 \end{vmatrix} = 8 > 0, \quad \Delta_4 = |\mathbf{H}| = \begin{vmatrix} 0 & 1 & 1 & 1 \\ 1 & -2 & 1 & 0 \\ 1 & 1 & -4 & 0 \\ 1 & 0 & 0 & -2 \end{vmatrix} = -23 < 0$$

Die partiellen Ableitungen 2. Ordnung sind in diesem Beispiel konstant also unabhängig von den Werten der Variablen im kritischen Punkt.

Die Vorzeichen der Hauptminoren alternieren mit + beginnend; $\mathbf{H}(L)$ ist **negativ definit**. Folglich hat die Zielfunktion $f(\mathbf{x})$ unter der Nebenbedingung $g(\mathbf{x}) = 0$ an der Stelle $\mathbf{x}^*$ ein relatives **Maximum**.

Die Bedingungen 2. Ordnung für das klassische Optimierungsproblem ergeben sich nicht einfach durch Anwendung der Bedingungen für unbeschränkte Extrema auf die Lagrange-Funktion, da zusätzlich die Nebenbedingungen zu berücksichtigen sind. Darauf wurde bereits in Abschnitt 4.5.2 hingewiesen.

Die Bedingungen wurden daher hier ohne Beweis mitgeteilt. Während die hinreichenden Bedingungen für unbeschränkte Extrema auch ohne Beweis als Verallgemeinerung der Bedingungen für Funktionen zweier Variablen verständlich sind, gilt das nicht für die beschränkten Extrema. Hier muss auf die weiterführende Literatur verwiesen werden[1].

---

[1] z.B. K. Sydsaeter, P. Hammond, A. Seierstad, A. Strøm: Further Mathematics for Economic Analysis, Harlow (England) 2005, A. C. Chiang, K. Wainwright: Fundamental Methods of Mathematical Economics , New York 4. ed. 2005

Lösungen

1.2 1a. $9x^2 + 6x + 1$ 1b. $y^2 - 8y + 16$ 1c. $4x^2 - 1$

1d. $-a^2x$ 1e. 0 1f. $x^4 - 1$

2a. $(1-a)(1+a)$ 2b. $(2x-3)(2x+3)$ 2c. $2x(x-2)(x+2)$

2d. $3x(x-1)(x-1)$ 3a. $x-1$ 3b. $\dfrac{x+y}{x-y}$ 3c. $m-1$

3d. $\dfrac{4x-3y}{x}$ 3e. $\dfrac{-3a}{b}$ 3f. $\dfrac{a+b}{a-b}$

3g. $\dfrac{x^2-y^2}{x^2+y^2}$ 3h. $\dfrac{a}{b}$ 3i. $\dfrac{a}{b}$

4a. $10a^7$ 4b. $12a^5b^3$ 4c. $(x-b)^{n+5}$

4d. $8x^6y^9$ 4e. $x^{-3}y^{12}$ 4f. a^2

4g. $m^{-6}n^{-12}k^6$ 4h. $x^{9/8}$ 4i. $a^{-1/2}b^{-1}$

4j. $x^{7/8}$ 4k. x^6 4l. a

5a. 120   5b. 50   5c. 23/12

5d. 55   5e. 1020   5f. $-2,25$

1.3 1. $M = \{$w, i, r, t, s, c, h, a, f, e, n$\} = \{$i, r, w, t, c, n, s, h, f, e, a$\}$
        $= \{x \mid x$ ist ein Buchstabe des Wortes "Wirtschaftswissenschaften"$\}$

2. $a \in \{a\}$, $\{a\} \subset \{a\}$, $\varnothing \subset \{0\}$

3a. $A \cup B = \{0, 1, 2, 3\}$ $A \cap B = \{3\}$ $A \setminus B = \{1, 2\}$ $B \setminus A = \{0\}$

3b. $A \cup B = \mathbf{N}$ $A \cap B = \varnothing$ $A \setminus B = A$ $B \setminus A = B$

3c. $A \cup B = B$ $A \cap B = \varnothing$ $A \setminus B = \varnothing$ $B \setminus A = B$

4. $\{ \}, \{a\}, \{b\}, \{c\}, \{d\}, \{a, b\}, \{a, c\}, \{a, d\}, \{b, c\}, \{b, d\}, \{c, d\},$
   $\{a, b, c\}, \{a, b, d\}, \{a, c, d\}, \{b, c, d\}, \{a, b, c, d\}$

5. $A \cup B = B$ $A \cap B = A$ $A \setminus B = \varnothing$

6a. $a \in A \cap B \Rightarrow a \in A, a \in B$ 6b. $a \in A \cup B \Rightarrow a \in A \vee a \in B$

6c. $a \in A \setminus B \Rightarrow a \in A, a \notin B$ 6d. $a \notin A \cap B \Rightarrow a \in A$ oder $a \in B$

6e. $a \notin A \cup B \Rightarrow a \notin A, a \notin B$ 6f. $a \notin A \setminus B \Rightarrow a \in A \vee a \in B$

7. $n = n(A \cup B) + n(C) = n(A) + n(B) - n(A \cap B) + n(C) = 50 + 40 - 35 + 10 = 65$

8b. $A \subset B \Leftrightarrow A \cap B = A$ 8d. $A \subset B \Rightarrow A \cup B = B$

9. $A \cap B = \{3, 5\}$ $A \setminus B = \{1, 7, 9, 11, \ldots\}$

9a. $M = (A \cap B) \cup (A \setminus B) = A$ $\overline{M}_{\mathbf{N}} = \mathbf{N} \setminus A = \{x \mid x = 2n, n \in \mathbf{N}\}$

9b. $M = (A \cap B) \cap (A \setminus B) = \varnothing$ $\overline{M}_{\mathbf{N}} = \mathbf{N} \setminus \varnothing = \mathbf{N}$

1.4 1a. $D = \{1, 2, 3, 4, 5\}$; $W = \{1, 2, 3, 4, 5\}$ keine Funktion

1b. $D = \{1, 2, 3, 4\}$; $W = \{3\}$ Funktion

1c. $D = \{x \mid 0 \le x \le 3\}$; $W = \{y \mid 1 \le y \le 9\}$ Funktion

2. $D = \{1, 2, 3, 4, 5, 6\}$; $W = \{y \mid y = 2x + 3, x \in D\} = \{5, 7, 9, 11, 13, 15\}$

3a. $D = \mathbf{R} \setminus \{-2\}$ 3b. $D = \{x \mid x \ge -4\}$ 3c. $D = \mathbf{R}$

4a. $D = \mathbf{R}$; $W = \mathbf{R}$ 4b. $y = f^{-1}(x) = x - 1$; $D = W_f = \mathbf{R}$; $W = D_f = \mathbf{R}$

5. $D = \mathbf{R}\backslash\{0\}$ $W = \mathbf{R}\backslash\{0\}$

6aa. $f(g(x)) = \dfrac{x}{1 + 2x}$ $D = \{x \mid x \in \mathbf{R}\backslash\{0\}, 1/x \in \mathbf{R}\backslash\{-2\}\} = \mathbf{R}\backslash\{0, -\tfrac{1}{2}\}$

6ba. $g(f(x)) = x + 2$ $D = \{x \mid x \in \mathbf{R}\backslash\{-2\}, \dfrac{1}{x+2} \in \mathbf{R}\backslash\{0\}\} = \mathbf{R}\backslash\{-2\}$

6ab. $f(g(x)) = \sqrt{\dfrac{1}{x} + 4}$ $D = \{x \mid x \in \mathbf{R}\backslash\{0\}, 1/x \ge -4\} = \mathbf{R}\backslash\{x \mid -\tfrac{1}{4} < x \le 0\}$

6bb. $g(f(x)) = \dfrac{1}{\sqrt{x+4}}$ $D = \{x \mid x \ge -4, \sqrt{x+4} \in \mathbf{R}\backslash\{0\}\} = \{x \mid x > -4\}$

6ac. $f(g(x)) = \sqrt{\dfrac{x^2}{1 + x^2}}$ $D = \{x \mid x \in \mathbf{R}\backslash\{0\}, 1/x \in \mathbf{R}\} = \mathbf{R}\backslash\{0\}$

6bc. $g(f(x)) = \sqrt{x^2 + 1}$ $D = \{x \mid x \in \mathbf{R}, \dfrac{1}{\sqrt{x^2+1}} \in \mathbf{R}\backslash\{0\}\} = \mathbf{R}$

7a. $f(0) = 0^3 - 0 + 1 = 1$; $f(2) = 2^3 - 2 + 1 = 7$; $f(-1) = (-1)^3 - (-1) + 1 = 1$

     $f(a) = a^3 - a + 1$; $f(1 + a) = (1+a)^3 - (1+a) + 1 = 1 + 2a + 3a^2 + a^3$

7b. $f(0) = \dfrac{0}{0+1} = \dfrac{0}{1} = 0$; $f(2) = \dfrac{2}{2+1} = \dfrac{2}{3}$; $f(-1) = \dfrac{-1}{-1+1}$ nicht definiert

     $f(a) = \dfrac{a}{a+1}$ $f(1+a) = \dfrac{1+a}{1+a+1} = \dfrac{1+a}{2+a}$

8a. $f(-x) = (-x)^2 + 1 = x^2 + 1 = f(x)$ gilt für alle $x \in \mathbf{R}$

8b. $f(x+1) = f(x) + 1$ gilt nur für $x = 0$

8c. $f(2x) = 2f(x)$ gilt nur für $x_{1/2} = \pm\sqrt{0,5}$

1.5   1.   wahr: b, c, e, f ;   falsch: a, d

       2. $\sqrt{2} + \sqrt{8} \le \sqrt{18} \Rightarrow \left(\sqrt{2} + \sqrt{8}\right)^2 \le \left(\sqrt{18}\right)^2 \Rightarrow 2 + 2\sqrt{2}\sqrt{8} + 8 \le 18 \Rightarrow$

          $\Rightarrow 2\sqrt{2}\sqrt{8} \le 8 \Rightarrow 2\sqrt{16} \le 8 \Rightarrow 2 \cdot 4 \le 8 \Rightarrow 8 \le 8$

       3. $x \le y \wedge y \le x \Rightarrow x = y$ 4.   wahr: c ;   falsch: a, b

       5a. $M = \{x \mid 2 < x\}$ 5b. $M = \{x \mid x < 0,5\}$ 5c. $M = \{x \mid x < 8\}$

       6a. $L = \{x \mid -4/3 < x < 2\}$ 6b. $L = \{x \mid -2 < x < 1\}$ 6c. $L = \{x \mid 1 < x < 3\}$

       7a. $L = \{x \mid 0 < x < 1\}$ 7b. $L = L_1 \cup L_2 = \{x \mid x < -1 \text{ oder } 2 < x\}$

       7c. $L_1 = \{x \mid x > 0\}$; $L_2 = \{x \mid x < -1/3\}$; $L = L_1 \cup L_2 = \{x \mid x < -1/3 \vee x > 0\}$

       9. $D_{\max} = \{x \mid -6 \le x \le 6\}$

1.6.1   1a.   1, 8, 15, 22, **29, 36, 43,** . . .   ; $a_n = 1 + (n-1) \cdot 7$

          1b.   18, 14, 10, 6, 2, **−2, −6, −10,** . . .   ; $a_n = 18 - (n-1) \cdot 4$

          1c.   3, 6, 12, 24, **48, 96, 192,** . . .   ; $a_n = 3 \cdot 2^{n-1}$

          1d.   90, 30, 10, $\dfrac{10}{3}$, $\dfrac{\mathbf{10}}{\mathbf{9}}$, $\dfrac{\mathbf{10}}{\mathbf{27}}$, $\dfrac{\mathbf{10}}{\mathbf{81}}$, . . .   ; $a_n = 90 \cdot (1/3)^{n-1}$

2a. $a_n = 5 + (n-1)\cdot 6$; $\{a_n\} = \{\,5,\ 11,\ 17,\ 23,\ 29,\ \ldots\}$

2b. $a_n = 120\cdot(1/4)^{n-1}$; $\{a_n\} = \{120,\ 30,\ 7.5,\ 1.875,\ 0.46875,\ \ldots\}$

2c. $a_n = 50\cdot(1,07)^{n-1}$; $\{a_n\} = \{50,\ 53.5,\ 57.25,\ 61.25,\ 65.54,\ ..\}$

3a. $\displaystyle\sum_{i=1}^{\infty} a_i = \sum_{i=1}^{\infty}(5 + (i-1)\cdot 6)$; $\{s_n\} = \{5,\ 16,\ 33,\ 56,\ 85,\ \ldots\}$

3b. $\displaystyle\sum_{i=1}^{\infty}(120\cdot(1/4)^{i-1})$; $\{s_n\} = \{120,\ 150,\ 157.5,\ 159.375,\ 159.844,\ \ldots\}$

3c. $\displaystyle\sum_{i=1}^{\infty} a_i = \sum_{i=1}^{\infty}(50\cdot(1,07)^{i-1})$; $\{s_n\} = \{50,\ 103.5,\ 160.7,\ 222.0,\ 287.6,\ \ldots\}$

1.6.2   1a. $a_n = 6 + (n-1)\cdot 3$ 1b. $a_{11} = 36$ 1c. $s_{10} = 5(6+33) = 195$

       2a. $a_{10} = 12 + 9\cdot 2 = 30$ 2b. $s_{10} = 5(12+30) = 210$

       3. $a_n = 1 + (n-1)\cdot 1 = n$; $s_{12} = \frac{n}{2}(1+n) = 6\cdot(1+12) = 78$; $s = 6\cdot s_{12} = 468$

       4. $a_n = 40 + (n-1)\cdot 2$; $s_{32} = 16(a_1 + a_{32}) = 16(40 + 102) = 2.272$

       5. $a_n = 5 + (n-1)\cdot 2$; $s_{1200} = 600(a_1 + a_{1200}) = 600(5 + 2.403) = 1.444.800$

       6a. $d = \dfrac{A-S}{T} = \dfrac{12000 - 2000}{5} = 2000$;   6b. $B_t = A - dt = 12.000 - 2.000t$

       7a. $a_n = 120 + (n-1)40$; $a_{12} = 560$;   7b. $s_{12} = 6(120 + 560) = 4.080$

1.6.3   1a. $K_t = (1+i)^t K_0 = (1+0,09)^{10}\, 5.000 = 2,36736 \cdot 5.000 = 11.836,8$

       1b. $K_0 = \dfrac{K_t}{(1+i)^t} = \dfrac{10.000}{(1+0.09)^{10}} = 4.224,11$

       1c. $2K_0 = (1+i)^t K_0 \Rightarrow 2^{1/t} = 1+i \Rightarrow i = 2^{1/t} - 1 = 2^{1/10} - 1 = 0,07177$

       2a. $r = 1 - (B_T/A)^{1/T} = 1 - (2000/12000)^{1/5} = 1 - (1/6)^{1/5} = 0,3012 \approx 0,30$

       2b. $B_t = (1-r)^t A = (1-0,30)^t \cdot 12.000 = 0,7^t \cdot 12.000$

       3. $a_n = 2^{n-1}$; $s_{64} = \dfrac{1-q^t}{1-q} = \dfrac{1-2^{64}}{1-2} = 2^{64} - 1 = 1,844674407 \cdot 10^{19}$

       4. $K_0 \le \dfrac{R}{i} \Rightarrow i \le \dfrac{R}{K_0} = \dfrac{6\cdot 10^4}{10^6} = \dfrac{6}{10^2} = 0,06$

       5a. $E_t = R\,\dfrac{q^t - 1}{q^t(q-1)} = 18.000 \cdot \dfrac{1,1^{15} - 1}{1,1^{15}(1,1-1)} = 136.909,43$

       5b. $E_\infty = \dfrac{R}{i} = \dfrac{18.000}{0,1} = 180.000$

       5c. $E_t = R\,\dfrac{q^t - 1}{q^t(q-1)} + \dfrac{P_t}{q^t} = 136.909,43 + \dfrac{3.000}{1,1^{15}} = 136.909,43 + 718,18$

6a. $K_t = Rq\dfrac{1-q^t}{1-q} = 715 \cdot (1+0,09) \cdot \dfrac{1-1,09^{10}}{1-1,09} = 11.840,60$

6b. $K_0 = \dfrac{K_t}{q^t} = Rq\dfrac{1-q^t}{q^t(1-q)} = 5.001,60$ 6c.   5.001,60

7. $K_{35}^R = R\dfrac{q^t-1}{q^t(q-1)} = 12.000 \cdot \dfrac{1,06^{20}-1}{1,06^{20}(1,06-1)} = 137.639,05$

    $A = K_{35} \cdot \dfrac{q-1}{q^t-1} = 137.639,05 \cdot \dfrac{1,06-1}{1,06^{35}-1} = 1.235,15$

8a. $A = K_0\dfrac{q^t(q-1)}{q^t-1} = 150.000 \cdot \dfrac{1,07^{12}(1,07-1)}{1,07^{12}-1} = 18.885,3$

8b. $T_1 = A - Z_1 = A - iK_0 = 18.885,3 - 10.500 = 8.385,3$

8c. $T_{10} = q^{10-1}T_1 = 1,07^9 \cdot 8.385,3 = 1,838 \cdot 8.385,3 = 15.416,03$

    $Z_{10} = A - T_{10} = 18.885,3 - 15.416,03 = 3.469,27$

8d. $S_{10} = K_0 - T_1\dfrac{q^t-1}{q-1} = 150.000 - 8.385,3\dfrac{1,07^t-1}{1,07-1} = 34.144,96$

2.1.1   2. $(x,y) = (5,0); (x,y) = (0,15)$ 3. $p = -100x/50 + 100 = -2x + 100$

      5. $y = (x-2)^2 + 1; (2,1)$ 6b. $(x,y) = (10,0); (0,20)$ 6c. $(x,y) = (5,15)$

      7a. keine; $x = -1; y = 0$ 7b. $x = 2; x = -3; y = -1$ 7c. $x = 0; x = 1; y = -1$

2.1.2   4. $K = 2 + 0,25e^{0,5x}$ $K_f = 2 + 0,25 = 2,25$ $K_v = 0,25e^{0,5x} - 0,25$

      5a. $\log 10 = 1$ 5b. $\log 1 = 0$ 5c. $\log_5 125 = 3$

      5d. $\log_2 8 = 3$ 5e. $\log\dfrac{1}{10} = -1$ 5f. $\log_2\dfrac{1}{4} = -2$

      6a. $x = 10^3 = 1000$ 6b. $x = 10^{-2} = 1/100$ 6c. $x = 10^2 = 100$

      6d. $x = 2^2 = 4$ 7a. $\ln x^{2/3} = \dfrac{2}{3}\ln x$ 7b. $\ln x + \ln y - \ln z$

      7c. $3\log x - \log(x+1) - \log(x-1)$ 7d. $\dfrac{5}{2}\log x - 5\log(1+x)$

      8a. $y = 0,5\ln x$ 8b. $y = \ln x + 1$ 8c. $y = \sqrt{0,5\ln(x+1)}$

      8d. $y = e^x + 1$ 9. $t = -\ln\left[1 + (1-q)\dfrac{K}{A}\right]\dfrac{1}{\ln q} = 6,64$

      10a. $t_h = \dfrac{\ln 2}{r} = \dfrac{0,693}{0,25} = 2,77$ [Jahre]   b. $rt_h = \ln 2 = 0,693\ldots$

2.3   1. $\lim\limits_{x\to 0_+} h(x) = 1 \neq -1 = \lim\limits_{x\to 0_-} h(x)$; der Grenzwert existiert nicht.

      2. $\lim\limits_{x\to 2}\dfrac{x^2-4}{x-2} = \lim\limits_{x\to 2}(x+2) = 4$ 3. $\lim\limits_{x\to\infty}\dfrac{x-1}{3x+2} = \dfrac{1}{3}$

4a. $\lim_{x \to 1}(x^2 + 3x + 2) = 6$ 4b. $\lim_{x \to 0}(x^3 + 6x + 4) = 4$ 4c. $\lim_{x \to 3}\dfrac{3x - 2}{x - 2} = 7$

5a. $\lim_{x \to \infty}\dfrac{x^3 - 5x + 6}{2x^3 - 2} = \dfrac{1}{2}$ b. $\lim_{x \to 0}\dfrac{x^3 - 2x + 5}{x^2 - 3x + 2} = \dfrac{5}{2}$ c. $\lim_{x \to 0}\dfrac{x^2 - x}{3x^3 + 3x} = -\dfrac{1}{3}$

6. $f(3) := \lim_{x \to 3} f(x) = 6$ 7. Nein, da Sprungstelle bei $x_0 = 0$.

8. Der Grenzwert existiert nicht. Links- und rechtsseitiger Grenzwert sind an der Sprungstelle verschieden

$$\lim_{x \to 0_+} f(x) = \lim_{x \to 0_+}\frac{x(x+1)}{|x|} = \lim_{x \to 0_+}\frac{x(x+1)}{x} = \lim_{x \to 0_+}(x+1) = 1$$

$$\lim_{x \to 0_-} f(x) = \lim_{x \to 0_-}\frac{x(x+1)}{|x|} = \lim_{x \to 0_-}\frac{x(x+1)}{-x} = \lim_{x \to 0_-}(-x-1) = -1$$

Die Funktion ist an der Stelle $x = 0$ unstetig.

3.3   1a. $y' = 6$ 1b. $y' = 3x^2 + 1$ 1c. $y' = 8x + 2$

1d. $y' = \frac{1}{2}x^{-1/2}$ 1e. $y' = 6x + \frac{1}{3}x^{-2/3}$ 1f. $y' = -\frac{5}{3}x^{-4/3}$

1g. $y' = 3x^{-2/5} + 6$ 1h. $y' = 27x^2 - \frac{5}{4}x^{-5/4}$ 1i. $y' = 40x^3 - 4x$

2a. $y' = 2x$ 2b. $y' = 12x^3$ 2c. $y' = \frac{5}{2}\sqrt{x}^3$

2d. $y' = \frac{5}{6}x^{-1/6}$ 2e. $y' = 3x^2 - 2x + 2$ 2f. $y' = 6x^5 - 15x^4$

2g. $\frac{5}{2}x^{3/2} + 6x + 3x^{-1/2}$ 2h. $-3x^{-2} - 14x^{-3} + 24$ 2i. $y' = 2x$

3a. $y' = 0$ 3b. $y' = 1/(2\sqrt{x})$ 3c. $y' = 1 + 3/x^2$

3d. $y' = 2(x - 1)$ 3e. $y' = -24/x^7$ 3f. $y' = 1 - 32/x^3$

3g. $y' = \dfrac{x^2 - 12x + 23}{(x - 6)^2}$ 3h. $-\dfrac{6}{x^2} - \dfrac{8}{x^3} - \dfrac{9}{x^4}$ 3i. $y' = 1$

4a. $y' = 2x^3 3x^2 = 6x^5$ 4b. $y' = 6\sqrt{x/2}$ 4c. $y' = 24x^2$

4d. $y' = 4(0{,}5x^2 - 2)^3 x$ 4e. $y' = -\frac{1}{3}(x + 3)^{-4/3}$

4f. $y' = \frac{3}{2}(x^2 + 2x)^{1/2}(2x + 2)$ 4g. $y' = 5(x + 1)^4$

4h. $y' = \dfrac{-3x^2 + 4x - 5}{(x^3 - 2x^2 + 5x)^2}$ 4i. $y' = -2(x^2 - x)^{-3}(2x - 1)$

3.4   1a. $6x^2 + 8x - 1$ 1b. $3x^2 - 7 - 2/x^2$ 1c. $-6/x^2 - 8/x^3$

1d. $6(2x^2 + 4x)^5(4x + 4)$ 1e. $-2/x^3 - 4/x^5$ 1f. $\frac{1}{3}(x^{-2/3} - x^{-4/3})$

1g. $y' = (x^2 - 1)^{-1/2}x$ 1h. $y' = \frac{3}{4}x^{-1/4}$ 1i. $-(3x^2 + 4)/(x^2 - 4)^3$

2a. $y' = 2/x$ 2b. $y' = -1/x$ 2c. $y' = 2(\ln x)/x$

2d. $y' = (1 - \ln x)/x^2$ 2e. $y' = 1/(x \ln x)$ 2f. $y' = 2/(1 + 2x)$

2g. $y' = 4\ln x^2 / x$ 2h. $y' = 1/(x(x + 1))$ 2i. $y' = \ln x + 1$

3a. $y' = 3e^{3x}$ 3b. $y' = -e^{1-x}$ 3c. $y' = -e^{1/x}/x^2$

3d. $y' = 2xe^{x^2}$ 3e. $y' = \ln 3 \cdot 3^{3x+1}$ 3f. $(2-x)e^{(x-1)/x^2}/x^3$

3g. $y' = \ln 2 \cdot 2x \cdot 2^{x^2}$ 3h. $y' = \frac{1}{2}x^{-1/2}e^{\sqrt{x}}$ 3i. $y' = 2e^x(e^x+1)^{-2}$

3.6   1a. $y'(6)=0$; $y''(6)=2>0$ Minimum $(x,y)=(6,-24)$

1b. $y'(0)=0$; $y''(0)=-1<0$ Maximum $(x,y)=(0,6)$

$y'(1)=0$; $y''(1)=1>0$ Minimum $(x,y)=(1,5.83)$

$y''(0.5)=0$; $y'''(0.5)=2\neq0$ Wendepunkt $(x,y)=(0.5,5.92)$

1c. $y'(2)=0$; $y''(2)=-2<0$ Maximum $(x,y)=(2,1)$

1d. $y'(1)=0$; $y''(1)=-6<0$ Maximum $(x,y)=(1,6)$

$y'(-1)=0$; $y''(-1)=6>0$ Minimum $(x,y)=(-1,2)$

$y''(0)=0$; $y'''(0)=-6\neq0$ Wendepunkt $(x,y)=(0,4)$

1e. $y'(2)=0$; $y''(2)=1>0$ Minimum $(x,y)=(2,4)$

$y'(-2)=0$; $y''(-2)=-1<0$ Maximum $(x,y)=(-2,-4)$

1f. $y'(1)=0$; $y''(1)=-e^{-1}<0$ Maximum $(x,y)=(1,e^{-1})$

$y''(2)=0$; $y'''(2)=e^{-2}\neq0$ Wendepunkt $(x,y)=(2,2e^{-2})$

1g. $y'(0)=0$; $y''(0)=2>0$ Minimum $(x,y)=(0,0)$

$y'(2)=0$; $y''(2)=-2e^{-2}<0$ Maximum $(x,y)=(2,4e^{-2})$

$y''(3.4)=0$; $y'''(3.4)=2.8e^{-3.4}\neq0$ Wendepunkt $(x,y)=(3.4,0.4)$

$y''(0.6)=0$; $y'''(0.6)=-2.8e^{-0.6}\neq0$ Wendepunkt $(x,y)=(0.6,0.2)$

1h. $y'(e^{-0.5})=0$; $y''(e^{-0.5})=2>0$ Minimum $(x,y)=(e^{-0.5},-e^{-1}/2)$

$y''(e^{-1.5})=0$; $y'''(e^{-1.5})=2e^{1.5}\neq0$ Wendepunkt $(e^{-1.5},-3e^{-3}/2)$

2a. streng monoton wachsend für $x>6$, streng monoton fallend für $x<6$

2b. streng monoton wachsend für $x<-2$ und $x>2$,
streng monoton fallend für $-2<x<0$ und $0<x<2$

3a. konkav in den Intervallen $(-\infty,-\sqrt{3})$, $(0,\sqrt{3})$ und
konvex in den Intervallen $(-\sqrt{3},0)$, $(\sqrt{3},\infty)$

3b. konkav gekrümmt für $x<-2$ und konvex gekrümmt für $x>-2$

3.7   1. $\overline{K}=0{,}4x+2+10/x$; $\overline{K}'=0{,}4-10/x^2=0$; $\overline{K}''=20/x^3>0$
DK-Min $(x,\overline{K})=(5,6)$; $\overline{K}(5)=K'(5)=0{,}8x+2=0{,}8\cdot5+2=6$

2a. $K=\overline{K}x=25x-8x^2+x^3$; $\overline{K}'=-8+2x=0$; $\overline{K}''(x)=2>0$
DK-Min $(x,\overline{K})=(4,9)$; $\overline{K}(4)=K'(4)=25-16x+3x^2=9$

2b. $K=\overline{K}x=3x^2+5x+75$; $\overline{K}'=3-75/x^2=0$; $\overline{K}''(x)=150/x^3>0$
DK-Min $(x,\overline{K})=(5,35)$; $\overline{K}(5)=K'(5)=6x+5=35$

3a. $G=-0{,}2x^2+10x-80$; $G'=-0{,}4x+10=0$; $G''(x)=-0{,}4<0$

G-Max $(x,G) = (25,45)$; $G = 0 \Rightarrow x_{1/2} = 25 \pm \sqrt{25^2 - 400} = 25 \pm 15$

3b. $G = -0,3x^2 + 12x - 90$; $G' = -0,6x + 12 = 0$; $G''(20) = -0,6 < 0$

G-Max $(x,G) = (20,30)$; $G = 0 \Rightarrow x_{1/2} = 20 \pm \sqrt{20^2 - 300} = 20 \pm 10$

4. $E = p(x)x = 10x - 2x^2$; $E'(2.5) = 10 - 4x = 0$; $E''(2.5) = -4 < 0$

E-Max $(x,E) = (2.5, 12.5)$; $\bar{E} = E/x = p(x) = 10 - 2x$

5. $G = -2x^2 + 8x - 2$; $G'(2) = -4x + 8 = 0$; $G''(2) = -4 < 0$

G-Max $(x,G) = (2,6)$; $G(2) = -2 \cdot 2^2 + 8 \cdot 2 - 2 = 6$; $p(2) = 10 - 2 \cdot 2 = 6$

6. $\varepsilon_{x/p} = -\dfrac{dx}{dp}\dfrac{p}{x} = -\dfrac{-1}{2}\dfrac{p}{x} = \dfrac{1}{2}\dfrac{p}{x}$; $\varepsilon_{x/p} = \dfrac{1}{2}\dfrac{6}{2} = \dfrac{6}{4} = \dfrac{3}{2}$

7. $\varepsilon_{K/x} = \dfrac{dK}{dx}\dfrac{x}{K} = \dfrac{K'}{K}x = \dfrac{b \cdot ax^{b-1}}{ax^b}x = b\dfrac{ax^b}{ax^b} = b = \text{const.}$

4.3 1a. $u_x = y - 1/x$ $\qquad\qquad$ $u_y = x - 1/y$

1b. $z_x = e^{x/y}$ $\qquad\qquad$ $z_y = e^{x/y}(1 - x/y)$

1c. $z_x = 2y/(x+y)^2$ $\qquad\qquad$ $z_y = -2x/(x+y)^2$

1d. $z_x = 3x^2 + 6xy + 6y^2$ $\qquad\qquad$ $z_y = 3x^2 + 12xy - 3y^2$

1e. $z_x = z/(2x)$ $\qquad\qquad$ $z_y = z/(2y)$

1f. $u_x = ae^{ax+by^2}$ $\qquad\qquad$ $u_y = 2bye^{ax+by^2}$

2a. $z_{xx} = 2y$ $\qquad$ $z_{yy} = 2$ $\qquad$ $z_{xy} = z_{yx} = 2x$

2b. $z_{xx} = (\alpha-1)\alpha z/x^2$ $\quad$ $z_{yy} = (\beta-1)\beta z/y^2$ $\quad$ $z_{xy} = z_{yx} = \alpha\beta z/xy$

2c. $z_{xx} = 0$ $\qquad\qquad$ $z_{yy} = xe^{1/y}(2y+1)/y^4$

$z_{xy} = z_{yx} = 1 - e^{1/y}/y^2$

2d. $z_{xx} = \dfrac{4y}{(x-y)^3}$ $\qquad$ $z_{yy} = \dfrac{4x}{(x-y)^3}$ $\qquad$ $z_{xy} = -\dfrac{2(x+y)}{(x-y)^3}$

2e. $z_{xx} = \dfrac{2(y^2-x^2)}{(x^2+y^2)^2}$ $\quad$ $z_{yy} = \dfrac{2(x^2-y^2)}{(x^2+y^2)^2}$ $\quad$ $z_{xy} = -\dfrac{4xy}{(x^2+y^2)^2}$

2f. $u_{xx} = (6x+14x^3+4x^5)e^{x^2+y}$; $u_{yy} = x^3e^{x^2+y}$; $u_{xy} = (3x^2+2x^4)e^{x^2+y}$

3a. $dz = z_x dx + z_y dy = (3x^2 + 2xy)dx + (x^2 - 3y^2)dy$

3b. $du = u_x dx + u_y dy + u_z dz = \dfrac{x}{x^2-y^2+z}dx - \dfrac{y}{x^2-y^2+z}dy + \dfrac{1/2}{x^2-y^2+z}dz$

3c. $du = u_x dx + u_y dy + u_z dz = yze^{xyz}dx + xze^{xyz}dy + xye^{xyz}dz$

3d. $dz = z_x dx + z_y dy = (6x^2 + 4y^2)dx + (8xy + 9y^2)dy$

3e. $du = u_x dx + u_y dy + u_z dz = y^2 z^3 dx + 2xyz^3 dy + 3xy^2 z^2 dz$

3f. $dz = z_x dx + z_y dy = \frac{3}{4} 2 x^{-1/4} y^{1/4} dx + \frac{1}{4} 2 x^{3/4} y^{-3/4} dy$

4a. $\dfrac{dy}{dx} = -\dfrac{2x - ay}{2y - ax}$ 4b. $\dfrac{dy}{dx} = -\dfrac{y}{2x}$ 4c. $\dfrac{dy}{dx} = -\dfrac{y}{x + z}$

4d. $\dfrac{dy}{dx} = -\dfrac{\ln y + y/x}{x/y + \ln x}$ 4e. $\dfrac{dy}{dx} = -y$ 4f. $\dfrac{dy}{dx} = -\dfrac{3y}{x}$

5a. $\varepsilon_{z/x} = 1/3$ $\varepsilon_{z/y} = 2/3$ 5b. $\varepsilon_{z/x} = x$ $\varepsilon_{z/y} = -y$

5c. $\varepsilon_{z/x} = xy$ $\varepsilon_{z/y} = xy$ 5d. $\varepsilon_{z/x} = 1$ $\varepsilon_{z/y} = 2y$

4.4

1a. $\partial x / \partial p_y = -1 < 0$ y ist Komplement von x

1b. $\partial x / \partial p_y = 1 > 0$ y ist Substitut von x

1c. $\partial x / \partial p_y = 1/p_x > 0$ y ist Substitut von x für $p_x > 0$

1d. $\partial x / \partial p_y = -4 p_x /(p_x p_y)^2 < 0$ y ist Komplement von x ; $p_x, p_y > 0$

2a. $K_x = 2\ln(y+1)$ $K_{xx} = 0$

$K_y = 2x/(y+1)$ $K_{yy} = -2x/(y+1)^2 < 0$; $x > 0$; $y \geq 0$

        $K_{xy} = 2/(y+1) > 0$; $y \geq 0$

2b. $K_x = 2x\ln(y+10)$ $K_{xx} = 2\ln(y+10) > 0$; $y \geq 0$

$K_y = x^2/(y+10)$ $K_{yy} = -x^2/(y+10)^2 < 0$; $x > 0$; $y \geq 0$

        $K_{xy} = 2x/(y+10) > 0$; $x > 0$; $y \geq 0$

2c. $K_x = 2x + y$ $K_{xx} = 2 > 0$

$K_y = 4y + x$ $K_{yy} = 4 > 0$ $K_{xy} = 1 > 0$

2d. $K_x = 2xy^2 + 3y$ $K_{xx} = 2y^2 > 0$; $y > 0$

$K_y = 2x^2 y + 3x + 1$ $K_{yy} = 2x^2 > 0$; $x > 0$

        $K_{xy} = 4xy + 3 > 0$; $x \geq 0$; $y \geq 0$

3a. $f_x = 4x + 4 = 0$; $f_y = 2y = 0$ $\Rightarrow (x,y) = (-1, 0)$

$f_{xx} f_{yy} - f_{xy}^2 = 4 \cdot 2 - 0^2 = 8 > 0$ $\Rightarrow$ Extremum

$f_{xx} = 4 > 0$; $f_{yy} = 2 > 0$ $\Rightarrow$ Minimum an der Stelle $(-1, 0)$

3b. $f_x = y + 1 = 0$; $f_y = x - 1 = 0$ $\Rightarrow (x,y) = (1, -1)$

$f_{xx} f_{yy} - f_{xy}^2 = 0 \cdot 0 - 1^2 = -1 < 0$ $\Rightarrow$ Sattelpunkt bei $(1, -1)$

3c. $f_x = 2x + y - 6 = 0$; $f_y = x + 2y = 0$ $\Rightarrow (x,y) = (4, -2)$

$f_{xx} f_{yy} - f_{xy}^2 = 2 \cdot 2 - 1^2 = 3 > 0$ $\Rightarrow$ Extremum

$f_{xx} = 2 > 0$; $f_{yy} = 2 > 0$ $\Rightarrow$ Minimum an der Stelle $(4, -2)$

3d. $f_x = 4x - 2y + 5 = 0$; $f_y = -2x + 2y - 3 = 0$ $\Rightarrow (x,y) = (-1, 0.5)$

$f_{xx} f_{yy} - f_{xy}^2 = 4 \cdot 2 - (-2)^2 = 4 > 0$ $\Rightarrow$ Extremum

$f_{xx} = 4 > 0; f_{yy} = 2 > 0$ $\Rightarrow$ Minimum an der Stelle $(-1, 0.5)$

3e. $f_x = 2x + 2y = 0; f_y = 2x = 0$ $\Rightarrow$ $(x, y) = (0, 0)$

$f_{xx} f_{yy} - f_{xy}^2 = 2 \cdot 0 - 2^2 = -4 < 0$ $\Rightarrow$ Sattelpunkt bei $(0, 0)$

3f. $z_x = 2x^2 + 2y - 4 = 0; z_y = 2x - 2y = 0 \Rightarrow 2x^2 + 2x - 4 = 0 \Rightarrow$

Sattelpunkt an der Stelle $(x_1, y_1) = (1, 1)$:

$z_{xx} z_{yy} - z_{xy}^2 = 4x \cdot (-2) - 2^2 = 4 \cdot 1 \cdot (-2) - 2^2 = -8 - 4 = -12 < 0$

Maximum an der Stelle $(x_2, y_2) = (-2, -2)$:

$z_{xx} z_{yy} - z_{xy}^2 = 4x \cdot (-2) - 2^2 = 4 \cdot (-2) \cdot (-2) - 2^2 = 16 - 4 = 12 > 0$

$z_{xx} = 4x = 4 \cdot (-2) = -8 < 0; z_{yy} = -2 < 0$

4a. $G = -2x^2 + 20x - y^2 + 12y - 36$

$G_x = -4x + 20 = 0; G_y = -2y + 12 = 0 \Rightarrow (x, y) = (5, 6); G(5,6) = 50$

$G_{xx} G_{yy} - G_{xy}^2 = (-4)(-2) - 0^2 = 8 > 0 \Rightarrow$ Extremum

$G_{xx} = -4 < 0, G_{yy} = -2 < 0$ $\Rightarrow$ Maximum an der Stelle $(5, 6)$

4b. $G = -x^2 + 10x - 2y^2 + 30y + xy - 50$

$G_x = -2x + 10 + y = 0; G_y = -4y + 30 + x = 0 \Rightarrow (x, y) = (10, 10)$

$G_{xx} G_{yy} - G_{xy}^2 = (-2)(-4) - 1^2 = 7 > 0 \Rightarrow$ Extremum; $G(10,10) = 150$

$G_{xx} = -2 < 0, G_{yy} = -4 < 0$ $\Rightarrow$ Maximum an der Stelle $(10, 10)$

4.5 1a. $L_x = 2x - y - \lambda = 0; L_y = 4y - x - \lambda = 0; L_\lambda = -(x + y - 8) = 0$;

$\Rightarrow$ Kritischer Punkt der Lagrangefunktion $(x, y, \lambda) = (5, 3, 7)$

$f_{xx} f_{yy} - f_{xy}^2 = 2 \cdot 4 - (-1)^2 = 7 > 0 \Rightarrow$ Extremum

$f_{xx} = 2 > 0; f_{yy} = 4 > 0$ $\Rightarrow$ Minimum an der Stelle $(5, 3)$

Die Zielfunktion $f(x, y) = x^2 + 2y^2 - xy$ hat unter der Nebenbedingung $x + y = 8$ an der Stelle $(x, y) = (5, 3)$ ein relatives Minimum.

1b. $L_x = 2x - \lambda = 0; L_y = -20y + \lambda = 0; L_\lambda = -(x - y - 18) = 0$;

$\Rightarrow$ Kritischer Punkt der Lagrangefunktion $(x, y, \lambda) = (20, 2, 40)$

$f_{xx} f_{yy} - f_{xy}^2 = 2 \cdot (-20) - 0 = -40 < 0$ $\Rightarrow$ Die hinreichenden Bedingungen für ein beschränktes Extremum sind nicht erfüllt! (Ob ein Extremum vorliegt, lässt sich nur durch Untersuchung der Umgebung des kritischen Punktes beurteilen $\Rightarrow$ Maximum)

1c. $L_x = 2y - 2x - \lambda = 0; L_y = 2x - 6y - \lambda = 0; L_\lambda = -(x + y - 15) = 0$;

$\Rightarrow$ Kritischer Punkt der Lagrangefunktion $(x, y, \lambda) = (10, 5, -10)$

$f_{xx} f_{yy} - f_{xy}^2 = (-2) \cdot (-6) - 2^2 = 8 > 0 \Rightarrow$ Extremum

$f_{xx} = -2 < 0; f_{yy} = -6 < 0$ $\Rightarrow$ Maximum an der Stelle $(10, 5)$

1d. $L_x = 12x + 3y - 3\lambda = 0; L_y = 3x + 4y - \lambda = 0; L_\lambda = -(3x + y - 100) = 0$;

$\Rightarrow$ Kritischer Punkt der Lagrangefunktion $(x, y, \lambda) = (30, 10, 130)$

$f_{xx}f_{yy} - f_{xy}{}^2 = 12 \cdot 4 - 3^2 = 39 > 0 \quad \Rightarrow$ Extremum

$f_{xx} = 12 > 0; f_{yy} = 4 > 0 \qquad\qquad \Rightarrow$ Minimum an der Stelle $(30, 10)$

1e. $L_x = x - 6y - \lambda = 0; L_y = -6x + 4y - 2\lambda = 0; L_\lambda = -(x + 2y - 12) = 0;$

$\Rightarrow$ Kritischer Punkt der Lagrangefunktion $(x, y, \lambda) = (6, 3, -12)$

$f_{xx}f_{yy} - f_{xy}^2 = 1 \cdot 4 - (-6)^2 = -32 < 0 \quad \Rightarrow$ Die hinreichenden Bedingungen für ein beschränktes Extremum sind nicht erfüllt!

1f. $L_x = -8x + 4y + 10 - \lambda = 0; L_y = 4x - 2y - 2\lambda = 0; L_\lambda = -(x + 2y - 21) = 0;$

$\Rightarrow$ Kritischer Punkt der Lagrangefunktion $(x, y, \lambda) = (5, 8, 2)$

$f_{xx}f_{yy} - f_{xy}^2 = (-8)(-2) - 4^2 = 0 \quad \Rightarrow$ Die hinreichende Bedingung für ein beschränktes Extremum ist nicht erfüllt!

2. Haushaltsoptimum $(x_1, x_2, \lambda) = (3, 2, 1)$

3. Minimalkostenkombination $(v_1, v_2, \lambda) = (10, 5, 0.1913)$

4. $L(x_1, x_2, \lambda) = 0{,}5x_1^2 + x_1 + x_2^2 + x_2 + 1000 - \lambda(x_1 + x_2 - 200)$

$L_1 = x_1 + 1 - \lambda = 0; L_2 = 2x_2 + 1 - \lambda = 0; L_\lambda = -(x_1 + x_2 - 200) = 0$

$\Rightarrow$ Kritischer Punkt der L-Funktion $(x_1, x_2, \lambda) = (133.3, 66.7, 134.3)$

$K_{11}K_{22} - K_{12}^2 = 1 \cdot 2 - 0^2 = 2 > 0 \quad \Rightarrow$ Extremum

$K_{11} = 1 > 0; K_{22} = 2 > 0 \qquad\qquad \Rightarrow$ Minimum bei $(133.3, 66.7)$

Die Kostenfunktion $K = 0{,}5x_1^2 + x_1 + x_2^2 + x_2 + 1000$ hat unter der Nebenbedingung $x_1 + x_2 = 200$ an der Stelle $(x_1, x_2) = (133.3, 66.7)$ ein relatives Minimum.

5.1 1. $b^2 + 3b - a^2 - 3a$ 2. $b^3/3 - a^3/3$

5.2 1a. $8/3x^3 + 4x + C$ 1b. $2/5x^{5/2} + C$ 1c. $-x^{-2}/2 + C$

1d. $x^5 - x^2 + C$ 1e. $2/3x^{3/2} + x + C$ 1f. $1/2x^2 + \ln|x| + C$

2a. $2/3x^{3/2} + C$ 2b. $\ln|5 + 2x^3| + C$ 2c. $2/7x^{7/2} + C$

2d. $1/2x^2 + x + C$ 2e. $4e^x + 5x + C$ 2f. $1/3x^3 - 2/3x^{3/2} + C$

5.3 1a. $1/9(3x + 7)^3 + C$ 1b. $1/3(2x - 3)^{3/2} + C$ 1c. $1/2(4x^2 - x + 5)^2 + C$

1d. $1/2(x^2 - x)^2 + C$ 1e. $1/6(x^2 + 2)^6 + C$ 1f. $\sqrt{1 + x^2} + C$

1g. $1/3e^{3x+1} + C$ 1h. $2e^{x^2+5} + C$ 1i. $-1/8(2x^2 - 3)^{-2} + C$

1j. $1/3\ln|x^3 + 2|$ 2a. $1/3e^{3x}(x - 1/3)$ 2b. $(x^2 - 2x + 2)e^x$

2c. $e^x(x^2 + 1)$ 2d. $-(x + 1)e^{-x}$ 2e. $(x^2/2 + x)(\ln x - 1) + x^2/4$

2f. $x^3/3(\ln x - 1/3)$ 2g. $4x^2(\ln x - 2)$ 2h. $x^2(2\ln x - 1)$

2i. $-xe^{-x}$ 2j. $(x^2 - x)\ln(x - 1) - x^2/2$

5.4 1. $1/2$ 2. 1 3. $1/\lambda$ 4. $\pm\infty$ 5. b 6. ∞

5.5 1a. 7/3   1b. 8/3   1c. 13/3   1d. 2/9   1e. 27/2   1f. 11,52
2a. $15,\overline{3}$ 2b. 14,25   3a. 21,33   3b. 4,5   3c. $6,\overline{6}$
4a. 36   4b. 13   4c. 104   4d. e−2   4e. 36   4f. 25/3

5.6 1a. 900   1b. $188,5\overline{3}$ 1c. $933,\overline{3}$ 2. 100.000   3. 1   4. −0,008
5. $K = 0{,}1x^3 - 6x^2 + 200x + 1000$

6.2 2a. $y_t = (-1/3)^t \cdot 3$ 2b. $y_t = 3^t \cdot 7$ 2c. $y_t = (-1/3)^t \cdot 30$
2d. $y_t = (1/2)^t \cdot 100$ 2e. $y_t = (-2)^t \cdot 1$ 2f. $y_t = (-1)^t \cdot 10$
3a. $K_t = (1+0{,}1) \cdot K_{t-1}$ 3b. $K_t = 1{,}1^t \cdot K_0$ 3c. $K_5 = 161, K_{10} = 259{,}4$
4a. $B_t = (1-0{,}3) \cdot B_{t-1}$ 4b. $B_t = 0{,}7^t \cdot B_0$ 4c. $B_t = 0{,}7^t \cdot 23800$

6.3 1a. $y_t = 0{,}25^t \cdot 6 + 4$ 1b. $y_t = (-2)^t \cdot 8 + 2$ 1c. $y_t = 2^t \cdot 11{,}5 - 1{,}5$
1d. $y_t = 10 + (5/3)\,t$ 1e. $y_t = (-1/3)^t 4 + 6$ 1f. $y_t = (-1)^t \cdot 6 + 4$
2a. $p_t^e = p_{t-1}$ 2b. $p_t + 0{,}5 p_{t-1} = 30$ 2c. $\hat{p} = 20$
2d. $p_t = (-0{,}5)^t (-10) + 20$ 2e. 10/25/17,5/21,25/19,375/20,313
3a. $Y_t - 0{,}8 Y_{t-1} = 450$ 3b. $\hat{Y} = 2250$ 3c. $Y_t = 0{,}8^t (Y_0 - 2250) + 2250$
3d. $Y_t = 0{,}8^t (-550) + 2250$ 3e. 1700/1810/1898/1968/2025/2070

6.4 1a. $y_t = 5 \cdot 1^t + 4 \cdot (-0{,}5)^t$ 1b. $y_t = (10 + 24t) \cdot 0{,}5^t$
1c. $y_t = 6 \cdot (2/3)^t + 4 \cdot (-1/2)^t$ 1d. $y_t = 5 \cdot (3/5)^t + 6 \cdot (-1)^t$
1e. $y_t = (\sqrt{2}/4)^t (10\cos 45°t + 2\sin 45°t)$ 1f. $y_t = (\sqrt{3}/2)^t (4\cos 30°t)$
1g. $y_t = (1/2)^t (16 \cdot \cos 60°t - 4{,}62 \cdot \sin 60°t)$ 2a. $K_t - K_{t-1} - K_{t-2} = 0$
2b. $K_{11} = 288$ 2c. $y_t = \dfrac{2}{\sqrt{5}} \left[\lambda^{t+1} - \dfrac{1}{(-\lambda)^{t+1}} \right]$

6.5 1a. $y_t = -4 \cdot 3^t + 10 \cdot 2^t - 3$ 1b. $y_t = (-1 + 3 \cdot t) \cdot 3^t + 3$
2a. $y_t = 1/\sqrt{2}^t \left[10\cos 45°t + 2\sin 45°t \right] + 10$
2b. $y_t = 2^t (1 \cdot \cos 60°t + 0 \cdot \sin 60°t) + 20 = 2^t \cos 60°t + 20$
3. $Y_t = 1/\sqrt{3}^t (6\cos 30°t + 2\sqrt{3}\sin 30°t) + 60$
4. $p_t = 1/\sqrt{2}^t (0 \cdot \cos 90°t + 14{,}14 \cdot \sin 90°t) + 70 = 1/\sqrt{2}^t \, 14{,}14 \cdot \sin 90°t + 70$

7.3 1a. $y = \bar{y}_0\, e^{3t} = 3e^{3t}$ 1b. $y = \bar{y}_0\, e^{-1{,}1t} = 20e^{-1{,}1t}$
1c. $y = y_0\, e^{-0{,}1t} = 10e^{-0{,}1t}$ 1d. $y = y_0\, e^{t^2/2} = 21e^{t^2/2}$
2a. $y = (y_0 + 3)e^t - 3 = 8e^t - 3$ 2b. $y = (y_0 - 5)e^{-0{,}2t} + 5 = 5e^{-0{,}2t} + 5$

2c. $y = (y_0 - 4)\mathrm{e}^{-3t} + 4 = (4-4)\mathrm{e}^{-3t} + 4 = 4$

7.4 1a. $y = 3{,}393\,\mathrm{e}^{-t} + 1{,}607\,\mathrm{e}^{-2t} + 15$ 1b. $y = 3{,}03\,t\,\mathrm{e}^{\frac{1}{2}t} + 40$

1c. $y = \frac{2}{3}\mathrm{e}^{-t} - \frac{5}{3}\mathrm{e}^{-4t} + 5$ 1d. $y = \mathrm{e}^{-t}\,5{,}98\sin 2t + 10$

2a. $y = A_1\mathrm{e}^{2{,}315t} + A_2\mathrm{e}^{-4{,}315t} + 4$ 2b. $y = A_1 + A_2\mathrm{e}^{-t} + 5t$

2c. $y = A_1\mathrm{e}^{2t} + A_2\mathrm{e}^{-2t} + 5$ 2d. $y = \mathrm{e}^{-t}(A_1\cos 3t + A_2\sin 3t) + 4$

2e. $y = \mathrm{e}^{-\frac{1}{4}t}(A_1\cos\frac{1}{2}t + A_2\sin\frac{1}{2}t) + 80$; 2f. $y = \mathrm{e}^{-2t}(A_1\cos t + A_2\sin t) + 20$

8.2 1a. $(3\ \ 3\ \ 3)^T$ 1b. $(-1\ \ 3\ \ 1)^T$ 1c. $\mathbf{y} + \mathbf{z}$ nicht definiert

1d. $\begin{pmatrix} 4 & -4 & 11 \\ 3 & 3 & -3 \\ 6 & 6 & 3 \end{pmatrix}$ 1e. $\begin{pmatrix} 2 & -4 & 1 \\ -1 & -3 & -3 \\ -2 & 4 & -1 \end{pmatrix}$ 1f. $\mathbf{A} + \mathbf{C}$ nicht definiert

2a. $(3\ \ 9\ \ 6)^T$ 2b. $(-2\ \ 0\ \ -1)^T$ 2c. $(0\ \ 0\ \ 0\ \ 0)^T$

2d. $\begin{pmatrix} 2 & 0 & 10 \\ 4 & 6 & 0 \\ 8 & 2 & 4 \end{pmatrix}$ 2e. $\begin{pmatrix} -6 & 12 & -3 \\ 3 & 9 & 9 \\ 6 & -12 & 3 \end{pmatrix}$ 2f. $\begin{pmatrix} 1 & -4 & 0 \\ -3 & -1 & 5 \\ 0 & -2 & -3 \\ 2 & -3 & -1 \end{pmatrix}$

2g. $\begin{pmatrix} 5 & 0 & 0 \\ 0 & 5 & 0 \\ 0 & 0 & 5 \end{pmatrix}$

3a. $(1\ \ 3\ \ 2)$ 3b. $(2\ \ 0\ \ 1)$ 3c. $(\mathbf{z}^T)^T = \mathbf{z}$

3d. $\begin{pmatrix} 1 & 2 & 4 \\ 0 & 3 & 1 \\ 5 & 0 & 2 \end{pmatrix}$ 3e. $\begin{pmatrix} 4 & 3 & 6 \\ -4 & 3 & 6 \\ 11 & -3 & 3 \end{pmatrix}$ 3f. $\begin{pmatrix} -2 & 6 & 0 & -4 \\ 8 & 2 & 4 & 6 \\ 0 & -10 & 6 & 2 \end{pmatrix}$

3g. $(\mathbf{I}_3)^T = \mathbf{I}_3$

4a. $\mathbf{x}^T\mathbf{y} = 4$ 4b. $\mathbf{y}^T\mathbf{x} = 4$ 4c. $(12\ \ 0\ \ 16\ \ 8)^T$

5a. $(1\ 1\ \ 11\ \ 11)^T$ 5b. $(12\ \ -1\ \ 5\ )^T$ 5c. $(-7\ \ 26\ \ 14)^T$

5d. $\mathbf{I}\,\mathbf{x} = \mathbf{x}$ 5e. $\begin{pmatrix} 13 & 21 & 11 \\ 9 & -8 & 3 \\ 17 & -6 & 23 \end{pmatrix}$ 5f. $\begin{pmatrix} 19 & -6 & 27 \\ -11 & -3 & -1 \\ 16 & 16 & 12 \end{pmatrix}$

5g. $\mathbf{B}\,\mathbf{C}$ nicht definiert 5h. $\begin{pmatrix} 1 & 4 & -18 \\ 0 & -37 & 10 \\ 8 & 15 & -3 \\ -1 & 13 & -20 \end{pmatrix}$ 5i. $\mathbf{I}\,\mathbf{A} = \mathbf{A}$

5j. $\begin{pmatrix} 2 & 0 & 1 \\ 6 & 0 & 3 \\ 4 & 0 & 2 \end{pmatrix}$ 5k. nicht definiert   5l. $(\mathbf{C}^T\mathbf{z})^T = (-7\ \ 26\ \ 14)$

6a. $\mathbf{C} = \begin{pmatrix} 4 & 2 & 3 \\ 1 & 1 & 0 \\ 6 & 0 & 9 \end{pmatrix}$ 6b. $\mathbf{z} = \mathbf{B}\mathbf{x} = \begin{pmatrix} 2x_1 + 3x_3 \\ x_1 + x_2 \end{pmatrix} = \begin{pmatrix} 2\cdot 20 + 3\cdot 10 \\ 20 + 40 \end{pmatrix} = \begin{pmatrix} 70 \\ 60 \end{pmatrix}$

6b. $\mathbf{r} = \mathbf{Cx} = \begin{pmatrix} 4x_1 + 2x_2 + 3x_3 \\ x_1 + x_2 \\ 6x_1 + 9x_3 \end{pmatrix} = \begin{pmatrix} 4 \cdot 20 + 2 \cdot 40 + 3 \cdot 10 \\ 20 + 40 \\ 6 \cdot 20 + 9 \cdot 10 \end{pmatrix} = \begin{pmatrix} 190 \\ 60 \\ 210 \end{pmatrix}$

7a. $(50 \quad 60 \quad 80)^T$ 7b. $E(\mathbf{x}) = \mathbf{px} = 430$ 7c. $\mathbf{k} = \mathbf{qA} = (12 \quad 9 \quad 6)$

7d. $K(\mathbf{x}) = \mathbf{kx} = 120 + 180 + 60 = 360$ 7e. $G(\mathbf{x}) = (\mathbf{p} - \mathbf{k})\mathbf{x} = 70$

8.3

1. $|\mathbf{A}| = 24$, $|\mathbf{B}| = 19$, $|\mathbf{C}| = 0$, $|\mathbf{D}| = 0$, $|\mathbf{E}| = 0$, $|\mathbf{F}| = -30$

2. $|\mathbf{A}^T| = |\mathbf{A}| = 24$, $|\mathbf{B}^T| = |\mathbf{B}| = 19$

3. $3|\mathbf{A}| = 72$, $(-2)|\mathbf{B}| = -38$, $|3\mathbf{A}| = 3 \cdot 3 \cdot 3 \cdot |\mathbf{A}| = 27 \cdot 24 = 648$

4. $|\mathbf{A}^*| = \begin{vmatrix} 3 & 1 & 4 \\ 1 & 3 & 2 \\ 2 & 2 & 0 \end{vmatrix} = -24 = -|\mathbf{A}|$, $|\mathbf{B}^*| = \begin{vmatrix} -3 & 3 & 1 \\ 0 & 4 & 3 \\ 1 & 0 & 2 \end{vmatrix} = -19 = -|\mathbf{B}|$

5. $|\mathbf{A}| - |\mathbf{B}| = 5 \neq -31 = |\mathbf{A} - \mathbf{B}|$

6. $|\mathbf{A}^*| = \begin{vmatrix} 4-4 & 1-6 & 3-2 \\ 2 & 3 & 1 \\ 0 & 2 & 2 \end{vmatrix} = \begin{vmatrix} 0 & -5 & 1 \\ 2 & 3 & 1 \\ 0 & 2 & 2 \end{vmatrix} = 24 = |\mathbf{A}|$

7. $|\mathbf{B}^*| = \begin{vmatrix} 1+6 & 3+0 & -3+3 \\ 3 & 4 & 0 \\ 2 & 0 & 1 \end{vmatrix} = \begin{vmatrix} 7 & 3 & 0 \\ 3 & 4 & 0 \\ 2 & 0 & 1 \end{vmatrix} = 19 = |\mathbf{B}|$

8. $|\mathbf{AB}| = 456 = |\mathbf{A}||\mathbf{B}|$

9. $|\mathbf{A}| = a_{11}a'_{22}a'_{33} = 4 \cdot \frac{5}{2} \cdot \frac{12}{5} = 24$, $|\mathbf{B}| = b_{11}b'_{22}b'_{33} = 1(-5)(-\frac{19}{5}) = 19$

10. $|\mathbf{G}| = 0$ für $a \in \{0, \frac{1}{4}\}$; $|\mathbf{H}| = 0$ für $a \in \{-1, 0, 7\}$

8.4

1. $|\mathbf{A}| = 2 \neq 0$, $|\mathbf{B}| = 2 \neq 0$, $\mathbf{A}$ und $\mathbf{B}$ sind daher invertierbar; $|\mathbf{C}| = 0$, daher ist $\mathbf{C}$ nicht invertierbar; $|\mathbf{D}|$, $|\mathbf{E}|$ sind nicht definiert

2. $\mathbf{A}^{-1} = \frac{1}{2} \cdot \begin{pmatrix} 8 & -6 & 0 \\ -2 & 2 & 0 \\ 1 & -3 & 1 \end{pmatrix}$ $\mathbf{B}^{-1} = \frac{1}{2} \cdot \begin{pmatrix} 21 & -32 & 14 \\ -9 & 14 & -6 \\ 2 & -4 & 2 \end{pmatrix}$

4. $(\mathbf{AB})^{-1} = \frac{1}{4} \cdot \begin{pmatrix} 246 & -232 & 14 \\ -106 & 100 & -6 \\ 26 & -26 & 2 \end{pmatrix} = \mathbf{B}^{-1} \cdot \mathbf{A}^{-1}$

5a. $b \in \mathbb{R} \setminus \{0\}$ 5b. $\mathbf{A}^{-1} = -\frac{1}{2} \cdot \begin{pmatrix} 3 & 0 & -1 \\ 16 & -2 & -4 \\ -8 & 0 & 2 \end{pmatrix}$

6. $x = (0, 20, -10)$

8.5

1. $r(\mathbf{A}) \leq \min(m, n) = \min(3, 3) = 3$; $r(\mathbf{B}) \leq \min(3, 3) = 3$
   $r(\mathbf{C}) \leq \min(3, 3) = 3$; $r(\mathbf{D}) \leq \min(4, 3) = 3$; $r(\mathbf{E}) \leq \min(3, 4) = 3$

2. $r(\mathbf{A}) = n = 3$; $r(\mathbf{B}) = n = 3$; $r(\mathbf{C}) = 2 < 3 = n$; $r(\mathbf{D}) = 3 = n < m = 4$
   $r(\mathbf{E}) = 2 < 3 = m$

3. Der Rang von $\mathbf{A}$ ist genau dann maximal, wenn $b \neq 0$.

8.6.5 1a. $|\mathbf{A}| = 2 \neq 0 \Leftrightarrow r(\mathbf{A}) = r(\mathbf{A}, \mathbf{b}) = n = 3 \Leftrightarrow$ L.S. eindeutig lösbar

1b. $\mathbf{x} = \mathbf{A}^{-1}\mathbf{b} = \dfrac{1}{2} \cdot \begin{pmatrix} 8 & -6 & 0 \\ -2 & 2 & 0 \\ 1 & -3 & 1 \end{pmatrix}\begin{pmatrix} 3 \\ 2 \\ 1 \end{pmatrix} = \dfrac{1}{2} \cdot \begin{pmatrix} 12 \\ -2 \\ -2 \end{pmatrix} = \begin{pmatrix} 6 \\ -1 \\ -1 \end{pmatrix}$

1c. Das L.S. hat nur die triviale Lösung $\mathbf{x} = 0$, da $r(\mathbf{A}) = n = 3$.

2b. $|\mathbf{A}| = -6 \neq 0 \iff \mathbf{A}$ invertierbar $\iff r(\mathbf{A}) = r_{max}(\mathbf{A}) = n = 3$

2d. $\mathbf{x} = \mathbf{A}^{-1}\mathbf{b} = \dfrac{1}{-6} \cdot \begin{pmatrix} 1 & -1 & -3 \\ 9 & -3 & -3 \\ -7 & 1 & 3 \end{pmatrix}\begin{pmatrix} 2 \\ 5 \\ -3 \end{pmatrix} = \dfrac{1}{-6} \cdot \begin{pmatrix} 6 \\ 12 \\ -18 \end{pmatrix} = \begin{pmatrix} -1 \\ -2 \\ 3 \end{pmatrix}$

3b. $|\mathbf{A}| = 15 \neq 0 \iff r(\mathbf{A}) = r(\mathbf{A},\mathbf{b}) = n = 3 \iff$ L.S. eindeutig lösbar

3c. $\mathbf{x} = \mathbf{A}^{-1}\mathbf{b} = \dfrac{1}{15} \cdot \begin{pmatrix} -16 & 7 & 5 \\ -4 & -2 & 5 \\ 13 & -1 & -5 \end{pmatrix}\begin{pmatrix} 30 \\ 30 \\ 60 \end{pmatrix} = \dfrac{1}{15} \cdot \begin{pmatrix} 30 \\ 120 \\ 60 \end{pmatrix} = \begin{pmatrix} 2 \\ 8 \\ 4 \end{pmatrix}$

8.6.6 1a. Inhomogenes lineares Gleichungssystem mit $m = 4$ Gleichungen und $n = 3$ Variablen. Eindeutig lösbar, wenn $r(\mathbf{A}) = r(\mathbf{A},\mathbf{b}) = n < m$.

1b. $r(\mathbf{A}) = r(\mathbf{A},\mathbf{b}) = n = 3 < 4 = m$. Es existiert eine eindeutige Lösung.

1c. $\mathbf{x} = (1 \quad 0 \quad 1)^T$

2a. Inhomogenes lineares Gleichungssystem mit weniger Gleichungen $m = 3$ als Unbekannten $n = 4$. Unterbestimmtes L.S. mit mindestens einem Freiheitsgrad.

2b. $r(\mathbf{A}) = r(\mathbf{A},\mathbf{b}) = 2 < m = 3 < 4 = n$. Das Rangkriterium für die Existenz einer Lösung ist erfüllt. Das L.S. ist unterbestimmt und hat zwei Freiheitsgrade. Zwei Variablen können frei gewählt werden. Die Lösung ist daher nicht eindeutig. Es gibt unendlich viele Lösungen.

2c. Lösung für x_1 und x_2 $\quad \begin{pmatrix} x_1 \\ x_2 \end{pmatrix} = \begin{pmatrix} 2 \\ 0 \end{pmatrix} - \begin{pmatrix} 1 & 1 \\ 1 & -1 \end{pmatrix}\begin{pmatrix} x_3 \\ x_4 \end{pmatrix}$

2d. Basislösung ($x_3 = x_4 = 0$) $\quad \begin{pmatrix} x_1 \\ x_2 \end{pmatrix} = \begin{pmatrix} 2 \\ 0 \end{pmatrix} - \begin{pmatrix} 1 & 1 \\ 1 & -1 \end{pmatrix}\begin{pmatrix} 0 \\ 0 \end{pmatrix} = \begin{pmatrix} 2 \\ 0 \end{pmatrix}$

3a. Wegen $r(\mathbf{A}) = 2 < m = 3 < 4 = n$ hat das homogene lineare Gleichungssystem $\mathbf{A}\mathbf{x} = \overline{\mathbf{A}}_1\mathbf{x}_1 + \overline{\mathbf{A}}_2\mathbf{x}_2 = 0$ nichttriviale Lösungen, z.B.

$$\mathbf{x}_1^* = -\overline{\mathbf{A}}_1^{-1}\overline{\mathbf{A}}_2\mathbf{x}_2 = -\begin{pmatrix} 1 & 2 \\ 3 & 1 \end{pmatrix}^{-1}\begin{pmatrix} 3 & -1 \\ 4 & 2 \end{pmatrix}\mathbf{x}_2 = -\begin{pmatrix} 1 & 1 \\ 1 & -1 \end{pmatrix}\mathbf{x}_2; \quad \mathbf{x}_2 = \begin{pmatrix} x_3 \\ x_4 \end{pmatrix}$$

3b. Eine partikuläre Lösung ist die Basislösung des inhomogenen linearen Gleichungssystems für $x_3 = 0$ und $x_4 = 0$ aus 2d. $\hat{\mathbf{x}}_1 = \overline{\mathbf{A}}_1^{-1}\mathbf{b}$.
Die allgemeine Lösung des inhomogenen linearen Gleichungssystems lässt sich dann darstellen als Summe der allgemeinen Lösung des homogenen linearen Gleichungssystems und einer Basislösung (partikulären Lösung)

$$\mathbf{x}_1 = \hat{\mathbf{x}}_1 + \mathbf{x}_1^* = \overline{\mathbf{A}}_1^{-1}\mathbf{b} - \overline{\mathbf{A}}_1^{-1}\overline{\mathbf{A}}_2\mathbf{x}_2$$

$$= \begin{pmatrix} 2 \\ 0 \end{pmatrix} - \begin{pmatrix} 1 & 1 \\ 1 & -1 \end{pmatrix}\mathbf{x}_2 \quad \text{mit } \mathbf{x}_1 = \begin{pmatrix} x_1 \\ x_2 \end{pmatrix}, \ \mathbf{x}_2 = \begin{pmatrix} x_3 \\ x_4 \end{pmatrix}$$

Literatur

Allen, R.G.D.	Mathematical Analysis for Economists, London 1938/66, deutsch: Mathematik für Volks-und Betriebswirte, Berlin 1972
Allen, R.G.D.	Basic Mathematics, London, New York 1962, 1988
Archibald, G.C., Lipsey, R.G.	An Introduction to Mathematical Economics, New York 1976
Baumol, W.J.	Economic Theory and Operations Analysis, 1973
Beckmann, M.J., Künzi, H.P.	Mathematik für Ökonomen I, II, Berlin, Heidelberg, New York 1973, 1973
Black, J., Bradley, J.F.	Essential Mathematics for Economists, Chicester, New York, Brisbane, Toronto 1984
Böhme, G.	Algebra, Analysis 1, 2, Berlin, Heidelberg, New York 1990, 1991
Bosch, K.	Brückenkurs Mathematik, München, Wien 1988
Bosch, K.	Mathematik für Wirtschaftswissenschaftler, München 1999
Breitung, K.W., Filip, P.	Einführung in die Mathematik für Ökonomen, München 1994
Bronstein,I.N., Semendjajew, K.A.	Taschenbuch der Mathematik, Stuttgart, Leipzig 1991
Chiang, A.C.,Wainwright, K.	Fundamental Methods of Mathematical Economics, New York 2005
Dixit, A.K.	Optimization in Economic Theory, Oxford 1990
Dowling, E.T.	Mathematics for Economists, New York 1980
Dück, W., Körth, H. et al	Mathematik für Ökonomen 1, 2, Thun, Frankfurt 1980
Forst/ Krautwald/ Neubauer	Mathematik für Wirtschaftswissenschaftler, Vorlesungsskripten, Universität Konstanz 1970-73
Gal, T., Piehler, G. et.al.	Mathematik zum Studieneinstieg, Berlin, Heidelberg, New York 1997
Gal, T., Gal, J.	Mathematik für Wirtschaftswissenschaftler, Berlin, Heidelberg, New York 1991
Gandolfo, G.	Economic Dynamics, Berlin, Heidelberg, New York 1997

Garus, G., Westerheide, P.	Differential- und Integralrechnung, München, Wien 1985
Hackl, P., Katzenbeisser, W.	Mathematik für Sozial- und Wirtschaftswissenschaften, München 2000
Hauptmann, H.	Mathematik für Betriebs- und Volkswirte, München, Wien 1983
Hettich, G., Jüttler, H., Luderer, B.	Mathematik für Wirtschaftswissenschaftler und Finanzmathematik, München 1999
Hoffmann, D.	Analysis für Wirtschaftswissenschaftler und Ingenieure, Berlin, Heidelberg, New York 1968
Horst, R.	Mathematik für Ökonomen: Lineare Algebra, München, Wien 1989
Huang, D.S., Schulz W.	Einführung in die Mathematik für Wirtschaftswissenschaftler, München, Wien 2002
Intrilligator, M.D.	Mathematical Optimization and Economic Theory, Englewood Cliffs, New York 1971
Kaerlein, G., Ringwald, K.	Einführung in die Mathematik für Ökonomen, Berlin, Heidelberg, New York 1987
Karmann, A.	Mathematik für Wirtschaftswissenschaftler, München 2000
Kemnitz, A.	Mathematik zum Studienbeginn, Braunschweig, Wiesbaden 1998
Kneis, G.	Mathematik für Wirtschaftswissenschaftler, München 2005
Köhler, H.	Lineare Algebra, München, Wien 1987
Lancaster, K.	Mathematical Economics, London 1968
Lewis, J.P.	An Introduction to Mathematics for Students of Economics, London, Basingstoke 1977
Luh, W., Stadtmüller, K.	Mathematik für Wirtschaftswissenschaftler, München, Wien 1988, 1997
v.Mangoldt, H., Knopp, K.	Einführung in die Höhere Mathematik I, II, III, Stuttgart 1989
Marinell, G.	Mathematik für Sozial- und Wirtschaftswissenschaftler, München 1996
Müller-Merbach, H.	Mathematik für Wirtschaftswissenschaftler I, München 1974
Nollau, V.	Mathematik für Wirtschaftswissenschaftler, Stuttgart, Leipzig 1993

Ohse, D.	Elementare Algebra und Funktionen, München 2000
Ohse, D.	Mathematik für Wirtschaftswissenschaftler I, II, München 2004, 2005
Opitz, O.	Mathematik – Lehrbuch für Ökonomen, München 2004
Purkert, W.	Brückenkurs Mathematik für Wirtschaftswissenschaftler, Stuttgart, Leipzig 2005
Rommelfanger, H.	Mathematik für Wirtschaftswissenschaftler I, II, III, Mannheim, Wien, Zürich 2004, 2001, München 2006
Rommelfanger, H.	Übungsbuch Mathematik für Wirtschaftswissenschaftler München 2004
Samuelson, P.A.	Foundations of Economic Analysis, New York 1967
Schick, K.	Wirtschaftsmathematik im Grundstudium I, II, Paderborn, München, Wien, Zürich 1982
Schwarze, J.	Mathematik für Wirtschaftswissenschaftler, Elementare Grundlagen für Studienanfänger, Herne, Berlin 1988
Schwarze, J.	Mathematik für Wirtschaftswissenschaftler I, II, III, Herne, Berlin 1988, 2000
Sengupta, J.K.	Applied Mathematics for Economists, Dordrecht, Boston, Lancaster, Tokyo 1987
Smith, R.T.; Minton, R.B.	Calculus, Boston, New York, London 2007
Sommer, F.	Einführung in die Mathematik für Studenten der Wirtschaftswissenschaften, Berlin, Heidelberg, New York, 1967
Stöppler, S.	Mathematik für Wirtschaftswissenschaftler, Opladen 1982
Stöwe, H., Härtter, E.	Lehrbuch der Mathematik für Volks- und Betriebswirte, Göttingen 1990
Sydsaeter, K.,Hammond, P.	Essential Mathematics for Economic Analysis, Harlow (England), New York 2006
Sydsaeter, K., Hammond, P., Seierstad, A., Strøm, A.	Further Mathematics for Economic Analysis, Harlow (England), New York 2005
Wetzel, W., Skarabis, H., Naeve, P., Büning, H.	Mathematische Propädeutik für Wirtschaftswissenschaftler, Berlin, New York 1981

Takayama, A.   Analytical Methods in Economics, New York,
                      London, Toronto, 1994

Tietze, J.   Einführung in die angewandte Wirtschaftsma-
                      thematik, Braunschweig, Wiesbaden 2005

Tietze, J.   Übungsbuch zur angewandten Wirtschaftsma-
                      thematik, Braunschweig, Wiesbaden 2005

Yamane, T.   Mathematics for Economists, Englewood Cliffs
                      1968

Index

Verständlich und anspruchsvoll

Jürgen Senger
Induktive Statistik
Wahrscheinlichkeitstheorie, Schätz- und
Testverfahren

2008 | 373 S. | Flexcover
€ 27,80 | ISBN 978-3-486-58559-9

Dieses Lehrbuch erschließt dem vorgebildeten Leser
auf einfache Weise die Grundlagen der Induktiven
Statistik. Das bedeutet nicht ohne Mathematik, aber
auf einem mathematischen Niveau, über das jeder
Student dieser Fächer verfügen muss und das über
Grundkenntnisse der Differential- und Integralrechnung nicht hinausgeht.
Der Autor findet den richtigen Kompromiss zwischen
mathematischen Anforderungen und Verständlich-
keit. Damit wird verhindert, dass die Statistik zu einer
Sammlung von Formeln und Gebrauchsanweisungen
degeneriert. Aus diesem Grund werden in diesem
Buch die wahrscheinlichkeitstheoretischen Grundlagen
ausführlich dargestellt und die statistischen Methoden daraus Schritt für Schritt entwickelt.
Der Veranschaulichung und der Einübung der praktischen Anwendung dienen die anschließenden Beispiel-
aufgaben. Zudem bieten weiterführende Übungsaufgaben an den Kapitelenden die Möglichkeit zur Wiederholung und selbständigen Vertiefung. Am Ende
des Buches gibt es entsprechende Lösungshinweise.
Ausführliche Musterlösungen werden im Internet
angeboten.

**Das Buch richtet sich an Studierende mit
Grundkenntnissen der Differential- und
Integralrechnung.**

Dr. Jürgen Senger ist Akademischer Oberrat im Fach-
bereich Wirtschaftswissenschaften an der Universität
Kassel.

Oldenbourg

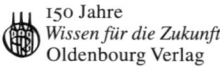

150 Jahre
Wissen für die Zukunft
Oldenbourg Verlag

Bestellen Sie in Ihrer Fachbuchhandlung oder
direkt bei uns: Tel: 089/45051-248, Fax: 089/45051-333
verkauf@oldenbourg.de

Das Original:
Wirtschaftswissen komplett

Artur Woll

Wirtschaftslexikon

10., vollständig neubearbeitete Auflage 2008
863 S. | gebunden
€ 29,80 | ISBN 978-3-486-25492-1

Der Name »Woll« sagt bereits alles über dieses
Lexikon. Das Wollsche Wirtschaftslexikon erfüllt das
verbreitete Bedürfnis nach zuverlässiger Wirtschafts-
information in vorbildlicher Weise. Längst ist der
»Woll« das Standardlexikon im Ausbildungsbereich.
Es umfasst die Kernbereiche Betriebswirtschaftslehre,
Volkswirtschaftslehre und die Grundlagen der Statistik, aber auch die wirtschaftlich bedeutsamen Teile
der Rechtswissenschaft. Besonderer Wert wurde auf
eine möglichst knappe, jedoch zuverlässige Stichwort-
abhandlung gelegt.

**Das Wirtschaftslexikon eignet sich nicht nur für den
akademischen Gebrauch, sondern richtet sich auch
an Praktiker in Wirtschaft und Verwaltung.**

Prof. Dr. Dr. h. c. mult. Artur Woll
lehrt Volkswirtschaftslehre an der
Universität Siegen.

Oldenbourg

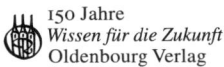
150 Jahre
Wissen für die Zukunft
Oldenbourg Verlag

Bestellen Sie in Ihrer Fachbuchhandlung oder
direkt bei uns: Tel: 089/45051-248, Fax: 089/45051-333
verkauf@oldenbourg.de

Spiel mit Grips!

Karl Bosch

Lotto. Spiel mit Grips!
Wie man gezielt die Gewinnquoten erhöhen kann

2. Auflage 2008 | 100 S. | Broschur | € 9,80
ISBN 978-3-486-58902-3

Da es kein Spiel gegen den Zufall gibt, sollte man zumindest wissen, bei welchen Kombinationen die Gewinnquoten am höchsten sind – beliebte Tippreihen sollte man also eher vermeiden. In diesem Buch werden die Gewinnchancen und theoretischen Quoten im Lotto untersucht. Dazu wurden 7,78 Millionen an einem Spieltag abgegebene Tippreihen analysiert. Es ergab sich, dass die Gewinnquoten z.B. bei Geburtstagsreihen aufgrund ihrer großen Beliebtheit extrem niedrig sein können. Die tatsächlichen Quoten bei verschiedenen Ziehungen bestätigten die Ergebnisse des Autors.

In diesem Buch erfährt jeder, wie er seine Gewinnquote beim Lotto erhöhen kann.

Dr. Karl Bosch ist emeritierter Professor am Institut für Angewandte Mathematik und Statistik der Universität Hohenheim. Er ist Mitglied der Forschungsgruppe Glücksspiel an der Universität Hohenheim und beschäftigt sich mit den Chancen und Risiken von Glücksspielen, insbesondere beim Lotto.

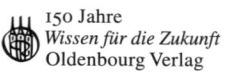 150 Jahre
Wissen für die Zukunft
Oldenbourg Verlag

Bestellen Sie in Ihrer Fachbuchhandlung oder direkt bei uns: Tel: 089/45051-248, Fax: 089/45051-333
verkauf@oldenbourg.de